普通高等教育工业智能专业系列教材

无人系统基础

东北大学信息科学与工程学院　组编

杨光红　王俊生　主编

机 械 工 业 出 版 社

本书是从事无人系统自主、智能控制相关工作的入门教材。编者从一般无人系统的知识入手，分享了在开发实际无人驾驶系统中积累的经验。本书共8章，第1章介绍无人系统的概念、意义、研究现状和发展趋势；第2章论述动态环境下无人系统的自主控制架构；第3章给出基于机器人操作系统ROS的程序设计方法；第4章设计无人驾驶数据采集系统；第5章组建无人驾驶定位系统；第6章开发无人驾驶环境感知系统；第7章研制无人驾驶规划决策系统；第8章构建无人驾驶执行控制系统。

本书既可作为高等学校工业智能专业的教材，也可作为无人系统开发人员的技术参考书。

本书配有授课电子课件，需要的教师可登录www.cmpedu.com免费注册，审核通过后下载，或联系编辑索取（微信：15910938545，电话：010-88379739）。

图书在版编目（CIP）数据

无人系统基础/东北大学信息科学与工程学院组编；杨光红，王俊生主编. —北京：机械工业出版社，2021.7（2025.2重印）
普通高等教育工业智能专业系列教材
ISBN 978-7-111-68543-2

Ⅰ.①无… Ⅱ.①东… ②杨… ③王… Ⅲ.①无人值守-智能系统-高等学校-教材 Ⅳ.①TP18

中国版本图书馆CIP数据核字（2021）第121504号

机械工业出版社（北京市百万庄大街22号 邮政编码100037）
策划编辑：汤 枫 责任编辑：汤 枫 李 乐
责任校对：张艳霞 责任印制：张 博
北京建宏印刷有限公司印刷

2025年2月第1版·第5次印刷
184mm×260mm·24.75印张·612千字
标准书号：ISBN 978-7-111-68543-2
定价：89.90元

电话服务
客服电话：010-88361066
010-88379833
010-68326294

网络服务
机 工 官 网：www.cmpbook.com
机 工 官 博：weibo.com/cmp1952
金 书 网：www.golden-book.com
机工教育服务网：www.cmpedu.com

出版说明

人工智能领域专业人才培养的必要性与紧迫性已经取得社会共识，并上升到国家战略层面。以人工智能技术为新动力，结合国民经济与工业生产实际需求，开辟“智能+X”全新领域的理论方法体系，培养具有扎实的专业知识基础，掌握前沿的人工智能方法，善于在实践中突破创新的高层次人才将成为我国新一代人工智能领域人才培养的典型模式。

自动化与人工智能在学科内涵与知识范畴上存在高度的相关性，但在理论方法与技术特点上各具特色。其共同点在于两者都是通过具有感知、认知、决策与执行能力的机器系统帮助人类认识与改造世界。其差异性在于自动化主要关注基于经典数学方法的建模、控制与优化技术，而人工智能更强调基于数据的统计、推理与学习技术。两者既各有所长，又相辅相成，具有广阔的合作空间与显著的交叉优势。工业智能专业正是自动化科学与新一代人工智能碰撞与融合过程中孕育出的一个“智能+X”类新工科专业。

东北大学依托信息科学与工程学院，发挥控制科学与工程国家一流学科的平台优势，于2020年开设了全国第一个工业智能本科专业。该专业立足于“人工智能”国家科技重点发展战略，面向我国科技产业主战场在工业智能领域的人才需求与发展趋势，以专业知识传授、创新思维训练、综合素质培养、工程能力提升为主要任务，突出“系统性、交叉性、实用性、创新性”的专业特色，围绕“感知-认知-决策-执行”的智能系统大闭环框架构建工业智能专业理论方法知识体系，瞄准智能制造、工业机器人、工业互联网等新领域与新方向，积极开展“智能+X”类新工科专业课程体系建设与培养模式创新。

为支撑工业智能专业的课程体系建设与人才培养实践，东北大学信息科学与工程学院启动了“工业智能专业系列教材”的组织与编写工作。本套教材着眼于当前高等院校“智能+X”新工科专业课程体系，侧重于自动化与人工智能交叉领域基础理论与技术框架的构建。在知识层面上，尝试从数学基础、理论方法及工业应用三个部分构建专业核心知识体系；在功能层面上，贯通“感知-认知-决策-执行”的智能系统全过程；在应用层面上，对智能制造、自主无人系统、工业云平台、智慧能源等前沿技术领域和学科交叉方向进行了广泛的介绍与启发性的探索。教材有助于学生构建知识体系，开阔学术视野，提升创新能力。

本套教材的编著团队成员长期从事自动化与人工智能相关领域教学科研工作，有比较丰富的人才培养与学术研究经验，对自动化与人工智能在科学内涵上的一致性、技术方法上的互补性以及应用实践上的灵活性有一定的理解。教材内容的选择与设计以专业知识传授、工程能力提升、创新思维训练和综合素质培养为主要目标，并对教材与配套课程的实际教学内容进行了比较清晰的匹配，涵盖知识讲授、例题讲解与课后习题，部分教材还配有相应的课程讲义、PPT、习题集、实验教材和相应的慕课资源，可用于各高等院校的工业智能专业、人工智能专业等相关“智能+X”类新工科专业及控制科学与工程、计算机科学与技术等相关学科研究生的课堂教学或课后自学。

“智能+X”类新工科专业在2020年前后才开始在全国范围内出现较大规模的增设，目前还没有形成成熟的课程体系与培养方案。此外，人工智能技术的飞速发展也决定了此类新工科专业很难在短期内形成相对稳定的知识架构与技术方法。尽管如此，但考虑到专业人才培养对相关课程和教材建设需求的紧迫性，编写组在自知条件尚未完全成熟的前提下仍然积极开展了本套系列教材的编撰工作，意在抛砖引玉，摸着石头过河。其中难免有疏漏错误之处，诚挚希望能够得到教育界与学术界同仁的批评指正。同时也希望本套教材对我国“智能+X”类新工科专业课程体系建设和实际教学活动开展能够起到一定的参考作用，从而对我国人工智能领域人才培养体系与教学资源建设起到积极的引导和推动作用。

前　言

随着信息化、工业化不断融合，新一代人工智能正在全球范围内蓬勃兴起和深度应用，人类社会正在加速走向人机物高度融合、互相嵌入的智能社会时代。党的二十大报告提出，推动战略性新兴产业融合集群发展，构建新一代信息技术、人工智能、生物技术、新能源、新材料、高端装备、绿色环保等一批新的增长引擎。这为我国加快发展新一代人工智能、掌握新一轮全球科技竞争的战略主动权提供了思想指导和行动指南。

2016年至今，本书编写团队依托东北大学信息科学与工程学院“一流学科建设平台”项目和东北大学流程工业综合自动化国家重点实验室科研仪器采购及实验系统研制项目“无人地面车”，组建了无人驾驶实验室，开展了无人驾驶关键技术研究。基于国内外开源项目，本书编写团队在无人车自主环境感知、导航定位、规划决策和执行控制方面取得了一些有价值的研究成果。其中，基于64线激光雷达、摄像头、组合导航系统、毫米波雷达、行车计算机和线控底盘建立了无人驾驶实验平台；开发了基于人工智能的环境感知技术，实现了行人/车辆/车道线/路沿/限速标识/交通信号灯识别、障碍物检测及动态目标跟踪；设计了基于组合导航系统和激光雷达SLAM的无人驾驶定位算法；提出了基于信息融合的路径动态规划方法，从而使无人车具备路径跟踪和自动避障能力；基于几何追踪法开发了前轮转角嵌入式控制器，并基于数字PID技术设计了控制轮速的嵌入式程序；利用上述成果实现了无人驾驶实验平台在未知动态环境下的自主行驶。

本书从一般无人系统的知识入手，分享了编写团队在开发实际无人驾驶系统中积累的经验。全书包括8章，第1章涉及无人系统的概念、意义、研究现状和发展趋势；第2章描述了动态环境下无人系统的自主控制架构；第3章讲解了基于机器人操作系统ROS的程序设计方法；第4章开发了无人驾驶数据采集系统；第5章设计了无人驾驶定位系统；第6章讨论了无人驾驶环境感知系统的构成；第7章给出了无人驾驶规划决策系统的设计方案；第8章论述了无人驾驶执行控制系统的开发过程。

本书由杨光红、王俊生主编。其中，第1、2章由王俊生和杨光红编写；第3章、第4章的4.1和4.3节、第7章的7.2节由王希哲编写；第4章的4.2节、第5章的5.1节、第6章的6.1.4节和6.2.3节由吕宸昕编写；第4章的4.4~4.6节由袁远编写；第5章的5.3节、第6章的6.1.1节和6.1.2节由任高月和鲁红权编写；第6章的6.1.3节和6.2.4节由毛立巍编写；第6章的6.2.1节和6.2.6节由吴文昌编写；第6章的6.2.2节和6.2.5节由刘霄汉编写；第7章的7.1节由王兴编写；第5章的5.2节、第7章的7.3节由刘东升编写；第8章由王乾编写；第4章的4.7节、第5章的5.4节、第6章的6.3节、第7章的7.4节由王俊生编写。王俊生对本书进行了多次审核和校对。在编写过程中参阅的相关文献和开源工程已列入本书的参考文献中，在此对这些文献的作者表示诚挚的谢意。

限于编者水平，书中难免存在不妥之处，恳请读者批评指正。

编　者

目　　录

出版说明

前言

第 1 章　绪论 …… 1

1.1　无人系统的概念和意义 …… 1

1.2　无人系统的研究现状 …… 1

1.2.1　无人车现状 …… 1

1.2.2　无人机现状 …… 7

1.2.3　无人水下潜航器现状 …… 11

1.2.4　无人水面艇现状 …… 13

1.3　无人系统中人工智能技术的发展趋势 …… 14

1.4　习题 …… 14

参考文献 …… 15

第 2 章　无人系统的自主控制架构 …… 17

2.1　无人系统自主性的定义和等级划分 …… 17

2.2　未知动态环境下自主控制架构 …… 18

2.2.1　概述 …… 18

2.2.2　无人系统硬件平台 …… 19

2.2.3　机器人操作系统 …… 20

2.2.4　环境感知系统 …… 20

2.2.5　定位系统 …… 21

2.2.6　规划决策系统 …… 22

2.2.7　执行控制系统 …… 22

2.2.8　人机交互系统 …… 23

2.2.9　自主学习 …… 23

2.3　习题 …… 24

参考文献 …… 24

第 3 章　机器人操作系统 ROS …… 26

3.1　ROS 的基本概念 …… 26

3.2　Ubuntu 环境下 ROS 的安装 …… 27

3.3　ROS 话题的发布与订阅示例程序 …… 29

3.3.1　workspace 和 package 的创建 …… 29

3.3.2　话题发布程序的编写 …… 30

3.3.3　话题订阅程序的编写 …… 33

3.3.4　ROS 程序的编译 …… 34

3.3.5 环境变量的设置 …… 35
3.3.6 ROS 程序的执行 …… 36
3.3.7 基于 rviz 的数据可视化 …… 37
3.4 基于 roslaunch 的多节点同时启动 …… 39
3.5 基于 rosbag 的数据记录与回放 …… 41
3.6 习题 …… 42
参考文献 …… 42
第 4 章 无人驾驶数据采集系统 …… 44
4.1 激光雷达数据采集 …… 44
4.1.1 激光雷达概述 …… 44
4.1.2 基于 ROS 的激光雷达数据可视化 …… 46
4.2 摄像机数据采集 …… 53
4.2.1 摄像机概述 …… 53
4.2.2 基于 ROS 的摄像机驱动 …… 56
4.3 GPS/IMU 数据采集 …… 57
4.3.1 GPS/IMU 概述 …… 57
4.3.2 基于 ROS 的 GPS/IMU 驱动 …… 60
4.4 毫米波雷达数据采集 …… 62
4.4.1 毫米波雷达概述 …… 62
4.4.2 基于 ROS 的毫米波雷达数据可视化 …… 63
4.5 超声波雷达数据采集 …… 83
4.5.1 超声波雷达概述 …… 83
4.5.2 超声波雷达的嵌入式驱动 …… 83
4.6 轮速编码器数据采集 …… 90
4.6.1 轮速编码器概述 …… 90
4.6.2 轮速编码器的嵌入式驱动 …… 91
4.7 习题 …… 94
参考文献 …… 94
第 5 章 无人驾驶定位系统 …… 97
5.1 载波相位差分（RTK）技术 …… 97
5.2 基于 GPS/IMU 的组合导航 …… 98
5.2.1 组合导航系统的基本构成 …… 99
5.2.2 基于扩展卡尔曼滤波的组合导航 …… 105
5.3 基于激光雷达的 SLAM 算法 …… 109
5.3.1 SLAM 问题描述 …… 109
5.3.2 坐标变换 …… 112
5.3.3 李群、李代数 …… 115
5.3.4 前端里程计 …… 122

5.3.5 地图创建 …… 141
5.3.6 回环检测 …… 148
5.3.7 后端图优化 …… 160
5.4 习题 …… 165
参考文献 …… 168
第6章 无人驾驶环境感知系统 …… 171
6.1 传统的环境感知技术 …… 171
6.1.1 基于激光雷达的障碍物检测 …… 171
6.1.2 基于激光雷达的动态目标跟踪 …… 178
6.1.3 基于激光雷达的路缘石检测 …… 180
6.1.4 基于摄像机的车道线检测 …… 193
6.2 基于深度学习的环境感知技术 …… 200
6.2.1 卷积神经网络（CNN） …… 200
6.2.2 通用目标检测架构 …… 208
6.2.3 基于摄像机的交通信号灯识别 …… 216
6.2.4 基于摄像机的限速标志识别 …… 245
6.2.5 基于摄像机的车道线识别 …… 259
6.2.6 基于激光雷达的目标识别 …… 270
6.3 习题 …… 283
参考文献 …… 283
第7章 无人驾驶规划决策系统 …… 286
7.1 基于电子地图的参考路径生成 …… 286
7.1.1 百度地图 JS API …… 287
7.1.2 Qt 内嵌浏览器及 JS 端与 Qt 端的信息交互 …… 290
7.1.3 电子地图平台的网络通信 …… 297
7.1.4 参考路径生成 …… 302
7.2 基于 Frenet 的低速无人车路径动态规划 …… 312
7.2.1 Frenet 坐标系定义 …… 312
7.2.2 基于车载传感器的无人车 Frenet 坐标确定 …… 313
7.2.3 Frenet 坐标系下路径备选集合的构建 …… 323
7.2.4 路径备选集合向全局坐标系的转换 …… 327
7.2.5 障碍物碰撞检测及最优路径选取 …… 329
7.3 基于 A*算法的无人车全局路径规划 …… 331
7.3.1 图搜索算法基础 …… 332
7.3.2 Dijkstra 算法及最佳优先搜索（BFS）算法 …… 334
7.3.3 A*算法 …… 339
7.3.4 Hybrid A*算法 …… 345
7.4 习题 …… 363

参考文献 …… 365

第 8 章　无人驾驶执行控制系统 …… 368

8.1　线控技术概述 …… 368

8.1.1　线控转向系统 …… 368

8.1.2　线控制动系统 …… 369

8.1.3　线控加速系统 …… 370

8.2　基于几何追踪方法的前轮转角控制 …… 371

8.2.1　自行车模型 …… 371

8.2.2　前轮转角嵌入式控制器 …… 373

8.3　轮速嵌入式控制器 …… 380

8.4　习题 …… 385

参考文献 …… 385

第1章 绪 论

本章介绍无人系统的概念、意义、研究现状以及人工智能在无人系统中的发展趋势，这是学习本书后续内容的必要准备。

1.1 无人系统的概念和意义

无人系统是指无人车、无人机、无人潜航器和无人水面艇等无人平台及其配套装备的统称[1]。无人系统能够在无驾乘人员条件下以自主方式达成预定目标[2]。“平台无人”的特点使无人系统可代替人类完成危险、繁重或枯燥的工作；军用无人系统具备人员零伤亡、适应和生存能力强、制造与维护成本低等诸多优点[1,3]。

无人系统是由控制科学、信息科学和系统科学等高新技术支撑的综合系统，多学科交叉融合及协同发展是构建无人系统的基础[4]。21 世纪以来，无人系统在工业、农业、服务业等民用领域得到了广泛应用，而且在军事领域也表现出强劲的发展势头。

科技进步帮助人类不断提升认识、改造以及利用世界的能力，其中，机械化和电气化令人类体力得到拓展；信息化与智能化增强了人类智力；无人系统使智能化、信息化、电气化和机械化融为一体，把人类能力带到了一个新的历史高度，在推动军事变革、社会进步和经济发展方面将发挥重要作用[5]。

1.2 无人系统的研究现状

本节从无人车、无人机、无人潜航器和无人水面艇四个方面介绍在自主无人系统领域具有代表性的最新研究成果。而传统的只能通过人工遥控方式运行（或自主能力非常有限）的无人系统不在本书讨论范围内。

1.2.1 无人车现状

近年来，无人驾驶技术在城市交通、农业、采矿、港口码头、仓储物流、智能家居、军事和航天等领域中得到广泛应用。

在城市交通领域，2009 年 Google 公司启动了自动驾驶汽车项目。2014 年其推出了无人驾驶原型车 Firefly（见图 1-1）[6]，并于 2015 年开始路试。Firefly 是纯电动车，最高速度达 40 km/h。基于车载激光雷达和摄像机，Firefly 能够感知环境信息，可在城市道路上完成无人驾驶。

2016 年年底，基于 Google 自动驾驶汽车项目成立了子公司 Waymo。2017 年，Waymo 宣布 Firefly 退出历史舞台，继而将无人驾驶技术应用于克莱斯勒 Pacific 混合动力汽车（见图 1-2）[7]。2018 年 12 月，自主驾驶出租车服务 Waymo One 正式投入商用。截至 2019 年 7 月，Waymo 的无人车在实际道路上累计测试里程已超过 1600 万 km。

图 1-1　Google 公司的无人驾驶原型车 Firefly

图 1-2　Waymo 公司研制的自主驾驶的克莱斯勒 Pacific 混合动力汽车

2018 年，Nuro 公司对外公开了他们研制的用于短途配送货物的无人车（见图 1-3）[8]，并于同年在美国亚利桑那州面向公众开放了无人车配送服务。该车利用装备的摄像机和激光雷达可感知前来提货的用户和路况。

图 1-3　Nuro 公司的短途配送货物无人车

在城市交通领域除以上研究成果外，还有多家科技公司和汽车制造商推出了多款无人驾驶汽车，这些无人车目前都在美国加利福尼亚州进行路试。

表1-1的数据来自美国加利福尼亚州车辆管理局（DMV）发布的《2018年自动驾驶接管报告》。其中统计了2017年12月—2018年11月期间在该州进行测试的无人车人工接管频率[9]。这里的人工接管是指，因为天气、交通和系统故障等特殊情况，自动驾驶汽车在人工干预下脱离自动驾驶模式，并将控制权交给人类驾驶员的过程。因此，人工接管频率的高低可以从一个侧面反映目前无人驾驶技术的研究现状。

表1-1　DMV的城市交通领域无人车人工接管频率统计表（2017年12月—2018年11月期间）

公司名称	平均接管一次行进距离/km	公司名称	平均接管一次行进距离/km
Waymo	17846.8	Nullmax	71.4
GM Cruise	8327.8	Phantom AI	33.2
Zoox	3076.4	NVIDIA	32.2
Nuro	1645.3	SF Motors	17.7
Pony. AI	1635.6	Telenav	9.6
Nissan	336.8	BMW	7.3
Baidu	329.0	CarOne/Udelv	6.1
AIMotive	322.6	Toyota	4.1
AutoX	305.3	Qualcomm	3.8
Roadstar. AI	280.5	Honda	3.5
WeRide/JingChi	277.6	Mercedes Benz	2.3
Aurora	159.8	SAIC	1.9
Drive. ai	134.3	Apple	1.8
PlusAI	87.0	Uber	0.6

在农业领域，凯斯纽荷兰工业集团（CNH Industrial N. V.）在美国爱荷华州举行的2016农业进步展览会上推出了凯斯（Case IH）Magnum无人驾驶概念拖拉机（见图1-4）。

图1-4　凯斯纽荷兰工业集团（CNH Industrial N. V.）的凯斯Magnum无人驾驶概念拖拉机

该拖拉机可依据地势、障碍物以及田间其他农用机械的位置，自动规划最佳行进路线；根据远程遥控指令或天气预警信息，可实时调整该拖拉机的任务；一旦GPS位置信息丢失，该无人驾驶拖拉机会立即停止运行，从而保证农业生产安全。

2019年，约翰迪尔公司（John Deere）对外公开了他们研制的全电动无人驾驶拖拉机GridCON（见图1-5）。GridCON采用电缆供电，能够以20 km/h的速度自主运行；为防止其碾压电缆，GridCON集成了智能引导系统，并配备了用于收放电缆的机械臂[10]。

图 1-5　约翰迪尔公司（John Deere）的全电动无人驾驶拖拉机 GridCON

此外，在 2016 中国国际农业机械展览会上，中国一拖集团有限公司发布了无人驾驶拖拉机一代样机。2018 年，该公司设计的“东方红”无人驾驶拖拉机实现了农业全过程（即起动、倒车、操作农具、避障、耕作）的无人作业。2019 年，由河南省智能农机创新中心牵头研制了我国首台纯电动无人拖拉机，该项研究在拖拉机路径规划和电动控制等方面取得了突破。

在采矿行业，2005 年小松集团（Komatsu）开始研制露天矿山无人运输系统，于 2008 年正式商业化运营；该系统无须驾驶员，从而降低了 15%的运输成本；而且，通过优化无人驾驶矿用卡车的控制方式，使轮胎寿命延长了 40%。2016 年，小松集团推出了新一代无人驾驶矿用卡车（见图 1-6），该车取消了方向盘、脚踏板以及驾驶室，进而采用了四轮驱动转向系统，因此大幅提高了车辆的动力和灵活性。截至 2018 年年初，小松集团的无人驾驶矿车已在南北美洲以及澳大利亚的六座矿山得到应用。

图 1-6　小松集团（Komatsu）的无人驾驶矿用卡车

另外，卡特彼勒公司（Caterpillar，CAT）于 1996 年研发了第一辆无人驾驶矿用卡车；2013 年，该公司的六辆无人驾驶矿用卡车开始商用。至 2019 年商用规模已超过 150 辆，为矿山转运物料已达 10 亿 t，行驶里程将近 3500 万 km。

2019 年年初，中国兵器工业集团旗下内蒙古北方重工业集团北方股份公司推出了国内首台无人驾驶电动轮矿用卡车，并进驻矿山开展测试。该车采用了载波相位差分（RTK）技术，定位误差限制在厘米级；基于毫米波雷达和激光雷达可感知矿区环境信息，从而实现了矿车自动避障、自动倾斜和精准停靠。

在港口码头行业，2001 年科尼集团（Konecranes）把基于柴液动力的 Gottwald 集装箱自动导引车（AGV）应用于德国汉堡港，无人驾驶的 AGV 负责将集装箱由岸桥运输到堆场；2006 年又交付了柴电动力的 AGV；2011 年采用铅酸电池的 AGV 开始商用；2018 年具有快速充电能力的锂电池供电 AGV 投入使用（见图 1-7），其完全充电只需 1.5 h。

图 1-7 科尼集团（Konecranes）Gottwald 的锂电池供电集装箱自动导引车

从 2002 年起上海振华重工（集团）股份有限公司（ZPMC）开始研发集装箱 AGV。2017 年其研制的第四代 AGV 在青岛港全自动化码头投入运营（见图 1-8）[11]。与上一代 AGV 的区别是，该车具有集电系统以及顶升装置，集电系统利用滑触线保证 AGV 在行进中充电，顶升装置可抬高集装箱并将其放置到堆场指定位置。

图 1-8 青岛港全自动化码头的上海振华重工（集团）股份有限公司集装箱自动导引车

目前，集装箱 AGV 定位技术包括 GPS 定位、利用埋设的电磁导引线（或磁钉）进行定位、加速度计和陀螺仪的惯性定位、激光定位等[12]。

在仓储物流领域，亚马逊公司（Amazon）于 2012 年使用了仓储 AGV（即 Kiva 机器人，见图 1-9）[13]。Kiva 机器人通过地面的二维码进行定位，可按照无线指令将订单对应的货架搬运到分拣员面前，从而大幅提高了仓库的拣货效率。从 2012 年起，阿里巴巴、京东、顺丰和申通等公司陆续开始大量配备仓储物流搬运 AGV。

此外，2015 年 Linde Material Handling 公司与 Balyo 公司合作研发了无人驾驶叉车（见图 1-10）。

图 1-9　亚马逊公司（Amazon）的仓储物流搬运 AGV（Kiva 机器人）

图 1-10　Linde Material Handling 公司与 Balyo 公司合作研发的无人驾驶叉车

该车在仓库内能无人驾驶的核心技术是 Balyo 设计的同时定位与地图构建（Simultaneous Localization and Mapping，SLAM）算法。为实现无人驾驶叉车的室内定位和环境感知，Balyo 的工程师要完成以下三个步骤：首先，手动控制叉车在工作区运动，期间利用车载激光雷达（Light Imaging Detection and Ranging，LIDAR）记录数据，并基于 SLAM 技术测绘出该工作区的二维地图；然后，将二维地图中非固定设施移除，从而保留工作区的特征点（如柱子、墙壁、搁物架等），为后续无人驾驶提供工作区的参照地图，进而根据物流需求，在参照地图上为无人驾驶叉车添加虚拟路径和货物取放点；最后，将上述参照地图存储在无人驾驶叉车的计算机中，这样该叉车将参照地图和激光雷达实时获取的环境信息相比较就可完成自身定位和行进。

在智能家居领域，2010 年 Neato Robotics 公司首次将激光雷达 SLAM 技术运用到扫地机器人；利用 SLAM 技术测绘出的房间地图进行路径规划，保证了该机器人不与室内墙壁、家具发生碰撞且避免了清扫路线重复的情况。图 1-11 所示是 2017 年 Neato Robotics 发布的最新一代扫地机器人 Botvac D7™ Connected[14]，其满电续航时间是 2 h，利用手机 APP 可令机器人在清扫行进过程中避开指定区域（如儿童和宠物区）。

图 1-11　Neato Robotics 公司的扫地机器人 Botvac D7™ Connected

在军事领域，2005年BAE系统（BAE Systems）公司开始研制无人驾驶战车；2006年命名为黑骑士（Black Knight）的样车下线（见图1-12）并启动了野外测试工作；经过十余年的研发，2017年正式推出黑骑士无人战车；基于可见光/热成像摄像机、GPS、惯性传感器以及激光雷达（其中，车体正面外侧的两部激光雷达以90°范围水平转动，车体正面内侧的两部激光雷达以170°范围垂直转动），该车能够感知战场环境信息，继而实现自主驾驶。

图1-12　BAE Systems公司的黑骑士（Black Knight）无人战车

在航天领域，2012年8月美国国家航空航天局（NASA）研制的“好奇号”核动力火星车（见图1-13）成功着陆火星。在火星上，“好奇号”每前进几米就会自动停下来，并用车载相机拍摄的数据建立周围环境地图，继而检测出有潜在危险的障碍物，因此该车可规避各种安全风险，完全自主地在火星上行驶[13]。截至2019年，“好奇号”已在火星的Gale陨石坑行进了20 km；由于它的核动力发电机使用寿命为14年，所以目前它仍处于工作状态。

图1-13　NASA研制的“好奇号”核动力火星车

1.2.2　无人机现状

随着人工智能技术的深入发展和计算机电子技术的长足进步，无人机开始向高度智能化发展。下面介绍自主无人机的代表性研究成果。

NVIDIA Redtrail是在2017年为研究基于深度学习的无人机自主视觉导航而建立的开源项目（其源码地址链接见参考文献［15］）。该项目涉及机器视觉、深度神经网络以及控制策略；旨在打造高度复杂且未知环境（如深林深处无GPS条件）下可自主导航的无人机。基于NVIDIA Redtrail项目的自主视觉导航无人机如图1-14所示[16]。

图 1-14 基于 NVIDIA Redtrail 项目的自主视觉导航无人机

在该无人机底部安装的光流传感器通过感知其正下方地面纹理变化来确定无人机的地速；将得到的地速信息和机载惯性测量单元（IMU）的数据进行融合从而实现无人机的状态估计；无人机装备有激光测距仪，用于测量无人机距地高度；此外，该无人机搭载了朝向前方的摄像头，机载 NVIDIA Jetson TX1 计算机利用机器人操作系统（ROS）和深度学习技术进行摄像头的视频数据处理。其中，基于深度学习框架 Caffe 获得的深度神经网络 TrailNet 会预测出无人机与林间小道的相对位置，帮助无人机穿越丛林；基于 YOLO 目标检测架构的深度神经网络能够自动识别出路上行人和动物，进而结合视觉里程计软件算法[17]使无人机具有自主规避障碍物的能力[16]。

2018 年，Emesent 公司推出了无人机机载多线激光雷达三维点云扫描设备 Hovermap。Hovermap 吊装在无人机机身底部，如图 1-15a 所示。图中 Hovermap 集成了一个 16 线激光雷达 Velodyne VLP-16，该激光雷达每秒采集 30 万个点云数据；Hovermap 通过旋转 Velodyne VLP-16 实现三维全景扫描；搭载了大疆 DJI A3 飞控系统和 Hovermap 的无人机在没有 GPS 信号且无光源的条件下（如在矿井或地下隧道中），可利用激光雷达 SLAM 技术进行定位和环境感知，从而完成自主导航和测绘任务[18]。图 1-15b 所示是该无人机在矿井下采场自主飞行过程中测绘出的采场三维地图。由自主导航无人机实施采场测绘可使测量人员远离井下高危区域（如地下断崖）；而且与传统方法相比，可获得更多高质量数据，因此在矿山井下测绘领域具有广阔的应用前景。

a) b)

图 1-15 Emesent 公司 Hovermap 的无人机及其测绘的矿井三维地图

a）Emesent 公司 Hovermap 的无人机 b）Hovermap 测绘的矿井三维地图

2017 年，深圳市大疆创新科技有限公司（DJI）发布了掌上无人机“晓”（DJI Spark），如图 1-16 所示。

图 1-16　深圳市大疆创新科技有限公司（DJI）的“晓”Spark 掌上无人机

DJI Spark 集成了 24 核计算单元、视觉定位系统、3D 传感系统、GPS/GLONASS 双模卫星定位系统、IMU 和相机。其中，视觉定位系统包括一对负责测量无人机距地高度的红外传感器和一个用于确定无人机位置的摄像头，因此在无卫星定位信息的条件（如室内环境）下，DJI Spark 仍然可以精准悬停；3D 传感系统将基于 3D 红外测距原理获得的数据传输给视觉处理单元 Intel Movidius Myriad 2 来完成深度神经网络模型的边缘计算，从而使 DJI Spark 能够识别 5 m 内的障碍物、人的手势和面部特征。

2019 年，亚马逊公司发布了新一代快递无人机 MK27，该机具有 6 个旋翼和 4 个控制舵面，并且安装了旋翼保护框（见图 1-17）[19]。MK27 能够在机内承载高达 2.268 kg 的货物，其往返航程可达 27.78 km。图 1-18 展示了该无人机的快递配送方案。

图 1-17　亚马逊公司（Amazon）的快递无人机 MK27

由图 1-18 可见，MK27 可像直升机一样垂直起降；进入平飞后，将转为固定翼飞行模式，此时旋翼保护框被当作产生升力的机翼。MK27 搭载了可见光/红外摄像头、超声波传感器、IMU/GPS 组合导航系统和视觉定位系统。基于人工智能机器视觉技术，MK27 能够辨识飞行路线中的人或物，甚至可以检测到很细的晾衣绳；一旦发现障碍物（如其他低空飞行的直升机），MK27 将自动完成规避动作；无人机通过搜索特有的地面标识来确定货物投放区域，如果在投放区域检测到动物，为保证安全，该无人机将会自动终止（或延迟）降低飞行高度、投放货物的动作。在无 GPS 信号条件下，MK27 通过视觉 SLAM 技术可构建当前环境地图，并确定自身位置。当一个旋翼突发停转故障时（在某些情况下即便有两个旋翼同时发生停转），

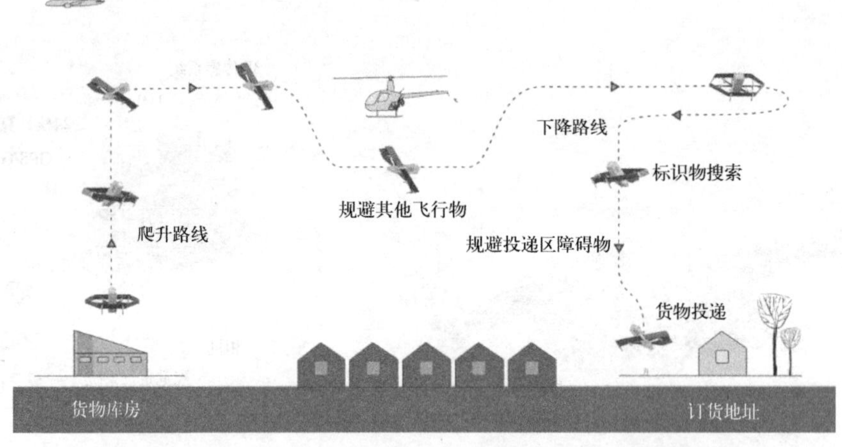

图 1-18　亚马逊公司（Amazon）无人机 MK27 的快递配送方案

该无人机仍然能够利用传感器和人工智能技术保证飞行安全。具体做法如下：MK27 检测到上述故障后，将采用滑翔飞行模式；当需要迫降时，人工智能算法可在陌生地域帮助无人机找到安全迫降区域，继而使其在着陆过程中远离人和物。截至 2019 年，MK27 在有代表性地域的试飞过程中采集了 1 万多个真实数据集，其硬件系统经过了 1.5 万次的模拟测试，软件系统也完成了 25 万次测试。

Northrop Grumman 公司从 2005 年起开始研制飞翼布局隐身无人机 X-47B（见图 1-19）[20]。该机搭载了合成孔径雷达、逆合成孔径雷达、基于 GPS 和机器视觉的组合导航系统、光电/红外传感器、地面/海上移动目标指示器以及电子支援设备。利用上述传感器和运行在实时操作系统 VxWorks 上的人工智能算法，2013 年 X-47B 在航空母舰上首次完成了自主着舰测试；进而在 2015 年该无人机首次成功实施了自主空中加油。除 X-47B 以外，目前全球著名的大型飞翼布局隐身无人机还包括欧洲的“神经元”、我国的“利剑”和英国的“雷神”无人机。

图 1-19　Northrop Grumman 公司的舰载隐身无人机 X-47B

2017 年，中国航空工业集团有限公司研制的侦察/打击一体化多用途无人机“翼龙Ⅱ”（见图 1-20）首飞成功。

在翼龙Ⅱ上同时搭载了合成孔径雷达和光电传感器，从而满足对探测距离和探测精度的要求。基于人工智能算法，翼龙Ⅱ能够进行故障自诊断，而且当无人机检测到机体（或设备）损毁时，将采用滑翔控制等方法实现自主着陆；翼龙Ⅱ集成了自主识别系统，可遂行全程自主无人化作战任务，即无须任何人工干预，该无人机可自主完成起飞、搜索、攻击以及返航。

图 1-20　中国航空工业集团有限公司的侦察/打击一体化多用途无人机“翼龙Ⅱ”

1.2.3　无人水下潜航器现状

深海环境复杂（其属于未知动态环境），而且海底潜航器和海面母舰之间存在较大通信延迟。因此传统遥控式潜航器无法在深海安全航行，只有自主式无人潜航器才能胜任深海勘探任务。下面基于三款典型的深海无人潜航器介绍该领域的研究现状。

2016 年，中国科学院沈阳自动化研究所作为技术总体单位研制的 4500 m 级深海勘探自主式无人潜航器“潜龙二号”（见图 1-21）[21] 在西南印度洋顺利完成首次下潜。潜龙二号外形酷似一条鱼，这样的外形有利于减小垂直爬升过程中的阻力，以便适应印度洋中脊复杂地形；在“鱼嘴”位置装有前视声呐，通过其声学数据的可视化来检测海底障碍物，进而基于在线路径规划算法，计算机可控制“鱼眼”“鱼鳍”处的推进器及舵板实现水下机器人的自主避障和路径跟踪；潜龙二号利用相机获取海底照片，而其“尾巴”处的磁力仪能够发现停止活动的多金属硫化物矿区；该水下机器人具备故障自诊断能力，对轻微故障可坚持作业，如果诊断出严重故障，它将自动上浮到水面；潜龙二号以电池为动力，水下最长工作时间为 30 余小时[22]。为提高数据质量与勘察效率，潜龙二号采用了自适应定深探测和超短基线定位技术[23]。

图 1-21　中国科学院沈阳自动化研究所作为技术总体单位研制的潜航器“潜龙二号”

2011 年，Kongsberg Maritime 公司制造的自主式无人潜航器 REMUS 6000（见图 1-22）在 3900 m 深的海底搜寻到法航 447 残骸[24]。REMUS 6000 的下潜深度可达 6000 m；其内置锂电池，水下执行任务的时长为 22 h；模块化设计技术使得该潜航器根据任务需求可方便更换不同类型的传感器，例如，在设计相机和浅地层剖面仪时，令这两个设备具有同样的尺寸、重量和电器接口，在 30 min 内就可在 REMUS 6000 上完成它们的对换；该潜航器配备了两个侧扫声呐，用于构建海底声学图像，且搭载了测量海水盐度、温度和深度的传感器；基于组合导航技术，REMUS 6000 利用加速度计、激光陀螺、GPS、声学多普勒流速剖面仪以及长基线声学定位系统实现位置估计；在无 GPS 和长基线声学定位信息的情况下，位置估计算法每小时的累积误差小于 10 m，这确保了 REMUS 6000 无须借助长基线声学定位系统来修正位置估计值，就能较长时间自主地运行在深水区；该潜航器完成任务后会自动上浮到水面，如果上浮位置与母舰的距离在 WiFi 信号覆盖范围内，REMUS 6000 将通过 WiFi 把自己的位置和状态数据传输回母舰（以便后续进行潜航器的回收），反之将利用“铱”卫星通信系统传递数据[25]。

图 1-22　Kongsberg Maritime 公司的自主式无人潜航器 REMUS 6000

2010 年，Woods Hole 海洋研究所（WHOI）研制的 6000 m 级深海自主式无人潜航器 Sentry 在“Deepwater Horizon”钻机平台爆炸引发大面积石油泄漏事故中成功完成溢油范围勘测以及对深海生态系统破坏地域的认定工作；此外，2016 年 Sentry 帮助搜寻到 2015 年在飓风中沉没的“El Faro”号货轮的航行数据记录仪[26]。如图 1-23 所示，Sentry 呈立扁体外形，具有 4 个安装在舵板上的推进器[27]。高速航行时，Sentry 的舵板产生升力，通过控制舵板的偏转角可改变潜航器的下潜深度；而在低速航行时，由于舵板无法产生足够大的升力来控制 Sentry 的深度，于是该潜航器会将其前端的舵板旋转至垂直位置，这样该舵板上安装的推进器产生了垂直推力，从而调整潜航器的水深，同时 Sentry 后端的舵板仍然处于水平位置以便提供前进和航向推力[28]。基于特征提取和光流算法的前视多波束成像声呐 Blueview P900 帮助 Sentry 在海底崎

图 1-23　Woods Hole 海洋研究所的自主式无人潜航器 Sentry

岖地形检测障碍物实现自主航行；Sentry 的软件经过多次迭代，已逐渐完善，从最开始的基于 UDP 的多进程消息传递架构演化为目前更为简捷、专业的基于轻量级通信和编组（LCM）的消息发布/订阅方式[26]。

1.2.4　无人水面艇现状

在自主能力研究方面，无人艇相较于无人车、无人机仍处于起步阶段。然而近年来也出现了全自主式无人艇。下面介绍两款代表性成果。

2018 年，广东华中科技大学工业技术研究院研发的自主式无人艇 HUSTER-68（见图 1-24）[29] 在松木山水库成功首航[30]。该艇集成了组合导航系统、双目摄像机、激光雷达和激光测距仪等传感器；基于人工智能技术，HUSTER-68 可自主航行，其具备自主环境感知、航迹规划和目标探测能力[30-32]。

图 1-24　广东华中科技大学工业技术研究院的自主式无人艇 HUSTER-68

2016 年，Leidos 公司研制的自主式无人艇 Sea Hunter 下水。为提高恶劣海况下的耐波性和存活率，该无人艇采用了图 1-25 所示的三体构型；基于自主管理系统，Sea Hunter 可自动识别各类舰船，并实施监视或规避；其具备长期自主航行能力，2019 年 Sea Hunter 在没有任何船员的情况下从圣地亚哥航行到夏威夷，然后自主返航。

图 1-25　Leidos 公司的自主式无人艇 Sea Hunter

1.3 无人系统中人工智能技术的发展趋势

假设已建立无人系统完整的数学模型并且将它部署在已知的静态环境中，那么为实现该系统的长期自主运行需解决的主要问题是如何提高其鲁棒性[33]。然而无人系统所处的实际环境往往是动态变化的。这些变化可能是短期的（如无人车视野内目标的移动），也可能是中期的（如在路边停放的车辆改变位置），甚至是长期的（如季节更迭、植物生长等）。此外，在设计阶段，也无法完全知晓无人系统的实际运行环境。而且，在无人系统长期运转过程中，终端用户可能调整任务的执行方式；无人系统自身也需要适应新的工具或采用更为先进的人工智能技术。综上所述，对未知动态环境下无人系统的长期自主性研究是富有挑战性的工作。

参考文献［33］回顾了近年来人工智能技术在处理无人系统长期自主性问题时所取得的丰硕成果，同时也在以下几个方面指出了未来的发展趋势：

1）人在回路系统的发展。为了在未知动态环境下可长期自主作业，无人系统需要更多的数据来解决设计时没有预见的问题。这些数据可能来自终端用户、维护人员或无人系统领域专家；也可能来自不完全可靠信息源，如互联网、无线电通信、语言、手势等。因此，要研究无人系统如何利用人的知识应对意外情况，从而使人工智能算法有能力在知识表示中整合上述数据，而且知识表示要能对人类知识进行语义抽象。

2）可长期自主运行无人系统之间知识迁移的发展。随着无人系统的大量应用，可通过多系统间交换重要数据来改进它们的性能。然而，由于无法交换所有记录下来的海量信息，所以研究哪些信息需要交换及何时交换是非常重要的。另外，无人系统之间的知识迁移也将加剧信息安全问题。基于云计算平台的知识库[34]以及云机器人技术[35]将有助于解决该问题。

3）系统集成技术的发展。为使无人系统长期自主运行，需要不同的人工智能算法密切配合，这极大地增加了软件集成难度。尽管 ROS 建立了整合无人系统各软件功能模块的标准框架，但它只提供了很少的工具来保证系统可靠性和鲁棒性。因此，未来需要在无人系统领域大力发展基于模型的软件系统工程[36]。

4）多领域专业化的发展。随着无人系统长期自主性研究的深入以及不同研究领域人工智能技术的进步，今后将有条件基于多领域人工智能算法的协同作用来解决特定应用中的挑战性问题。例如，在精准农业领域，与 RTK GPS 给出的绝对位置精度相比，人们更关心无人系统距离农作物行的相对位置精度，所以任何农作物识别方法的改进最终都将在作物护理和收割任务中提高导航系统的鲁棒性和准确度。

5）无人系统评估方法的发展。当可长期自主运行无人系统的模型、任务以及环境随时间不断变化时，如何评估该系统的性能和行为是未来人工智能技术要解决的又一难题。这要求该无人系统在给定时间内记录其使用的所有内部模型；而且需要提出一些新方法，从而在部分环境以某种概率变化的假设[37]下保证上述无人系统的可评估性。

1.4 习题

1. 简述无人系统（包括无人车、无人机、无人潜航器和无人水面艇）的研究现状和发展趋势。

2. 论述无人系统的发展对国民经济和国家安全的影响。

参考文献

[1] 牛轶峰，朱华勇，安向京，等．无人系统技术发展研究［A］. 2010-2011 控制科学与工程学科发展报告，北京：中国自动化学会，2011：166-175.

[2] 李杰，李兵，毛瑞芝，等．无人系统设计与集成［M］. 北京：国防工业出版社，2014.

[3] 林聪榕，张玉强．智能化无人作战系统［M］. 长沙：国防科技大学出版社，2008.

[4] 谷满仓．《无人系统技术》创刊词［J］. 无人系统技术，2018（1）：2.

[5] 张思齐，沈钧戈，郭行，等．智能无人系统改变未来［J］. 无人系统技术，2018（3）：1-7.

[6] WALTON M. Google's quirky self-driving bubble car hits public roads this summer［EB/OL］.（2015-5-15）［2021-04-08］. https://arstechnica.com/cars/2015/05/googles-quirky-self-driving-bubble-car-hits-public-roads-this-summer/.

[7] Automotive News Europe. Fiat Chrysler and Waymo may jointly develop fully self-driving cars［J/OL］.（2018-06-01）［2021-04-08］. https://europe.autonews.com/article/20180601/ANE/180609953/fiat-chrysler-and-waymo-may-jointly-develop-fully-self-driving-cars.

[8] KROK A. Nuro and Domino's buddy up for autonomous pizza delivery in Houston［J/OL］.（2019-06-17）［2021-04-08］. https://www.cnet.com/roadshow/news/nuro-dominos-autonomous-pizza-delivery-houston/.

[9] HERGER M. Update：Disengagement reports 2018-Final results［EB/OL］.（2019-02-13）［2021-04-08］. https://thelastdriverlicenseholder.com/2019/02/13/update-disengagement-reports-2018-final-results/.

[10] ALLEN J. John Deere develops fully electric，autonomous tractor［J/OL］.（2019-02-07）［2021-04-08］. https://www.ivtinternational.com/news/agriculture/john-deere-develops-fully-electric-autonomous-tractor.html.

[11] 中国交通建设集团有限公司．中国交建承建亚洲首个全自动化码头完成首次实船作业［EB/OL］（2017-03-28）［2021-04-08］. http://www.sasac.gov.cn/n2588025/n2588119/c4290860/content.html.

[12] 彭传圣．集装箱码头的自动化运转［J］. 港口装卸，2003（2）：1-6.

[13] HEUTGER M，KÜCKELHAUS M. Self-driving vehicles in logistics—A DHL perspective on implications and use cases for the logistics industry［J］. DHL Trend Research，2014：1-39.

[14] ANSALDO M. Neato Botvac D7 Connected review：Building a better（but more expensive）mousetrap［J/OL］.（2018-12-06）［2021-04-08］. https://www.techhive.com/article/3269774/neato-botvac-d7-connected-review.html.

[15] NVIDIACorporation. NVIDIA redtail project［CP/OL］.（2020-11-18）［2021-04-08］. https://github.com/NVIDIA-AI-IOT/redtail.

[16] SMOLYANSKIY N，KAMENEV A，SMITH J，et al. Toward low-flying autonomous MAV trail navigation using deep neural networks for environmental awareness［C］. IEEE/RSJ International Conference on Intelligent Robots and Systems（IROS），Vancouver，2017：4241-4247.

[17] ENGEL J，KOLTUN V，CREMERS D. Direct sparse odometry［J］. IEEE Transactions on Pattern Analysis and Machine Intelligence，2018，40（3）：611-625.

[18] HIGGINS S. Emesent releases Hovermap，a payload that turns your UAV into a powerful autonomous mapper（that doesn't need GPS）［EB/OL］.（2019-01-28）［2021-04-08］. https://www.spar3d.com/sponsored/emesent-releases-hovermap-a-payload-that-turns-your-uav-into-a-powerful-autonomous-mapper-that-doesnt-need-gps/.

[19] LARDINOIS F. A first look at Amazon's new delivery drone［EB/OL］.（2019-06-06）［2021-04-08］. https://techcrunch.com/2019/06/05/a-first-look-at-amazons-new-delivery-drone/.

[20] WICKHAM G. Northrop Grumman X-47B UCAS—Build review［EB/OL］.（2015-01-30）［2021-04-08］.

https://www.scalespot.com/onthebench/x47b/build.htm.

[21] 中国科学院沈阳自动化研究所. "潜龙二号" 取得我国大洋热液探测重大突破 [EB/OL]. (2016-03-22) [2021-04-08]. http://www.sia.cn/xwzx/kydt/201603/t20160322_4568784.html.

[22] 崔鲸涛. 如鱼得水的 "潜龙二号" ——研发团队揭秘 4500 米级深海资源自主勘查系统 [N]. 中国海洋报, 2016-01-12 (3).

[23] 李硕, 刘健, 徐会希, 等. 我国深海自主水下机器人的研究现状 [J]. 中国科学, 2018, 48 (9): 1152-1164.

[24] PURCELL M, GALLO D, PACKARD G, et al. Use of REMUS 6000 AUVs in the search for the Air France Flight 447 [C]. Oceans'11 MTS/IEEE KONA, Waikoloa, 2011.

[25] SHARP K M, WHITE R H. More tools in the toolbox: The naval oceanographic office's remote environmental monitoring units (REMUS) 6000 AUV [C]. Oceans 2008, Quebec City, 2008.

[26] KAISER C L, YOERGER D R, KINSEY J C, et al. The design and 200 day per year operation of the autonomous underwater vehicle Sentry [C]. IEEE/OES Autonomous Underwater Vehicles (AUV), Tokyo, 2016: 251-260.

[27] KAISER C L, KINSEY J C, PINNER W, et al. Satellite based remote management and operation of a 6000 m AUV [C]. 2012 Oceans, Hampton Roads, 2012.

[28] KINSEY J C, YOERGER D R, JAKUBA M V, et al. Assessing the deepwater horizon oil spill with the Sentry autonomous underwater vehicle [C]. IEEE/RSJ International Conference on Intelligent Robots and Systems, San Francisco, 2011: 261-267.

[29] 搜狐号: 幸福松山湖. 无人机之后, 松山湖无人艇来了! 还有这些高科技产品惊艳亮相…… [EB/OL]. (2018-01-20) [2021-04-08]. http://www.sohu.com/a/217938343_356071.

[30] 刘志伟, 王潇潇. 全自主无人艇首航成功 [N/OL]. (2018-01-24) [2021-04-08]. http://digitalpaper.stdaily.com/http_www.kjrb.com/kjrb/html/2018-01/24/content_387168.htm? div=-1.

[31] 中新网广东. 广东华中科技大学工业技术研究院全自主无人艇实现多艇协同 [J/OL]. (2018-01-22) [2021-04-08]. http://www.gd.chinanews.com/2018/2018-01-22/2/393250.shtml.

[32] 广东华中科技大学工业技术研究院. 华中工研院开发的全自主无人艇正式下水试航 [EB/OL]. (2017-12-05) [2021-04-08]. http://www.hustmei.com/document/201712/article1712.htm.

[33] KUNZE L, HAWES N, DUCKETT T, et al. Artificial intelligence for long-term robot autonomy: A survey [J]. IEEE Robotics and Automation Letters, 2018, 3 (4): 4023-4030.

[34] RIAZUELO L, TENORTH M, MARCO D D, et al. RoboEarth semantic mapping: A cloud enabled knowledge-based approach [J]. IEEE Transactions on Automation Science and Engineering, 2015, 12 (2): 432-443.

[35] KEHOE B, PATIL S, ABBEEL P, et al. A survey of research on cloud robotics and automation [J]. IEEE Transactions on Automation Science and Engineering, 2015, 12 (2): 398-409.

[36] SCHLEGEL C, LOTZ A, LUTZ M, et al. Model-driven software systems engineering in robotics: Covering the complete life-cycle of a robot [J]. Information Technology, 2015, 57 (2): 85-98.

[37] SESHIA S A, SADIGH D, SASTRY S S. Towards verified artificial intelligence [J]. CoRR, 2016: 1-18.

第2章　无人系统的自主控制架构

本章介绍一般无人系统的知识，其中包括自主性的定义、自主等级划分以及未知动态环境下无人系统的自主控制架构。

2.1　无人系统自主性的定义和等级划分

无人系统自主性是指无人系统为完成其目标（如终端用户通过人机接口安排的任务）而自身具备的感知、分析、通信、规划和决策的综合能力[1]。

自主性反映了无人系统的自我管理能力，这种能力可应对无法预料的情况并尽量减少人为干预，从而使自主无人系统拥有生存和完成指定任务的能力[2]。国际自动机工程师学会（SAE International）将自动驾驶车辆的自主等级分为6级[3]（即L0～L5，参见表2-1）。截至2019年，无人驾驶技术已达到L4级，且L4级无人车已开始量产。

表2-1　自动驾驶车辆的自主等级划分[3]

等级	名　称	定　义	动态驾驶任务（DDT）		动态驾驶任务接管（DDT Fallback）	自动驾驶系统的适用环境（ODD）
			持续的横向和纵向车辆运动控制	对目标、事件的检测和响应（OEDR）		
驾驶人员完成部分或全部动态驾驶任务						
0	无自动驾驶	驾驶人员完成全部动态驾驶任务	驾驶人员	驾驶人员	驾驶人员	
1	辅助驾驶	在该等级的自动驾驶系统适用环境下，该系统可持续进行横向或纵向车辆运动控制（但无法同时控制横向和纵向运动），其未能控制的部分需要由驾驶人员负责	驾驶人员和自动驾驶系统	驾驶人员	驾驶人员	受限
2	部分自动驾驶	在该等级的自动驾驶系统适用环境下，该系统可同时且持续控制车辆的横向和纵向运动。但驾驶人员要负责观察目标、响应事件以及监督自动驾驶系统的工况	自动驾驶系统	驾驶人员	驾驶人员	受限
当启用自动驾驶系统时它完成全部动态驾驶任务						
3	有条件的自动驾驶	在该等级的自动驾驶系统适用环境下，该系统可持续履行全部动态驾驶任务。然而当动态驾驶任务接管人收到自动驾驶系统发出的接管请求（或发现在车辆其他系统中出现了影响动态驾驶任务完成的故障）时，该接管人要给出恰当的应对措施	自动驾驶系统	自动驾驶系统	动态驾驶任务接管人	受限
4	高度自动驾驶	在该等级的自动驾驶系统适用环境下，该系统可持续履行全部动态驾驶任务以及接管工作，无须乘车人响应接管请求	自动驾驶系统	自动驾驶系统	自动驾驶系统	受限
5	完全自动驾驶	在所有（车辆可行驶的道路）环境下，该等级的自动驾驶系统可持续履行全部动态驾驶任务以及接管工作，无须乘车人响应接管请求	自动驾驶系统	自动驾驶系统	自动驾驶系统	不受限

表 2-1 中的动态驾驶任务是指，在道路上控制车辆用到的所有实时操作和决策功能，其包括（但不限于）下面的子任务：基于加减速的车辆纵向运动控制、基于转向装置的车辆横向运动控制、对目标（事件）的检测和响应、通过灯光（信号等）增强车辆的醒目性以及驾驶决策。但动态驾驶任务不包括目的地和途经点的选择、行程安排等导航功能。

另外，在表 2-1 中自动驾驶系统的适用环境是指自动驾驶系统可保证车辆安全行驶的环境，其中涉及路况、车速、时段（如白天、夜间）等。

在《无人机系统路线图（2005—2030）》[4] 中将无人机的自主性分为 10 个等级，即

1 级：只能遥控引导；

2 级：可实时进行健康诊断；

3 级：具备故障容错能力并可自适应不同的飞行条件；

4 级：可由机载计算机实现航路重规划；

5 级：有多机协调能力；

6 级：能够完成多机战术重规划；

7 级：可达成多机战术目标；

8 级：机群可分布式控制；

9 级：机群能够达成战略目标；

10 级：全自主式集群。

其中，1~4 级为单机自主性等级；5 ~ 7 级为多机自主性等级；8 ~ 10 级为机群自主性等级[5]。

参考文献［6］将无人水面艇的自主性分为以下 6 个等级。

0 级：无自主性（完全由遥控引导）；

1 级：在有限的可实施船舶航行环境下具备初级半自主能力（可进行无避碰功能的导航）；

2 级：在有限的可实施船舶航行环境下具备中级半自主能力（可完成有避碰功能的导航）；

3 级：在有限的可实施船舶航行环境下具备高级半自主能力（可使到达目的地的航迹最优化）；

4 级：在大多数可实施船舶航行环境下具备自主能力；

5 级：在所有可实施船舶航行环境下具备完全自主能力。

美国材料与试验协会（ASTM）从环境感知、外部交互、规划决策与控制三个角度审视了无人水下潜航器的自主能力[7-8]。其中，环境感知部分给出了 7 个自主等级；外部交互部分划分为 2 个自主等级；规划决策与控制部分提出了 6 个自主等级。

2.2 未知动态环境下自主控制架构

2.2.1 概述

未知动态环境使无人系统的长期自主运行面临巨大挑战。为此，无人系统多采用图 2-1 所示的自主控制架构，其涉及硬件平台和软件系统。在硬件平台的支撑下，无人系统的自主能力取决于软件算法的智能化水平。由于机器人操作系统在提升软件创新速度方面意义重大，所以国内外的研究机构往往基于机器人操作系统开发无人系统的软件模块（如环境感知系统、定位系统、规划决策系统、执行控制系统和人机交互系统等）。

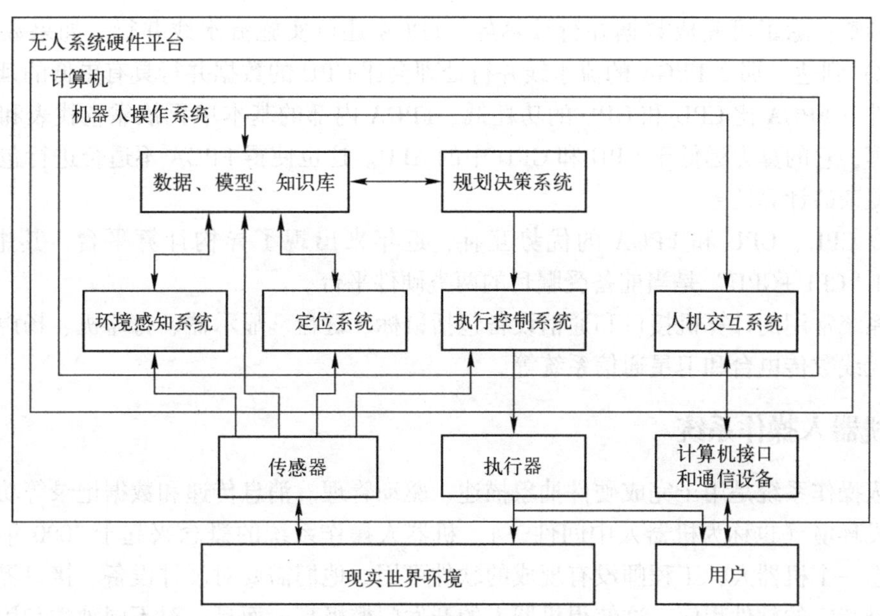

图 2-1　未知动态环境下可长期自主运行无人系统的组成框图

下面将基于图 2-1 详细介绍无人系统自主控制架构。

2.2.2　无人系统硬件平台

无人系统的硬件平台一般由各类型传感器、执行器、计算机及其接口和通信设备等构成。无人系统根据使用条件和任务需求配备不同的传感器。其涉及的传感器种类繁多，按功能划分，常用的传感器包括定位、定向、测距、测速、视觉、听觉和触觉传感器等。各个传感器与计算机的接口方式也有很大差异。在工程上习惯将可输出数字量（或数字编码）的传感器称为数字传感器，与之相对的是只能输出模拟信号的模拟传感器。数字传感器与计算机的接口多采用标准总线协议（如 RS232、I^2C、SPI 和以太网总线规范）。模拟传感器输出的模拟量往往需要通过模/数转换模块（如数据采集卡）将其变成数字信号才能进入计算机完成信号处理。

无人系统的执行器按照动力源差异分为电动执行器、气动执行器、液压执行器和混合动力执行器。计算机可利用数/模转换器输出模拟信号、I/O 模块输出数字开关信号或由现场总线传输计算机指令来控制执行器动作。

在无人系统领域复杂的人工智能算法要求计算机具有超强算力（例如，深度学习算法需进行大量矩阵、卷积的并行浮点运算）。通常用 TFLOPS（Tera Floating Point Operations Per Second，万亿次浮点运算/秒）和 TOPS（Tera Operations Per Second，万亿次运算/秒）来衡量计算机算力的高低。例如，边缘计算平台 Jetson AGX Xavier 的 GPU（Graphics Processing Unit）的半精度（FP16）算力是 11 TFLOPS，而整数精度（INT8）的算力为 22 TOPS。

当前主流的计算单元包括 CPU（Central Processing Unit）、GPU 和 FPGA（Field Programmable Gate Array）。CPU 是运算和控制核心，其具有很多算术逻辑运算单元（ALU）和较大的缓存，擅长数据管理、任务调度等复杂操作。与 CPU 相比，GPU 有更多的核心，如 Jetson AGX Xavier 的 GPU 具有 512 个 CUDA（Compute Unified Device Architecture）核心；但每个核心的缓存小，ALU 数量少且功能简单。因此 GPU 适合对海量数据进行简单重复的并行处理，特别适合图形运算和深度神经网络的并行运算。相较于 GPU，FPGA 灵活性强，其硬件功能可随时按需调整；除了可完成数据并行计算外，FPGA 还可实施流水线并行。如果数据是逐个（而非成批）到达，那么 FPGA 的流水线并行处理会比 GPU 的数据并行具有更低的延迟。而且在相同条件下 FPGA 比 CPU 和 GPU 的功耗低。FPGA 内部的基本单元依靠查找表和触发器实现各类运算，它的算力远低于 CPU 和 GPU 中的 ALU。这也使得 FPGA 不适合进行包含多个步骤且极其复杂的计算任务。

为了令 CPU、GPU 和 FPGA 的优势互补，近年来出现了异构计算平台，其中“CPU+FPGA”和“CPU+GPU”是当前备受瞩目的两类硬件平台。

无人系统常用的计算机接口和通信设备包括鼠标、键盘、显示器、打印机、扬声器、WiFi 路由器、无线数传电台和卫星通信系统等。

2.2.3 机器人操作系统

机器人操作系统是用于完成硬件抽象描述、驱动管理、消息传递和数据记录等功能的机器人软件开发环境（也称为机器人中间件[9]）。机器人操作系统的概念兴起于 2000 年。在此之前，为打造一个机器人，工程师没有现成的软件可用，他们需要对硬件设备、接口界面和控制系统等设计特定的软件程序，这使得机器人的开发门槛极高；而且，对不同种类和用途的机器人来说，它们的有些功能（如导航定位功能）是相同的。因此机器人操作系统应运而生，以便降低开发难度、避免重复工作且使研究人员的精力主要集中于实现机器人的具体使命任务和提高其自主能力方面。

全球著名的机器人操作系统包括 Player/Stage、YARP、Orocos 和 ROS。其中，开源的 ROS 至 2007 年以来飞速发展，在无人车和无人机研究领域得到了广泛应用。ROS 逐渐成为机器人操作系统的行业标准[9]。目前 ROS 频繁迭代，每年发布一个版本。基于 ROS 已建立起一个庞大的开源生态系统。为满足工业界对 ROS 的实时性、可靠性和安全性要求，2017 年年底 ROS2 正式发布。利用 ROS2 开发机器人的相关软件，可实现从原型设计到工业环境的直接部署。

ROS 的数据记录和回放功能可加速开发过程并降低实地测试的风险和成本。例如，在开发无人驾驶系统过程中，ROS 可记录每次路试的数据（如控制指令以及激光雷达、摄像机和 GPS 数据）。记录下的每类传感器和执行器数据具有特定名称和时间戳。在此基础上，利用 ROS 的数据回放功能和数据可视化工具，可重现无人车的路试情况，以便分析软件算法的设计缺陷并完成新算法的测试。因此通过 ROS 进行数据回放，无人驾驶系统研发人员不必驱车上路，就可在室内调试软件程序并将算法原型化，从而可缩短设计周期、降低研发成本；同时也避免了开发初期由于软件算法不成熟所带来的实际路试风险。

2.2.4 环境感知系统

环境感知系统把传感器数据进行信息提取和解释[10]，从而识别与无人系统行为相关的目标、状态和事件[11]。无人系统的环境感知技术涉及障碍物检测、目标识别与追踪、三维环境重构以及空间布局的语义分割等方法。

实际上，在动态环境下完成测绘任务的早期研究成果往往需要识别运动目标[12]，进而将它们从测绘地图中剔除[13]或者把它们作为移动地标[14]。但并不是所有动态目标在地图绘制时刻都在移动。因此，为确定这些动态目标，需经过长期的环境感知过程[12]。例如，可通过处理几周以来记录下的同一环境的多个三维点云数据来识别运动目标并提取静态环境模型[15]。

目前，基于人工智能的环境感知系统是国内外的研究热点，该系统常采用多个深度神经网络构建所在环境模型。对无人车来说，该模型可准确表示道路形状、行道线位置、交通信号灯状态、限速标识以及行人（和其他车辆）的外形、位置、速度等信息。

由于每种传感器的适用条件和范围都会受限，所以单一传感器无法长期全面地感知未知动态环境信息[16-17]。因此，可长期自主运行的无人系统往往装备有多种传感器（如可见光摄像机、红外热像仪、合成孔径雷达、激光雷达和毫米波雷达），其环境感知系统通过多型传感器的数据融合，可进一步加大深度学习识别结果的准确度和可靠性。为实现多传感器数据融合，需要根据具体问题和选用的传感器类型进行数据配准[18]，即将多个传感器数据一一对应起来[19]。

依据不同的工作环境，无人系统一般会搭载不同的传感器，例如，在室内运行的无人系统和室外的无人系统使用的传感器是不尽相同的，因此它们的环境感知系统处理的传感器数据类型也不完全相同。与室内的情况相比，在设计室外的环境感知系统时要额外考虑光照强度和气象条件的影响。

基于端到端的深度学习技术，人们可以利用大量数据训练一个深度神经网络，其输入的是原始数据而输出的就是需要预测的结果，从而使开发者更容易构建环境感知系统。为获得解决特定环境感知问题的深度神经网络，需完成下面的两个步骤：首先，选取处理类似问题的预训练模型（该模型源自大型基准数据集的训练结果）；其次，通过迁移学习的方法，用特定问题的少量数据重新训练上述模型的部分参数，以便得到适用于该问题的深度神经网络。于是，可由相对统一的神经网络框架来实现特征提取、分类、优化等传统环境感知过程[18]。然而，当考虑的环境感知问题无可用的预训练模型时，开发者需构建和标注大型数据集，这将使设计周期明显延长。幸好，近年来很多带标注的高质量数据集在互联网上得以共享，而且共享的数据集种类也日益丰富，因此环境感知任务正变得易于实现。

2.2.5 定位系统

定位系统利用传感器信息可估计出无人系统在其工作环境中的位置。目前基于载波相位差分（RTK）技术的卫星定位系统已经可为室外无人系统提供厘米级的定位精度。然而卫星信号易被建筑、植被遮蔽，出现失锁的情况。如果是短时间（如10s内）卫星信号失锁，传统的组合导航定位系统利用惯性传感器、轮速计或其他辅助设备仍然可以达到较高的定位精度；但是当卫星信号长期失锁时，则无法给出精准的定位结果，而且累积误差会随时间逐渐变大，最终使无人系统迷失自己的位置。另外，在无卫星信号（如室内）环境下，卫星定位系统更是派不上用场。

综上所述，在未知动态环境下无人系统在长期运行过程中难免会遇到传感器（如卫星定位接收机）无法提供其在地球参考系中的绝对位置的情形。此时，如何确定无人系统与所在环境的相对位置变得尤为重要。所以在开发定位系统时要兼顾绝对位置和相对位置的确定方法。

由于传感器的测量距离都是有限的，因此大范围运动的无人系统必须在移动过程中逐渐建立环境模型（即地图），并计算出与所处环境的相对位置。这在无人系统领域称为同时定位与地图构建（SLAM）。SLAM问题的解决将使未知动态环境下的无人系统真正具备自主定位能力[20]。

处理SLAM问题的方法主要分为两种，一种为基于滤波器（或图优化）的SLAM算法，其中常用的滤波器包括粒子滤波器和扩展卡尔曼滤波器[20]。早期对SLAM的研究多集中于滤波器方法。然而，基于滤波器的SLAM算法存在诸多缺点，如测绘大型场景需消耗大量内存且无法应用于动态环境。因此另一种基于图优化的SLAM成为当下研究热点。针对不同应用场景和使用条件，SLAM过程涉及的传感器也各不相同。近年来，在SLAM领域，利用激光雷达、摄像机（如单目、多目和RGB-D相机）以及水下声呐取得了很多有价值的研究成果。其中有些SLAM工程现已开源，详见表2-2。

表2-2 开源的SLAM工程

工程名	支持的传感器类型	地址
LOAM[21]	三维激光雷达（可选配IMU）	https://github.com/daobilige-su/loam_velodyne
LeGO-LOAM	三维激光雷达（可选配IMU）	https://github.com/RobustFieldAutonomyLab/LeGO-LOAM
Cartographer	三维激光雷达和IMU/二维激光雷达	https://github.com/googlecartographer/cartographer
ORB-SLAM2	单目、双目或RGB-D相机	https://github.com/raulmur/ORB_SLAM2
VINS-Mono	单目相机和IMU	https://github.com/HKUST-Aerial-Robotics/VINS-Mono
RTAB-MAP	双目或RGB-D相机	https://github.com/introlab/rtabmap
OKVIS	多目相机和IMU	https://github.com/ethz-asl/okvis
VINS-Fusion	双目相机/单目相机和IMU/双目相机和IMU	https://github.com/HKUST-Aerial-Robotics/VINS-Fusion

2.2.6 规划决策系统

规划决策系统负责制定从任务规划、全局路径规划到局部路径规划的各种决策，从而使无人系统可高效率、低成本地完成目标任务。任务规划属于高层规划[22]。任务规划过程中，无人系统将复杂任务拆解为多个相对简单的子任务，并给出执行各个子任务的先后顺序。全局路径规划属于中层规划，在未考虑时间约束条件下基于全局环境模型为各个子任务的达成提供尽量短的路径。局部路径规划（即动态路径规划）是底层规划，其利用全局路径规划结果以及传感器感知的局部环境信息，在时间、能耗等约束下对无人系统的速度和角度等控制量进行规划，以保证无人系统可实时规避障碍物和安全风险。对于无须拆解的简单任务，规划决策系统可不涉及任务规划环节。

全局和局部路径规划没有本质上的区别，因此实现它们的方法非常类似。通过改进，全局和局部路径规划方法可相互转换。两者协同配合，无人系统才可实现既定目标。

路径规划过程会用到环境模型和搜索算法。常用的环境模型包括Voronoi图、切线图以及可视图。传统搜索算法采用确定（或随机）搜索方式[23]。Dijkstra算法、最佳优先搜索（BFS）算法、A*算法和人工势场法为经典的确定搜索算法；随机搜索算法的代表性成果为随机搜索树（RRT）算法、随机路径规划（RPP）算法和概率路标（PRM）算法。相较于确定搜索算法，随机搜索算法可解决搜索空间高维化问题以及避免搜索过程陷入局部最优解，但算法的完备性变差，即随机搜索算法可能无法找到起点至终点的无碰路径。

除上述传统搜索算法外，近十年间，包括神经网络、遗传算法和模糊推理在内的智能搜索算法也受到了广泛关注。这些智能方法与传统方法相比，可在设计路径规划策略时减少人工干预，并提供最优或近似最优的规划结果。

2.2.7 执行控制系统

执行控制系统负责将规划决策系统得出的方案转换为无人系统执行器的控制指令。因为传感器存在噪声、执行器不完全可靠且无人系统的工作环境会动态变化，所以执行控制系统需利用传感器数据和闭环控制技术应对不确定因素的影响，从而保证规划决策方案的顺利实施。设计的闭环控制器对不确定因素的鲁棒性强弱是衡量其性能优劣的重要指标。此外，调节时间、超调量和稳态误差也是评判控制器好坏的关键参数。

执行控制系统往往包含多个闭环控制器，如速度、角度和位置闭环控制单元。各控制单元常以串联方式协同工作。控制器的设计方法种类繁多，除传统方法（如 PID 和模型预测控制）外，智能控制技术（如基于神经网络或模糊逻辑的控制方法）也在执行控制系统的开发过程中大放异彩。

控制器的输出指令一般会通过计算机总线（如 CAN、LIN、RS422、RS485 和 1553B 总线）送达给执行器。执行器会根据收到的具体指令采取相应的操作动作。

在无人驾驶领域，将可依据计算机总线数据工作的执行器称为线控执行器，与之相关的技术称为线控技术。无人车的线控执行器包括线控转向器、线控节气门、线控制动器以及线控变速器等。在航空领域，习惯将这种不用机械装置传递操纵动作而由计算机总线的电信号传输控制指令的技术称为电传技术。电传舵机是该技术的典型应用。它是操控飞机舵面的执行器，常配备于大型无人机。

2.2.8　人机交互系统

人机交互系统为无人系统提供与各类用户自主互动的能力，从而使其可以理解人类语言、文字、表情、手势等肢体动作和指令并给予适当的回应（如输出语音、文字、图形或触发执行器工作）。这不仅为无人系统提供了学习和适应人类行为的机会，而且也是人类与无人系统长期协作的基础[12]。

对无人系统来说，其用户的行为是不可预测的。因此人机协同过程中的人类行为会加剧无人系统应用场景的不确定性，从而给无人系统的长期自主运行带来更大的技术挑战。当前，对自主无人系统与人类长期协作的研究仍处于起步阶段。很多人机交互的研究都是假定无人系统已具备自主能力，而实际上在研究过程中使用的无人系统仍需要终端用户进行远程遥控[12]。

当下，在家政、零售、教育、护理和访客接待等领域亟须自主系统具备长期人机交互能力。参考文献［24］总结了在这些领域取得的 45 项人机交互研究成果。从其分析中可见，目前无人系统在学习和适应人类行为方面的能力还很有限。事实上，为使自主系统可长期进行人机交互，针对特定用户设计个性化的系统配置是至关重要的，例如，在教育和零售业，针对用户特点开发了个性化模型，从而取得了不错的人机交互效果[25-26]。

无人系统可在与人类的长期互动中对知识库不断升级，因此人机交互过程不仅面临技术挑战，也是提高无人系统自主能力的重要机遇。参考文献［27］提出了一种使无人系统可预测人类何时最有可能为其提供帮助的模型；此外，参考文献［28］给出了在人机交互过程中无人系统自主学习时空使用模式以便改善工作效率的办法[12]。

2.2.9　自主学习

因为在系统设计阶段无法考虑到全部突发状况，所以无人系统需具备自主学习能力，才可在未知动态环境下长期自主运行。该能力需要环境感知系统、定位系统、规划决策系统、执行控制系统和人机交互系统的支撑，以便收集训练数据，进而将其提炼为模型和知识；同时，这些系统的性能也在自主学习过程中得以提升。例如，无人系统 CoBot 能够基于定位系统、规划决策系统和执行控制系统选择不同的导航路线，从而为环境模型的自主学习提供必要的观测数据[29]。

无人系统的自主学习能力源于机器学习技术[12]。例如，基于强化学习方法，无人系统在工作期间可不断地从经验数据中获取新知识，继而在线改进系统性能；另外，基于示教学习（Learning from Demonstration）技术，无人系统可应对故障和突发情况；迁移学习方法用于解决训练数据不足的问题；利用深度学习技术和长期观测到的数据能够使系统具备预测行人运动轨迹的能力[30]。

鉴于在长期工作过程中接收监督信号是非常困难的，因此可长期自主运行的无人系统往往采用无监督的在线学习技术[12]。

2.3 习题

1. 论述无人系统的硬件平台和软件系统的构成。
2. 自动驾驶车辆的自主等级是如何划分的？

参考文献

[1] HUANG H-M. Autonomy levels for unmanned systems (ALFUS) framework: Safety and application issues [C]. Proceedings of the 2007 Workshop on Performance Metrics for Intelligent Systems, Washington D. C., 2007: 48-53.

[2] LIU G Q, ZOU Q J, WU J W. A review on variable autonomy of unmanned systems [C]. Chinese Automation Congress, Xi'an, 2018: 2253-2258.

[3] SAE International. J3016^{TM} Taxonomy and definitions for terms related to driving automation systems for on-road motor vehicles [S]. New York: SAE, 2018.

[4] CAMBONE S A, KRIEG K, PACE P, et al. Unmanned aircraft systems roadmap 2005—2030 [R]. Washington D. C.: Office of the Secretary of Defense, 2005.

[5] 陈宗基，魏金钟，王英勋，等．无人机自主控制等级及其系统结构研究［J］．航空学报，2011，32（6）：1075-1083.

[6] RAND Corporation. U. S. navy employment options for unmanned surface vehicles (USVs) [R]. California: RAND Corporation, 2013.

[7] ASTM International. ASTM F2541-06 Standard Guide for Unmanned Undersea Vehicles (UUV) Autonomy and Control [M]. West Consensehocken: ASTM International, 2006.

[8] 钱东，赵江，杨芸．军用 UUV 发展方向与趋势（下）——美军用无人系统发展规划分析解读［J］．水下无人系统学报，2017，25（2）：107-150.

[9] 戴华东，易晓东，王彦臻，等．可持续自主学习的 micROS 机器人操作系统平行学习架构［J］．计算机研究与发展，2019，56（1）：49-57.

[10] SIEGWART R, NOURBAKHSH I R, SCARAMUZZA D. Introduction to Autonomous Mobile Robots [M]. 2nd ed. London: The MIT Press, 2011.

[11] INGRAND F, GHALLAB M. Deliberation for autonomous robots: A survey [J]. Artificial Intelligence, 2017, 247: 10-44.

[12] KUNZE L, HAWES N, DUCKETT T, et al. Artificial intelligence for long-term robot autonomy: A survey [J]. IEEE Robotics and Automation Letters, 2018, 3 (4): 4023-4030.

[13] WOLF D F, SUKHATME G S. Mobile robot simultaneous localization and mapping in dynamic environments [J]. Autonomous Robots, 2005, 19 (1): 53-65.

[14] WANG C-C, THORPE C, THRUN S, et al. Simultaneous localization, mapping and moving object tracking [J]. International Journal of Robotics Research, 2007, 26 (9): 889-916.

[15] AMBRUS R, BORE N, FOLKESSON J, et al. Meta-rooms: Building and maintaining long term spatial models in a dynamic world [C]. IEEE/RSJ International Conference on Intelligent Robots and Systems, Chicago, 2014.

[16] 王东署, 王佳. 未知环境中移动机器人环境感知技术研究综述 [J]. 机床与液压, 2013, 41 (15): 187-191.

[17] 冯刘中. 基于多传感器信息融合的移动机器人导航定位技术研究 [D]. 成都: 西南交通大学, 2008.

[18] PREMEBIDA C, AMBRUS R, MARTON Z-C. Intelligent Robotic Perception Systems [M]. London: IntechOpen, 2018.

[19] 彭骏驰, 唐琎, 王力, 等. 激光雷达与摄像机的配准 [J]. 微计算机信息, 2008, 24 (21): 4-6.

[20] SIEGWART R, NOURBAKHSH I R, SCARAMUZZA D. Introduction to Autonomous Mobile Robots [M]. London: The MIT Press, 2011.

[21] ZHANG J, SINGH S. LOAM: Lidar odometry and mapping in real-time [C]. Robotics: Science and Systems Conference (RSS), Berkeley, 2014.

[22] 蔡自兴, 徐光祐. 人工智能及其应用 [M]. 北京: 清华大学出版社, 1988.

[23] 刘华军, 杨静宇, 陆建峰, 等. 移动机器人运动规划研究综述 [J]. 中国工程科学, 2006, 8 (1): 85-94.

[24] LEITE I, MARTINHO C, PAIVA A. Social robots for long-term interaction: A survey [J]. International Journal of Social Robotics, 2013, 5 (2): 291-308.

[25] FOSTER M E, ALAMI R, GESTRANIUS O, et al. The MuMMER project: Engaging human-robot interaction in real-world public spaces [C]. International Conference on Social Robotics, Kansas City, 2016: 753-763.

[26] BAXTER P, ASHURST E, READ R, et al. Robot education peers in a situated primary school study: Personalisation promotes child learning [J]. Plos One, 2017, 10: 1371.

[27] ROSENTHAL S, VELOSO M, DEY A K. Is someone in this office available to help me? [J]. Journal of Intelligent & Robotic Systems, 2012, 66 (1): 205-221.

[28] HANHEIDE M, HEBESBERGER D, KRAJNÍK T. The when, where, and how: An adaptive robotic info-terminal for care home residents [C]. ACM/IEEE International Conference on Human-Robot Interaction, New York, 2017: 341-349.

[29] KOREIN M, COLTIN B, VELOSO M. Constrained scheduling of robot exploration tasks [C]. International Conference on Autonomous Agents and Multi-Agent Systems, Paris, 2014: 429-436.

[30] SUN L, YAN Z, MELLADO S M, et al. 3DOF pedestrian trajectory prediction learned from long-term autonomous mobile robot deployment data [C]. IEEE International Conference on Robotics and Automation, Brisbane, 2018.

第3章 机器人操作系统 ROS

本章从机器人操作系统（Robot Operating System，ROS）的基本概念入手，通过坐标轴与标记线的可视化示例程序介绍 ROS 的安装、话题发布与订阅、多节点同时启动以及数据的记录和回放等方法。

3.1 ROS 的基本概念

ROS 是由 Willow Garage 公司和斯坦福大学人工智能实验室研发的机器人软件设计分布式框架[1]。开发者能够在此分布式框架下编程实现各软件的功能。此框架建立通信机制，将系统中的各功能组合到一起，而且 ROS 具有分布式点对点的特点，降低了系统的运算压力，提高了系统的容错能力；开发者可以使用多种语言在 ROS 平台进行编程，并且 ROS 系统强大的开源性支持着 ROS 快速发展[1]。

为方便对 ROS 基本概念的理解，将 ROS 的基本概念划分为三个等级，分别为文件系统级、计算图级和社区级，下面进行详细介绍[2]。

文件系统级的概念主要包括在磁盘上所能查找得到的 ROS 资源。ROS 系统中实现一种或多种功能的过程是在工作空间 catkin_workspace 内完成的，一个完整的工作空间结构及各文件夹下存放的文件类型如图 3-1 所示。

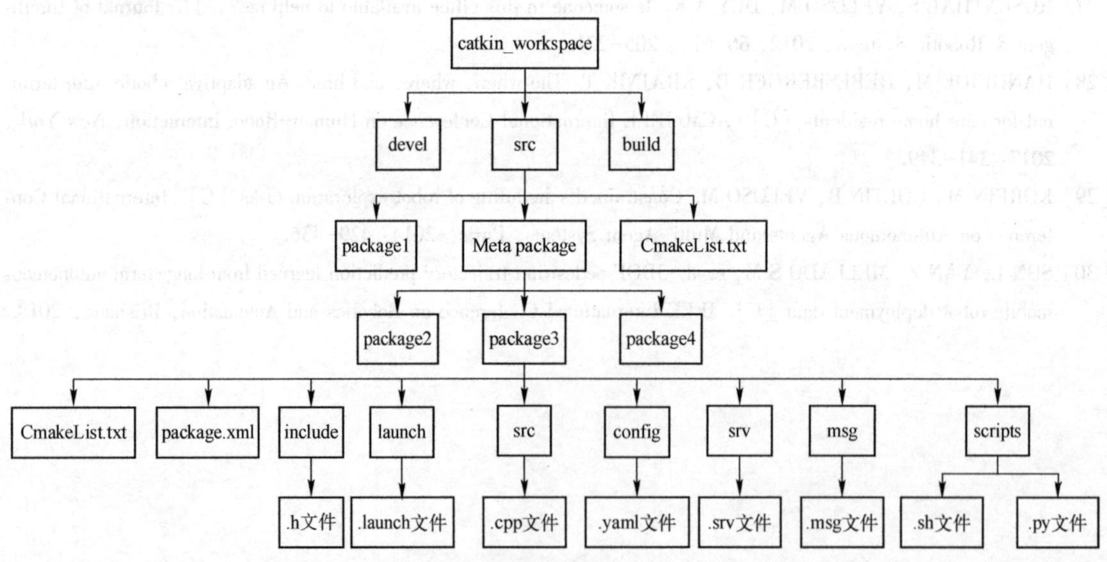

图 3-1　ROS 工作空间结构及各文件夹下的文件

文件系统级的概念即为工作空间中各文件夹与文件的概念。其中，package 是 ROS 软件组织中的主要单元，在 package 内可以编写实现某功能的节点程序，添加节点运行依赖的库、配置文件和数据集等[2]。可以通过功能包清单 package. xml 文件实现对 package 的管理。package. xml 文件用于存放功能包的元数据，包括功能包的名称、版本、描述、许可证信息和依赖项等[2]。CmakeList. txt 文件为 package 的编译文件。Meta package 用来表示一组相关的 package，如导航功能包中的各子功能包。package 下的 src 文件夹用于存放实现此 package 功能的 C++文件。include 文件夹中的 . h 文件为实现 C++文件功能所要包含的头文件。launch 文件夹用于存放可执行文件的启动文件，此启动文件的格式为 . launch。srv 与 msg 两个文件夹用于存放服务与消息的描述文件，服务文件为 . srv 格式，用于定义 ROS 中服务请求和响应的数据结构；消息文件为 . msg 格式，用于定义 ROS 中发送消息的数据结构。config 文件夹内存放此功能包所需的所有配置文件[3]，文件类型通常为 . yaml 格式。scripts 文件夹存放 . py 文件与一些 shell 脚本文件（. sh 文件）[3]。ROS 下的 catkin 编译系统对工作空间进行编译是对所有功能包进行编译，编译完成后生成 devel 与 build 两个文件夹，里面存放环境变量设置文件等。

计算图是由正在一起处理数据的 ROS 进程组成的结构框图，计算图级的基本概念有节点、master、参数服务器、消息、话题、服务和包。节点是 ROS 进程，ROS 节点一般由 C++语言或 Python 语言进行编写。一个机器人系统（如无人车系统）往往由多个节点组成。以本书工程为例，4 个节点构成无人车感知与决策系统，分别为路沿石与中心线检测节点、毫米波雷达节点、障碍物检测与路径规划节点和自动报警节点。master 是整个 ROS 的运行核心，master 对节点进行登记、注册和查找，并对参数服务器进行维护。每个节点的运行都依赖于 master，若没有 master，各节点之间不能明确彼此的存在，从而不能进行互相通信，roscore 指令用于启动 master[4]。在无人车系统中，往往需要设置许多参数，如传感器中的设定参数与程序中的参数。有些参数只要预先设置好，后期无须调整（如激光雷达转动频率），但有些参数需要实时地更新。此时，可用 rosparam 指令对存放在参数服务器中的参数进行编辑，当系统要调整参数时可从参数服务器调取新参数值[5]。节点之间通过传递消息进行互相通信。消息是一个数据结构，由类型字段组成，ROS 平台下定义了许多消息类型，如 sensor_msgs、geometry_msgs、nav_msgs 等，ROS 也支持开发者设计特定数据结构的消息类型[1]。消息发布者与消息订阅者通过 master 建立通信后，发布者与订阅者通过话题进行消息传输。话题作为消息的载体可用于区分不同的消息。一个节点可以发布与订阅多个话题，一个话题也可以被多个节点发布和订阅[2]。话题的发布与订阅是多对多模式[2]，并且消息的传输是单向的，而服务则是基于客户端服务端模型，通常要求与响应建立一对一模式。当客户端有请求时，服务端做出响应，服务适用于双向同步的信息传输[1]。包（bag）是用于存储和回放数据的文件。以无人车系统为例，各传感器数据的采集有一定难度。为避免数据处理和测试时对数据的重复采集，通常将每次采集的数据进行记录，存放到 bag 文件中[2]。

社区级是用户进行交流和借鉴的 ROS 资源，主要的 ROS 资源有 ROS Wiki、存储库和 ROS 发行版。Wiki 是记录 ROS 信息的主要论坛，开发者可在 Wiki 上进行资源的共享与互补；存储库用于存储代码，不同开发者可以在存储库内进行软件的开发与维护；ROS 发行版可在 ROS 官网下载，ROS 发行版使安装组件变得更加简单。

3.2　Ubuntu 环境下 ROS 的安装

目前 ROS 有着众多版本，新版本具有适用于较新平台的二进制文件和支持新平台的 ROS 包，但是新版本的支持周期较短；而一些旧版本则比较稳定，具有较长的支持周期[6]。此处以 2016 年发布的 kinetic 版本为例介绍 ROS 的安装方法。kinetic 版本适用于 Ubuntu15. 10 与

Ubuntu16.04[7]，所以在安装 ROS Kinetic Kame 前应确定 Ubuntu 环境。

在 Ubuntu“软件与更新”的“其他软件”选项中将 Ubuntu repositories 配置为允许“restricted”“universe”和“multiverse”，然后在 Ubuntu 超级终端下安装 ROS。

设置 source. list 使计算机接受 packages. ros. org 的软件，具体方法如下：

```
sudo sh -c 'echo "deb http://packages.ros.org/ros/ubuntu $(lsb_release -sc) main" > /etc/apt/
sources.list.d/roslatest.list'
```

设置 keys，即

```
sudo apt-key adv --keyserver 'hkp://keyserver.ubuntu.com:80' --recv-key
C1CF6E31E6BADE8868B172B4F42ED6FBAB17C654
```

在连接 keyserver 时如果遇到问题，在上一指令中替换成以下指令：

```
hkp://pgp.mit.edu:80 或 hkp://keyserver.ubuntu.com:80
```

也可使用 curl 指令设置 keys，即

```
curl -sSL 'http://keyserver.ubuntu.com/pks/lookup?op=get&search=0xC1CF6E31E6BADE8868B172B
4F42ED6FBAB17C654' | sudo apt-key add -
```

更新 debian 包索引的指令为

```
sudo apt-get update
```

安装 ROS 桌面完整版，即

```
sudo apt-get install ros-kinetic-desktop-full
```

桌面完整版包含了 ROS 的许多库和工具，若磁盘空间不足也可按以下办法安装 ROS 的部分功能。

安装 ROS 桌面简化版（其仅包括 ROS、rqt、rviz 和机器人通用库），即

```
sudo apt-get install ros-kinetic-desktop
```

安装基本 ROS 包、编译器和通信库，即

```
sudo apt-get install ros-kinetic-ros-base
```

若在开发过程中需要其他软件包，可通过以下指令进行安装：

```
sudo apt-get install ros-kinetic-PACKAGE_NAME
```

rosdep 能够为要编译的源安装系统依赖项，所以需要初始化 rosdep，即

```
sudo rosdep init
rosdep update
```

设置以下环境变量，从而使每启动一个 shell 时，ROS 环境变量都会自动添加到 bash 会话中：

```
echo "source /opt/ros/kinetic/setup.bash" >> ~/.bashrc
source ~/.bashrc
```

如果安装了多个版本的 ROS，~/. bashrc 只能为当前使用的版本提供 setup. bash。如果只想更改当前 shell 的环境，则可以输入以下内容：

```
source /opt/ros/ kinetic /setup.bash
```

如果使用 zsh 而不是 bash，则需要运行以下命令来设置 shell：

```
echo "source /opt/ros/kinetic/setup.zsh" >> ~/.zshrc
source ~/.zshrc
```

要创建和管理 ROS 工作区，有各种工具和需求是分开分发的。例如，rosinstall 是一个经常使用的命令行工具，它允许用户使用一个命令轻松下载 ros 包的多源树，因此要安装此工具和其他用于构建 ROS 包的依赖项。具体方法为

```
sudo apt install python-rosinstall python-rosinstall-generator python-wstool build-essential
```

3.3 ROS 话题的发布与订阅示例程序

本节以编写毫米波雷达在 ROS 中数据可视化的程序为例，详细介绍如何在 ROS 平台下编写、编译和运行程序。

3.3.1 workspace 和 package 的创建

在 ROS 平台下编写任何程序之前，首先应创建一个能够容纳 package 的空间，然后再创建具有相应功能的 package，各功能包中存放相应的代码。可以把此空间创建在任何目录下，并且可以命名为任意名称。因为 ROS 中各包的名称只允许由小写字母、下划线和数字组成，所以此处在 home 目录下创建名为 catkin_workspace 的工作空间。只要各功能包属于同一工作空间，ROS 的 catkin 编译系统就可以同时编译所有功能包。在创建工作空间之后还需在工作空间内创建名为 src 的子目录来存放各功能包及各代码。

mkdir -p 指令用于自动创建不存在的目录，创建工作空间与 src 文件夹指令如下：

```
mkdir -p ~/catkin_workspace/src
```

在终端中运行上述指令，在 home 目录下生成名为 catkin_workspace 的目录，并且在此目录下有个名为 src 的子目录，此时工作空间已创建完成。

package 的创建须在工作空间的 src 目录下进行，所以首先应进入 src 目录下，即

```
cd catkin_workspace/src
```

可用 catkin_create_pkg package-name 指令创建功能包，其中 package-name 为功能包名称。此处创建名为 pointcloud 的功能包，即

```
catkin_create_pkg pointcloud
```

同样可使用 roscreare-pkg [package_name] 指令创建功能包，并且可以同时指明该功能包所依赖的其他 package[8]，具体指令如下：

```
roscreate-pkg [package_name]
roscreate-pkg [package_name] [depend1] [depend2] [depend3]
```

创建成功后会发现在 src 文件夹下新建了 pointcloud 文件夹，pointcloud 文件夹内生成了 CMakeLists.txt 与 package.xml 两个配置文件。ROS 下的功能包是一些相关文件的集合，包括可执行文件与支持文件，其中 package.xml 用来定义此功能包的名称、版本、维护者和依赖关系[4]。

package.xml 文件的基本结构以<package format="2">开始并以</package>结束，即

```
<package format="2">   //开始标志

</package>             //结束标志
```

中间必须标注功能包的名称<name>、功能包的版本号（要求是3点分割整数）<version>、对功能包内容的描述<description>、维护功能包人员姓名</maintainer>和发布代码所依据的软件许可证<license>[9]。具体标注如下：

```
<name>pointcloud</name>                                        //功能包的名称为 pointcloud
<version>0.0.0</version>                                       //功能包版本为 0.0.0
<description>Thepointcloud package</description>               //对功能包的描述
<maintainer email="wxz@ todo.todo">wxz</maintainer>            //维护功能包人员信息
<license>TODO</license>                                        //软件许可
```

并且声明依赖于 catkin 编译系统，即

```
<buildtool_depend>catkin</buildtool_depend>    //声明依赖的编译工具
```

CMakeLists.txt 文件为 CMake 脚本（CMake 是一个跨平台编译工具）。在 CMakeLists.txt 文件中，cmake_minimum_required()声明了使用的 CMake 版本；project()定义了软件包名称；find_package(catkin REQUIRED COMPONENTS)添加了依赖库；catkin_python_setup()启动了 python 模块支持；add_message_files()/add_service_files()/add_action_files()是消息/服务/动作生成器、generate_messages()用于产生自定义消息；catkin_package()用于导出指定功能包构建信息；include_directories()声明头文件路径；add_library()/add_executable()/target_link_libraries()给出要生成的库或可执行文件；catkin_add_gtest()指定测试目标；install()用于声明安装规则[10]。

3.3.2 话题发布程序的编写

接下来，在 pointcloud 功能包中编写毫米波雷达在 ROS 中数据可视化程序。首先建立 src 文件夹，然后在 src 文件夹下用 touch 指令建立 .cpp 格式文件。此文件用于编写 C++程序，其命名为 MMW_lidar.cpp。创建文件夹和 C++文件的具体指令如下：

```
cd pointcloud                //进入功能包文件夹下
mkdir src                    //创建 src 文件夹
cd src                       //进入新创建的 src 文件夹
touch MMW_lidar.cpp          //创建 MMW_lidar.cpp 文件
```

在 ROS 平台下各节点之间以话题的形式进行信息传递。如图 3-2 所示，节点 1 将要传送的信息发布成话题，节点 2 通过订阅此话题接收节点 1 所传送的信息。

图 3-2　节点之间消息传递结构图

因为毫米波雷达固定在车体上，所以这里定义车体坐标系以毫米波雷达的位置为原点，毫米波雷达正前方为 x 轴，正左侧为 y 轴。为方便在 rviz 中观察毫米波雷达检测到的障碍物位置，下文中将在 rviz 中绘制上述坐标系，并且在距离坐标原点 0.5 m、1.0 m、1.5 m、2.0 m、2.5 m 和 3.0 m 处画出标记距离的线。

若想将存放在点云 axis 中的坐标轴各点与存放在点云 mark_line 中的标记线上各点通过 rviz 进行可视化，须将 axis 和 mark_line 发布成话题。为在 ROS 下完成节点通信，首先应执行 ros::init 指令来初始化节点（此处把该节点命名为 MMW_lidar），并用 ros::NodeHandle 定义句柄 nh。为把 axis 和 mark_line 发布成话题，这里用 ros::Publisher 定义发布者 pcl_axis 和 pcl_ mark。然后对这两个发布者进行初始化，即设置发布消息类型、发布话题名称以及队列长度。发布消息时如果频率过高，会造成缓冲区数据拥挤。当缓冲区的数据个数高于队列长度时，ROS 会自动丢弃之前发布的消息[11]。

MMW_lidar 类的定义如下：

```
class MMW_lidar
{
    public:
        MMW_lidar()                                   //构造函数
        {
            //设置发布者的发布消息类型、发布话题名称和队列长度
            pcl_axis = nh.advertise<sensor_msgs::PointCloud2>("/axis", 10);
            pcl_mark = nh.advertise<sensor_msgs::PointCloud2>("/mark_line", 10);
        }
    private:
        ros::NodeHandle nh;                           //定义节点句柄
        ros::Publisher pcl_axis, pcl_mark;            //定义发布者
        std_msgs::Header point_cloud_header_;         //定义所发布消息的 header
}
```

std_msgs::Header 类型的消息包含了时间戳、坐标系以及序列号等信息。坐标轴的画法如下：在 0~5 m 的 x 轴和−5~5 m 的 y 轴上每隔 0.01 m 取一个点；当 $4.8\,\mathrm{m} \leqslant x \leqslant 5.0\,\mathrm{m}$ 时，每隔 0.01 m 取一个 x 值，进而根据式（3-1）和式（3-2）计算出相应的 y 值，从而得到一系列用于绘制 x 轴箭头的点；同理，利用式（3-3）和式（3-4），计算出一系列用于绘制 y 轴箭头的点。

$$x+2y-5=0 \tag{3-1}$$

$$-x+2y+5=0 \tag{3-2}$$

$$2x+y-5=0 \tag{3-3}$$

$$-2x+y-5=0 \tag{3-4}$$

标记线的画法如下：将半径 0.5 m、1.0 m、1.5 m、2.0 m、2.5 m 和 3.0 m 存放在向量 vec_radius 中（r_j 为该向量的第 j 个元素）；然后，在 $[-\pi/2, \pi/2]$ 范围内，每隔 0.01 rad 取一个 θ 值，并按照式（3-5）和式（3-6）计算出标记线上的各点坐标 (x_{ml}, y_{ml})。

$$x_{ml}=r_j\cos(\theta) \tag{3-5}$$

$$y_{ml}=r_j\sin(\theta) \tag{3-6}$$

最后，将求出的坐标轴上的点存入点云 axis 中，而将求出的标记线上的点存入点云 mark_line 中。为在 rviz 中显示车体坐标系坐标轴和距离标记线，计算相关点云的具体程序如下：

```
//定义一个点云来存放坐标轴上的点
pcl::PointCloud<pcl::PointXYZI>::Ptr axis(new pcl::PointCloud<pcl::PointXYZI>);
for (int i=0; i<500; i++)                            //在 0~5 m 之间每隔 0.01 m 取一个点
{
    pcl::PointXYZI x_axis;                           //定义 x 轴上的点
    x_axis.y=0;                                      //x 轴上点的 y 坐标为 0
    x_axis.x=i * 0.01;                               //计算 x 轴上点的 x 坐标
    axis->points.push_back(x_axis);                  //将 x 轴上各点存入点云 axis
}
for (int i=-500; i<500; i++)                         //在-5~5 m 之间每隔 0.01 m 取一个点
{
    pcl::PointXYZI y_axis;                           //定义 y 轴上的点
```

```
        y_axis. x=0;                                           //y 轴上点的 x 坐标为 0
        y_axis. y=i * 0. 01;                                   //计算 y 轴上点的 y 坐标
        axis->points. push_back(y_axis);                       //将 y 轴上各点存入点云 axis
    }
    for (int i=480; i<500; i++)                                //在 4. 8~5 m 之间每隔 0. 01 m 取一个点
    {
        pcl::PointXYZI x_axis_arrow_1;                         //定义 x 轴上箭头左半部分的点
        x_axis_arrow_1. x=i * 0. 01;
        x_axis_arrow_1. y=-0. 5 * x_axis_arrow_1. x+2. 5;      //根据 x 坐标求取各点的 y 坐标
        axis->points. push_back(x_axis_arrow_1);               //将 x 轴箭头左半部分各点存入点云 axis
        pcl::PointXYZI x_axis_arrow_2;                         //定义 x 轴上箭头右半部分的点
        x_axis_arrow_2. x=i * 0. 01;
        x_axis_arrow_2. y=0. 5 * x_axis_arrow_2. x-2. 5;       //根据 x 坐标求取各点的 y 坐标
        axis->points. push_back(x_axis_arrow_2);               //将 x 轴箭头右半部分各点存入点云 axis
    }
    for (int i=480; i<500; i++)                                //在 4. 8~5 m 之间每隔 0. 01 m 取一个点
    {
        pcl::PointXYZI y_axis_arrow_1;                         //定义 y 轴上箭头右半部分的点
        y_axis_arrow_1. y=i * 0. 01;
        y_axis_arrow_1. x=(y_axis_arrow_1. y-5)/-2;            //以 y 坐标为基准求取各点坐标
        axis->points. push_back(y_axis_arrow_1);               //将 y 轴箭头右半部分各点存入点云 axis
        pcl::PointXYZI y_axis_arrow_2;                         //定义 y 轴上箭头左半部分的点
        y_axis_arrow_2. y=i * 0. 01;
        y_axis_arrow_2. x=(y_axis_arrow_2. y-5)/2;             //以 y 坐标为基准求取各点坐标
        axis->points. push_back(y_axis_arrow_2);               //将 y 轴箭头左半部分各点存入点云 axis
    }
    std::vector<double> vec_radius;                            //定义存放半径的向量
    vec_radius={0. 5, 1. 0, 1. 5,2. 0, 2. 5, 3. 0};            //给向量赋值
    pcl::PointXYZI   mark_line_points;                         //定义标记线上的点
    //定义一个点云存放标记线上的点
    pcl::PointCloud<pcl::PointXYZI>::Ptr mark_line(new pcl::PointCloud<pcl::PointXYZI>);
    int range=M_PI * 100;                                      //定义循环次数并赋值
    for (int j=0; j<vec_radius. size(); j++)                   //遍历向量内每一个半径
    {
        for(int i=0; i<range; i++)                             //循环 314 次
        {
            //theta 从- M_PI/2 开始每隔 0. 01 rad 取值一次直到 M_PI/2
            float theta=(-1 * M_PI)/2+0. 01 * i;
            mark_line_points. x=vec_radius[j] * cos(theta);
            mark_line_points. y=vec_radius[j] * sin(theta);    //按式(3-5)和式(3-6)计算各点坐标
            mark_line->points. push_back(mark_line_points);    //将计算出的点存入 mark_line 点云中
        }
    }
```

话题中的消息必须为 ROS 下的数据格式。当前求出的 axis 与 mark_line 两个点云的数据格式为 pcl::PointCloud，而 ROS 下的点云格式为 sensor_msgs::PointCloud2。PCL（Point Cloud Library）中的点云格式转换到 ROS 下的点云格式可由 pcl::toROSMsg 函数实现。然后给消息的 header（一般为时间戳）进行赋值，并对每帧的 id 进行命名，最后由发布者发布消息。发布点云的具体程序如下：

```
sensor_msgs::PointCloud2 axis_temp;               //定义 ROS 数据类型的点云
pcl::toROSMsg( * axis, axis_temp);                //将 PCL 数据类型的点云转换为 ROS 数据类型的点云
axis_temp. header=point_cloud_header_ ;           //给消息的 header 赋值
```

```
axis_temp.header.frame_id = "/velodyne";          //对每帧的 id 进行命名
pcl_axis.publish(axis_temp);                      //发布者发布消息

sensor_msgs::PointCloud2 mark_line_temp;          //定义 ROS 数据类型的点云
pcl::toROSMsg( * mark_line, mark_line_temp);      //将 PCL 数据类型的点云转换为 ROS 数据类型的点云
mark_line_temp.header =point_cloud_header_;       //给消息的 header 赋值
mark_line_temp.header.frame_id = "/velodyne";     //对每帧的 id 进行命名
pcl_mark.publish(mark_line_temp);                 //发布者发布消息
```

3.3.3　话题订阅程序的编写

毫米波雷达需要无人车的行驶速度和偏航角速度信息来保证测量精度。车载 GPS/IMU 组合导航系统可提供这些信息。该组合导航系统的 ROS 驱动程序会产生一系列话题（详见 4.3.2 节）。其中，/gps/vel 话题涉及无人车行驶速度；/gps/odom 话题包含了四元数信息，进而可计算出无人车偏航角速度。

综上所述，在使用毫米波雷达时要订阅两个话题。订阅 ROS 话题时，要定义相应的回调函数。每当接收到特定话题消息时就会调用该回调函数。/gps/vel 话题中的消息数据类型为 geometry_msgs::TwistWithCovarianceStampe，所以/gps/vel 话题的回调函数 velcallback 输入的数据类型应与之对应；/gps/odom 话题中的消息数据类型为 nav_msgs::Odometry，所以/gps/odom 话题的回调函数 odomcallback 输入的数据类型也应与之对应。

同话题发布程序类似，若要订阅话题，首先应定义订阅者，此处/gps/vel 话题的订阅者为 sub_vel，/gps/odom 话题的订阅者为 sub_odom；然后对订阅者进行初始化，包括设置要订阅话题名称、回调函数名称以及消息队列长度。话题订阅具体程序如下：

```
ros::Subscriber sub_vel, sub_odom;  //定义订阅者
//订阅者的初始化程序应在构造函数中
sub_vel = nh.subscribe("/gps/vel", 1, &MMW_lidar::velcallback, this);        //对订阅者进行初始化
sub_odom = nh.subscribe("/gps/odom", 1, &MMW_lidar::odomcallback, this);   //对订阅者进行初始化

//对两个回调函数进行声明
///gps/odom 话题的回调函数
void odomcallback(constnav_msgs::Odometry &msg);
///gps/vel 话题的回调函数
void velcallback(const geometry_msgs::TwistWithCovarianceStamped &msg_vel) ;
//程序中/gps/vel 话题的回调函数,函数的输入与/gps/vel 话题中消息数据类型相同
void MMW_lidar::velcallback(const geometry_msgs::TwistWithCovarianceStamped &msg_vel)
{
    float vel_E=msg_vel.twist.twist.linear.x;              //组合导航系统测得的无人车向东的速度
    float vel_N=msg_vel.twist.twist.linear.y;              //组合导航系统测得的无人车向北的速度
    float VEL=sqrt(vel_E * vel_E+vel_N * vel_N);           //计算合速度
}

//程序中/gps/odom 话题的回调函数，函数的输入与/gps/odom 话题中消息数据类型相同
void MMW_lidar::odomcallback(constnav_msgs::Odometry &msg)
{
    tf::Quaternion quat;                                   //定义 tf::Quaternion 类型的四元数
    double roll, pitch, yaw;                               //定义滚转、俯仰和偏航角
    //将 geometry_msgs::Quaternion 类型转换为 tf::Quaternion 类型
    quaternionMsgToTF(msg.pose.pose.orientation , quat);
```

```
        tf::Matrix3x3(quat).getRPY(roll, pitch, yaw);        //将四元数转换为欧拉角
    }
    int main(int argc, char * * argv)                        //主函数
    {
        ros::init(argc, argv, "MMW_lidar");                  //初始化 ROS 节点
        MMW_lidar start_detec;                               //MMW_lidar 类的实例化
        ros::MultiThreadedSpinner spinner(2);
        spinner.spin();                                      //循环等待回调
    }
```

程序中 tf 函数为 ROS 转换函数，使用 tf 函数可避免复杂的矩阵运算[1,12]。对于订阅话题的节点，每当接收到订阅的消息时，直接进入该话题的回调函数。ros::spin()用于监听回调函数并实现程序的循环。当该节点需要订阅多个话题（如本节所编写的程序需要订阅两个话题）时，为避免程序进入其中一个回调函数而堵塞其他回调函数的问题，需开辟多线程[13]。具体的 ROS 指令为

```
ros::MultiThreadedSpinner spinner(p);
```

其中，p 是指定的线程数。上述程序要订阅两个话题，所以主函数中定义的线程数为 2。这里，spinner. spin()的作用类似于 ros::spin()。

3.3.4 ROS 程序的编译

为实现上述程序功能，需要包含 C++头文件。例如，该程序为在 ROS 工作空间内编译运行，需要包含 ROS 头文件 ros/ros. h；为使用 PCL 点云，需包含一系列 PCL 点云库头文件；发布消息时，需将 PCL 点云转换成 ROS 的点云消息，因此要包含定义 ROS 点云类型的头文件 sensor_msgs/PointCloud2. h；话题/gps/vel 和/gps/odom 需要相应消息类型的支持，所以程序中应包含头文件 geometry_msgs/TwistWithCovarianceStamped. h 和 nav_msgs/Odometry. h。包含头文件的具体程序如下：

```
#include <ros/ros.h>                                   //包含 ROS 头文件
#include <sensor_msgs/PointCloud2.h>                   //包含 sensor_msgs 类型的 PointCloud2 头文件
//包含 PCL 点云库各头文件
#include <pcl_ros/transforms.h>
#include <pcl_conversions/pcl_conversions.h>
#include <pcl/point_cloud.h>
#include <pcl/filters/voxel_grid.h>
#include <pcl/filters/crop_box.h>
#include <pcl/point_types.h>
#include <pcl/filters/passthrough.h>
#include <tf/transform_listener.h>                     //包含 tf 监听器头文件
#include <iostream>                                    //包含标准的输入输出流头文件
#include <boost/bind.hpp>                              //包含 boost 标准库函数 bind 头文件
#include <math.h>                                      //包含 math 头文件
#include <stdlib.h>                                    //包含 standard library 头文件
#include <geometry_msgs/TwistWithCovarianceStamped.h>  // gps/vel 话题数据格式头文件
#include <nav_msgs/Odometry.h>                         // gps/odom 话题数据格式头文件
```

在编译该程序之前，需要添加此程序的依赖库（其包括头文件、静态库或动态库）。例如，对于本节提到的 MMW_lidar. cpp 程序，需添加 roscpp 依赖库（它是 ROS 的 C++客户端库）。这使得在编译功能包时 C++编译器能够定位所需的头文件和链接库[14]。开发者在 CMakeLists. txt 文件中添加该依赖库的方法为

```
find_package(catkin REQUIRED COMPONENTS roscpp)
```

为添加其他依赖库，只需将相应的库名称依次添加到 COMPONENTS 之后即可。

同时也需要在 package. xml 文件中，通过使用<build_depend>和<exec_depend>列出 roscpp 依赖库[4]，即

```
<build_depend>roscpp</build_depend>        //声明编译依赖库
<exec_depend>roscpp</exec_depend>          //声明运行依赖库
```

因为程序中用 pcl::toROSMsg 函数来实现 PCL 点云向 ROS 点云消息的转变，所以需要包含 pcl_conversions. h 头文件，并且应该在 CMakeLists. txt 文件中添加 pcl_conversions 依赖库，即

```
find_package(catkin REQUIRED COMPONENTS roscpp pcl_conversions)
```

并且，同 roscpp 一样，在 package. xml 清单文件中列出依赖库，具体指令如下：

```
<build_depend>pcl_conversions</build_depend>        //声明编译依赖库
<exec_depend>pcl_conversions</exec_depend>          //声明运行依赖库
```

然后，在 CMakeLists. txt 文件中添加可执行文件，一般由以下两个指令来实现，即

```
add_executable(exe-file-name sou-file-list)
target_link_libraries(exe-file-name ${catkin_LIBRARIES})
```

add_executable 指令声明了源文件及可执行文件名称，target_link_libraries 指令声明执行文件时需要链接的库[14]。其中，exe-file-name 为可执行文件名称（此处应为 MMW_lidar）；sou-file-list 为源文件名称（MMW_lidar. cpp 文件在 pointcloud 功能包目录下的 src 子目录中，所以 sou-file-list 应为 src/MMW_lidar. cpp）。具体程序如下：

```
add_executable(MMW_lidar src/MMW_lidar.cpp)
target_link_libraries(MMW_lidar ${catkin_LIBRARIES})
```

另外，应该在 CMakeLists. txt 文件中用 include_directories()来添加头文件路径[15]，即

```
include_directories(
  include
  ${catkin_INCLUDE_DIRS}
)
```

因为 MMW_lidar. cpp 是 C++程序（其中用到了一些关键字等新语法），所以编译该 C++代码时要加上 C++11 支持选项，即

```
add_compile_options(-std=c++11)
```

add_compile_options 指令可为所有编译器添加编译选项[16]。

按上述方法，编辑完 CMakeLists. txt 和 package. xml 以后，应进入工作空间目录编译程序，具体做法为

```
cd ~/catkin_workspace        //进入工作空间目录
catkin_make                  //编译
```

3.3.5　环境变量的设置

环境变量用来指定操作系统运行环境的参数（如文件夹位置）。运行一个或多个程序之前，需要告知系统每个程序的完整路径。若系统在当前文件目录下找不到相关文件，它会到环境变量指定路径中去寻找。在 3.2 节中，为了在运行 ROS 命令或程序时可以找到相应的文

件[6]，配置了 ROS 环境变量，即

```
echo "source /opt/ros/kinetic/setup.bash" >> ~/.bashrc
```

上述 echo 指令将"source /opt/ros/kinetic/setup. bash"追加到~/. bashrc 文件中[4]。这里，setup. bash 为配置 ROS 环境变量所需的脚本文件。Ubuntu 启动时会自动执行~/. bashrc；而在修改~/. bashrc 以后，为使修改立即生效，可执行 source ~/. bashrc。其中，source 指令（也称为"点命令"）用于读取并执行~/. bashrc 中的命令。

本节所编写的 MMW_lidar. cpp 文件位于新创建的 catkin_workspace 工作空间的 pointcloud 功能包中。运行该程序同样需要配置工作空间的环境变量。MMW_lidar. cpp 编译成功以后，在工作空间文件夹下生成了 build 和 devel 两个文件夹。在 devel 文件夹中有几个 setup. bash 文件。setup. bash 文件为工作空间的环境配置文件。每次运行 ROS 程序之前需要运行该文件，找到所需功能包或相关文件。设置工作空间环境变量的具体指令如下：

```
source ~/catkin_workspace/devel/setup.bash
```

可通过以下指令使每次打开新的终端时不必重复输入上述指令来设置工作空间环境变量：

```
echo "source ~/catkin_workspace/devel/setup.bash" >> ~/.bashrc
source ~/.bashrc
```

3.3.6 ROS 程序的执行

执行 ROS 程序通常有两种方法，第一种是使用 rosrun 指令。具体做法如下：

首先，打开终端并运行 roscore 指令，从而创建节点管理器 master；然后，打开一个新的终端，进入工作空间目录，用 rosrun 执行 ROS 程序，即

```
cd 工作空间名称
rosrun 功能包名称 可执行文件名称
```

下面介绍执行 ROS 程序的第二种方法，即基于 roslaunch 的节点启动方法。该方法需在功能包内编写 . launch 文件。为方便工作区和功能包内各程序的管理，需在功能包文件夹下建立存放 . launch 的文件夹（该文件夹命名为 launch）。在 launch 文件夹下建立启动 MMW_lidar 节点的 . launch 文件（该文件命名为 MMW_lidar. launch）。创建文件夹与 launch 文件具体指令如下：

```
cd ~/catkin_workspace/src/pointcloud      //进入 pointcloud 功能包文件夹
mkdir launch                              //创建 launch 文件夹
cd launch                                 //进入新创建的 launch 文件夹
touch MMW_lidar.launch                    //创建 MMW_lidar.launch 文件
```

launch 文件必须以<launch>为起始符，</launch>为结束符，即

```
<launch>

</launch>
```

在起始符与结束符之间也可加入引数<arg>。引数通常为节点运行所需参数，一般有以下两种形式：

```
<arg name="length" value="0.5">
<arg name="height" default="1.6">
```

其中，name 为参数名称；value 是参数值，也可用 default 设置预设值。

引数设定完成后，呼叫节点。呼叫节点的形式有两种，一种是以"/"作为结束符，另一

种是以</node >作为结束，具体形式如下：

```
<node pkg=" " type=" " name=" " respawn=" " required=" " output=" "/>
或
<node pkg=" " type=" " name=" " respawn=" " required=" " output=" ">

</node>
```

呼叫节点的常用参数中，pkg 是 . launch 文件所在功能包名称；type 是节点名称；name 也是节点名称，但是如果 name 与 type 名称不同，name 会覆盖掉 type 的名称；设置复位属性 respawn="true"，从而保证（由于软件崩溃或硬件故障造成）某节点停止时 roslaunch 可自动重启该节点；将某节点设置为必要节点（即令 required="true"），这使得该节点终止时 roslaunch 将终止所有节点并退出；令 output="screen"，则终端输出转储到当前控制台，令 output="log"，则输出到日志文件[17]。

MMW_lidar. launch 文件的内容如下：

```
<? xml version="1.0"? >
<launch>//开始符
//设置引数
<arg name="output" default="screen" />        //设置输出位置
<arg name="required" default="true" />        //给 required 赋值
<arg name="respawn" default="false" />        //给 respawn 赋值
//呼叫节点,声明功能包位置、节点名称与各参数
<node pkg="pointcloud" type="MMW_lidar" name="MMW_lidar" respawn="$(arg respawn)"
        required="$(arg required)" output="$(arg output)"/>
</launch>                                     //结束符
```

程序中的$(arg)指令用于寻找前面设好的参数[18]。

最后，在工作空间目录下使用 roslaunch 指令启动节点，即

```
cd ~/工作空间名称
roslaunch 功能包名称 . launch 文件名
```

roslaunch 指令在运行时自动检测 roscore 是否在运行。若没有运行，自动执行 roscore，然后直接启动 . launch 文件中指定的节点。对于本节所创建的工作空间、功能包以及编写的 . launch 文件，运行节点指令如下：

```
cd ~/catkin_workspace
roslaunch pointcloud MMW_lidar. launch
```

程序运行后，可通过 rqt_graph 指令在 graph 结构中查看节点订阅与发布话题关系，如图 3-3 所示。其中，/gps/vel 话题包含速度信息；/gps/odom 话题包含四元数信息；MMW_lidar 节点订阅了这两个话题，并且为方便观察毫米波雷达的测量精度，发布了（包含车体坐标系坐标轴上各点信息的）/axis 话题与（包含距离标记线上各点信息的）/mark_line 话题。

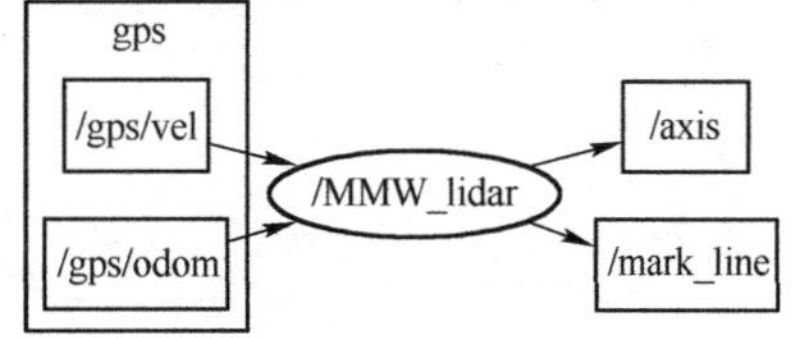

图 3-3　运行 rqt_graph 指令得到的 MMW_lidar 节点订阅与发布话题关系图

3.3.7　基于 rviz 的数据可视化

无人驾驶系统涉及大量数据，如点云信息的 *xyz* 三维坐标与强度值。这些数据较为抽象，不利于感受数据所描述的内容。rviz 是 ROS 平台下的三维可视化工具。机器人领域的相关数据

基本都能够利用 rviz 实现可视化[19]。在无人车领域，通过 rviz 可完成激光雷达点云数据和摄像机图像视频数据的可视化[1]。

下面将基于 rviz 介绍在 3. 3. 2 节中坐标轴和标记线数据的可视化方法。为此，首先打开新的终端，并输入命令“rviz”，从而打开 rviz 可视化工具。

为实现所发布消息的 rviz 可视化，需明确该消息的数据类型。MMW_lidar. cpp 程序所发布的消息采用了点云消息类型 sensor_msgs::PointCloud2。因此，只需在 rviz 中使用该消息类型插件订阅话题/axis 和/mark_line 即可完成数据可视化。具体方法如下：

单击 rviz 可视化界面左下角的“add”按钮，在弹出的对话框中选择“PointCloud2”，然后单击“ok”。此时，PointCloud2 插件出现在 rviz 界面的 Displays 栏中。因为 MMW_lidar. cpp 发布了两个话题，且话题数据类型均为 sensor_msgs::PointCloud2，所以应再添加一个 PointCloud2 插件。最终的 Displays 栏如图 3-4 所示。

在 3. 3. 2 节，将发布的消息中 header. frame_id 设置为“/velodyne”。因此，Displays 栏的 Global Options 中的 Fixed Frame 参数应设置为 velodyne。另外，利用 Global Options 的 Background Color 参数将显示界面的背景色改为白色。并通过 PointCloud2 插件的 Topic 参数设置订阅话题的名称，即/axis 和/mark_line。

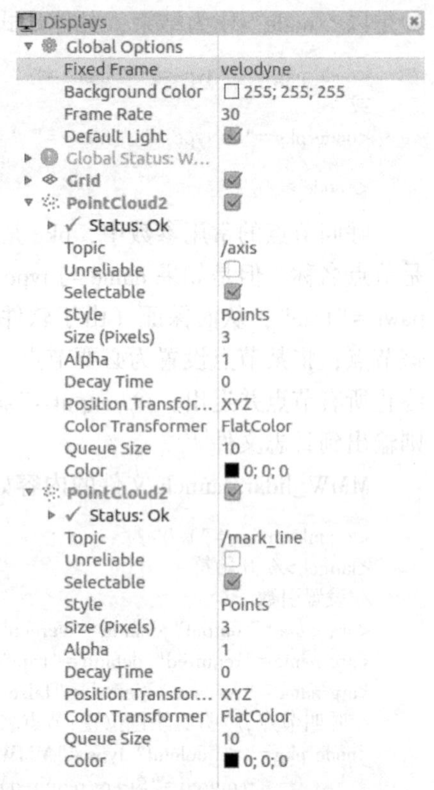

图 3-4　rviz 的 Displays 栏

坐标轴和标记线上数据的 rviz 可视化效果如图 3-5 所示。其中，两个带箭头的直线为车体坐标系的坐标轴（从坐标原点向上为 x 轴正方向，向左为 y 轴正方向）；网格（grid）为 1 m×1 m 的正方形；半圆是（半径分别为 0. 5 m、1. 0 m、1. 5 m、2. 0 m、2. 5 m 和 3. 0 m）距离标记线。

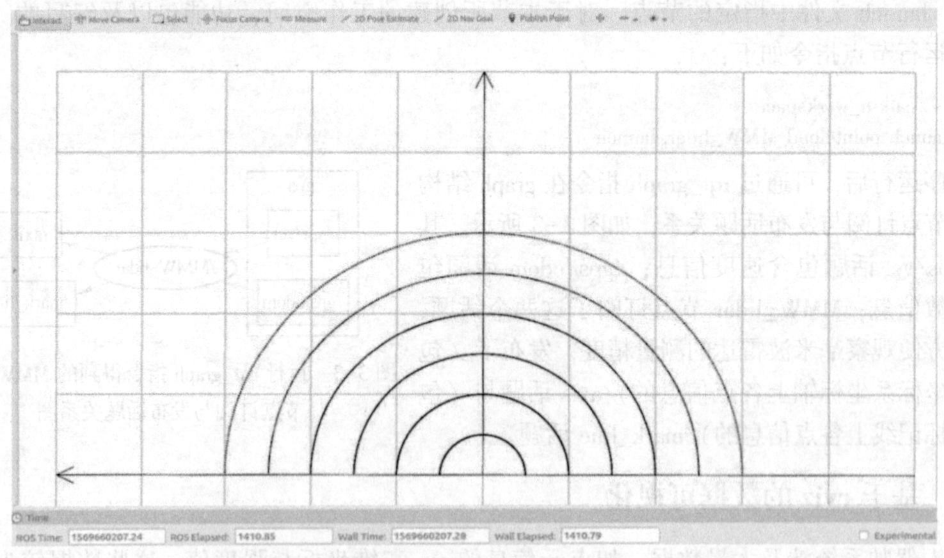

图 3-5　坐标轴和标记线上数据的 rviz 可视化效果

3.4　基于 roslaunch 的多节点同时启动

为启动具有多种功能的复杂系统，往往需要运行多个 ROS 节点。例如，在启动无人驾驶系统时，需运行实现环境感知和路径规划等功能的多个 ROS 节点。在按照 3.3.6 节介绍的方法启动多个 ROS 节点时，要打开多个终端，这使得多节点启动过程非常烦琐。实际上，roslaunch 指令可在一个终端中同时启动多个节点。

下面的 fenge.launch 文件呼叫了 4 个节点（即 fenge_node、curb_detector、alarm 和 MMW_lidar）。因此，可在一个终端中同时启动这 4 个节点。

```
<? xml version="1.0"? >
<launch>                                                              //开始符
//引数设置
<arg name="output" default="screen" /> <!-- screen/log -->            //设置输出位置
<arg name="required" default="true" />                                //给 required 赋值
<arg name="respawn" default="false" />                                //给 respawn 赋值
//TCP/IP 参数设置
<arg name="interface_tcp_server" default="219.216.101.98" />          //设置服务端 IP 地址
<arg name="port_tcp_server" default="65500" /> <!--65500-->           //设置服务端端口号

<arg name="interface_tcp_client" default="219.216.101.202" />         //设置客户端 IP 地址
<arg name="port_tcp_client" default="65500" />                        //设置客户端端口号
<arg name="pubHz"default="30.0" />                                    //设置传输频率

//呼叫节点
//呼叫 fenge_node 节点
<node pkg="pointcloudcluster" type="fenge_node" name="fenge_node" respawn="$(arg respawn)"
    required="$(arg required)" output="$(arg output)">
//调用参数
    <param name="interface_tcp_server" value="$(arg interface_tcp_server)" />
    <param name="port_tcp_server" value="$(arg port_tcp_server)" />
    <param name="interface_tcp_client" value="$(arg interface_tcp_client)" />
    <param name="port_tcp_client" value="$(arg port_tcp_client)" />
    <param name="pubHz" value="$(arg pubHz)" />
</node>
//呼叫 curb_detector 节点
  <node pkg="curb_detec_cpp" type="curb_detector" name="curb_detector" respawn="$(arg respawn)"
required="$(arg required)" output="$(arg output)"/>
//呼叫 alarm 节点
  <node pkg="curb_detec_cpp" type="alarm" name="alarm" respawn="$(arg respawn)" required="$(arg
required)" output="$(arg output)"/>
//呼叫 MMW_lidar 节点
  <node pkg="curb_detec_cpp" type="MMW_lidar" name="MMW_lidar" respawn="$(arg respawn)" re-
quired="$(arg required)" output="$(arg output)"/>

</launch>                                                             //结束符
```

在 fenge.launch 文件中，<param name=" "value=" " />用于设置 fenge_node 节点与电子地图进行 TCP/IP 通信所需的参数（参数值来自设定好的引数）。其中，interface_tcp_server 为服务器 IP 地址；interface_tcp_client 为客户端 IP 地址；port_tcp_server 为服务器端口号；port_tcp_client 为客户端端口号；pubHz 为数据传输频率。fenge_node 为障碍物检测与路径规划节点，该

节点在 pointcloudcluster 功能包中；curb_detector 为路缘石检测节点；MMW_lidar 节点为毫米波雷达的上位机 ROS 驱动程序；alarm 节点可根据障碍物远近发出不同频率的报警声。curb_detector、MMW_lidar 和 alarm 这 3 个节点程序位于 curb_detec_cpp 功能包中。运行下面的 roslaunch 指令将在一个终端中同时启动上述 4 个节点：

```
roslaunch pointcloudcluster fenge. launch
```

在多节点情况下，若单个 . launch 文件太过复杂，可为每个节点编写一个 . launch 文件；而后创建一个总的 . launch 文件（该文件利用<include>指令包含上述每个节点的 . launch 文件[1,18]），从而可在一个终端中启动多个节点。接下来，以启动 4 个节点（即 fenge_node、curb_detector、alarm 和 MMW_lidar）为例介绍具体做法。

首先，按 3. 3. 6 节所述方法分别编写 4 个 . launch 文件，即在 pointcloudcluster 功能包中编写 fenge_node 节点的启动文件 route_planing. launch；在 curb_detec_cpp 功能包中编写 curb_detector 节点的启动文件 curb_detector. launch、MMW_lidar 节点的启动文件 MMW_lidar. launch 和 alarm 节点的启动文件 alarm. launch。其次，在 pointcloudcluster 功能包的 launch 文件夹下编写一个总启动文件 all. launch。all. launch 文件的内容如下：

```
<launch>
//包含 fenge_node 节点的启动文件
<include file="$(findpointcloudcluster)/launch/route_planing. launch">
</include>
//包含 curb_detector 节点的启动文件
<include file="$(find curb_detec_cpp)/launch/curb_detector. launch">
</include>
//包含 MMW_lidar 节点的启动文件
<include file="$(find curb_detec_cpp)/launch/MMW_lidar. launch">
</include>
//包含 alarm 节点的启动文件
<include file="$(find curb_detec_cpp)/launch/alarm. launch">
</include>

</launch>
```

<include file=" ">的双引号内为所包含的 . launch 文件的路径，并且这里使用$(find) 查找功能包的路径[18]。运行 all. launch 文件，即

```
roslaunch pointcloudcluster all. launch
```

可启动 4 个节点。

若要控制多个节点的启动顺序，可通过编写 shell 文件来实现。例如，需要先启动 curb_detector 节点，再启动 MMW_lidar 节点，然后启动 fenge_node 节点，最后启动 alarm 节点，那么在工作空间文件夹下创建的 all. sh 文件的内容如下：

```
#!/bin/bash                                        //声明该脚本使用/bin/bash 来解释执行
roslaunch curb_detec_cpp curb_detector. launch &   //让 curb_detector 节点在后台运行
sleep 2                                            //等待 2 s
roslaunch curb_detec_cpp MMW_lidar. launch &       //让 MMW_lidar 节点在后台运行
sleep 2                                            //等待 2 s
roslaunch pointcloudcluster fenge. launch &        //让 fenge_node 节点在后台运行
sleep 2                                            //等待 2 s
roslaunch curb_detec_cpp alarm. launch &           //让 alarm 节点在后台运行
```

```
sleep 2                                    //等待 2 s
wait                                       //等待
exit 0                                     //退出
```

在 all. sh 文件的表示符“#!”之后，跟着解释该脚本的 shell 路径。“#!/bin/bash”声明该脚本使用/bin/bash 来解释执行。sleep 表示睡眠等待。利用“&”符号，让各个节点在后台运行。

此外，需要进入工作空间，给 shell 文件添加可执行权限，即

```
cd ~/catkin_workspace
chmod a+x all. sh
```

最后，为启动以上 4 个节点，运行 all. sh 文件，即

```
. /all. sh
```

3. 5　基于 rosbag 的数据记录与回放

ROS 的 rosbag 指令可以录制话题中的数据，并把这些数据存放到 . bag 文件中（此文件的名称为开始录制的时间）。

如图 3-3 所示，当程序运行时，发布了两个话题/axis 和/mark_line。这两个话题包含了坐标轴和标记线上各点的坐标数据。开发者可用“rosbag record”指令对这些数据进行记录。创建文件夹并记录话题数据的方法为

```
mkdir ~/dataset            //创建存放数据包的文件夹 dataset
cd ~/dataset               //进入 dataset 文件夹
rosbag record 话题名称      //录制话题
```

前两条指令用于新建存放数据集的文件夹 dataset 并进入该文件夹，最后的 rosbag record 指令对话题数据进行记录。此外，rosbag record 指令可以同时对多个话题进行记录，具体做法为

```
rosbag record /话题名称 1 /话题名称 2
```

例如，可以通过以下指令记录话题/axis 和/mark_line 的数据：

```
rosbag record /axis /mark_line
```

录制完成后，使用以下指令可查看 . bag 数据包中所包含的话题名称、类型和消息数量，以便检查录制数据的完整性：

```
rosbag info 数据包名称
```

而且可使用 rosbag play 指令重新播放该数据包，具体方法如下：

```
rosbag play 数据包名称
```

在播放 . bag 数据包时，打开 rviz，并按 3. 3. 7 节介绍的步骤，将 rviz 界面左侧的 Displays 栏参数设置成图 3-4 所示的参数值，即可令播放的数据可视化。此时，在终端中输入 rqt_graph 指令可打开图 3-6 所示的节点与话题结构框图。

在指令“rosbag play -r *n* 数据包名称”中-r 后面的数字 *n* 为播放速度。另外，指令“rosbag play 数据包名称 --topics *topic*1 *topic*2”只播放 . bag 数据包中的指定话题，其中 *topic*1 和 *topic*2 是该话题的名称。

图 3-6 播放录制的数据包产生的节点和话题

3.6 习题

1. 创建 ROS 的工作空间 workspace 与功能包 package，并编写加法程序“3+4=7”，将计算结果显示到终端。

2. 编写 ROS 话题发布程序，创建一个 ROS 节点。其中，定义一个二维坐标系；并在该坐标系中画一个方程为$(x-2)^2+(y-2)^2=4$的圆；最后将这个圆在 rviz 中显示出来。

3. 编写 ROS 话题订阅程序，创建一个 ROS 节点。该节点可订阅习题 2 中 ROS 节点发布的话题。基于 roscore 和 rosrun 指令依次启动这两个 ROS 节点，并且通过 rqt_graph 指令在 graph 结构中查看节点订阅与发布话题的关系。

4. 编写 launch 文件，同时启动习题 2 和习题 3 中的两个 ROS 节点；然后，基于 rosbag 指令记录节点发布的话题；最后，对记录的数据进行回放。

5. 阐述第二代机器人操作系统（ROS 2）在实时性和安全性方面较第一代机器人操作系统（ROS）的优势，并基于 ROS 2 重新完成习题 2。

参考文献

[1] 张建伟，张立伟，胡颖．开源机器人操作系统：ROS［M］. 北京：科学出版社，2012.

[2] BERGER E，CONLEY K，FAUST J，et al. ROS/Concepts［EB/OL］.（2014-06-21）[2021-05-06]. http://wiki. ros. org/ROS/Concepts.

[3] 胡春旭．ROS 机器人开发实践［M］. 北京：机械工业出版社，2018.

[4] O'KANE J M. A Gentle Introduction to ROS［M］. Charleston：CreateSpace Independent Publishing Platform，2013.

[5] CONLEY K. Rosparam［EB/OL］.（2014-06-29）[2021-05-06]. http://wiki. ros. org/rosparam.

[6] BERGER E，CONLEY K，FAUST J，et al. ROS/ Installation［EB/OL］.（2020-12-31）[2021-05-06]. https://wiki. ros. org/ROS/Installation，2018.

[7] BERGER E，CONLEY K，FAUST J，et al. Ubuntu install of ROS Kinetic［EB/OL］.（2020-03-25）[2021-05-06]. https://wiki. ros. org/melodic/Installation/Ubuntu.

[8] CONLEY K. Roscreate［EB/OL］.（2012-05-04）[2021-05-06]. http://wiki. ros. org/roscreate.

[9] STRASZHEIM T，KJAERGAARD M，GERKEY B，et al. Package. xml［EB/OL］.（2019-07-25）[2021-05-06]. http://wiki. ros. org/catkin/package. xml.

[10] STRASZHEIM T，KJAERGAARD M，GERKEY B. CMakeLists. txt［EB/OL］.（2019-07-25）[2021-05-06]. https://wiki. ros. org/catkin/CMakeLists. txt.

[11] BERGER E，CONLEY K，FAUST J，et al. Writing a simple publisher and subscriber（C++）[EB/OL].（2019-07-18）[2021-05-06]. https：//wiki. ros. org/ROS/Tutorials/WritingPublisherSubscriber（c++）.

[12] FOOTE T，MARDER-EPPSTEIN E，MEEUSSEN W. Tf［EB/OL］.（2017-10-02）[2021-05-06]. http://wiki. ros. org/tf/.

[13] QUIGLEY M, FAUST J, GERKEY B, et al. Callbacks and spinning [EB/OL]. (2017-07-29)[2021-05-06]. http://wiki. ros. org/roscpp/Overview/Callbacks%20and%20Spinning.

[14] QUIGLEY M, FAUST J, GERKEY B, et al. Roscpp [EB/OL]. (2015-11-02)[2021-05-06]. http://wiki. ros. org/roscpp/.

[15] Kitware Inc. Add include directories to the build [EB/OL]. [2021-05-06]. https://cmake. org/cmake/help/latest/command/include_directories. html.

[16] Kitware Inc. Adds options to the compilation of source files [EB/OL]. [2021-05-06]. https://cmake. org/cmake/help/v3. 1/command/add_compile_options. html.

[17] FAZZARI K. ROS 2 launch: Required nodes [EB/OL]. (2019-01-11)[2021-05-06]. https://ubuntu. com/blog/ros2-launch-required-nodes.

[18] CONLEY K. Roslaunch/XML [EB/OL]. (2017-07-21)[2021-05-06]. http://wiki. ros. org/roslaunch/XML.

[19] HERSHBERGER D, GOSSOW D, FAUST J. Rviz [EB/OL]. (2018-05-16)[2021-05-06]. https://wiki. ros. org/rviz.

第 4 章　无人驾驶数据采集系统

无人驾驶数据采集系统由多种传感器和相应的软件驱动程序构成。本章介绍无人驾驶领域常用传感器（即激光雷达、摄像机、GPS/IMU、毫米波雷达、超声波雷达和轮速编码器）的性能以及这些传感器驱动程序的设计方法。

4.1　激光雷达数据采集

4.1.1　激光雷达概述

激光雷达作为无人车感知系统最重要的组成部分，有测距精度高、实时性好和不易受外界干扰等优点。激光雷达可精确测量障碍物上激光反射点与雷达的相对距离及角度。激光雷达通过发射激光束在其探测范围（即激光束的有效距离）内检测障碍物的位置和形状。

在激光雷达中，各激光器角度是预先设定好的，这使得每束激光与水平面夹角是已知的。因此，通过记录激光的发射和接收时间，利用其时间差和激光传播速度，可计算出激光雷达与障碍物的相对距离。

按不同的成像维度，激光雷达可分为二维激光雷达和三维激光雷达。

1. 二维激光雷达

二维激光雷达（即单线激光雷达）可测得其所在平面内障碍物的大体轮廓与相对位置。图 4-1 中的二维激光雷达是 SICK LMS 511。该雷达可通过调节激光束的角分辨率和扫描频率来获得障碍物上不同密集程度的点；其数据输出接口为 USB、串口或以太网口。考虑到对数据的实时性和可靠性要求，一般选择以太网口传输数据[1]。

二维激光雷达检测到的障碍物位置可用极坐标(l,θ)来表示。其中，l 是该雷达和障碍物的相对距离；θ 为对应的角度。进一步经过坐标变换，可将上述极坐标转换为雷达坐标系下的位置，即

$$\begin{cases}x=l\cos(\theta)\\y=l\sin(\theta)\end{cases} \tag{4-1}$$

这里，激光雷达坐标系的定义为，以该雷达质心位置为原点，车体正前方为 x 轴，正左方为 y 轴。

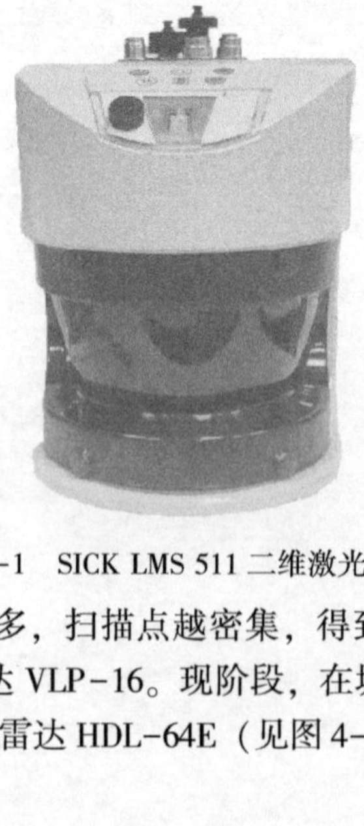

图 4-1　SICK LMS 511 二维激光雷达

2. 三维激光雷达

与二维激光雷达相比，三维激光雷达（即多线激光雷达）可扫描出物体的空间特征。目前，4 线、8 线、16 线、32 线、64 线和 128 线激光雷达较为常见。三维激光雷达线数越多，扫描点越密集，得到物体的空间特征越明显。图 4-2 所示为 Velodyne 公司的 16 线激光雷达 VLP-16。现阶段，在城市道路无人驾驶领域应用最为广泛的为 Velodyne 公司生产的 64 线激光雷达 HDL-64E（见图 4-3）。

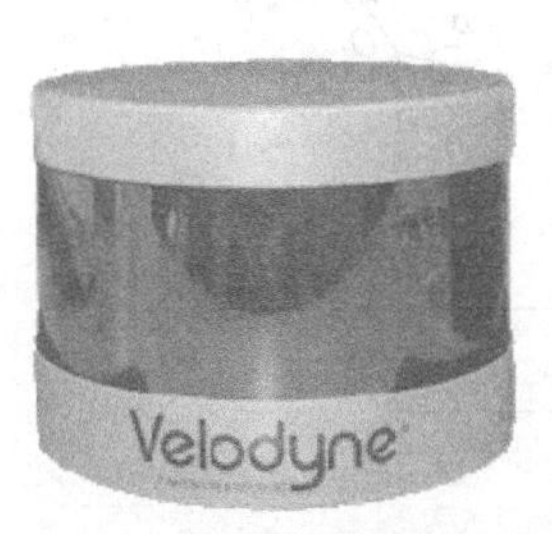

图 4-2　Velodyne 公司的 16 线激光雷达 VLP-16

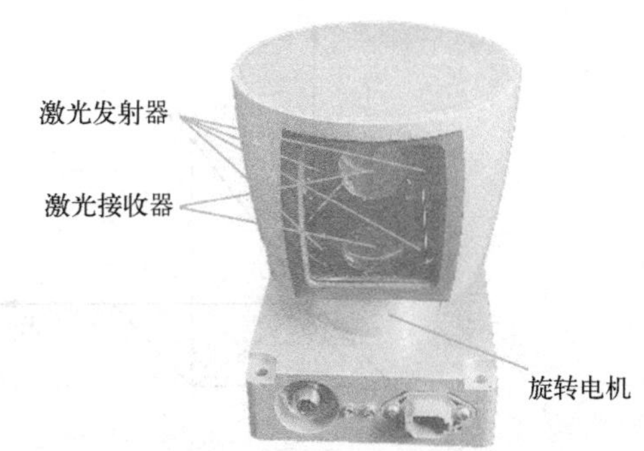

图 4-3　Velodyne 公司的 64 线激光雷达 HDL-64E

三维激光雷达 HDL-64E 可发射 64 条激光射线。如图 4-3 所示，这 64 条射线分为上下两层。以激光雷达中心位置正前方为水平线（水平线位置为 0°），向上 2°，向下 24.33°。上层 32 条激光射线分布范围为+2°～-8.33°，每两条激光间隔大约为(1/3)°；下层 32 条激光射线分布范围为-8.93°～-24.33°，每两条激光间隔大约为(1/2)°。该 64 线激光雷达的检测距离是 120 m，检测误差为 2 cm。它的转动频率设置范围为 5～20 Hz[2]。激光雷达每转动一周，产生一帧点云。每帧点云包含大量数据，这些数据可描述雷达可测范围内的环境。

HDL-64E 通过以太网与计算机建立连接[2]。在每次探测过程中，从发射激光束到接收激光束需要一定时间。在该时间段内，激光雷达旋转了一定的角度。HDL-64E 将每束激光测得的距离和角度信息通过 UDP 协议进行数据传输。如图 4-3 所示，HDL-64E 的激光接收器和发射器都是以上下两层的布局进行安装；上下层各 32 对激光接收/发射器。在每个旋转角度，64 个激光接收器获得的检测数据分两次发送给计算机。每次发送 100 个字节（其数据结构见表 4-1）。当雷达标识符为 0xEEFF 时，输出上层 32 个激光接收器的测量数据；而当雷达标识符为 0xDDFF 时，输出下层 32 个激光接收器的测量数据[1]。该雷达旋转 1 圈得到的所有数据称为 1 帧数据。

表 4-1　Velodyne 激光雷达输出 UDP 数据格式

名　称	大　小	组　数
雷达标识符	2 个字节	1 组
旋转角度	2 个字节	1 组
距离	2 个字节	32 组
回波强度	1 个字节	

在图 4-4a 中，根据激光雷达输出 UDP 数据的格式，可得到障碍物 P 与激光雷达的距离 L 和角度 φ。因为该雷达的 64 条激光射线按特定角度间隔分布在垂直视野中且相邻两条激光束的夹角是已知的，所以可确定障碍物 P 所在激光束与 z_l 轴的夹角 δ。于是，可计算出障碍物 P 在激光雷达坐标系 $O_lx_ly_lz_l$ 下的坐标，即

$$\begin{cases} x_l = L\sin(\delta)\cos(\varphi) \\ y_l = L\sin(\delta)\sin(\varphi) \\ z_l = L\cos(\delta) \end{cases} \tag{4-2}$$

如图 4-4b 所示，车体坐标系 $O_cx_cy_cz_c$ 以无人车正前方为 x 轴，正左方为 y 轴，正上方为 z 轴，并且以无人车质心位置为原点 O_c。利用以下方法可将激光雷达坐标系 $O_lx_ly_lz_l$ 下的障碍物

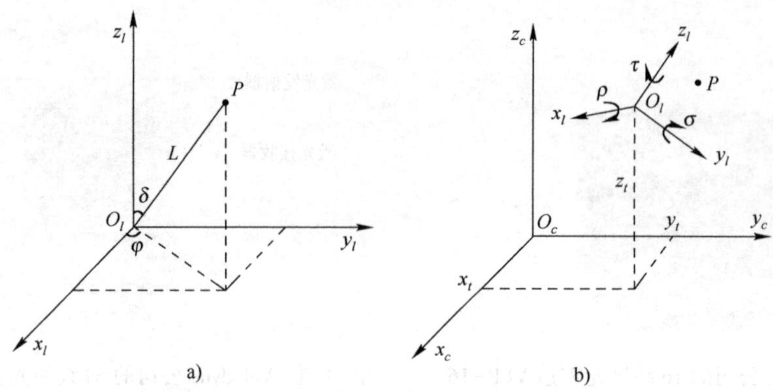

图 4-4　激光雷达坐标系的定义及其与车体坐标系的坐标变换

a) 激光雷达坐标系的定义　b) 激光雷达坐标系和车体坐标系的坐标变换

坐标(x_l,y_l,z_l)转换到车体坐标系 $O_cx_cy_cz_c$ 下：

$$\begin{pmatrix}x_c\\y_c\\z_c\end{pmatrix}=\boldsymbol{H}\begin{pmatrix}x_l\\y_l\\z_l\end{pmatrix}+\boldsymbol{J} \tag{4-3}$$

式中，

$$\boldsymbol{H}=\begin{pmatrix}\cos(\tau)&\sin(\tau)&0\\-\sin(\tau)&\cos(\tau)&0\\0&0&1\end{pmatrix}\begin{pmatrix}\cos(\sigma)&0&\sin(\sigma)\\0&1&0\\-\sin(\sigma)&0&\cos(\sigma)\end{pmatrix}\begin{pmatrix}1&0&0\\0&\cos(\rho)&\sin(\rho)\\0&-\sin(\rho)&\cos(\rho)\end{pmatrix},\ \boldsymbol{J}=\begin{pmatrix}x_t\\y_t\\z_t\end{pmatrix}$$

(x_t,y_t,z_t)为激光雷达质心在车体坐标系下的位置；ρ 为激光雷达坐标系绕车体坐标系 x_c 轴的旋转角度；σ 为激光雷达坐标系绕车体坐标系 y_c 轴的旋转角度；τ 为激光雷达坐标系绕车体坐标系 z_c 轴的旋转角度。

4.1.2　基于 ROS 的激光雷达数据可视化

本节将基于 ROS 获取激光雷达数据，进而实现这些数据的可视化，为后续章节的数据处理（即障碍物检测、目标跟踪及路径规划）做准备。

要使激光雷达 HDL-64E 在 ROS 下工作，需安装 Velodyne 的 ROS 驱动。在 Ubuntu 系统中，打开终端，按以下步骤安装上述驱动：

```
sudo apt-get install ros-kinetic-velodyne                          //安装所需编译库
mkdir -p velodyneDriver/src                                        //创建工作区与 src 文件夹
cd velodyneDriver/src                                              //进入工作区 src 文件夹下
git clone https://github.com/ros-drivers/velodyne.git              //下载驱动
cd velodyne                                                        //进入 velodyne 目录
git checkout -b neuav origin/neuav                                 //创建并切换分支
cd ../..                                                           //退回到一级目录
rosdep install -from-paths src -ignore-src -rosdistro kinetic -y   //解决此工作空间其他依赖问题
catkin_make                                                        //编译
```

Velodyne 的 ROS 驱动编译成功以后，运行 velodyne_ pointcloud 文件夹下 HDL-64E 的驱动程序。具体指令如下：

```
source ~/velodyneDriver/devel/setup.bash              //执行 setup.bash 脚本文件
roslaunch velodyne_pointcloud 64e_S3.launch           //运行驱动程序
```

通过 rqt_graph 指令可查看此时正在运行的各节点以及产生的话题（见图 4-5）。

ROS 是一种分布式多进程软件框架。在此框架下可进行消息的传递。ROS 节点相互传递消息依赖于 TCP/IP 通信协议[3]。在 graph 结构中，ROS 的数据在各节点间以 Message、service 和 param 的形式进行传递[4]。在传递 Message 等信息时，需要先打包，等接收时再解包，这带来了数据交互延时。如果传输的数据量小且实时性要求不高，该延时可以不予考虑。然而，在无人驾驶领域，需要传输大量数据（如图像或点云），所以必须考虑上述延时对数据实时性的影响。为此，ROS 引入了 nodelet 的概念。

ROS 的 nodelet 包可将多个算法捆绑到一个进程中，从而使该进程内各算法无须进行数据复制，就可实现算法间的通信[5]，因此避免了这些算法的通信延时。在图 4-5 中，节点管理器/velodyne_nodelet_manager 负责监听 ROS 服务，并动态加载 nodelet 的可执行文件[6]。运行 Velodyne 的 ROS 驱动产生 3 个 nodelet，即线程 velodyne_nodelet_manager_laserscan、线程 velodyne_nodelet_manager_driver 和线程 velodyne_nodelet_manager_cloud，其中每个线程涉及实现特定功能的软件算法。若节点管理器管理的某线程崩溃（或异常终止），其他线程若继续运行会导致整个系统的瘫痪（或错误运行）。如图 4-6 所示，为了让两个线程可以发现对方的崩溃（或异常终止）并实现适当的修复，需要在节点管理器和各线程之间建立 bond。而且，bond 可用来追踪资源的所有权，即 bond 的建立表示资源的占用，bond 的断开表示资源的释放[7]。节点管理器 velodyne_nodelet_manager 与以上 3 个线程之间的监听关系如图 4-5 所示。

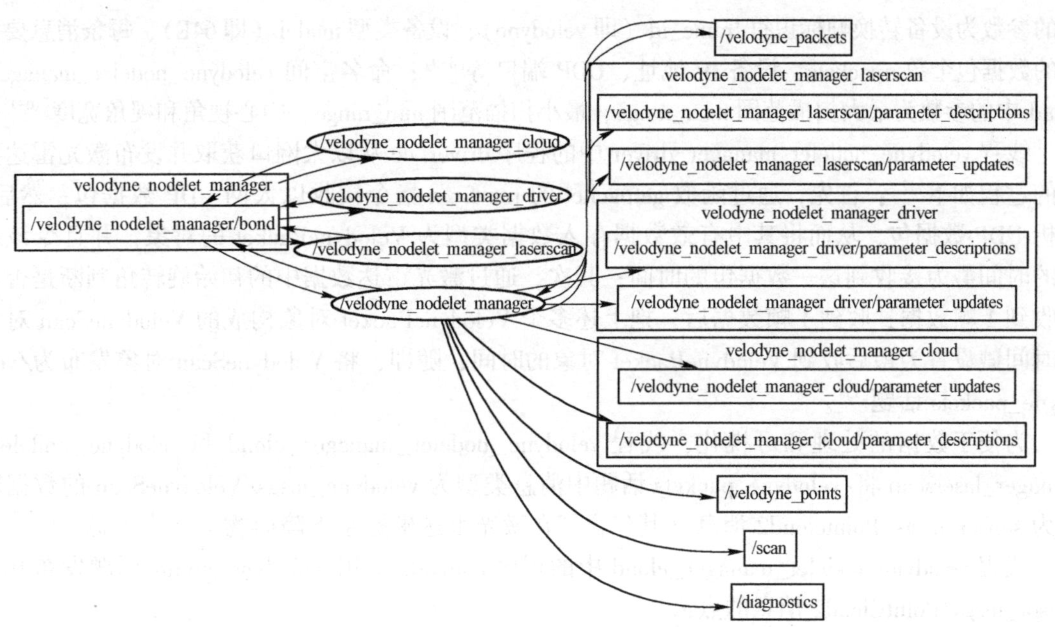

图 4-5　运行 Velodyne 的 ROS 驱动程序所产生的节点和话题

虽然图 4-5 中 velodyne_nodelet_manager_laserscan、velodyne_nodelet_manager_driver 和 velodyne_nodelet_manager_cloud 属于同一进程，但 nodelet 自动提供命名空间，使得这 3 个线程像独立节点一样[5]。

命名空间 velodyne_nodelet_manager_laserscan、velodyne_nodelet_manager_driver 和 velodyne_nodelet_manager_cloud 涉及对应节点的参数描述和更新。命名空间 velodyne_ nodelet_manager_laserscan 中的参数为分辨率 resolution 和激光线标号 ring[7]；命名空间 velodyne_nodelet_manager_driver

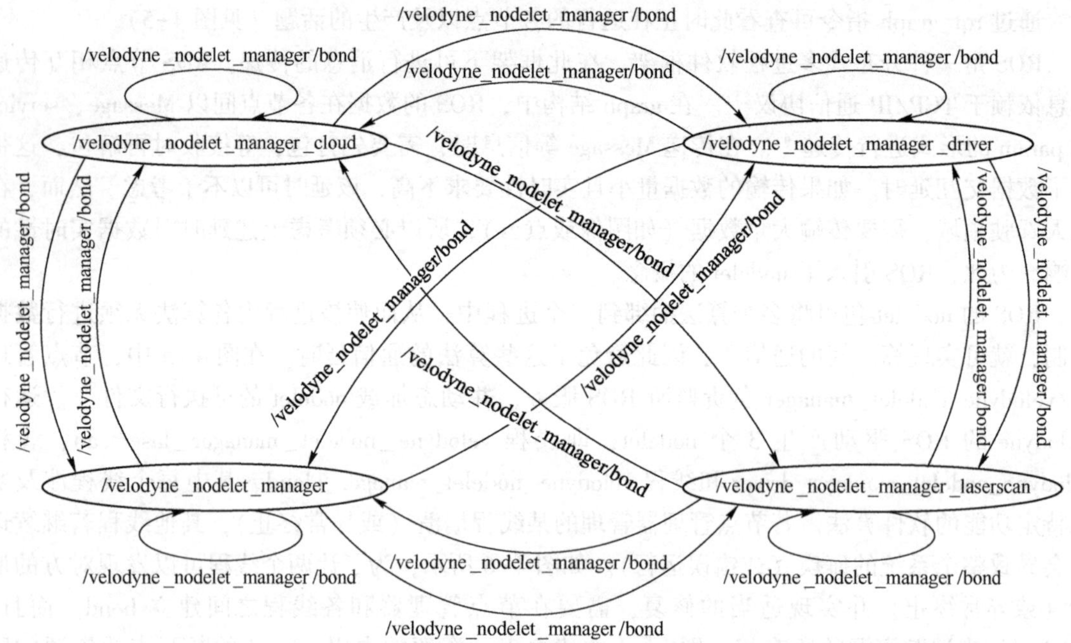

图 4-6　节点管理器和线程之间建立的 bond

中的参数为设备转换帧标识符 frame_id（即 velodyne）、设备类型 model（即 64E）、每条消息要发送的数据包个数 npackets、设备 IP 地址、UDP 端口等[8-9]；命名空间 velodyne_nodelet_manager_cloud 中的参数为最大扫描范围 max_range、最小扫描范围 min_range、中心视角和视角宽度[10-11]。

线程 velodyne_nodelet_manager_driver 中的程序 driver. cc 从以太网口获取并发布激光雷达数据的过程如下[12]：首先，通过函数 getpacket 的 recvfrom 指令接收以太网 UDP 数据包；然后，解析 UDP 数据包，从而将其中有效数据存入数据类型为 VelodynePacket 的对象，并且令该对象的时间戳为接收到这一数据包的时间；其次，通过激光雷达数据中的初始旋转角判断是否已接收到 1 帧数据；收到 1 帧数据后，把上述多个 VelodynePacket 对象构成的 VelodyneScan 对象的时间戳设置为最后收到 VelodynePacket 对象的时间；随即，将 VelodyneScan 对象发布为/velodyne_packets 话题[13]。

为便于数据的处理和可视化，线程 velodyne_nodelet_manager_cloud 和 velodyne_nodelet_manager_laserscan 将/velodyne_packets 话题中消息类型为 velodyne_msgs/VelodyneScan 的数据转换为 sensor_msgs/Pointcloud2 消息（其包含了在激光雷达坐标系下障碍物的三维坐标）[13]。最终，线程 velodyne_nodelet_manager_cloud 中的程序 convert. cc 用/velodyne_points 话题发布基于 sensor_msgs/PointCloud2 消息的点云。

为保证激光雷达的测量精度，要用到其出厂时测定的校准表。校准表内各参数的含义见表 4-2。

在 Velodyne 的 ROS 驱动的 RawData::unpack()函数中解析激光雷达的 UDP 数据包。整个解析过程分为三步，即位置计算、坐标变换和强度计算。

为确定障碍物位置，首先计算该障碍物和激光雷达的相对距离，即

$$d_r = n_d r_d + d_c \tag{4-4}$$

式中，n_d 为（从 UDP 数据包中解析出的）上述相对距离的数字量；r_d 是与 n_d 对应的距离分辨率；d_c 表示激光雷达校准表中的远点距离校正值 distCorrection。

表 4-2　Velodyne 激光雷达校准表内各参数的含义

参　数	描　述	大　小	单位
rotCorrection	每个激光器的旋转校正角	向左旋转为正，向右旋转为负	°
vertCorrection	每个激光器的垂直校正角	向上为正，向下为负	°
distCorrection	远点距离校正值		cm
distCorrectionX	x 方向的近点距离校正值		cm
distCorrectionY	y 方向的近点距离校正值		cm
vertOffsetCorrection	激光束起点到雷达坐标系原点的垂直偏移校正量[14]	上层和下层激光器各有一个固定值	cm
horizOffsetCorrection	激光束起点到雷达坐标系原点的水平偏移校正量[14]	所有激光器有固定的正值或负值	cm
Maximum Intensity	激光接收器收到激光的最大强度值	0~255，最大为 255	
Minimum Intensity	激光接收器收到激光的最小强度值	0~255，最小为 0	
Focal Distance	最大强度距离		cm
Focal Slope	焦点坡度		

然后，计算 d_r 在激光雷达坐标系的 $x_lO_ly_l$ 平面的投影长度

$$d_{xy}=d_r\cos(v_c)-v_{oc}\sin(v_c) \tag{4-5}$$

式中，v_c 为校准表中的垂直校正角 vertCorrection；v_{oc} 为校准表中的垂直偏移校正量 vertOffsetCorrection。

继而，计算当前激光束所检测到的障碍物在 $x_lO_ly_l$ 平面内的坐标

$$x=d_{xy}\sin(\varphi_c)-h_{oc}\cos(\varphi_c) \tag{4-6}$$

$$y=d_{xy}\cos(\varphi_c)+h_{oc}\sin(\varphi_c) \tag{4-7}$$

式中，

$$\varphi_c=\varphi-r_c \tag{4-8}$$

是校正后的旋转角；φ 表示激光雷达旋转角；r_c 表示校准表中的旋转校正角 rotCorrection；h_{oc}表示校准表中的水平偏移校正量 horizOffsetCorrection。

进一步，采用“双点校准”和“线性插值”法计算 x 和 y 方向的距离校正值[15]

$$\varepsilon_{cx}=d_{cx}+(d_c-d_{cx})\frac{|x|-x_1}{x_2-x_1}-d_c \tag{4-9}$$

$$\varepsilon_{cy}=d_{cy}+(d_c-d_{cy})\frac{|y|-y_1}{y_2-y_1}-d_c \tag{4-10}$$

式中，d_{cx}为校准表中 x 方向的近点距离校正值 distCorrectionX；d_{cy}为校准表中 y 方向的近点距离校正值 distCorrectionY；$x_2=y_2=25.04\ \text{m}$；$x_1=2.4\ \text{m}$；$y_1=1.93\ \text{m}$；x 和 y 是式（4-6）和式（4-7）的计算结果；$|\cdot|$表示绝对值运算符。这里的“双点校准”是指，在 25.04 m 处进行远点校准；在 2.4 m 处进行 x 方向上的近点校准，而在 1.93 m 处进行 y 方向上的近点校准。

最后，基于上述结果，在雷达坐标系下可得校正后的障碍物坐标

$$x_l=[(d_r+\varepsilon_{cx})\cos(v_c)-v_{oc}\sin(v_c)]\sin(\varphi_c)-h_{oc}\cos(\varphi_c) \tag{4-11}$$

$$y_l=[(d_r+\varepsilon_{cy})\cos(v_c)-v_{oc}\sin(v_c)]\cos(\varphi_c)+h_{oc}\sin(\varphi_c) \tag{4-12}$$

$$z_l=(d_r+\varepsilon_{cy})\sin(v_c)+v_{oc}\cos(v_c) \tag{4-13}$$

计算障碍物位置的具体程序如下：

```
float distance = tmp. uint * calibration_distance_resolution_m;          //计算障碍物和雷达的相对距离
// tmp. uint 为(从 UDP 数据包中解析出的)障碍物和激光雷达相对距离的数字量
//从激光雷达校准表读取远点距离校正值,从而对障碍物和雷达的相对距离进行校正
```

```
distance += corrections. dist_correction;
//读取激光雷达校准表中垂直校正角和旋转校正角的正弦值和余弦值
float cos_vert_angle = corrections. cos_vert_correction;            //垂直校正角的余弦值
float sin_vert_angle = corrections. sin_vert_correction;            //垂直校正角的正弦值
float cos_rot_correction = corrections. cos_rot_correction;         //旋转校正角的余弦值
float sin_rot_correction = corrections. sin_rot_correction;         //旋转校正角的正弦值

//cos(φc)= cos(φ-rc)= cos(φ)cos(rc)+sin(φ)sin(rc)
float cos_rot_angle = cos_rot_table_[block. rotation] * cos_rot_correction +
        sin_rot_table_[block. rotation] * sin_rot_correction;       //校正后旋转角的余弦值

//sin(φc)= sin(φ-rc)= sin(φ)cos(rc)-cos(φ)sin(rc)
float sin_rot_angle = sin_rot_table_[block. rotation] * cos_rot_correction -
        cos_rot_table_[block. rotation] * sin_rot_correction;       //校正后旋转角的正弦值
float horiz_offset = corrections. horiz_offset_correction;          //读取校准表的水平偏移校正量
float vert_offset = corrections. vert_offset_correction;            //读取校准表的垂直偏移校正量
//计算 dr 在激光雷达坐标系的 xlOlyl 平面的投影长度
float xy_distance = distance * cos_vert_angle - vert_offset * sin_vert_angle;
//计算 x 坐标
float xx = xy_distance * sin_rot_angle - horiz_offset * cos_rot_angle;
//计算 y 坐标
float yy = xy_distance * cos_rot_angle + horiz_offset * sin_rot_angle;
//计算 x 和 y 坐标的绝对值
if (xx < 0) xx=-xx;
if (yy < 0) yy=-yy;
//定义 x 和 y 方向的校正量,并赋值为 0
float distance_corr_x = 0;
float distance_corr_y = 0;

if (corrections. two_pt_correction_available)
    {
        //按式(4-9)计算 x 方向的距离校正值
        distance_corr_x = (corrections. dist_correction - corrections. dist_correction_x)
                    * (xx - 2.4) / (25.04 - 2.4) + corrections. dist_correction_x;
        distance_corr_x -= corrections. dist_correction;
        //按式(4-10)计算 y 方向的距离校正值
        distance_corr_y = (corrections. dist_correction - corrections. dist_correction_y)
                    * (yy - 1.93) / (25.04 - 1.93) + corrections. dist_correction_y;
        distance_corr_y -= corrections. dist_correction;
    }
//按式(4-11)计算校正后的 x 坐标
float distance_x = distance + distance_corr_x;
xy_distance = distance_x * cos_vert_angle - vert_offset * sin_vert_angle ;
x = xy_distance * sin_rot_angle - horiz_offset * cos_rot_angle;
//按式(4-12)计算校正后的 y 坐标
float distance_y = distance + distance_corr_y;
xy_distance = distance_y * cos_vert_angle - vert_offset * sin_vert_angle ;
y = xy_distance * cos_rot_angle + horiz_offset * sin_rot_angle;
//按式(4-13)计算校正后的 z 坐标
z = distance_y * sin_vert_angle + vert_offset * cos_vert_angle;
```

图 4-7 所示是 Velodyne 激光雷达 HDL-64E 的俯视图。以图中无人车车头方向和该激光雷

达的电源线与数据传输线接口位置为参考，定义了激光雷达坐标系 $O_l x_l y_l z_l$ 和车体坐标系 $O_c x_c y_c z_c$。这两个坐标系的 z 轴重合，且 z 轴正方向指向车体正上方。激光雷达坐标系和车体坐标系的坐标转换关系为

$$\begin{cases} x_c = y_l \\ y_c = -x_l \\ z_c = z_l \end{cases} \tag{4-14}$$

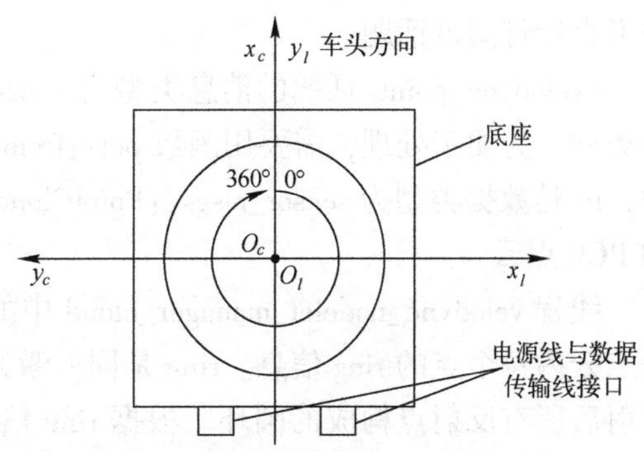

图 4-7　激光雷达坐标系 $O_l x_l y_l z_l$ 和车体坐标系 $O_c x_c y_c z_c$

下面讨论激光强度的计算方法。首先，计算出焦点偏移量[15]

$$f_{\text{off}} = 256\left(1-\frac{f_d}{13100}\right)^2 \tag{4-15}$$

式中，f_d 为表 4-2 中的最大强度距离（Focal Distance）。当同一目标（沿当前激光束方向）与雷达的距离等于 f_d 时，经该目标反射回的激光强度 I_v 最大。Velodyne 激光雷达 HDL-64E 的上层激光器的 f_d 平均长度为 15 m，而下层激光器的 f_d 平均长度为 8 m。

随后，从 UDP 数据包中解析出（激光接收器测得的）激光强度 I_v，并对其进行补偿[15]，即

$$I_v = I_v + f_s \left| f_{\text{off}} - 256\left(1-\frac{n_d}{65535}\right)^2 \right| \tag{4-16}$$

式中，f_s 为表 4-2 中的焦点坡度（Focal Slope）。

进而，按以下方法修正式（4-16）的计算结果：

$$I_v = \begin{cases} I_{\min}, & I_v < I_{\min} \\ I_v, & I_{\min} \leqslant I_v \leqslant I_{\max} \\ I_{\max}, & I_v > I_{\max} \end{cases} \tag{4-17}$$

式中，$I_{\max}$ 和 $I_{\min}$ 为表 4-2 中激光接收器收到激光的最大和最小强度值（即 Maximum Intensity 和 Minimum Intensity）。综上所述，计算激光强度的程序代码如下：

```
float min_intensity = corrections. min_intensity;        //从激光雷达校准表获取最小强度值
float max_intensity = corrections. max_intensity;        //从激光雷达校准表获取最大强度值
intensity = raw->blocks[i]. data[k+2];                   //从激光雷达测得数据中获取激光强度值
//按式(4-15)计算焦点偏移量
float focal_offset = 256 * (1-corrections. focal_distance/13100) * (1-corrections. focal_distance/13100);
//从激光雷达校准表获取焦点坡度
float focal_slope = corrections. focal_slope;
//按式(4-16)计算补偿后的强度值
intensity += focal_slope * (std::abs(focal_offset - 256 * SQR(1 - static_cast<float>(tmp. uint)/65535)));
//tmp. uint 为(从 UDP 数据包中解析出的)障碍物和激光雷达相对距离的数字量
//利用强制类型转换函数 static_cast 把计算结果转换为 float 类型

//按式(4-17)对 intensity 进行处理
intensity = (intensity < min_intensity)? min_intensity : intensity;
intensity = (intensity > max_intensity)? max_intensity : intensity;
```

至此，完成了对激光雷达 UDP 数据包的解析。在此基础上，可将障碍物的位置坐标点以点云的形式进行存储，并将该点云发布为/velodyne_points 话题。在后续的点云数据处理过程

中可直接订阅该话题。

/velodyne_points 话题的消息类型为 sensor_msgs::PointCloud2。该消息类型为 ROS 中的点云类型。为便于处理，需要用函数 pcl::fromROSMsg(in, out)将其转换为 PCL 的数据类型。其中，in 是数据类型为 sensor_msgs::PointCloud2 的 ROS 点云；out 是数据类型为 pcl::PointCloud 的 PCL 点云。

线程 velodyne_nodelet_manager_cloud 中的 colors.cc 程序通过订阅/velodyne_points 话题，可得点云内每个点的 ring 信息。ring 是同一激光发射器在旋转 1 周过程中射出的激光束经障碍物反射后所有反射点构成的圆环。根据 ring 信息，colors.cc 对激光雷达的点云进行了伪彩色处理，具体程序如下：

```
const int color_red=0xFF0000;                  //红色(255,0,0)
const int color_orange=0xFF8800;               //橙色(255,136,0)
const int color_yellow=0xFFFF00;               //黄色(255,255,0)
const int color_green=0x00FF00;                //绿色(0,255,0)
const int color_blue=0x0000FF;                 //蓝色(0,0,255)
const int color_violet=0xFF00FF;               //紫色(255,0,255)
const int N_COLORS=6;
int rainbow[N_COLORS]={color_red, color_orange, color_yellow,
                       color_green,color_blue, color_violet};
for (size_t i = 0; i < inMsg->points.size(); ++i){
    pcl::PointXYZRGB p;
    p.x = inMsg->points[i].x;
    p.y = inMsg->points[i].y;
    p.z = inMsg->points[i].z;
    //根据 ring 对点云进行伪彩色编码
    int color=inMsg->points[i].ring%N_COLORS;
    p.rgb = *reinterpret_cast<float *>(&rainbow[color]);
    outMsg->points.push_back(p);
    ++outMsg->width;
}
output_.publish(outMsg);
```

在上面的程序中，函数 reinterpret_cast 用于实现数据类型的转换[16]；然后，将带有伪彩色信息的各点存入点云 outMsg，并以/velodyne_rings 话题发布该点云。

在线程 velodyne_nodelet_manager_laserscan 中，VelodyneLaserScan.cpp 程序可将指定 ring 上的所有激光反射点信息（即三维坐标和激光强度）发布成消息类型为 sensor_msgs::LaserScan 的话题/scan。

利用 ROS 的 rviz 工具，可实现激光雷达点云数据的可视化。其具体方法如下：打开 rviz 界面以后，添加 PointCloud2；然后，将 Global Options 选项中的 Fixed Frame 改为 velodyne；最后，把 PointCloud2 选项中的 Topic 参数设置为/velodyne_points，即可观察到图 4-8 所示的激光雷达点云数据可视化效果。该图的网格中心为激光雷达所在位置。

以下指令用于记录 Velodyne 激光雷达/velodyne_points 话题的点云数据：

```
rosbag record /velodyne_points
```

完成记录后，会形成以当前时间命名的（文件后缀为 .bag 的）数据包。该数据包存储了点云信息。后续，可通过 rosbag play 指令回放该数据包，从而在 rviz 中重现之前的路况。回放该数据包所产生的节点和话题如图 4-9 所示。

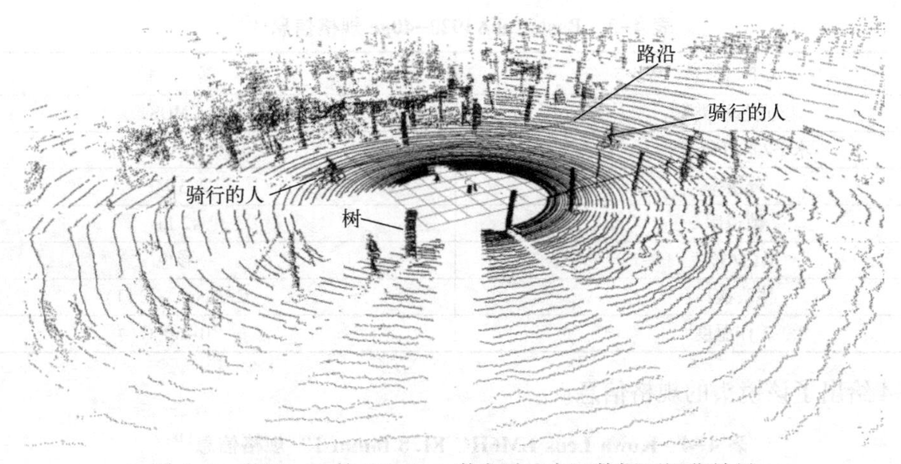

图 4-8　基于 rviz 的 Velodyne 激光雷达点云数据可视化效果

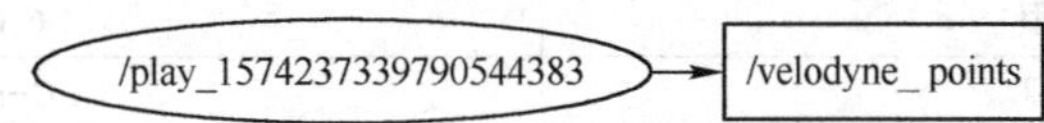

图 4-9　回放 Velodyne 激光雷达数据包所产生的节点和话题

4.2　摄像机数据采集

4.2.1　摄像机概述

摄像机是无人驾驶汽车实现环境感知的重要传感器之一。相较于激光雷达，其具有价格低廉、分辨率高的优点，因此在无人驾驶领域已经得到大量应用。

摄像机主要用于感知无人车周边的各种环境信息，包括车道线的识别、车辆的检测和障碍物定位等。为实现这些感知任务，一般先采用摄像机获取原始图像，再通过传统或基于深度学习的计算机视觉技术对图像进行处理分析，最终将分析得到的模型应用于无人车的实时环境感知。

根据镜头数量的不同，摄像机主要分为单目、双目、三目和全景几种类型。目前，市场上最为常见的摄像机是单目摄像机。它可以满足视觉感知任务的基本要求，且价格低廉，很大程度上降低了无人驾驶汽车的成本。本书使用的单目摄像机是 Basler acA1920-40gc（见图 4-10）。

图 4-10　摄像机 Basler acA1920-40gc

该摄像机的具体规格信息见表 4-3。

此外，该摄像机配备 Kowa Lens LM6HC F1.8 f6mm 1"[⊖]镜头（见图 4-11）。

⊖ 镜头靶面尺寸为 1"（1 in），即 0.0254 m。

表 4-3 Basler acA1920-40gc 规格信息[17]

规格信息	参数
感光芯片类型	CMOS
水平/垂直分辨率	1920 px×1200 px
分辨率	2.3 MP
帧速率	42 fps
黑白/彩色	彩色
镜头接口	C-mount（C 口）
工作温度	0~50°C

表 4-4 给出了该镜头的规格信息。

表 4-4 Kowa Lens LM6HC F1.8 f6mm 1" 规格信息[18]

规格信息	参数
镜头焦距	6.0 mm
镜头接口	C-mount
光圈	F1.8~F16.0
靶面尺寸	1"

单目摄像机同样具有明显的缺点。首先，单目摄像机的视野完全依赖于所配备的镜头。当配备长焦镜头时，它可以清晰获取远处图像，但视野范围较窄；当配备广角镜头时，可以获取更大的视野，但无法清晰拍摄到远处的物体。其次，由于单目摄像机的成像原理是将 3D 物体投射在 2D 平面上，所以失去了物体的深度信息。

双目摄像机的出现，弥补了单目摄像机无法测距的缺陷。双目摄像机由参数（如焦距）相同的两个摄像机组成。其利用同一物体在左右两侧摄像机中成像位置不同的特性以及三角测距原理，可以得到物体到摄像机的距离。图 4-12 所示为双目摄像机测距原理图。该图展示了如何利用双目摄像机确定空间点 A（图中实心圆）到摄像机的距离 h。

图 4-11 Kowa Lens LM6HC F1.8 f6mm 1" 镜头

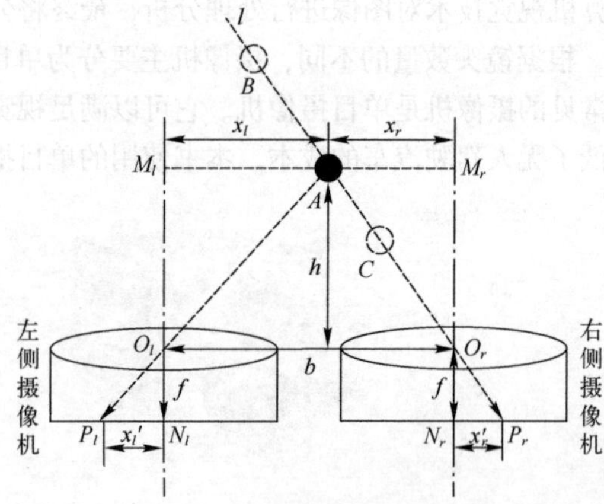

图 4-12 双目摄像机测距原理图

图中点 A 为空间中一真实点，其与 B、C 两点在右侧摄像机中的成像位置均为 P_r。因此，若只利用右侧摄像机难以判断点 A 的具体位置。当增加一个与右侧摄像机参数一致的左侧摄像机时，则可以很好地解决上述问题。

由图 4-12 可以看出，左侧摄像机与右侧摄像机的光轴（图中虚线 M_lN_l 和 M_rN_r）平行且在同一平面，光心距离为 b（即图中点 O_l 与 O_r 之间的距离），焦距均为 f。A、B、C 三个点在左侧摄像机的成像位置互不相同，其中 P_l 为点 A 在左侧摄像机中的成像位置。由图可知 $\triangle AO_lM_l$ 与 $\triangle P_lO_lN_l$ 相似，$\triangle AO_rM_r$ 和 $\triangle P_rO_rN_r$ 相似，根据三角形相似定理，可得

$$\frac{x_l}{x_l'}=\frac{h}{f},\ \frac{x_r}{x_r'}=\frac{h}{f}$$

由上述两式可以推出点 A 的深度为

$$h=\frac{bf}{d}$$

式中，$d=x_l'+x_r'$ 为视差。可通过极线约束方法[19]获取 d。

双目摄像机虽然解决了单目摄像机缺失物体深度信息的问题，但仍然存在视野依赖于镜头的问题。三目摄像机由三个不同焦距的摄像头组成，较好地弥补了单目和双目摄像机视野范围的局限性。图 4-13 所示是 Mobileye 公司发布的 S-Cam4 系列中的三目摄像机。

图 4-13 中的三目摄像机包括宽视野、主视野和窄视野摄像头。其视角范围分别为 150°、52°和 28°（见图 4-14）。因此，这三个摄像头可分别用于不同的视觉感知任务。

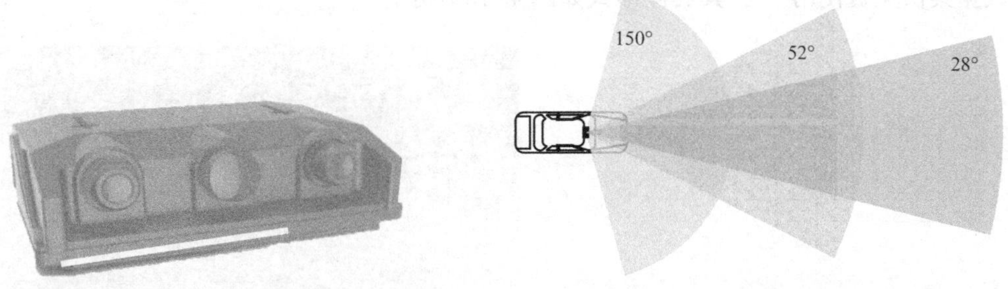

图 4-13　Mobileye 公司 S-Cam4 系列的三目摄像机　　图 4-14　三目摄像机视角范围示意图

上述三种摄像机只能获取车体某一固定方位的视觉场景。为扩大视野范围，全景环视系统应运而生。该系统一般由配备鱼眼镜头的四个摄像机组成，它们分别安装在车身前方、后方以及左右后视镜下，用于获取车身四周的图像。

全景环视系统中所配备的鱼眼镜头是一种极端的超广角镜头，其视角一般可达 220°~230°。摄像机通过这种镜头拍摄到的图像往往具有如图 4-15b 所示的畸变，因此在实际应用中，需要对这些图像进行矫正。

a)　　b)

图 4-15　普通镜头和鱼眼镜头的拍摄图

a）普通镜头拍摄图　b）鱼眼镜头拍摄图

对全景环视系统中各路摄像机拍摄到的图像进行畸变矫正并做透视变换后，得到车体周围四个区域的俯视图，将这些区域俯视图以及提前备好的车体俯视图拼接之后，即可得到

图 4-16 所示的全景俯视图。

上述提到的摄像机均属于可见光摄像机。这类摄像机存在一个共同的问题，即受光线、天气影响严重。在夜晚或恶劣天气环境下这类摄像机的辨识度会急剧下降，给无人驾驶的安全问题带来了严重挑战。

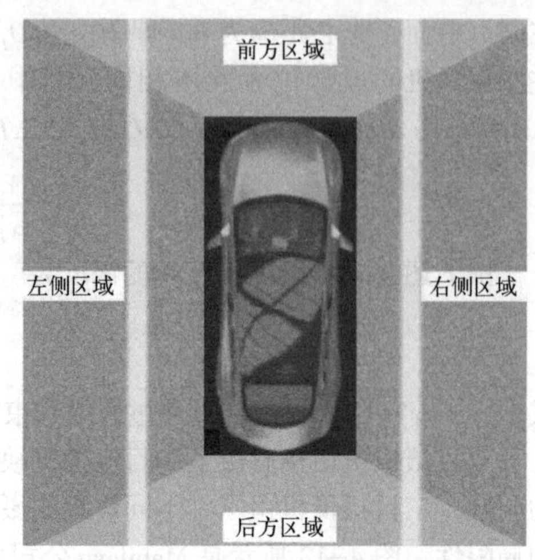

图 4-16　图像拼接后的俯视效果图

红外热像仪可以有效解决上述问题。它可以感知物体的热红外辐射或热量，并将这种不可见的能量转变成可见的热图像，使得在黑暗、极端天气和烟雾等具有挑战性的环境下，仍可检测并区分所拍摄区域内的不同物体。FLIR ADK 是一款用于自动驾驶汽车的红外热像仪（见图 4-17）。它可在-40～85℃环境下工作，实现无人车的全天候驾驶[20]。

为便于研究人员训练神经网络模型以感知无人车周围环境，FLIR 用热像仪采集图像并制作成数据集供免费使用[21]，其具体形式如图 4-18 所示。

图 4-17　FLIR ADK 红外热像仪设备图

图 4-18　FLIR 热数据集图像

4.2.2　基于 ROS 的摄像机驱动

在 ROS 平台下，要实时读取并显示摄像机图像，需要下载并安装 Basler 摄像机的驱动 pylon_camera[22]。本节主要介绍如何在 Ubuntu+ROS 环境下驱动 Basler(acA1920-40gc)摄像机。

首先，需要在 Ubuntu 系统上安装 pylonSDK。其下载地址为

```
https://www.baslerweb.com/en/sales-support/downloads/software-downloads/pylon-5-2-0-linux-x86-64-bit/
```

然后，解压下载的软件包 pylon-5.2.0.13457-x86_64.tar.gz。接着，按以下步骤完成 pylonSDK 的安装：

```
cd pylon-5.2.0.13457-x86_64                    //进入该目录
sudo tar -C /opt -xzf pylonSDK*.tar.gz         //解压该软件包下的压缩包
./setup-usb.sh                                 //运行安装的脚本文件
```

为了构建该软件包，需要配置 rosdep（即用于检查和安装 ROS 包的系统依赖项的 ROS 命

令行工具)，以便它知道如何解决此依赖项。配置 rosdep 的方法如下：

```
sudo sh -c 'echo "yamlhttps://raw.githubusercontent.com/magazino/
pylon_camera/indigo-devel/rosdep/pylon_sdk.yaml">
    /etc/ros/rosdep/sources.list.d/15-plyon_camera.list

rosdep update
```

随后，下载软件包 pylon_camera 和 camera_control_msgs，并使用 rosdep install 安装所有必需的依赖项，即

```
mkdir -p cameraDriver/src

cd ~/catkin_ws/src/ && git clone https://github.com/magazino/pylon_camera.git && git clone http
    s://github.com/magazino/camera_control_msgs.git

rosdep install --from-paths . --ignore-src --rosdistro=$ROS_DISTRO -y
```

接着，编译 pylon_camera 软件包，即

```
cd ~/catkin_ws && catkin_make
```

Basler 摄像机驱动安装成功之后，运行文件夹 pylon_camera 下的启动文件，即

```
source ~/catkin_ws/devel/setup.bash                    //执行 setup.bash 脚本文件
roslaunch pylon_camera pylon_camera_node.launch        //运行启动文件
```

最后，将摄像机与计算机连接，则可以在 ROS 的 rviz 界面上实时读取并显示摄像机拍摄的图像。

4.3 GPS/IMU 数据采集

4.3.1 GPS/IMU 概述

车载导航系统是现代化汽车系统的重要组成部分，车载导航系统可以起到明确车辆位置、了解周围路况与引导汽车准确快速到达目的地的作用[23]。目前，车载导航系统是以惯性导航系统为基础的组合导航系统[24]。其中，应用最为广泛的为惯性测量单元（Inertial Measurement Unit，IMU）和全球定位系统（Global Positioning System，GPS）的组合。

IMU 是惯性导航系统的传感器部件。通常，IMU 集成了 3 轴加速度计和 3 轴陀螺仪。加速度计和陀螺仪分别测量线加速度和角速度。为得到导航定位信息，需要对 IMU 的测量结果进行捷联惯性导航解算。在该解算过程中，对线加速度积分获得 IMU 载体的速度和位置，对角速度积分获得姿态角。因为积分过程的存在，所以惯性导航系统输出的速度、位置和姿态角的误差随工作时间不断累加。

GPS 由空间卫星、卫星地面监控系统和用户的 GPS 信号接收机组成。如果某个卫星发射信号的原子钟时间为 t_s，GPS 信号接收机收到该信号的石英钟时间是 t_r，那么将

$$\sigma_d = c(t_r - t_s)$$

称作 GPS 信号接收机到该卫星的伪距，其中 c 是 GPS 信号在真空中的传播速度，即真空光速。可从卫星发送的导航电文中解析出 t_s。大气对流层和电离层会导致 GPS 信号的传播延时（即大气层会影响 GPS 信号的传输速度）。而且，卫星的原子钟和 GPS 信号接收机的石英钟之间存在钟差。因此，σ_d 并不是 GPS 信号接收机与该卫星的真实距离 σ_r（σ_d 和 σ_r 有一定的偏差）。

将伪距的变化率称为伪距率 $\dot{\sigma}_d$。针对同一颗卫星，近似计算 $\dot{\sigma}_d$ 的方法为

$$\dot{\sigma}_d = \frac{\sigma_{di} - \sigma_{di\_1}}{t_{ri} - t_{ri\_1}}$$

式中，σ_{di} 表示在 GPS 信号接收机石英钟的 t_{ri} 时刻解算出的伪距；在该石英钟的 t_{ri_1} 时刻解算出的伪距记为 σ_{di_1}。

基于收到的导航电文，GPS 信号接收机可获得用于定位的一系列重要信息，如卫星原子钟校正参数、大气延迟校正模型、卫星的空间位置和速度。这里的原子钟校正参数能够补偿卫星原子钟和 GPS 标准时钟的时间差。然而，GPS 信号接收机的石英钟和 GPS 标准时钟的时间差 t_Δ 通常是未知的时变参数。因此，GPS 信号接收机至少需要锁定 4 颗卫星，才能利用导航电文提供的上述信息构建 4 个伪距观测方程[25]，从而求解出 4 个未知量，即 t_Δ 和 GPS 信号接收机天线所在位置的三维坐标。锁定越多卫星，GPS 定位精度也会越好。伪距观测方程描述了 σ_d、σ_r 和 t_Δ 之间的关系，其具体形式详见 5.2.1 节。

GPS 的定位结果无累积误差，但 GPS 测量频率较低且易受干扰。在 GPS 上方有遮挡的情况下，会出现无法定位的情况。IMU 测量频率高，不易受干扰；但缺点是在捷联惯性导航解算过程中，需要通过积分来确定导航信息，因此定位误差会累加[26]。GPS 和 IMU 各有所长，将两者进行组合可以弥补各自的不足。所以，可周期性地利用 GPS 测量结果消除 IMU 的累积误差，从而使 GPS/IMU 组合导航系统测量频率高、抗干扰能力强且在长期运行过程中具有较高的定位精度。

GPS 与 IMU 的常见组合方式有松组合、紧组合和超紧组合[27]。图 4-19 展示了松组合方式。其中滤波器的输入为基于 GPS 和 IMU 分别获得的位置和速度的差值，该滤波器的输出为 IMU 的修正值。松组合方式结构简单，计算量小，GPS 和 IMU 的工作相互独立；但 GPS 接收机最少需要锁定 4 颗卫星，才能输出位置信息，从而更新上述滤波器。

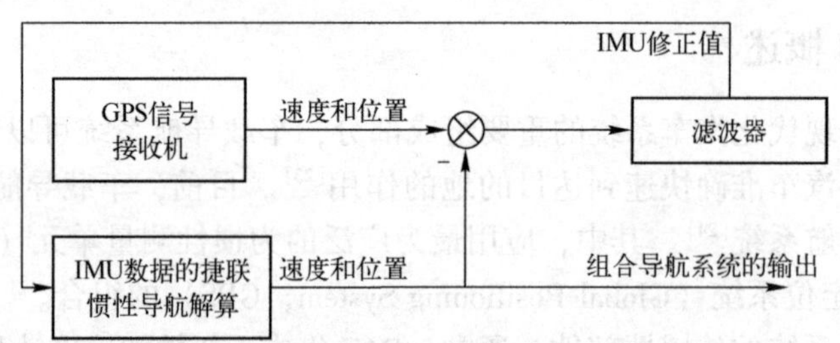

图 4-19　GPS 和 IMU 的松组合结构框图

GPS 和 IMU 紧组合方式如图 4-20 所示。通过 GPS 信号接收机收到的导航电文以及基于 IMU 得到的位置和速度信息，可计算出 IMU 所在位置的伪距和伪距率。然后，求取与 GPS 测得的该位置的伪距和伪距率的差值，并将该差值作为滤波器的输入，从而得到 IMU 的修正值。紧组合方式可获得更高的测量精度。并且，当 GPS 信号接收机锁定的卫星数少于 4 颗时，也可以使用该组合方式。但是，紧组合方式计算量较大，需要更大的滤波器状态变量维数，因此滤波器的收敛速度变慢。

GPS 和 IMU 超紧组合方式如图 4-21 所示。该组合方式不仅能完成紧组合（或松组合）方式的工作，还能利用 IMU 数据解算出的（修正后）导航数据，辅助 GPS 信号的捕获与跟踪。这使得 GPS/IMU 组合导航系统具有更强的（GPS 信号失锁后）再次捕获能力；而且，提升了在强干扰和高动态条件下 GPS 信号的跟踪性能[27]。

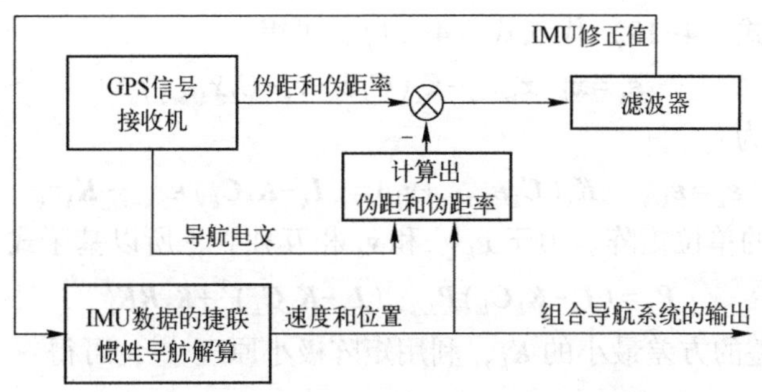

图 4-20　GPS 和 IMU 的紧组合结构框图

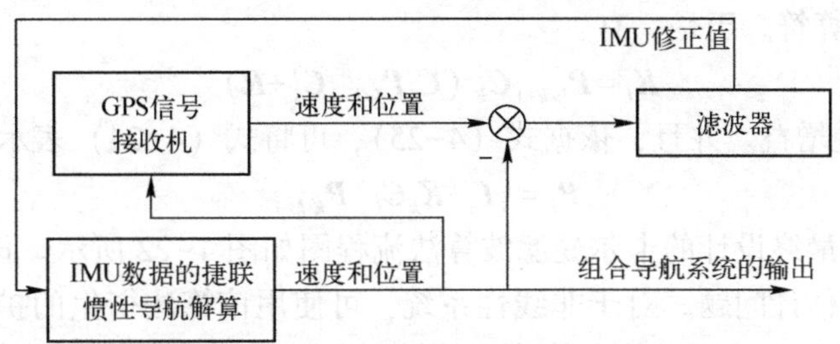

图 4-21　GPS 和 IMU 的超紧组合结构框图

数据融合是组合导航系统的重要环节。在诸多数据融合算法中，由卡尔曼于 1960 年率先提出的卡尔曼滤波算法最为经典[28]。

接下来，介绍经典的卡尔曼滤波算法。考虑下面的线性离散系统：

$$\begin{aligned} \boldsymbol{x}_k &= \boldsymbol{A}_k \boldsymbol{x}_{k-1} + \boldsymbol{\Xi}_k \boldsymbol{w}_{k-1} \\ z_k &= \boldsymbol{C}_k \boldsymbol{x}_k + \boldsymbol{v}_k \end{aligned} \tag{4-18}$$

式中，$\boldsymbol{x}_k \in \mathbf{R}^n$、$z_k \in \mathbf{R}^m$、$\boldsymbol{w}_{k-1} \in \mathbf{R}^l$ 和 $\boldsymbol{v}_k \in \mathbf{R}^m$ 分别表示第 k 个采样时刻的状态变量、观测变量、过程噪声和测量噪声；$\boldsymbol{A}_k$、$\boldsymbol{C}_k$ 和 $\boldsymbol{\Xi}_k$ 是具有适当维数的矩阵；并且

$$E(\boldsymbol{w}_k)=0,\ E(\boldsymbol{v}_k)=0,\ E(\boldsymbol{w}_i \boldsymbol{w}_j^{\mathrm{T}})=\delta_{ij}\boldsymbol{Q},\ E(\boldsymbol{v}_i \boldsymbol{v}_j^{\mathrm{T}})=\delta_{ij}\boldsymbol{R},\ E(\boldsymbol{w}_i \boldsymbol{v}_j^{\mathrm{T}})=0,\ \delta_{ij}=\begin{cases}0, & i\neq j\\ 1, & i=j\end{cases}$$

其中，$E(\cdot)$ 为期望运算符。这里假设 $\boldsymbol{Q}$ 是半正定常数矩阵，$\boldsymbol{R}$ 为正定常数矩阵。为估计系统（4-18）的状态，构造方程

$$\hat{\boldsymbol{x}}_k = \hat{\boldsymbol{x}}_{k/k-1} + \boldsymbol{K}_k (z_k - \boldsymbol{C}_k \hat{\boldsymbol{x}}_{k/k-1}) \tag{4-19}$$

式中，$\hat{\boldsymbol{x}}_k$ 为 $\boldsymbol{x}_k$ 的状态估计值；$\boldsymbol{K}_k$ 是滤波增益矩阵；并且

$$\hat{\boldsymbol{x}}_{k/k-1} = \boldsymbol{A}_k \hat{\boldsymbol{x}}_{k-1} \tag{4-20}$$

然后，定义状态估计误差

$$\boldsymbol{\varepsilon}_k = \boldsymbol{x}_k - \hat{\boldsymbol{x}}_k \tag{4-21}$$

另外，定义 $\boldsymbol{\varepsilon}_{k/k-1} = \boldsymbol{x}_k - \hat{\boldsymbol{x}}_{k/k-1}$。根据式（4-18）、式（4-20）和式（4-21），可得

$$\boldsymbol{\varepsilon}_{k/k-1} = \boldsymbol{x}_k - \boldsymbol{A}_k \hat{\boldsymbol{x}}_{k-1} = \boldsymbol{A}_k \boldsymbol{x}_{k-1} + \boldsymbol{\Xi}_k \boldsymbol{w}_{k-1} - \boldsymbol{A}_k \hat{\boldsymbol{x}}_{k-1} = \boldsymbol{A}_k \boldsymbol{\varepsilon}_{k-1} + \boldsymbol{\Xi}_k \boldsymbol{w}_{k-1} \tag{4-22}$$

在统计学意义下，$\boldsymbol{\varepsilon}_{k-1}$ 和 $\boldsymbol{w}_{k-1}$ 相互独立。因此，由式（4-22）可知

$$\boldsymbol{P}_{k/k-1} = \boldsymbol{A}_k \boldsymbol{P}_{k-1} \boldsymbol{A}_k^{\mathrm{T}} + \boldsymbol{\Xi}_k \boldsymbol{Q} \boldsymbol{\Xi}_k^{\mathrm{T}}$$

式中，

$$\boldsymbol{P}_{k/k-1} = E(\boldsymbol{\varepsilon}_{k/k-1} \boldsymbol{\varepsilon}_{k/k-1}^{\mathrm{T}}),\ \boldsymbol{P}_{k-1} = E(\boldsymbol{\varepsilon}_{k-1} \boldsymbol{\varepsilon}_{k-1}^{\mathrm{T}})$$

将式（4-18）和式（4-19）代入式（4-21），可得

$$\boldsymbol{\varepsilon}_k=\boldsymbol{x}_k-\hat{\boldsymbol{x}}_{k/k-1}-\boldsymbol{K}_k(\boldsymbol{C}_k\boldsymbol{x}_k+\boldsymbol{v}_k-\boldsymbol{C}_k\hat{\boldsymbol{x}}_{k/k-1})$$

因此，能够将 $\boldsymbol{\varepsilon}_k$ 表示为

$$\boldsymbol{\varepsilon}_k=\boldsymbol{\varepsilon}_{k/k-1}-\boldsymbol{K}_k(\boldsymbol{C}_k\boldsymbol{\varepsilon}_{k/k-1}+\boldsymbol{v}_k)=(\boldsymbol{I}_n-\boldsymbol{K}_k\boldsymbol{C}_k)\boldsymbol{\varepsilon}_{k/k-1}-\boldsymbol{K}_k\boldsymbol{v}_k \tag{4-23}$$

式中，$\boldsymbol{I}_n$ 表示 $n\times n$ 维的单位矩阵。由于 $\boldsymbol{\varepsilon}_{k/k-1}$ 和 $\boldsymbol{v}_k$ 相互独立，所以基于式（4-23），可推导出

$$\boldsymbol{P}_k=(\boldsymbol{I}_n-\boldsymbol{K}_k\boldsymbol{C}_k)\boldsymbol{P}_{k/k-1}(\boldsymbol{I}_n-\boldsymbol{K}_k\boldsymbol{C}_k)^{\mathrm{T}}+\boldsymbol{K}_k\boldsymbol{R}\boldsymbol{K}_k^{\mathrm{T}} \tag{4-24}$$

为找到使状态估计误差的方差最小的 $\boldsymbol{K}_k$，利用矩阵极小原理[29]，可得

$$\frac{\partial}{\partial \boldsymbol{K}_k}\mathrm{tr}(\boldsymbol{P}_k)=-2(\boldsymbol{I}_n-\boldsymbol{K}_k\boldsymbol{C}_k)\boldsymbol{P}_{k/k-1}\boldsymbol{C}_k^{\mathrm{T}}+2\boldsymbol{K}_k\boldsymbol{R}=0 \tag{4-25}$$

式中，tr(·)为迹运算符。于是，有

$$\boldsymbol{K}_k=\boldsymbol{P}_{k/k-1}\boldsymbol{C}_k^{\mathrm{T}}(\boldsymbol{C}_k\boldsymbol{P}_{k/k-1}\boldsymbol{C}_k^{\mathrm{T}}+\boldsymbol{R})^{-1}$$

式中，$\boldsymbol{K}_k$ 称为卡尔曼增益。并且，依据式（4-25），可将式（4-24）表示为

$$\boldsymbol{P}_k=(\boldsymbol{I}_n-\boldsymbol{K}_k\boldsymbol{C}_k)\boldsymbol{P}_{k/k-1}$$

基于上述结果，最终设计的卡尔曼滤波算法流程图如图 4-22 所示。该卡尔曼滤波算法适用于线性系统的状态估计问题。对于非线性系统，可使用该算法衍生的扩展卡尔曼滤波[30]和无迹卡尔曼滤波[31-32]等方法实现状态估计。另外，在测量噪声协方差矩阵 $\boldsymbol{R}$ 和过程噪声协方差矩阵 $\boldsymbol{Q}$ 可能发生变化的情况下，应考虑使用自适应卡尔曼滤波技术[33]。

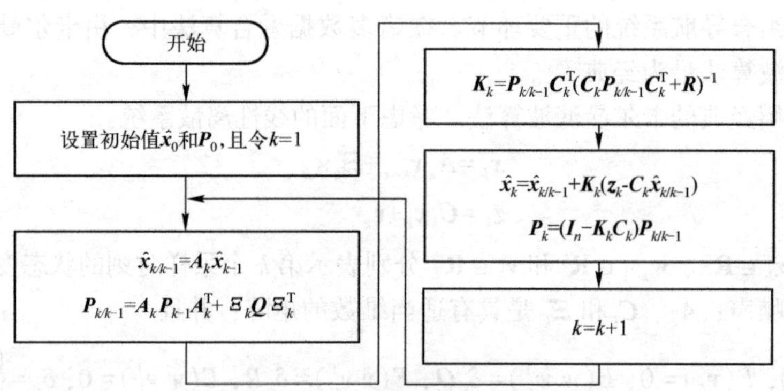

图 4-22　卡尔曼滤波算法流程图

4.3.2　基于 ROS 的 GPS/IMU 驱动

下面以 Oxford Technical Solutions Ltd 的 GPS/IMU 组合导航系统 RT2000 为例，介绍 GPS/IMU 的 ROS 驱动程序。

图 4-23 所示是 RT2000 的实物图。其 GPS 天线如图 4-24 所示。在本书的无人车系统中，RT2000 用于提供车体速度、位置和姿态等信息。RT2000 的 ROS 驱动程序安装方法如下：

```
mkdir -p oxfordDriver/src                                          //创建工作区与 src 文件夹
cd oxfordDriver/src                                                //进入工作区 src 文件夹
git clone https://bitbucket.org/DataspeedInc/oxford_gps_eth.git    //下载 RT2000 的 ROS 驱动
cd ..
sudo apt install ros-kinetic-gps-common                            //安装所需编译库
catkin_make                                                        //编译
```

图 4-23　Oxford Technical Solutions Ltd 的 GPS/IMU 组合导航系统 RT2000

图 4-24　RT2000 的 GPS 天线

为启动 RT2000 的 ROS 驱动程序，需运行如下指令：

```
source ~/oxfordDriver/devel/setup.bash        //设置 RT2000 驱动的环境变量
roslaunch oxford_gps_eth gps.launch            //运行该驱动
```

通过 rqt_graph 指令，可查看 RT2000 的 ROS 驱动程序所产生的节点和话题（见图 4-25）。在该图中，/gps/time_ref 话题存储的是 GPS 时间戳信息。/gps/pos_type 话题用于指示 GPS 位置解决方案的类型（如单点解、差分解、浮点解或固定解[34]）。GPS 信号接收机在固定解状态下定位精度最高；在单点解状态下，定位精度最低。/gps/nav_status 话题用于声明导航状态。只有当导航状态为"READY"时才会发布/gps/fix、/gps/odom、/gps/vel 和 imu/data 等话题。/gps/fix 话题存储的是无人车所在位置的经纬度。/gps/odom 话题涉及 pose 和 twist 两部分内容。pose 包含无人车在 UTM 坐标系下的位置信息（即 pose.position.x 和 pose.position.y，单位：m）以及姿态四元数 pose.orientation。赤道与本初子午线的交点为 UTM 坐标系的原点，正东方向为 x 轴正方向，正北方向为 y 轴正方向。twist 记录了在车体坐标系下的速度信息。其中，twist.linear.x 为车体坐标系下的纵向速度（单位：m/s）；twist.linear.y 为车体坐标系下的横向速度（单位：m/s）；twist.angular.z 为偏航角速度（单位：rad/s）。/gps/vel 话题可提供无人车车速在正东方向的速度分量 linear.x、在正北方向的速度分量 linear.y 和向上的速度分量 linear.z（单位：m/s）。/imu/data 话题存储的是基于 IMU 解算出的姿态四元数以及直接测得的角速度和线加速度。为查看上述话题的相关数据，可在 Ubuntu 系统终端中输入指令"rostopic echo 话题名称"。

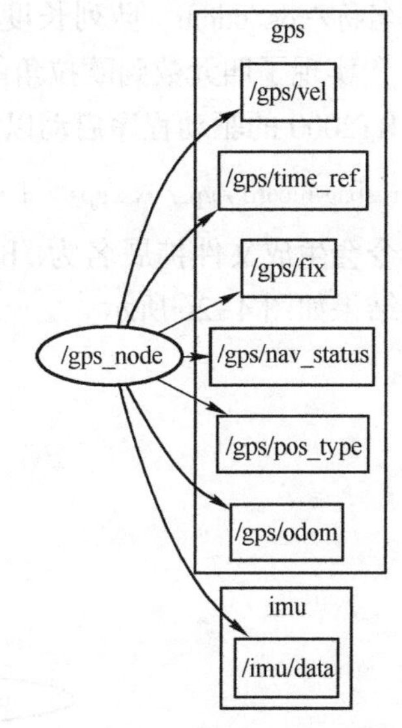

图 4-25　RT2000 的 ROS 驱动程序所产生的节点和话题

通过姿态四元数 x、y、z 和 w，可计算出欧拉角（即滚转、俯仰和偏航角）。具体方法为[35]

$$\begin{pmatrix}\phi\\ \psi\\ \theta\end{pmatrix}=\begin{pmatrix}\operatorname{atan2}(2(wx+yz),1-2(x^2+y^2))\\ \operatorname{atan2}(2(wz+xy),1-2(y^2+z^2))\\ \arcsin(2(wy-zx))\end{pmatrix}\tag{4-26}$$

其中，函数 $\operatorname{atan2}(\alpha,\beta)$ 的功能是求 α/β 的反正切值；该函数返回值的范围是 $[-\pi,\pi]$。计算欧拉角的程序如下：

```
ros::Subscriber sub_position   //定义订阅者
//对订阅者进行初始化,声明订阅的话题名称"/gps/odom"、话题的回调函数和队列长度
sub_position = nh.subscribe("/gps/odom", 1, &PointCloudCluster::odomCallback, this);

//定义/gps/odom 话题的回调函数
void PointCloudCluster::odomCallback(const nav_msgs::Odometry &msg)
    {
        //定义 tf 形式的四元数
        tf::Quaternion quat;
        //定义滚转、俯仰和偏航角
        double roll, pitch, yaw;
        //在订阅的消息中找到姿态四元数,并转换为 quat
        tf::quaternionMsgToTF(msg.pose.pose.orientation , quat);
        //将四元数转换为欧拉角,即滚转、俯仰和偏航角
        tf::Matrix3x3(quat).getRPY(roll, pitch, yaw);
    }
```

在上述程序中，首先声明订阅者 sub_position；然后，对其进行初始化，即设定要订阅的话题名称/gps/odom、队列长度和回调函数名称 PointCloudCluster::odomCallback；最后，基于 tf 库[36] 实现了四元数到欧拉角的转换。

RT2000 的驱动程序启动以后，可通过以下指令来记录它的 ROS 话题：

```
rosbag record /gps/fix /gps/vel /gps/odom /imu/data /gps/pos_type /gps/nav_status /gps/time_ref
```

该指令会生成文件扩展名为 . bag 的数据包。继而，利用 rosbag play 指令，可进行数据回放。回放结果如图 4-26 所示。

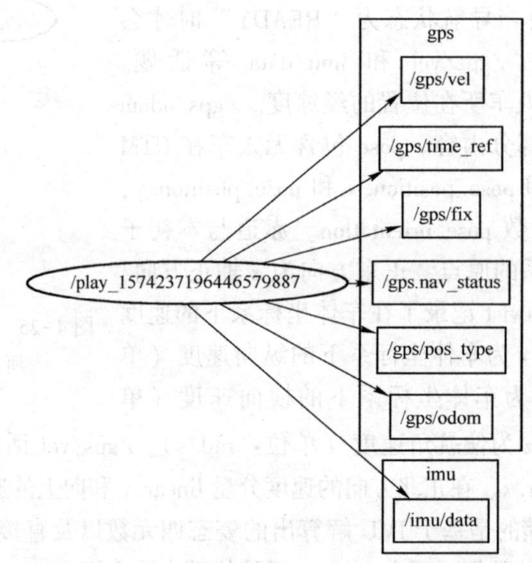

图 4-26　回放 RT2000 的 ROS 数据包所产生的节点和话题

4.4　毫米波雷达数据采集

4.4.1　毫米波雷达概述

毫米波雷达是指工作在毫米波段（频率为 30~300 GHz，波长为 1~10 mm）的雷达[37]。该

雷达空间分辨率高、体积小、易集成，可以轻易地穿透雨、烟、雾、灰尘等障碍，不受光照、热源和雨雪等恶劣天气的影响[38]。1999 年，德国奔驰汽车公司将 77 GHz 毫米波雷达应用于自主巡航控制系统[39]。后来，随着相关技术的不断发展，毫米波雷达在无人车避障、安防和无人机等多个行业中得到了广泛应用。近些年，随着毫米波雷达产品的日益完善，出现了许多新兴应用，如手势控制、检测驾驶员以及其他乘员生命体征等[40]。

毫米波雷达测距方式主要分为脉冲测距与调频连续波测距。脉冲测距需要雷达在短时间内发出大功率脉冲并控制其压控振荡器从低频瞬间变到高频；同时，为避免反射信号放大器因发射信号的进入而产生饱和，需将反射信号与发射信号进行严格隔离[41]。因此，脉冲测距雷达在具体技术实现上比较困难，造价较高，在车用领域运用较少。

如图 4-27 所示，调频连续波测距需要雷达向外发射连续调频信号（一般为连续的三角波）。当探测到障碍物时，会生成与发射信号有一定延时的反射信号，再经过混频器将两者进行混频处理后，可得到与障碍物的相对速度和相对距离有关的混频结果[42-43]。

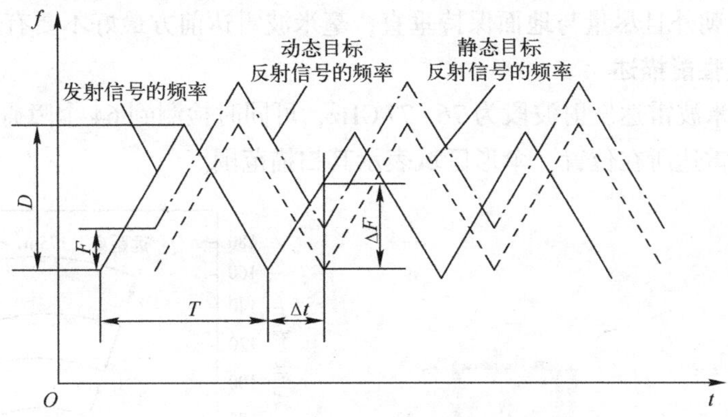

图 4-27　调频连续波雷达测距原理图

具体的测速和测距公式如下：

$$\begin{cases} \Delta t=\dfrac{T\Delta F}{2D} \\ d=\dfrac{c\Delta t}{2} \\ v=\dfrac{cF}{2f_0} \end{cases} \tag{4-27}$$

式中，c 为光速（单位：m/s）；Δt 为雷达发射信号和接收到相应反射信号的时间差（单位：s）；d 为障碍物与雷达之间的相对距离（单位：m）；v 为障碍物相对速度（单位：m/s）；T 为信号发射周期（单位：s）；ΔF 为发射信号和反射信号的频率差（单位：Hz）；D 为频带宽度（单位：Hz）；F 为多普勒频移（单位：Hz）；f_0为发射信号中心频率（单位：Hz）。

4.4.2　基于 ROS 的毫米波雷达数据可视化

本节以 Delphi ESR（Electronically Scanning Rader）毫米波雷达为例，介绍其数据可视化过程。本节内容从以下几个方面展开。

1. 毫米波雷达常用引脚定义

如图 4-28 所示，Delphi ESR 毫米波雷达的引脚 1 接电源（+12 V）；引脚 3 接地（GND）；

引脚 10 为点火线，接电源（+12 V）；引脚 9 和引脚 18 分别为 CAN 低线和 CAN 高线（即 CANL 和 CANH）。

启动时，先给引脚 1 上电，后给引脚 10 上电（也可两者同时上电）。毫米波雷达通过其 CAN 总线接口（即引脚 9 和引脚 18）将检测到的障碍物信息传输给计算机（如嵌入式微控制器 STM32F103），CAN 传输速率为 500 kbit/s。这些信息包含障碍物与毫米波雷达之间的距离、障碍物和车体正前方的夹角。

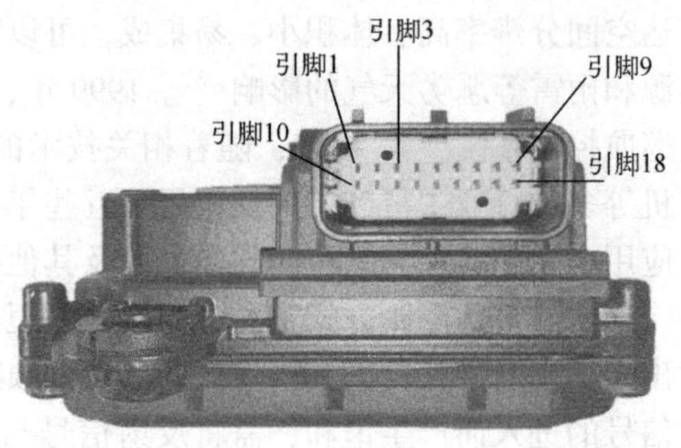

图 4-28　Delphi ESR 毫米波雷达引脚示意图

2. 毫米波雷达安装说明

如图 4-29 所示，Delphi ESR 毫米波雷达安装在矩形框内。安装时，应保证毫米波雷达发射面（即平滑面）朝外且尽量与地面保持垂直；毫米波雷达前方最好不要有遮挡物。

3. 毫米波雷达性能描述

Delphi ESR 毫米波雷达发射波段为 76~77 GHz，可同时检测到 64 个障碍物。如图 4-30 所示，原点表示当前雷达所在位置，伞形区域表示其扫描范围。

图 4-29　Delphi ESR 毫米波雷达安装示意图

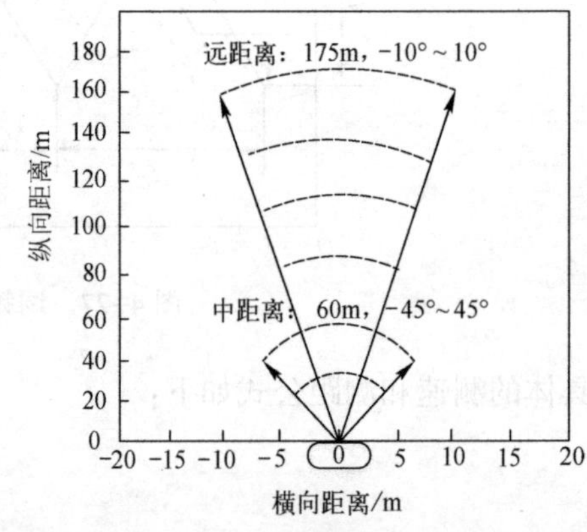

图 4-30　Delphi ESR 毫米波雷达扫描范围示意图

中距离扫描角度在-45°~45°之间，扫描距离最远可达 60 m；远距离扫描角度在-10°~10°之间，扫描距离最远可达 175 m。近些年，ESR 毫米波雷达由于其一流的性能、小巧的封装和耐久性等特点，被广泛应用于汽车的自适应巡航系统和防碰撞预警系统。ESR 毫米波雷达在无人车领域主要用于中远距离障碍物的检测。由于毫米波雷达环境适应能力强，因此无法被激光雷达所取代。

4. 毫米波雷达相关信号介绍

表 4-5 给出了 Delphi ESR 毫米波雷达常用的 CAN 数据帧（标准帧）。

5. 待发送信号赋值规则

Delphi ESR 毫米波雷达要求每 20 ms（周期性地）经 CAN 总线接收车速和偏航角速度等信息。为了通过 CAN 数据帧将上述信息发送给毫米波雷达，需按照以下规则设置该数据帧的数据段。

这里，以表 4-5 中 ID 为 0x4F0 的数据帧 Vehicle1 为例，介绍其数据段中两个信号（即 CAN_RX_VEHICLE_SPEED 和 CAN_RX_STEERING_ANGLE）的设置方法。

表 4-5　Delphi ESR 毫米波雷达 CAN 数据帧说明表[44]

ID	接收/发送	信号（变量）名称	LSB 地址	长度	数据类型	单位	缩放比例	刷新率	所属数据帧名称	备　注
0x4F0	RX	CAN_RX_VEHICLE_SPEED	13	11	Unsigned	m/s	0.0625	20 ms	Vehicle1	车速
0x4F0	RX	CAN_RX_STEERING_ANGLE	51	11	Unsigned	°	1	20 ms	Vehicle1	转向角
0x4F0	RX	CAN_RX_STEERING_ANGLE_SIGN	46	1	Unsigned		1	20 ms	Vehicle1	转向角符号
0x4F0	RX	CAN_RX_YAW_RATE	16	12	Signed	°/s	0.0625	20 ms	Vehicle1	偏航角速度
0x500	TX	CAN_TX_TRACK_ANGLE01	19	10	Signed	°	0.1	50 ms	ESR_Track01	第 1 个障碍物的角度
0x500	TX	CAN_TX_TRACK_RANGE01	24	11	Unsigned	m	0.1	50 ms	ESR_Track01	第 1 个障碍物的距离
0x501	TX	CAN_TX_TRACK_ANGLE02	19	10	Signed	°	0.1	50 ms	ESR_Track02	第 2 个障碍物的角度
0x501	TX	CAN_TX_TRACK_RANGE02	24	11	Unsigned	m	0.1	50 ms	ESR_Track02	第 2 个障碍物的距离
0x53F	TX	CAN_TX_TRACK_ANGLE64	19	10	Signed	°	0.1	50 ms	ESR_Track64	第 64 个障碍物的角度
0x53F	TX	CAN_TX_TRACK_RANGE64	24	11	Unsigned	m	0.1	50 ms	ESR_Track64	第 64 个障碍物的距离

在表 4-6 中，数据帧 Vehicle1 的数据段由 8 个字节组成；每个字节是一个 8 位二进制数字；数据“1（53）”的含义是，第 7 个字节的第 6 位的值为 1，且该位在 Vehicle1 数据段中的地址为 53（表中其他数据的含义与之类似）。

若要将 1 m/s 速度信号发送给毫米波雷达，根据 CAN_RX_VEHICLE_SPEED 的缩放比例 0.0625，可知

$$\frac{1\ \mathrm{m/s}}{0.0625}=16\ \mathrm{m/s}$$

因此，只需将 CAN_RX_VEHICLE_SPEED 设置为 16，即将表 4-6 括号中地址为 7、6、5、4、3、2、1、0、15、14 和 13 的二进制位依次赋值为 0、0、0、0、0、0、1、0、0、0 和 0。在 Vehicle1 的数据段中，地址为 7 的二进制位是 CAN_RX_VEHICLE_SPEED 的最高有效位（Most Significant Bit，MSB）；地址为 13 的二进制位是 CAN_RX_VEHICLE_SPEED 的最低有效位（Least Significant Bit，LSB）。信号 CAN_RX_VEHICLE_SPEED 位于两个字节（即数据段的第 1 和第 2 个字节）中，且它的 MSB 在低地址（即地址 7）中；而它的 LSB 在高地址（即地址 13）中，这种数据编码格式称为 Motorola 格式或大端（Big-Endian）格式。与之相反的是 Intel 格式或称为小端（Little-Endian）格式，该格式规定：对于数据长度超过 1 个字节的信号，它的 MSB 放在高地址中，而它的 LSB 放在低地址中。

表 4-6　Delphi ESR 毫米波雷达接收的 ID=0x4F0 的 CAN 数据帧 Vehicle1 的数据段

	第 8 位	第 7 位	第 6 位	第 5 位	第 4 位	第 3 位	第 2 位	第 1 位
第 1 个字节	**0(7)**	**0(6)**	**0(5)**	**0(4)**	**0(3)**	**0(2)**	**1(1)**	**0(0)**
第 2 个字节	**0(15)**	**0(14)**	**0(13)**	0(12)	0(11)	0(10)	0(9)	0(8)
第 3 个字节	0(23)	0(22)	0(21)	0(20)	0(19)	0(18)	0(17)	0(16)
第 4 个字节	0(31)	0(30)	0(29)	0(28)	0(27)	0(26)	0(25)	0(24)
第 5 个字节	0(39)	0(38)	0(37)	0(36)	0(35)	0(34)	0(33)	0(32)
第 6 个字节	0(47)	**0(46)**	**0(45)**	**0(44)**	**0(43)**	**0(42)**	**0(41)**	**0(40)**
第 7 个字节	**1(55)**	**0(54)**	**1(53)**	**0(52)**	**0(51)**	0(50)	0(49)	0(48)
第 8 个字节	0(63)	0(62)	0(61)	0(60)	0(59)	0(58)	0(57)	0(56)

同理，为将20°转向角信号发送给毫米波雷达，需将CAN_RX_STEERING_ANGLE设置为20，即将表4-6括号中地址为45、44、43、42、41、40、55、54、53、52和51的二进制位依次赋值为0、0、0、0、0、0、1、0、1、0和0。CAN_ RX_ STEERING_ ANGLE的MSB地址是45，它的LSB地址是51。如果向左转向，应将表4-5中转向角符号CAN_RX_ STEERING_ANGLE_SIGN设置为0，即将Vehicle1的数据段中地址为46的二进制位设为0；如果向右转向，应将该二进制位设为1。

6. 已接收信号读取规则

当Delphi ESR毫米波雷达检测到障碍物时，会将障碍物的距离和角度等信息通过CAN总线发送至嵌入式微控制器STM32F103。下面以表4-5中（Delphi ESR毫米波雷达发送的）ID=0x500的CAN数据帧ESR_Track01为例，介绍从CAN数据帧的数据段中解析每个障碍物信息的方法。CAN数据帧ESR_Track01的数据段包含了第1个障碍物的距离和角度。如表4-7所示，地址为12、11、10、9、8、23、22、21、20和19的二进制位构成的二进制数是0001010000（即表4-5中信号CAN_TX_TRACK_ANGLE01=80，该信号的LSB地址是19且MSB地址是12）。而由于CAN_TX_TRACK_ANGLE01的缩放比例是0.1，所以第1个障碍物与毫米波雷达正前方的夹角为80°×0.1=8°。

从表4-7可知，地址为18、17、16、31、30、29、28、27、26、25和24二进制位构成的二进制数是00101000100（即表4-5中信号CAN_TX_TRACK_RANGE01=324，该信号的LSB地址是24且MSB地址是18）。因此，根据CAN_TX_TRACK_RANGE01的缩放比例，可得第1个障碍物和毫米波雷达之间的距离为324 m×0.1=32.4 m。

按照以上数据段解析方法，可从ID为0x501~0x53F的数据帧ESR_Track02~64中获取检测到的其他63个障碍物的信息。

表4-7 Delphi ESR毫米波雷达发送的ID=0x500的CAN数据帧ESR_Track01的数据段

	第8位	第7位	第6位	第5位	第4位	第3位	第2位	第1位
第1个字节	0(7)	0(6)	0(5)	0(4)	0(3)	0(2)	0(1)	0(0)
第2个字节	0(15)	0(14)	0(13)	**0(12)**	**0(11)**	**0(10)**	**1(9)**	**0(8)**
第3个字节	**1(23)**	**0(22)**	**0(21)**	**0(20)**	**0(19)**	**0(18)**	**0(17)**	**1(16)**
第4个字节	**0(31)**	**1(30)**	**0(29)**	**0(28)**	**0(27)**	**1(26)**	**0(25)**	**0(24)**
第5个字节	0(39)	0(38)	0(37)	0(36)	0(35)	0(34)	0(33)	0(32)
第6个字节	0(47)	0(46)	0(45)	0(44)	0(43)	0(42)	0(41)	0(40)
第7个字节	0(55)	0(54)	0(53)	0(52)	0(51)	0(50)	0(49)	0(48)
第8个字节	0(63)	0(62)	0(61)	0(60)	0(59)	0(58)	0(57)	0(56)

7. 嵌入式微控制器STM32F103简介

嵌入式微控制器STM32F103配置了8个定时器（其中，TIM6和TIM7为基本定时器；TIM1和TIM8为高级定时器；TIM2~TIM5为通用定时器）、64 KB静态随机存储器（SRAM）、512 KB闪存（FLASH）、1个USB接口、1路CAN总线、5个串口以及许多通用I/O。当STM32F103外接8 MHz晶振时，通过内部锁相环（PLL）将该晶振频率9倍频，从而使STM32F103在72 MHz主频下运行。

8. 毫米波雷达嵌入式驱动程序设计

Delphi ESR毫米波雷达驱动程序包括两部分，即该雷达的STM32F103嵌入式驱动程序和

ROS 驱动程序。基于 STM32F103 的 Delphi ESR 毫米波雷达驱动程序主流程图如图 4-31 所示。其中涉及两个文件，即启动文件 startup_stm32f10x_hd. s 和主程序文件 main. c。

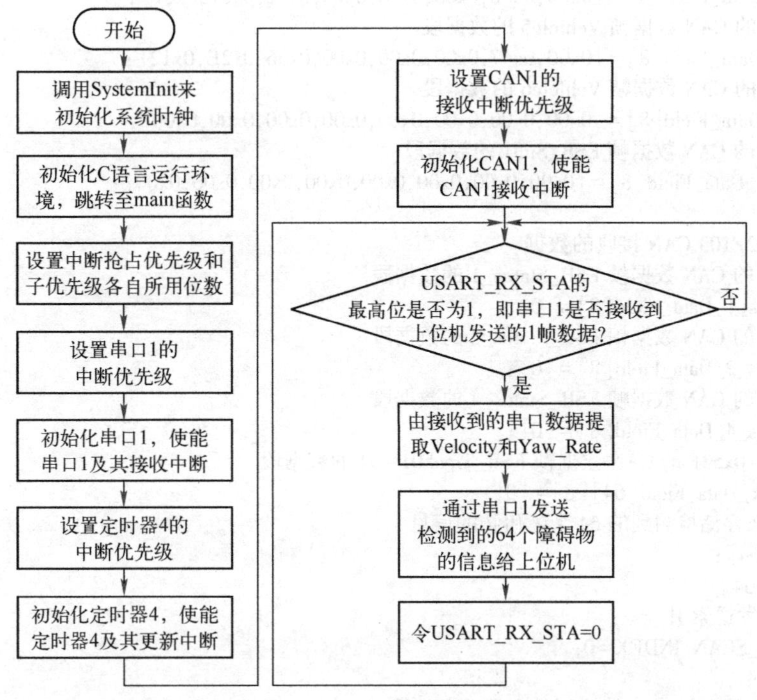

图 4-31　Delphi ESR 毫米波雷达嵌入式驱动程序主流程图

嵌入式微控制器 STM32F103 上电/复位后，将执行启动文件 startup_stm32f10x_hd. s 中的复位子程序 Reset_Handler。该子程序首先调用 SystemInit 函数来初始化系统时钟，使得 STM32F103 在 72 MHz 主频下工作；然后跳转至(编译器生成的)_main 函数，从而初始化 C 语言运行环境并调用主程序文件 main. c 中的 main 函数。startup_stm32f10x_hd. s 的复位子程序 Reset_Handler 如下：

```
//复位子程序
Reset_Handler    PROC
                 EXPORT  Reset_Handler              [WEAK]
                 IMPORT  _main
                 IMPORT  SystemInit
                 LDR     R0, =SystemInit   //系统初始化函数
                 BLX     R0
                 LDR     R0, =_main        //主函数
                 BX      R0
                 ENDP
```

以下是 main. c 的主要内容：

```
//定义 STM32F103 CAN 发送的数据
//ID=0x4F0 的 CAN 数据帧 Vehicle1 的数据段
u8 Vehicle1_Data_Field[8]={0x00,0x00,0x00,0x1F,0xFF,0x00,0x00,0x00};
//ID=0x4F1 的 CAN 数据帧 Vehicle2 的数据段
u8 Vehicle2_Data_Field[8]={0x00,0x00,0x00,0x00,0x00,0x00,0xBF,0xEC};
//ID=0x5F2 的 CAN 数据帧 Vehicle3 的数据段
```

```
u8 Vehicle3_Data_Field[8] = {0xC0,0x04,0x0F,0x78,0x28,0x5C,0x00,0x00};
//ID=0x5F3 的 CAN 数据帧 Vehicle4 的数据段
u8 Vehicle4_Data_Field[8] = {0x00,0x00,0x00,0x00,0x00,0x02,0x01,0x01};
//ID=0x5F4 的 CAN 数据帧 Vehicle5 的数据段
u8 Vehicle5_Data_Field[8] = {0x00,0x47,0x00,0x00,0x00,0x56,0x2E,0x12};
//ID=0x5F5 的 CAN 数据帧 Vehicle6 的数据段
u8 Vehicle6_Data_Field[8] = {0x00,0x00,0x00,0x00,0x00,0x00,0x00,0x00};
//ID=0x5C0 的 CAN 数据帧 ESR_Sim1 的数据段
u8 ESR_Sim1_Data_Field[8] = {0x00,0x00,0x00,0x00,0x00,0x00,0x00,0x00};

//定义 STM32F103 CAN 接收的数据
//ID=0x4E0 的 CAN 数据帧 ESR_Status_1 的数据段
u8 ESR_Status_1_Data_Field[8] = {0};
//ID=0x4E1 的 CAN 数据帧 ESR_Status_2 的数据段
u8 ESR_Status_2_Data_Field[8] = {0};
//ID=0x4E3 的 CAN 数据帧 ESR_Status_4 的数据段
u8 ESR_Status_4_Data_Field[8] = {0};
//ID=0x500~0x53F 的 CAN 数据帧 ESR_Track01~64 的数据段
u8 ESR_Track_Data_Field[64][8] = {0};
//定义变量来存储检测到的 64 个障碍物的信息
s16 ANGLE[64];
u16 RANGE[64];
//定义 CAN 发送索引
u16 CAN_TX_SCAN_INDEX=0;

//定义 STM32F103 串口 1 接收到的有效数据长度
u16 len=0;
//定义 STM32F103 串口 1 接收的车速
u16 Velocity=0;
//定义 STM32F103 串口 1 接收的偏航角速度
s16 Yaw_Rate=0;
//定义 STM32F103 串口 1 接收状态标记
u16 USART_RX_STA=0;
//定义串口 1 接收到有效字节的缓冲数组
u8 USART_RX_BUF[300];
int main(void)
{
  //设置中断抢占优先级位数为 2 和子优先级位数为 2
  NVIC_PriorityGroupConfig(NVIC_PriorityGroup_2);
  //配置系统时基定时器
  delay_init();
  //设置串口 1 中断优先级,初始化串口 1(通信速率 115200 bit/s),使能串口 1 及其接收中断
  uart_init(115200);
  //设置定时器 4 中断优先级,初始化定时器 4(定时 20 ms),使能定时器 4 及其更新中断
  TIM4_Int_Init(199,7199);
  //设置 CAN1 接收中断优先级,初始化 CAN1(通信速率 500 kbit/s),使能 CAN1 接收中断
  CAN_Mode_Init();
  while(1)
  {
      u16 num_1=0;
      u16 num_2=0;
      u16 i=0;
      u16 x=0;
```

```
        s16 y=0;
        int sign_yaw_rate=1;
        if(USART_RX_STA&0x8000)                      //判断串口 1 是否接收到上位机发送的 1 帧数据
        {
            len=USART_RX_STA&0x3FFF;
            //开始由接收到的串口数据 USART_RX_BUF 提取 Velocity 和 Yaw_Rate
            for(i=0;i<len;i++)
            {
                if(USART_RX_BUF[i]==0x23) num_1=i;                  //确定#号的位置
                if(USART_RX_BUF[i]==0x2C) num_2=i;                  //确定逗号的位置
            }
            for(i=num_1+1;i<len;i++)
            {
                if(i<num_2) x=x*10+USART_RX_BUF[i]-0x30;          //'0'的 ASCII 码是 0x30
                else if(i>num_2)
                {
                    if(USART_RX_BUF[i]==0x2D) sign_yaw_rate=-1;     //负号的 ASCII 码是 0x2D
                    else y=y*10+sign_yaw_rate*(USART_RX_BUF[i]-48);
                }
            }
            Velocity=x;                          //从串口数据 USART_RX_BUF 提取出的车速
            Yaw_Rate=y;                          //从串口数据 USART_RX_BUF 提取出的偏航角速度

            //RANGE[i]和 ANGLE[i]为毫米波雷达检测到的第 i 个障碍物的信息
            //下位机 STM32F103 通过串口 1 发送 64 个障碍物的信息给上位机
            for(i=0;i<64;i++)printf("%d,%d;",RANGE[i],ANGLE[i]);

            printf("$");                         //下位机通过串口 1 发送$符给上位机
            USART_RX_STA=0;                      //复位串口 1 的接收状态标记
        }
    }
}
```

在 main 函数中，首先调用 NVIC_PriorityGroupConfig 函数，将中断抢占优先级位数和子优先级位数都设置为 2；其次，利用 delay_init 函数配置系统时基定时器；然后，通过 uart_init 函数，设置串口 1 的中断优先级，初始化串口 1 速率为 115200 bit/s，进而使能串口 1 及其接收中断；接着，基于 TIM4_Int_Init 函数，设置定时器 4 的中断优先级，初始化定时器 4（令定时周期为 20 ms），并启动定时器 4 及其更新中断；继而，由 CAN_Mode_Init 函数，配置 CAN1 的接收中断优先级，初始化 CAN1（令通信速率为 500 kbit/s），且使能 CAN1 的接收中断；最后，在 while 循环中判断 USART_RX_STA &0x8000 是否等于 0x8000（即串口 1 是否接收到上位机发送的 1 帧数据），如果已收到这 1 帧数据，则从接收到的串口数据 USART_RX_BUF 中提取出当前车速 Velocity 和偏航角速度 Yaw_Rate，随后下位机 STM32F103 通过 printf 函数经串口发送 Delphi ESR 检测到的 64 个障碍物的信息（即 RANGE 和 ANGLE）给上位机并令 USART_RX_STA=0。USART_RX_STA 是串口 1 接收状态标记，其初始值为 0。在串口 1 中断服务程序中，USART_RX_STA 的低 14 位（即 Bit13～Bit0）用于记录串口接收到的有效字节数；当串口 1 收到 0x0D 时，令 USART_RX_STA 的 Bit14 为 1；当串口 1 收到 0x0D（即 Bit14=1）且紧随其后收到 0x0A 时令 USART_RX_STA 的 Bit15 为 1，这说明串口 1 完整地收到了上位机发送的 1 帧数据。另外，为了将 printf 函数与串口 1 关联起来，需要重写 fputc 函数。

综上所述，每当下位机 STM32F103 通过串口 1 收到上位机发送的 1 帧（包含当前车速和偏航角速度信息）数据时，下位机会经该串口回传 1 次数据（该数据涉及毫米波雷达检测到的 64 个障碍物的信息）。上位机发送的每帧串口数据依次为：#号的 ASCII 码（0x23）、车速的十进制字符串、逗号的 ASCII 码（0x2C）、偏航角速度的十进制字符串、回车符的 ASCII 码（0x0D）和换行符的 ASCII 码（0x0A）。下位机由串口 1 每次回传的数据依次为：RANGE[0]对应的十进制字符串、逗号的 ASCII 码、ANGLE[0]对应的十进制字符串、分号的 ASCII 码、RANGE[1]对应的十进制字符串、逗号的 ASCII 码、ANGLE[1]对应的十进制字符串、分号的 ASCII 码、…、RANGE[63]对应的十进制字符串、逗号的 ASCII 码、ANGLE[63]对应的十进制字符串、分号的 ASCII 码和$符的 ASCII 码。RANGE[i]和 ANGLE[i]是毫米波雷达检测到的第 i 个障碍物的信息。该障碍物与毫米波雷达的距离为(RANGE[i]/10)(单位:m)，与毫米波雷达正前方的夹角为(ANGLE[i]/10)(单位:°)。64 个障碍物的信息来自 CAN1 接收中断服务程序 USB_LP_CAN1_RX0_IRQHandler，而接收到的串口数据 USART_RX_BUF 源自串口 1 的中断服务程序 USART1_IRQHandler。此外，根据定时器 4 的初始化参数，每隔 20 ms 定时器 4 的中断服务程序 TIM4_IRQHandler 会被调用 1 次，该程序将 CAN 数据帧 Vehicle1 ~ 6 和 ESR_Sim1 发送给 Delphi ESR 毫米波雷达。这些 CAN 数据帧包含了 Delphi ESR 所需的关键参数，如 Velocity 和 Yaw_Rate。

下面分别介绍函数 uart_init、TIM4_Int_Init、CAN_Mode_Init 以及中断服务程序 USART1_IRQHandler、TIM4_IRQHandler、USB_LP_CAN1_RX0_IRQHandler 的设计方法和技术细节。

（1）uart_init 函数　uart_init 函数的输入参数 Baud_Rate 为串口传输速率的设定值。该函数的代码如下：

```
void uart_init(u32 Baud_Rate)
{
    GPIO_InitTypeDef GPIO_InitStructure;
    USART_InitTypeDef USART_InitStructure;
    NVIC_InitTypeDef NVIC_InitStructure;

    //使能 USART1 和 GPIOA 的时钟
    RCC_APB2PeriphClockCmd(RCC_APB2Periph_USART1|RCC_APB2Periph_GPIOA, ENABLE);
    //GPIO 端口配置
    //USART1_TX GPIOA.9
    GPIO_InitStructure.GPIO_Pin = GPIO_Pin_9;                    //将 PA.9 设置为串口 1 发送引脚
    GPIO_InitStructure.GPIO_Speed = GPIO_Speed_50MHz;
    GPIO_InitStructure.GPIO_Mode = GPIO_Mode_AF_PP;              //设置为复用推挽输出
    GPIO_Init(GPIOA, &GPIO_InitStructure);
    //USART1_RX GPIOA.10
    GPIO_InitStructure.GPIO_Pin = GPIO_Pin_10;                   //将 PA.10 设置为串口 1 接收引脚
    GPIO_InitStructure.GPIO_Mode = GPIO_Mode_IN_FLOATING;//设置为浮空输入
    GPIO_Init(GPIOA, &GPIO_InitStructure);

    //串口 1 中断优先级设置
    NVIC_InitStructure.NVIC_IRQChannel = USART1_IRQn;
    NVIC_InitStructure.NVIC_IRQChannelPreemptionPriority=0;     //抢占优先级为 0
    NVIC_InitStructure.NVIC_IRQChannelSubPriority = 2;           //子优先级为 2
    NVIC_InitStructure.NVIC_IRQChannelCmd = ENABLE;
    NVIC_Init(&NVIC_InitStructure);

    USART_InitStructure.USART_BaudRate = Baud_Rate;              //设置串口 1 通信速率
    USART_InitStructure.USART_WordLength = USART_WordLength_8b;  //字长为 8 位
```

```
    USART_InitStructure.USART_StopBits = USART_StopBits_1;                  //一个停止位
    USART_InitStructure.USART_Parity = USART_Parity_No;                     //无奇偶校验位
    //无硬件数据流控制
    USART_InitStructure.USART_HardwareFlowControl=USART_HardwareFlowControl_None;
    USART_InitStructure.USART_Mode=USART_Mode_Rx|USART_Mode_Tx;            //采用收发模式

    USART_Init(USART1, &USART_InitStructure);
    USART_ITConfig(USART1, USART_IT_RXNE, ENABLE);                          //使能串口 1 接收中断
    USART_Cmd(USART1, ENABLE);                                              //使能串口 1
}
```

（2）TIM4_Int_Init 函数　TIM4_Int_Init 函数主要负责设置定时器 4 的中断优先级，并初始化该定时器的自动加载值 arr 和时钟预分频系数 psc。当 STM32F103 的 APB1（Advanced Peripheral Bus 1）分频数为 1 时，定时器 4 的时钟为 APB1 时钟；而当 APB1 分频数不为 1 时，定时器 4 的时钟频率为 APB1 时钟频率的 2 倍。

上文中的 SystemInit 函数令 AHB（Advanced High－performance Bus）的时钟 HCLK 为 72 MHz，并令 APB1 的分频数为 2，即 APB1 的时钟 PCLK1＝HCLK/2＝36 MHz。综上所述，定时器 4 的时钟频率为 72 MHz。其定时时间为

$$\text{Tout}=\frac{(\text{arr}+1)(\text{psc}+1)}{\text{Tclk}} \tag{4-28}$$

式中，Tout 的单位为 s；Tclk 表示定时器 4 的时钟频率（单位：Hz）。当 arr＝199 且 psc＝7199 时，定时器 4 的定时时间为 0.02 s。当采用向上计数模式时，一旦达到定时时间（即定时器 4 从 0 计数到 arr 以后），将重新从 0 开始计数（如果已经启动了定时器 4 的更新中断，此时会触发该定时器的中断服务程序）。

TIM4_Int_Init 函数的代码如下：

```
void TIM4_Int_Init(u16 arr,u16 psc)
{
    TIM_TimeBaseInitTypeDef   TIM_TimeBaseStructure;
    NVIC_InitTypeDef NVIC_InitStructure;
    //使能定时器 4 时钟
    RCC_APB1PeriphClockCmd(RCC_APB1Periph_TIM4, ENABLE);

    //定时器 4 中断优先级设置
    NVIC_InitStructure.NVIC_IRQChannel=TIM4_IRQn;
    NVIC_InitStructure.NVIC_IRQChannelPreemptionPriority=0;           //抢占优先级为 0
    NVIC_InitStructure.NVIC_IRQChannelSubPriority=3;                  //子优先级为 3
    NVIC_InitStructure.NVIC_IRQChannelCmd = ENABLE;
    NVIC_Init(&NVIC_InitStructure);

    TIM_TimeBaseStructure.TIM_Period=arr;                             //设置定时器 4 的自动加载值
    TIM_TimeBaseStructure.TIM_Prescaler=psc;                          //设置定时器 4 的预分频系数
    TIM_TimeBaseStructure.TIM_ClockDivision = 0;
    TIM_TimeBaseStructure.TIM_CounterMode=TIM_CounterMode_Up;         //设置为向上计数模式
    TIM_TimeBaseInit(TIM4,&TIM_TimeBaseStructure);

    TIM_Cmd(TIM4, ENABLE);                                            //启动定时器 4
    TIM_ITConfig(TIM4,TIM_IT_Update,ENABLE );                         //使能定时器 4 更新中断
}
```

（3）CAN_Mode_Init 函数　CAN_Mode_Init 函数如下：

```
u8 CAN_Mode_Init(void)
{
    GPIO_InitTypeDef GPIO_InitStructure;
    CAN_InitTypeDef CAN_InitStructure;
    CAN_FilterInitType Def   CAN_FilterInitStructure;
    NVIC_InitTypeDef NVIC_InitStructure;

    //使能 GPIOA 时钟
    RCC_APB2PeriphClockCmd(RCC_APB2Periph_GPIOA,ENABLE);
    //使能 CAN1 时钟
    RCC_APB1PeriphClockCmd(RCC_APB1Periph_CAN1, ENABLE);

    //设置 CAN1 接收中断优先级
    NVIC_InitStructure. NVIC_IRQChannel = USB_LP_CAN1_RX0_IRQn;
    NVIC_InitStructure. NVIC_IRQChannelPreemptionPriority = 1;      //抢占优先级为 1
    NVIC_InitStructure. NVIC_IRQChannelSubPriority = 0;             //子优先级为 0
    NVIC_InitStructure. NVIC_IRQChannelCmd = ENABLE;
    NVIC_Init(&NVIC_InitStructure);

    //GPIO 初始化
    GPIO_InitStructure. GPIO_Pin = GPIO_Pin_12; //STM32F103ZET6 的 CAN_TX 引脚
    GPIO_InitStructure. GPIO_Speed = GPIO_Speed_50MHz;
    GPIO_InitStructure. GPIO_Mode = GPIO_Mode_AF_PP;                //复用推挽输出
    GPIO_Init(GPIOA, &GPIO_InitStructure);
    GPIO_InitStructure. GPIO_Pin = GPIO_Pin_11;                     //STM32F103ZET6 的 CAN_RX 引脚
    GPIO_InitStructure. GPIO_Mode = GPIO_Mode_IPU;                  //上拉输入
    GPIO_Init(GPIOA, &GPIO_InitStructure);

    //CAN 初始化
    CAN_InitStructure. CAN_TTCM=DISABLE;                            //非时间触发通信模式
    CAN_InitStructure. CAN_ABOM=DISABLE;                            //基于软件指令的离线管理
    CAN_InitStructure. CAN_AWUM=DISABLE;                            //基于软件指令的睡眠模式唤醒
    CAN_InitStructure. CAN_NART=ENABLE;                             //禁止报文自动传送
    //当接收 FIFO 已满时,接收到的新报文覆盖旧报文
    CAN_InitStructure. CAN_RFLM=DISABLE;
    CAN_InitStructure. CAN_TXFP=DISABLE;                            //发送优先级由报文标识符决定
    CAN_InitStructure. CAN_Mode= CAN_Mode_Normal;                   //工作模式设置

    //设置 CAN 传输速率,这里 PCLK1=36MHz
    //CAN 传输速率=PCLK1/((CAN_SJW+CAN_BS1+CAN_BS2+3)*CAN_Prescaler)= 500kbit/s
    CAN_InitStructure. CAN_SJW=CAN_SJW_1tq;                         //  =0
    CAN_InitStructure. CAN_BS1=CAN_BS1_3tq;                         //  =2
    CAN_InitStructure. CAN_BS2=CAN_BS2_2tq;                         //  =1
    CAN_InitStructure. CAN_Prescaler=12;
    CAN_Init(CAN1, &CAN_InitStructure);

    //CAN 过滤器初始化
    CAN_FilterInitStructure. CAN_FilterNumber=0;                    //过滤器 0
    CAN_FilterInitStructure. CAN_FilterMode=CAN_FilterMode_IdMask;   //标识符屏蔽位模式
    CAN_FilterInitStructure. CAN_FilterScale=CAN_FilterScale_32bit; //设置过滤器的位宽
    CAN_FilterInitStructure. CAN_FilterIdHigh=0x0000;               //设置 32 位标识符(ID)的高 16 位
    CAN_FilterInitStructure. CAN_FilterIdLow=0x0000;                //设置 32 位标识符(ID)的低 16 位
```

```
    //设置 32 位屏蔽位 MASK=0x00000000,从而带有任意标识符(ID)的报文都能被接收
    CAN_FilterInitStructure.CAN_FilterMaskIdHigh=0x0000;          //设置高 16 位屏蔽位
    CAN_FilterInitStructure.CAN_FilterMaskIdLow=0x0000;           //设置低 16 位屏蔽位

    //将过滤器 0 关联到 FIFO0
    CAN_FilterInitStructure.CAN_FilterFIFOAssignment=CAN_Filter_FIFO0;
    CAN_FilterInitStructure.CAN_FilterActivation=ENABLE;
    CAN_FilterInit(&CAN_FilterInitStructure);

    CAN_ITConfig(CAN1,CAN_IT_FMP0,ENABLE);                        //使能 CAN 接收中断
    return 0;
}
```

（4）串口 1 中断服务程序 USART1_IRQHandler　USART1_IRQHandler 的代码如下。图 4-32 所示是其程序流程图。

```
void USART1_IRQHandler(void)
{
  u8 Res;
  u16 Buffer_Index;

  //判断串口 1 接收中断是否发生
  if(USART_GetITStatus(USART1,USART_IT_RXNE)!=RESET)
    {
      USART_ClearITPendingBit(USART1, USART_IT_RXNE); //清串口 1 接收中断标志
      Res =USART_ReceiveData(USART1);                  //读取串口 1 数据

      //判断串口数据帧接收完成标志位(即 USART_RX_STA 的最高位 Bit15)是否置位
      if ((USART_RX_STA&0x8000)==0)
        {
          //判断 USART_RX_STA 的 Bit14 是否置位(即是否已接收到 0x0D)
          if(USART_RX_STA&0x4000)
            {
              if (Res!=0x0A) USART_RX_STA=0;           //接收到错误数据,复位接收状态标记
              else USART_RX_STA|=0x8000;               //数据帧接收完成标志位置位
            }
          else
            {
              if(Res==0x0D) USART_RX_STA|=0x4000; //Bit14 置位
              else
              {
                //从 USART_RX_STA 的 Bit13~Bit0 提取接收缓冲索引号 Buffer_Index
                Buffer_Index=USART_RX_STA&0X3FFF;

                //将串口 1 收到的有效字节保存至接收缓冲数组
                USART_RX_BUF[Buffer_Index]=Res;
                USART_RX_STA++;
              }
            }
        }
    }
}
```

```
    //串口 1 接收数据过多,未及时处理,会产生串口 1 溢出错误,并进入溢出中断(ORE)
    if (USART_GetFlagStatus(USART1,USART_FLAG_ORE)= =SET)          //查询溢出中断标志
    {
        USART_ClearFlag(USART1,USART_FLAG_ORE);                    //清溢出中断标志
        USART_ReceiveData(USART1);                                 //扔掉数据
    }
}
```

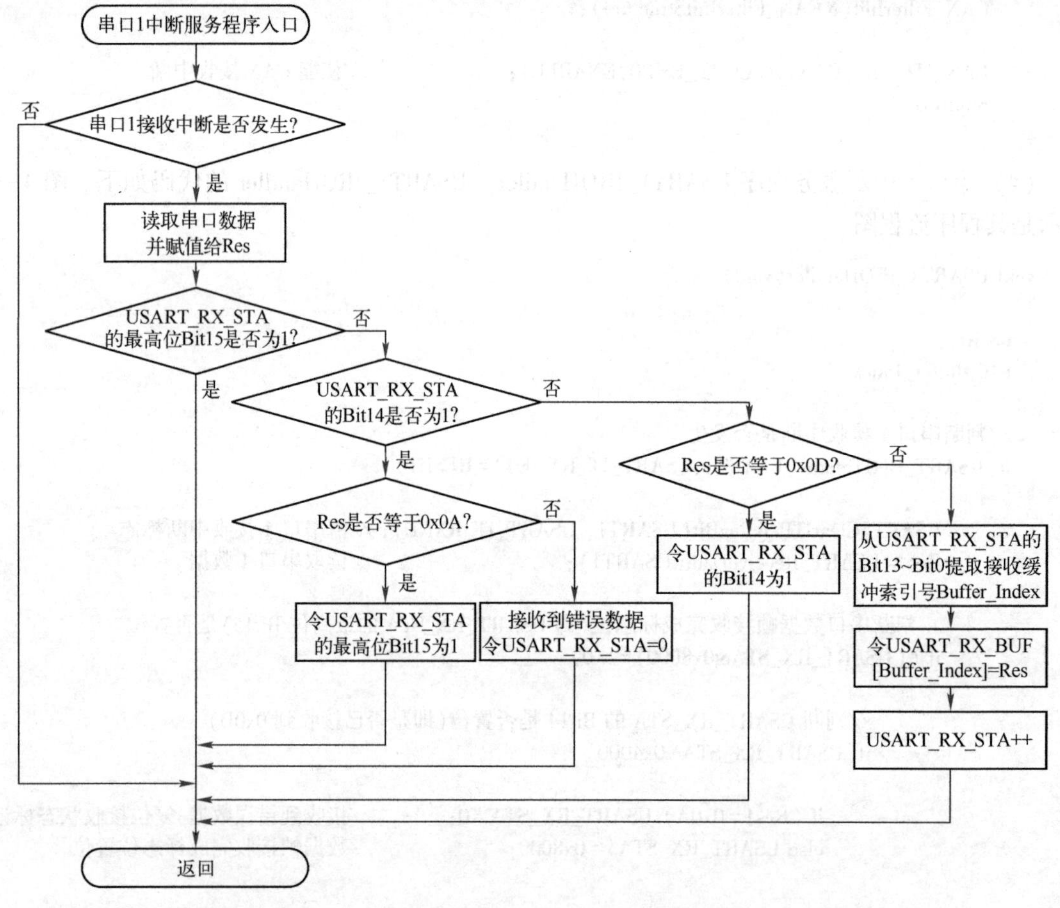

图 4-32　串口 1 中断服务程序 USART1_ IRQHandler 的流程图

在串口 1 中断服务程序中，通过判断上位机发送的（包含车速和偏航角速度信息的）串口数据帧的末尾字节（即 0x0D 和 0x0A）决定是否接收到 1 个完整的数据帧。具体做法如下：当串口 1 收到 0x0D 时，令串口 1 接收状态标记 USART_RX_STA 的 Bit14 为 1；当串口 1 已收到 0x0D（即 Bit14=1）且紧随其后收到 0x0A 时令 USART_RX_STA 的 Bit15 为 1，此时认为串口 1 完整地收到了上位机发送的 1 帧数据。因此，Bit15 是串口数据帧接收完成标志位。

USART_RX_STA 的低 14 位（即 Bit13~Bit0）用于记录串口接收到的（不等于 0x0D 和 0x0A 的）有效字节数，即接收缓冲索引号 Buffer_Index。利用指令“Buffer_Index = USART_RX_STA&0x3FFF”可提取出 Buffer_Index，从而令串口收到的有效字节依次保存至数组 USART_RX_BUF 中。

（5）定时器 4 中断服务程序 TIM4_IRQHandler　定时器 4 中断服务程序 TIM4_IRQHandler 如下。图 4-33 所示是 TIM4_IRQHandler 的程序流程图。

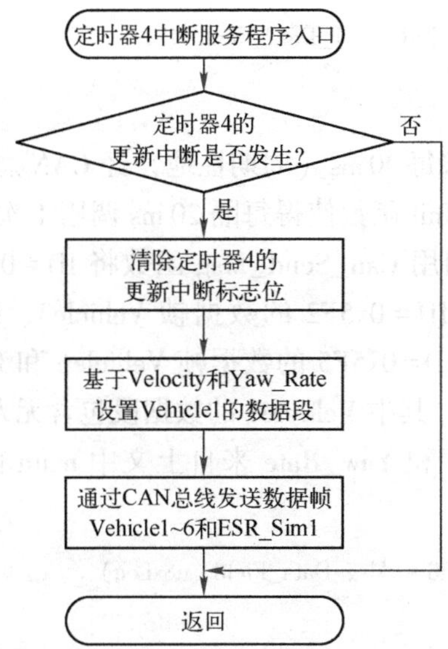

图 4-33　定时器 4 中断服务程序 TIM4_IRQHandler 的流程图

```
void TIM4_IRQHandler(void)
{       //判断定时器 4 更新中断是否发生
        if (TIM_GetITStatus(TIM4,TIM_IT_Update)! =RESET)
        {   //清除定时器 4 更新中断标志
            TIM_ClearITPendingBit(TIM4,TIM_IT_Update);

            Velocity=Velocity * 16/10;
            Yaw_Rate=Yaw_Rate * 16/10;
            //基于车速 Velocity 和偏航角速度 Yaw_Rate 设置数据帧 Vehicle1 的数据段
            Vehicle1_Data_Field[0]=(Velocity>>3)&0x00FF;
            Vehicle1_Data_Field[1]=((Velocity&0x0007)<<5)|((Yaw_Rate>>8)&0x000F);
            Vehicle1_Data_Field[2]=Yaw_Rate&0x00FF;

            Vehicle1_Data_Field[3]=0x9F;   //令该字节最高位为 1,从而声明偏航角速度有效
            Vehicle1_Data_Field[4]=0xFF;
            Vehicle1_Data_Field[5]=0;      //令该字节最高位为 0,从而声明转向角无效
            Vehicle1_Data_Field[6]=0;
            Vehicle1_Data_Field[7]=0;

            //发送 ID=0x4F0 的 CAN 数据帧 Vehicle1
            Can_Send_Msg(0x4F0,Vehicle1_Data_Field,8);
            //发送 ID=0x4F1 的 CAN 数据帧 Vehicle2
            Can_Send_Msg(0x4F1,Vehicle2_Data_Field,8);
            //发送 ID=0x5F2 的 CAN 数据帧 Vehicle3
            Can_Send_Msg(0x5F2,Vehicle3_Data_Field,8);
            //发送 ID=0x5F3 的 CAN 数据帧 Vehicle4
            Can_Send_Msg(0x5F3,Vehicle4_Data_Field,8);
            //发送 ID=0x5F4 的 CAN 数据帧 Vehicle5
            Can_Send_Msg(0x5F4,Vehicle5_Data_Field,8);
            //发送 ID=0x5F5 的 CAN 数据帧 Vehicle6
            Can_Send_Msg(0x5F5,Vehicle6_Data_Field,8);
            //发送 ID=0x5C0 的 CAN 数据帧 ESR_Sim1
```

```
        Can_Send_Msg(0x5C0,ESR_Sim1_Data_Field,8);
    }
}
```

Delphi ESR 毫米波雷达要求每 20 ms（周期性地）经 CAN 总线接收车速和偏航角速度等信息。因此，通过配置 TIM4_Int_Init 函数使得每隔 20 ms 调用 1 次定时器 4 中断服务程序 TIM4_IRQHandler。该中断服务程序利用 Can_Send_Msg 函数将 ID = 0x4F0 的 CAN 数据帧 Vehicle1、ID = 0x4F1 的数据帧 Vehicle2、ID = 0x5F2 的数据帧 Vehicle3、ID = 0x5F3 的数据帧 Vehicle4、ID = 0x5F4 的数据帧 Vehicle5、ID = 0x5F5 的数据帧 Vehicle6 和 ID = 0x5C0 的数据帧 ESR_Sim1 发送给 Delphi ESR 毫米波雷达。其中 Vehicle1 的数据段包含无人车当前速度 Velocity 和偏航角速度 Yaw_Rate。此处的 Velocity 和 Yaw_Rate 来自上文中 main 函数的 while 循环。Can_Send_Msg 函数的代码如下：

```
u8 Can_Send_Msg(uint32_t ID, u8 * Msg_Data_Field, u8 Len)
{
    u8 mbox;
    u16 i=0;
    CanTxMsg TxMessage;
    TxMessage.StdId=ID;                                          //设置标准标识符
    TxMessage.IDE=CAN_Id_Standard;                               //设置为标准帧
    TxMessage.RTR=CAN_RTR_Data;                                  //设置为数据帧
    TxMessage.DLC=Len;                                           //设置数据段字节个数
    for(i=0;i<Len;i++) TxMessage.Data[i]=Msg_Data_Field[i];      //给数据段赋值
    mbox= CAN_Transmit(CAN1, &TxMessage);                        //CAN1 发送数据
    i=0;
    //等待 CAN1 发送结束
    while((CAN_TransmitStatus(CAN1,mbox)==CAN_TxStatus_Failed)&&(i<0xFFF)) i++;
    if(i>=0xFFF) return 1;
    return 0;
}
```

（6）CAN1 接收中断服务程序 USB_LP_CAN1_RX0_IRQHandler　USB_LP_CAN1_RX0_IRQHandler 的代码如下。其程序流程图参见图 4-34。

```
//s16 ANGLE[64]; 检测到的 64 个障碍物的角度
//u16 RANGE[64]; 检测到的 64 个障碍物的距离
void USB_LP_CAN1_RX0_IRQHandler(void)
{
    int i=0;
    uint32_t Obstacle_ID=0;                           //其取值范围是 0~63
    CanRxMsg RxMessage;
    CAN_Receive(CAN1, CAN_FIFO0, &RxMessage);//读取 CAN1 接收到的数据帧

    if(RxMessage.StdId==0x4E0)                        //判断接收到的是否为数据帧 ESR_Status1
    {
        //记录 ESR_Status1 的数据段
        for(i=0;i<8;i++)ESR_Status_1_Data_Field[i]=RxMessage.Data[i];
        //计算 CAN 发送索引号
        CAN_TX_SCAN_INDEX=(ESR_Status_1_Data_Field[3]<<8)
                                             +ESR_Status_1_Data_Field[4];
        //将 CAN 发送索引号作为 Vehicle2 数据段信号 CAN_RX_SCAN_INDEX_ACK
        Vehicle2_Data_Field[0]=CAN_TX_SCAN_INDEX>>8;
```

```
            Vehicle2_Data_Field[1]=CAN_TX_SCAN_INDEX&(0x00FF);
            Vehicle2_Data_Field[2]=0x00;
            Vehicle2_Data_Field[3]=0x00;
            Vehicle2_Data_Field[4]=0x00;
            Vehicle2_Data_Field[5]=0x00;
            Vehicle2_Data_Field[6]=0xBF;        //令该字节低 6 位为 1,从而最多检测 64 个障碍物
            Vehicle2_Data_Field[7]=0xEC;        //令该字节的 Bit5 为 1,从而声明车速有效
        }
        else if(RxMessage.StdId==0x4E1)        //判断接收到的是否为数据帧 ESR_Status2
        {
            //记录 ESR_Status2 的数据段
            for(i=0;i<8;i++) ESR_Status_2_Data_Field[i]=RxMessage.Data[i];
        }
        else if(RxMessage.StdId==0x4E3)        //判断接收到的是否为数据帧 ESR_Status4
        {
            //记录 ESR_Status4 的数据段
            for(i=0;i<8;i++) ESR_Status_4_Data_Field[i]=RxMessage.Data[i];
        }
        else if((RxMessage.StdId>=0x500)&&(RxMessage.StdId<=0x53F))
        {   //判断接收到的是否为数据帧 ESR_Track01~64,从而获取障碍物信息
            Obstacle_ID=RxMessage.StdId-0x500;      //计算障碍物的索引号
            //记录 ESR_Track 的数据段
            for(i=0;i<8;i++) ESR_Track_Data_Field[Obstacle_ID][i]=RxMessage.Data[i];
            //获取第(Obstacle_ID+1)个障碍物的角度
            if((ESR_Track_Data_Field[Obstacle_ID][1]&0x10)==0x10)      //得到负数角度
            ANGLE[Obstacle_ID]=(((ESR_Track_Data_Field[Obstacle_ID][1]%32)<<5)
                                +(ESR_Track_Data_Field[Obstacle_ID][2]>>3))|0xFC00;
            else                                    //得到正数角度
              ANGLE[Obstacle_ID]=(((ESR_Track_Data_Field[Obstacle_ID][1]%32)<<5)
                                  +(ESR_Track_Data_Field[Obstacle_ID][2]>>3));
            //获取第(Obstacle_ID+1)个障碍物的距离
            RANGE[Obstacle_ID]=((ESR_Track_Data_Field[Obstacle_ID][2]<<8)
                                  +ESR_Track_Data_Field[Obstacle_ID][3])&0x07FF;
        }
    }
```

CAN1 接收的数据帧 ESR_Status1、ESR_Status2 和 ESR_Status4 的 ID 分别为 0x4E0、0x4E1 和 0x4E3；数据帧 ESR_Track01~64 的 ID 依次为 0x500~0x53F。在 CAN1 接收中断服务程序中，首先通过 CAN_Receive 函数读取 CAN1 接收到的数据帧 RxMessage；然后，通过该数据帧的 ID（即 RxMessage.StdId）判定数据帧名称；继而，针对不同的数据帧，采用不同的处理方法。如果收到的数据帧是 ESR_Status1，那么从 ESR_Status1 的数据段 ESR_Status_1_Data_Field 中提取出 CAN 发送索引号 CAN_TX_SCAN_INDEX，并将该索引号作为 Vehicle2 数据段信号 CAN_RX_SCAN_INDEX_ACK；如果收到的数据帧是 ESR_Status2 或 ESR_Status4，则只需用 ESR_Status_2_Data_Field 或 ESR_Status_4_Data_Field 记录相应数据段；如果收到的数据帧是 ESR_Track01~64，那么可以用 RxMessage.StdId 计算出障碍物的索引号 Obstacle_ID（其取值范围是 0~63），并从当前数据段中获取第（Obstacle_ID+1）个障碍物的距离 RANGE[Obstacle_ID] 和角度 ANGLE[Obstacle_ID]。这里，RANGE[Obstacle_ID] 是 16 位无符号整数，ANGLE[Obstacle_ID] 是 16 位有符号整数。

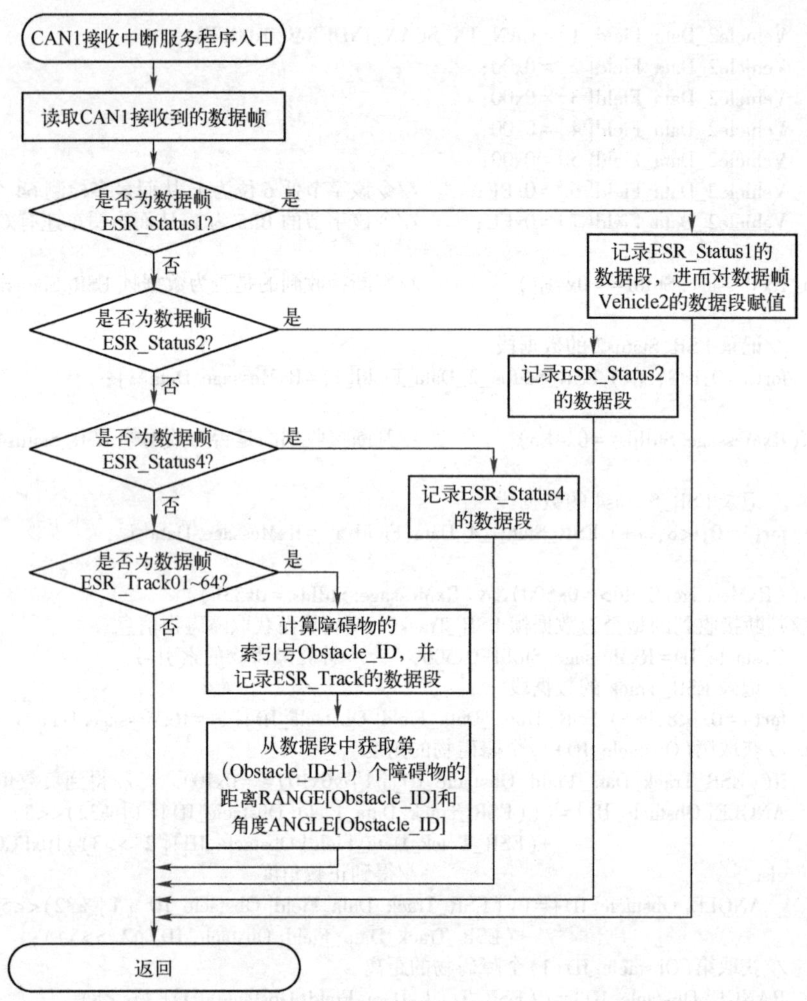

图 4-34　CAN1 接收中断服务程序 USB_LP_CAN1_RX0_IRQHandler 的流程图

9. Delphi ESR 毫米波雷达的 ROS 驱动设计

下面设计 Delphi ESR 毫米波雷达的上位机 ROS 驱动程序，从而将上文嵌入式驱动程序利用 STM32F103 串口给出的障碍物位置在 rviz 中实现可视化。

下位机 STM32F103 与上位机的硬件接口如图 4-35 所示。

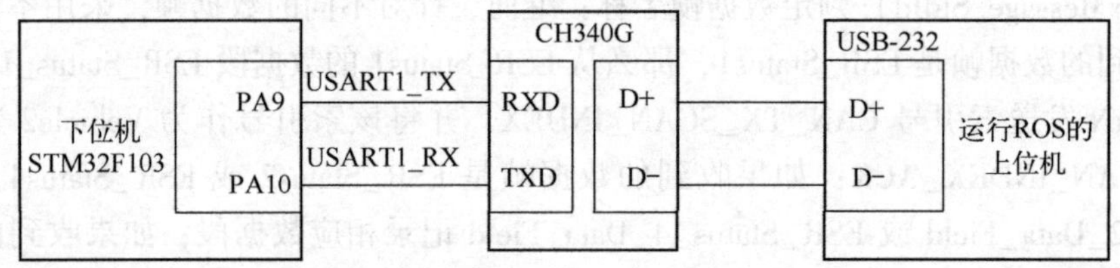

图 4-35　下位机 STM32F103 与上位机的硬件接口

嵌入式微控制器 STM32F103 串口 1 的引脚 USART1_TX 和 USART1_RX（即 PA9 和 PA10）分别连接到 USB/串口转换芯片 CH340G 的引脚 RXD 和 TXD。CH340G 经 USB 总线与上位机相连，其中 D+和 D-是 USB 信号线。这样，上位机的 Ubuntu 系统会将 CH340G 识别为 USB 转串口终端（如/dev/ttyUSB0）。Ubuntu 的应用程序通过读/写该终端可实现与 STM32F103 的串口通信。根据前文提到的下位机和上位机串口通信数据帧格式，设计了以下的 MMW_lidar 类：

```
#include <ros/ros. h>
#include <sensor_msgs/PointCloud2. h>
#include <geometry_msgs/TwistWithCovarianceStamped. h>
#include<std_msgs/String. h>
#include <pcl_conversions/pcl_conversions. h>
#include <pcl/point_cloud. h>
#include <pcl/point_types. h>
#include <pcl_ros/transforms. h>
#include <boost/asio. hpp>
#include <boost/bind. hpp>
#include <math. h>
#include <stdlib. h>
#include <string>
#include <iostream>
using namespace std;
using namespace boost::asio;
io_service iosev;
serial_port sp1(iosev, "/dev/ttyUSB0");
//定义 MMW_lidar 类
class MMW_lidar
{
  private:
    ros::NodeHandle nh;                                    //定义节点句柄
    ros::Subscriber sub_odom;                              //定义订阅者
    ros::Publisher pcl_pub_;                               //定义发布者
    std_msgs::Header point_cloud_header_;                  //定义发布消息的 header
  public:
    MMW_lidar()                                            //定义 MMW_lidar 的构造函数
    {   //设置订阅话题的名称、队列长度和回调函数名称
        sub_odom = nh. subscribe("/gps/odom", 1, &MMW_lidar::odomCallback, this);
        //设置发布话题的名称、发布消息类型和队列长度
        pcl_pub_ = nh. advertise<sensor_msgs::PointCloud2>("/MMW_lidar_points", 10);
        sp1. set_option(serial_port::baud_rate(115200)); //设置串口通信速率为 115200 bit/s
        sp1. set_option(serial_port::flow_control());
        sp1. set_option(serial_port::parity());
        sp1. set_option(serial_port::stop_bits());
        sp1. set_option(serial_port::character_size(8));
    }
    //声明 ROS 的回调函数 odomCallback
    void odomCallback(const nav_msgs::Odometry &msg_odom);
    //声明字符串分割函数
    void SplitString(const string& s,const string& c, vector<string>& v);
}
//定义回调函数 odomCallback
void MMW_lidar::odomCallback(const nav_msgs::Odometry &msg_odom)
{
    //计算当前车速(单位:m/s)
    float velocity=sqrt(pow(msg_odom. twist. twist. linear. x,2)
                                                  +pow(msg_odom. twist. twist. linear. y,2));
    //计算偏航角速度(单位:°/s)
```

```
float yaw_rate=(msg_odom.twist.twist.angular.z) * 180/M_PI;
std::string write_buf_data;
//将车速和偏航角速度扩大 10 倍后取整并转换为字符串类型
write_buf_data="#"+std::to_string(round(velocity * 10))+","
                                         +std::to_string(round(yaw_rate * 10));

std::stringstream sss;
sss <<write_buf_data;
std_msgs::String mssg;
mssg.data = sss.str()+"\r\n";            //\r 的 ASCII 码是 0x0D,\n 的 ASCII 码是 0x0A
//上位机通过串口将车速和偏航角速度信息发送给下位机 STM32F103
write(sp1, buffer(mssg.data.c_str(),mssg.data.size()));

boost::asio::streambuf buf;
//上位机通过串口读取 STM32F103 发送的障碍物信息,并将其存入 buf
read_until(sp1, buf, '$');
int buf_size=buf.size();

//将 buf 中的数据转换成字符串 buf_data
boost::asio::streambuf::const_buffers_type cbt=buf.data();
std::string buf_data(boost::asio::buffers_begin(cbt),boost::asio::buffers_end(cbt));

vector<string> vec;
//根据分隔符";",将 64 个障碍物的信息分离,并写成向量 vec 的形式
SplitString(buf_data,";", vec);
vector<string> vec1;
for(vector<string>::size_type i = 0; i ! = (vec.size()-1); ++i)
{
    //根据分隔符",",将每个障碍物的距离和角度信息分离,并依次存入向量 vec1
    SplitString(vec[i],",", vec1);
}
std::vector<double> distance;
std::vector<double> angle;
for(int i=0; i<vec1.size(); ++i)
{
    istringstream iss(vec1[i]);                      //读入分割完的字符串
    float num;
    iss >> num;                                      //将字符串变换为浮点数
    if (i%2==0) distance.push_back(num);             //记录障碍物的距离
    else angle.push_back(num);                       //记录障碍物的角度
}

pcl::PointCloud<pcl::PointXYZI>::Ptr MMW_points(newpcl::PointCloud<pcl::PointXYZI>);
pcl::PointXYZIpoint;
for(int i=0; i<distance.size(); i++)
{   //计算障碍物与毫米波雷达的距离 distance_temp(单位:m)
    float distance_temp=((float)distance[i]/10);
    //计算障碍物与毫米波雷达正前方的夹角 angle_temp(单位:rad)
    float angle_temp=((float)-1 * angle[i]/10) * M_PI/180;
    //将每个障碍物(由距离和角度构成的)极坐标转换成(车体坐标系的)直角坐标
    point.x=distance_temp * cos(angle_temp);
    point.y=distance_temp * sin(angle_temp);
    //将第(i+1)个障碍物在车体坐标系下的位置存储到点云中
    MMW_points->points.push_back(point);
```

```
    }
    sensor_msgs::PointCloud2 MMW_points_temp;
    pcl::toROSMsg( * MMW_points, MMW_points_temp);
    MMW_points_temp.header =point_cloud_header_ ;
    MMW_points_temp.header.frame_id = "/velodyne";
    //发布关于障碍物位置的点云数据,以便实现毫米波雷达检测结果的可视化
    pcl_pub_.publish(MMW_points_temp);
}
```

Oxford Technical Solutions Ltd 的 GPS/IMU 组合导航系统 RT2000 的 ROS 驱动程序会发布 gps/odom 话题（其包含了 RT2000 测得的车速和偏航角速度信息）。在 MMW_lidar 类的构造函数中订阅了该话题。每当收到 gps/odom 话题时，将执行回调函数 odomCallback。利用 odomCallback 获得的（类型为 nav_msgs::Odometry 的）消息 msg_odom，可计算出 velocity 和 yaw_rate。然后，将 velocity 和 yaw_rate 扩大 10 倍后取整并转换为字符串 write_buf_data；继而，基于 write 函数，上位机通过串口发送包含 write_buf_data 的数据帧给下位机。随后，基于 read_until 函数，上位机通过串口读取下位机发送的 64 个障碍物的信息，并将其存入数据缓冲 buf。接着，用字符串分割函数 SplitString 将各个障碍物的距离和角度信息从串口数据（即字符串）中分离出来。在设计 SplitString 函数时，考虑了下位机 STM32F103 由串口 1 回传给上位机的数据格式。SplitString 函数的代码如下：

```
//定义字符串分割函数。该函数利用分隔符 c 从输入字符串 s 中提取出字符串向量 v
void MMW_lidar::SplitString(conststring& s, const string& c, vector<string>& v)
{
    string::size_type pos1, pos2;
    pos1 = 0;
    //如果 find 函数在字符串 s 中找到分隔符 c,返回 c 在 s 中的位置;否则,返回 string::npos
    //s 的第 1 个字符的位置为 0
    pos2 = s.find(c);

    //如果在 s 中找到 c,那么执行 while 循环;否则,退出该循环
    while(string::npos ! = pos2)
    {
      //将 s 的第(pos1+1)个字符至第 pos2 个字符存入字符串向量 v
      v.push_back(s.substr(pos1, pos2-pos1));
      pos1 = pos2 + c.size();
      pos2 = s.find(c, pos1); //从 s 的第(pos1+1)个字符开始,向后查询分隔符 c 的位置
    }
    //将 s 中最后 1 个分隔符之后的字符串存入 v
    if((pos1+1)<= s.length()) v.push_back(s.substr(pos1));
}
```

在图 4-36 所示的车体坐标系 OXY 下，毫米波雷达的位置为坐标原点 O；黑点为障碍物的当前位置；该位置的直角坐标是(x,y)，其极坐标为(L,θ)；L 代表障碍物与毫米波雷达之间的距离；θ 是障碍物与毫米波雷达正前方的夹角。障碍物的极坐标与直角坐标转换公式为

$$\begin{cases} x = L\cos(\theta) \\ y = L\sin(\theta) \end{cases} \tag{4-29}$$

式中，x、y 和 L 的单位是 m；θ 的单位为 rad。在回调函数 odomCallback 中，基于式（4-29）可计算出每个障碍物在车体坐标系下的直角坐标，即 point.x 和 point.y。进而，在回调函数 odomCallback 的结尾，可发布包含每个障碍物位置信息的话题/MMW_lidar_points。

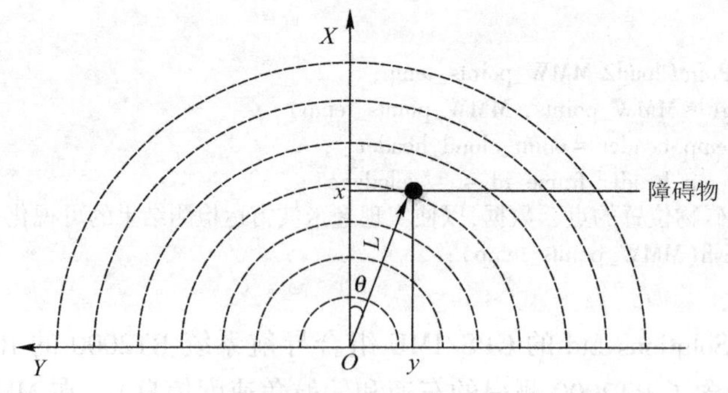

图 4-36　障碍物的极坐标和直角坐标转换原理

Delphi ESR 毫米波雷达的 ROS 驱动主函数如下：

```
int main(int argc, char * * argv)
{
    ros::init(argc, argv, "MMW_lidar");    //初始化 ROS 节点
    MMW_lidar start_detec;                 //MMW_lidar 类的实例化
    ros::spin();                           //循环等待回调
    return 0;
}
```

运行该主函数得到的 Delphi ESR 毫米波雷达数据的 rviz 可视化效果如图 4-37 所示。其中，实心黑点为该毫米波雷达检测到的移动障碍物；车体坐标系的坐标轴和距离标记线（即半径分别为 0.5 m、1.0 m、1.5 m、2.0 m、2.5 m 和 3.0 m 的半圆）的 rviz 可视化方法参见 3.3 节。

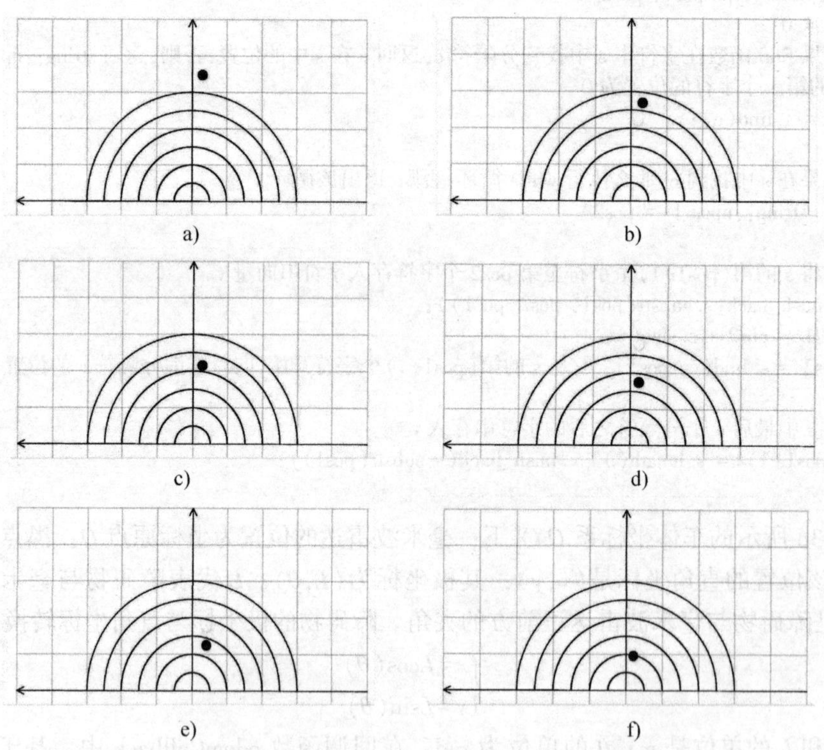

图 4-37　Delphi ESR 毫米波雷达检测到的障碍物位置的可视化效果

4.5　超声波雷达数据采集

4.5.1　超声波雷达概述

超声波雷达是一种发射（频率大于 20 kHz 的）超声波并通过检测超声回波，计算发送和接收超声信号时间差从而测算距离的传感器。该类传感器常作为倒车雷达，其常用工作频率有 3 种，即 40 kHz、48 kHz 和 58 kHz。超声波雷达具有体积小、重量轻、价格低、穿透性强以及数据处理简单等特点。1996 年，法国学者 Christian Laugier 在实验车上利用超声波感知系统实现了对行人和车位的检测[45]。后来，随着相关技术的发展，超声波雷达被广泛应用于泊车系统。在传统的自动泊车系统中，一般安装有 12 个超声波雷达，能够完成横向、纵向和斜向 3 种泊车动作，但是应用场景相对单一。为适用于更加丰富的应用场景，近年来融合视觉传感器和超声波雷达数据的研究受到了广泛关注。

自动泊车系统通常会集成 UPA（Ultrasonic Parking Assistant）超声波雷达和 APA（Automatic Parking Assistant）超声波雷达。UPA 超声波雷达安装在汽车前后，用来探测前后障碍物，探测范围在 15~250 cm 之间；APA 超声波雷达安装在车辆的侧面，可检测侧向障碍物，探测距离为 30~500 cm。

4.5.2　超声波雷达的嵌入式驱动

这里以超声波雷达 US-025 为例介绍其嵌入式驱动程序的设计方法。US-025 的工作频率为 40 kHz，支持 GPIO 通信模式，主要用于近距离障碍物的检测，从而弥补激光雷达的扫描盲区。超声波雷达 US-025 的测距原理如图 4-38 所示。每当嵌入式微控制器 STM32F103 向 US-025 的 Trig 引脚提供 10 μs 以上的高电平时会触发 US-025 开始测距。此时，US-025 的超声波发射器会产生 8 个频率为 40 kHz 的脉冲（见图 4-39）。随后，通过 US-025 的超声波接收器检测超声回波。一旦探测到回波，US-025 的 Echo 引脚会输出高电平，该高电平的持续时间 T 是超声波往返于 US-025 和障碍物所用的时间。因此，障碍物与超声波雷达 US-025 的距离为[46-47]

$$S=\frac{TV}{2} \tag{4-30}$$

式中，S 的单位是 m；T 的单位是 s；V 为超声波传播速度，单位是 m/s。

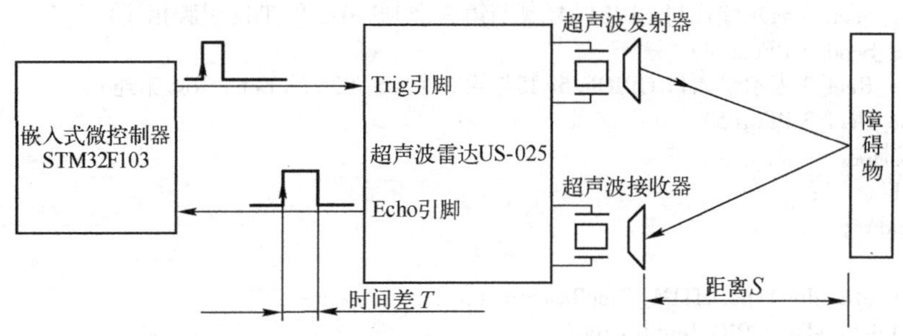

图 4-38　超声波雷达 US-025 的测距原理

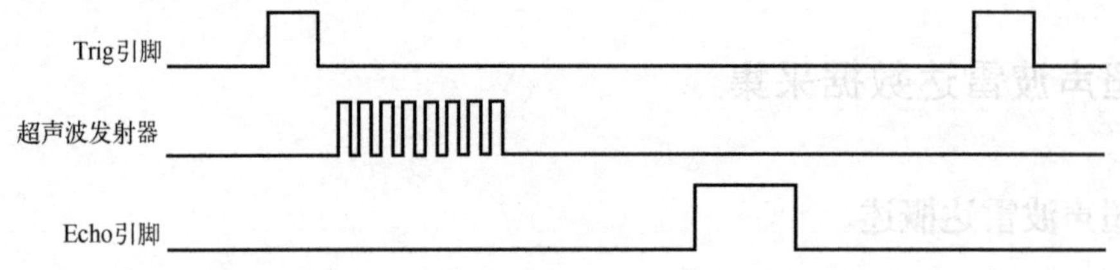

图 4-39 超声波雷达 US-025 时序图

如图 4-40 所示，超声波雷达 US-025 有 4 个引脚：1 号引脚接电源（DC3~5.5 V）；2 号为 Trig 引脚；3 号是 Echo 引脚；4 号引脚接地（GND）。Trig 和 Echo 引脚接 STM32F103 的两个 GPIO。

在图 4-41 所示的车头矩形区域内安装了 3 个超声波雷达 US-025。这里要求 US-025 的发射面与地面垂直。

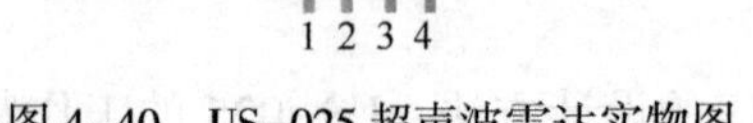

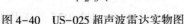

图 4-40 US-025 超声波雷达实物图

图 4-41 3 个超声波雷达 US-025 的安装位置示意图

接下来，介绍基于嵌入式微控制器 STM32F103 的 3 个超声波雷达 US-025 的驱动程序设计方法。该驱动程序由主函数 main 和定时器中断服务程序 TIM6_IRQHandler 构成。主函数的程序流程图如图 4-42 所示，其代码如下：

```
//定义 TRig_Send_1 表示输出口 GPIOF.0(其与第 1 个 US-025 的 Trig 引脚相连)
#define TRig_Send_1PFout(0)
//定义 Echo_Reci_1 表示输入口 GPIOF.1(其与第 1 个 US-025 的 Echo 引脚相连)
#define Echo_Reci_1 PFin(1)
//定义 TRig_Send_2 表示输出口 GPIOF.2(其与第 2 个 US-025 的 Trig 引脚相连)
#define TRig_Send_2 PFout(2)
//定义 Echo_Reci_2 表示输入口 GPIOF.3(其与第 2 个 US-025 的 Echo 引脚相连)
#define Echo_Reci_2 PFin(3)
//定义 TRig_Send_3 表示输出口 GPIOF.4(其与第 3 个 US-025 的 Trig 引脚相连)
#define TRig_Send_3 PFout(4)
//定义 Echo_Reci_3 表示输入口 GPIOF.5(其与第 3 个 US-025 的 Echo 引脚相连)
#define Echo_Reci_3 PFin(5)
//定义触发标志
int Trigger_Flag=1;
int main(void)
{
    TIM_TimeBaseInitTypeDefTIM_TimeBaseStructure;
    GPIO_InitTypeDef GPIO_InitStructure;
    NVIC_InitTypeDef NVIC_InitStructure;
    //设置中断抢占优先级位数为 2 和子优先级位数为 2
    NVIC_PriorityGroupConfig(NVIC_PriorityGroup_2);
```

```
//配置系统时基定时器
delay_init();
//使能 GPIOF 的时钟
RCC_APB2PeriphClockCmd(RCC_APB2Periph_GPIOF,ENABLE);
//使能定时器 6 的时钟
RCC_APB1PeriphClockCmd(RCC_APB1Periph_TIM6, ENABLE);
//配置 GPIOF.0(即 TRig_Send_1)
GPIO_InitStructure.GPIO_Pin = GPIO_Pin_0;
GPIO_InitStructure.GPIO_Speed = GPIO_Speed_50MHz;
GPIO_InitStructure.GPIO_Mode = GPIO_Mode_Out_PP;            //设置为推挽输出
GPIO_Init(GPIOF, &GPIO_InitStructure);
GPIO_ResetBits(GPIOF,GPIO_Pin_0);                           //令 GPIOF.0 为低电平
//配置 GPIOF.1(即 Echo_Reci_1)
GPIO_InitStructure.GPIO_Pin = GPIO_Pin_1;
GPIO_InitStructure.GPIO_Mode = GPIO_Mode_IN_FLOATING;       //设置为浮空输入
GPIO_Init(GPIOF, &GPIO_InitStructure);
//配置 GPIOF.2(即 TRig_Send_2)
GPIO_InitStructure.GPIO_Pin = GPIO_Pin_2;
GPIO_InitStructure.GPIO_Speed = GPIO_Speed_50MHz;
GPIO_InitStructure.GPIO_Mode = GPIO_Mode_Out_PP;            //设置为推挽输出
GPIO_Init(GPIOF, &GPIO_InitStructure);
GPIO_ResetBits(GPIOF,GPIO_Pin_2);                           //令 GPIOF.2 为低电平
//配置 GPIOF.3(即 Echo_Reci_2)
GPIO_InitStructure.GPIO_Pin = GPIO_Pin_3;
GPIO_InitStructure.GPIO_Mode = GPIO_Mode_IN_FLOATING;       //设置为浮空输入
GPIO_Init(GPIOF, &GPIO_InitStructure);
//配置 GPIOF.4(即 TRig_Send_3)
GPIO_InitStructure.GPIO_Pin = GPIO_Pin_4;
GPIO_InitStructure.GPIO_Speed = GPIO_Speed_50MHz;
GPIO_InitStructure.GPIO_Mode = GPIO_Mode_Out_PP;            //设置为推挽输出
GPIO_Init(GPIOF, &GPIO_InitStructure);
GPIO_ResetBits(GPIOF,GPIO_Pin_4);                           //令 GPIOF.4 为低电平
//配置 GPIOF.5(即 Echo_Reci_3)
GPIO_InitStructure.GPIO_Pin = GPIO_Pin_5;
GPIO_InitStructure.GPIO_Mode = GPIO_Mode_IN_FLOATING;       //设置为浮空输入
GPIO_Init(GPIOF, &GPIO_InitStructure);
//定时器 6 中断优先级设置
NVIC_InitStructure.NVIC_IRQChannel=TIM6_IRQn;
NVIC_InitStructure.NVIC_IRQChannelPreemptionPriority=0;     //抢占优先级为 0
NVIC_InitStructure.NVIC_IRQChannelSubPriority = 0;          //子优先级为 0
NVIC_InitStructure.NVIC_IRQChannelCmd = ENABLE;
NVIC_Init(&NVIC_InitStructure);
TIM_DeInit(TIM6);                                           //将定时器 6 的寄存器复位
//设置定时器 6 的定时时间为 30 μs
TIM_TimeBaseStructure.TIM_Period = 29;                      //设置定时器 6 的自动加载值
TIM_TimeBaseStructure.TIM_Prescaler =71;                    //设置定时器 6 的预分频系数
TIM_TimeBaseStructure.TIM_ClockDivision= 0;
TIM_TimeBaseStructure.TIM_CounterMode = TIM_CounterMode_Up; //设置为向上计数模式
TIM_TimeBaseInit(TIM6,&TIM_TimeBaseStructure);
TIM_ClearFlag(TIM6,TIM_IT_Update);                          //清除定时器 6 的更新中断标志
TIM_ITConfig(TIM6,TIM_IT_Update,ENABLE);                    //使能定时器 6 更新中断
TIM_Cmd(TIM6,DISABLE);                                      //禁用定时器 6
while(1)
```

```
    {  //判断是否可以给超声波雷达 US-025 的 Trig 引脚发送触发信号
       if (Trigger_Flag==1)
       {  TRig_Send_1=1;             //令第 1 个超声波雷达 US-025 的 Trig 引脚为高电平
          TRig_Send_2=1;             //令第 2 个超声波雷达 US-025 的 Trig 引脚为高电平
          TRig_Send_3=1;             //令第 3 个超声波雷达 US-025 的 Trig 引脚为高电平
          delay_us(20);              //延时 20 μs
          TRig_Send_1=0;             //令第 1 个超声波雷达 US-025 的 Trig 引脚为低电平
          TRig_Send_2=0;             //令第 2 个超声波雷达 US-025 的 Trig 引脚为低电平
          TRig_Send_3=0;             //令第 3 个超声波雷达 US-025 的 Trig 引脚为低电平
          //令触发标志为 0,从而禁止给 US-025 的 Trig 引脚发送触发信号
          Trigger_Flag=0;
          TIM_Cmd(TIM6,ENABLE);      //启动定时器 6
       }
    }
}
```

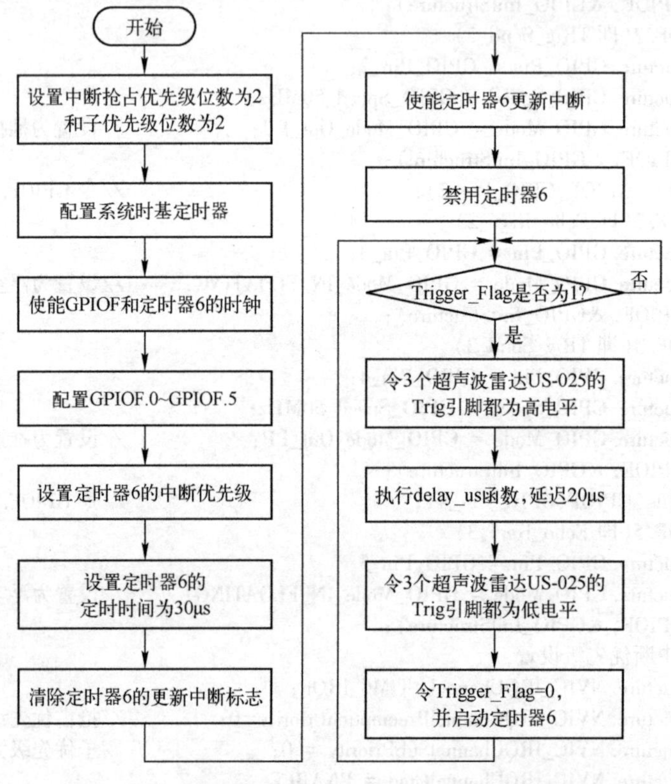

图 4-42　3 个超声波雷达 US-025 的嵌入式驱动主函数流程图

在主函数中，首先设置中断抢占优先级和子优先级的位数，并配置系统时基定时器。然后，配置嵌入式微控制器 STM32F103 的引脚 GPIOF. 0 ~ GPIOF. 5，其中 GPIOF. 0（即 TRig_Send_1）与第 1 个 US-025 的 Trig 引脚相连，GPIOF. 1（即 Echo_Reci_1）与第 1 个 US-025 的 Echo 引脚相连，GPIOF. 2（即 TRig_Send_2）与第 2 个 US-025 的 Trig 引脚相连，GPIOF. 3（即 Echo_Reci_2）与第 2 个 US-025 的 Echo 引脚相连，GPIOF. 4（即 TRig_Send_3）与第 3 个 US-025 的 Trig 引脚相连，GPIOF. 5（即 Echo_Reci_3）与第 3 个 US-025 的 Echo 引脚相连。接着，设置定时器 6 的中断优先级，令定时时间为 30 μs，清除该定时器的更新中断标志，使能更新中断，并禁用定时器 6。最后，进入 while 循环，在 while 循环中根据触发标志 Trigger_

Flag 判断是否可以给超声波雷达 US-025 的 Trig 引脚发送触发信号，如果 Trigger_Flag 等于 1，则触发 3 个 US-025，即令 3 个 US-025 的 Trig 引脚为高电平，随后执行 delay_us 函数，延时 20 μs，继而令 3 个 US-025 的 Trig 引脚为低电平。因此，STM32F103 向 US-025 的 Trig 引脚提供了 20 μs 的高电平。在触发 US-025 开始测距以后，令 Trigger_Flag=0，并启动定时器 6。

根据上述定时器 6 的设置可知，每 30 μs 会调用 1 次定时器 6 的中断服务程序 TIM6_IRQHandler。图 4-43 所示是该中断服务程序的流程图。TIM6_IRQHandler 的代码如下：

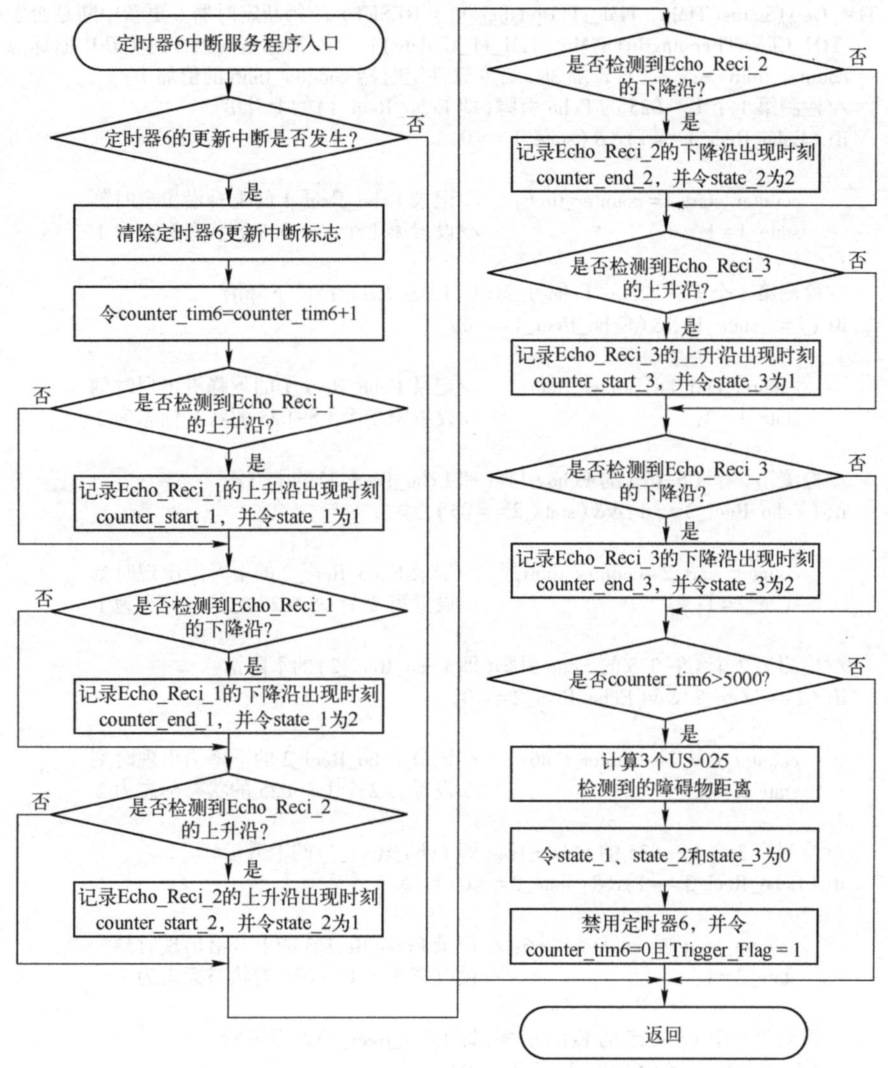

图 4-43　定时器 6 中断服务程序 TIM6_IRQHandler 的流程图

```
static int state_1=0;                //定义第 1 个 US-025 的状态标志
static int state_2=0;                //定义第 2 个 US-025 的状态标志
static int state_3=0;                //定义第 3 个 US-025 的状态标志
static int counter_tim6=0;           //定义以 30 μs 为时基的软件定时器 counter_tim6
static int counter_start_1=0;        //第 1 个 US-025 的 Echo 引脚(基于 counter_tim6 的)上升沿时刻
static int counter_end_1=0;          //第 1 个 US-025 的 Echo 引脚(基于 counter_tim6 的)下降沿时刻
static int counter_start_2=0;        //第 2 个 US-025 的 Echo 引脚(基于 counter_tim6 的)上升沿时刻
```

```
static int counter_end_2=0; //第 2 个 US-025 的 Echo 引脚(基于 counter_tim6 的)下降沿时刻
static int counter_start_3=0;//第 3 个 US-025 的 Echo 引脚(基于 counter_tim6 的)上升沿时刻
static int counter_end_3=0; //第 3 个 US-025 的 Echo 引脚(基于 counter_tim6 的)下降沿时刻
static unsigned int distance_1=1600; //用于记录第 1 个 US-025 的障碍物距离检测结果(单位:mm)
static unsigned int distance_2=1600; //用于记录第 2 个 US-025 的障碍物距离检测结果(单位:mm)
static unsigned int distance_3=1600; //用于记录第 3 个 US-025 的障碍物距离检测结果(单位:mm)
//每 30 μs 调用 1 次定时器 6 的中断服务程序,因此 counter_tim6 是以 30 μs 为时基的软件定时器
void TIM6_IRQHandler(void)
{   if(TIM_GetITStatus(TIM6, TIM_IT_Update) != RESET) //判断定时器 6 更新中断是否发生
    {       TIM_ClearITPendingBit(TIM6, TIM_IT_Update);    //清除定时器 6 的更新中断标志
        counter_tim6++;        //每隔 30 μs,令软件定时器 counter_tim6 的值加 1
        //检测第 1 个 US-025 的 Echo 引脚(即 Echo_Reci_1)的上升沿
        if((Echo_Reci_1==1)&&(state_1==0))
        {
            counter_start_1=counter_tim6;    //记录 Echo_Reci_1 的上升沿出现时刻
            state_1=1;                       //设置第 1 个 US-025 的状态标志为 1
        }
        //检测第 1 个 US-025 的 Echo 引脚(即 Echo_Reci_1)的下降沿
        if((1==state_1)&&(Echo_Reci_1==0))
        {
            counter_end_1=counter_tim6;      //记录 Echo_Reci_1 的下降沿出现时刻
            state_1=2;                       //设置第 1 个 US-025 的状态标志为 2
        }
        //检测第 2 个 US-025 的 Echo 引脚(即 Echo_Reci_2)的上升沿
        if((Echo_Reci_2==1)&&(state_2==0))
        {
            counter_start_2=counter_tim6;    //记录 Echo_Reci_2 的上升沿出现时刻
            state_2=1;                       //设置第 2 个 US-025 的状态标志为 1
        }
        //检测第 2 个 US-025 的 Echo 引脚(即 Echo_Reci_2)的下降沿
        if((1==state_2)&&(Echo_Reci_2==0))
        {
            counter_end_2=counter_tim6;      //记录 Echo_Reci_2 的下降沿出现时刻
            state_2=2;                       //设置第 2 个 US-025 的状态标志为 2
        }
        //检测第 3 个 US-025 的 Echo 引脚(即 Echo_Reci_3)的上升沿
        if((Echo_Reci_3==1)&&(state_3==0))
        {
            counter_start_3=counter_tim6; //记录 Echo_Reci_3 的上升沿出现时刻
            state_3=1;                    //设置第 3 个 US-025 的状态标志为 1
        }
        //检测第 3 个 US-025 的 Echo 引脚(即 Echo_Reci_3)的下降沿
        if((1==state_3)&&(Echo_Reci_3==0))
        {
            counter_end_3=counter_tim6; //记录 Echo_Reci_3 的下降沿出现时刻
            state_3=2;                  //设置第 3 个 US-025 的状态标志为 2
        }
        //判断检测周期是否大于 150 ms(即 30 μs * 5000)
        if(counter_tim6>5000)
        {   //测距结果=((counter_end_x-counter_start_x) * (30 * 10^(-6) s) * 340000 mm/s)/2
            //计算第 1 个 US-025 检测到的障碍物距离(单位:mm)
             if(counter_end_1>=counter_start_1)
                 distance_1=(counter_end_1-counter_start_1) * 5.1;
```

```
            else distance_1 = 5000;
            //计算第 2 个 US-025 检测到的障碍物距离(单位:mm)
            if (counter_end_2>=counter_start_2)
                distance_2=(counter_end_2-counter_start_2) * 5.1;
            else distance_2 = 5000;
            //计算第 3 个 US-025 检测到的障碍物距离(单位:mm)
            if (counter_end_3>=counter_start_3)
                distance_3=(counter_end_3-counter_start_3) * 5.1;
            else distance_3= 5000;
            //测距结束,复位 3 个 US-025 的状态标志
            state_1 = 0;
            state_2 = 0;
            state_3 = 0;
            TIM_Cmd(TIM6,DISABLE);//禁用定时器 6
            counter_tim6=0;                //复位软件定时器 counter_tim6
            //令触发标志为 1,从而允许给 US-025 的 Trig 引脚发送触发信号
            Trigger_Flag = 1;
        }
    }
}
```

在定时器 6 的中断服务程序 TIM6_IRQHandler 中，设计了软件定时器 counter_tim6。每次调用 TIM6_IRQHandler，会使 counter_tim6 的值加 1。因为每隔 30 μs 调用 1 次 TIM6_IRQHandler，所以 counter_tim6 是以 30 μs 为时基的软件定时器。为测量超声波雷达 US-025 的 Echo 引脚高电平持续时间（从而计算 US-025 的测距结果），这里基于状态机的编程思想，实现了对 Echo 引脚上升沿和下降沿的检测。图 4-44 给出了第 1 个 US-025 的状态转换关系。其中包括 5 个状态，即状态 0：第 1 个 US-025 的 Echo 引脚为低电平（即 Echo_Reci_1=0）且状态标志 state_1=0；状态 1：第 1 个 US-025 的 Echo 引脚为高电平（即 Echo_Reci_1=1）且 state_1=0；状态 2：第 1 个 US-025 的 Echo 引脚为高电平且 state_1=1；状态 3：第 1 个 US-025 的 Echo 引脚为低电平且 state_1=1；状态 4：第 1 个 US-025 的 Echo 引脚为低电平且 state_1=2。状态 1 对应着 Echo 引脚的上升沿，状态 3 涉及 Echo 引脚的下降沿。每当检测到上升沿和下降沿时，基于 counter_tim6，上升沿和下降沿出现的时刻会被 counter_start_1 和 counter_end_1 记录下来，随后通过软件指令设置 state_1，从而使上述状态发生转换。当 counter_tim6>5000 时，即在触发第 1 个 US-025 开始测距的 150ms 以后，利用式（4-30）、counter_start_1 和 counter_end_1 可计算出测距结果 distance_1。计算过程选用的 V 是超声波在 15℃空气中的传播速度 340 m/s，而 T=(counter_end_1−counter_start_1)×30 μs。第 2 个和第 3 个 US-025 的测距原理和以上方法完全相同。得到了测距结果以后，复位 3 个 US-025 的状态标志（使状态机由状态 4 回到状态 0）、禁用定时器 6、使 counter_tim6=0 并令触发标志 Trigger_Flag 为 1（从而允许给 US-025 的 Trig 引脚再次发送触发信号）。

当被测物在 US-025 的测量范围以外时（即障碍物在 US-025 前方很远的位置，如 20 m 以外），US-025 的 Echo 引脚仍会输出持续时间大约为 66 ms 的高电平。因此，在设计 TIM6_IRQHandler 时，考虑 counter_tim6>5000（即 150 ms）以后，才开始计算 US-025 的测距结果。

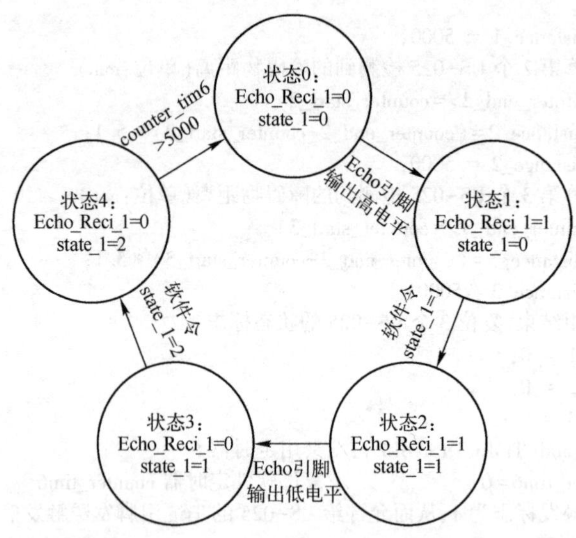

图 4-44 第 1 个超声波雷达 US-025 的状态转换关系

4.6 轮速编码器数据采集

4.6.1 轮速编码器概述

轮速编码器利用光电转换或电磁感应等原理，将车轮的角速度转换为脉冲电信号，然后传递给运动控制器。轮速编码器主要包括霍尔编码器和光电编码器。

霍尔编码器的码盘上均匀分布着许多磁极。每当磁极位于霍尔元件附近时，经磁电转换该元件会产生 1 个脉冲信号。当码盘旋转时，它上面的各个磁极会依次经过霍尔元件，因此该元件将输出若干脉冲。所以统计单位时间内脉冲个数，即可确定当前的车轮转速。

光电编码器的结构如图 4-45 所示。其码盘上有许多透光线条（线条数称为光电编码器的分辨率）。在码盘一侧安装红外线发射管，另一侧配备红外线接收管。该码盘随旋转轴转动使得透过码盘和固定光栅的红外线出现间断现象，于是红外线接收管输出脉冲信号。该信号经电压比较器整形后为图 4-46 中的方波信号。两套红外线接收管用于判定旋转轴转向。这两套红外线接收管特定的安装位置使 A 相和 B 相信号的相位差为 90°。当旋转轴顺时针转动时，A 相信号超前 B 相信号 90°；当旋转轴逆时针转动时，A 相信号落后 B 相信号 90°。因此，只要将 A 相和 B 相信号输入上升沿 D 触发器，就可由该触发器输出的高电平（或低电平）确定出旋转轴转向。另外，为提高测量精度，可将 A 相和 B 相信号进行“异或”运算，从而得到图 4-46 中方波的二倍频信号；也可利用计数器对 A 相和 B 相信号的上升沿和下降沿都进行计数，这样在 A 相（或 B 相）方波信号的每个周期内得到 4 个计数值。

图 4-45 中有一套红外线接收管与码盘上的零位标志槽相配合，使码盘每转一圈产生一个脉冲（即零位信号，或称 Z 相信号）。Z 相信号用于系统重新上电后的回零（复位）操作。不同厂家的光电编码器在 Z 相信号脉宽和产生时机方面略有不同。

如果时间 t 内光电编码器 A 相（或 B 相）输出的脉冲个数为 m 且该编码器旋转轴每转一圈输出的脉冲个数为 n（即该编码器的分辨率为 n 线），那么测得的转速（单位：r/min）为

$$v=\frac{60m}{nt}$$

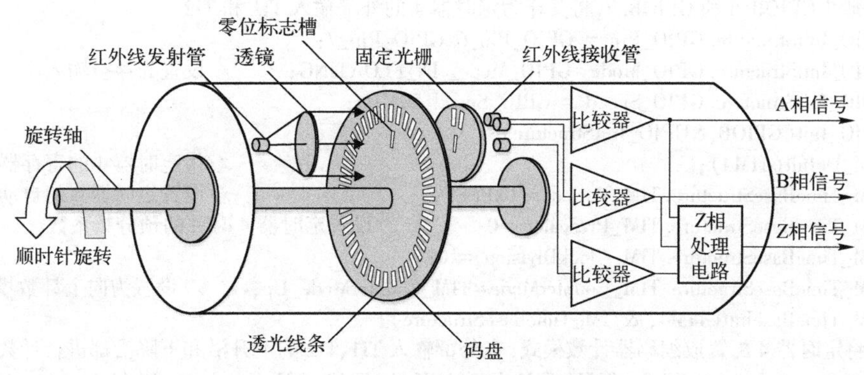

图 4-45　光电编码器结构示意图

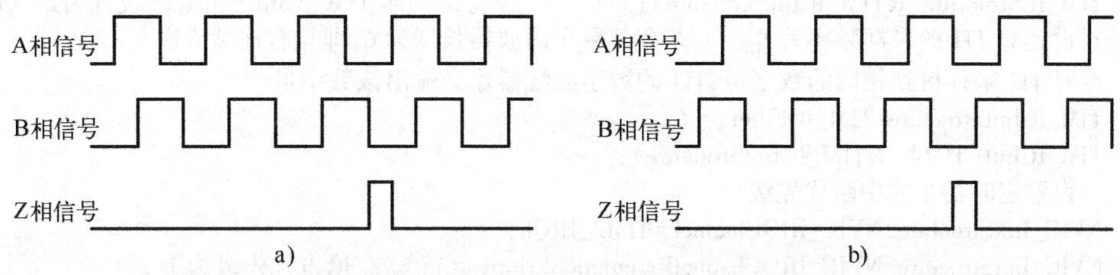

图 4-46　旋转轴顺时针转动和逆时针转动时光电编码器的输出

a）旋转轴顺时针转动时光电编码器的输出　b）旋转轴逆时针转动时光电编码器的输出

4.6.2　轮速编码器的嵌入式驱动

下面以 Autonics 公司的光电编码器 E40H8-1024-3-T-24 为例，介绍轮速编码器嵌入式驱动程序的设计方法。

E40H8-1024-3-T-24 的实物图如图 4-47 所示。其工作电压为 DC12~24 V，分辨率为 1024 线，具有 3 个输出信号（即 A、B 和 Z 相信号）。基于该光电编码器的测量值，可实现无人车轮速的 PID 闭环控制。

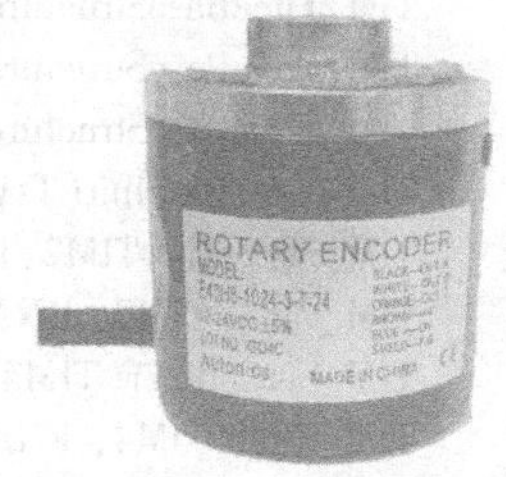

图 4-47　Autonics 公司的光电编码器 E40H8-1024-3-T-24 实物图

光电编码器 E40H8-1024-3-T-24 的嵌入式驱动程序由主函数和定时器 2 的中断服务程序 TIM2_IRQHandler 构成。图 4-48 所示为主函数的程序流程图。该主函数的代码如下：

```
float Wheel_Speed=0;                                  //定义变量记录轮速(单位:m/s)
int main(void)
{
    TIM_TimeBaseInitTypeDef TIM_TimeBaseStructure;
    NVIC_InitTypeDef NVIC_InitStructure;
    GPIO_InitTypeDef GPIO_InitStructure;
    TIM_ICInitTypeDef TIM_ICInitStructure;
    //设置中断抢占优先级位数为 2 和子优先级位数为 2
    NVIC_PriorityGroupConfig(NVIC_PriorityGroup_2);
    RCC_APB1PeriphClockCmd(RCC_APB1Periph_TIM2,ENABLE); //使能定时器 2 的时钟
```

```
    RCC_APB1PeriphClockCmd(RCC_APB1Periph_TIM4,ENABLE);    //使能定时器 4 的时钟
    RCC_APB2PeriphClockCmd(RCC_APB2Periph_GPIOB,ENABLE); //使能 GPIOB 的时钟
    //配置 GPIOB.6 和 GPIOB.7,将其作为定时器 4 的外部输入 TI1 和 TI2
    GPIO_InitStructure.GPIO_Pin = GPIO_Pin_6|GPIO_Pin_7;
    GPIO_InitStructure.GPIO_Mode=GPIO_Mode_ IN_FLOATING;       //设置为浮空输入
    GPIO_InitStructure.GPIO_Speed = GPIO_Speed_50MHz;
    GPIO_Init(GPIOB,&GPIO_InitStructure);
    TIM_DeInit(TIM4);                                          //将定时器 4 的寄存器复位
    TIM_TimeBaseStructure.TIM_Period = 0xFFFF;                 //设置定时器 4 的自动加载值
    TIM_TimeBaseStructure.TIM_Prescaler =0;          //设置定时器 4 时钟的预分频系数
    TIM_TimeBaseStructure.TIM_ClockDivision = 0;
    TIM_TimeBaseStructure.TIM_CounterMode=TIM_CounterMode_Up;      //设置为向上计数模式
    TIM_TimeBaseInit(TIM4, &TIM_TimeBaseStructure);
    //将定时器 4 配置成编码器计数模式(在外部输入 TI1、TI2 的上升沿和下降沿都进行计数)
    TIM_EncoderInterfaceConfig(TIM4,TIM_EncoderMode_TI12,TIM_ICPolarity_BothEdge,
                                                      TIM_ICPolarity_BothEdge);
    TIM_ICStructInit(&TIM_ICInitStructure);          //将结构体 TIM_ICInitStructure 设置为默认值
    //设置对 TI1 的采样频率为 f_DTS/4,并令其数字滤波器长度为 6,即只有连续 6 次
    //对 TI1 采样得到相同的数字量,TI1 的数字滤波器才会输出该数字量
    TIM_ICInitStructure.TIM_ICFilter = 6;
    TIM_ICInit(TIM4, &TIM_ICInitStructure);
    //设置定时器 2 的中断优先级
    NVIC_InitStructure.NVIC_IRQChannel=TIM2_IRQn;
    NVIC_InitStructure.NVIC_IRQChannelPreemptionPriority=1;   //抢占优先级为 1
    NVIC_InitStructure.NVIC_IRQChannelSubPriority = 1;        //子优先级为 1
    NVIC_InitStructure.NVIC_IRQChannelCmd = ENABLE;
    NVIC_Init(&NVIC_InitStructure);
    //设置定时器 2 的定时时间为 0.05 s
    TIM_TimeBaseStructure.TIM_Period=499;             //设置定时器 2 的自动加载值
    TIM_TimeBaseStructure.TIM_Prescaler=7199;         //设置定时器 2 时钟的预分频系数
    TIM_TimeBaseStructure.TIM_ClockDivision =0;
    TIM_TimeBaseStructure.TIM_CounterMode=TIM_CounterMode_Up;  //设置为向上计数模式
    TIM_TimeBaseInit(TIM2,&TIM_TimeBaseStructure);
    TIM_ITConfig(TIM2,TIM_IT_Update,ENABLE );   //使能定时器 2 更新中断
    TIM_Cmd(TIM2, ENABLE);                      //启动定时器 2
    TIM_SetCounter(TIM4,0);                     //设置计数器的计数值为零
    TIM_Cmd(TIM4, ENABLE);                      //令计数器开始计数
    while(1){}
}
```

在光电编码器嵌入式驱动主函数中，首先令中断抢占优先级和子优先级的位数为 2；其次，使能定时器 2、定时器 4 和 GPIOB 的时钟；然后，将嵌入式微控制器 STM32F103 的引脚 GPIOB.6 和 GPIOB.7 配置为浮空输入（这两个引脚是定时器 4 在编码器计数模式下的外部输入 TI1 和 TI2，光电编码器的 A 相和 B 相信号分别与 GPIOB.6 和 GPIOB.7 相连）；随后，把定时器 4 配置成编码器计数模式（从而可对 A 相和 B 相信号的上升沿和下降沿都进行计数），并设置对 TI1 的采样频率及其数字滤波器长度；接着，设置定时器 2 的中断优先级，且令定时器 2 的定时时间为 0.05 s；最后，使能定时器 2 更新中断、启动定时器 2、设置计数器的计数值为零并开始对 A 相和 B 相信号进行计数。

定时器 2 的中断服务程序 TIM2_IRQHandler 如下。图 4-49 展示了该中断服务程序的流程图。

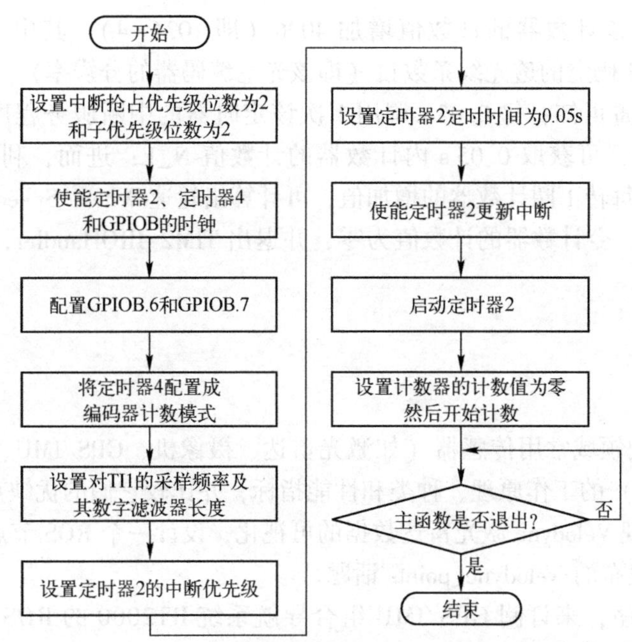

图 4-48　光电编码器嵌入式驱动主函数流程图

```
//每 0.05 s 调用 1 次定时器 2 的中断服务程序
void TIM2_IRQHandler( void)
{
    if( TIM_GetITStatus( TIM2, TIM_IT_Update) ! = RESET)          //判断定时器 2 更新中断是否发生
    {
        float Wheel_Circumference = 1. 95;                         //指定车轮周长(单位:m)
        float N_L;
        TIM_ClearITPendingBit( TIM2, TIM_IT_Update);               //清除定时器 2 更新中断标志
        N_L = TIM_GetCounter( TIM4);                               //读取 0. 05 s 内计数器的计数值
        Wheel_Speed = N_L * Wheel_Circumference/( 1024 * 4 * 0. 05);    //计算轮速 Wheel_Speed
        TIM_SetCounter( TIM4, 0);                                  //令计数器的计数值为零
    }
}
```

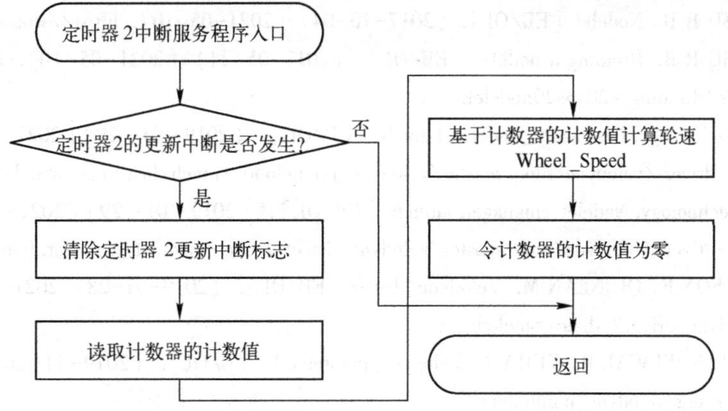

图 4-49　定时器 2 中断服务程序 TIM2_IRQHandler 的流程图

因为基于定时器 4 的计数器在光电编码器 A 相和 B 相信号的上升沿和下降沿都进行计数，

所以车轮每转 1 圈，该计数器的计数值增加 4096（即 1024×4），其中 1024 是光电编码器 E40H8-1024-3-T-24 码盘的透光线条数目（即该光电编码器的分辨率）。而且，根据定时器 2 的定时时间和中断配置可知，每 0.05 s 调用 1 次该定时器的中断服务程序。因此，在 TIM2_IRQHandler 的代码中，可获取 0.05 s 内计数器的计数值 N_L；进而，利用车轮周长 Wheel_Circumference 和车轮每转 1 圈计数器的增加值，可计算出轮速 Wheel_Speed（单位：m/s）。得到 Wheel_Speed 以后，令计数器的计数值为零，并退出 TIM2_IRQHandler，开始轮速的下一个测量周期。

4.7 习题

1. 论述无人驾驶领域常用传感器（如激光雷达、摄像机、GPS/IMU、毫米波雷达、超声波雷达和轮速编码器）的工作原理、种类和性能指标，并比较它们的优缺点。

2. 基于 ROS 实现 Velodyne 激光雷达数据的可视化，设计一个 ROS 节点来订阅该激光雷达的 ROS 驱动程序所发布的/velodyne_points 话题。

3. 编写 ROS 程序，来订阅 GPS/IMU 组合导航系统 RT2000 的 ROS 驱动程序所发布的/gps/odom 话题，从而得到 RT2000 的位置和姿态测量值。

4. 设计嵌入式微控制器 STM32F103 与 Delphi ESR 毫米波雷达的 CAN 总线通信程序，从而获取毫米波雷达的障碍物位置测量值。

5. 基于 STM32F103 设计 6 个超声波雷达的测距程序。

参考文献

[1] 陈慧岩，熊光明，龚建伟．无人驾驶车辆理论与设计［M］．北京：北京理工大学出版社，2018.

[2] Velodyne Lidar. Lidar product guide［EB/OL］.［2021-05-10］. https://www.velodynelidar.com/downloads.html.

[3] BERGER E，CONLEY K，FAUST J，et al. TCPROS［EB/OL］.（2013-04-15）［2021-05-10］. http://wiki.ros.org/ROS/TCPROS.

[4] BERGER E，CONLEY K，FAUST J，et al. ROS/Concepts［EB/OL］.（2014-06-21）［2021-05-10］. http://wiki.ros.org/ROS/Concepts.

[5] FOOTE T，RUSU R B. Nodelet［EB/OL］.（2017-10-04）［2021-05-10］. http://wiki.ros.org/nodelet.

[6] FOOTE T，RUSU R B. Running a nodelet［EB/OL］.（2017-05-11）［2021-05-10］. http://wiki.ros.org/nodelet/Tutorials/Running%20a%20nodelet.

[7] Austin Robot Technology. Laserscan_nodelet.launch［CP/OL］.（2019-01-29）［2021-05-10］. https://github.com/ros-drivers/velodyne/blob/master/velodyne_pointcloud/launch/laserscan_nodelet.launch.

[8] Austin Robot Technology. Nodelet_manager.launch［CP/OL］.（2019-01-29）［2021-05-10］. https://github.com/ros-drivers/velodyne/blob/master/velodyne_driver/launch/nodelet_manager.launch.

[9] O'QUIN J，BEESON P，QUINLAN M. Velodyne_driver［EB/OL］.（2019-01-28）［2021-05-10］. http://wiki.ros.org/velodyne_driver? distro=melodic.

[10] O'QUIN J，KHANDELWAL P，VERA J. Velogyne_pointcloud［EB/OL］.（2019-11-26）［2021-05-10］. http://wiki.ros.org/velodyne_pointcloud.

[11] Austin Robot Technology. Transform_nodelet.launch［CP/OL］.（2019-01-29）［2021-05-10］. https://github.com/ros-drivers/velodyne/blob/master/velodyne_pointcloud/launch/transform_nodelet.launch.

[12] Austin Robot Technology. Driver.cc［CP/OL］.（2019-01-29）［2021-05-10］. https://github.com/ros-

drivers/velodyne/blob/master/velodyne_driver/src/driver/driver. cc.

[13] O'QUIN J, BEESON P, QUINLAN M. Velodyne_driver [EB/OL]. (2019-01-28) [2021-05-10]. http://wiki. ros. org/velodyne_driver.

[14] 黄武陵. 激光雷达在无人驾驶环境感知中的应用 [J]. 单片机与嵌入式系统应用, 2016, 16 (10): 3-7.

[15] Velodyne Lidar. User's manual and programming guide for high definition LiDAR sensor HDL-64E S3 [EB]. [2021-05-10]. http://velodyne lidar. com/downloads/.

[16] LIPPMAN S B, LAJOIE J, MOO B E. C++ Primer [M]. Boston: Addison-Wesley, 2013.

[17] Basler AG. Basler ace: acA 1920-40gc [EB/OL]. [2021-05-10]. https://www. baslerweb. com/cn/products/cameras/area-scan-cameras/ace/aca1920-40gc/#tab=accessories.

[18] Basler AG. Kowa lens LM6HC F1. 8 f6mm 1" [EB/OL]. [2021-05-10]. https://www. baslerweb. com/cn/products/vision-components/lenses/kowa-lens-lm6hc-f1-8-f6mm-1/.

[19] 张可. 基于双目立体视觉原理的自由曲面三维重构 [D]. 武汉: 华中科技大学, 2005.

[20] FLIR Systems, Inc. FLIR ADK™: 汽车热成像系统开发套件 [EB/OL]. [2021-05-10]. https://www. flir. cn/products/adk/.

[21] FLIR Systems, Inc. 适用于算法训练的免费 FLIR 热数据集 [EB/OL]. (2019-06-18) [2021-05-10]. https://www. flir. cn/oem/adas/adas-dataset-form/.

[22] SPRICKERHOF J. A ROS-driver for Basler cameras [EB/OL]. (2018-02-16) [2021-05-10]. http://wiki. ros. org/pylon_camera.

[23] 王继明. 基于 Linux 的嵌入式车载导航仪的设计 [J]. 电脑编程技巧与维护, 2005 (10): 78-80.

[24] WANG H G, DETTERICH B C. Ultra-tightly coupled GPS and inertial navigation system for agile platforms: U. S. Patent 7, 579, 984 [P]. 2009-08-25.

[25] 谢钢. GPS 原理与接收机设计 [M]. 北京: 电子工业出版社, 2009.

[26] 薄江辉, 王茂锋. GPS 与惯性导航系统的组合应用研究 [J]. 通讯世界, 2019, 26 (6): 254-255.

[27] 艾伦, 金玲, 黄晓瑞. GPS/INS 组合导航技术的综述与展望 [J]. 数字通信世界, 2011 (2): 58-61.

[28] KALMAN R E. A new approach to linear filtering and prediction problems [J]. Journal of Basic Engineering, 1960, 82: 34-45.

[29] ATHANS M. The matrix minimum principle [J]. Information and Control, 1968, 11 (5-6): 592-606.

[30] FARUQI F A, TURNER K J. Extended Kalman filter synthesis for integrated global positioning/inertial navigation systems [J]. Applied Mathematics and Computation, 2000, 115: 213-227.

[31] JULIER S J, UHLMANN J K. Unscented filtering and nonlinear estimation [J]. Proceedings of the IEEE, 2004, 92 (3): 401-422.

[32] ST-PIERRE M, GINGRAS D. Comparison between the unscented Kalman filter and the extended Kalman filter for the position estimation module of an integrated navigation information system [C]. IEEE Intelligent Vehicles Symposium, Parma, 2004: 831-835.

[33] MOHAMED A H, Schwarz K P. Adaptive Kalman filtering for INS/GPS [J]. Journal of Geodesy, 1999, 73: 193-203.

[34] TEUNISSEN P J G, KLEUSBERG A. GPS for Geodesy [M]. Berlin: Springer, 1998.

[35] SHOEMAKE K. Animating rotation with quaternion curves [C]. Proc. ACM SIGGRAPH, San Francisco, 1985: 245-254.

[36] FOOTE T, MARDER-EPPSTEIN E, MEEUSSEN W. Tf [EB/OL]. (2017-10-02) [2021-05-10]. http://wiki. ros. org/tf/.

[37] 赵爽. 汽车毫米波防撞雷达的研究与实现 [D]. 长春: 长春理工大学, 2013.

[38] 吴荣燎, 金钻, 钟停江, 等. 基于毫米波雷达的车辆测距系统 [J]. 汽车实用技术, 2019, 2: 33-35.

[39] 刘玉超, 梅亨利, 王景. 车载毫米波雷达频率划分和产品现状分析 [J]. 科技与创新, 2017 (11):

70-71.
[40] 单祥茹．自动驾驶之外，毫米波雷达还有哪些潜力可挖［J］．中国电子商情（基础电子），2019（5）：5.
[41] 廖术娟，刘然，崔德琦．基于毫米波雷达测距的汽车防撞系统研究［J］．技术与市场，2010（10）：10.
[42] 王世峰，戴祥，徐宁，等．无人驾驶汽车环境感知技术综述［J］．长春理工大学学报（自然科学版），2017（1）：1-6.
[43] 陈慧岩，熊光明，龚建伟．无人驾驶车辆理论与设计［M］．北京：北京理工大学出版社，2018.
[44] Delphi．ESR functional specification［Z］．Scotts Valley：Delphi，2010.
[45] 沈峥楠．基于多传感器信息融合的自动泊车系统研究［D］．镇江：江苏大学，2017.
[46] 赵卫星．超声波传感器及其应用［J］．科技风，2019（23）：8.
[47] 欧塞龙．超声波传感器在倒车雷达的应用［EB/OL］．［2021-05-10］．http://www.osenon.com/view.asp?/12.html.

第 5 章　无人驾驶定位系统

本章介绍无人驾驶定位系统常用的定位方法，即载波相位差分技术、基于 GPS/IMU 的组合导航技术以及激光雷达 SLAM 算法。

5.1　载波相位差分（RTK）技术

在无人驾驶系统中，由于对无人车的安全性要求极高，需要无人车能够实时确定自身所在的精确位置。因此，无人车定位是无人驾驶系统中的一项重要技术。

迅猛发展的全球定位系统（GPS）在个人定位、汽车导航和军事国防等方面均得到了广泛的应用。目前，全球 GPS 卫星的颗数较多且分布均匀，使得任何位置都能够同时接收到至少 4 个卫星的信号，以达到全球定位的目的。GPS 技术作为一种先进的定位方法，已经融入人们日常生活中的各个领域[1]。

然而，由于卫星自身运行存在误差以及外界对卫星信号有所干扰等原因，使得民用 GPS 的定位精度不高，一般为 10 m，信号良好的情况下能达到 3 m 左右[2]。为了提高定位精度以满足工程需求，在实际中通常采用差分 GPS（Differential GPS）技术，又称 DGPS 技术。DGPS 技术使用差分定位方式，即通过两台以上接收机来接收 GPS 信号，从而确定所测点的位置。差分 GPS 的定位方式参见图 5-1。具体过程如下：首先利用图中的基站（该基站的三维坐标是准确得知的）求得一个修正量；然后发送该修正量给图中的用户，用于修正用户的测量数据，从而将 GPS 的精度提高到米级。DGPS 的出现，使水下测量、航空应用等工程需求得以满足[3]。

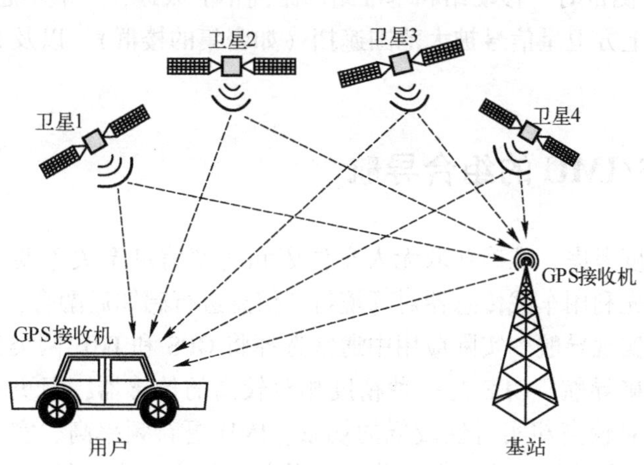

图 5-1　差分 GPS

随着对定位精度的要求越来越高，载波相位差分技术随之出现，它是一种更加先进的定位技术。该技术又称为 RTK 技术，可以实时地对观测点进行动态测量。通过分别获取基准站与移动站的 GPS 载波相位观测量，根据两个观测量之间在空间上的关联，利用差分方式将移动站观测量中存在的大量误差（如大气传播延迟等）去除，从而达到厘米级的定位精度。

实际中利用 RTK 测量时，至少需准备两台 GPS 接收机。其中一台固定在基准站上，另一台放在移动站进行点位测量。首先通过无线电传输设备将基站处接收的卫星数据实时发送至移动站；然后，移动站在观测卫星数据的同时，也接收基准站传来的数据，并对这两组数据进行实时处理，从而确定移动站的三维坐标[4]。

本书介绍的无人驾驶 GPS 定位系统（见图 5-2）采用了 RTK 技术。该系统主要包含卫星导航基准站、基准站数传电台、移动站数传电台和组合导航移动站。RTK 测量时，基准站对卫星进行观测，通过其数传电台将 GPS 修正信息发送给移动站的数传电台；接收到修正信息的移动站利用该信息矫正 GPS 定位结果。

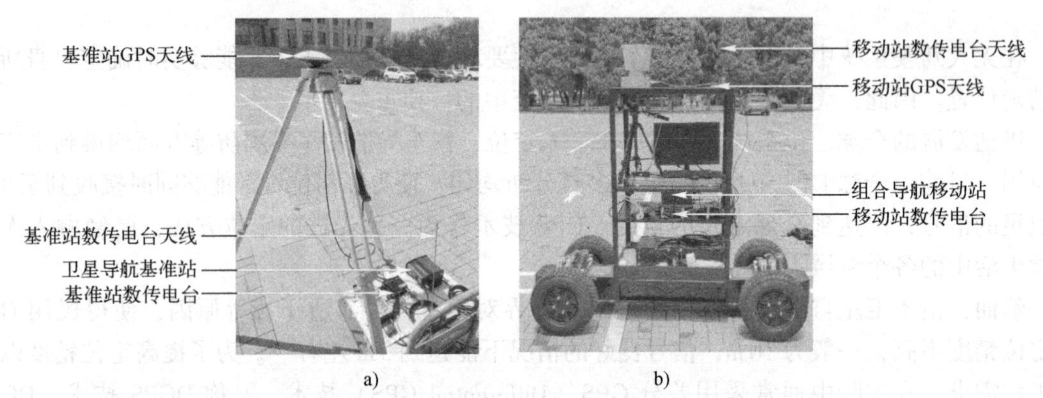

图 5-2　卫星导航基准站和组合导航移动站硬件系统布局

a）卫星导航基准站硬件系统布局　b）组合导航移动站硬件系统布局

由于 RTK 技术定位精度较高，且用时很短，因此被大量应用于工程领域，大幅度提高了作业效率。然而它也存在一些缺点，主要体现在定位误差会随着移动站与基准站之间距离的增加而变大。因此 RTK 测量时，移动站和基准站的距离不能太远，一般不超过 10 km。同时要避免基准站所在位置的上方卫星信号被大范围遮挡（如密集的楼群），以及 RTK 无线传输设备通信时的无线电干扰。

5.2　基于 GPS/IMU 的组合导航

从无人驾驶的角度考虑，准确获取无人车位姿和速度信息至关重要[5]。无人车在进行任务规划和决策前需首先利用车载传感器对环境特征信息进行感知后融合，从而获取相对环境的位置、速度等信息以实现导航。实际应用中通常选择将 GPS 和 IMU 两类传感器进行组合的方式用以实现无人车精确导航。GPS 是一种精度相对较高的传感器，但更新频率较低，因此可应用于对精度要求相对较高却实时性较低的场景。IMU 更新频率高、实时性好，但会随时间产生累积误差，因此短期定位效果更佳。作为一种兼备精度和实时性的导航方式，基于 GPS/IMU 的组合导航系统能够适应各类复杂环境并在其中得到广泛应用[6-7]。

GPS 与 IMU 传感器信息一般采用卡尔曼滤波的方法进行融合。如图 5-3 所示，在基于 GPS/IMU 的组合导航中，卡尔曼滤波器利用 IMU 传感器信息对当前位姿进行预测，并利用

GPS 信息进行更新校准，依此往复，从而实现对导航信息不断进行预测和更新的目的。

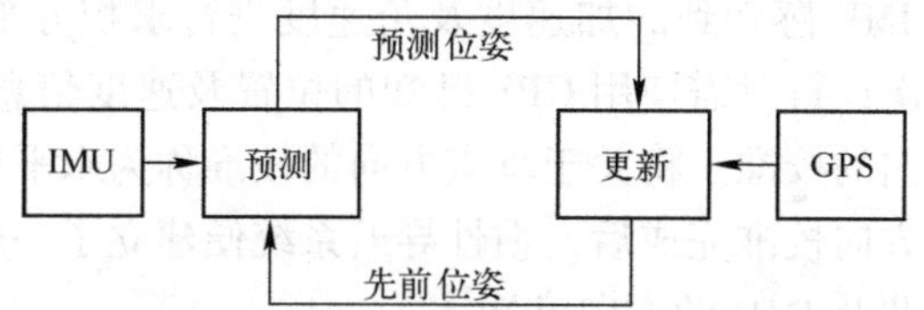

图 5-3　GPS/IMU 传感器信息融合定位

5.2.1　组合导航系统的基本构成

1. GPS 定位系统

如图 5-4 所示，GPS 采用无源定位（即仅接收卫星位置信息而不对卫星提供自身位置信息）的方式，最少需接收 4 颗导航卫星发送的信号，利用时钟信息和三球交汇原理在用户接收端自行解算距离和空间位置信息。

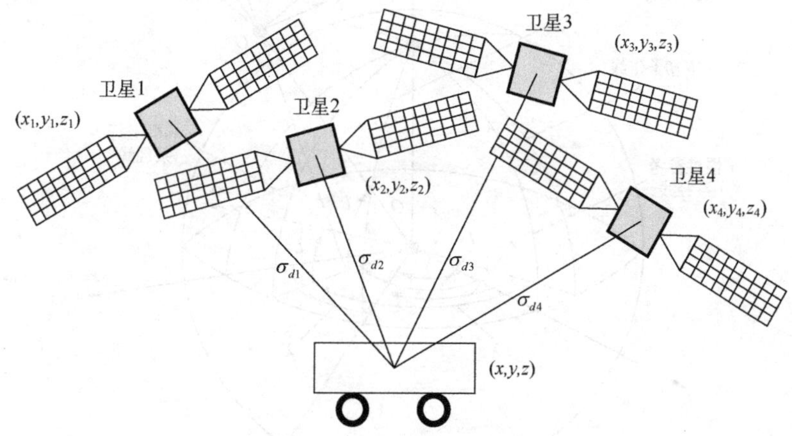

图 5-4　GPS 卫星定位原理

理论而言，可通过信号收发时间差精确计算每一时刻卫星到车体的距离，因此仅需要三颗卫星便可实现车体三维坐标的精确解算，但由于卫星与车载接收端使用不同的时钟系统导致存在时钟误差，故需引入第四颗卫星以实现时间补偿从而完成距离校准，计算公式如下：

$$\begin{cases}\sqrt{(x_1-x)^2+(y_1-y)^2+(z_1-z)^2}+c(t_\Delta-t_{\Delta 1})=\sigma_{d1}\\ \sqrt{(x_2-x)^2+(y_2-y)^2+(z_2-z)^2}+c(t_\Delta-t_{\Delta 2})=\sigma_{d2}\\ \sqrt{(x_3-x)^2+(y_3-y)^2+(z_3-z)^2}+c(t_\Delta-t_{\Delta 3})=\sigma_{d3}\\ \sqrt{(x_4-x)^2+(y_4-y)^2+(z_4-z)^2}+c(t_\Delta-t_{\Delta 4})=\sigma_{d4}\end{cases} \tag{5-1}$$

式中，(x_i,y_i,z_i)表示卫星空间位置；(x,y,z)表示无人车的空间位置；c 为光速；$t_{\Delta i}$为第 $i(i=1,2,3,4)$颗卫星的原子钟与 GPS 标准时钟的时间差；t_Δ 为车载 GPS 信号接收机的石英钟与 GPS 标准时钟的时间差；σ_{di}表示不考虑时钟误差时第 i 颗卫星到 GPS 信号接收机的伪距。

2. IMU 与惯性导航系统（INS）

与 GPS 采用无源外感知定位的方式不同，IMU 为有源自感应轴向敏感元件。IMU 由加速度计、陀螺仪和数字电路组合体以及进行信号调节和温度补偿的 CPU 部分组成[8]。

惯性导航系统通过对 IMU 感知到的加速度及角速度进行求积分来求解惯性参考系中的牛顿方程。因此，在 INS 初次运行时需使用 GPS 已知的位置及速度信息对 IMU 进行初始化，从而完成其在垂直和正北方向的校准。将关于垂直方向的校准称为水平校准，而关于正北方向的校准为航向校准。当两个方向校准完成后，惯性导航系统便建立了一个称为导航坐标系的局部数学参考系，其相对于正北及 IMU 的方向已知[8]。

如图 5-5 所示，惯性导航系统中通常包含地心惯性坐标系 $Ox_iy_iz_i$、地球坐标系 $Ox_ey_ez_e$、地理坐标系 $O'NET$ 以及载体坐标系。而经线除本初子午线外又可按照各坐标系划分为惯性参考系经线、地球坐标系经线以及局部坐标系经线；同理，地心纬度为地心垂线 z_c 同赤道平面的夹角 L_c，地理纬度为地理（测地）垂线 T 同赤道平面的夹角 L。若无特殊说明，纬度通常指地理纬度 L。各坐标系间的关系可用转换矩阵表示。

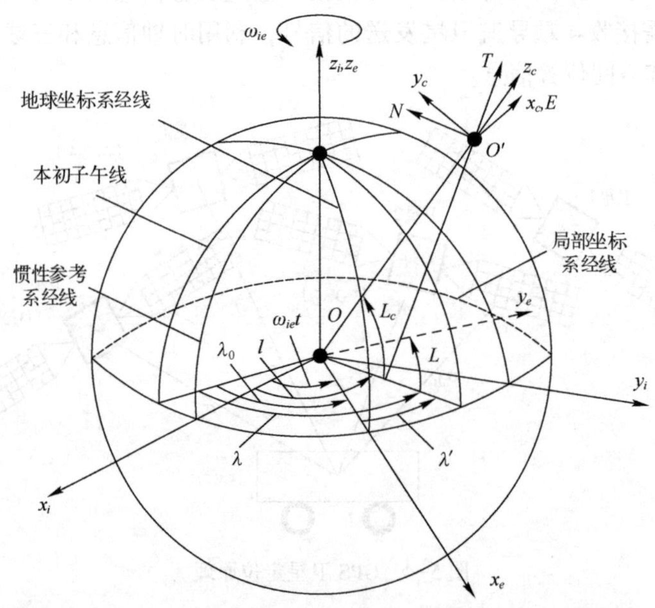

图 5-5　惯性导航系统坐标系

● 地心惯性坐标系（i 系）与地球坐标系（e 系）之间的转换矩阵

地球的自转将导致地球坐标系与地心惯性坐标系之间存在相对转动。设地球自转角速度为 ω_{ie}，则在时间 t 内地心惯性坐标系到地球坐标系的转动可由转换矩阵表示为

$$\boldsymbol{C}_i^e=\begin{pmatrix}\cos(\omega_{ie}t) & \sin(\omega_{ie}t) & 0\\ -\sin(\omega_{ie}t) & \cos(\omega_{ie}t) & 0\\ 0 & 0 & 1\end{pmatrix}$$

● 地球坐标系（e 系）和地理坐标系（n 系）之间的转换矩阵

地球上经、纬度和高度分别为 λ、L 和 h 点的地理和地球坐标系之间的变换可由经纬度表示。令 λ'为经度 λ 与地球坐标系绕 z 轴到本初子午线转动角度 λ_0 的差值，则转换矩阵为

$$\boldsymbol{C}_e^n=\begin{pmatrix}-\sin(\lambda') & \cos(\lambda') & 0\\ -\sin(L)\cos(\lambda') & -\sin(L)\sin(\lambda') & \cos(L)\\ \cos(L)\cos(\lambda') & \cos(L)\cos(\lambda') & \sin(L)\end{pmatrix}$$

● 地理坐标系（n 系）和载体坐标系（b 系）之间的转换矩阵

地理坐标系可经过绕 z 轴转 $-\psi$，再绕所得到坐标系的 x 轴转 θ，并绕最终所得的坐标系 y 轴转 γ，旋转至载体坐标系，则地理坐标系到载体坐标系的转换矩阵为

$$\boldsymbol{C}_n^b=\begin{pmatrix}\cos(\gamma)\cos(\psi)+\sin(\gamma)\sin(\theta)\sin(\psi) & -\cos(\gamma)\sin(\psi)+\sin(\gamma)\sin(\theta)\cos(\psi) & -\sin(\gamma)\cos(\theta)\\ \cos(\theta)\sin(\psi) & \cos(\theta)\cos(\psi) & \sin(\theta)\\ \sin(\gamma)\cos(\psi)-\cos(\gamma)\sin(\theta)\sin(\psi) & -\sin(\gamma)\cos(\psi)-\cos(\gamma)\sin(\theta)\cos(\psi) & \cos(\gamma)\cos(\theta)\end{pmatrix}$$

从结构上讲，惯性导航系统分为两大类，即平台式惯性导航系统和捷联式惯性导航系统。如图 5-6 所示，平台式惯导将加速度计和陀螺仪置于实体导航平台上，通过解算所得的姿态角控制电动机以保持导航平台稳定。如图 5-7 所示，捷联式惯导系统将加速度计和陀螺仪直接固定在载体上，导航平台功能由计算机完成。

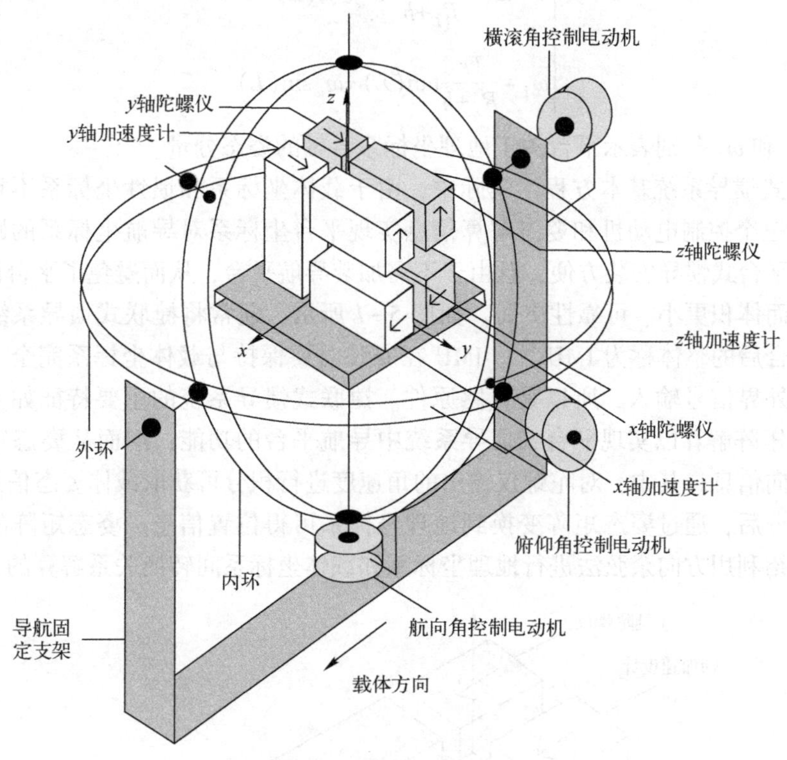

图 5-6　平台式惯导系统结构示意图

（1）平台式惯导系统基本方程　下面首先给出地理坐标系 $O'NET$ 和载体坐标系重合情况下如式（5-2）表示的惯性导航系统速度方程、式（5-3）表示的位置方程及式（5-4）表示的控制方程[9]：

$$\begin{cases}\dot{v}_E=a_E+\left(\dfrac{v_E\sec(L)}{R_L+h}+2\omega_{ie}\right)v_N\sin(L)\\ \dot{v}_N=a_N-\left(\dfrac{v_E\sec(L)}{R_L+h}+2\omega_{ie}\right)v_E\sin(L)\\ \dot{v}_T=a_T-g\end{cases}\tag{5-2}$$

式中，v_E、v_N 和 v_T 表示载体的地速沿地理坐标系各轴的分量；a_E、a_N 和 a_T 表示加速度计的输出；ω_{ie}为地球自转角速度；g 为当地重力加速度；R_L 为对应于纬度 L 的地球半径；h 表示当地高度。

$$
\begin{cases}
\dot{L}=\dfrac{v_N}{R_L+h} \\
\dot{\lambda}=\dfrac{v_E}{R_L+h}\sec(L) \\
\dot{h}=v_T
\end{cases} \tag{5-3}
$$

式中，L 和 λ 分别表示纬度、经度。

$$
\begin{cases}
\omega_E=-\dfrac{v_N}{R_L+h} \\
\omega_N=\dfrac{v_E}{R_L+h}+\omega_{ie}\cos(L) \\
\omega_T=\dfrac{v_E}{R_L+h}\tan(L)+\omega_{ie}\sin(L)
\end{cases} \tag{5-4}
$$

式中，ω_E、ω_N 和 ω_T 分别表示平台关于地理坐标系各轴的姿态分量。

（2）捷联式惯导系统基本方程　实际中，由于载体坐标系和惯性坐标系不重合，因此需通过图 5-6 中三个控制电动机和姿态解算信息实现平台坐标系对导航坐标系的跟踪。但捷联式惯导相对于平台式惯导安装方便，且由于不需加装导航平台，从而避免了平台调整过程中的各类误差，因而体积更小、可靠性更高。如图 5-7 所示，通常将捷联式惯导系统中加速度计与陀螺仪经组合后的整体称为 IMU[10]。IMU 在安装时要保持与载体坐标系完全一致，由于其在工作时无须外界信号输入，所以是自感原件。捷联式惯导系统的主要特征如下：利用内置 CPU 完成姿态矩阵解算以实现平台式惯导系统中导航平台的功能；继而从姿态矩阵中提取出载体姿态和航向信息。其中，对陀螺仪输出的角速度进行积分可获取载体姿态信息；将加速度计输出进行积分后，通过姿态矩阵变换到地理坐标系可得位置信息。姿态矩阵的求解方式众多，下面仅介绍利用方向余弦法进行地理坐标系和载体坐标系间转换关系解算的方法。

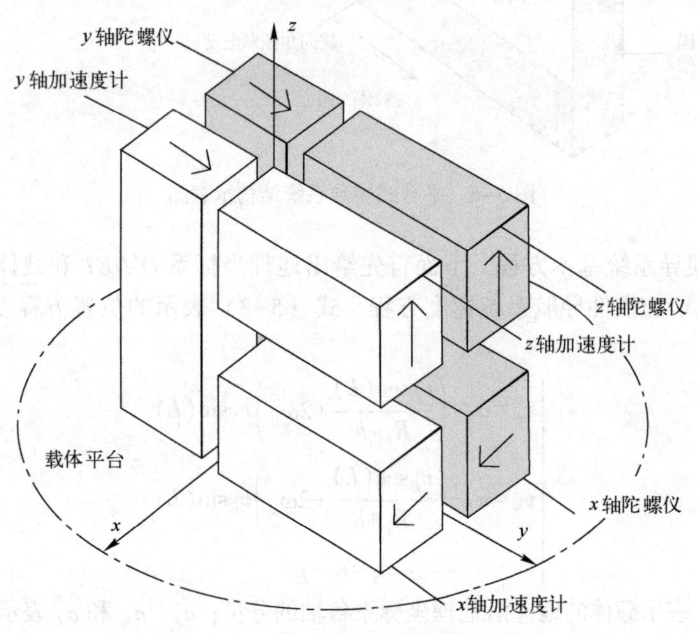

图 5-7　捷联式惯导系统结构示意图

设与载体坐标系固连的任意矢量 $\boldsymbol{r}$ 在地理和载体坐标系上的投影分别为 $\boldsymbol{r}_n$ 和 $\boldsymbol{r}_b$，则其满足

$$\boldsymbol{r}_n=\boldsymbol{C}_b^n\boldsymbol{r}_b \tag{5-5}$$

若 $\boldsymbol{i}_n$、$\boldsymbol{j}_n$ 和 $\boldsymbol{k}_n$ 以及 $\boldsymbol{i}_b$、$\boldsymbol{j}_b$ 和 $\boldsymbol{k}_b$ 分别表示沿地理、载体坐标系三轴的单位向量，则式（5-5）中 $\boldsymbol{C}_b^n$ 元素为向量内积，其形式如下：

$$\boldsymbol{C}_b^n=\begin{pmatrix}\boldsymbol{i}_n\cdot\boldsymbol{i}_b & \boldsymbol{i}_n\cdot\boldsymbol{j}_b & \boldsymbol{i}_n\cdot\boldsymbol{k}_b\\ \boldsymbol{j}_n\cdot\boldsymbol{i}_b & \boldsymbol{j}_n\cdot\boldsymbol{j}_b & \boldsymbol{j}_n\cdot\boldsymbol{k}_b\\ \boldsymbol{k}_n\cdot\boldsymbol{i}_b & \boldsymbol{k}_n\cdot\boldsymbol{j}_b & \boldsymbol{k}_n\cdot\boldsymbol{k}_b\end{pmatrix} \tag{5-6}$$

当载体系（b 系）相对地理系（n 系）有一个转动角速度 $\boldsymbol{\omega}_{nb}$ 存在时，若认为 b 系静止而 n 系相对运动（即 $\dot{\boldsymbol{r}}_b=0,\dot{\boldsymbol{r}}_n\neq0$），则

$$\dot{\boldsymbol{r}}_n=\dot{\boldsymbol{C}}_b^n\boldsymbol{r}_b \tag{5-7}$$

另一方面，对式（5-7）利用科里奥利（Coriolis）求导定理可得[11]

$$\dot{\boldsymbol{r}}_n=\dot{\boldsymbol{r}}_b+\boldsymbol{\omega}_{nb}\times\boldsymbol{r}_n=\boldsymbol{\omega}_{nb}\times\boldsymbol{r}_n \tag{5-8}$$

式中，$\boldsymbol{\omega}_{nb}\times\boldsymbol{r}_n$ 表示 $\boldsymbol{\omega}_{nb}$ 与 $\boldsymbol{r}_n$ 的叉积。将式（5-8）在地理坐标系上进行投影，即可利用角速度张量 $\boldsymbol{\omega}_{nb}^n$ 表示为

$$\dot{\boldsymbol{r}}_n=\boldsymbol{\omega}_{nb}^n\boldsymbol{r}_n=\boldsymbol{\omega}_{nb}^n\boldsymbol{C}_b^n\boldsymbol{r}_b \tag{5-9}$$

将式（5-7）代入式（5-9）可得下述方向余弦矩阵微分方程（姿态方程）等价形式：

$$\dot{\boldsymbol{C}}_b^n\boldsymbol{r}_b=\boldsymbol{\omega}_{nb}^n\boldsymbol{C}_b^n\boldsymbol{r}_b\Leftrightarrow\dot{\boldsymbol{C}}_b^n=\boldsymbol{\omega}_{nb}^n\boldsymbol{C}_b^n=\boldsymbol{C}_b^n\boldsymbol{\omega}_{nb}^b\Leftrightarrow\dot{\boldsymbol{C}}_n^b=-\boldsymbol{\omega}_{nb}^b\boldsymbol{C}_n^b \tag{5-10}$$

其中，$\boldsymbol{\omega}_{nb}^n$ 和 $\boldsymbol{\omega}_{nb}^b$ 分别表示 $\boldsymbol{\omega}_{nb}$ 在地理坐标系和载体坐标系上的投影。利用式（5-6），可得

$$\boldsymbol{C}_b^n=\begin{pmatrix}C_{11} & C_{12} & C_{13}\\ C_{21} & C_{22} & C_{23}\\ C_{31} & C_{32} & C_{33}\end{pmatrix},\boldsymbol{\omega}_{nb}^b=\begin{pmatrix}0 & -\omega_z & \omega_y\\ \omega_z & 0 & -\omega_x\\ -\omega_y & \omega_x & 0\end{pmatrix}$$

此处可用毕卡（Peano-Baker）逼近法求解式（5-10）所示的变系数齐次微分方程，其解析解形式为

$$\boldsymbol{C}_b^n(t)=\boldsymbol{C}_b^n(t_0)\exp\left(\int_{t_0}^{t}\boldsymbol{\omega}_{nb}^b\mathrm{d}t\right) \tag{5-11}$$

由此可根据方向余弦矩阵 $\boldsymbol{C}_b^n(t)$ 中的元素与姿态角对应关系进行姿态角解算。为利用毕卡逼近法对式（5-11）进行近似计算，令

$$\Delta\boldsymbol{\Theta}=\int_{t_0}^{t}\boldsymbol{\omega}_{nb}^b\mathrm{d}t=\begin{pmatrix}0 & -\Delta\theta_z & \Delta\theta_y\\ \Delta\theta_z & 0 & -\Delta\theta_x\\ -\Delta\theta_y & \Delta\theta_x & 0\end{pmatrix} \tag{5-12}$$

式中，角增量为

$$\Delta\theta_i=\int_{t_0}^{t}\omega_i\mathrm{d}t,\quad i=x,y,z$$

角增量的模为

$$\|\Delta\boldsymbol{\theta}\|=\sqrt{(\Delta\theta_x)^2+(\Delta\theta_y)^2+(\Delta\theta_z)^2}$$

则毕卡近似解可表示为

$$\begin{aligned} \boldsymbol{C}_b^n(t) &= \boldsymbol{C}_b^n(t_0)\exp\left(\int_{t_0}^{t}\boldsymbol{\omega}_{nb}^b\mathrm{d}t\right) = \boldsymbol{C}_b^n(t_0)\exp(\Delta\boldsymbol{\Theta}) \\ &= \boldsymbol{C}_b^n(t_0)\left(\boldsymbol{I} + \frac{\sin(\|\Delta\boldsymbol{\theta}\|)}{\|\Delta\boldsymbol{\theta}\|}\Delta\boldsymbol{\Theta} + \frac{1-\cos(\|\Delta\boldsymbol{\theta}\|)}{\|\Delta\boldsymbol{\theta}\|^2}\Delta\boldsymbol{\Theta}^2\right) \end{aligned} \tag{5-13}$$

3. GPS/INS 组合导航系统

由上文可知，GPS 接收端可获取车体当前位置以及速度，但易受与时间相关的噪声影响，且更新速率较低；INS 通过对 IMU 输出的加速度及角速度进行处理以获得车体当前位置、速度及姿态信息，但误差容易积累，且易受温度影响。因此，应对 GPS 与 IMU 进行优势互补以期获得车体当前较准确的位姿信息。实现 GPS 与 IMU 组合的方法因用途而各异，其中基于最优估计的卡尔曼滤波方法有着很好的实际应用背景。在导航系统输出的基础上，利用卡尔曼滤波法估计系统误差状态并不断校正系统来提高导航精度。如图 5-8 所示，组合导航系统中基于卡尔曼滤波的估计方法依据滤波状态选择方式可分为直接法与间接法。

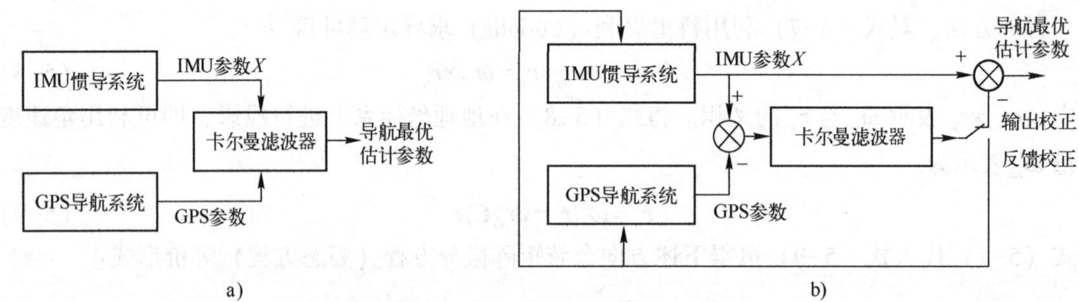

图 5-8　组合导航中基于卡尔曼滤波的估计方法
a）直接法　b）间接法

（1）直接法　直接法以导航参数 X 作为主要状态，卡尔曼滤波器输出导航最优估计参数为 $\hat{X}$。在直接法中系统的状态方程和观测方程可为线性或非线性。在线性情况下，可直接使用卡尔曼滤波法；而对于非线性的情形，需先通过将状态方程和观测方程在均值附近进行一阶泰勒展开线性化处理，从而使用扩展卡尔曼滤波的方法进行最优估计。由于线性化时往往会造成模型的误差，故实际情况下直接法较少采用。

（2）间接法　间接法常以组合导航系统中惯导系统输出导航参数 X 的误差 ΔX 作为卡尔曼滤波器的状态。设滤波器输出估计参数为 $\Delta\hat{X}$，则利用此估计值作为输出或反馈以对 X 或导航系统进行校正，校正所得参数为导航最优估计参数。一般情况下 GPS 信息作为观测变量存在，只有在少数情形下需将其扩充至状态变量以满足卡尔曼滤波的需求。

在使用间接法估计的过程中，系统状态方程中的状态变量为 ΔX，且通常情况下 ΔX 在极小范围内波动，因此对于非线性的情形下关于 ΔX 的一阶泰勒展开方法，足以较好地近似关于 ΔX 的系统方程和观测方程。所以通常情况下利用间接法进行估计的方法不会造成模型上的误差。此外，间接法估计的过程不仅与惯导自身姿态解算独立，而且利用了其更新频率高的优点，因此 GPS/INS 组合导航中常采用间接法。

利用卡尔曼滤波器输出的估计值 $\Delta\hat{X}$ 进行校正的方法分为输出校正和反馈校正。输出校正用 $\Delta\hat{X}$ 修正 IMU 参数 X，得到导航最优估计参数。反馈校正将 $\Delta\hat{X}$ 作为反馈量分别对 GPS 导航系统和 IMU 惯导系统进行校正，从而输出导航最优估计参数。

GPS 与 INS 的组合可根据不同的应用要求采取不同的组合水平和深度，常见有松组合、紧组合和超紧组合三种类型。关于此部分内容 4. 3. 1 节已做详细叙述，此处不再展开讨论。

5. 2. 2　基于扩展卡尔曼滤波的组合导航

1. 扩展卡尔曼滤波算法（EKF）

卡尔曼滤波算法可用于 GPS/IMU 数据融合，但其通常用于处理由线性随机差分方程表征的离散模型中状态的估计问题。在实际中，经常遇到载体状态和惯导系统观测方程是非线性的情形[6]。扩展卡尔曼滤波器为卡尔曼滤波器在其当前均值和协方差处进行线性化处理的基础上衍生出的一种改进型滤波器[12-13]。

卡尔曼滤波算法的概率原理可追溯至贝叶斯法则。根据贝叶斯法则，贝叶斯后验概率计算公式为

$$p(\boldsymbol{x}_k \mid z_k)=\frac{p(\boldsymbol{x}_k)p(z_k \mid \boldsymbol{x}_k)}{\int_X p(\boldsymbol{x}_k)p(z_k \mid \boldsymbol{x}_k)\mathrm{d}\boldsymbol{x}_k} \tag{5-14}$$

由于 $\boldsymbol{x}_k$ 服从均值为$\hat{\boldsymbol{x}}_k$ 的高斯分布，所以 $\boldsymbol{x}_k-\hat{\boldsymbol{x}}_k$ 服从的分布为

$$p(\boldsymbol{x}_k-\hat{\boldsymbol{x}}_k)\sim\mathcal{N}(\boldsymbol{0},E[(\boldsymbol{x}_k-\hat{\boldsymbol{x}}_k)(\boldsymbol{x}_k-\hat{\boldsymbol{x}}_k)^{\mathrm{T}}])$$

由式（5-14）可知，$p(\boldsymbol{x}_k \mid z_k)$和 $p(\boldsymbol{x}_k)$概率分布类型相同，即

$$p(\boldsymbol{x}_k \mid z_k)\sim\mathcal{N}(\hat{\boldsymbol{x}}_k,\boldsymbol{P}_k) \tag{5-15}$$

式中，误差协方差矩阵

$$\boldsymbol{P}_k=E[(\boldsymbol{x}_k-\hat{\boldsymbol{x}}_k)(\boldsymbol{x}_k-\hat{\boldsymbol{x}}_k)^{\mathrm{T}}]$$

因此可以看出，卡尔曼滤波需求解状态估计量$\hat{\boldsymbol{x}}_k$ 及误差协方差矩阵 $\boldsymbol{P}_k$。下面讨论 EKF 算法求解$\hat{\boldsymbol{x}}_k$ 和 $\boldsymbol{P}_k$ 的过程。

考虑如下非线性系统的状态方程和观测方程：

$$\begin{cases}\boldsymbol{x}_k=f(\boldsymbol{x}_{k-1},\boldsymbol{u}_{k-1},\boldsymbol{w}_{k-1})\\ z_k=h(\boldsymbol{x}_k,\boldsymbol{v}_k)\end{cases} \tag{5-16}$$

其中，$\boldsymbol{x}_k\in\mathbf{R}^n$、$z_k\in\mathbf{R}^m$ 和 $\boldsymbol{u}_k\in\mathbf{R}^l$ 分别表示状态变量、观测变量和控制变量；$\boldsymbol{w}_k$ 和 $\boldsymbol{v}_k$ 分别表示过程噪声和测量噪声，且服从均值为零的高斯分布，即

$$p(\boldsymbol{w}_k)\sim\mathcal{N}(\boldsymbol{0},\boldsymbol{Q}_k),p(\boldsymbol{v}_k)\sim\mathcal{N}(\boldsymbol{0},\boldsymbol{R}_k) \tag{5-17}$$

当忽略 $\boldsymbol{w}_{k-1}$和 $\boldsymbol{v}_k$ 的影响时，可得状态变量和观测变量的估计值

$$\begin{cases}\tilde{\boldsymbol{x}}_k=f(\hat{\boldsymbol{x}}_{k-1},\boldsymbol{u}_{k-1},\boldsymbol{0})\\ \tilde{z}_k=h(\tilde{\boldsymbol{x}}_k,\boldsymbol{0})\end{cases} \tag{5-18}$$

式中，$\hat{\boldsymbol{x}}_{k-1}$是在 $k-1$ 时刻对状态的后验估计值。

然后，将非线性系统（5-16）的状态方程在 $\boldsymbol{x}_{k-1}=\hat{\boldsymbol{x}}_{k-1}$处进行一阶泰勒展开，并将其观测方程在 $\boldsymbol{x}_k=\tilde{\boldsymbol{x}}_k$ 处进行一阶泰勒展开，即

$$\begin{cases}\boldsymbol{x}_k\approx\tilde{\boldsymbol{x}}_k+\boldsymbol{A}_k(\boldsymbol{x}_{k-1}-\hat{\boldsymbol{x}}_{k-1})+\boldsymbol{W}_k\boldsymbol{w}_{k-1}\\ z_k\approx\tilde{z}_k+\boldsymbol{H}_k(\boldsymbol{x}_k-\tilde{\boldsymbol{x}}_k)+\boldsymbol{V}_k\boldsymbol{v}_k\end{cases} \tag{5-19}$$

式中，$\boldsymbol{A}_k$、$\boldsymbol{W}_k$、$\boldsymbol{H}_k$ 和 $\boldsymbol{V}_k$ 为雅可比矩阵，其矩阵的元素具有如下形式：

$$A_{ij}=\frac{\partial f_i(\hat{\boldsymbol{x}}_{k-1},\boldsymbol{u}_{k-1},\boldsymbol{0})}{\partial x_j},W_{ij}=\frac{\partial f_i(\hat{\boldsymbol{x}}_{k-1},\boldsymbol{u}_{k-1},\boldsymbol{0})}{\partial w_j},H_{ij}=\frac{\partial h_i(\tilde{\boldsymbol{x}}_k,\boldsymbol{0})}{\partial x_j},V_{ij}=\frac{\partial h_i(\tilde{\boldsymbol{x}}_k,\boldsymbol{0})}{\partial v_j} \tag{5-20}$$

另外，定义状态估计误差和观测量残差分别为

$$\begin{aligned}\tilde{\boldsymbol{e}}_{x_k}&\triangleq\boldsymbol{x}_k-\tilde{\boldsymbol{x}}_k\\ \tilde{\boldsymbol{e}}_{z_k}&\triangleq z_k-\tilde{z}_k\end{aligned} \tag{5-21}$$

利用式（5-19）和式（5-21）可构建出用误差表示的状态方程和观测方程

$$\begin{aligned}\tilde{\boldsymbol{e}}_{x_k}&\approx\boldsymbol{A}_k(\boldsymbol{x}_{k-1}-\hat{\boldsymbol{x}}_{k-1})+\boldsymbol{\varepsilon}_{k-1}\\ \tilde{\boldsymbol{e}}_{z_k}&\approx\boldsymbol{H}_k\tilde{\boldsymbol{e}}_{x_k}+\boldsymbol{\eta}_k\end{aligned} \tag{5-22}$$

式中，$\boldsymbol{\varepsilon}_{k-1}=\boldsymbol{W}_k\boldsymbol{w}_{k-1}$且$\boldsymbol{\eta}_k=\boldsymbol{V}_k\boldsymbol{v}_k$。它们分别服从高斯分布

$$p(\boldsymbol{\varepsilon}_{k-1})\sim\mathcal{N}(\boldsymbol{0},\boldsymbol{W}_k\boldsymbol{Q}_{k-1}\boldsymbol{W}_k^{\mathrm{T}}),p(\boldsymbol{\eta}_k)\sim\mathcal{N}(0,\boldsymbol{V}_k\boldsymbol{R}_k\boldsymbol{V}_k^{\mathrm{T}}) \tag{5-23}$$

式（5-22）所示的线性化模型与4.3.1节所述的卡尔曼滤波离散模型有着相似形式。因此，仿照卡尔曼滤波流程，可利用$\tilde{\boldsymbol{e}}_{z_k}$估计$\tilde{\boldsymbol{e}}_{x_k}$。设对$\tilde{\boldsymbol{e}}_{x_k}$的估计量为$\hat{\boldsymbol{e}}_k$，则根据式（5-21）可得

$$\hat{\boldsymbol{x}}_k=\tilde{\boldsymbol{x}}_k+\hat{\boldsymbol{e}}_k \tag{5-24}$$

此外，定义由$\tilde{\boldsymbol{e}}_{z_k}$估计$\hat{\boldsymbol{e}}_k$的增益为卡尔曼增益$\boldsymbol{K}_k$，则

$$\hat{\boldsymbol{e}}_k=\boldsymbol{K}_k\tilde{\boldsymbol{e}}_{z_k} \tag{5-25}$$

结合式（5-21）、式（5-24）和式（5-25），可得

$$\hat{\boldsymbol{x}}_k=\tilde{\boldsymbol{x}}_k+\boldsymbol{K}_k(z_k-\tilde{z}_k) \tag{5-26}$$

类比4.3.1节，可给出计算卡尔曼增益$\boldsymbol{K}_k$的方法。

由此可得如下EKF实现过程中关于状态变量估计值$\hat{\boldsymbol{x}}_{k-1}$和误差协方差矩阵$\boldsymbol{P}_k$先验估计量$\hat{\boldsymbol{x}}_{k,k-1}$和$\boldsymbol{P}_{k,k-1}$的预测方程组：

$$\begin{cases}\hat{\boldsymbol{x}}_{k,k-1}=f(\hat{\boldsymbol{x}}_{k-1},\boldsymbol{u}_{k-1},\boldsymbol{0})\\ \boldsymbol{P}_{k,k-1}=\boldsymbol{A}_k\boldsymbol{P}_{k-1}\boldsymbol{A}_k^{\mathrm{T}}+\boldsymbol{W}_k\boldsymbol{Q}_{k-1}\boldsymbol{W}_k^{\mathrm{T}}\end{cases} \tag{5-27}$$

EKF观测更新方程组为

$$\begin{cases}\boldsymbol{K}_k=\boldsymbol{P}_{k,k-1}\boldsymbol{H}_k^{\mathrm{T}}(\boldsymbol{H}_k\boldsymbol{P}_{k,k-1}\boldsymbol{H}_k^{\mathrm{T}}+\boldsymbol{V}_k\boldsymbol{R}_k\boldsymbol{V}_k^{\mathrm{T}})^{-1}\\ \hat{\boldsymbol{x}}_k=\hat{\boldsymbol{x}}_{k,k-1}+\boldsymbol{K}_k(z_k-h(\hat{\boldsymbol{x}}_{k,k-1},\boldsymbol{0}))\\ \boldsymbol{P}_k=(\boldsymbol{I}-\boldsymbol{K}_k\boldsymbol{H}_k)\boldsymbol{P}_{k,k-1}\end{cases} \tag{5-28}$$

式（5-28）所示的观测更新方程组根据观测量z_k对状态估计值$\hat{\boldsymbol{x}}_k$和误差协方差矩阵$\boldsymbol{P}_k$进行更新校正。图5-9展示了EKF的具体实现流程。

此处需要指出，EKF的根本缺点在于各种随机变量经过非线性变换后将不再服从高斯分布，其仅为一种通过线性化逼近贝叶斯法则最优性的临时状态估计器。关于随机变量在非线性变换后仍满足高斯分布的情形，可参见参考文献［13］、［14］和［15］。

2. 松组合结构导航系统

5.2.1节主要介绍了两类惯导系统——平台式惯导系统（见图5-6）和捷联式惯导系统（见图5-7）。尽管捷联式惯导系统具有体积小、功耗低和安装方便等优点，但由于其在载体上进行惯导解算时会造成操作和传播误差，且在低功耗运行状态下误差的影响更加明显，因此需在惯导元件运行前进行校准。传统校准方法可分为物理校准[16]和比对校准[17]：物理校准即在载体运行前对IMU采用位移和旋转的方式进行校准；比对校准即将载体运行前传感器感知

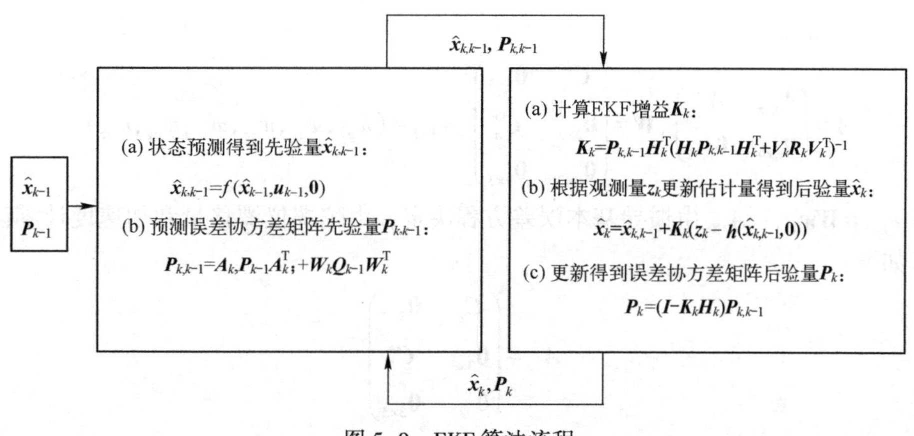

图 5-9　EKF 算法流程

的航向信息同预定的地球重力和旋转值进行比较，从而达到对 IMU 校准的目的。但当 IMU 固连在载体上时，物理校准将不再适用；而比对校准对加速度计和陀螺仪精度有着较高要求，因此当 IMU 本身测量精度较低时该方法将产生较大误差。基于上述原因，可采用 EKF 的松组合捷联惯导系统结合 GPS 和 INS 传感信息对产生的误差进行校正，从而得到载体速度、位置和姿态的最优估计。图 5-10 所示为基于 EKF 的松组合捷联惯导系统结构图。

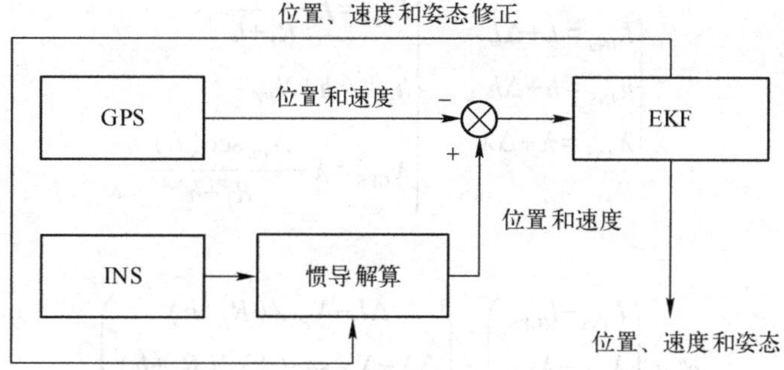

图 5-10　基于 EKF 的松组合捷联惯导系统结构

松组合系统通常将位置和速度作为观测量，而将惯导解算所得的位置和速度信息与 GPS 得到的位置和速度信息差值作为 EKF 的输入量，从而得到位置和速度的估计量，并将其作为反馈量用于对惯导解算过程中的位置和速度信息进行校正，最终 EKF 输出量为组合导航所需的位置和速度信息的最优（或次优）估计值。

通常情况下，捷联式惯导系统包括姿态误差角($\varphi_E,\varphi_N,\varphi_T$)、速度误差($\Delta v_E,\Delta v_N,\Delta v_T$)、位置误差($\Delta L,\Delta\lambda,\Delta h$)、陀螺漂移误差($\mu_E,\mu_N,\mu_T$)和加速度计零误差($\sigma_E,\sigma_N,\sigma_T$)[18-19]。因此状态误差变量可表示为

$$\boldsymbol{e}_k=(\varphi_E,\varphi_N,\varphi_T,\Delta v_E,\Delta v_N,\Delta v_T,\Delta L,\Delta\lambda,\Delta h,\mu_E,\mu_N,\mu_T,\sigma_E,\sigma_N,\sigma_T) \tag{5-29}$$

对照式（5-22），重写误差状态方程和观测方程分别为

$$\begin{cases}\boldsymbol{e}_k=\boldsymbol{A}\boldsymbol{e}_{k-1}+\boldsymbol{\varepsilon}_{k-1}\\ \boldsymbol{e}_{z_k}=\boldsymbol{H}\boldsymbol{e}_k+\boldsymbol{\eta}_k\end{cases} \tag{5-30}$$

式中，

$$\boldsymbol{A}=\begin{pmatrix}\boldsymbol{A}_{\text{INS}} & \boldsymbol{A}_{sg}\\ \boldsymbol{0}_{6\times9} & \boldsymbol{0}_{6\times6}\end{pmatrix},\boldsymbol{W}=\begin{pmatrix}\boldsymbol{C}_n^b & \boldsymbol{0}_{3\times3}\\ \boldsymbol{0}_{3\times3} & \boldsymbol{C}_n^b\\ \boldsymbol{0}_{9\times3} & \boldsymbol{0}_{9\times3}\end{pmatrix},\boldsymbol{w}_{k-1}=(w_{gx},w_{gy},w_{gz},w_{ax},w_{ay},w_{az})^{\mathrm{T}} \tag{5-31}$$

状态噪声 $\boldsymbol{\varepsilon}_{k-1}=\boldsymbol{W}\boldsymbol{w}_{k-1}$；$\boldsymbol{A}_{\text{INS}}$由惯导基本误差方程决定；由陀螺仪漂移量和加速度计零误差值构成的矩阵如下：

$$\boldsymbol{A}_{sg}=\begin{pmatrix}\boldsymbol{C}_b^n & \boldsymbol{0}_{3\times3}\\ \boldsymbol{0}_{3\times3} & \boldsymbol{C}_b^n\\ \boldsymbol{0}_{3\times3} & \boldsymbol{0}_{3\times3}\end{pmatrix} \tag{5-32}$$

令观测量为惯导和 GPS 输出位置差值 $\boldsymbol{e}_{z_k}^p$及速度差值 $\boldsymbol{e}_{z_k}^v$，则对于式（5-30）有

$$\boldsymbol{e}_{z_k}=(\boldsymbol{e}_{z_k}^p,\boldsymbol{e}_{z_k}^v)^{\mathrm{T}}$$

其观测方程中 $\boldsymbol{\eta}_k=\boldsymbol{V}\boldsymbol{v}_k$ 表示观测噪声。

设载体真实纬度、经度和高度分别为 L、λ 和 h，其中惯导和 GPS 输出值分别为 L_{INS}、λ_{INS}和 h_{INS}以及 L_{GPS}、λ_{GPS}和 h_{GPS}；用 N_{PE}、N_{PN}和 N_{PT}分别表示 GPS 位置测量误差。根据式（5-3）可得

$$\begin{cases}L_{\text{INS}}=L+\Delta L\\ h_{\text{INS}}=h+\Delta h\\ \lambda_{\text{INS}}=\lambda+\Delta\lambda\end{cases},\quad\begin{cases}L_{\text{GPS}}=L+\dfrac{N_{PN}}{R_L+h}\\ h_{\text{GPS}}=h+N_{PT}\\ \lambda_{\text{GPS}}=\lambda+\dfrac{N_{PE}\sec(L)}{R_L+h}\end{cases} \tag{5-33}$$

由此可知

$$\begin{aligned}\boldsymbol{e}_{z_k}^p&=\begin{pmatrix}L_{\text{INS}}-L_{\text{GPS}}\\ \lambda_{\text{INS}}-\lambda_{\text{GPS}}\\ h_{\text{INS}}-h_{\text{GPS}}\end{pmatrix}=\begin{pmatrix}\Delta L-N_{PN}/(R_L+h)\\ \Delta\lambda-N_{PE}\sec(L)/(R_L+h)\\ \Delta h-N_{PT}\end{pmatrix}\\ &=\boldsymbol{I}_{3\times3}\begin{pmatrix}\Delta L\\ \Delta\lambda\\ \Delta h\end{pmatrix}+\begin{pmatrix}0 & -1/(R_L+h) & 0\\ -\sec(L)/(R_L+h) & 0 & 0\\ 0 & 0 & -1\end{pmatrix}\begin{pmatrix}N_{PE}\\ N_{PN}\\ N_{PT}\end{pmatrix}\\ &=(\boldsymbol{0}_{3\times6},\boldsymbol{I}_{3\times3},\boldsymbol{0}_{3\times6})\boldsymbol{e}_k+\boldsymbol{\eta}_k^p=\boldsymbol{H}^p\boldsymbol{e}_k+\boldsymbol{V}^p\boldsymbol{v}_k\end{aligned} \tag{5-34}$$

式中，$\boldsymbol{H}^p$ 和 $\boldsymbol{V}^p$ 分别表示与位置信息相关的观测矩阵和观测噪声矩阵。

如果载体对应于地理坐标系三轴的真实速度为 v_E、v_N 和 v_T，对应于惯导和 GPS 的输出速度值分别为 $v_{\text{INS\_}E}$、$v_{\text{INS_}N}$和 $v_{\text{INS_}T}$以及 $v_{\text{GPS\_}E}$、$v_{\text{GPS_}N}$和 $v_{\text{GPS\_}T}$，并且用 N_{VE}、N_{VN}和 N_{VT}分别表示 GPS 位置测量误差，则

$$\begin{cases}v_{\text{INS\_}E}=v_E+\Delta v_E\\ v_{\text{INS\_}N}=v_N+\Delta v_N\\ v_{\text{INS\_}T}=v_T+\Delta v_T\end{cases}\begin{cases}v_{\text{GPS\_}E}=v_E+N_{VE}\\ v_{\text{GPS\_}N}=v_N+N_{VN}\\ v_{\text{GPS\_}T}=v_T+N_{VT}\end{cases}$$

进而可得速度差值 $\boldsymbol{e}_{z_k}^v$ 对应的观测方程

$$
\boldsymbol{e}_{z_k}^{v}=\begin{pmatrix} v_{\mathrm{INS\_}E}-v_{\mathrm{GPS\_}E} \\ v_{\mathrm{INS\_}N}-v_{\mathrm{GPS\_}N} \\ v_{\mathrm{INS\_}T}-v_{\mathrm{GPS\_}T} \end{pmatrix}=\begin{pmatrix} \Delta v_E-N_{VE} \\ \Delta v_N-N_{VN} \\ \Delta v_T-N_{VT} \end{pmatrix}=\boldsymbol{I}_{3\times3}\begin{pmatrix} \Delta v_E \\ \Delta v_N \\ \Delta v_T \end{pmatrix}+(-\boldsymbol{I}_{3\times3})\begin{pmatrix} N_{VE} \\ N_{VN} \\ N_{VT} \end{pmatrix}
$$

$$
=(\boldsymbol{0}_{3\times3},\boldsymbol{I}_{3\times3},\boldsymbol{0}_{3\times9})\boldsymbol{e}_k+\boldsymbol{\eta}_k^{v}=\boldsymbol{H}^{v}\boldsymbol{e}_k+\boldsymbol{V}^{v}\boldsymbol{v}_k \tag{5-35}
$$

式中，$\boldsymbol{H}^v$ 和 $\boldsymbol{V}^v$ 分别表示与速度信息相关的观测矩阵和观测噪声矩阵。

根据式（5-34）和式（5-35）可得

$$
\boldsymbol{e}_{z_k}=\begin{pmatrix} \boldsymbol{e}_{z_k}^{p} \\ \boldsymbol{e}_{z_k}^{v} \end{pmatrix}=\begin{pmatrix} \boldsymbol{H}^{p} \\ \boldsymbol{H}^{v} \end{pmatrix}\boldsymbol{e}_k+\begin{pmatrix} \boldsymbol{V}^{p} \\ \boldsymbol{V}^{v} \end{pmatrix}\boldsymbol{v}_k \tag{5-36}
$$

由此，基于式（5-27）、式（5-28）、式（5-30）~式（5-32）和式（5-36），便可得到状态误差变量 $\boldsymbol{e}_k$ 的最优（或次优）估计量 $\hat{\boldsymbol{e}}_k$ 以及误差协方差矩阵 $\boldsymbol{P}_k$。

GPS/IMU 组合方式提高了导航精度，为载体在空间中安全稳定运行提供了坚实的保障。除此之外，气压高度测量计和超声波传感器可提供当地海拔信息；合成孔径雷达能通过分析雷达发送和接收的脉冲获得载体当前精确的高度和速度信息[20]。

将上述传感器同 IMU 进行融合构建的组合导航系统可在无 GPS 信号条件下获得较高的定位精度[16]。

5.3　基于激光雷达的 SLAM 算法

5.3.1　SLAM 问题描述

SLAM 全称为 Simultaneous Localization and Mapping，即同时定位与地图构建。SLAM 问题描述如下：机器人从未知环境的未知起点开始移动，在运动过程中根据地图进行位姿估计，同时增量构建地图，以实现机器人自主定位和导航[21]。

目前服务机器人、无人驾驶以及无人机等热门领域，都需要实时定位应用主体在环境中的位姿并对当前环境进行建图。传统的基于 GPS 和组合导航的定位技术都会受到卫星信号的影响，无法实现全天候定位。而基于激光雷达的 SLAM 技术以精度高、环境适应性强和可实现全天候定位等优势，逐渐发展成为当前定位系统中必不可少的新技术[22]。

根据传感器类型可将 SLAM 划分为两个方向：视觉 SLAM，利用相机采集的图像信息进行定位与建图；激光雷达 SLAM，利用激光雷达采集的三维点云信息进行定位与建图。两者各有利弊，相机可提取语义信息、成本低、结构简单，但受环境影响大，在光照不良处无法单独工作；激光雷达可靠性高、精度高、构建的地图可用于路径规划，但是激光雷达成本较高。本节以激光雷达传感器为例介绍 SLAM 算法，并对图 5-11 所示的各个模块进行讲解。

前端里程计的主要功能为快速估计相邻两帧点云间相对位姿变换；回环检测的主要功能为根据环境信息判断机器人是否曾经到达过当前位姿附近，如果是则回环检测成功，并对这两帧位姿添加回环约束；后端优化的主要功能为根据回环约束使用非线性优化方法，消除前端里程计的累积误差；地图创建的主要功能为更新和重建全局地图。下面从算法角度分别对这四个模块进行分析。

1. 前端里程计

自无人驾驶汽车出现以来，自身位姿估计研究已与其他问题紧密联系在一起。目前，

SLAM 技术在无人驾驶汽车定位方面取得显著成果。为解决无人驾驶汽车相对位姿估计问题，专家学者一直致力于研究激光雷达的点云帧间匹配算法，通过不断提高算法性能，实现更快速、更精确的位姿估计[23]。

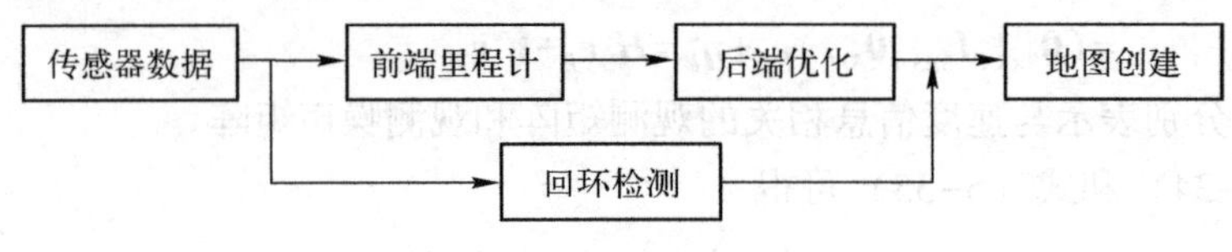

图 5-11　激光雷达 SLAM 流程图

前端里程计算法主要有迭代最近点及其变种算法、基于特征的匹配算法、基于深度学习的匹配算法和相关性搜索匹配算法。

（1）迭代最近点及其变种　由 Chen Y 等人[24]提出 ICP（Iterative Closest Poin）算法，该算法通过计算欧氏空间的变换矩阵使待匹配点云和目标点云完全重合，进而估计出无人车的相对位姿变换。ICP 中又分为 Point-to-Point ICP、Point-to-Plane ICP 和 Plane-to-Plane ICP。Point-to-Point ICP 算法的原理是在目标点云中寻找待匹配点云中所有点的最近点，根据待配准点和最近点之间的距离构建约束方程，迭代优化，得到距离最小时的位姿变换矩阵，该方法会产生一些错误的数据关联，因此通常得到的是局部最优解。Point-to-Plane ICP[25]算法是在 Point-to-Point ICP 算法基础上，计算待配准点的法向量，判断待配准点与最近点之间连线的方向和待配准点法向量方向的夹角。如果夹角过大则认为两者不匹配。该算法相较于 Point-to-Point ICP 算法，匹配精度有所提高，但仍存在匹配错误情况。Plane-to-Plane ICP 方法是在 Point-to-Plane ICP 算法的基础上加入最近点的法向量，通过两点的法向量和两点之间的连线，判断两点是否匹配，进一步提高了点云匹配精度。

（2）基于特征的匹配　Zhang J 等人[26]在每帧点云中根据曲率提取边角和平面特征，对边角特征进行点到线的匹配，对平面特征进行点到面的匹配，该方法适用于 3D 激光雷达 SLAM。

（3）基于深度学习的匹配算法　随着深度学习的深入，Nicolai A 等人[27]使用 VLP-16 采集三维点云数据，将其投影到二维平面生成深度图像，利用 CNN 网络训练，得到端到端匹配结果，其运行速度明显快于传统 ICP 匹配方法。

（4）相关性搜索匹配　由 Olson E B 等人[28]提出 CSM（Correlation Scan Match）算法。该算法优点在于可以使用当前帧数据和历史帧数据进行多次匹配，提高匹配准确度。但是 CSM 在环境差异极小情况下容易发生错误匹配[29]。

目前，在二维激光雷达 SLAM 中，最流行的匹配方法是 CSM 与梯度优化结合使用，典型开源方案是 Cartographer[30]。在三维激光雷达 SLAM 中，最流行的匹配方法是基于特征的匹配，典型开源方案是 LOAM[26]。

2. 后端优化

（1）基于滤波器的后端优化　下面对几种基于滤波的 SLAM 算法进行总结，见表 5-1。

表 5-1　滤波优化方法

滤波器形式	描　述
扩展卡尔曼滤波 滤波器形式	利用泰勒展开，将非线性系统线性化，之后沿用卡尔曼滤波框架进行计算

（续）

滤波器形式	描　述
粒子滤波 (Partical Filter, PF)	去掉高斯假设，用蒙特卡罗方法，以粒子作为采样点来描述分布[32]
无损卡尔曼滤波 (Unscented Kalman Filter, UKF)	UKF 是通过无损变换使非线性系统方程适用于线性假设下标准卡尔曼滤波。其中无损变换是用固定数量的参数去近似一个高斯分布。其效果比扩展卡尔曼滤波要好

粒子滤波（PF）是基于滤波的激光雷达 SLAM 的经典算法。为了进一步简化结果，Tipaldi G D 等人[33]提出不需要每个粒子的栅格地图，以减少资源需求。

（2）基于图优化的后端优化　图优化是在 SLAM 过程中利用图论方式来表示位姿和路标的关系。位姿和路标用节点表示，节点间的约束用边表示。将图形式下的 SLAM 问题，转换为最小二乘问题，对位姿和路标点迭代优化求解。当前，基于图优化的方法是激光雷达 SLAM 后端优化的经典算法。

3. 回环检测与回环验证

通过回环检测能减少地图漂移现象。通过当前帧点云与历史帧点云进行匹配，判断无人车是否曾经到达过当前环境附近，如果是则对两帧点云进行匹配，若匹配成功则构建位姿间的回环约束，然后通过后端优化修正回环内所有点位姿。

（1）帧与帧回环检测　Olson 等人通过判断两帧激光点云相似度，来达到回环检测效果。但由于单帧激光数据信息量少，容易和其他高度相似的数据发生错误匹配。所以该回环检测算法的效果不佳。

（2）帧与子地图回环检测　谷歌提出 Cartographer 用连续多帧激光点云构建子地图，通过帧与子图的回环检测来消除建图过程中产生的误差。该方法使用子地图进行回环检测，相比较于帧与帧间回环检测，大大减少了点云匹配次数，提高了回环检测速度。但该方法应用在复杂环境中会随着数据量的增多，匹配速度下降，从而影响实时性。

（3）子地图与子地图回环检测　该检测方法改善了激光数据信息量少的缺点，将当前多帧激光数据整合成局部子地图，与全局子地图进行匹配。文国成等人[34]提出采用子地图与子地图匹配方法进行回环检测，可以有效解决在大尺度地图中匹配速度慢及匹配错误问题。

（4）回环验证　回环验证的主要作用是检测回环是否成功，其检测的准确度直接影响建图精度。所以近年来一些国外学者提出了回环验证算法。

Corso 等人[35]提出在室内环境中严格处理回环验证。Corso 等人认为回环可从很多数据源中被检测到，因此将回环验证算法与回环检测算法相分离。针对室内环境，由于在激光数据中缺少明显特征点，提出两个既能表征场景复杂性又能表征几何对齐的验证度量，使用简单阈值方案，提高检测回环精度。

4. 地图构建

环境模型（即已构建地图）分为平面环境模型和立体环境模型，其中平面环境模型有栅格地图、拓扑地图等。

栅格地图[36]如图 5-12a 所示，将地图划分成大小相等的网格，每个栅格颜色代表包含点云数量的多少，同时每个栅格可用权值表示被占有率的大小。通过描述可知栅格地图非常简便，但是随着地图增大，随着环境划分越来越细致，网格也会越来越多，这对于存储和维护来说是个难题。栅格地图分割不一定是网格，也可以是不同形状。参考文献［37］中介绍了扇形栅格地图方法，文章中还提到等六边形栅格地图。可根据实时环境选择地图形状。栅格地图也可用于构建三维地图[38]。

拓扑地图[39]如图 5-12 b 所示，拓扑地图由节点和线组成，这里节点可理解为特征点，线为特征点之间的关联，能紧凑地表示环境。相比较于栅格地图而言，拓扑地图存储相对较小，方便维护。

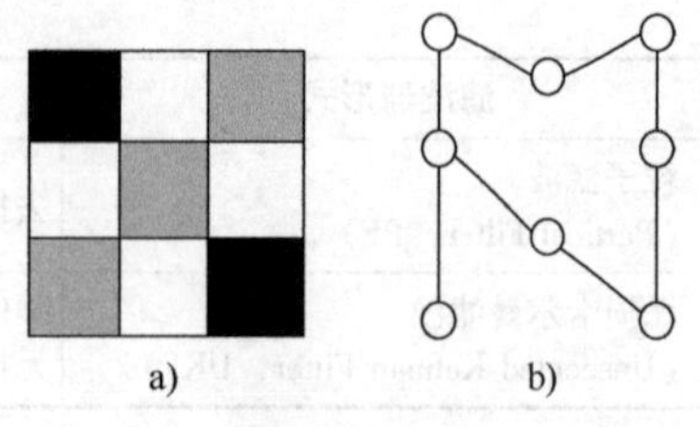

图 5-12　栅格地图和拓扑地图

a）栅格地图　b）拓扑地图

5.3.2　坐标变换

在无人驾驶平台上，设置激光雷达坐标系为移动坐标系，世界坐标系为固定坐标系，通过两者间坐标变换描述激光雷达扫描到的物体位于世界坐标系的方位。

在图 5-13 中，X_s、Y_s、Z_s 为固定坐标系；X_j、Y_j、Z_j 为移动坐标系；w 为激光雷达扫描到的物体。

为了更精确地描述物体位姿，将移动坐标系下的点转换到世界坐标系下。下面对坐标变换方法做简要介绍。

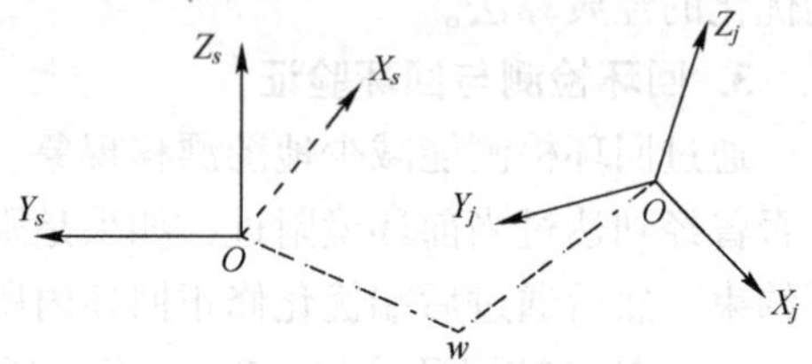

图 5-13　坐标变换

1. 旋转矩阵

在介绍旋转矩阵之前先给出向量内积和外积定义，对于任意三维向量 $\boldsymbol{a}$ 和 $\boldsymbol{b}$，它们的内积为

$$\boldsymbol{a}\cdot\boldsymbol{b}=\sum_{i=1}^{3}a_ib_i=|\boldsymbol{a}\|\boldsymbol{b}|\cos\ <\boldsymbol{a},\boldsymbol{b}>$$

式中，$\cos<\boldsymbol{a},\boldsymbol{b}>$为向量 $\boldsymbol{a}$ 和向量 $\boldsymbol{b}$ 夹角的余弦值。

外积定义如下：

$$\boldsymbol{a}\times\boldsymbol{b}=\begin{pmatrix}\boldsymbol{i} & \boldsymbol{j} & \boldsymbol{k}\\ a_1 & a_2 & a_3\\ b_1 & b_2 & b_3\end{pmatrix}=\begin{pmatrix}a_2b_3-a_3b_2\\ a_3b_1-a_1b_3\\ a_1b_2-a_2b_1\end{pmatrix}=\begin{pmatrix}0 & -a_3 & a_2\\ a_3 & 0 & -a_1\\ -a_2 & a_1 & 0\end{pmatrix}\boldsymbol{b}\triangleq\boldsymbol{a}^{\wedge}\boldsymbol{b}$$

$$\boldsymbol{b}\times\boldsymbol{a}=\begin{pmatrix}\boldsymbol{i} & \boldsymbol{j} & \boldsymbol{k}\\ b_1 & b_2 & b_3\\ a_1 & a_2 & a_3\end{pmatrix}=\begin{pmatrix}a_3b_2-a_2b_3\\ a_1b_3-a_3b_1\\ a_2b_1-a_1b_2\end{pmatrix}=\begin{pmatrix}0 & -b_3 & b_2\\ b_3 & 0 & -b_1\\ -b_2 & b_1 & 0\end{pmatrix}\boldsymbol{a}\triangleq\boldsymbol{b}^{\wedge}\boldsymbol{a} \tag{5-37}$$

$$\boldsymbol{b}^{\wedge}\boldsymbol{a}=-\boldsymbol{a}^{\wedge}\boldsymbol{b}$$

由式（5-37）可知，当两个变量外积交换位置后，结果变为相反数。式（5-37）中，$\boldsymbol{a}^{\wedge}$表示 $\boldsymbol{a}$ 的反对称矩阵。此时外积变为线性运算。根据式（5-37）和右手定则可知，外积大小由两个向量为边张成的四边形面积决定，其方向与两个向量垂直。

三维坐标系中位姿由旋转和平移组成。首先考虑旋转，在初始坐标系中，单位正交基（$\boldsymbol{e}_1,\boldsymbol{e}_2,\boldsymbol{e}_3$）下向量 $\boldsymbol{t}$ 的坐标表示为$[t_1,t_2,t_3]^{\mathrm{T}}$。经过一次旋转，单位正交基变为$(\boldsymbol{e}'_1,\boldsymbol{e}'_2,\boldsymbol{e}'_3)$，在其坐标系下向量坐标变为$\boldsymbol{t}'=[t'_1,t'_2,t'_3]^{\mathrm{T}}$。根据坐标定义得

$$(\boldsymbol{e}_1,\boldsymbol{e}_2,\boldsymbol{e}_3)\begin{pmatrix}t_1\\ t_2\\ t_3\end{pmatrix}=(\boldsymbol{e}'_1,\boldsymbol{e}'_2,\boldsymbol{e}'_3)\begin{pmatrix}t'_1\\ t'_2\\ t'_3\end{pmatrix}$$

等式两边同时左乘$\begin{pmatrix}\boldsymbol{e}_1^{\mathrm{T}}\\ \boldsymbol{e}_2^{\mathrm{T}}\\ \boldsymbol{e}_3^{\mathrm{T}}\end{pmatrix}$，得

$$\begin{pmatrix}t_1\\ t_2\\ t_3\end{pmatrix}=\begin{pmatrix}\boldsymbol{e}_1^{\mathrm{T}}\boldsymbol{e}_1' & \boldsymbol{e}_1^{\mathrm{T}}\boldsymbol{e}_2' & \boldsymbol{e}_1^{\mathrm{T}}\boldsymbol{e}_3'\\ \boldsymbol{e}_2^{\mathrm{T}}\boldsymbol{e}_1' & \boldsymbol{e}_2^{\mathrm{T}}\boldsymbol{e}_2' & \boldsymbol{e}_2^{\mathrm{T}}\boldsymbol{e}_3'\\ \boldsymbol{e}_3^{\mathrm{T}}\boldsymbol{e}_1' & \boldsymbol{e}_3^{\mathrm{T}}\boldsymbol{e}_2' & \boldsymbol{e}_3^{\mathrm{T}}\boldsymbol{e}_3'\end{pmatrix}\begin{pmatrix}t_1'\\ t_2'\\ t_3'\end{pmatrix}\triangleq \boldsymbol{R}\boldsymbol{t}'$$

式中，$\boldsymbol{R}$ 为旋转矩阵。

旋转矩阵是行列式为 1 的正交矩阵，反之行列式为 1 的正交矩阵也可以称作旋转矩阵[40]。

旋转矩阵的集合定义如下：

$$SO(n)=\{\boldsymbol{R}\in\mathbf{R}^{n\times n}\mid \boldsymbol{R}\boldsymbol{R}^{\mathrm{T}}=\boldsymbol{I},\det(\boldsymbol{R})=1\}\tag{5-38}$$

式中，$\mathrm{SO}(n)$为 n 维特殊正交群。因为旋转矩阵是正交矩阵，那么反向旋转可以由逆运算表示成

$$\boldsymbol{a}'=\boldsymbol{R}^{-1}\boldsymbol{a}=\boldsymbol{R}^{\mathrm{T}}\boldsymbol{a}$$

最后，将旋转和平移组合，得到

$$\boldsymbol{a}'=\boldsymbol{R}\boldsymbol{a}+\boldsymbol{\tau}$$

式中，$\boldsymbol{R}$ 表示旋转矩阵；$\boldsymbol{\tau}$ 表示平移向量；$\boldsymbol{a}'$为 $\boldsymbol{a}$ 经过旋转和平移后的结果。本式可以用来表述坐标的变换关系。

2. 变换矩阵

上一小节介绍了旋转矩阵，其中包含旋转与平移。如果经过两次坐标变换，设 $\boldsymbol{a}$ 为初始状态，$\boldsymbol{b}$ 与 $\boldsymbol{c}$ 分别为第一次和第二次坐标变换结果。可以得到

$$\boldsymbol{b}=\boldsymbol{R}_1\boldsymbol{a}+\boldsymbol{\tau}_1,\quad \boldsymbol{c}=\boldsymbol{R}_2\boldsymbol{b}+\boldsymbol{\tau}_2$$

若要 $\boldsymbol{a}$ 直接变换成 $\boldsymbol{c}$，则

$$\boldsymbol{c}=\boldsymbol{R}_2(\boldsymbol{R}_1\boldsymbol{a}+\boldsymbol{\tau}_1)+\boldsymbol{\tau}_2$$

由于不是线性变换，多次变换后运算会变得复杂。如果使用齐次坐标$[\boldsymbol{a},1]^{\mathrm{T}}$ 和变换矩阵 $\boldsymbol{T}$，表达式变成

$$\begin{pmatrix}\boldsymbol{b}\\ 1\end{pmatrix}=\begin{pmatrix}\boldsymbol{R}_1 & \boldsymbol{\tau}_1\\ \boldsymbol{0}^{\mathrm{T}} & 1\end{pmatrix}\begin{pmatrix}\boldsymbol{a}\\ 1\end{pmatrix}\triangleq \boldsymbol{T}\begin{pmatrix}\boldsymbol{a}\\ 1\end{pmatrix}$$

式中，$\boldsymbol{0}^{\mathrm{T}}\in\mathbf{R}^{1\times 3}$。上式将旋转和平移合并，称作变换矩阵，用 $\boldsymbol{T}$ 表示。在三维向量基础上，增加一维，将其变换为齐次坐标[41]。设$\bar{\boldsymbol{a}}$表示 $\boldsymbol{a}$ 齐次坐标。齐次坐标可以将复杂计算转换为线性运算，这样多次坐标变换就可表示为

$$\bar{\boldsymbol{b}}=\boldsymbol{T}_1\bar{\boldsymbol{a}},\quad \bar{\boldsymbol{c}}=\boldsymbol{T}_2\bar{\boldsymbol{b}}=\boldsymbol{T}_2\boldsymbol{T}_1\bar{\boldsymbol{a}}$$

为了方便书写，默认 $\boldsymbol{b}=\boldsymbol{T}\boldsymbol{a}$ 中 $\boldsymbol{a}$、$\boldsymbol{b}$ 为齐次坐标。

同上一小节中与旋转矩阵类似，变换矩阵也有特殊结构。如式（5-39）所示，左上角的 $\boldsymbol{R}$ 是 3×3 的旋转矩阵，右上角 $\boldsymbol{\tau}$ 为 3×1 的平移向量。这种矩阵形成的集合又称为特殊欧氏群。

$$SE(3)=\left\{\boldsymbol{T}=\begin{pmatrix}\boldsymbol{R} & \boldsymbol{\tau}\\ \boldsymbol{0}^{\mathrm{T}} & 1\end{pmatrix}\in\mathbf{R}^{4\times 4}\mid \boldsymbol{R}\in SO(3),\boldsymbol{\tau}\in\mathbf{R}^3\right\}\tag{5-39}$$

式中，$\boldsymbol{0}^{\mathrm{T}}\in\mathbf{R}^{1\times 3}$。反向变换可用 $\boldsymbol{T}$ 矩阵的逆表示，即

$$\boldsymbol{T}^{-1}=\begin{pmatrix}\boldsymbol{R}^{\mathrm{T}} & -\boldsymbol{R}^{\mathrm{T}}\boldsymbol{\tau}\\ \boldsymbol{0}^{\mathrm{T}} & 1\end{pmatrix}$$

为不引起歧义，使用 $\boldsymbol{Ta}$ 表示齐次坐标，$\boldsymbol{Ra}$ 表示非齐次坐标。

总结上两小节内容，首先介绍两个坐标系间的转换，其中旋转矩阵 $\boldsymbol{R}$ 的集合为特殊正交群 $SO(n)$。通过齐次坐标与变换矩阵 $\boldsymbol{T}$，可简化多次坐标转换。变换矩阵 $\boldsymbol{T}$ 的集合为特殊欧氏群 $SE(n)$。

3. 旋转向量

$SO(3)$ 是 3×3 的矩阵，即用九个量描述了旋转的三个自由度，由于旋转矩阵与变换矩阵都具有特殊结构，在非线性优化求解时不方便求导，所以提出了旋转向量。

旋转向量由旋转轴和旋转角组成，可用一个三维向量表述旋转的三个自由度。向量方向与旋转轴一致，长度（即向量模）等于旋转角。相比较于 $SO(3)$，旋转向量可大大缩小变量存储空间。

旋转矩阵与旋转向量都可描述旋转的三个自由度，两者可以互相转换。假设旋转向量为 $\varphi\boldsymbol{\alpha}$，其中 $\boldsymbol{\alpha}$ 为单位向量表示旋转轴，φ 表示旋转角。引用罗德里格斯公式，它实现从旋转向量到旋转矩阵转换，推导过程不详细介绍，这里只给出结果：

$$\boldsymbol{R}=\cos(\varphi)\boldsymbol{I}+[1-\cos(\varphi)]\boldsymbol{\alpha}\boldsymbol{\alpha}^{\mathrm{T}}+\sin(\varphi)\boldsymbol{\alpha}^{\wedge} \tag{5-40}$$

符号 $^{\wedge}$ 是反对称符号。对式（5-40）左右两边分别求迹，得

$$\mathrm{tr}(\boldsymbol{R})=\cos(\varphi)\mathrm{tr}(\boldsymbol{I})+[1-\cos(\varphi)]\mathrm{tr}(\boldsymbol{\alpha}\boldsymbol{\alpha}^{\mathrm{T}})+\sin(\varphi)\mathrm{tr}(\boldsymbol{\alpha}^{\wedge})$$

由于 $\boldsymbol{\alpha}$ 为单位向量，则 $\mathrm{tr}(\boldsymbol{\alpha}\boldsymbol{\alpha}^{\mathrm{T}})=\alpha_1^2+\alpha_2^2+\alpha_3^2=1$，$\mathrm{tr}(\boldsymbol{\alpha}^{\wedge})=0$。上式可简化为

$$\mathrm{tr}(\boldsymbol{R})=3\cos(\varphi)+[1-\cos(\varphi)]=1+2\cos(\varphi)$$

因此

$$\varphi=\arccos\left(\frac{\mathrm{tr}(\boldsymbol{R})-1}{2}\right) \tag{5-41}$$

此时旋转轴 $\boldsymbol{\alpha}$ 还是未知的。由于旋转轴上的向量在旋转后不会发生改变，可知

$$\boldsymbol{R\alpha}=\boldsymbol{\alpha}$$

简单理解为线性代数中 $\boldsymbol{Rx}=\lambda\boldsymbol{x}$，此时 $\boldsymbol{\alpha}$ 是 $\lambda=1$ 对应的特征向量。

4. 四元数

四元数 q 由实数和三个虚部单位 i、j 和 k 组成。记为

$$q=\eta+\varepsilon_1\mathrm{i}+\varepsilon_2\mathrm{j}+\varepsilon_3\mathrm{k}$$

其中，η、ε_1、ε_2 和 ε_3 都是实数。

四元数还可以用 4×1 列向量表示，即

$$\boldsymbol{q}=\begin{pmatrix}\boldsymbol{\varepsilon}\\ \eta\end{pmatrix},\quad \eta\in\mathbf{R},\quad \boldsymbol{\varepsilon}=\begin{pmatrix}\varepsilon_1\\ \varepsilon_2\\ \varepsilon_3\end{pmatrix}\in\mathbf{R}^3$$

与复数不同，在复数中乘 i 意味着旋转 90°。但是在四元数中，乘以 i 表示旋转 180°，$\mathrm{i}^2=-1$ 代表绕 i 轴转 360°。即 ij=k 表示绕 i 轴旋转 180°再绕 j 轴旋转 180°等于绕 k 轴旋转 180°。与 ij=k 相类似的还有

$$\begin{gathered}\mathrm{i}^2=\mathrm{j}^2=\mathrm{k}^2=-1\\ \mathrm{ij}=\mathrm{k},\mathrm{ji}=-\mathrm{k}\\ \mathrm{jk}=\mathrm{i},\mathrm{kj}=-\mathrm{i}\\ \mathrm{ki}=\mathrm{j},\mathrm{ik}=-\mathrm{j}\end{gathered}$$

四元数与旋转矩阵、旋转向量也存在着一定关联。根据欧拉参数，假设其旋转为绕三维单

位向量 $\boldsymbol{\alpha}=[\alpha_x,\alpha_y,\alpha_z]^{\mathrm{T}}$ 旋转角度 φ，则该旋转对应的四元数为

$$\boldsymbol{q}=\left(\cos\left(\frac{\varphi}{2}\right),\alpha_x\sin\left(\frac{\varphi}{2}\right),\alpha_y\sin\left(\frac{\varphi}{2}\right),\alpha_z\sin\left(\frac{\varphi}{2}\right)\right) \tag{5-42}$$

反之，可以在已知四元数的情况下，求得旋转向量的旋转角 φ 和旋转轴 $\boldsymbol{\alpha}$，即

$$\varphi=2\arccos(\eta)$$

$$(\alpha_x,\alpha_y,\alpha_z)^{\mathrm{T}}=[\varepsilon_1,\varepsilon_2,\varepsilon_3]^{\mathrm{T}}/\sin\left(\frac{\varphi}{2}\right)$$

因为 $\mathrm{i}^2=-1$，即绕 i 轴旋转 360°得到相反的数。所以式（5-42）中 φ 加上 2π，会得到相同旋转，但此时结果为 $-q$。因此，在四元数中，任意旋转都可以用互为相反数的四元数表示。

同样，旋转矩阵也可用四元数表示为

$$\begin{aligned}\boldsymbol{R}&=(\boldsymbol{\eta}^2-\boldsymbol{\varepsilon}^{\mathrm{T}}\boldsymbol{\varepsilon})+2\boldsymbol{\varepsilon}^{\mathrm{T}}\boldsymbol{\varepsilon}-2\boldsymbol{\eta}\boldsymbol{\varepsilon}^{\wedge}\\&=\begin{pmatrix}1-2(\varepsilon_2^2+\varepsilon_3^2) & 2(\varepsilon_1\varepsilon_2+\varepsilon_3\eta) & 2(\varepsilon_1\varepsilon_3-\varepsilon_2\eta)\\ 2(\varepsilon_2\varepsilon_1-\varepsilon_3\eta) & 1-2(\varepsilon_3^2+\varepsilon_1^2) & 2(\varepsilon_2\varepsilon_3+\varepsilon_1\eta)\\ 2(\varepsilon_3\varepsilon_1+\varepsilon_2\eta) & 2(\varepsilon_3\varepsilon_2-\varepsilon_1\eta) & 1-2(\varepsilon_1^2+\varepsilon_2^2)\end{pmatrix}\end{aligned}$$

反之，假设旋转矩阵 $\boldsymbol{R}=(n_{ij}),i,j\in[1,2,3]$，则旋转矩阵到四元数的变换为

$$\eta=\frac{\sqrt{\mathrm{tr}(\boldsymbol{R})+1}}{2},\varepsilon_1=\frac{n_{23}-n_{32}}{4\eta},\varepsilon_2=\frac{n_{31}-n_{13}}{4\eta},\varepsilon_3=\frac{n_{12}-n_{21}}{4\eta}$$

式中，η 是分母，当 η 很小时，其余三个变量会很不稳定，此时可用其他方法计算旋转和平移。

由于任意旋转都可以用互为相反数的四元数表示，所以旋转矩阵 $\boldsymbol{R}$ 对应的四元数不是唯一的。上面四小节中无论是旋转矩阵、旋转向量还是四元数都可以表示同一个旋转过程。在应用时应该寻求最方便的方式，不拘泥于某种特定形式，以达到期望效果。

5.3.3　李群、李代数

1. 李代数、李群及其关系

李群既有群特性，又具有光滑特性[42]。激光雷达扫描和运动在空间上连续，得到的旋转矩阵 $SO(3)$ 以及变换矩阵 $SE(3)$ 在空间上连续。所以 $SO(3)$ 和 $SE(3)$ 都是李群。

令集合为 C，运算为 ·，群可以记作 $G=(C,\cdot)$。群的运算性质如下。

（1）封闭性：$\forall\boldsymbol{\alpha}_1,\boldsymbol{\alpha}_2\in C$，$\boldsymbol{\alpha}_1\cdot\boldsymbol{\alpha}_2\in C$

（2）结合律：$\forall\boldsymbol{\alpha}_1,\boldsymbol{\alpha}_2,\boldsymbol{\alpha}_3\in C$，$(\boldsymbol{\alpha}_1\cdot\boldsymbol{\alpha}_2)\cdot\boldsymbol{\alpha}_3=\boldsymbol{\alpha}_1\cdot(\boldsymbol{\alpha}_2\cdot\boldsymbol{\alpha}_3)$

（3）幺元：$\exists\boldsymbol{\alpha}_0\in C$，s. t. $\forall\boldsymbol{\alpha}\in C$，$\boldsymbol{\alpha}_0\cdot\boldsymbol{\alpha}=\boldsymbol{\alpha}\cdot\boldsymbol{\alpha}_0=\boldsymbol{\alpha}$

（4）逆：$\forall\boldsymbol{\alpha}\in C$，$\exists\boldsymbol{\alpha}^{-1}\in C$，s. t. $\boldsymbol{\alpha}\cdot\boldsymbol{\alpha}^{-1}=\boldsymbol{\alpha}_0$

任意旋转矩阵 $\boldsymbol{R}$，满足

$$\boldsymbol{R}\boldsymbol{R}^{\mathrm{T}}=\boldsymbol{I}$$

由于激光雷达在三维空间中的运动是连续的，所以旋转矩阵可表示为时间 t 的函数 $\boldsymbol{R}(t)$。对上式求导得

$$\dot{\boldsymbol{R}}(t)\boldsymbol{R}^{\mathrm{T}}(t)+\boldsymbol{R}(t)\dot{\boldsymbol{R}}^{\mathrm{T}}(t)=0$$

整理得

$$\dot{\boldsymbol{R}}(t)\boldsymbol{R}^{\mathrm{T}}(t)=-\boldsymbol{R}(t)\dot{\boldsymbol{R}}^{\mathrm{T}}(t)=-(\dot{\boldsymbol{R}}(t)\boldsymbol{R}^{\mathrm{T}}(t))^{\mathrm{T}}$$

由上式可知，$\dot{\boldsymbol{R}}(t)\boldsymbol{R}^{\mathrm{T}}(t)$是一个反对称矩阵。

在数学上，可用$^\wedge$表示向量$\boldsymbol{a}$到反对称矩阵$\boldsymbol{A}$的转换，用$^\vee$表示反对称矩阵$\boldsymbol{A}$到向量$\boldsymbol{a}$的转换，它们之间的关系表示为

$$\boldsymbol{a}^\wedge=\boldsymbol{A}=\begin{pmatrix}0 & -a_3 & a_2\\ a_3 & 0 & -a_1\\ -a_2 & a_1 & 0\end{pmatrix},\quad \boldsymbol{A}^\vee=\boldsymbol{a}$$

定义$\boldsymbol{\varphi}(t)$是反对称矩阵$\dot{\boldsymbol{R}}(t)\boldsymbol{R}^{\mathrm{T}}(t)$对应的向量，根据上式可得

$$\dot{\boldsymbol{R}}(t)\boldsymbol{R}^{\mathrm{T}}(t)=\boldsymbol{\varphi}(t)^\wedge$$

$$\dot{\boldsymbol{R}}(t)=\boldsymbol{\varphi}(t)^\wedge\boldsymbol{R}(t)=\begin{pmatrix}0 & -\varphi_3 & \varphi_2\\ \varphi_3 & 0 & -\varphi_1\\ -\varphi_2 & \varphi_1 & 0\end{pmatrix}\boldsymbol{R}(t) \tag{5-43}$$

因此，对旋转矩阵求导只需左乘$\boldsymbol{\varphi}(t)^\wedge$即可。

将$\boldsymbol{R}(t)$在0时刻附近一阶泰勒展开，令$t_0=0$，$\boldsymbol{R}(0)=\boldsymbol{I}$，则

$$\boldsymbol{R}(t)\approx\boldsymbol{R}(t_0)+\dot{\boldsymbol{R}}(t_0)(t-t_0)=\boldsymbol{I}+\boldsymbol{\varphi}(t_0)^\wedge\boldsymbol{R}(t_0)(t-t_0)=\boldsymbol{I}+\boldsymbol{\varphi}(t_0)^\wedge t$$

可知$\boldsymbol{\varphi}(t)$反映李群的导数性质，所以它在$SO(3)$原点附近正切空间上。在t_0附近，设$\boldsymbol{\varphi}(t)$为常向量$\boldsymbol{\varphi}(t_0)=\boldsymbol{\varphi}_0$，则根据式（5-43），得

$$\dot{\boldsymbol{R}}(t)=\boldsymbol{\varphi}(t)^\wedge\boldsymbol{R}(t)=\boldsymbol{\varphi}_0^\wedge\boldsymbol{R}(t)$$

上式是关于$\boldsymbol{R}$的微分方程，代入初始值$\boldsymbol{R}(0)=\boldsymbol{I}$，对该微分方程求解，得

$$\boldsymbol{R}(t)=\exp(\boldsymbol{\varphi}_0^\wedge t) \tag{5-44}$$

由于上文在$t=0$附近对$\boldsymbol{R}(t)$进行了一阶泰勒展开，所以式（5-44）只在$t=0$附近有效。即已知某时刻R时，存在一个向量$\boldsymbol{\varphi}$可描述$\boldsymbol{R}$的局部导数关系。

2. 李代数$so(3)$

每个李群都有与之对应的李代数。李代数描述了李群的局部性质，由一个集合A、一个数域K和二元运算$[,]$组成。如果它们满足下列条件，则称$(A,K,[,])$为一个李代数。其中二元运算$[,]$称为李括号。

（1）封闭性：$\forall\boldsymbol{\alpha}_1,\boldsymbol{\alpha}_2\in A$，$(\boldsymbol{\alpha}_1,\boldsymbol{\alpha}_2)\in A$

（2）双线性：$\forall\boldsymbol{\alpha}_1,\boldsymbol{\alpha}_2,\boldsymbol{\alpha}_3\in A$，$a,b\in K$，有

$$(a\boldsymbol{\alpha}_1+b\boldsymbol{\alpha}_2,\boldsymbol{\alpha}_3)=a(\boldsymbol{\alpha}_1,\boldsymbol{\alpha}_3)+b(\boldsymbol{\alpha}_2,\boldsymbol{\alpha}_3),\ (\boldsymbol{\alpha}_3,a\boldsymbol{\alpha}_1+b\boldsymbol{\alpha}_2)=a(\boldsymbol{\alpha}_3,\boldsymbol{\alpha}_1)+b(\boldsymbol{\alpha}_3,\alpha_2)$$

（3）自反性：$\forall\boldsymbol{\alpha}_1\in A$，$(\boldsymbol{\alpha}_1,\boldsymbol{\alpha}_1)\in 0$

（4）雅可比等价：$\forall\boldsymbol{\alpha}_1,\boldsymbol{\alpha}_2,\boldsymbol{\alpha}_3\in A$，有

$$(\boldsymbol{\alpha}_1,(\boldsymbol{\alpha}_2,\boldsymbol{\alpha}_3))+(\boldsymbol{\alpha}_3,(\boldsymbol{\alpha}_2,\boldsymbol{\alpha}_1))+(\boldsymbol{\alpha}_2,(\boldsymbol{\alpha}_3,\boldsymbol{\alpha}_1))=0$$

上面提到的$\boldsymbol{\varphi}$描述$\boldsymbol{R}(t)$局部导数关系，每一个$\boldsymbol{\varphi}$都可以生成一个反对称矩阵$\boldsymbol{\vartheta}$，即

$$\boldsymbol{\vartheta}=\boldsymbol{\varphi}^\wedge=\begin{pmatrix}0 & -\varphi_3 & \varphi_2\\ \varphi_3 & 0 & -\varphi_1\\ -\varphi_2 & \varphi_1 & 0\end{pmatrix}$$

在此定义下，与$\boldsymbol{\varphi}_i=(\varphi_{i1},\varphi_{i2},\varphi_{i3})\in\mathbf{R}^3$和$\boldsymbol{\varphi}_j=(\varphi_{j1},\varphi_{j2},\varphi_{j3})\in\mathbf{R}^3$相对应的反对称矩阵为$\boldsymbol{\vartheta}_i=\boldsymbol{\varphi}_i^\wedge$和$\boldsymbol{\vartheta}_j=\boldsymbol{\varphi}_j^\wedge$。$\boldsymbol{\varphi}_i$与$\boldsymbol{\varphi}_j$对应的李括号为

$$(\boldsymbol{\varphi}_i,\boldsymbol{\varphi}_j)=(\boldsymbol{\vartheta}_i\boldsymbol{\vartheta}_j-\boldsymbol{\vartheta}_j\boldsymbol{\vartheta}_i)^\vee \tag{5-45}$$

式（5-45）满足李代数的四条性质，所以 $\boldsymbol{\varphi}$ 为李代数，即

$$so(3)=\{\boldsymbol{\varphi}\in\mathbf{R}^3,\boldsymbol{\vartheta}=\boldsymbol{\varphi}^\wedge\in\mathbf{R}^{3\times3}\}$$

最终得到 $SO(3)$ 对应的李代数 $so(3)$，两者为指数映射关系。由式（5-44）可知，当 R 为时间函数时，$\boldsymbol{R}(t)=\exp(\boldsymbol{\varphi}_0^\wedge t)$；若 R 为常数时，$R=\exp(\boldsymbol{\varphi}^\wedge)$。

3. 李代数 $se(3)$

由式（5-39）可知

$$SE(3)=\left\{\boldsymbol{T}=\begin{pmatrix}\boldsymbol{R} & \boldsymbol{\tau}\\ \boldsymbol{0}^{\mathrm{T}} & 1\end{pmatrix}\in\mathbf{R}^{4\times4}\mid \boldsymbol{R}\in SO(3),\boldsymbol{\tau}\in\mathbf{R}^3\right\}$$

其中 $\boldsymbol{T}$ 是变换矩阵，它会随时间变化，因此可记为 $\boldsymbol{T}(t)$。

鉴于

$$\dot{\boldsymbol{T}}(t)=\begin{pmatrix}\dot{\boldsymbol{R}}(t) & \dot{\boldsymbol{\tau}}(t)\\ \boldsymbol{0}^{\mathrm{T}} & 0\end{pmatrix},\quad \boldsymbol{T}^{-1}(t)=\begin{pmatrix}\boldsymbol{R}^{-1}(t) & -\boldsymbol{R}^{-1}(t)\boldsymbol{\tau}(t)\\ \boldsymbol{0}^{\mathrm{T}} & 1\end{pmatrix}$$

所以有

$$\dot{\boldsymbol{T}}(t)\boldsymbol{T}^{-1}(t)=\begin{pmatrix}\dot{\boldsymbol{R}}(t)\boldsymbol{R}^{-1}(t) & \dot{\boldsymbol{\tau}}(t)-\dot{\boldsymbol{R}}(t)\boldsymbol{R}^{-1}(t)\boldsymbol{\tau}(t)\\ \boldsymbol{0}^{\mathrm{T}} & 0\end{pmatrix}=\begin{pmatrix}\dot{\boldsymbol{R}}(t)\boldsymbol{R}^{\mathrm{T}}(t) & \dot{\boldsymbol{\tau}}(t)-\dot{\boldsymbol{R}}(t)\boldsymbol{R}^{\mathrm{T}}(t)\boldsymbol{\tau}(t)\\ \boldsymbol{0}^{\mathrm{T}} & 0\end{pmatrix}$$

由式（5-43）可知，$\dot{\boldsymbol{R}}(t)\boldsymbol{R}^{\mathrm{T}}(t)=\boldsymbol{\varphi}(t)^\wedge$。所以 $\boldsymbol{\varphi}(t)^\wedge\in so(3)$。

令 $\boldsymbol{\varepsilon}^\wedge=\begin{pmatrix}\boldsymbol{\varphi}^\wedge & \boldsymbol{\rho}\\ \boldsymbol{0}^{\mathrm{T}} & 0\end{pmatrix}$，使 $\dot{\boldsymbol{T}}(t)\boldsymbol{T}^{-1}(t)=\boldsymbol{\varepsilon}^\wedge$。于是 $\dot{\boldsymbol{T}}(t)=\boldsymbol{\varepsilon}^\wedge\boldsymbol{T}(t)$，而且根据 $\boldsymbol{T}(0)=\boldsymbol{I}$，得 $\boldsymbol{T}(t)=\exp(\boldsymbol{\varepsilon}^\wedge t)$。进而推导出

$$se(3)=\left\{\boldsymbol{\varepsilon}=\begin{pmatrix}\boldsymbol{\rho}\\ \boldsymbol{\varphi}\end{pmatrix}\in\mathbf{R}^6,\boldsymbol{\rho}\in\mathbf{R}^3,\boldsymbol{\varphi}\in so(3),\boldsymbol{\varepsilon}^\wedge=\begin{pmatrix}\boldsymbol{\varphi}^\wedge & \boldsymbol{\rho}\\ \boldsymbol{0}^{\mathrm{T}} & 0\end{pmatrix}\in\mathbf{R}^{4\times4}\right\}$$

式中，$\boldsymbol{\rho}$ 是平移向量；$\boldsymbol{\varphi}$ 为旋转向量。

4. 李群、李代数相互转换

由于李代数和李群有对应关系，通过指数运算，可以实现李代数 $so(3)$ 向李群 $SO(3)$ 的转换。对 $so(3)$ 中元素 $\boldsymbol{\varphi}\in\mathbf{R}^3$，利用泰勒展开，得

$$\boldsymbol{R}=\exp(\boldsymbol{\varphi}^\wedge)=\sum_{n=0}^{\infty}\frac{1}{n!}(\boldsymbol{\varphi}^\wedge)^n$$

因为李代数 $\boldsymbol{\varphi}$ 是三维向量，所以 $\boldsymbol{\varphi}$ 可用旋转轴 $\boldsymbol{c}$ 和旋转角 δ 表示，即 $\boldsymbol{\varphi}=\delta\boldsymbol{c}$。其中 $\boldsymbol{c}$ 为单位向量且 $\boldsymbol{c}^\wedge$ 满足

$$\begin{cases}\boldsymbol{c}^\wedge\boldsymbol{c}^\wedge=\boldsymbol{c}\boldsymbol{c}^{\mathrm{T}}-\boldsymbol{I}\\ \boldsymbol{c}^\wedge\boldsymbol{c}^\wedge\boldsymbol{c}^\wedge=-\boldsymbol{c}^\wedge\end{cases}\tag{5-46}$$

利用式（5-46），将 $\exp(\boldsymbol{\varphi}^\wedge)=\sum_{n=0}^{\infty}\frac{1}{n!}(\boldsymbol{\varphi}^\wedge)^n$ 简化为

$$\begin{aligned}\exp(\boldsymbol{\varphi}^\wedge)&=\sum_{n=0}^{\infty}\frac{1}{n!}(\boldsymbol{\varphi}^\wedge)n=\sum_{n=0}^{\infty}\frac{1}{n!}(\delta\boldsymbol{c}^\wedge)^n\\&=\boldsymbol{I}+\delta\boldsymbol{c}^\wedge+\frac{1}{2}\delta^2\boldsymbol{c}^\wedge\boldsymbol{c}^\wedge+\frac{1}{3!}\delta^3\boldsymbol{c}^\wedge\boldsymbol{c}^\wedge\boldsymbol{c}^\wedge+\frac{1}{4!}\delta^4\boldsymbol{c}^\wedge\boldsymbol{c}^\wedge\boldsymbol{c}^\wedge\boldsymbol{c}^\wedge+\frac{1}{5!}\delta^5(\boldsymbol{c}^\wedge)^5+\cdots\\&=\boldsymbol{c}\boldsymbol{c}^{\mathrm{T}}-\boldsymbol{c}^\wedge\boldsymbol{c}^\wedge+\delta\boldsymbol{c}^\wedge+\frac{1}{2}\delta^2\boldsymbol{c}^\wedge\boldsymbol{c}^\wedge+\frac{1}{3!}\delta^3\boldsymbol{c}^\wedge\boldsymbol{c}^\wedge\boldsymbol{c}^\wedge+\frac{1}{4!}\delta^4\boldsymbol{c}^\wedge c^\wedge\boldsymbol{c}^\wedge\boldsymbol{c}^\wedge+\frac{1}{5!}\delta^5(\boldsymbol{c}^\wedge)^5+\cdots\end{aligned}$$

$$= \boldsymbol{c}^{\wedge}\boldsymbol{c}^{\wedge} + \boldsymbol{I} + \left(\delta - \frac{1}{3!}\delta^3 + \frac{1}{5!}\delta^5 - \cdots\right)\boldsymbol{c}^{\wedge} - \left(1 - \frac{1}{2}\delta^2 + \frac{1}{4!}\delta^4 - \frac{1}{6!}\delta^6 + \cdots\right)\boldsymbol{c}^{\wedge}\boldsymbol{c}^{\wedge}$$

由 $\sin(x)=x-\frac{x^3}{3!}+\frac{x^5}{5!}-\cdots$ 且 $\cos(x)=1-\frac{x^2}{2!}+\frac{x^4}{4!}-\cdots$，上式可简化成

$$\begin{aligned}\exp(\boldsymbol{\varphi}^{\wedge}) &= \boldsymbol{c}^{\wedge}\boldsymbol{c}^{\wedge}+\boldsymbol{I}+\sin(\delta)\boldsymbol{c}^{\wedge}-\cos(\delta)\boldsymbol{c}^{\wedge}\boldsymbol{c}^{\wedge}\\ &= \boldsymbol{I}+\sin(\delta)\boldsymbol{c}^{\wedge}+[1-\cos(\delta)](\boldsymbol{c}\boldsymbol{c}^{\mathrm{T}}-\boldsymbol{I})\\ &= \sin(\delta)\boldsymbol{c}^{\wedge}+[1-\cos(\delta)]\boldsymbol{c}\boldsymbol{c}^{\mathrm{T}}+\cos(\delta)\boldsymbol{I}\end{aligned} \tag{5-47}$$

因为三角函数是周期函数，所以当$|\delta|\leqslant\pi$时，李群对应唯一的李代数。

通过比较可知，式（5-47）是罗德里格斯公式，所以通过罗德里格斯公式可将$so(3)$中任意的一个向量$\boldsymbol{\varphi}=\delta\boldsymbol{c}$转换为$SO(3)$中的旋转矩阵$\boldsymbol{R}$。

反之，$SO(3)$向$so(3)$的转换通过对数运算即可。同样可通过 5.3.2 节中介绍的求迹方法实现。

下面介绍$se(3)$的指数映射。与$so(3)$相似，$se(3)$的指数映射形式为

$$\exp(\boldsymbol{\varepsilon}^{\wedge}) = \sum_{n=0}^{\infty}\frac{1}{n!}(\boldsymbol{\varepsilon}^{\wedge})^n = \sum_{n=0}^{\infty}\frac{1}{n!}\begin{pmatrix}\boldsymbol{\varphi}^{\wedge} & \boldsymbol{\rho}\\ \boldsymbol{0}^{\mathrm{T}} & 0\end{pmatrix}^n$$

为了方便理解，将$\exp(\boldsymbol{\varepsilon}^{\wedge})$拆成两部分。当$n=0$时，$\exp(\boldsymbol{\varepsilon}^{\wedge})$为单位矩阵，维数与$\boldsymbol{\varepsilon}^{\wedge}$相同，即

$$\frac{1}{0!}(\boldsymbol{\varepsilon}^{\wedge})^0 = \begin{pmatrix}\boldsymbol{I}_1 & \boldsymbol{0}\\ \boldsymbol{0}^{\mathrm{T}} & I_2\end{pmatrix}$$

其中，$\boldsymbol{I}_1\in\mathbf{R}^{3\times3}$；$I_2\in\mathbf{R}$；$\boldsymbol{0}\in\mathbf{R}^{3\times1}$。

当$n=1$时，

$$\frac{1}{1!}(\boldsymbol{\varepsilon}^{\wedge})^1 = \frac{1}{1!}\begin{pmatrix}\boldsymbol{\varphi}^{\wedge} & \boldsymbol{\rho}\\ \boldsymbol{0}^{\mathrm{T}} & 0\end{pmatrix}^1$$

当$n=2$时，

$$\frac{1}{2!}(\boldsymbol{\varepsilon}^{\wedge})^2 = \frac{1}{2!}\begin{pmatrix}\boldsymbol{\varphi}^{\wedge} & \boldsymbol{\rho}\\ \boldsymbol{0}^{\mathrm{T}} & 0\end{pmatrix}^2 = \frac{1}{2!}\begin{pmatrix}(\boldsymbol{\varphi}^{\wedge})^2 & \boldsymbol{\varphi}^{\wedge}\boldsymbol{\rho}\\ \boldsymbol{0}^{\mathrm{T}} & 0\end{pmatrix}$$

以此类推。令 $\exp(\boldsymbol{\varphi}^{\wedge}) = \begin{pmatrix}n_{11} & n_{12}\\ n_{21} & n_{22}\end{pmatrix}$，其中

$$n_{11} = \boldsymbol{I}_1 + \boldsymbol{\varphi}^{\wedge} + \frac{1}{2!}(\boldsymbol{\varphi}^{\wedge})^2 + \frac{1}{3!}(\boldsymbol{\varphi}^{\wedge})^3 + \cdots = \sum_{n=0}^{\infty}\frac{1}{n!}(\boldsymbol{\varphi}^{\wedge})^n$$

$$n_{12} = \boldsymbol{\rho} + \frac{1}{2!}\boldsymbol{\varphi}^{\wedge}\boldsymbol{\rho} + \frac{1}{3!}(\boldsymbol{\varphi}^{\wedge})^2\boldsymbol{\rho} + \cdots = \sum_{n=0}^{\infty}\frac{1}{(n+1)!}(\boldsymbol{\varphi}^{\wedge})^n\boldsymbol{\rho}$$

整理得

$$\boldsymbol{T} = \exp(\boldsymbol{\varepsilon}^{\wedge}) = \begin{pmatrix}\displaystyle\sum_{n=0}^{\infty}\frac{1}{n!}(\boldsymbol{\varphi}^{\wedge})^n & \displaystyle\sum_{n=0}^{\infty}\frac{1}{(n+1)!}(\boldsymbol{\varphi}^{\wedge})^n\boldsymbol{\rho}\\ \boldsymbol{0}^{\mathrm{T}} & I_2\end{pmatrix} \triangleq \begin{pmatrix}\boldsymbol{R} & \boldsymbol{\eta}\boldsymbol{\rho}\\ \boldsymbol{0}^{\mathrm{T}} & I_2\end{pmatrix} = \begin{pmatrix}\boldsymbol{R} & \boldsymbol{\tau}\\ \boldsymbol{0}^{\mathrm{T}} & I_2\end{pmatrix}$$

其中，$\boldsymbol{\tau}=\boldsymbol{\eta}\boldsymbol{\rho}$；当$\boldsymbol{\varphi}=\delta\boldsymbol{c}$时，$\boldsymbol{\eta}$表示为

$$\boldsymbol{\eta} = \frac{\sin(\delta)}{\delta}\boldsymbol{I} + \left(1-\frac{\sin(\delta)}{\delta}\right)\boldsymbol{c}\boldsymbol{c}^{\mathrm{T}} + \frac{1-\cos(\delta)}{\delta}\boldsymbol{c}^{\wedge}$$

至此，完成了李代数向李群的转换。

在 $SE(3)$ 向 $se(3)$ 转换时，首先通过 $\boldsymbol{R}$ 以及式（5-41）可以得到旋转角度 δ 和旋转轴 $\boldsymbol{c}$；继而可求得 $\boldsymbol{\varphi}$ 与 $\boldsymbol{\eta}$；最后，基于 $\boldsymbol{\tau}=\eta\boldsymbol{\rho}$ 求得 $\boldsymbol{\rho}$。李群与李代数之间互相转换关系如图 5-14 所示。

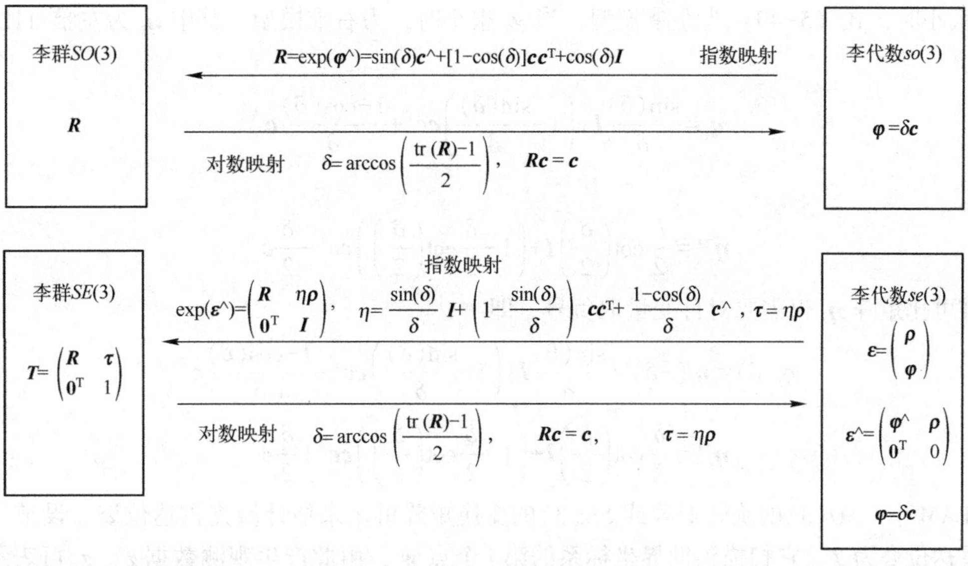

李群 $SO(3)$：$\boldsymbol{R}$

指数映射：$\boldsymbol{R}=\exp(\boldsymbol{\varphi}^\wedge)=\sin(\delta)\boldsymbol{c}^\wedge+[1-\cos(\delta)]\boldsymbol{c}\boldsymbol{c}^{\mathrm{T}}+\cos(\delta)\boldsymbol{I}$

对数映射：$\delta=\arccos\left(\dfrac{\operatorname{tr}(\boldsymbol{R})-1}{2}\right)$，$\boldsymbol{R}\boldsymbol{c}=\boldsymbol{c}$

李代数 $so(3)$：$\boldsymbol{\varphi}=\delta\boldsymbol{c}$

李群 $SE(3)$：$\boldsymbol{T}=\begin{pmatrix}\boldsymbol{R} & \boldsymbol{\tau}\\ \boldsymbol{0}^{\mathrm{T}} & 1\end{pmatrix}$

指数映射：$\exp(\boldsymbol{\varepsilon}^\wedge)=\begin{pmatrix}\boldsymbol{R} & \eta\boldsymbol{\rho}\\ \boldsymbol{0}^{\mathrm{T}} & \boldsymbol{I}\end{pmatrix}$，$\eta=\dfrac{\sin(\delta)}{\delta}\boldsymbol{I}+\left(1-\dfrac{\sin(\delta)}{\delta}\right)\boldsymbol{c}\boldsymbol{c}^{\mathrm{T}}+\dfrac{1-\cos(\delta)}{\delta}\boldsymbol{c}^\wedge$，$\boldsymbol{\tau}=\eta\boldsymbol{\rho}$

对数映射：$\delta=\arccos\left(\dfrac{\operatorname{tr}(\boldsymbol{R})-1}{2}\right)$，$\boldsymbol{R}\boldsymbol{c}=\boldsymbol{c}$，$\boldsymbol{\tau}=\eta\boldsymbol{\rho}$

李代数 $se(3)$：$\boldsymbol{\varepsilon}=\begin{pmatrix}\boldsymbol{\rho}\\ \boldsymbol{\varphi}\end{pmatrix}$，$\boldsymbol{\varepsilon}^\wedge=\begin{pmatrix}\boldsymbol{\varphi}^\wedge & \boldsymbol{\rho}\\ \boldsymbol{0}^{\mathrm{T}} & 0\end{pmatrix}$，$\boldsymbol{\varphi}=\delta\boldsymbol{c}$

图 5-14　李代数与李群的转换关系图

5. 李代数求导与扰动模型

上面介绍李代数向李群的转换为指数映射。在常数情况下

$$\mathrm{e}^{a+b}=\mathrm{e}^{a}\mathrm{e}^{b}$$

当指数部分是矩阵时，根据一阶泰勒展开得到

$$\mathrm{e}^{\boldsymbol{C}}=\sum_{n=0}^{\infty}\frac{1}{n!}(\boldsymbol{C})^{n}=\boldsymbol{I}+\boldsymbol{C}+\frac{1}{2!}\boldsymbol{C}^{2}+\cdots$$

同理可得

$$\mathrm{e}^{\boldsymbol{C}+\boldsymbol{D}}=\left(\boldsymbol{I}+\boldsymbol{C}+\frac{1}{2!}\boldsymbol{C}^{2}+\cdots\right)\left(\boldsymbol{I}+\boldsymbol{D}+\frac{1}{2!}\boldsymbol{D}^{2}+\cdots\right)$$

$$=\boldsymbol{I}+\boldsymbol{C}+\boldsymbol{D}+\boldsymbol{C}\boldsymbol{D}+\frac{1}{2!}\left(\boldsymbol{C}^{2}+\boldsymbol{C}\boldsymbol{D}^{2}+\boldsymbol{C}^{2}\boldsymbol{D}+\boldsymbol{D}^{2}+\frac{1}{2!}\boldsymbol{C}^{2}\boldsymbol{D}^{2}\right)+\cdots$$

令 $\boldsymbol{F}=\boldsymbol{C}+\boldsymbol{D}$，得

$$\mathrm{e}^{\boldsymbol{F}}=\boldsymbol{I}+\boldsymbol{F}+\frac{1}{2!}\boldsymbol{F}^{2}+\cdots=\boldsymbol{I}+\boldsymbol{C}+\boldsymbol{D}+\frac{1}{2!}(\boldsymbol{C}^{2}+\boldsymbol{C}\boldsymbol{D}+\boldsymbol{D}\boldsymbol{C}+\boldsymbol{D}^{2})+\cdots\neq\mathrm{e}^{\boldsymbol{C}+\boldsymbol{D}}$$

所以，当指数为矩阵时并不满足 $\mathrm{e}^{a+b}=\mathrm{e}^{a}\mathrm{e}^{b}$ 这个形式。

令 $\boldsymbol{C}=\boldsymbol{\varphi}_1^\wedge$ 且 $\boldsymbol{D}=\boldsymbol{\varphi}_2^\wedge$。$\exp(\boldsymbol{\varphi}_1^\wedge+\boldsymbol{\varphi}_2^\wedge)\neq\exp(\boldsymbol{\varphi}_1^\wedge)\exp(\boldsymbol{\varphi}_2^\wedge)$，即 $so(3)$ 上两个向量相加不等于 $SO(3)$ 上两个矩阵乘积。

根据广义 BCH（Baker-Campbell-Hausdorff）公式可知

$$\ln(\exp(\boldsymbol{A})\exp(\boldsymbol{B}))=\boldsymbol{A}+\boldsymbol{B}+\frac{1}{2}[\boldsymbol{A},\boldsymbol{B}]+\frac{1}{12}[\boldsymbol{A},[\boldsymbol{A},\boldsymbol{B}]]-\cdots \tag{5-48}$$

通过式（5-48）可知，BCH 公式生成李括号组成的余项。考虑 $SO(3)$ 的李代数 $\ln(\exp(\boldsymbol{\gamma}_1^\wedge)$

$\exp(\boldsymbol{\gamma}_2^{\wedge}))^{\vee}$，当 $\boldsymbol{\gamma}_1$ 或 $\boldsymbol{\gamma}_2$ 非常小时，此时 BCH 公式中的二次项及高阶项近乎为 0，化简后就得到近似的线性关系，即

$$\ln(\exp(\boldsymbol{\gamma}_1^{\wedge})\exp(\boldsymbol{\gamma}_2^{\wedge}))^{\vee} \approx \begin{cases} \boldsymbol{\eta}_l(\boldsymbol{\gamma}_2)^{-1}\boldsymbol{\gamma}_1+\boldsymbol{\gamma}_2, & \text{当 } \boldsymbol{\gamma}_1 \text{ 很小时} \\ \boldsymbol{\eta}_r(\boldsymbol{\gamma}_1)^{-1}\boldsymbol{\gamma}_2+\boldsymbol{\gamma}_1, & \text{当 } \boldsymbol{\gamma}_2 \text{ 很小时} \end{cases} \tag{5-49}$$

当 $\boldsymbol{\gamma}_1$ 很小时，式（5-49）为左乘模型。当 $\boldsymbol{\gamma}_2$ 很小时，为右乘模型。其中 $\boldsymbol{\eta}_l$ 为左雅可比矩阵，定义为

$$\boldsymbol{\eta}_l=\frac{\sin(\delta)}{\delta}\boldsymbol{I}+\left(1-\frac{\sin(\delta)}{\delta}\right)\boldsymbol{c}\boldsymbol{c}^{\mathrm{T}}+\frac{1-\cos(\delta)}{\delta}\boldsymbol{c}^{\wedge}$$

其逆为

$$\boldsymbol{\eta}_l^{-1}=\frac{\delta}{2}\cot\left(\frac{\delta}{2}\right)\boldsymbol{I}+\left(1-\frac{\delta}{2}\cot\left(\frac{\delta}{2}\right)\right)\boldsymbol{c}\boldsymbol{c}^{\mathrm{T}}-\frac{\delta}{2}\boldsymbol{c}^{\wedge}$$

而右雅可比矩阵 $\boldsymbol{\eta}_r$ 仅需要对自变量取负号，即

$$\boldsymbol{\eta}_r(\delta)=\boldsymbol{\eta}_l(-\delta)=\frac{\sin(\delta)}{\delta}\boldsymbol{I}+\left(1-\frac{\sin(\delta)}{\delta}\right)\boldsymbol{c}\boldsymbol{c}^{\mathrm{T}}-\frac{1-\cos(\delta)}{\delta}\boldsymbol{c}^{\wedge}$$

$$\boldsymbol{\eta}_r^{-1}=\frac{\delta}{2}\cot\left(\frac{\delta}{2}\right)\boldsymbol{I}+\left(1-\frac{\delta}{2}\cot\left(\frac{\delta}{2}\right)\right)\boldsymbol{c}\boldsymbol{c}^{\mathrm{T}}+\frac{\delta}{2}\boldsymbol{c}^{\wedge}$$

SLAM 中，$SO(3)$的旋转矩阵或 $SE(3)$的变换矩阵可用来估计激光雷达位姿。设某一时刻激光雷达位姿为 $\boldsymbol{T}$，它扫描到世界坐标系的第 i 个点 $\boldsymbol{w}_i$，由此产生观测数据 z_i。z_i 可表示为 $z_i=\boldsymbol{T}\boldsymbol{w}+\boldsymbol{\delta}$，其中 $\boldsymbol{\delta}$ 为噪声。由于噪声的影响，会产生误差 $\boldsymbol{e}=z_i-\boldsymbol{T}\boldsymbol{w}_i$。希望找到使 $L(\boldsymbol{T})$最小的最优位姿 $\boldsymbol{T}$，即

$$\min_{\boldsymbol{T}} L(\boldsymbol{T})=\min_{\boldsymbol{T}}\sum_{i=1}^{N}\|z_i-\boldsymbol{T}\boldsymbol{w}_i\|_2^2$$

从而使估计误差最小。

在 SLAM 中，经常需要构建与位姿有关的函数，讨论位姿导数的函数，优化与更新位姿。有两种位姿求导方法，即直接对 $\boldsymbol{T}$ 求导和通过左扰动或右扰动求导。

首先介绍直接对 $\boldsymbol{T}$ 求导的方法。考虑李代数 $SO(3)$情况。假设对一个空间点 $\boldsymbol{p}$ 进行旋转，得到 $\boldsymbol{R}\boldsymbol{p}$，其中 $\boldsymbol{R}$ 为旋转矩阵。$\boldsymbol{R}\boldsymbol{p}$ 相对于旋转矩阵的导数，记为

$$\frac{\partial(\boldsymbol{R}\boldsymbol{p})}{\partial\boldsymbol{R}}$$

由于 $SO(3)$没有加法，所以无法按照导数的定义进行计算。设 $\boldsymbol{R}$ 对应的李代数为 $\boldsymbol{\omega}$，上式可转换为

$$\frac{\partial(\exp(\boldsymbol{\omega}^{\wedge})\boldsymbol{p})}{\partial\boldsymbol{\omega}}$$

按照导数的定义，有

$$\begin{aligned}\frac{\partial(\exp(\boldsymbol{\omega}^{\wedge})p)}{\partial\boldsymbol{\omega}}&=\lim_{\delta\boldsymbol{\omega}\to 0}\frac{\exp((\boldsymbol{\omega}+\delta\boldsymbol{\omega})^{\wedge})\boldsymbol{p}-\exp(\boldsymbol{\omega}^{\wedge})\boldsymbol{p}}{\delta\boldsymbol{\omega}}\\&=\lim_{\delta\boldsymbol{\omega}\to 0}\frac{\exp((\boldsymbol{\eta}_l\delta\boldsymbol{\omega})^{\wedge})\exp(\boldsymbol{\omega}^{\wedge})\boldsymbol{p}-\exp(\boldsymbol{\omega}^{\wedge})\boldsymbol{p}}{\delta\boldsymbol{\omega}}\\&\approx\lim_{\delta\boldsymbol{\omega}\to 0}\frac{(\boldsymbol{I}+(\boldsymbol{\eta}_l\delta\boldsymbol{\omega})^{\wedge})\exp(\boldsymbol{\omega}^{\wedge})\boldsymbol{p}-\exp(\boldsymbol{\omega}^{\wedge})\boldsymbol{p}}{\delta\boldsymbol{\omega}}\end{aligned}$$

$$=\lim_{\delta\boldsymbol{\omega}\to 0}\frac{(\boldsymbol{\eta}_l\delta\boldsymbol{\omega})^{\wedge}\exp(\boldsymbol{\omega}^{\wedge})\boldsymbol{p}}{\delta\boldsymbol{\omega}}$$

上式若想得到最简结果，需对分子进行反对称矩阵变换（参见 5.3.2 节），即

$$\begin{aligned}\frac{\partial(\exp(\boldsymbol{\omega}^{\wedge})\boldsymbol{p})}{\partial\boldsymbol{\omega}}&=\lim_{\delta\boldsymbol{\omega}\to 0}-\frac{(\exp(\boldsymbol{\omega}^{\wedge})\boldsymbol{p})^{\wedge}\boldsymbol{\eta}_l\delta\omega}{\delta\boldsymbol{\omega}}\\&=-(\boldsymbol{R}\boldsymbol{p})^{\wedge}\boldsymbol{\eta}_l\end{aligned}\tag{5-50}$$

该式中存在复杂的 $\boldsymbol{\eta}_l$，因此直接对 $\boldsymbol{T}$ 求导的方法不利于计算。

另一种求导方法对 $SO(3)$ 中旋转矩阵 $\boldsymbol{R}$ 加扰动 $\Delta\boldsymbol{R}$。由式（5-49）得知，扰动分为左扰动和右扰动。下面以左扰动为例。左扰动即扰动乘左边，换言之

$$\frac{\partial(\boldsymbol{R}\boldsymbol{p})}{\partial\Delta\boldsymbol{R}}=\lim_{\boldsymbol{\tau}\to 0}\frac{\exp(\boldsymbol{\tau}^{\wedge})\exp(\boldsymbol{\omega}^{\wedge})\boldsymbol{p}-\exp(\boldsymbol{\omega}^{\wedge})\boldsymbol{p}}{\boldsymbol{\tau}}\tag{5-51}$$

式中，$\boldsymbol{\omega}$ 为 $\boldsymbol{R}$ 的李代数；$\boldsymbol{\tau}$ 是扰动 $\Delta\boldsymbol{R}$ 的李代数。

将 $\exp(\boldsymbol{\tau}^{\wedge})$ 的一阶泰勒展开式代入式（5-51），得

$$\begin{aligned}\frac{\partial(\boldsymbol{R}\boldsymbol{p})}{\partial\Delta\boldsymbol{R}}&\approx\lim_{\boldsymbol{\tau}\to 0}\frac{(1+\boldsymbol{\tau}^{\wedge})\exp(\boldsymbol{\omega}^{\wedge})\boldsymbol{p}-\exp(\boldsymbol{\omega}^{\wedge})\boldsymbol{p}}{\boldsymbol{\tau}}\\&=\lim_{\boldsymbol{\tau}\to 0}\frac{\boldsymbol{\tau}^{\wedge}\boldsymbol{R}\boldsymbol{p}}{\boldsymbol{\tau}}=\lim_{\tau\to 0}\left[-\frac{(\boldsymbol{R}\boldsymbol{p})^{\wedge}\boldsymbol{\tau}}{\boldsymbol{\tau}}\right]=-(\boldsymbol{R}\boldsymbol{p})^{\wedge}\end{aligned}$$

与式（5-50）相比可知，式（5-51）没有复杂的 $\boldsymbol{\eta}_l$。该求导运算在位姿估计中具有重要意义。

最后，给出 $SE(3)$ 上的扰动模型

$$\begin{aligned}\frac{\partial(\boldsymbol{T}\boldsymbol{p})}{\partial\Delta\boldsymbol{T}}&=\frac{\partial(\exp(\boldsymbol{\zeta}^{\wedge})\boldsymbol{p})}{\partial\delta\boldsymbol{\zeta}}\\&=\lim_{\delta\zeta\to 0}\frac{\exp(\delta\boldsymbol{\zeta}^{\wedge})\exp(\boldsymbol{\zeta}^{\wedge})\boldsymbol{p}-\exp(\boldsymbol{\zeta}^{\wedge})\boldsymbol{p}}{\delta\boldsymbol{\zeta}}\end{aligned}$$

其中，$\boldsymbol{T}\boldsymbol{p}$ 为空间中某点 $\boldsymbol{p}$ 旋转后的结果（$\boldsymbol{T}$ 为变换矩阵）；$\delta\boldsymbol{\zeta}$ 为扰动 $\Delta\boldsymbol{T}$ 的李代数；$\boldsymbol{\zeta}$ 为 T 的李代数。

将 $\exp(\delta\boldsymbol{\zeta}^{\wedge})$ 一阶泰勒展开，即

$$\begin{aligned}\frac{\partial(\boldsymbol{T}\boldsymbol{p})}{\partial\Delta\boldsymbol{T}}&\approx\lim_{\delta\zeta\to 0}\frac{(1+\delta\boldsymbol{\zeta}^{\wedge})\exp(\boldsymbol{\zeta}^{\wedge})\boldsymbol{p}-\exp(\boldsymbol{\zeta}^{\wedge})\boldsymbol{p}}{\delta\boldsymbol{\zeta}}\\&=\lim_{\delta\zeta\to 0}\frac{\delta\boldsymbol{\zeta}^{\wedge}\exp(\boldsymbol{\zeta}^{\wedge})\boldsymbol{p}}{\delta\boldsymbol{\zeta}}\end{aligned}$$

由上述可知，$SE(3)=\exp(\boldsymbol{\zeta}^{\wedge})=\begin{pmatrix}\boldsymbol{R}&\boldsymbol{\tau}\\\boldsymbol{0}^{\mathrm{T}}&1\end{pmatrix}\in\mathbf{R}^{4\times 4}$，其中 $\boldsymbol{\zeta}^{\wedge}=\begin{pmatrix}\boldsymbol{\varphi}^{\wedge}&\boldsymbol{\rho}\\\boldsymbol{0}^{\mathrm{T}}&0\end{pmatrix}$，则

$$\begin{aligned}\frac{\partial(\boldsymbol{T}\boldsymbol{p})}{\partial\Delta\boldsymbol{T}}&=\lim_{\delta\zeta\to 0}\frac{\begin{pmatrix}\delta\boldsymbol{\varphi}^{\wedge}&\delta\boldsymbol{\rho}\\\boldsymbol{0}^{\mathrm{T}}&0\end{pmatrix}\begin{pmatrix}\boldsymbol{R}&\boldsymbol{\tau}\\\boldsymbol{0}^{\mathrm{T}}&1\end{pmatrix}\begin{pmatrix}\boldsymbol{p}\\1\end{pmatrix}}{\delta\boldsymbol{\zeta}}\\&=\lim_{\delta\zeta\to 0}\frac{\begin{pmatrix}-\delta(\boldsymbol{R}\boldsymbol{p}+\boldsymbol{\tau})^{\wedge}\boldsymbol{\varphi}+\delta\boldsymbol{\rho}\\\boldsymbol{0}\end{pmatrix}}{[\delta\boldsymbol{\rho},\delta\boldsymbol{\varphi}]^{\mathrm{T}}}\end{aligned}$$

$$=\begin{pmatrix} \boldsymbol{I} & -(\boldsymbol{Rp}+\boldsymbol{\tau})^{\wedge} \\ \boldsymbol{0}^{\mathrm{T}} & \boldsymbol{0}^{\mathrm{T}} \end{pmatrix} \triangleq (\boldsymbol{Tp})^{\odot} \in \mathbf{R}^{4\times 6}$$

定义算符⊙，它将一个齐次坐标的空间点变换成一个4×6的矩阵。

以上为李群和李代数的基础知识，在后续章节中会基于这些知识解决激光雷达SLAM中的实际问题。

5.3.4　前端里程计

本节介绍SLAM核心问题：点云数据预处理、特征点提取以及特征点匹配。在当前机器人是匀速运动且无大幅度抖动的前提下，已知上一帧位姿，前端里程计主要利用相邻帧之间的关系估计当前帧的位姿。具体过程分为三个步骤：首先提取当前帧特征点；然后通过特征点数据关联构建约束方程；最后迭代求解约束方程，获得帧间相对位姿变换，并更新当前帧位姿。本节主要参考文献［43］的A-LOAM代码，介绍文献［26］的基于LOAM的激光雷达SLAM算法。

在进行特征点提取前，首先进行点云预处理，其主函数代码如下：

```
void PointCloudCluster::scancallback(const sensor_msgs::PointCloud2 &in_cloud_ptr)
{
    //current_pc_ptr 与 cliped_pc_ptr 为新定义的存放类型为 pcl::PointXYZI 的指针
    //信息格式转换,将 sensor_msgs::PointCloud2 转换为存放 pcl::PointXYZI 类型的指针
    pcl::fromROSMsg(in_cloud_ptr, *current_pc_ptr);
    clip_above(CLIP_HEIGHT,current_pc_ptr, cliped_pc_ptr);          //去除过高的点
    remove_close_pt(MIN_DISTANCE, cliped_pc_ptr, remove_close); //去除过近过远的点
    radial_dividers_num_ = ceil(360 / RADIAL_DIVIDER_ANGLE); //水平线束值 2000
    //对当前帧点云进行排序
    XYZI_to_RTZColor(remove_close, organized_points, radial_division_indices,
                     radial_ordered_clouds);
    //对排序后的点云进行地面分割
    classify_pc(radial_ordered_clouds, ground_indices, no_ground_indices);
    //ground_cloud_ptr、no_ground_cloud_ptr 与 no_ground_cloud 为新定义的存放类
    //pcl::PointXYZI 的指针
    //调用 PCL 的 ExtractIndices 库进行地面分割
    pcl::ExtractIndices<pcl::PointXYZI> extract_ground;
    extract_ground.setInputCloud(remove_close);
    extract_ground.setIndices(boost::make_shared<pcl::PointIndices>(ground_indices));
    extract_ground.setNegative(false);       //true removes the indices, false leaves only the indices
    extract_ground.filter(*ground_cloud_ptr);
    extract_ground.setNegative(true);        //true removes the indices, false leaves only the indices
    extract_ground.filter(*no_ground_cloud_ptr);
}
```

上述代码为订阅激光雷达消息velodyne_points的回调函数，其消息格式为sensor_msgs::PointCloud2，不可直接对其中的点进行处理，所以通过pcl::fromROSMsg将其转换为存放pcl::PointXYZI类型指针的形式。因为激光雷达线束纵向排列，其角度为2°~-24.9°，且存在一定范围的盲区，所以将过高过近过远的点去除（代码相对简单，不再附上）。接下来进行点云排序（XYZI_to_RTZColor函数）和地面分割（classify_pc函数以及ExtractIndices库），将在下面进行详细的介绍。

1. 点云数据预处理

如图 5-15 所示，激光雷达扫描的地面，点多而且杂乱，这会对后续数据处理带来很大干扰，所以要尽可能地去除地面点。

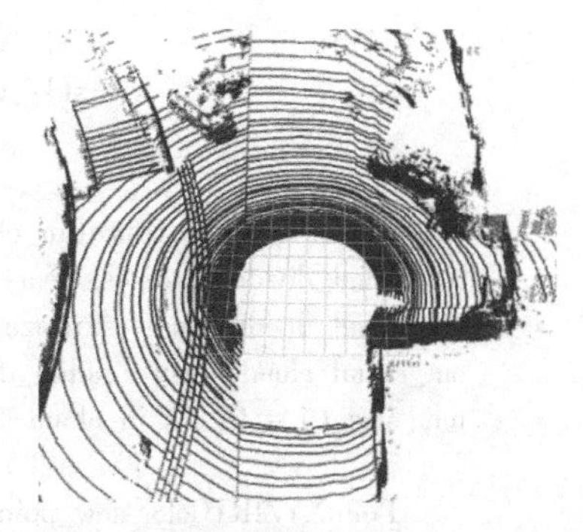

图 5-15　激光雷达 Velodyne HDL-64E 的原始三维点云

如图 5-16a 所示，由于激光雷达线束纵向排列，其发射的 64 根激光线束扫描到的点全部投影到 xOy 平面上，则 a 位置包含若干平面坐标（即 x 和 y 坐标）一致但高度不一致的点。可抽象理解为：当激光雷达扫描墙面时，由于 64 根激光线束纵向排列，所以每扫描一次生成一列点云，将这些点云投影到 xOy 面是同一个位置，但是高度不一样。图 5-16b 中将激光雷达绕轴旋转一周的点云，按照激光雷达的水平分辨率 0.18°划分，可将投影到 xOy 面的点云分割成 2000 份，每一份可近似当作射线（即可将 0°~0.18°范围内的点看作在水平角度相同的直线上，其余角度同理）。

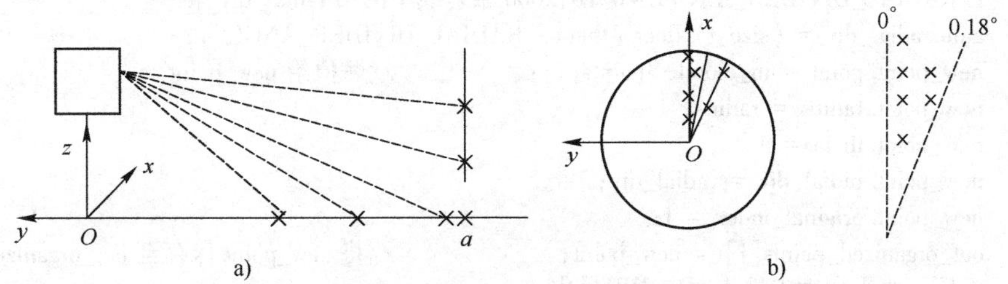

图 5-16　激光线束的投影

a）激光线束投影到平面上　b）激光点云俯视图

下面详细介绍地面提取算法。首先初始化变量，具体代码如下[43]：

```
struct PointXYZIRTColor
{
    pcl::PointXYZI point;          //坐标
    float radius;                  //平面距离
    float theta;                   //平面角度
    size_t radial_div;             //水平线束值 0~2000
    size_t original_index;         //该点索引号
};
```

代码中为了方便点云数据存储，在头文件中定义新结构体 PointXYZIRTColor，其中保存点云中每个点的坐标 point、平面距离 radius、平面角度 theta、水平线束值 radial_div 和索引号 original_index。

点云依据点与原点的水平角度进行划分，根据水平角度将点保存到对应的索引中。具体程序如下：

```
#define RADIAL_DIVIDER_ANGLE 0.18                                   //水平分辨率 0.18°
radial_dividers_num_ = ceil(360 / RADIAL_DIVIDER_ANGLE);            //2000 条射线

void PointCloudCluster::XYZI_to_RTZColor(
                        const pcl::PointCloud<pcl::PointXYZI>::Ptr in_cloud,
                        PointCloudXYZIRTColor &out_organized_points,
```

```
                    std::vector<pcl::PointIndices>&out_radial_divided_indices,
                    std::vector<PointCloudXYZIRTColor>&out_radial_clouds )

{
    out_organized_points.resize(in_cloud->points.size());   //重新定义大小
    out_radial_divided_indices.clear();                     //清零
    out_radial_divided_indices.resize(radial_dividers_num_); //重新定义大小 2000
    out_radial_clouds.resize(radial_dividers_num_);          //重新定义大小为 2000
    for (size_t i = 0; i < in_cloud->points.size(); i++)
    {
        PointXYZIRTColor new_point;                          //结构体实例化
        auto radius = (float) sqrt (in_cloud->points[i].x * in_cloud->points[i].x  //计算平面距离
                    +in_cloud->points[i].y * in_cloud->points[i].y);
        //计算平面角度
        auto theta = (float)atan2(in_cloud->points[i].y,in_cloud->points[i].x) * 180/M_PI;
        if (theta < 0)                                       //调整角度
            theta += 360;
        //RADIAL_DIVIDER_ANGLE=0.18,2000 条射线中的第 radial_div 条
        auto radial_div = (size_t) floor (theta / RADIAL_DIVIDER_ANGLE);
        new_point.point = in_cloud->points[i];               //赋值给 new_point
        new_point.radius = radius;
        new_point.theta = theta;
        new_point.radial_div = radial_div;
        new_point.original_index = i;
        out_organized_points[i] = new_point;                 //将 new_point 保存至 out_organized_points[i]
        //同一水平角度点推入对应索引号中
        out_radial_divided_indices[radial_div].indices.push_back(i);
        out_radial_clouds[radial_div].push_back(new_point);  //推入点的信息
    }
    //每一条水平线束上的点根据距离从小到大排序
    for (size_t i = 0; i < radial_dividers_num_; i++)
    {
        std::sort(out_radial_clouds[i].begin(), out_radial_clouds[i].end(),[]
            (const PointXYZIRTColor &a, const PointXYZIRTColor &b)
            { return a.radius < b.radius; });
    }
}
```

函数 XYZI_to_RTZColor 的输入为当前激光雷达扫描到的点云（in_cloud），输出为当前帧每个点的信息（out_organized_points）、每个点在当前帧的索引号（out_radial_divided_indices）以及当前帧按照水平线束值排序后的点云（out_radial_clouds）。

在头文件定义水平分辨率“RADIAL_DIVIDER_ANGLE”为 0.18°，其中 ceil 为取整函数，则 radial_dividers_num_等于 2000，即每一根激光线束旋转一圈扫描到的点投影到 xOy 面后，根据水平分辨率 0.18°划分成 2000 条射线。

上述程序中，new_point 为结构体 PointXYZIRTColor 的实例化。计算输入点 in_cloud 的平面距离 radius、平面角度 theta 和水平线束值 radial_div，并赋值给 new_point。最终将 new_point 保存至 out_radial_clouds[radial_div]中。并对同一条射线上的点，利用 std 命名空间中 sort 函数，按照距离从近到远排序。sort 函数的参数分别为排序起点位置、排序终点位置和排序方法。

以上完成点云排序和标号，即确定该点是哪一条射线上（radial_div）的哪一个点（new_

point)，而且对同一条射线上的点按照距离排序。

接下来寻找地面点。首先，进行坐标变换。如图 5-17 所示，将初始坐标系转换到激光雷达坐标系下。在初始坐标系下，以激光雷达正下方的地面点为原点，车体正前方为 x 轴，左侧为 y 轴，上方为 z 轴。激光雷达所在高度记为 lidar。坐标变换后，激光雷达所在位置为原点，则地面变成-lidar 高度，x、y、z 轴朝向不变。

如图 5-18 所示，主要利用点到原点的角度阈值（记为 ε）和点与相邻点之间的角度阈值（记为 α）寻找地面点。利用 ε 与点到原点的平面距离 Q_2，可知当前点的高度阈值 l_{p2l}，通过 α 和相邻点间的平面距离 Q_1，得知相邻点间的高度阈值 l_{p2p}。

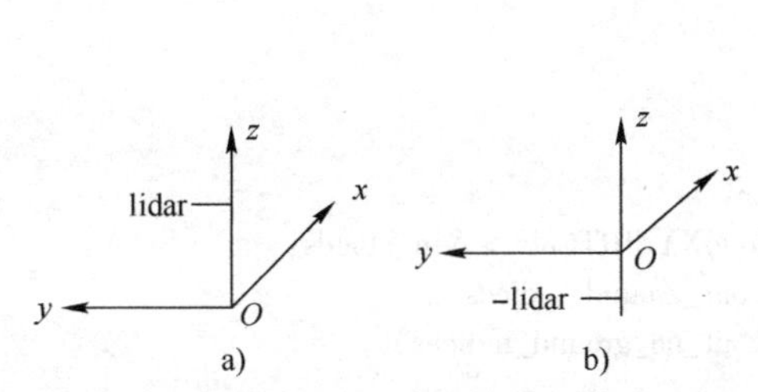

图 5-17　初始坐标系和激光雷达坐标系的定义

a）初始坐标系　b）激光雷达坐标系

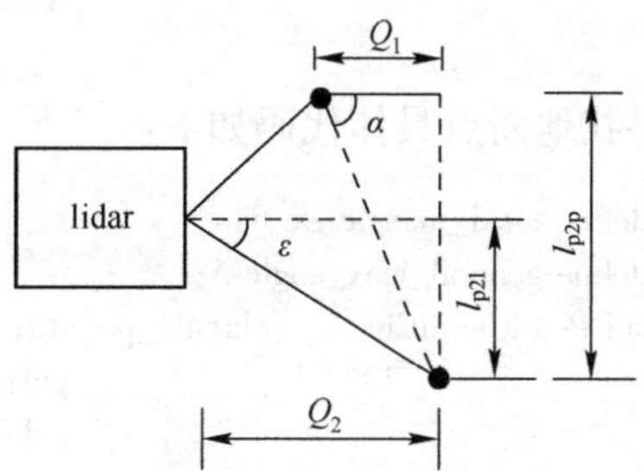

图 5-18　角度阈值

地面点分三种情况。第一种情况：当前点高度在上一个点高度的特定范围（±l_{p2p}）内，且上一点是地面点，则当前点是地面点。如图 5-19 所示，其中实心圆为上一个点，空心圆为下一个点。

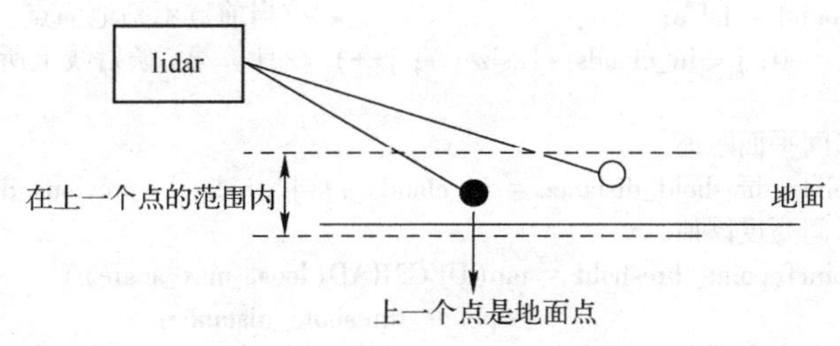

图 5-19　地面点第一种情况

第二种情况：当前点高度在上一个点高度的特定范围（±l_{p2p}）内，且上一个点不是地面点，同时当前点高度在-lidar 高度的特定范围（±l_{p2l}）内，则认为当前点是地面点，如图 5-20 所示。

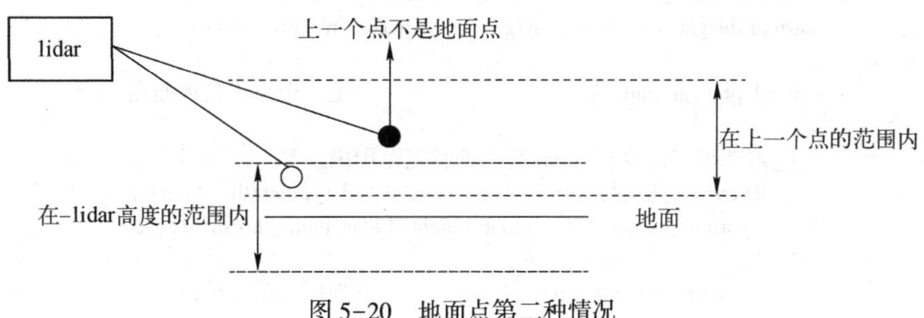

图 5-20　地面点第二种情况

第三种情况：当前点高度不在上一个点高度的特定范围（$\pm l_{p2p}$）内，即两者相离较远，但当前点高度在-lidar 高度的特定范围（$\pm l_{p2l}$）内，则认为当前点是地面点，如图 5-21 所示。

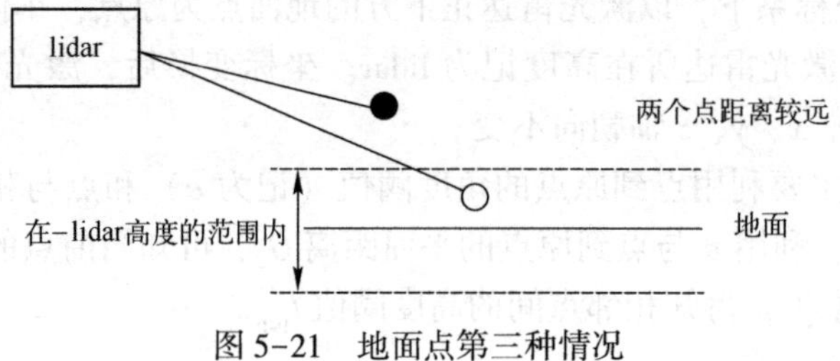

图 5-21　地面点第三种情况

寻找地面点具体代码如下：

```
#define local_max_angle 8;
#define general_max_angle 5;
void PointCloudCluster::classify_pc(std::vector<PointCloudXYZIRTColor> &in_clouds,
                                    pcl::PointIndices &out_ground_indices,
                                    pcl::PointIndices &out_no_ground_indices)
{
    out_ground_indices.indices.clear();
    out_no_ground_indices.indices.clear();
    for (size_t i = 0; i < in_clouds.size(); i++)           //遍历每一根射线
    {
        float previous_distance = 0.f;                      //平面距离
        float prev_height_ = -Lidar_height;                 //负雷达高度
        bool prev_ground_ = false;                          //上一个点不是地面点
        bool curr_ground = false;                           //当前点不是地面点
        for (size_t j = 0; j < in_clouds[i].size(); j++)    //计算第 i 条射线上所有点
        {
            //两点间平面距离
            float points_threshold_distance = in_clouds[i][j].radius - previous_distance;
            //点云间高度阈值
            float pointTopoint_threshold = tan(DEG2RAD(local_max_angle))
                                           * points_threshold_distance;
            //当前点高度即距离雷达高度
            float current_height_= in_clouds[i][j].point.z;
            //整个点云高度阈值
            float Lidar_point_threshold = tan(DEG2RAD(general_max_angle))
                                          * in_clouds[i][j].radius;
            //当前点高度在上一点高度的特定范围内
            if (current_height_ <= (prev_height_ + pointTopoint_threshold)&&
                current_height_ >= (prev_height_ - pointTopoint_threshold))
            {
                if (! prev_ground_ )                        //上一个点不是地面点
                {
                    //当前点高度在-lidar 高度的特定范围内
                    if(current_height_<= (-Lidar_height+Lidar_point_threshold) &&
                      current_height_>=(-Lidar_height-Lidar_point_threshold))
                    {
                        curr_ground= true;                  //地面点第二种情况
                    }
                    else    curr_ground= false;             //当前点不是地面点
```

```
            }
            else    curr_ground = true;                //地面点第一种情况
        }
        else        //当前点高度不在上一点高度的一定范围内
        {
            //点云间相距较远,且当前点高度在-lidar 高度的一定范围内
            if (points_threshold_distance > reclass_distance_threshold_&&
                (current_height_<=(-Lidar_height+ Lidar_point_threshold) &&
                 current_height_>= (-Lidar_height - Lidar_point_threshold)))
            {
                curr_ground = true;                    //当前点是地面点(第三种情况)
            }
            else    curr_ground = false;               //否则,当前点不是地面点
        }
        if (curr_ground)                               //如果当前点是地面点
        {
            out_ground_indices. indices. push_back(in_clouds[i][j]. original_index);
            prev_ground_ = true;                       //令上一个点为 true
        }
        else                                           //如果当前点不是地面点
        {
            out_no_ground_indices. indices. push_back(in_clouds[i][j]. original_index);
            prev_ground_ = false;                      //令上一个点为 false
        }
        previous_distance = in_clouds[i][j]. radius; //将当前点的距离赋值给上一个点
        prev_height_ = in_clouds[i][j]. point. z;     //将当前点的高度赋值给上一个点
    }
  }
}
```

XYZI_to_RTZColor 函数的输出 out_radial_clouds 为 classify_pc 函数的输入（in_clouds）。classify_pc 函数的输出为地面点索引（out_ground_indices）和不含地面点的索引（out_no_ground_indices）。

上述代码，在头文件中定义点与相邻点之间的角度阈值 local_max_angle 为 8，点与原点的角度阈值 general_max_angle 为 5。

首先初始化，令上一个点 prev_ground_与当前点 curr_ground 都不是地面点，上一个点高度 prev_height_为-lidar 高度，即地面高度。在代码中将当前点到原点的平面距离表示为“in_clouds[i][j]. radius”。

计算点与相邻点间的距离 points_threshold_distance 和高度阈值 pointTopoint_threshold、当前点高度 current_height 以及点到原点的高度阈值 Lidar_point_threshold。通过上述三种方法，判断当前点是否是地面点。其中，reclass_distance_threshold_在头文件中定义为相邻两点间平面距离的最大阈值，用于判断两点间距离是否过大。

然后进行迭代，当前点如果是地面点，则令 prev_ground_为 true，否则为 false。并将当前点高度和到原点的距离赋值给上一个点。最后将地面点索引保存至 out_ground_indices，非地面点索引保存至 out_no_ground_indices。

筛选地面点后，将其去除。具体代码如下：

```
pcl::ExtractIndices<pcl::PointXYZI> ground_indices;   //调用 PCL 库的 ExtractIndices
ground_indices. setInputCloud(remove_close);          //设置输入点云
```

```
//要处理的索引(即地面索引 out_ground_indices)
ground_indices.setIndices(boost::make_shared<pcl::PointIndices>(out_ground_indices));
ground_indices.setNegative(false);                    //false 仅留下对应索引号的点
ground_indices.filter(*ground_cloud_ptr);             //地面点云信息
ground_indices.setNegative(true);                     //将地面点去掉
ground_indices.filter(*no_ground_cloud_ptr);          //去除地面点后的信息
```

执行上述代码前，考虑到激光雷达有盲区且激光线束随着距离的增大变得稀疏，所以在原始点云的基础上去除过近过远的点并保存至 remove_close（代码较为简单，不再附上）。

通过调用 PCL 库中的 ExtractIndices 函数，在 remove_close 的基础上对地面点索引 out_ground_indices 进行处理。当 setNegative 为 false 时，只留下地面索引；为 true 时，删除地面点索引，得到去地面后的点云 no_ground_cloud_ptr，从而达到去地面的目的。

最终去地面效果如图 5-22 所示。

图 5-22　原始点云和去地面后的点云

a）原始点云图　b）去地面效果图

2. 特征点提取

为了让无人驾驶汽车高效理解环境信息，引入特征点。特征点与其他点相比，在任何角度都具有很好的可复现性[44]，能够清晰表达环境信息。

首先介绍 Velodyne 的 64 线激光雷达模型。根据参考文献［26］可知，利用激光雷达扫描一圈形成的一帧点云，可计算 64 条线束间的角分辨率（即竖直角分辨率）和单个线束角分辨率（即水平角分辨率）。如图 5-23 所示，当前帧某点 p 的竖直角分辨率 θ 可用来计算线束号，水平角分辨率 ε 可用于判断当前点在整帧点云中相对时间。

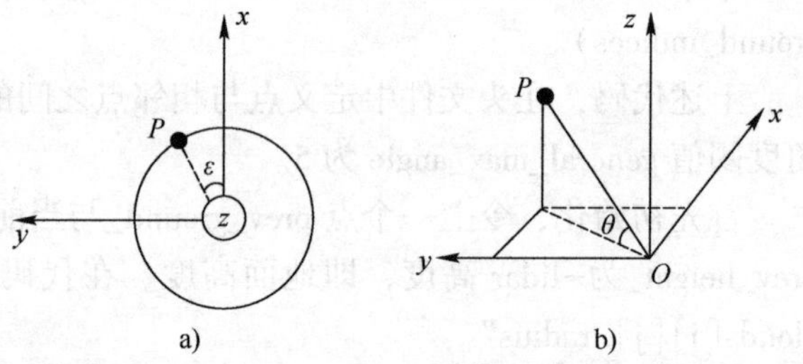

图 5-23　激光雷达的水平角分辨率和竖直角分辨率

a）水平角分辨率　b）竖直角分辨率

基于每帧点云水平的起始角度 θ_{start}、终止角度 θ_{end} 和当前点角度 θ_i，可计算出当前点相对扫描时间

$$t_s=\frac{\theta_i-\theta_{\text{start}}}{\theta_{\text{end}}-\theta_{\text{start}}}$$

初始化角度并计算相对扫描时间的具体代码如下：

```
pcl::PointXYZI point;
//当前帧的水平起始角度
float start_Ori = -atan2(laser_Input.points[0].y, laser_Input.points[0].x);
//当前帧的水平终止角度
```

```
float end_Ori=-atan2(laser_Input. points[ cloudSize-1]. y,laser_Input. points[ cloudSize- 1]. x)+2 * M_PI
float ori = -atan2( point. y, point. x);                          //当前点水平角度
float relTime = (ori - start_Ori) / (end_Ori - start_Ori);        //相对扫描时间
//scanPeriod = 0. 1 是因为 lidar 工作周期是 10 Hz,意味着转一圈是 0. 1 s
point. intensity = scanID + scanPeriod * relTime;                 //整数为线束号,小数为相对扫描时间
laserCloudScans[ scanID]. push_back( point);                      //保存同一条线束扫描一周的所有点云
```

上述程序中，laser_Input 为去地面后的点云。定义点 point 的类型为 pointXYZI，其中包括点的坐标和用于保存点信息的 intensity。由于激光雷达逆时针旋转，所以水平起始角度 start_Ori 取负。由于激光雷达扫描是圆周运动，所以水平终止角度 end_Ori 加 2π。ori 是当前点的水平角度。

scanID 是每个点所属线束，relTime 是当前点云的相对扫描时间，将两者保存至 intensity (其中整数部分为线束号，小数部分为相对扫描时间)。根据线束号 scanID 将所有点保存至 laserCloudScans[scanID]。

为了方便特征点提取，需要计算每一条线束扫描一周的起始索引与终止索引。具体代码如下：

```
for( int i = 0 ; i <N_SCANS ; i++)                    //N_SCANS = 64 每一条线束
{
    scan_IndStart[ i] = inClouds->size( ) + 5;        //每条线束的起始索引
    * inClouds += laserCloudScans[ i];                //按照线束号存放点云
    scan_IndEnd[ i] = inClouds->size( ) - 6;          //每条线束的终止索引
}
```

代码中，inClouds 为新定义的指针变量，并按照线束号存放当前帧点云。

激光雷达扫描生成的是稠密的三维点云。三维点云中一部分点云表示物体的边缘，还有一部分点云表示物体的表面。参考文献［26］中提及了在每帧点云中如何根据曲率提取特征点的办法。

文中针对单个线束提取特征点。特征点按照曲率大小分为平面点（Planar Points）和边角点（Edge Points）。定义曲率小的点为平面点，曲率大的点为边角点，如图 5-24 所示。

观察周围点，发现在同一根线束上扫描到的平面点与其周围点的曲率几乎为零，而边角点的周围点变化较大。曲率计算公式如下：

$$d = \frac{1}{|S| \cdot \| \boldsymbol{X}^{L}_{(k,i)} \|} \left\| \sum_{m \in S, m \neq i} (\boldsymbol{X}^{L}_{(k,i)} - \boldsymbol{X}^{L}_{(k,m)}) \right\| \tag{5-52}$$

式中，L 表示激光雷达坐标系；$\boldsymbol{X}^{L}_{(k,i)}$ 为 k 条线束的第 i 个点；S 是当前点的周围点集；$\boldsymbol{X}^{L}_{(k,m)}$ 为 $\boldsymbol{X}^{L}_{(k,i)}$ 周围的第 m 个点。

图 5-24 所示为墙角一部分，其中较大的点为边角点，较小的点为平面点。

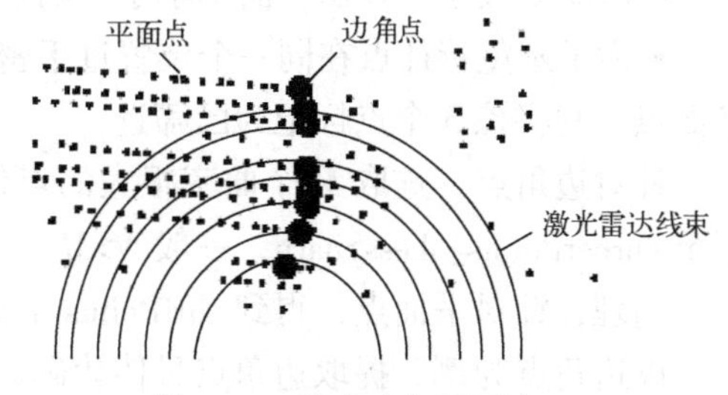

图 5-24　边角点与平面点

式（5-52）为 $\boldsymbol{X}^{L}_{(k,i)}$ 在相邻 m 个点所构成平面上的曲率，默认 $m=5$。由曲率公式知，$K=1/R$，R 为曲率半径。因此可简单地通过 $\boldsymbol{X}^{L}_{(k,i)}$ 与左右各 5 个点的差的二次方和来表示该点曲率半径。R 可用来表示曲率的大小。具体代码如下：

```
for (int i = 5; i < cloudSize - 5; i++)
{
    //当前点与其前后 5 个点的差的二次方和,注意在式子最后-10 * inClouds->points[i].x
    float differ_X = inClouds->points[i - 5].x+inClouds->points[i - 4].x
            +inClouds->points[i - 3].x+inClouds->points[i - 2].x
            +inClouds->points[i - 1].x+inClouds->points[i + 1].x
            +inClouds->points[i + 2].x+inClouds->points[i +3].x
            +inClouds->points[i + 4].x+inClouds->points[i + 5].x
            -10 * inClouds->points[i].x;
    float differ_Y = inClouds->points[i - 5].y + inClouds->points[i - 4].y
            +inClouds->points[i - 3].y + inClouds->points[i - 2].y
            +inClouds->points[i - 1].y + inClouds->points[i + 1].y
            +inClouds->points[i + 2].y + inClouds->points[i + 3].y
            +inClouds->points[i + 4].y + inClouds->points[i + 5].y
            -10 * inClouds->points[i].y;
    float differ_Z = inClouds->points[i - 5].z + inClouds->points[i - 4].z
              +inClouds->points[i - 3].z + inClouds->points[i - 2].z
              +inClouds->points[i - 1].z + inClouds->points[i + 1].z
              +inClouds->points[i + 2].z + inClouds->points[i + 3].z
              +inClouds->points[i + 4].z + inClouds->points[i + 5].z
              -10 * inClouds->points[i].z;
    cloud_Curvature[i] = diffX * diffX + diffY * diffY + diffZ * diffZ;//点 i 的曲率
    cloud_SortInd[i]=i;              //索引号
    cloud_Neighbor_Picked[i] = 0;    //等于 0 表示未筛选,等于 1 表示已筛选
    //等于 2 代表曲率大,等于 1 表示曲率比较大,等于 0 代表曲率比较小,等于-1 代表曲率小
    //cloud_Label[i] = 0;
}
```

代码中计算当前帧所有点的曲率，cloudSize 为当前帧点云数量。依据每一点的前后 5 个点计算曲率，所以 i 从 5 开始到 cloudSize −5 结束。其中，cloud_Curvature[i]存放曲率；cloud_SortInd[i]存放曲率点序号；cloud_Neighbor_Picked[i]代表是否筛选；最后 cloud_Label[i]中存放着 4 种点云，若 cloud_Label[i]等于 2 代表曲率很大，等于 1 代表曲率大，等于 0 代表曲率小，等于−1 代表曲率很小。

边角点选择条件[45]如下：

- 从曲率最大点开始，曲率大于 a 的点被选取。
- 为了避免特征点在同一个位置过于密集地提取。若某个点周围的 5 个点，已有点被选为边角点，则将该 5 个点标记为已筛选。

平面点选择条件如下：

- 从曲率最小点开始，曲率小于 a 的点被选取。
- 为了避免特征点在同一个位置过于密集地提取。若某个点周围的 5 个点，已有点被选为平面点，则将该 5 个点标记为已筛选。

针对边角点，选取 M 个曲率很大的点保存至 cornerPoints_Sharp，选取 N 个曲率大的点保存至 cornerPoints_ LessSharp，一般 $N>M$。

同理，针对平面点，得到 surfPoints_Flat 和 surfPoints_LessFlat。

以边角点为例，提取边角点具体代码如下：

```
//sort 函数按曲率从小到大的顺序排序
bool comp (int i,int j) { return (cloudCurvature[i]<cloudCurvature[j]); }
```

```
for (int i = 0; i < N_SCANS; i++)
{
    if(scan_IndEnd[i] - scan_IndStart[i] < 6)                 //排除数量较小的线
        continue;
    //将每根激光线束旋转一周扫描到的点划分为等间距的 6 段分别处理,每一段按曲率升序排列
    for (int j = 0; j < 6; j++)
    {
        int start_Ind = scan_IndStart[i] + (scan_IndEnd[i] - scan_IndStart[i]) * j / 6;
        int end_Ind = scan_IndStart[i] + (scan_IndEnd[i] - scan_IndStart[i]) * (j + 1) / 6 - 1;
        std::sort (cloudSortInd + start_Ind, cloudSortInd + end_Ind + 1, comp);
        int largestPickedNum = 0;
        for (int k = end_Ind; k >= start_Ind; k--)           //倒序查找,从曲率大的开始寻找
        {
            int ind = cloud_SortInd[k];                        //曲率索引号给 ind
            //当前点没有被筛选,且曲率很大时
            if (cloud_Neighbor_Picked[ind] == 0 &&cloud_Curvature[ind] > 0.1)
            {
                largestPickedNum++;                            //边角点个数
                //曲率很大的只要 M 个(2 个)
                if (largestPickedNum <= 2)
                {
                    cloud_Label[ind] = 2;                      //将该点标记为曲率很大
                    //将点云保存到 cornerPoints_Sharp 点云中
                    cornerPoints_Sharp.push_back(inClouds->points[ind]);
                    //同时保存到 cornerPoints_LessSharp 点云中
                    cornerPoints_LessSharp.push_back(inClouds->points[ind]);
                }
                else if (largestPickedNum <= 20)               //曲率大的点取 N 个(20 个)
                {
                    cloud_Label[ind] = 1;                      //将该点标记为曲率大
                    //保存到 cornerPoints_LessSharp
                    cornerPoints_LessSharp.push_back(inClouds->points[ind]);
                }
                else    break;                                 //去除剩下点
                cloud_Neighbor_Picked[ind] = 1;                //将该点标记为已筛选
                //若该点周围 5 个点中已有点被选为边角点,则这 5 个点标记为已筛选
                for (int p = 1; p <= 5; p ++)                  //当前点的后 5 个点
                {
                    float differ_X = inClouds->points[ind+p].x-inClouds->points[ind+p-1].x;
                    float differ_Y = inClouds->points[ind+p].y-inClouds->points[ind+p-1].y;
                    float differ_Z = inClouds->points[ind+p].z-inClouds->points[ind +p-1].z;
                    //此处发生突变, 两点间距过大,停止标记
                    if (differ_X * differ_X + differ_Y * differ_Y + differ_Z * differ_Z > 0.05)
                    {
                        break;
                    }
                    cloud_Neighbor_Picked [ind+p] = 1; //将该点标记为已筛选
                }
                for (intp = -1; p >= -5; p --)                 //当前点的前 5 个点
                {
                    float diffed_X=inClouds->points[ind+p].x-inClouds->points[ind+p+1].x;
                    float diffed_Y=inClouds->points[ind+p].y-inClouds->points[ind+p+1].y;
                    float diffed_Z=inClouds->points[ind+p].z-inClouds->points[ind+p+1].z;
```

```
                    if (diffed_X * diffed_X + diffed_Y * diffed_Y +diffed_Z * diffed_Z > 0.05)
                    {
                        break;
                    }
                    cloud_Neighbor_Picked [ind +p] = 1;      //将该点标记为已筛选
                }
            }
        }
    }
}
```

代码中，首先调用 sort 函数，将曲率从小到大排序。找到每根激光线束旋转一周扫描到的点的起始位置 scan_IndStart 和终止位置 scan_IndEnd。因为特征点分布不均匀，所以为了提高特征点提取的可观性（即在各个方向提取的特征点更匀称），代码中将每根激光线束旋转一周扫描到的点，按照数量分成 6 段处理。每小段起始位置为 start_Ind，终止位置为 end_Ind。

在寻找边角点的过程中，由于选取的边角点曲率大，所以倒序寻找更为方便。依据上述边角点选择条件，挑选出曲率很大的 2 个点存入 cornerPoints_Sharp，曲率大的 20 个点（其中包含曲率很大的 2 个点）存入 cornerPoints_LessSharp。同理，因为平面点是曲率小的点，所以从头开始循环。代码相似，此处不再赘述。

3. 特征点匹配与运动估计

上述提及的特征点不会随着视角改变而改变，利用这个特性可以在不同视角中找到同一个物体。特征匹配是在两帧点云中，根据同一个物体研究无人车位姿估计与定位问题。参考文献［26］利用 ICP 变种方法（即边角点到线的距离以及平面点到面的距离）得到当前帧与上一帧间位姿关系，进而更新无人车位姿。

在进行特征点匹配之前，首先进行点云去畸变。假设无人车以 1 m/s 的速度向左前方行驶，激光雷达以 10 Hz 频率旋转。无人车从点 A 出发，经过 0.1 s 到达点 B，该过程中激光雷达刚好旋转一圈。虽然这一圈点云包含了无人车从点 A 到点 B 过程中采集到的数据，但激光雷达认为得到的点云只是在点 B 扫描到的，因此该运动过程使点云发生畸变。如图 5-25 所示，实线为障碍物原型，虚线为存在畸变的点云集。

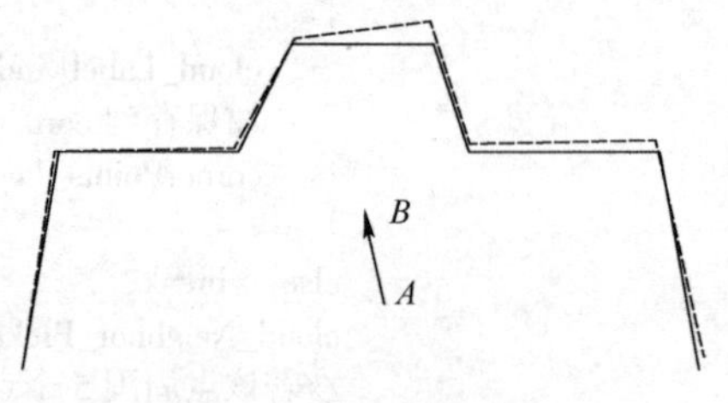

图 5-25　存在畸变的点云

去畸变原理如图 5-26 所示。无人车从 A 地行驶到 B 地期间先后扫描到障碍物 a、b 和 c，如图 5-26a 所示。由于存在运动畸变，在点 B 看到的障碍物并非实际位置下的点云，如图 5-26b 所示。通过去畸变的方法可将障碍物全部注册到 B 时刻，如图 5-26c 所示。图 5-26b、c 所示为目标点云重新注册的过程，也就是去畸变的过程。

点云去畸变的方法如下：将$[t_k, t_{k+1}]$时间段得到的点云 P_k 注册到 t_{k+1}时刻（即结束时刻），得到$\overline{P}_k$。$[t_{k+1}, t_{k+2}]$时间段的点云 P_{k+1} 注册到 t_{k+1}时刻（即起始时刻），得到$\widetilde{P}_{k+1}$，如图 5-26d 所示。其中，$[t_k, t_{k+1}]$时间段的直线代表点云 P_k；$[t_{k+1}, t_{k+2}]$时间段的直线代表点云 P_{k+1}；t_{k+1}时刻的垂直线段代表两者重新注册得到的点云$\widetilde{P}_k$ 与$\widetilde{P}_{k+1}$。

以当前帧点云 P_{k+1}转换到当前帧起始时刻为例，简要介绍点云去畸变的具体做法。首先，计算点云的相对扫描时间 t_s。利用 t_s分别对旋转向量和平移向量进行四元数的球面线性插值，得到该点相对于起始时刻的旋转向量 $\boldsymbol{R}$ 和平移向量 $\boldsymbol{\tau}$，通过坐标变换 $\boldsymbol{x}'=\boldsymbol{R}\boldsymbol{x}+\boldsymbol{\tau}$ 得到重新注册

的点云 $\boldsymbol{x}'$。

球面线性插值（简称 Slerp），是四元数的一种线性插值运算，主要用于在两个表示旋转的四元数 $\boldsymbol{T}_0$和 $\boldsymbol{T}_1$之间平滑差值。其原理如图 5-27 所示。

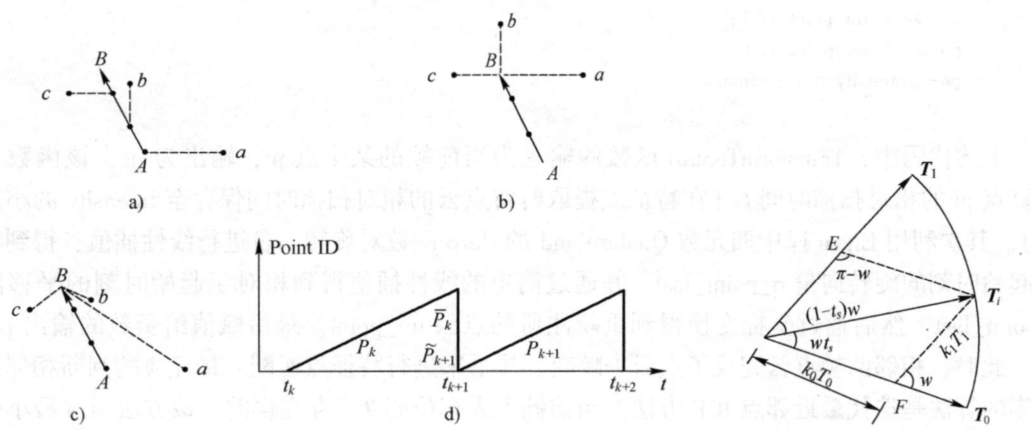

图 5-26　去畸变原理图　　　图 5-27　四元数球面线性插值原理

图 5-27 中，$\boldsymbol{T}_0$、$\boldsymbol{T}_1$和 $\boldsymbol{T}_i$为单位向量；$\boldsymbol{T}_i$为 $\boldsymbol{T}_0$向 $\boldsymbol{T}_1$运动过程中的某个向量；过 $\boldsymbol{T}_i$作 $\boldsymbol{T}_1$的平行线交 $\boldsymbol{T}_0$于点 F；过 $\boldsymbol{T}_i$作 $\boldsymbol{T}_0$的平行线交 $\boldsymbol{T}_1$于点 E；$\boldsymbol{T}_0$与 $\boldsymbol{T}_1$间夹角为 w，则 $\boldsymbol{T}_i$与 $\boldsymbol{T}_0$间夹角为 wt_s；t_s为点 $\boldsymbol{T}_i$在当前帧点云的相对扫描时间（$t_s \in [0,1]$）。因为 $\boldsymbol{T}_i = k_0\boldsymbol{T}_0 + k_1\boldsymbol{T}_1$，所以等式两边左乘 $\boldsymbol{T}_0$，得 $\boldsymbol{T}_0 \cdot \boldsymbol{T}_i = k_0\boldsymbol{T}_0 \cdot \boldsymbol{T}_0 + k_1\boldsymbol{T}_0 \cdot \boldsymbol{T}_1$。利用余弦定理，得

$$\cos(wt_s) = k_0 + k_1\cos(w)$$

同理，在 $\boldsymbol{T}_i = k_0\boldsymbol{T}_0 + k_1\boldsymbol{T}_1$两边左乘 $\boldsymbol{T}_1$，得 $\boldsymbol{T}_1 \cdot \boldsymbol{T}_i = k_0\boldsymbol{T}_1 \cdot \boldsymbol{T}_0 + k_1\boldsymbol{T}_1 \cdot \boldsymbol{T}_1$。利用余弦定理，得

$$\cos((1-t_s)w) = k_0\cos(w) + k_1$$

结合上式可得

$$k_0 = \frac{\cos(wt_s) - \cos((1-t_s)w)\cos(w)}{1-\cos^2(w)} = \frac{\cos(w-(1-t_s)w) - \cos((1-t_s)w)\cos(w)}{1-\cos^2(w)} = \frac{\sin((1-t_s)w)}{\sin(w)}$$

$$k_1 = \frac{\cos((1-t_s)w) - \cos(wt_s)\cos(w)}{1-\cos^2(w)} = \frac{\cos(w-wt_s) - \cos(wt_s)\cos(w)}{1-\cos^2(w)} = \frac{\sin(wt_s)}{\sin(w)}$$

所以，四元数的球面线性插值公式为

$$\boldsymbol{T}_i = \frac{\sin((1-t_s)w)}{\sin(w)}\boldsymbol{T}_0 + \frac{\sin(wt_s)}{\sin(w)}\boldsymbol{T}_1$$

利用球面线性插值去畸变的具体代码如下：

```
void TransformToStart(PointType const * const pi, PointType * const po)
{
    double s;
    if (DISTORTION)                                              //未去畸变
        s = (pi->intensity - int(pi->intensity)) / SCAN_PERIOD; //点云相对扫描时间
    else                                                         //已经去畸变
        s = 1.0;
    //对角度线性插值
    Eigen::Quaterniond q_point_last = Eigen::Quaterniond::Identity().slerp(s, q_last_curr);
    //对平移向量线性插值
```

```
    Eigen::Vector3d t_point_last = s * t_last_curr;
    Eigen::Vector3d point(pi->x, pi->y, pi->z);
    Eigen::Vector3d un_point = q_point_last * point + t_point_last;    //重新注册点云
    po->x = un_point.x();                                              //保存到 po
    po->y = un_point.y();
    po->z = un_point.z();
    po->intensity = pi->intensity;
}
```

上述代码中，TransformToStart 函数的输入为当前帧的某个点 pi，输出为 po。该函数首先计算点 pi 的相对扫描时间 t_s（在特征点提取时将点云的相对扫描时间保存至 intensity 的小数部分）。其次利用 Eigen 库中四元数 Quaterniond 的 slerp 函数对旋转向量进行线性插值，得到相对于起始时刻的旋转向量 q_point_last，并通过简单的线性插值得到相对于起始时刻的平移向量 t_point_last。然后通过坐标变换得到重新注册的点云 un_point。最后赋值给函数的输出 po。

此时，相邻两帧点云完成了点云去畸变。接下来进行特征点匹配。最经典的判断相邻两帧位姿的算法是迭代最近邻点 ICP 方法。当前帧无人车位姿 $\boldsymbol{T}_{k+1}$ 存在误差，该方法通过最小化帧间距离，得到当前帧点云与上一帧点云间的转换关系，进而优化当前帧无人车位姿。

在特征点提取时，得到的四个点云分别为曲率很大、曲率大、曲率小和曲率很小的点。其中前两个为边角点，后两个为平面点。又因为相比较于曲率很大的点，曲率大的点包含更多的点（即具有更多的信息）。所以接下来，在上一帧曲率大的边角点中寻找当前帧曲率很大的边角点的最近邻点。最后优化求解，更新无人车位姿。平面点同理。

估计无人车位姿的具体步骤涉及构建约束方程、构建雅可比矩阵以及优化求解。以边角点匹配为例，下面简要介绍估计无人车位姿的具体步骤。

（1）构建约束方程　首先，在上一帧点云中，寻找当前帧边角点 A 的最近邻点 a 和次近邻点 b，得到边角线 ab。然后计算点 A 到该边角线的距离

$$d_b=\frac{\left|(\widetilde{\boldsymbol{X}}^L_{(k+1,i)}-\overline{\boldsymbol{X}}^L_{(k,a)})\times(\widetilde{\boldsymbol{X}}^L_{(k+1,i)}-\overline{\boldsymbol{X}}^L_{(k,b)})\right|}{\left|\overline{\boldsymbol{X}}^L_{(k,a)}-\overline{\boldsymbol{X}}^L_{(k,b)}\right|} \tag{5-53}$$

式中，$\overline{\boldsymbol{X}}$为上一帧点云转换到结束时刻的点；$\overline{\boldsymbol{X}}^L_{(k,a)}$是最近邻点；$\overline{\boldsymbol{X}}^L_{(k,b)}$是次近邻点；$\widetilde{\boldsymbol{X}}$为当前帧点云转换到起始时刻的点；$\widetilde{\boldsymbol{X}}^L_{(k+1,i)}$是当前帧待匹配的点。式（5-53）的原理参见图 5-28。

图 5-28 中，i 为当前帧点，a 为最近邻点，b 为次近邻点。过 b 找点 n 使 nb 平行于 ia，i 到直线 ab 的距离为图中 bp 的长度。由于$\triangle inm$ 与$\triangle ipb$ 相似，所以

$$\frac{l_{mn}}{l_{bp}}=\frac{l_{in}}{l_{ib}}$$

其中，l_{mn}、l_{bp}、l_{in} 和 l_{ib} 分别是线段 mn、bp、in 和 ib 的长度。进而可将上式表示为

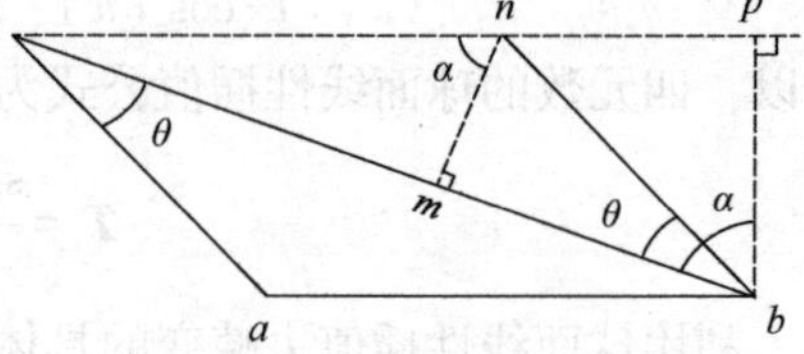

图 5-28　边角点距离原理图

$$\frac{\left|\widetilde{\boldsymbol{X}}^L_{(k+1,i)}-\overline{\boldsymbol{X}}^L_{(k,a)}\right|\sin(\theta)}{d_b}=\frac{\left|\overline{\boldsymbol{X}}^L_{(k,a)}-\overline{\boldsymbol{X}}^L_{(k,b)}\right|}{\left|\widetilde{\boldsymbol{X}}^L_{(k+1,i)}-\overline{\boldsymbol{X}}^L_{(k,b)}\right|}$$

由线性代数可知，$|\boldsymbol{a}\times\boldsymbol{b}|=|\boldsymbol{a}||\boldsymbol{b}|\sin(\theta)$，因此上述推导可得式（5-53）。

同理，针对平面点构建约束方程的方法如下：在上一帧中寻找与当前帧平面点 i 的最近邻点 c，在上一帧与 i 相邻的上下线束中分别找到次近邻点 d 和 e，得到平面 cde。进而可计算点 i 到平面的 cde 距离

$$d_p=\frac{|(\widetilde{\boldsymbol{X}}^L_{(k+1,i)}-\overline{\boldsymbol{X}}^L_{(k,c)})(\overline{\boldsymbol{X}}^L_{(k,c)}-\overline{\boldsymbol{X}}^L_{(k,d)})\times(\overline{\boldsymbol{X}}^L_{(k+1,c)}-\overline{\boldsymbol{X}}^L_{(k,e)})|}{|(\overline{\boldsymbol{X}}^L_{(k,c)}-\overline{\boldsymbol{X}}^L_{(k,d)})\times(\overline{\boldsymbol{X}}^L_{(k+1,c)}-\overline{\boldsymbol{X}}^L_{(k,e)})|} \tag{5-54}$$

式中，$\overline{\boldsymbol{X}}$为上一帧点云转换到上一帧结束时刻的点；$\overline{\boldsymbol{X}}^L_{(k,c)}$ 为最近邻点；$\overline{\boldsymbol{X}}^L_{(k,d)}$ 和$\overline{\boldsymbol{X}}^L_{(k,e)}$ 为次近邻点；$\widetilde{\boldsymbol{A}}$为当前帧点云转换到当前帧起始时刻的点；$\widetilde{\boldsymbol{X}}^L_{(k+1,i)}$ 为当前帧待匹配的点。

向量混合积是以向量为边的六面体体积，向量乘积大小等价于以两个向量为边的四边形面积。所以式（5-54）中分子表示体积，分母表示面积，d_p为点到平面的距离。

（2）构建雅可比矩阵　式（5-53）与式（5-54）中$\overline{\boldsymbol{X}}$是上一帧点云，$\widetilde{\boldsymbol{X}}$为当前帧点云，通过计算相邻帧间位姿，优化当前帧无人车的位姿。

参考文献［26］中，设第 $k+1$ 帧点云的起始时刻为 t_{k+1}，当前时刻为 t。因为激光雷达扫描一圈时间短，认为无人车在该时间段内做匀速运动，所以在已知$[t_{k+1},t]$时间段内相对于 t_{k+1} 时刻无人车位姿 $\boldsymbol{T}^L_{k+1}$，可用线性插值的方法得到$[t_{k+1},t]$时间段内每一点相对于 t_{k+1}时刻的位姿，即

$$\boldsymbol{T}^L_{(k+1,i)}=\frac{t_i-t_{k+1}}{t-t_{k+1}}\boldsymbol{T}^L_{k+1} \tag{5-55}$$

式中，t_i 表示无人车在时间段$[t_{k+1},t]$内扫描到点 i 的时间；$\boldsymbol{T}^L_{(k+1,i)}$ 为$[t_{k+1},t_i]$时间段内无人车位姿。$\boldsymbol{T}^L_{k+1}=[\tau_x,\tau_y,\tau_z,\gamma_x,\gamma_y,\gamma_z]$为$[t_{k+1},t]$时间段内无人车位姿（其中前三个为平移向量 $\boldsymbol{\tau}$，后三个为旋转向量 $\boldsymbol{q}$）。

通过式（5-55），可将点云$\widetilde{\boldsymbol{X}}^L_{(k+1,i)}$与 $\boldsymbol{X}^L_{(k+1,i)}$ 互相转换，即

$$\boldsymbol{X}^L_{(k+1,i)}=\boldsymbol{R}\,\widetilde{\boldsymbol{X}}^L_{(k+1,i)}+\boldsymbol{T}^L_{(k+1,i)}[1:3] \tag{5-56}$$

式中，$\widetilde{\boldsymbol{X}}^L_{(k+1,i)}$为$\widetilde{P}_{k+1}$内点 i 的坐标；$\boldsymbol{X}^L_{(k+1,i)}$ 为 P_{k+1}内点 i 的坐标；$\boldsymbol{R}$ 为旋转矩阵；$\boldsymbol{T}^L_{(k+1,i)}[1:3]$为平移向量。

依据 5.3.2 节介绍的罗德里格斯公式，可将式（5-56）的旋转矩阵 $\boldsymbol{R}$ 用旋转向量 $\varphi\boldsymbol{\alpha}$ 表示，即

$$\boldsymbol{R}=\cos(\varphi)\boldsymbol{I}+[1-\cos(\varphi)]\boldsymbol{\alpha}\boldsymbol{\alpha}^{\mathrm{T}}+\sin(\varphi)\boldsymbol{\alpha}^{\wedge}$$

其中，旋转轴 $\boldsymbol{\alpha}=\boldsymbol{T}^L_{(k+1,i)}[4:6]/\|\boldsymbol{T}^L_{(k+1,i)}[4:6]\|$；旋转角 $\varphi=\|\boldsymbol{T}^L_{(k+1,i)}[4:6]\|$；符号$^{\wedge}$是反对称符号（参见 5.3.2 节）。

以边角点匹配为例，推导雅可比矩阵过程如下。

首先，定义目标函数

$$D(\widetilde{\boldsymbol{X}}^L_{(k+1,i)},l_{ab}) \tag{5-57}$$

其中，l_{ab}为上一帧的最近邻点 a 与次近邻点 b 构成的边角线。该函数表示当前帧点到 l_{ab} 的距离。

因为，该推导过程的目的是优化当前帧无人车位姿，即优化 $\boldsymbol{T}^L_{k+1}$。通过 $\boldsymbol{T}^L_{k+1}$与重新注册的点$\widetilde{\boldsymbol{X}}^L_{(k+1,i)}$得到最新当前帧点 $\boldsymbol{X}^L_{(k+1,i)}$，即定义

$$\boldsymbol{X}^L_{(k+1,i)}=\boldsymbol{T}(\widetilde{\boldsymbol{X}}^L_{(k+1,i)},\boldsymbol{T}^L_{k+1})=\boldsymbol{R}\widetilde{\boldsymbol{X}}^L_{(k+1,i)}+\boldsymbol{T}^L_{(k+1,i)}[1:3] \tag{5-58}$$

式中，$\boldsymbol{R}$ 为旋转矩阵；$\boldsymbol{T}^L_{(k+1,i)}[1:3]$为平移向量。

所以，结合式（5-57）与式（5-58），可将目标函数重新定义为

$$D(\boldsymbol{X}^L_{(k+1,i)},l_{ab})=D(\boldsymbol{T}(\widetilde{\boldsymbol{X}}^L_{(k+1,i)},\boldsymbol{T}^L_{k+1}),l_{ab})=D(\boldsymbol{R}\widetilde{\boldsymbol{X}}^L_{(k+1,i)}+\boldsymbol{T}^L_{(k+1,i)}[1:3],l_{ab}) \tag{5-59}$$

该式将用于求得最优的 $\boldsymbol{T}^L_{k+1}$。

接下来以边角点为例，构建雅可比矩阵

$$J=\frac{\partial D(\widetilde{X}^{L}_{(k+1,i)},l_{ab})}{\partial T^{L}_{k+1}}=\frac{\partial D(\widetilde{X}^{L}_{(k+1,i)},l_{ab})}{\partial \widetilde{X}^{L}_{(k+1,i)}}\frac{\partial \widetilde{X}^{L}_{(k+1,i)}}{\partial T^{L}_{k+1}}$$

假设当前帧点 $X^{L}_{(k+1,i)}$ 坐标为 (x_0,y_0,z_0)，当前帧点去畸变后（即 $\widetilde{X}^{L}_{(k+1,i)}$）的坐标为 (x'_0,y'_0,z'_0)，最近点 a 的坐标为 (x_1,y_1,z_1)，次近邻点 b 的坐标为 (x_2,y_2,z_2)。根据式（5-53）并结合 5.3.2 节可知，$D(\widetilde{X}^{L}_{(k+1,i)},l_{ab})$ 的分子为

$$(\widetilde{X}^{L}_{(k+1,i)}-\overline{X}^{L}_{(k,a)})\times(\widetilde{X}^{L}_{(k+1,i)}-\overline{X}^{L}_{(k,b)})=\begin{pmatrix} i & j & k \\ x'_0-x_1 & y'_0-y_1 & z'_0-z_1 \\ x'_0-x_2 & y'_0-y_2 & z'_0-z_2 \end{pmatrix}$$
$$=\begin{pmatrix} (y'_0-y_1)(z'_0-z_2)-(z'_0-z_1)(y'_0-y_2) \\ (z'_0-z_1)(x'_0-x_2)-(x'_0-x_1)(z'_0-z_2) \\ (x'_0-x_1)(y'_0-y_2)-(y'_0-y_1)(x_0-x_2) \end{pmatrix} \tag{5-60}$$

分母为

$$\sqrt{(x_1-x_2)^2+(y_1-y_2)^2+(z_1-z_2)^2} \tag{5-61}$$

根据式（5-60）与式（5-61）可求得

$$\frac{\partial D(\widetilde{X}^{L}_{(k+1,i)},l_{ab})}{\partial \widetilde{X}^{L}_{(k+1,i)}}=\left(\frac{\partial D(\widetilde{X}^{L}_{(k+1,i)},l_{ab})}{\partial x'_0},\frac{\partial D(\widetilde{X}^{L}_{(k+1,i)},l_{ab})}{\partial y'_0},\frac{\partial D(\widetilde{X}^{L}_{(k+1,i)},l_{ab})}{\partial z'_0}\right)$$

接下来计算雅可比矩阵的另一部分

$$\frac{\partial \widetilde{X}^{L}_{(k+1,i)}}{\partial T^{L}_{k+1}}=\frac{\partial (x'_0,y'_0,z'_0)}{\partial (\tau_x,\tau_y,\tau_z,\gamma_x,\gamma_y,\gamma_z)}$$

以 $\frac{\partial x'_0}{\partial \gamma_x}$ 为例推导过程如下（其他元素的推导方法与其相似）。

首先，对当前帧点 (x_0,y_0,z_0) 去畸变得到 (x'_0,y'_0,z'_0)。其坐标满足

$$\begin{pmatrix} x'_0 \\ y'_0 \\ z'_0 \end{pmatrix}=R\begin{pmatrix} x_0-t_s\tau_x \\ y_0-t_s\tau_y \\ z_0-t_s\tau_z \end{pmatrix}$$

其中

$$\begin{pmatrix} \bar{x} \\ \bar{y} \\ \bar{z} \end{pmatrix}=\begin{pmatrix} x_0-t_s\tau_x \\ y_0-t_s\tau_y \\ z_0-t_s\tau_z \end{pmatrix}$$

为当前帧点在去畸变时对平移向量线性插值的结果；t_s 为 $X^{L}_{(k+1,i)}$ 的相对扫描时间；(τ_x,τ_y,τ_z) 为 T^{L}_{k+1} 中的平移向量。

$$\begin{pmatrix} x'_0 \\ y'_0 \\ z'_0 \end{pmatrix}=R\begin{pmatrix} \bar{x} \\ \bar{y} \\ \bar{z} \end{pmatrix}$$

为当前帧在去畸变时对旋转向量线性插值的结果；R 为依次绕 z、x 和 y 轴旋转 $(\varphi_z,\varphi_x,\varphi_y)$ 角度得到的旋转矩阵；$(\varphi_z,\varphi_x,\varphi_y)$ 为 T^{L}_{k+1} 中对旋转向量 $(\gamma_x,\gamma_y,\gamma_z)$ 线性插值的角度，即

$$\varphi_x=-t_s\gamma_x,\varphi_y=-t_s\gamma_y,\varphi_z=-t_s\gamma_z$$

旋转矩阵 $\boldsymbol{R}$ 可表示为

$$\boldsymbol{R}=\begin{pmatrix}\cos(\varphi_y)\cos(\varphi_z)+\sin(\varphi_x)\sin(\varphi_y)\sin(\varphi_z) & \sin(\varphi_x)\sin(\varphi_y)\cos(\varphi_z)-\sin(\varphi_z)\cos(\varphi_y) & \cos(\varphi_x)\sin(\varphi_y)\\ \cos(\varphi_x)\sin(\varphi_z) & \cos(\varphi_x)\cos(\varphi_z) & -\sin(\varphi_x)\\ \sin(\varphi_x)\cos(\varphi_y)\sin(\varphi_z)-\sin(\varphi_y)\cos(\varphi_z) & \sin(\varphi_x)\cos(\varphi_y)\cos(\varphi_z)+\sin(\varphi_y)\sin(\varphi_z) & \cos(\varphi_x)\cos(\varphi_y)\end{pmatrix}$$

所以 x_0' 为

$$x_0'=(\cos(\varphi_y)\cos(\varphi_z)+\sin(\varphi_x)\sin(\varphi_y)\sin(\varphi_z))(x_0-t_s\tau_x)+\\(\sin(\varphi_x)\sin(\varphi_y)\cos(\varphi_z)-\sin(\varphi_z)\cos(\varphi_y))(y_0-t_s\tau_y)+\cos(\varphi_x)\sin(\varphi_y)(z_0-t_s\tau_z)$$

所以

$$\frac{\partial x_0'}{\partial \gamma_x}=-t_s\cos(\varphi_x)\sin(\varphi_y)\sin(\varphi_z)(x_0-t_s\tau_x)-t_s\cos(\varphi_x)\sin(\varphi_y)\cos(\varphi_z)(y_0-t_s\tau_y)+\\t_s\sin(\varphi_x)\sin(\varphi_y)(z_0-t_s\tau_z)$$

以上完成雅可比矩阵的推导。

(3) 优化求解　优化有很多种方法，如牛顿法、最速下降法和 L-M 优化方法等。

最速下降法公式如下：

$$\boldsymbol{X}_{k+1}=\boldsymbol{X}_k-\lambda\nabla f(\boldsymbol{X}_k)$$

其中∇f为梯度，即沿着负梯度方向寻找最优解。因为最优解附近变量变化很小，所以这种方法在最优解附近速度会很慢。

牛顿法公式如下：

$$\boldsymbol{X}_{k+1}=\boldsymbol{X}_k-(\nabla^2 f(\boldsymbol{X}_k))^{-1}\nabla f(\boldsymbol{X}_k)$$

牛顿法更加依赖二阶导数，速度比最速下降法快，但对初值有很高的要求。

L-M 优化方法[46]结合最速下降法和牛顿法。公式如下：

$$\boldsymbol{X}_{k+1}=\boldsymbol{X}_k-(\boldsymbol{H}+\lambda\,\mathrm{diag}(\boldsymbol{H}))^{-1}\nabla f(\boldsymbol{X}_k)$$

其中，$\boldsymbol{H}$ 是黑塞矩阵即目标函数的二阶偏导数构成的方阵；$\mathrm{diag}(\boldsymbol{H})$ 为黑塞矩阵的对角阵。λ 很大时近似为梯度下降法，λ 很小时近似为牛顿法。在最优解附近以牛顿法做优化，在远端处以最速下降法做优化。

参考文献［26］中用 L-M 优化方法，不断地对 $\boldsymbol{T}_{k+1}^L$ 迭代求导，从而得到更精确的 $\boldsymbol{T}_{k+1}^L$。

上述非线性优化问题可用 Ceres 库实现，具体优化过程分三个步骤：构建代价函数 CostFunction；通过代价函数构建待求解的优化问题；配置求解器参数并调用 Solve 方法求解问题。

假设目标函数如下：

$$\min_{X_i}\frac{1}{2}\sum_i \rho_i(s)\ \|f_i(\boldsymbol{X}_i)\|^2$$

其中，$\rho_i(s)\|f_i(\boldsymbol{X}_i)\|^2$ 为残差函数；$\rho_i(s)$ 为损失函数；s 为常量，可根据实际情况选择合适的值；$f_i(\boldsymbol{X}_i)$ 是关于参数 $\boldsymbol{X}_i=\{x_{i1},x_{i2},\cdots,x_{ik}\}\in\mathbf{R}^k$ 的代价函数；i 为参数个数。

下面介绍 Ceres 库的一些基本函数。

1）LossFunction：损失函数。用来减小异常输入值的影响。代码中使用的鲁棒核函数 HuberLoss 为损失函数中的一类，公式如下：

$$\rho(s)=\begin{cases}s, & s\leqslant 1\\ 2\sqrt{s}-1, & s>1\end{cases}$$

2）LocalParameterization：维数重构函数。用于将四元数归一化，使原本的四个自由度变为三个（若直接传递四元数进行优化，冗余的维数会带来计算资源的浪费，所以进行维数重构）。

3）AddResidualBlock：残差函数。其参数主要包括代价函数、损失函数和待优化的参数。

代价函数包含待优化参数的维度信息。AddResidualBlock 函数会检测传入的待优化参数是否和代价函数中定义的维数一致，维度不一致时程序会强制退出。

损失函数用于避免错误量对估计的影响。如果其参数是 NULL 或 nullptr，此时损失函数为单位函数。

程序中待优化参数为相邻帧间的平移向量 $\boldsymbol{\tau}$ 和旋转向量 $\boldsymbol{q}$。

4）AddParameterBlock：参数设置函数，用于传递参数。

以上四个函数在代码中的具体实现如下：

```
double para_q[4] = {0, 0, 0, 1};                          //[x,y,z,w] 初始化参数
double para_t[3] = {0, 0, 0};
//损失函数:鲁棒核函数
ceres::LossFunction * loss_function = new ceres::HuberLoss(0.1);
//q_parameterization 为结构体 ceres::EigenQuaternionParameterization 的实例化
//声明 q_parameterization,后续用于重构维数,即用三维向量表示四维向量
ceres::LocalParameterization  * q_parameterization=new ceres::EigenQuaternionParameterization();
ceres::Problem::Options problem_options;
ceres::Problem   problem(problem_options);                //创建问题约束
problem.AddParameterBlock(para_q, 4, q_parameterization); //添加参数 q
problem.AddParameterBlock(para_t, 3);                     //添加参数 τ
```

5）AutoDiffCostFunction：自动求导函数（即创建雅可比矩阵）。用于对目标函数优化求解。

接下来进行特征点匹配。首先将上一帧曲率大的边角点点云转换到上一帧结束时刻，并对前文提取的特征点进行特征匹配，具体代码如下：

```
//将上一帧边角点点云转换到上一帧结束时刻
int cornerPointsLessSharpNum = cornerPoints_LessSharp ->points.size();
for (int i = 0; i < cornerPointsLessSharpNum; i++)
{
    TransformToEnd(&cornerPoints_LessSharp->points[i],&cornerPoints_LessSharp->points[i]);
}
//转换后的 cornerPoints_LessSharp 赋值给 laserCloudCornerLast
pcl::PointCloud<PointType>::Ptr laserCloudTemp = cornerPoints_LessSharp;
cornerPoints_LessSharp = laserCloudCornerLast;     //为后续迭代使用
//laserCloudCornerLast 作为当前帧曲率大的边角点,传递给地图创建
laserCloudCornerLast = laserCloudTemp;
//对下一帧来说,当前帧为上一帧,作为 KD 树的输入,进行最近邻点搜索
kdtreeCornerLast->setInputCloud(laserCloudCornerLast);
```

上述代码中，cornerPointsLessSharpNum 为当前帧曲率大的边角点的个数。将当前帧曲率大的 cornerPoints_LessSharp 赋值给 laserCloudCornerLast，作为 KD 树的输入，寻找下一帧特征点的最近邻点，进行特征点匹配。同时 laserCloudCornerLast 作为当前帧边角点传递给地图创建（在 5.3.5 节将介绍地图创建）。

需要注意的是，如果是第一帧数据则只运行上述代码，并将当前帧作为 KD 树的输入搜索下一帧点云的最近邻点。因为该时刻只有一帧数据，所以无法进行特征点匹配。

接下来进行边角点匹配。首先，在上一帧中寻找最近邻点 a，在该点上下线束中寻找次近邻点 b，即可计算当前点到直线 ab 的距离。寻找最优 $\boldsymbol{T}_{k+1}^{L}$（即 $\boldsymbol{q}$ 和 $\boldsymbol{\tau}$）最小化该距离，完成特征点匹配。具体代码如下：

```
//cornerPointsSharpNum 为 cornerPoints_Sharp 内点云个数
for (int i = 0; i < cornerPointsSharpNum; ++i)
{
    //当前帧点云转换到当前帧起始时刻
    TransformToStart(&(cornerPoints_Sharp->points[i]), &point_start);
    //kdtreeCornerLast 存放着上一帧点云,从而在上一帧点云中寻找一个最近邻点
    //point_min_Ind 保存着最近点的索引号,point_min_Dis 为最近距离
    kdtreeCornerLast->nearestKSearch(point_start, 1, point_min_Ind, point_min_Dis);
    int closest_Ind = -1, min_Ind2 = -1;
    //DISTANCE_THRESHOLD= 25
    if (point_min_Dis[0] < DISTANCE_THRESHOLD)
    {
        //最近邻点 a 索引号赋值给 closest_Ind
        closest_Ind = point_min_Ind [0];
        //closest_dis_PointID 为上一帧最近邻点所在线束
        int closest_dis_PointID = int(laserCloudCornerLast->points[closest_Ind].intensity);
        double min _Dis2_Point = DISTANCE_THRESHOLD;  //给 min _Dis2_Point 赋初值
        //在 closest_dis_PointID 的上两个线束中寻找次近邻点 b
        for (int j=closest_Ind+1; j<(int)laserCloudCornerLast->points.size(); ++j)
        {
            //如果在同一条线束上,进行下一次循环
            if (int(laserCloudCornerLast->points[j].intensity) <= closest_dis_PointID)
                continue;
            //NEARBY_SCAN=2.5 在当前线束上两个线束中进行搜索
            if(int (laserCloudCornerLast->points[j].intensity) >
                (closest_dis_PointID+NEARBY_SCAN) )
                    break;
            //计算距离
            double point_Curv = (laserCloudCornerLast->points[j].x - point_start.x)
                                * (laserCloudCornerLast->points[j].x - point_start.x)
                                +(laserCloudCornerLast->points[j].y - point_start.y)
                                * (laserCloudCornerLast->points[j].y - point_start.y)
                                +(laserCloudCornerLast->points[j].z - point_start.z)
                                * (laserCloudCornerLast->points[j].z - point_start.z);
            if (point_Curv < min _Dis2_Point)
            {
                min _Dis2_Point = point_Curv;
                min_Ind2 = j;                           //min_Ind2 中存放次近邻点 b 索引号
            }
        }
        //在 closest_dis_PointID 的下两个线束中寻找次近邻点 b
        for (int j = closest_Ind - 1; j >= 0; --j)
        {
            //如果在同一条线束上,进行下一次循环
            if ( int (laserCloudCornerLast->points[j].intensity ) >= closest_dis_PointID)
                continue;
            //如果该线束不在最近邻点所在线束周围,退出 for 循环
            if (int (laserCloudCornerLast->points[j].intensity) <
                (closest_dis_PointID - NEARBY_SCAN))
                break;
            //计算距离
          double point_Curv = (laserCloudCornerLast->points[j].x - point_start.x)
                                * (laserCloudCornerLast->points[j].x - point_start.x)
```

```
                              +(laserCloudCornerLast->points[j].y - point_start.y)
                              *(laserCloudCornerLast->points[j].y - point_start.y)
                              +(laserCloudCornerLast->points[j].z - point_start.z)
                              *(laserCloudCornerLast->points[j].z - point_start.z)
            if (point_Curv < min _Dis2_Point)
            {
                min _Dis2_Point = point_Curv;
                min_Ind2 = j;      //更新次近邻点 b 索引号并存放至 min_Ind2 中
            }
        }
    }
    if (min_Ind2 >= 0)                  //判断 min_Ind2 是否有效
    {
        Eigen::Vector3dcurr_point(cornerPointsSharp->points[i].x,
                                  cornerPointsSharp->points[i].y,
                                  cornerPointsSharp->points[i].z);          //当前点
        Eigen::Vector3d last_point_a(laserCloudCornerLast->points[closest_Ind].x,//最近点 a
                                     laserCloudCornerLast->points[closest_Ind].y,
                                     laserCloudCornerLast->points[closest_Ind].z);
        Eigen::Vector3d last_point_b(laserCloudCornerLast->points[min_Ind2].x, //次近点 b
                                     laserCloudCornerLast->points[min_Ind2].y,
                                     laserCloudCornerLast->points[min_Ind2].z);
        if (DISTORTION)                                                    //未去畸变
            s = (cornerPointsSharp->points[i].intensity
                    - int(cornerPointsSharp->points[i].intensity)) / SCAN_PERIOD;
        else   s = 1.0;                                                    //已经去畸变
        //构建代价函数
        ceres::CostFunction *cost_function = LidarEdgeFactor::Create(curr_point, last_point_a,
                                                                     last_point_b, s);
        //添加新误差项
        Problem.AddResidualBlock(cost_function, loss_function, para_q, para_t);
    }
}
```

首先，KD 树的输入为上一帧提取的曲率大的边角特征点。利用 nearestKSearch 函数，寻找当前帧曲率很大的边角点的最近邻点，该函数的输入参数包括当前帧转换后的点云 point_start 和匹配个数；该函数输出的是最近邻点索引号 point_min_Ind 以及最近邻点与当前帧边角点的欧氏距离 point_min_Dis。

然后寻找次近邻点。由特征点提取可知，point.intensity 中整数部分为线束号，小数部分为点云相对时间。于是，通过取整函数 int()，可知当前最近邻点所在线束号 closest_dis_PointID。因为激光雷达线束纵向排列，所以分别在 closest_dis_PointID 的上两个线束和下两个线束中寻找次近邻点，并将索引号保存到 min_Ind2 中，同时更新次近距离 min_Dis2_Point。

得到有效的次近邻点 min_Ind2 后，将当前帧的点保存至 curr_point，最近邻点保存至 last_point_a，次近邻点保存至 last_point_b。

每次迭代，利用 problem.AddResidualBlock 构建一个新残差项。通过多次迭代，最终使当前帧的边角点（和平面点）与上一帧的边角点（和平面点）实现一一对应。

代码在优化时出现的 LidarEdgeFactor 函数用于计算式（5-53）的雅可比矩阵，部分代码如下：

```
struct LidarEdgeFactor              //代价函数
{
    static ceres::CostFunction * Create(const Eigen::Vector3d curr_point_, const Eigen::Vector3d
                                        last_point_a_,const Eigen::Vector3d last_point_b_, const double s_)
    {
        //自动求导即创建雅可比矩阵
        return (new ceres::AutoDiffCostFunction<LidarEdgeFactor, 3, 4, 3>
            (new LidarEdgeFactor (curr_point_, last_point_a_, last_point_b_, s_)));
    }
};
```

其中 Create 利用自动求导函数 AutoDiffCostFunction 计算式（5-53）中变量 $\boldsymbol{q}$ 和 $\boldsymbol{\tau}$ 的偏导数。

平面点的匹配与边角点匹配代码近似，不再给出。

最后配置求解器参数并求解问题，具体代码如下：

```
ceres::Solver::Options options;
options.linear_solver_type = ceres::DENSE_QR;                    //线性求解器的类型
options.max_num_iterations = 4;                                  //最大迭代次数
ceres::Solver::Summary summary;                                  //优化信息
ceres::Solve(options, &problem, &summary);                       //开始优化
```

其中 linear_solver_type 为线性求解器的类型。在每次迭代期间，该线性求解器将给出 L-M 算法中线性最小二乘问题的解[47]。

最后更新位姿，算出两帧点云间的相对运动，并转换到世界坐标系下。公式如下：

$$\boldsymbol{Q}_{\rm cur}=\boldsymbol{R}\boldsymbol{Q}+\boldsymbol{\tau}$$

$$\boldsymbol{Q}_{\rm word}=\boldsymbol{R}_w\boldsymbol{Q}_{\rm cur}+\boldsymbol{\tau}_w=\boldsymbol{R}_w(\boldsymbol{R}\boldsymbol{Q}+\boldsymbol{\tau})+\boldsymbol{\tau}_w=\boldsymbol{R}_w\boldsymbol{R}\boldsymbol{Q}+\boldsymbol{R}_w\boldsymbol{\tau}+\boldsymbol{\tau}_w$$

其中，$\boldsymbol{Q}$ 为上一帧的点；$\boldsymbol{Q}_{\rm cur}$ 是当前帧的点；$\boldsymbol{R}$ 和 $\boldsymbol{\tau}$ 为优化后的旋转向量与平移向量；$\boldsymbol{R}_w$ 是将当前点 $\boldsymbol{Q}_{\rm cur}$ 转换到世界坐标系的旋转向量；$\boldsymbol{\tau}_w$ 是相应的平移向量。具体代码如下：

```
Eigen::Quaterniond q_w_curr(1, 0, 0, 0);                 //初始化时定义
Eigen::Vector3d t_w_curr(0, 0, 0);
t_w_curr = t_w_curr + q_w_curr * t_last_curr;            //更新当前点位姿到世界坐标系下
q_w_curr = q_w_curr * q_last_curr;
```

其中，q_w_curr 为 $\boldsymbol{R}_w$，t_w_curr 为 $\boldsymbol{\tau}_w$，q_last_curr 为 $\boldsymbol{R}$，t_last_curr 为 $\boldsymbol{\tau}$。最后将 q_w_curr 和 t_w_curr 保存至 laserOdometry 内。

至此，完成了基于激光雷达的里程计设计。

5.3.5 地图创建

基于 5.3.4 节介绍的方法可估计出无人车的位姿。在没有噪声干扰的前提下，利用该方法设计的前端里程计可提供极高的位姿估计精度。但在现实世界中，往往存在各种噪声，这使得前端里程计估计的无人车位姿存在较大偏差。本节讨论在噪声条件下减少前端里程计估计的无人车位姿 laserOdometry 误差的方法。其中 laserOdometry 在本节中为转换矩阵 q_wodom_curr 和 t_wodom_curr。

因为子地图相比较于单帧点云拥有更丰富的特征信息，所以参考文献［26］使用当前帧点云与子地图进行匹配。该匹配方法（与基于相邻两帧匹配的前端里程计位姿估计方法相比）能够得到更精确的车辆位姿。

参考文献［26］中描述了如何基于前端里程计输出的特征点云（即边角点与平面点）创

建地图。具体方法如图 5-29 所示。该方法将当前帧特征点与对应子地图进行匹配（即边角点与边角点地图匹配，平面点与平面点地图进行匹配），进而更新位姿。

在图 5-29 中，在$[t_k, t_{k+1}]$时间段内采集到的点云在世界坐标系下的位姿为$\boldsymbol{T}_k^w$；已构建的地图记为S_k；$\mathcal{P}_{k+1}$表示在$[t_{k+1}, t_{k+2}]$时间段内激光雷达扫描到的（车体坐标系下的）点云；把$\overline{\mathcal{P}}_{k+1}$转换到世界坐标系下，并将转换结果记作$\overline{S}_{k+1}$（其位姿为$\boldsymbol{T}_{k+1}^L$）。$\boldsymbol{T}_{k+1}^L$将$\boldsymbol{T}_k^w$拓展为$\boldsymbol{T}_{k+1}^w$。通过优化$\boldsymbol{T}_{k+1}^w$使$\overline{S}_{k+1}$与$S_k$匹配，继而更新地图得到$S_{k+1}$。

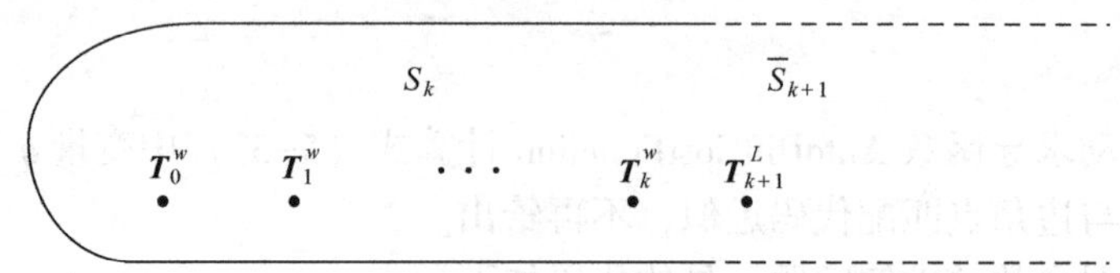

图 5-29　地图创建

地图创建分三个步骤，即子地图提取、帧与子地图匹配以及地图更新。

1. 子地图提取

参考文献［26］中将点云存放在 4851（即 21×21×11）个子块中，每个子块有唯一的索引。代码中定义每个子块大小为 50 m×50 m×50 m。将地图原点的索引设置为（10,10,5）。

首先初始化地图，具体代码如下：

```
int laserCloud_Center_Width = 10;      //地图原点附近 50 m 的点云对应的子块索引(10,10,5)
int laserCloud_Center_Height = 10;
int laserCloud_Center_Depth = 5;
const int laserCloud_part_Width = 21;  //长划分 21 个小块
const int laserCloud_part_Height = 11;  //高划分 11 个小块
const int laserCloud_part_Depth = 21;  //宽划分 21 个小块
//点云方块集合 4851
const int laserCloud_Number =
                laserCloud_part_Width * laserCloud_part_Height * laserCloud_partDepth;
//子块中的点存入 laserCloudCornerArray 和 laserCloudSurfArray
pcl::PointCloud<PointType>::Ptr laserCloudCornerArray[ laserCloud_Number ];
pcl::PointCloud<PointType>::Ptr laserCloudSurfArray[ laserCloud_Number ];
```

其中，laserCloudCornerArray 用于存储已构建的子地图。因为接下来要对当前帧与子地图进行匹配，所以将前端里程计估计的无人车位姿转换到地图坐标系下。具体代码如下：

```
//从里程计坐标系向全局坐标系转换矩阵
Eigen::Quaterniond q_wmap_wodom(1, 0, 0, 0);
Eigen::Vector3d t_wmap_wodom(0, 0, 0);
//q_wodom_curr 和 t_wodom_curr 为前端里程计传递过来的转换矩阵
q_wodom_curr. x() = odometryBuf. front()->pose. pose. orientation. x;
q_wodom_curr. y() = odometryBuf. front()->pose. pose. orientation. y;
q_wodom_curr. z() = odometryBuf. front()->pose. pose. orientation. z;
q_wodom_curr. w() = odometryBuf. front()->pose. pose. orientation. w;
t_wodom_curr. x() = odometryBuf. front()->pose. pose. position. x;
t_wodom_curr. y() = odometryBuf. front()->pose. pose. position. y;
t_wodom_curr. z() = odometryBuf. front()->pose. pose. position. z;
//该函数与后面提及的 transformUpdate 函数互为逆运算 transformAssociateToMap
void transformAssociateToMap()      //实现从车体坐标系向全局坐标系转换
```

```
{
    q_w_curr = q_wmap_wodom * q_wodom_curr;
    t_w_curr = q_wmap_wodom * t_wodom_curr + t_wmap_wodom;
}
```

上述代码中，已知前端里程计估计的无人车位姿为 q_wodom_curr 和 t_wodom_curr（即车体坐标系到里程计坐标系的转换矩阵），通过在初始化时定义的里程计坐标系到地图坐标系的转换矩阵即 q_wmap_wodom 与 t_wmap_wodom（该矩阵在后续更新），得到前端里程计在地图坐标系下估计的无人车位姿即 q_w_curr 和 t_w_curr。其中地图坐标系是以初始点为原点，坐标轴与其平行的坐标系。

接下来计算当前无人车对应的地图中的子块位置。具体代码如下：

```
transformAssociateToMap();   //坐标变换,从车体坐标系转换到地图坐标系(即 map 坐标系)
//当前无人车对应的子块位置
int centerCube_Frist= int((t_w_curr.x() + 25.0) / 50.0) + laserCloud_Center_Width;   //缩放
int centerCube_Sec = int((t_w_curr.y() + 25.0) / 50.0) +laserCloud_Center_Height;
int centerCube_Last = int((t_w_curr.z() + 25.0) / 50.0) + laserCloud_Center_Depth;
if (t_w_curr.x() + 25.0 < 0)        centerCube_Frist --;        //如果计算为负值,将上述结果减 1
if (t_w_curr.y() + 25.0 < 0)        centerCube_Sec --;
if (t_w_curr.z() + 25.0 < 0)        centerCube_Last --;
```

代码中，t_w_curr 是当前无人车在地图坐标系下的位置。由于每个子块大小为 50 m×50 m×50 m，所以在地图坐标系下以 50 m 为一段，分别沿着 x、y 和 z 坐标轴进行划分，便得到图 5-30 所示的坐标值与子块索引号的对应关系，从而可确定当前车辆所处位置的子块索引。

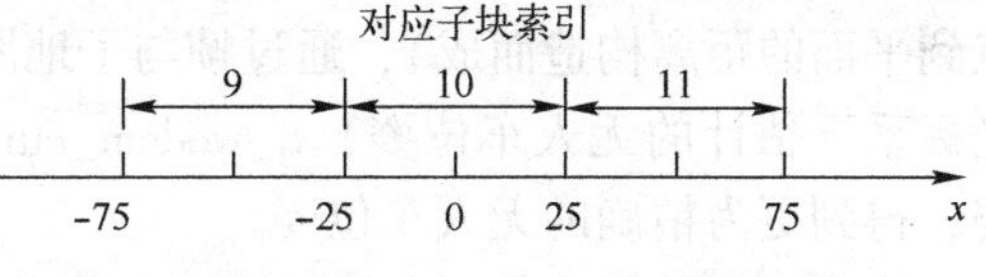

图 5-30　当前帧点云缩放到地图的原理

在上述程序的后半部分中，若 t_w_curr.x() +25.0 的计算结果是负值，令 centerCube_Frist 减 1。例如，无人车在地图坐标系 x 轴的坐标值为 −26（即 t_w_curr.x()=−26），那么计算后减 1 得 9，从而得到无人车在 x 轴方向上的子块索引。同理，可确定在 y 和 z 方向上的子块索引。

接下来提取子地图。已知当前无人车在全局地图中的位置，且全局地图存放于以 50 m 为边的子块中。若想在全局地图中提取车辆周围 100 m 的子地图，只需在车辆对应的子块索引上加减 2 即可。

子地图提取方法具体代码如下：

```
int laserCloud_View_Number = 0;
//提取无人车周围 100 m 的子地图
for (int i = centerCube_Frist - 2; i <= centerCube_Frist + 2; i++)
{
    for (int j = centerCube_Sec - 2; j <= centerCube_Sec + 2; j++)
    {
        for (int k = centerCube_Last - 1; k <= centerCube_Last + 1; k++)
        {
            if ( i >= 0 && i < laserCloud_part_Width &&          //有效点 i=0~21
                j >= 0 && j < laserCloud_part_Height &&          //j=0~10
                k >= 0 && k < laserCloud_part_Depth )            //k=0~2
            {
                //车辆周围子地图索引 laserCloud_View_Ind
                //以及个数 laserCloud_View_Number
```

```
                    laserCloud_View_Ind[laserCloud_View_Number] =
                            i+laserCloud_part_Width * j
                            +laserCloud_part_Width * laserCloud_part_Height * k
                    laserCloud_View_Number++;
                }
            }
        }
    }
    for (int i = 0; i < laserCloudValidNum; i++)
    {
        //从全局边角点地图 laserCloudCornerArray 中提取当前无人车周围子地图
        * laserCloud_Corner_in_Map += * laserCloudCornerArray[laserCloud_View_Ind [i]];
        //从全局平面点地图 laserCloudCornerArray 中提取当前无人车周围子地图
        * laserCloud_Surf_in_Map += * laserCloudSurfArray[laserCloud_View_Ind [i]];
    }
```

上述代码中，将车辆周围子地图对应的唯一子块索引保存至 laserCloud_View_Ind，laserCloud_View_Number 用以计数。最终在全局边角点地图 laserCloudCornerArray 中提取无人车周围子地图，并保存至 laserCloud_Corner_in_Map。同理，可在全局平面点地图中提取出关于平面点的子地图。其中全局边角点地图与全局平面点地图将在下文地图更新部分提及。

2. 帧与子地图匹配

接下来创建目标函数（与前端里程计的目标函数相似，由边角点到边角线的距离和平面点到平面的距离构造而成），通过帧与子地图匹配优化两者间转换矩阵（即前端里程计在地图坐标系下估计的无人车位姿）q_wodom_curr 和 t_wodom_curr，进而修正前端里程计估计的位姿，得到更为精确的无人车位姿。

将上一小节提取的边角点子地图与当前帧曲率大的边角点进行匹配，平面子地图与当前帧曲率小的平面点进行匹配。通过优化目标函数，可精确地估计出无人车位姿。这里采用的目标函数与前端里程计的目标函数相似，也是由边角点到边角线的距离和平面点到平面的距离构造而成。实现当前帧与子地图匹配的代码如下：

```
//将车体坐标系下的点转换到全局坐标系
void pointAssociateToMap(PointType const * const pi, PointType * const po)
{
    Eigen::Vector3d point_curr(pi->x, pi->y, pi->z);
    Eigen::Vector3d point_w = q_w_curr * point_curr + t_w_curr;
    po->x = point_w.x();
    po->y = point_w.y();
    po->z = point_w.z();
    po->intensity = pi->intensity;
}

//定义地图的平移向量和旋转向量为 parameters,其中前四个为旋转向量,后三个为平移向量
double parameters[7] = {0, 0, 0, 1, 0, 0, 0};
Eigen::Map<Eigen::Quaterniond> q_w_curr(parameters); //转换到 Eigen 库的四元数 Quaterniond
Eigen::Map<Eigen::Vector3d> t_w_curr(parameters + 4);//指针向后移 4 个到平移向量

//将已构建的边角点地图存入 KD 树
kdtreeCornerFromMap->setInputCloud(laserCloud_Corner_in_Map);
for (int iterCount = 0; iterCount < 2; iterCount++)        //两次迭代循环
{
```

```
//优化与前端里程计相似
ceres::LossFunction *loss_function = new ceres::HuberLoss(0.1);
ceres::LocalParameterization *q_parameterization =
            new ceres::EigenQuaternionParameterization();
ceres::Problem::Options problem_options;
ceres::Problem problem(problem_options);
problem.AddParameterBlock(parameters, 4, q_parameterization);
problem.AddParameterBlock(parameters + 4, 3);
for (int i = 0; i < laserCloud_Corner_down_Number; i++)        //从当前帧找匹配点
{
    //laserCloud_Corner_down 为当前帧曲率大的边角点下采样后的点云
    pointOri = laserCloud_Corner_down->points[i];
    pointAssociateToMap(&pointOri, &pointSel);                  //转换到全局坐标系
    //在子地图中寻找当前帧边角点的最近距离 5 个点
    kdtreeCornerFromMap->nearestKSearch(pointSel, 5, pointSearchInd, pointSearchSqDis);
    if (pointSearchSqDis[4] < 1.0)                              //5 个点中最大距离不超过 1 才处理
    {
        std::vector<Eigen::Vector3d> near_points;               //Eigen 库中的三维向量表示
        Eigen::Vector3d center(0, 0, 0);                        //对 center 初始化
        for (int j = 0; j < 5; j++)                             //5 个最近点相加
        {
            Eigen::Vector3d tmp_near(
                        laserCloud_Corner_in_Map->points[pointSearchInd[j]].x,
                        laserCloud_Corner_in_Map->points[pointSearchInd[j]].y,
                        laserCloud_Corner_in_Map->points[pointSearchInd[j]].z);
            center = center + tmp_near;                         //将 5 个点累加
            near_points.push_back(tmp_near);                    //将该 5 个点保存至 near_points
        }
        center = center / 5.0;                                  //5 个点的平均值
        Eigen::Matrix3d covMat = Eigen::Matrix3d::Zero();       //初始化 Eigen 库中的三维矩阵
        for (int j = 0; j < 5; j++)
        {
            //tmpZeroMean 是 3 行 1 列矩阵
            Eigen::Matrix<double, 3, 1> tmpZeroMean = near_points[j] - center;
            covMat = covMat + tmpZeroMean * tmpZeroMean.transpose();   //协方差矩阵
        }
        //求解协方差矩阵的特征值和特征向量
        Eigen::SelfAdjointEigenSolver<Eigen::Matrix3d> saes(covMat);
        //按递增顺序排序特征值
        Eigen::Vector3d unit_direction = saes.eigenvectors().col(2);   //最大特征向量
        //将当前点保存到 curr_point
        Eigen::Vector3d curr_point(pointOri.x, pointOri.y, pointOri.z);
        //如果最大的特征值大于第二大的特征值 3 倍以上
        if (saes.eigenvalues()[2] > 3 * saes.eigenvalues()[1])
        {
            Eigen::Vector3d point_on_line = center;          //center 在方向向量所在的直线上
            Eigen::Vector3d point_a, point_b;
            //point_a, point_b 用来表示边角线上的两个端点
            point_a = 0.1 * unit_direction + point_on_line;
            point_b = -0.1 * unit_direction + point_on_line;
            //优化参照上一小节
            ceres::CostFunction *cost_function = LidarEdgeFactor::Create(curr_point,
                                        point_a, point_b, 1.0);
```

```
                problem. AddResidualBlock( cost_function, loss_function, parameters,
                                          parameters+4);
            }
        }
    }
}
```

代码中，将提取出的边角点子地图作为 KD 树输入，用于查找当前帧下采样后的边角点的最近邻点。laserCloud_Corner_down 表示无人车当前帧边角点下采样后的点云，将其中的每个点转换到全局坐标系下并赋值给 pointSel。在边角点子地图中寻找 pointSel 的 5 个最近邻点，索引号存入 pointSearchInd 中。

然后计算协方差矩阵。将 5 个最近邻点存到向量 tmp_near 中，计算 5 个点平均值 center。covMat 为协方差矩阵。

使用 Eigen 库中的 SelfAdjointEigenSolver 函数对 covMat 进行特征值与特征向量求解。令 Eigen::Vector3d unit_direction = saes. eigenvectors(). col(2)，其中，eigenvectors 表示特征向量，eigenvalues 表示特征值，col 表示第几列。因为 Eigen 库按照递增顺序排序特征值，所以 unit_direction 中保存着最大特征值对应的特征向量（即边角线方向向量）。

最后已知边角线方向向量以及该线上的一个点 center，可拟合出该线的两个端点 point_a 和 point_b 即构成边角线 l_{ab}，并最小化当前点到边角线 l_{ab} 的距离，从而精确地计算出车辆位姿。这里使用 cost_function 对前端里程计估计的无人车位姿在地图坐标系下的位置 q_w_curr 和 t_w_curr 进行优化。因为该帧点云没有运动畸变，所以运动畸变参数设置为 1。优化方法参照 5.3.4 节。

接下来，进行平面点匹配，其中，特征向量与特征值计算方法与上述边角点匹配中的算法稍有不同。假设平面方程为 $ax+by+cz+\boldsymbol{d}=0$，令 $\boldsymbol{d}$ 为全为 1 的向量。求解平面法向量(a,b,c)的具体代码如下：

```
Eigen::Matrix<double, 5, 3> plane_A;      //plane_A 是 5*3 矩阵
//plane_B(即-d)是 5*1 矩阵,元素都是-1。Eigen::Matrix<double, 5, 1>::Ones()为全 1 的矩阵
Eigen::Matrix<double, 5, 1>  plane_B = -1 * Eigen::Matrix<double, 5, 1>::Ones();
if (pointSearchSqDis[4] < 1.0)            //5 个点中最大距离不超过 1 才处理
{
    for (int j = 0; j < 5; j++)
    {
        //plane_A 每一行都是 5 个最近邻点的坐标(x,y,z)
        plane_A(j, 0) = laserCloud_Surf_in_Map->points[pointSearchInd[j]].x;
        plane_A(j, 1) = laserCloud_Surf_in_Map->points[pointSearchInd[j]].y;
        plane_A(j, 2) = laserCloud_Surf_in_Map->points[pointSearchInd[j]].z;
    }
    //norm_surf 为平面法线方向,plane_B = plane_A * norm_surf 即 ax+by+cz = -d
    Eigen::Vector3d norm_surf = plane_A. colPivHouseholderQr(). solve(plane_B);
    //negative_A_dot_norm 为 norm_surf 的二范数
    double negative_A_dot_norm = 1 / norm_surf. norm();
    norm_surf. normalize();                   //将 norm_surf 单位化
    bool plane_valid = true;                  //该平面有效
    for (int j = 0; j < 5; j++)
    {
        //等价于判断 ax+by+cz+d => 0.2,则该平面拟合效果不好
        if (fabs(norm_surf(0) * laserCloud_Surf_in_Map->points[pointSearchInd[j]].x +
```

```
                norm_surf(1) * laserCloud_Surf_in_Map->points[pointSearchInd[j]].y +
                norm_surf(2) * laserCloud_Surf_in_Map->points[pointSearchInd[j]].z +
                negative_A_dot_norm) > 0.2)
            {
                plane_valid = false;    //该平面无效
                break;                  //退出 for 循环
            }
        }
        //将当前帧的点 pointOri 保存到 curr_point 中
        Eigen::Vector3d curr_point(pointOri.x, pointOri.y, pointOri.z);
        if (planeValid)                          //若平面有效,则进行优化求解
        {
            ceres::CostFunction *cost_function = LidarPlaneNormFactor::Create(
                                                curr_point, norm, negative_OA_dot_norm);
            problem.AddResidualBlock(cost_function, loss_function, parameters, parameters + 4);
            surf_num++;
        }
    }
    //里程计坐标系 odom 到全局坐标系 map,修正前端里程计估计出的无人车的位姿
    transformUpdate();
```

上述代码中，plane_A 为 5×3 的矩阵，每一行都是 5 个最近邻点的坐标；plane_B 是 5×1 矩阵且每一个元素都是-1；norm_surf 是 3×1 矩阵。

根据 Eigen 库官方手册得知 norm_surf = plane_A. colPivHouseholderQr(). solve(plane_B)，表示 plane_B =plane_A * norm_surf（即 $ax+by+cz=-\boldsymbol{d}$）。所以 norm_surf 表示平面法向量，“norm_surf. normalize()” 表示将 norm_surf 单位化。

通过判断 norm_surf * plane_A+ norm_surf. normalize()是否大于 0.2 来判断该平面是否有效。

最后通过调用 transformUpdate 函数更新里程计坐标系到地图坐标系的转换矩阵。具体代码如下：

```
//该函数与后面提及的 transformAssociateToMap 函数互为逆运算
void transformUpdate()    //里程计坐标系到地图坐标系的转换矩阵
{
    q_wmap_wodom = q_w_curr * q_wodom_curr.inverse();
    t_wmap_wodom = t_w_curr - q_wmap_wodom * t_wodom_curr;
}
```

代码中，通过对 q_wodom_curr 求逆得到里程计坐标系到车体坐标系的转换矩阵，进而求得里程计坐标系到地图坐标系的转换矩阵 q_wmap_wodom 和 t_wmap_wodom。该值传递给 transformAssociateToMap 进行下一帧计算。

3. 地图更新

通过地图更新可将当前帧点云保存至对应的地图子块中。具体代码如下：

```
for (int i = 0; i < laserCloud_Corner_down_Num; i++)
{
    //转换到全局坐标系
    pointAssociateToMap(&laserCloud_Corner_down->points[i], &pointSel);
    int cubeI = int((pointSel.x + 25.0) / 50.0) + laserCloud_Center_Width;
    int cubeJ = int((pointSel.y + 25.0) / 50.0) + laserCloud_Center_ Height;
```

```
    int cubeK = int((pointSel.z + 25.0) / 50.0) + laserCloud_Center_ Depth;
    if (pointSel.x + 25.0 < 0)     cubeI--;
    if (pointSel.y + 25.0 < 0)     cubeJ--;
    if (pointSel.z + 25.0 < 0)     cubeK--;
    if ( cubeI >= 0 && cubeI < laserCloud_part_Width &&
        cubeJ >= 0 && cubeJ < laserCloud_part_Height &&
        cubeK >= 0 && cubeK < laserCloud_part_Depth)
    {
        int cubeInd = cubeI + laserCloud_part_Width * cubeJ +
                      laserCloud_part_Width * laserCloud_part Height * cubeK;
        laserCloudCornerArray[cubeInd]->push_back(pointSel);
    }
}
```

上述代码中，laserCloud_Corner_down 表示无人车当前帧下采样后的边角点点云，其转换到全局坐标系下的点云记为 pointSel。然后把 pointSel 添加至地图子块。最终将该子块的索引保存至 cubeInd，并将点云 pointSel 保存至全局边角点地图 laserCloudCornerArray，从而实现地图更新。

地图创建结果如图 5-31 所示。

图 5-31　基于 A-LOAM 创建的东北大学刘长春体育馆周边地图

从图中可以明显看出，随着无人车的移动，前端里程计估计的位姿误差越来越大，这个问题的解决办法将在下一节介绍。

5.3.6　回环检测

回环检测是激光雷达 SLAM 相对独立的模块，有些 SLAM 算法中不包含回环检测部分。5.3.4 节介绍的前端里程计算法只将连续两帧点云进行简单 ICP 匹配。随着匹配增加，会造成误差的积累。回环检测可以有效解决这个问题。通过判断无人车是否回到之前到达过的某个地方[48]，修正回环内所有的位姿，进而优化车辆位姿。回环检测原理图如图 5-32 所示。

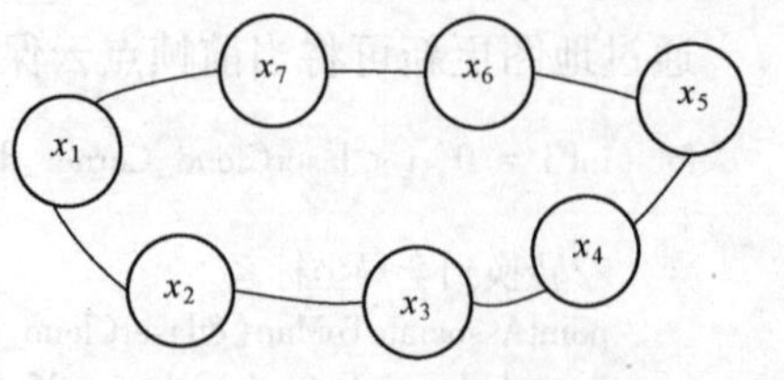

图 5-32　回环检测原理图

图 5-32 中，圆圈代表位姿，连线是位姿间约束。

通过比对发现 x_1 与 x_7 扫描到了相同环境，形成回环，可以进行回环检测。最后修正 $x_1 \sim x_7$ 内所有位姿。

参考文献［49］介绍了带有回环检测和图优化的激光雷达 SLAM 算法，即 LeGO-LOAM。具体分为 6 个部分：点云分割、前端里程计、地图创建与优化、回环检测。接下来依次介绍。

1. 点云分割

点云分割的主要目的是判断当前点与周围点是否为同一物体。点云分割前进行数据预处理，分别为点云投影到固定范围的图像；检测地面点并过滤异常点和离群点。

首先初始化参数。同 5.3.4 节，计算竖直角度和水平角度。将车体坐标系下的 xOy 面按水平角度划分成 1800 份。初始化参数，具体代码如下[50]：

```
//Velodyne HDL-64 线激光雷达参数
extern const int N_SCAN = 64;
extern const int Horizon_SCAN = 1800;                          //每条线上 1800 个点
//水平方向角度,将 360°划分 1800 份
extern const float ang_res_x = 360.0/float(Horizon_SCAN);
extern const float ang_res_y = 26.9/float(N_SCAN-1);           //垂直方向角度
extern const float ang_bottom = 24.9;                           //激光雷达角度范围-24.9°~2°
extern const int groundScanInd = 60;                            //地面圈数
extern const float sensorMountAngle = 0.0;                      //参数初始化
extern const float segment_Theta_ = 60.0/180.0 * M_PI;         //点云分割时的角度跨度上限 π/3
//检查上下左右连续 5 个点作为分割的特征依据
extern const int segment_ValidPoints_Num = 5;
extern const int segmentValidLineNum = 3;                                  //检查上下左右连续 3 条线
extern const float segment_Alpha_X = ang_res_x / 180.0 * M_PI;   //角度 ang_res_x 转换到弧度
extern const float segment_Alpha_Y = ang_res_y / 180.0 * M_PI;/ /角度 ang_res_y 转换到弧度
```

点云预处理前，将点云投影到 xOy 面。如图 5-33 所示，可形成线束值为 row_Idn、水平角度为 Idn_column 的 64×1800 的像素图像。图中黑点为当前帧的点，白点为该点的邻点。

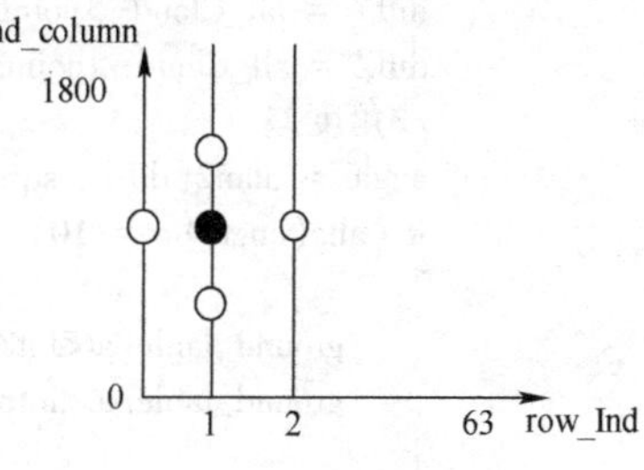

图 5-33　点云的图像投影与当前特征点的周围点

接下来对点云进行预处理。预处理阶段主要完成：去除点云无效点、调整起始点云与终止点云角度和计算点云所在线束和角度。预处理阶段的原理同 5.3.4 节，不再赘述。

为判断两个点是否属于同一物体，引入深度概念。当某点坐标为 (x,y,z) 时，其深度定义为 $\sqrt{x^2+y^2+z^2}$。具体程序如下：

```
//深度
range = sqrt( this_Point.x * this_Point.x + this_Point.y * this_Point.y + this_Point.z * this_Point.z );
//将深度存放到 rangeMat 中
rangeMat.at<float>(row_Idn, Idn_column) = range;
this_Point.intensity = ( float ) row_Idn + ( float ) Idn_column / 10000.0;    //点信息存放格式
//索引号存储方式,水平线束+竖直线束 * 1800
index = Idn_column + row_Idn * Horizon_SCAN;
all_Cloud->points[index] = this_Point;                  //投影后的点云保存至 all_Cloud
all_Cloud_info->points[index] = this_Point;             //带有深度的点云信息
all_Cloud_info->points[index].intensity = range;   //深度存入 intensity
```

上述代码中，this_Point 表示当前帧的点。将深度保存到矩阵 rangeMat. at<float>(row_Idn,Idn_column)中，即将深度存到 row_Idn 行 Idn_column 列图像中。定义新的点云索引格式 index。最后将带有深度的点云信息保存到 all_Cloud_info，将投影后点云存入 all_Cloud 中。

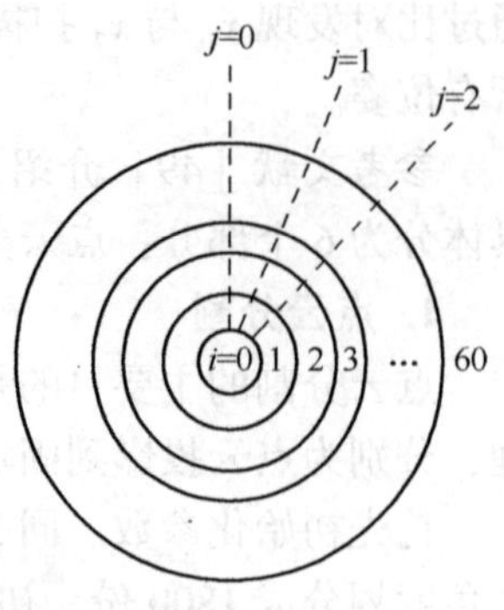

图 5-34　地面点标记方法

随后，基于激光雷达线扫圈来检测地面。如图 5-34 所示，j 为水平索引。对同一水平索引，将相邻两个线扫圈上的点进行比较。例如，当 $j=0$ 时，对 60 个线扫圈的高度两两进行比较，如果高度差很小则认为是地面。

检测地面算法具体程序如下：

```
for (size_t j = 0; j < Horizon_SCAN; ++j)                    //水平线束 一圈 1800 根线
{
    //竖直线束 groundScanInd = 60   60 个线扫圈
    for (size_t i = 0; i < groundScanInd; ++i)
    {
        lowerInd = j + ( i ) * Horizon_SCAN;                  //同上方索引 index 一样
        upperInd = j + (i+1) * Horizon_SCAN;
        //all_Cloud. Intensity 内存放水平线束与线束号,并删除无效信息点
        if(all_Cloud->points[lowerInd].intensity==-1||all_Cloud->points[upperInd].intensity==-1)
        {
            ground_lable. at<int8_t>(i,j) = -1;              //标记无效信息点
            continue;
        }
        diffX = all_Cloud->points[upperInd]. x-all_Cloud->points[lowerInd]. x;   //两点差
        diffY = all_Cloud->points[upperInd]. y -all_Cloud->points[lowerInd]. y;
        diffZ = all_Cloud->points[upperInd]. z-all_Cloud->points[lowerInd]. z;
        //角度差
        angle = atan2(diffZ, sqrt(diffX * diffX + diffY * diffY) ) * 180 / M_PI;
        if (abs(angle) <= 10)                                 //角度差小于 10°
        {
            ground_lable. at<int8_t>(i,j) = 1;               //是地面点
            ground_lable. at<int8_t>(i+1,j) = 1;
        }
    }
}
for (size_t i = 0; i < N_SCAN; ++i)                           //i 为激光雷达线束值
{
    for (size_t j = 0; j < Horizon_SCAN; ++j)                 //j 为水平线束
    {
        //地面点或深度值很大(即距离很远)的点
        if (ground_lable. at<int8_t>(i,j)==1||rangeMat. at<float>(i,j)==FLT_MAX)
        {
            label_Mat. at<int>(i,j) = -1;                     //标记地面点与无效点
        }
    }
}
```

在代码中用 ground_lable 区分地面点和非地面点。在 ground_lable 中，1 代表地面点；0 代表非地面点；-1 表示该点信息无效，无法判断是否是地面点。“rangeMat. at<float>(i,j) = =

FLT_MAX”中 FLT_MAX 为最大正浮点数，即距离很远的点云（无效点）。为便于点云分割，统一用 label_Mat 标记点的属性。

最后进行点云分割。在筛除地面点与无效点之后，逐一检测邻点特征并生成局部特性。如图 5-33 所示，将一个点的前后左右四个邻点存入 neighbor_Iterator，具体代码如下：

```
std::pair<int8_t, int8_t> neighbor;
//neighbor.first 为竖直方向(线束值)发生变化,在图像投影中为目标点的左边邻点和右边邻点
neighbor.first = -1; neighbor.second = 0; neighbor_Iterator.push_back(neighbor);
neighbor.first = 1; neighbor.second = 0; neighbor_Iterator.push_back(neighbor);
//neighbor.second 为水平角度发生变化,在图像投影中为目标点的前边邻点和后边邻点
neighbor.first = 0; neighbor.second = 1; neighbor_Iterator.push_back(neighbor);
neighbor.first = 0; neighbor.second = -1; neighbor_Iterator.push_back(neighbor);
```

代码中 neighbor.first 表示 x 方向的变化，neighbor.second 表示 y 方向的变化。

点云分割主要判断当前点 A 与邻点 B 是否在同一个物体上。下面基于图 5-35 介绍点云分割原理。

由图 5-35 和参考文献［51］可知

$$\gamma=\arctan\left(\frac{l_{BC}}{l_{AC}}\right)=\arctan\left(\frac{d_2\sin\alpha}{d_1-d_2\cos\alpha}\right) \tag{5-62}$$

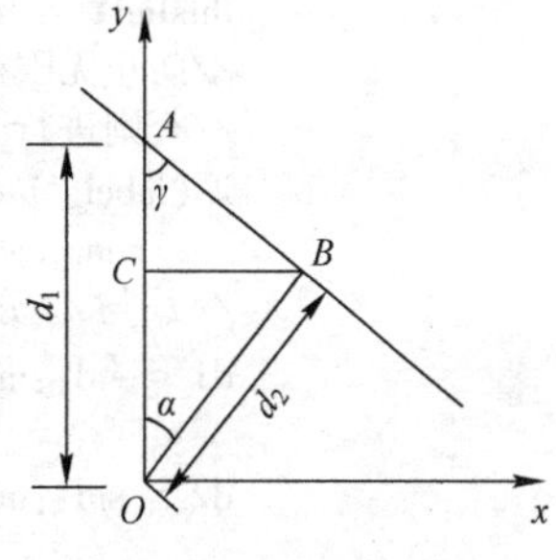

图 5-35　点云分割原理

式中，γ 为分割角度；l_{AC} 和 l_{BC} 分别表示线段 AC 和 BC 的长度；α 为相邻线束角度差；比较线段 OA 和 OB 的长度，并令 d_1 为其中较大的线段长度，而 d_2 为较小的线段长度。设置分割角度阈值 ϵ，如果 $\gamma<\epsilon$，则 A、B 两点深度变化太大，表明不在同一物体上；否则，这两点位于同一物体上。换言之，如果点 A 深度 d_1 比点 B 深度 d_2 大很多，则 $d_1-d_2\cos\alpha$ 为极其大的正常数，这会导致 γ 很小（即直线 AB 斜率很大），此时可认为 A 和 B 不在同一物体上。

在参考文献［49］中，为提高点云分割效率，如果 A 的邻点小于 30 个，认为 A 是离群点（即该点无效）；如果 A 的邻点很少，但分布在 3 条以上激光线束上（即不是同一根线束扫描到的点），则该点有效。

点云分割的具体代码如下：

```
segment_Alpha_X = ang_res_x / 180.0 * M_PI;      //水平角度转换为弧度
segment_Alpha_Y = ang_res_y / 180.0 * M_PI;      //竖直角度转换为弧度

void cloudSegmentation()
{
    for (size_t i = 0; i < N_SCAN; ++i)                  //N_SCAN=64
        for (size_t j = 0; j < Horizon_SCAN; ++j)        //Horizon_SCAN=1800
            //排除地面点 label_Mat=1 和分割无效点 label_Mat=999999
            if (label_Mat.at<int>(i,j) == 0)
                labelComponents(i, j);                   //检测(i, j)邻点特性
}
void labelComponents(int row, int col)
{
    queueIndX[0] = row;                                  //激光雷达线束号
    queueIndY[0] = col;                                  //水平线束
    int queueSize = 1;
```

```
int queueStartInd = 0;                                      //起始索引
int queueEndInd = 1;                                        //结束索引
//queueSize 指在特征处理时还未处理好的点的数量,
//在 while 循环内计算当前点的周围点个数
while(queueSize > 0)
{
    //fromIndX fromIndY 为当前点
    fromIndX = queueIndX[queueStartInd];                    //fromIndX= row
    fromIndY = queueIndY[queueStartInd];                    //fromIndY=col
    --queueSize;
    ++queueStartInd;
    //labelCount =1 表示标记当前点(labelCount 初始化为 0)
    label_Mat.at<int>(fromIndX, fromIndY) = labelCount;
    //检查上下左右四个邻点(neighbor_Iterator 中保存着上下左右四个点)
    for (auto iter = neighbor_Iterator.begin(); iter != neighbor_Iterator.end(); ++iter)
    {
        thisIndX = fromIndX + (*iter).first;        //周围点坐标 thisIndX,thisIndY
        thisIndY = fromIndY + (*iter).second;
        //防止无限循环,只有当 label_Mat=0(即未做任何处理的点)继续执行
        //否则进行下一次循环
        if (label_Mat.at<int>(thisIndX, thisIndY) != 0)
            continue;
        //d1 与 d2 分别是该特定点与某邻点的深度,d1 为较大距离
        d1 = std::max(rangeMat.at<float>(fromIndX, fromIndY),
                      rangeMat.at<float>(thisIndX, thisIndY));
        d2 = std::min(rangeMat.at<float>(fromIndX, fromIndY),
                      rangeMat.at<float>(thisIndX, thisIndY));
        //first=0 代表线束值没有变化,水平线束在发生变化
        if ((*iter).first == 0)
            alpha = segment_Alpha_X;
        else
            alpha = segment_Alpha_Y;
        angle = atan2(d2 * sin(alpha), (d1 - d2 * cos(alpha)));
        //如果夹角大于角度阈值,将这个邻点纳入局部特征中,该邻点可配准使用
        if (angle > segment_Theta_)           //角度阈值 segment_Theta_= 60.0/180.0 * M_PI;
        {
            //迭代 queueEndInd 永远比 queueStartInd 大一个数
            //将周围点保存至 queueIndX[queueEndInd]
            queueIndX[queueEndInd] = thisIndX;
            queueIndY[queueEndInd] = thisIndY;
            ++queueSize;
            ++queueEndInd;
            label_Mat.at<int>(thisIndX, thisIndY) = labelCount;  //该周围点有效
            lineCountFlag[thisIndX] = true;
            allPushedIndX[allPushedIndSize] = thisIndX;       //将周围点保存至 allPushedIndX
            allPushedIndY[allPushedIndSize] = thisIndY;
            ++allPushedIndSize;                               //周围点个数
        }
    }
}
bool feasibleSegment = false;                                 //检查分割是否有效
//当邻点数目达到 30 后,则该帧激光雷达点云的几何特征配置成功
if (allPushedIndSize >= 30)
```

```
        feasibleSegment = true;
    else if (allPushedIndSize >= segment_ValidPoints_Num)    //segmentValidPointNum = 5;
    {
        int lineCount = 0;
        for (size_t i = 0; i < N_SCAN; ++i)
        if (lineCountFlag[i] == true)                        //查询附近点位于几条线束上
            ++lineCount;
        //segment_ValidLine_Numb=3,即当周围点所在线束值与当前点的线束值相差 3 个以上时,认为
        //分割有效
        if (lineCount >= segment_ValidLine_Numb)
            feasibleSegment = true;                          //分割有效
    }
    if (feasibleSegment == true)
        ++labelCount;                                        //每循环一次,labelCount 加 1
    else
    {
        for (size_t i = 0; i < allPushedIndSize; ++i)
        {
            label_Mat.at<int>(allPushedIndX[i], allPushedIndY[i]) = 999999;    //分割无效点
        }
    }
}
```

上述代码中的 cloudSegmentation 函数对每一个既不是地面也不是离群的点，通过调用 labelComponents 函数检测邻点特征。

在 labelComponents 函数中，首先定义当前点 A 的坐标为（fromIndX,fromIndY），并将 label_Mat 标记为 1，表示已判断过该点的邻点特性。通过定义的 neighbor_Iterator，得到附近邻点 B 的坐标为（thisIndX,thisIndY）。为减少程序冗余，如果点 B 的 label_Mat 已被标记，则计算下一个点。

角度 alpha 是相邻线束角度差 α，其选取方法如下：如果 frist 发生变化，则 alpha 是竖直角度；如果 second 发生改变，则 alpha 是水平角度。最终通过式（5-62）得到分割角度 angle。

在头文件中给定角度阈值 ε 为 60°。如果 angle>ε，则 A 与 B 为同一个物体上的两个点。令邻点 B 的 label_Mat 为 1，这表示 B 为有效分割点。并将点 B 的 x 和 y 赋值给 queueIndX 和 queueIndY，以供后续迭代使用。

代码中的 allPushedIndSize 是当前预处理点 A 的周围点个数的计数值。如果该值大于 30，则点 A 为有效分割点；如果该值大于或等于 5 且周围点位于 3 条线束以上，也认为点 A 是有效分割点。每找到一个有效分割点，label_Mat 的数值自动加 1；而当发现离群点或异常点时，令 label_Mat 为 999999。表 5-2 列出 label_Mat 值对应的点云分类。

表 5-2　label_Mat 对应的点云分类

label_Mat	点 云 分 类
-1	地面点
0	未处理
1	有效分割点
2	有效分割点
⋮	⋮
999999	离群点或异常点

最后，将离群点保存至 outlierCloud；含有地面的分割点保存至 segmentedCloud；不含地面的有效分割点保存至 segmentedCloudPure；投影后的点云存储在 all_Cloud；地面点保存至 groundCloud。

2. 前端里程计

为了方便信息存储，在头文件中自定义存放点云信息的结构体 segInfo，具体代码如下：

```
Header header
int32[ ] Ring_start_Index                    //起始线束索引号
int32[ ] Ring_end_Index                      //终止线束索引号
float32 start_ori                            //起始角度
float32 end_ori                              //终止角度
float32 ori_diff                             //角度差
bool[ ]     segmented_Ground_Flag            //是否是地面点
uint32[ ]   segmented_col_ind                //点云所在水平方向的行数    0~1800
float32[ ]  segmented_range                  //点云深度
```

这里涉及的前端里程计包含与 5.3.4 节相同的特征点提取和匹配算法，但额外增加了特征点筛选功能。参考文献［26］中指出了两种不稳定特征点，即在图 5-36 中，所在直线与激光雷达线束平行的特征点以及被障碍物遮挡的特征点。

第一种情况如图 5-37 所示。OA、OB 与 OC 为扫描到障碍物的激光线束，激光线束 OC 与 AC 几乎平行。如果 OC 与前后两点距离相差较大，则认为入射角太小（即特征点所在直线与激光雷达线束几乎平行），此时点 C 为不稳定特征点。

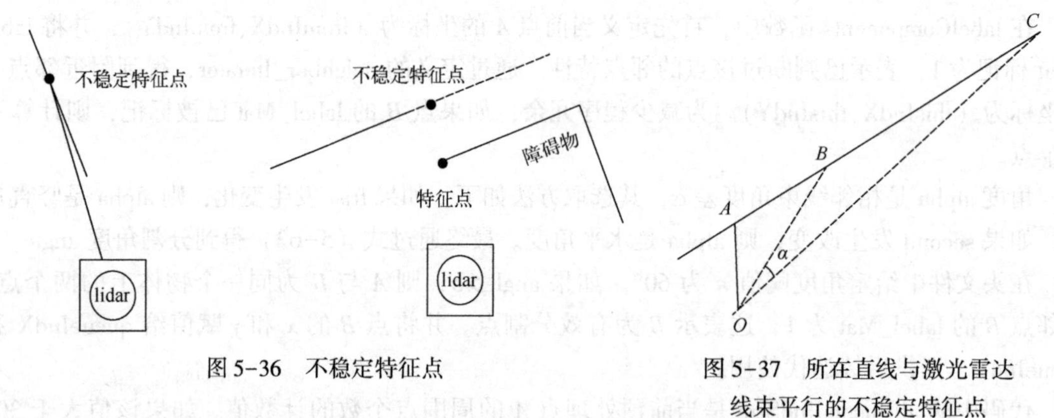

图 5-36　不稳定特征点

图 5-37　所在直线与激光雷达线束平行的不稳定特征点

判定（所在直线与激光雷达线束平行的）不稳定特征点的算法如下：

```
for (int i = 5; i < cloudSize - 6; ++i)        //通过前后 5 个点计算曲率,所以是 cloudSize-6
{
    //diff1 和 diff2 是当前点与前后两个点的距离
    float diff1 = std::abs(segInfo.segmented_range[i-1] - segInfo.segmented_range[i]);
    float diff2 = std::abs(segInfo.segmented_range[i+1] - segInfo.segmented_range[i]);
    //若当前点与前后点的二次方和都较远,则该点为离群点
    if (diff1 > 0.02 * segInfo.segmented_range[i] && diff2 > 0.02 * segInfo.segmented_range[i])
        cloudNeighborPicked[i] = 1;
}
```

代码中，diff1 与 diff2 分别为当前点 i 与其前后两点的距离。如果这两个距离都很远，则认为：入射角太小，特征点所在直线与激光雷达线束几乎平行。最后通过令该点 cloudNeighborPicked 为 1，去除不稳定特征点。

第二种情况如图 5-38 所示。受障碍物点 B 的影响，当无人车位于不同的位置时，特征点 A 在不同的位置，所以点 A 为不稳定特征点。当发生遮挡时，点 A 相对于点 B 深度值较大。通过比较深度值，去除不稳定特征点。

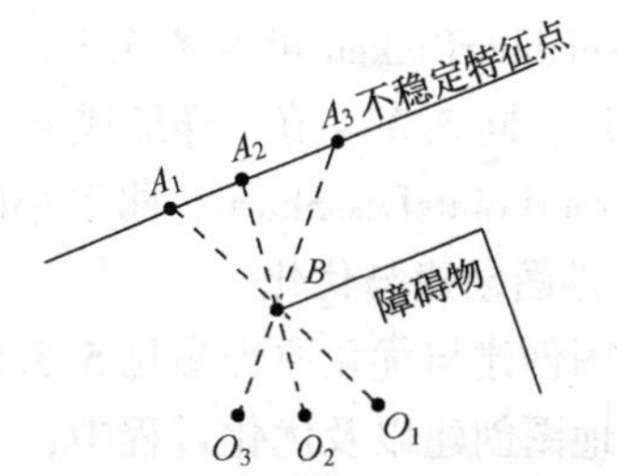

图 5-38　被障碍物遮挡不稳定的特征点

判断（被障碍物遮挡的）不稳定特征点的算法如下：

```
void markOccludedPoints()
{
    int cloudSize = segmentedCloud->points.size();
    for (int i = 5; i < cloudSize - 6; ++i)
    {
        float depth1 = segInfo.segmented_range[i];                    //上一个点深度
        float depth2 = segInfo.segmented_range[i+1];                  //下一个点深度
        int columnDiff = std::abs(int(segInfo.segmented_col_ind[i+1]-   //深度差
                                  segInfo.segmented_col_ind[i]));
        //将可能存在遮挡的点去除,将深度较大的点视为瑕点
        //直接采取比较点的下标,去掉其中一侧的 5 个点
        if (columnDiff < 10)                                          //深度差小于 10
        {
            //上一个点深度大。将深度较大一侧的点 cloudNeighborPicked 标记为 1
            if (depth1 - depth2 > 0.3)
            {
                cloudNeighborPicked[i - 5] = 1;
                cloudNeighborPicked[i - 4] = 1;
                cloudNeighborPicked[i - 3] = 1;
                cloudNeighborPicked[i - 2] = 1;
                cloudNeighborPicked[i - 1] = 1;
                cloudNeighborPicked[i] = 1;
            }
            //下一个点深度大。将深度较大一侧的点 cloudNeighborPicked 标记为 1
            else if (depth2 - depth1 > 0.3)
            {
                    cloudNeighborPicked[i + 1] = 1;
                    cloudNeighborPicked[i + 2] = 1;
                    cloudNeighborPicked[i + 3] = 1;
                    cloudNeighborPicked[i + 4] = 1;
                    cloudNeighborPicked[i + 5] = 1;
                    cloudNeighborPicked[i + 6] = 1;
            }
        }
    }
}
```

代码中的 markOccludedPoints 函数用于去除一些瑕点。瑕点指的是在点云中可能出现的互相遮挡的点。如果两个特征点距离过近（小于某个阈值），则只保留深度较小的那个点（后续也只处理这个保留下的点）。

代码中 depth1 表示上一个点深度，depth2 表示下一个点深度，columnDiff 为两者深度差。将可能存在遮挡的特征点去除，将远侧点视为瑕点。“cloudNeighborPicked = 1”表示去除该点

(cloudNeighborPicked 可参考 5.3.4 节)。

最后，同 5.3.4 节一样形成 4 个点云，分别存放曲率很大的点 cornerPointsSharp、曲率大的点 cornerPointsLessSharp、曲率小的点 surfPointsFlat 以及曲率很小的点 surfPointsLessFlat。

3. 地图创建与优化

地图创建与优化原理参见 5.3.5 节，这里不再赘述。

在地图创建以及优化过程中，可能遇到回环情况。为了能够实时检测回环，可以在程序中设计多线程，并将回环检测算法放入独立线程中。

4. 回环检测

参考文献［49］用 ICP 匹配方法检测回环。ICP 需要寻找目标点云（即历史帧）与待匹配点云（即当前帧）。如果当前帧与历史帧能够匹配上，则形成回环。

匹配过程中调用两个函数（即 detectLoopClosure 函数和 performLoopClosure 函数）。detectLoopClosure 函数用于回环检测，而 performLoopClosure 函数实现 ICP 匹配。

首先，在无人车所有轨迹中，寻找距离当前位置 7 m 的所有点，将其记作集合 A。

其次，判断是否存在历史帧。在集合 A 中如果存在某点时间（即经过该点的里程计时间）与当前帧里程计时间相差 30 s 以上，则认为存在历史关键帧。判断回环分两种情况，如图 5-39 所示。图中，实心圆为第一次经过该地的点；空心圆是当前无人车位置；虚线圆以无人车当前所在位置为圆心、7 m 为半径。图 5-39a 中不存在历史关键帧，即不构成回环。图 5-39b 中存在多个历史关键帧。参考文献［49］中选取了距无人车当前位置最近的历史帧（即图 5-39b 中的点 a）来完成后续的 ICP 匹配。

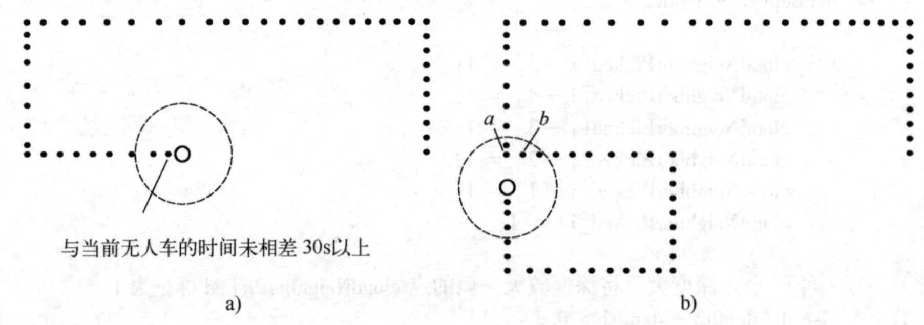

图 5-39　有回环和无回环的情况

a）无回环的情况　b）存在回环的情况

为提高 ICP 匹配精度，将历史关键帧与其前后 25 帧点云作为目标点云，并将当前帧作为待匹配点云。

实现回环检测的具体程序如下：

```
bool detectLoopClosure()
{
    latestSurfKeyFrameCloud->clear();
    nearHistorySurfKeyFrameCloud->clear();
    nearHistorySurfKeyFrameCloudDS->clear();
    std::vector<int> pointSearchIndLoop;           //最近邻点索引号
    std::vector<float> pointSearchSqDisLoop;       //最近邻点距离
    //cloudKeyPoses3D 为无人车的历史帧轨迹
    kdtreeHistoryKeyPoses->setInputCloud(cloudKeyPoses3D);
```

```
    //在 cloudKeyPoses3D 中寻找距离当前无人车位置(currentRobotPosPoint)7 m 内点
    kdtreeHistoryKeyPoses->radiusSearch(currentRobotPosPoint,
                historyKeyframeSearchRadius,pointSearchIndLoop, pointSearchSqDisLoop, 0);
    closestHistoryFrameID = -1;                            //初始化参数
    for (int i = 0; i < pointSearchIndLoop.size(); ++i)
    {
        int id = pointSearchIndLoop[i];
        //选取时间差超过 30 s 且距离当前位置 7 m 内的点云
        if (abs(cloudKeyPoses6D->points[id].time - timeLaserOdometry) > 30.0)
        {
            //将 7 m 内以及时间大于 30 s 的 id 存入 closestHistoryFrameID 中
            closestHistoryFrameID = id;
                break;                                     //只要有一个满足,就退出 for 循环
        }
    }
    if (closestHistoryFrameID == -1)                       //时间不满足,没有形成回环点云,退出函数
    {
        return false;
    }
    //待匹配点云:最新一帧点,坐标变换后,保存至 latestSurfKeyFrameCloud
    latestFrameIDLoopCloure = cloudKeyPoses3D->points.size() - 1;
    *latestSurfKeyFrameCloud +=
                    *transformPointCloud(cornerCloudKeyFrames[latestFrameIDLoopCloure],
                                &cloudKeyPoses6D->points[latestFrameIDLoopCloure]);
    *latestSurfKeyFrameCloud +=
                *transformPointCloud(surfCloudKeyFrames[latestFrameIDLoopCloure],
    //目标点云
    //historyKeyframeSearchNum=25 将历史关键帧融合到子图中以进行循环闭合
    for (int j = - historyKeyframeSearchNum ;  j <= historyKeyframeSearchNum ; ++j)
    {
        //若 closestHistoryFrameID+j 小于 0 或者大于 size-1,则退出本次循环,进行下一次循环
        if(closestHistoryFrameID+j<0 || closestHistoryFrameID+j>latestFrameIDLoopCloure)
            continue;
        *nearHistorySurfKeyFrameCloud +=
                    *transformPointCloud(cornerCloudKeyFrames[closestHistoryFrameID+j],
                                &cloudKeyPoses6D->points[closestHistoryFrameID+j]);
        *nearHistorySurfKeyFrameCloud +=
                    *transformPointCloud(surfCloudKeyFrames[ closestHistoryFrameID + j ],
                                &cloudKeyPoses6D->points[closestHistoryFrameID+j]);
    }
    return true;
}
```

代码中首先利用 KD 树中的 radiusSearch 函数在无人车所有轨迹中搜索当前位置 7 m 范围内的点。如果该点时间与当前里程计时间的间隔大于 30 s，则认为该点是形成回环的点（即图 5-39b 中的点 a），并将索引号存入 closestHistoryFrameID 中；否则，radiusSearch 函数返回 false。

将最新一帧点云的边角点与平面点坐标通过 transformPointCloud 函数坐标变换后，叠加并保存到待匹配点云 latestSurfKeyFrameCloud 中。在 closestHistoryFrameID 附近进行搜索，过滤掉索引号不在该帧点云数量范围内的点云，并对剩余点云进行坐标变换，然后将变换结果作为目标点云 nearHistorySurfKeyFrameCloudDS。

如果形成回环，函数 detectLoopClosure 返回 true。

代码中，cornerCloudKeyFrames 和 surfCloudKeyFrames 分别存放上一帧的边角点（和平面点）下采样后的点云。transformPointCloud 函数实现坐标变换。它共有两个输入参数，第一个是输入点云 cloudIn，第二个是提供旋转角度的 transformIn。该函数的输出是点云 cloudIn 经过旋转变换后的结果 cloudOut。

接下来在 performLoopClosure 函数中进行 ICP 匹配。该函数如下：

```
void performLoopClosure()  //main1 内调用
{
    if (potentialLoopFlag == false)
    {
        if (detectLoopClosure() == true)
        {
            potentialLoopFlag = true;        //形成回环
        }
        if (potentialLoopFlag == false)      //如果 detectLoopClosure=false,则判定未形成回环
            return;
    }
    //不管 ICP 成功与否,先重置标志
    potentialLoopFlag = false;
    pcl::IterativeClosestPoint<PointType, PointType>  icp;
    //忽略在此距离之外点,如果两个点云距离较大,这个值要设得大一些
    icp.setMaxCorrespondenceDistance(100);
    icp.setMaximumIterations(100);              //第 1 个约束,迭代次数,几十上百次都可能出现
    //第 2 个约束,上次转换矩阵与当前转换矩阵的差值,这个值一般设为 1e-6 或者更小
    icp.setTransformationEpsilon(1e-6);
    //第 3 个约束,设置前后两次迭代的对应点间的欧氏距离均值的最大值
    icp.setEuclideanFitnessEpsilon(1e-6);
    icp.setRANSACIterations(0);                 //设置 RANSAC 应该运行的迭代次数
    icp.setInputSource(latestSurfKeyFrameCloud);                //待匹配点云
    icp.setInputTarget(nearHistorySurfKeyFrameCloudDS);         //目标点云
    pcl::PointCloud<PointType>::Ptr  unused_result  (new pcl::PointCloud<PointType>());
    icp.align(*unused_result);                                  //输出配准后点云
    //如果两个 PointClouds 匹配成功,则 icp.hasConverged()= 1(true)
    //getFitnessScore 表示迭代结束后目标点云和配准后点云的最近点之间距离的均值
    if (icp.hasConverged() == false || icp.getFitnessScore() > historyKeyframeFitnessScore)
        return;
    float x, y, z, roll, pitch, yaw;
    //匹配成功,进行数据处理
    Eigen::Affine3f correctionCameraFrame;                      //仿射变换矩阵
    //最终匹配得到的坐标转换
    correctionCameraFrame = icp.getFinalTransformation();
    //坐标变换。得到 correctionCameraFrame 对应的平移和旋转
    pcl::getTranslationAndEulerAngles(correctionCameraFrame, x, y, z, roll, pitch, yaw);
    //从给定的平移和欧拉角创建变换矩阵 T
    Eigen::Affine3f correctionLidarFrame = pcl::getTransformation(z, x, y, yaw, roll, pitch);
    //最新一帧对应的平移、旋转
    Eigen::Affine3f  tWrong = pclPointToAffine3fCameraToLidar(
                               cloudKeyPoses6D->points[latestFrameIDLoopCloure]);
    //修正位姿
    Eigen::Affine3f  tCorrect = correctionLidarFrame * tWrong;
```

```
}

Eigen::Affine3f  pclPointToAffine3fCameraToLidar (PointTypePose  this_Point)
{
    return pcl::getTransformation(this_Point.z, this_Point.x, this_Point.y, this_Point.yaw,
                                  this_Point.roll, this_Point.pitch);
}
```

上述代码中，首先调用 detectLoopClosure 函数，判断是否形成回环。如果形成回环，进行 ICP 匹配；否则，退出 performLoopClosure 函数。

有 3 个约束可以终止 ICP 匹配的迭代过程，它们分别是迭代次数、前后两次转换矩阵的最大差值以及前后两次迭代的对应点是否发生变化。如果迭代次数达到上限或者前后两次转换矩阵差值小于第二个约束条件，则迭代终止。

ICP 输入为目标点云（icp.setInputTarget）与待匹配点云（icp.setInputSource）。ICP 输出结果存放至 unused_result。

ICP 匹配后，如果迭代发散（icp.hasConverged()==false）或残差太大（icp.getFitnessScore()大于阈值），则表示两帧点云匹配失败，结束函数。

如果匹配成功，则通过 icp.getFinalTransformation()函数得到目标点云与待匹配点云的转换矩阵 correctionCameraFrame。

利用 pcl::getTranslationAndEulerAngles(correctionCameraFrame,x,y,z,roll,pitch,yaw)可得到转换矩阵 correctionCameraFrame 对应的平移向量（x,y,z）与旋转向量（roll,pitch,yaw）。

pcl::getTransformation(z,x,y,yaw,roll,pitch)将平移向量与旋转向量转换为变换矩阵 $\boldsymbol{T}$，并将其保存至 correctionLidarFrame。

通过变换矩阵 $\boldsymbol{T}$ 修正当前车辆位姿（tWrong）得到修正后的位姿（tCorrect）。将当前修正后的位姿放入因子图中进行优化。具体代码如下：

```
//得到修正后位姿对应的角度和平移
pcl::getTranslationAndEulerAngles (tCorrect, x, y, z, roll, pitch, yaw);
//在位姿图中加入新匹配得到的位姿约束
gtsam::Pose3  poseFrom = Pose3(Rot3::RzRyRx (roll, pitch, yaw) , Point3(x, y, z));
gtsam::Pose3  poseTo = pclPointTogtsamPose3 (
                        cloudKeyPoses6D->points[ closestHistoryFrameID]);
gtsam::Vector Vector6(6);
float noiseScore = icp.getFitnessScore();                    //噪声
Vector6 << noiseScore, noiseScore, noiseScore, noiseScore, noiseScore, noiseScore;
constraintNoise = noiseModel::Diagonal::Variances(Vector6);  //噪声模型
//BetweenFactor 为加入两个位置间关系 poseFrom.between(poseTo)
//添加一个因子,betweenfactor<顶点类型>(序号 1,序号 2,观测值,噪声模型)
gtSAMgraph.add(BetweenFactor<Pose3>(latestFrameIDLoopCloure, closestHistoryFrameID,
                        poseFrom.between(poseTo), constraintNoise));
//更新因子图
isam->update(gtSAMgraph);
isam->update();
gtSAMgraph.resize(0);
aLoopIsClosed = true;                                        //检测到回环的标志
```

上述代码中，BetweenFactor<Pose3>(latestFrameIDLoopCloure, closestHistoryFrameID, poseFrom.between(poseTo), constraintNoise)的 BetweenFactor 表示两个节点（即 latestFrameIDLoop-

Cloure与 closestHistoryFrameID）间关系，poseFrom 为待匹配点云对应位姿，poseTo 为目标点云对应位姿。利用 gtSAMgraph. add 函数将位姿关系加入因子图中。最后更新因子图（5.3.7 节将介绍因子图）。

另一个线程 visualizeGlobalMapThread 以 0.2 Hz 频率发布地图点云。该线程会对地图点云进行两次降维，并将边角点、平面点和离群点加入已构建地图中。

以上完成了初步建图和回环检测。在 5.3.7 节中，将详细介绍如何基于后端图优化的方法减小帧间误差，并优化建图。

5.3.7 后端图优化

5.3.6 节中介绍了回环检测方法。回环检测之前，无人车的位姿估计误差越来越大。为减小估计误差，回环检测后需优化形成回环的两个位姿之间的所有位姿。本节介绍参考文献[49] 中的因子图优化方法。

1. 因子图优化

首先，简要介绍贝叶斯网络的基本概念。贝叶斯网络又称为有向无环图，是一种概率图模型（见图 5-40）。图中 a 指向 b，则 a 为 b 父节点，表示成概率为 $P(b|a)$。同理，c 为 a 和 b 父节点，可表示成概率为 $P(c|a,b)$。

联合概率表示多个事件同时发生的概率。对于三个同时发生的事件（a、b 和 c），它们的联合概率为 $P(a,b,c)=P(a)P(b|a)P(c|a,b)$。先验概率表示根据以往经验得到的概率。后验概率为事情发生后计算出的概率，可利用贝叶斯概率论进行计算。

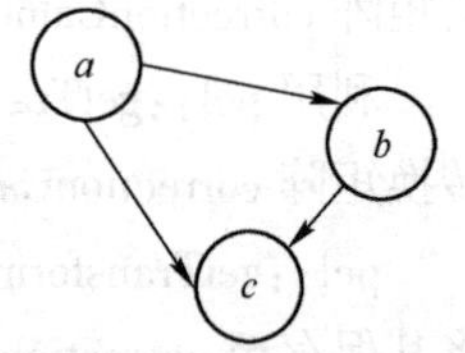

图 5-40 贝叶斯网络

图 5-41a 所示为链状贝叶斯网络。其中，x_i 为无人车位置；l_i 为路标；z_i 为路标的测量值，它依赖于 x_i 与 l_i。

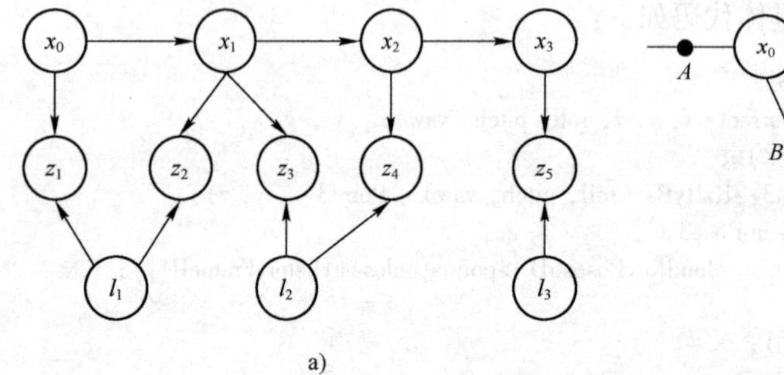

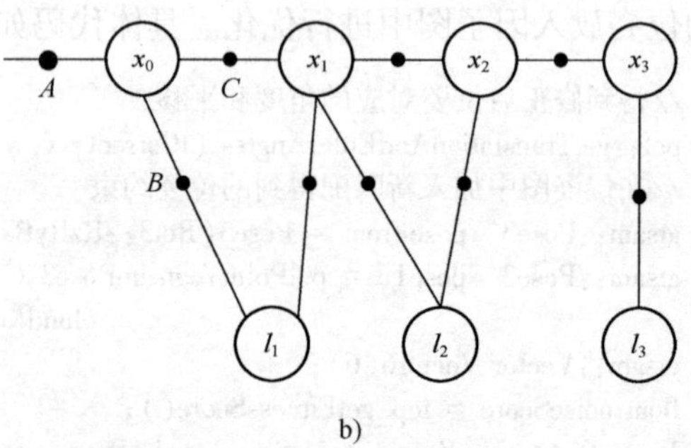

图 5-41 链状贝叶斯网络和因子图

a）链状贝叶斯网络 b）因子图

由图 5-41a 可知，无人车状态、测量值与路标都是链状贝叶斯网络的节点，因此该网络结构较为复杂。相比之下，图 5-41b 中的因子图仅以无人车状态和路标作为节点，于是其复杂度显著降低。

空间中任意两个物体经过旋转和平移都会重合。因此，为了在空间中得到唯一解，如图 5-41b 所示，在 x_0 前加入先验概率 A。这相当于在 x_0 处引入初始值（即初始位置）。在图 5-41b 中，无人车状态以及路标位置是未知量；B 为无人车位姿与路标间的约束；C 为无人车位姿间的约束。

在图优化工程中，使用优化工具 iSAM 把因子图通过贝叶斯网络转换为贝叶斯树（Bayes Tree）。如果产生了新的位姿，整个因子图会有稍许改动，此时要对整个因子图重新优化。但是，iSAM 能利用之前计算出的解进行重优化，这样可大大减少运行时间。只有在形成回环时，才需对回环内所有位姿进行调整[52]。基于 iSAM 的因子图增量更新过程如图 5-42 所示，其中黑色实心圆为新加的节点，加粗的圆为受影响的节点。

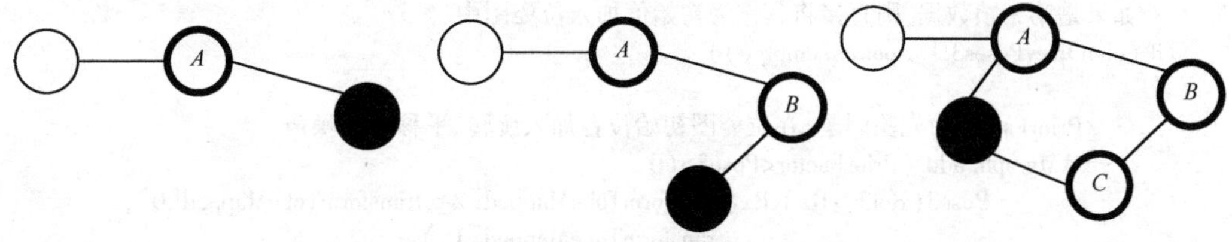

图 5-42　基于 iSAM 的因子图增量更新过程

本节主要在回环检测后，更新修正位姿图。同时重建与受影响位姿对应的点云地图，从而实现建图和优化功能。

图优化代码中首先定义因子图 gtSAMgraph、初始值 initialEstimate、优化工具 iSAM 以及噪声 priorNoise。具体程序如下：

```
NonlinearFactorGraph gtSAMgraph;                    //定义因子图
//定义初始值容器
Values initialEstimate;                             //初始值
Values optimizedEstimate;
ISAM2 * isam;                                       //优化工具 iSAM
Values isamCurrentEstimate;
noiseModel::Diagonal::shared_ptr priorNoise;        //噪声定义
noiseModel::Diagonal::shared_ptr odometryNoise;
noiseModel::Diagonal::shared_ptr constraintNoise;
gtsam::Vector Vector6(6);
Vector6 << 1e-6, 1e-6, 1e-6, 1e-8, 1e-8, 1e-6;
//噪声定义为对角线矩阵
priorNoise = noiseModel::Diagonal::Variances(Vector6);
//噪声定义为对角线矩阵
odometryNoise = noiseModel::Diagonal::Variances(Vector6);
```

接下来利用因子图优化方法进行位姿更新。如果是第一帧，需要加入先验因子与初始位置；否则，加入两个位姿间的约束。最后更新因子图。具体程序如下：

```
void saveKeyFramesAndFactor()
{   currentRobotPosPoint.x = transformAftMapped[3];     //当前无人车位置
    currentRobotPosPoint.y = transformAftMapped[4];
    currentRobotPosPoint.z = transformAftMapped[5];
    bool saveThisKeyFrame = true;
    //相邻两帧间无人车距离
    if (sqrt ((previousRobotPosPoint.x-currentRobotPosPoint.x)
             *(previousRobotPosPoint.x-currentRobotPosPoint.x)
             +(previousRobotPosPoint.y-currentRobotPosPoint.y)
             *(previousRobotPosPoint.y-currentRobotPosPoint.y)
             +(previousRobotPosPoint.z-currentRobotPosPoint.z)
             *(previousRobotPosPoint.z-currentRobotPosPoint.z)) < 0.3)
```

```
    {
        saveThisKeyFrame = false;
    }
    if (saveThisKeyFrame == false && !cloudKeyPoses3D->points.empty())
        return;
    previousRobotPosPoint = currentRobotPosPoint; //迭代以供后续使用

    //如果是第一帧数据,则直接将其作为初始值加入位姿图中
    if (cloudKeyPoses3D->points.empty())
    {
        //PriorFactor为先验因子,在位姿图初始位置加入旋转、平移以及噪声
        gtSAMgraph.add (PriorFactor<Pose3>(0,
                    Pose3( Rot3::RzRyRx( transformTobeMapped[2], transformTobeMapped[0],
                                transformTobeMapped[1]),
                    Point3( transformTobeMapped[5], transformTobeMapped[3],
                                transformTobeMapped[4])),
                    priorNoise));
        //插入初始值
        initialEstimate.insert (0,
                    Pose3( Rot3::RzRyRx( transformTobeMapped[2], transformTobeMapped[0],
                            transformTobeMapped[1]),
                    Point3 ( transformTobeMapped[5], transformTobeMapped[3],
                            transformTobeMapped[4])));
        for (int i = 0; i < 6; ++i)          //将本次地图中位姿赋值给上一时刻
            transformLast[i] = transformTobeMapped[i];
    }
    //否则将当前帧位姿加入位姿图中
    else
    {   //向initial中加入顶点(初始化顶点值)
        gtsam::Pose3 poseFrom =
            Pose3( Rot3::RzRyRx ( transformLast[2], transformLast[0], transformLast[1]),
                Point3( transformLast[5], transformLast[3], transformLast[4]));
        gtsam::Pose3 poseTo =
            Pose3( Rot3::RzRyRx( transformAftMapped[2], transformAftMapped[0],
                        transformAftMapped[1]),
                Point3 ( transformAftMapped[5], transformAftMapped[3],
                        transformAftMapped[4]));
        //添加一个因子,betweenfactor<顶点类型>(序号1,序号2,观测值,噪声模型)
        gtSAMgraph.add( BetweenFactor<Pose3>( cloudKeyPoses3D->points.size()-1,
            cloudKeyPoses3D->points.size(), poseFrom.between( poseTo), odometryNoise));
        initialEstimate.insert ( cloudKeyPoses3D->points.size(),
                    Pose3( Rot3::RzRyRx( transformAftMapped[2], transformAftMapped[0],
                                transformAftMapped[1]) ,
                        Point3( transformAftMapped[5], transformAftMapped[3],
                                transformAftMapped[4])));

    }
}
```

在上述代码的 saveKeyFramesAndFactor 函数中，将 transformAftMapped(3:5)作为当前无人车位置 currentRobotPosPoint，并计算与上一帧无人车位置 previousRobotPosPoint 的距离。

如果距离小于 0.3 且 cloudKeyPoses3D 不为空（初始时刻为空），则退出 saveKeyFramesAndFactor 函数；否则，进行迭代，将当前无人车位置赋值给上一帧无人车位置。代码中 transform-

TobeMapped 是车体坐标系到全局坐标系的转换矩阵，其中全局坐标系以起始位置为原点。transformLast 为上一帧位姿，transformAftMapped 为当前帧位姿。

图 5-43 展示了基于 gtSAMgraph. add 函数向因子图增加因子的方法。

图 5-43a 所示为 gtSAMgraph. add 函数中 PriorFactor 的用法，其参数分别为添加因子的位置、该点所在位置、该点与全局坐标系的夹角以及噪声。如果是第一帧数据，则在因子图 gtSAMgraph 第 0 个位置中加入先验因子（PriorFactor），并将第 0 个位置的位姿加入初始值 initialEstimate 中。

图 5-43b 所示为 gtSAMgraph. add 函数中 BetweenFactor 的用法。其参数分别为两个节点在全局坐标系下的位置、节点间位姿约束以及噪声。如果不是第一帧数据，则在两个节点间加入位姿约束，并把当前无人车位姿推入 initialEstimate 中。

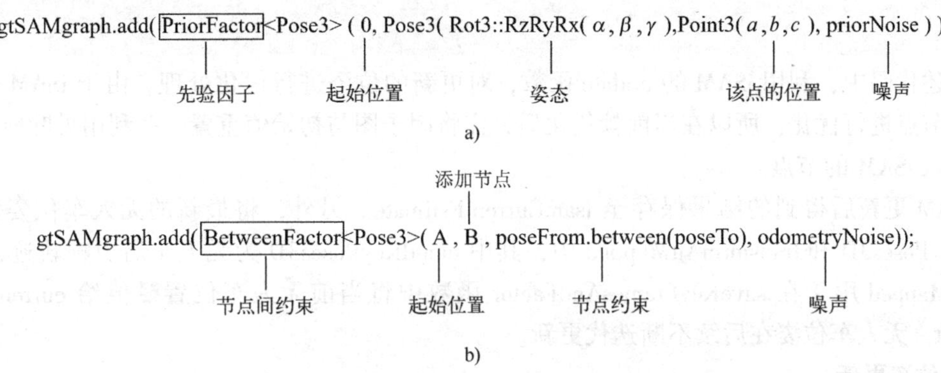

图 5-43　gtSAMgraph. add 函数的用法

a）gtSAMgraph. add 函数中 PriorFactor 的用法　b）gtSAMgraph. add 函数中 BetweenFactor 的用法

最后，利用优化工具 iSAM 得到图优化结果，并将优化后的位姿保存到 cloudKeyPoses3D 中。具体代码如下：

```
//isam 更新因子图
isam->update( gtSAMgraph, initialEstimate) ;          //将因子图与初始值输入
isam->update( ) ;                                     //开始更新

//特别重要,update 以后,清空原来的约束
//已经加入 isam2 的那些用贝叶斯树保管
gtSAMgraph. resize(0) ;                               //清零
initialEstimate. clear( ) ;
PointType thisPose3D;
PointTypePose thisPose6D;
Pose3 latestEstimate;
isamCurrentEstimate = isam->calculateEstimate( ) ; //更新后的结果

//最新位姿
latestEstimate = isamCurrentEstimate. at<Pose3>( isamCurrentEstimate. size( )-1) ;
thisPose3D. x = latestEstimate. translation( ). y( ) ;
thisPose3D. y = latestEstimate. translation( ). z( ) ;
thisPose3D. z = latestEstimate. translation( ). x( ) ;
thisPose3D. intensity = cloudKeyPoses3D->points. size( ) ;
cloudKeyPoses3D->push_back( thisPose3D) ;
if (cloudKeyPoses3D->points. size( ) > 1)          //将点存入当前帧点云中
```

```
{
    transformAftMapped[0] = latestEstimate.rotation().pitch();
    transformAftMapped[1] = latestEstimate.rotation().yaw();
    transformAftMapped[2] = latestEstimate.rotation().roll();
    transformAftMapped[3] = latestEstimate.translation().y();
    transformAftMapped[4] = latestEstimate.translation().z();
    transformAftMapped[5] = latestEstimate.translation().x();
    for (int i = 0; i < 6; ++i)              //迭代更新
    {
        //更新后的当前点位姿赋值给上一帧位姿
        transformLast[i] = transformAftMapped[i];
        //当前地图坐标系下位姿赋值给当前位姿
        transformTobeMapped[i] = transformAftMapped[i];
    }
}
```

上述代码中，利用 iSAM 的 update 函数，对更新的位姿进行优化处理。由于 iSAM 仅对受影响的节点进行优化，所以在当前帧优化后，需将因子图与初始值重置，并利用贝叶斯树保管已经加入 iSAM 的节点。

iSAM 更新后得到的结果保存至 isamCurrentEstimate。另外，将最新的无人车位姿保存至 cloudKeyPoses3D 和 transformAftMapped 中，其中 cloudKeyPoses3D 为无人车历史帧轨迹，transformAftMapped 用于在 saveKeyFramesAndFactor 函数中将当前无人车位置赋值给 currentRobotPosPoint。无人车位姿在后续不断迭代更新。

2. 位姿更新

发生回环检测后，所有点的位姿进行更新，具体代码如下：

```
void correctPoses()
{
    if (aLoopIsClosed == true)             //回环检测结束
    {
        int numPoses = isamCurrentEstimate.size();
        for (int i = 0; i < numPoses; ++i)
        {
            cloudKeyPoses3D->points[i].x=isamCurrentEstimate.at<Pose3>(i).translation().y();
            cloudKeyPoses3D->points[i].y=isamCurrentEstimate.at<Pose3>(i).translation().z();
            cloudKeyPoses3D->points[i].z=isamCurrentEstimate.at<Pose3>(i).translation().x();
        }
        aLoopIsClosed = false;
    }
}
```

上述代码在回环检测成功后，将位姿图的数据依次更新。

只在回环检测结束（即 aLoopIsClosed == true）调用 correctPoses 函数。位姿校正过程将 isamCurrentEstimate 的平移坐标（x、y 和 z）更新到 cloudKeyPoses3D，并将位姿更新至 cloudKeyPoses6D（其数据结构与 cloudKeyPoses3D 相似）。

基于 LeGO-LOAM 算法创建的东北大学刘长春体育馆周边地图如图 5-44 所示（该图去除了地面点）。

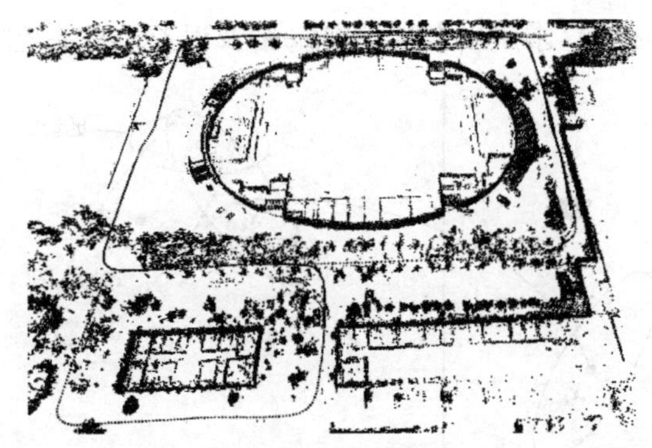

图 5-44　基于 LeGO-LOAM 算法创建的东北大学刘长春体育馆周边地图

5.4　习题

1. 在 T_0时刻载体坐标系与地理坐标系重合。当 T_1时刻沿载体坐标系 3 个轴 x、y 和 z 的 3 个陀螺仪角增量输出分别为 0.03 rad、0.05 rad 和 0.08 rad 时，试利用毕卡近似解的二阶角增量算法计算 T_1时刻载体坐标系和地理坐标系之间的方向余弦矩阵。

提示：对于式（5-13）所示的毕卡解，利用级数

$$e^{ix}=\cos(x)+i\sin(x)=1+ix-\frac{x^2}{2!}+\cdots+\frac{(ix)^n}{n!}+\cdots$$

对 $\sin(\|\Delta\theta\|)$ 和 $\cos(\|\Delta\theta\|)$ 分别进行泰勒展开后，将毕卡解表示为

$$\boldsymbol{C}_b^n(t)=\boldsymbol{C}_b^n(t_0)(\boldsymbol{I}+M\Delta\boldsymbol{\Theta}+N\Delta\boldsymbol{\Theta}^2)$$

其中，各阶次毕卡近似解对应的 M 和 N 见表 5-3。

表 5-3　毕卡解近似计算对照表

变　量	阶　次			
	1	2	3	4
M	1	1	$1-\frac{\|\Delta\theta\|^2}{6}$	$1-\frac{\|\Delta\theta\|^2}{6}$
N	0	$\frac{1}{2}$	$\frac{1}{2}$	$\frac{1}{2}-\frac{\|\Delta\theta\|^2}{24}$

2. 卡尔曼滤波可看作是通过给定观测变量集合$\{z_k\}_{k\in[0,n]}$，利用最优估计方法求解状态变量集$\{\boldsymbol{x}_k\}_{k\in[0,n]}$的过程。对比式（5-16）和式（5-19），给出如下卡尔曼滤波状态方程和观测方程：

$$\begin{cases}\boldsymbol{x}_{k+1}=\boldsymbol{\Phi}_{k+1}\boldsymbol{x}_k+\boldsymbol{\nu}_n\\ z_k=\boldsymbol{\Gamma}_k\boldsymbol{x}_k+\boldsymbol{\mu}_n\end{cases}\tag{5-63}$$

式中，$\boldsymbol{\nu}_n$ 和 $\boldsymbol{\mu}_n$ 表示均值为 0、方差分别为 $\boldsymbol{Q}_n$ 和 $\boldsymbol{R}_n$ 的过程噪声和测量噪声；$\boldsymbol{\Phi}_{k+1}$ 和 $\boldsymbol{\Gamma}_k$ 分别表示状态转移矩阵和观测矩阵。图 5-45 展示了卡尔曼滤波器状态最优估计过程。其中，虚线所示区域为对应协方差矩阵。

5.2.2 节指出，EKF 迭代的概率原理为贝叶斯法则，即通过状态先验估计和观测量计算后验估计。同理，在式（5-27）和式（5-28）所示的预测和更新过程中，可通过贝叶斯最大后

验估计（Maximum a Posteriori）求解出卡尔曼增益 $\boldsymbol{K}$ 及误差协方差矩阵 $\boldsymbol{P}$。贝叶斯公式为

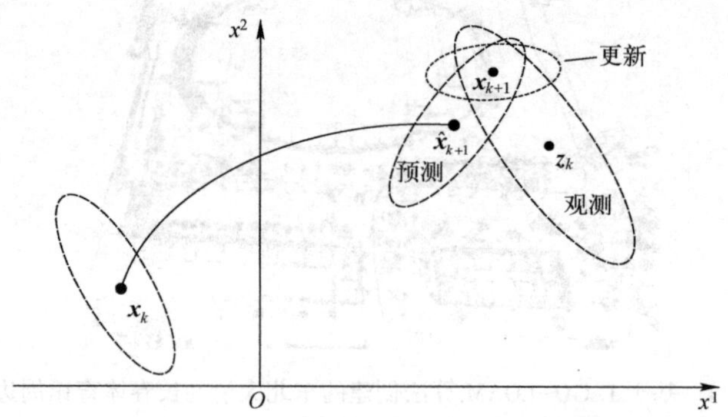

图 5-45　卡尔曼滤波器状态估计过程示意图

$$p(\boldsymbol{x} \mid \boldsymbol{z})=\frac{p(\boldsymbol{z} \mid \boldsymbol{x}) p(\boldsymbol{x})}{p(\boldsymbol{z})} \tag{5-64}$$

其中，$\boldsymbol{x}$ 表示状态变量；$\boldsymbol{z}$ 表示观测变量。对于状态变量集 $\{\boldsymbol{x}_k\}_{k\in[0,n]}$，可通过求解其联合概率密度的最大后验值获得最优状态估计 $\{\hat{\boldsymbol{x}}_k\}_{k\in[0,n]}$。如图 5-46 所示，假设该过程满足马尔可夫假设（即当前时刻状态仅与当前观测量及上一时刻状态相关，而与其余状态无关），则其联合后验概率密度为

$$p(\boldsymbol{x}_n,\boldsymbol{x}_{n-1},\cdots,\boldsymbol{x}_0 \mid \boldsymbol{z}_n,\boldsymbol{z}_{n-1},\cdots,\boldsymbol{z}_0)=\frac{p(\boldsymbol{z}_0 \mid \boldsymbol{x}_0)p(\boldsymbol{x}_0)\left(\prod_{i=1}^{n}p(\boldsymbol{x}_i \mid \boldsymbol{x}_{i-1})p(\boldsymbol{z}_i \mid \boldsymbol{x}_i)\right)}{\sum\limits_{\boldsymbol{x}_0\in\mathbf{R}}\sum\limits_{\boldsymbol{x}_1\in\mathbf{R}}\cdots\sum\limits_{\boldsymbol{x}_n\in\mathbf{R}}p(\boldsymbol{z}_0 \mid \boldsymbol{x}_0)p(\boldsymbol{x}_0)\left(\prod_{i=1}^{n}p(\boldsymbol{x}_i \mid \boldsymbol{x}_{i-1})p(\boldsymbol{z}_i \mid \boldsymbol{x}_i)\right)} \tag{5-65}$$

该式的求和符号 $\sum$ 穷举了状态变量 $\boldsymbol{x}_i$ 的所有取值，其中 $i=0,1,\cdots,n$。

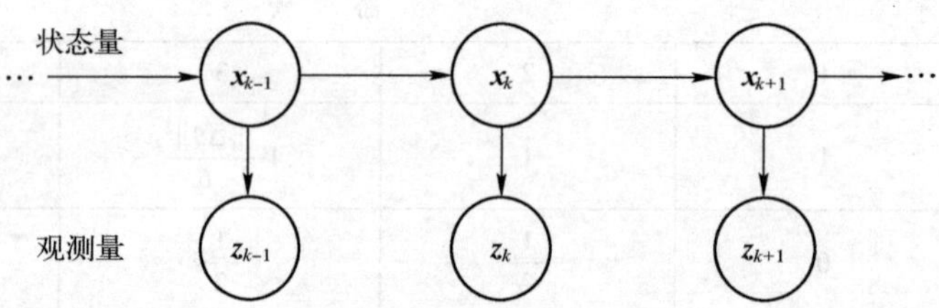

图 5-46　马尔可夫过程

对式（5-65）求关于 $\boldsymbol{x}_{n-1},\cdots,\boldsymbol{x}_0$ 的积分，可得

$$\begin{aligned}p(\boldsymbol{x}_n \mid \boldsymbol{z}_n)&=\frac{p(\boldsymbol{z}_n \mid \boldsymbol{x}_n)\sum\limits_{\boldsymbol{x}_0\in\mathbf{R}}\sum\limits_{\boldsymbol{x}_1\in\mathbf{R}}\cdots\sum\limits_{\boldsymbol{x}_{n-1}\in\mathbf{R}}p(\boldsymbol{x}_n \mid \boldsymbol{x}_{n-1})\left(\prod_{i=1}^{n-1}p(\boldsymbol{x}_i \mid \boldsymbol{x}_{i-1})p(\boldsymbol{z}_i \mid \boldsymbol{x}_i)\right)p(\boldsymbol{z}_0 \mid \boldsymbol{x}_0)p(\boldsymbol{x}_0)}{\sum\limits_{\boldsymbol{x}_0\in\mathbf{R}}\sum\limits_{\boldsymbol{x}_1\in\mathbf{R}}\cdots\sum\limits_{\boldsymbol{x}_n\in\mathbf{R}}p(\boldsymbol{z}_0 \mid \boldsymbol{x}_0)p(\boldsymbol{x}_0)\left(\prod_{i=1}^{n}p(\boldsymbol{x}_i \mid \boldsymbol{x}_{i-1})p(\boldsymbol{z}_i \mid \boldsymbol{x}_i)\right)}\\&=\frac{p(\boldsymbol{z}_n \mid \boldsymbol{x}_n)p(\boldsymbol{x}_n)}{p(\boldsymbol{z}_n)}\end{aligned}$$

由此可知

$$p(\boldsymbol{x}_n \mid z_n) \propto p(z_n \mid \boldsymbol{x}_n) p(\boldsymbol{x}_n)$$

并且，$\boldsymbol{x}_n$ 的最大后验估计为

$$\hat{\boldsymbol{x}}_n = \arg\max_{\boldsymbol{x}_n} (p(z_n \mid \boldsymbol{x}_n) p(\boldsymbol{x}_n)) \tag{5-66}$$

根据式（5-63）可得 $\boldsymbol{x}_n$ 的概率分布

$$p(\boldsymbol{x}_n) \sim \mathcal{N}(\boldsymbol{\Phi}_n \hat{\boldsymbol{x}}_{n-1}, \boldsymbol{\Phi}_n \boldsymbol{P}_{n-1} \boldsymbol{\Phi}_n^{\mathrm{T}} + \boldsymbol{Q}_n) \tag{5-67}$$

这里，$\boldsymbol{P}_{n-1}$ 表示第 $n-1$ 步的误差协方差矩阵。利用式（5-63）和式（5-67）可将式（5-66）表示为

$$\hat{\boldsymbol{x}}_n = \arg\max_{\boldsymbol{x}_n} (\mathrm{e}^{-(z_n - \boldsymbol{\Gamma}_k \boldsymbol{x}_n)^{\mathrm{T}} \boldsymbol{R}_n^{-1} (z_n - \boldsymbol{\Gamma}_k \boldsymbol{x}_n)} \mathrm{e}^{-(\boldsymbol{x}_n - \boldsymbol{\Phi}_n \hat{\boldsymbol{x}}_{n-1})^{\mathrm{T}} (\boldsymbol{\Phi}_n \boldsymbol{P}_{n-1} \boldsymbol{\Phi}_n^{\mathrm{T}} + \boldsymbol{Q}_n)^{-1} (\boldsymbol{x}_n - \boldsymbol{\Phi}_n \hat{\boldsymbol{x}}_{n-1})}) = \arg\min_{\boldsymbol{x}_n} \boldsymbol{\varXi} \tag{5-68}$$

其中，$\boldsymbol{\varXi} = (z_n - \boldsymbol{\Gamma}_k \boldsymbol{x}_n)^{\mathrm{T}} \boldsymbol{R}_n^{-1} (z_n - \boldsymbol{\Gamma}_k \boldsymbol{x}_n) + (\boldsymbol{x}_n - \boldsymbol{\Phi}_n \hat{\boldsymbol{x}}_{n-1})^{\mathrm{T}} (\boldsymbol{\Phi}_n \boldsymbol{P}_{n-1} \boldsymbol{\Phi}_n^{\mathrm{T}} + \boldsymbol{Q}_n)^{-1} (\boldsymbol{x}_n - \boldsymbol{\Phi}_n \hat{\boldsymbol{x}}_{n-1})$

利用极值条件

$$\frac{\partial \boldsymbol{\varXi}}{\partial \boldsymbol{x}_n} = 0$$

可计算出使 $\boldsymbol{\varXi}$ 最小的 $\boldsymbol{x}_n$（即 $\hat{\boldsymbol{x}}_n$）。进而，得到与式（5-27）和式（5-28）类似的卡尔曼预测和更新迭代公式。请根据上述题设回答下列问题：

（1）利用式（5-68）计算式（5-63）所示系统的 $\hat{\boldsymbol{x}}_n$ 表达式。

（2）基于 $\hat{\boldsymbol{x}}_{n-1}$ 和 $\boldsymbol{P}_{n-1}$ 计算先验估计量 $\hat{\boldsymbol{x}}_{n,n-1}$ 和 $\boldsymbol{P}_{n,n-1}$ 的方法为

$$\hat{\boldsymbol{x}}_{n,n-1} = \boldsymbol{\Phi}_n \hat{\boldsymbol{x}}_{n-1}$$

$$\boldsymbol{P}_{n,n-1} = \boldsymbol{\Phi}_n \boldsymbol{P}_{n-1} \boldsymbol{\Phi}_n^{\mathrm{T}} + \boldsymbol{Q}_n$$

且定义 n 时刻卡尔曼增益为

$$\boldsymbol{K}_n = \boldsymbol{P}_{n,n-1} \boldsymbol{\Gamma}_n^{\mathrm{T}} (\boldsymbol{R}_n + \boldsymbol{\Gamma}_n \boldsymbol{P}_{n,n-1} \boldsymbol{\Gamma}_n^{\mathrm{T}})^{-1}$$

试利用 $\hat{\boldsymbol{x}}_{n,n-1}$ 和 $\boldsymbol{K}_n$ 表示 $\hat{\boldsymbol{x}}_n$。

提示：

$$\boldsymbol{\Gamma}_n^{\mathrm{T}} \boldsymbol{R}_n^{-1} \boldsymbol{\Gamma}_n + \boldsymbol{P}_{n,n-1}^{-1} = \boldsymbol{P}_{n,n-1} - \boldsymbol{P}_{n,n-1} \boldsymbol{\Gamma}_n^{\mathrm{T}} (\boldsymbol{R}_n + \boldsymbol{\Gamma}_n \boldsymbol{P}_{n,n-1} \boldsymbol{\Gamma}_n^{\mathrm{T}})^{-1} \boldsymbol{\Gamma}_n \boldsymbol{P}_{n,n-1}$$

（3）根据式（5-15）关于 $\boldsymbol{P}_n$ 的定义

$$\boldsymbol{P}_n = E(\boldsymbol{e}_n \boldsymbol{e}_n^{\mathrm{T}}) = E[(\boldsymbol{x}_n - \hat{\boldsymbol{x}}_n)(\boldsymbol{x}_n - \hat{\boldsymbol{x}}_n)^{\mathrm{T}}]$$

令 $\boldsymbol{e}_{n,n-1} = \boldsymbol{x}_n - \hat{\boldsymbol{x}}_{n,n-1}$ 且 $\boldsymbol{e}_n = \boldsymbol{x}_n - \hat{\boldsymbol{x}}_n$，试求出 $\boldsymbol{e}_n$ 和 $\boldsymbol{e}_{n,n-1}$ 的关系式。在此基础上，计算 $\boldsymbol{P}_n$ 和 $\boldsymbol{P}_{n,n-1}$ 之间的关系。

（4）基于上述问题，推导出如式（5-27）和式（5-28）所示的 EKF 预测和更新方程。

3. 说明齐次坐标的作用。如果机器人在世界坐标系下的位姿为 (x_a, y_a, θ_a) 且某物体在世界坐标系下的位姿为 (x_b, y_b, θ_b)，试计算该物体在机器人坐标系下的位姿。

4. 在激光雷达 SLAM 算法中，为何要进行点云去畸变处理？简述点云去畸变的过程。

5. 画图说明 SLAM 特征点匹配算法针对边角点和平面点构建约束方程的方法，并阐述该约束方程中各个变量的含义。

6. SLAM 算法为何要进行回环检测？简述 5.3.6 节介绍的回环检测方法。

7. 论述 SLAM 因子图优化原理，并分析它的优点。

8. 利用 ROS 的开源 SLAM 程序建立基于激光雷达点云的三维高精度地图。

参考文献

[1] XU G C, XU Y. GPS Theory, Algorithms and Applications [M]. Berlin: Springer Science & Business Media, 2016.

[2] 康凯斯．民用GPS定位器精度［EB/OL］.（2018-07-09）［2021-05-14］. http://www.concox.net/about/industry/271.html.

[3] 黄丁发，丁建伟，夏捷．差分GPS连续运行参考站（网）建设研究［J］. 西南交通大学学报，2000，35（4）：375-378.

[4] 付建红．数字测图与GNSS测量实习教程［M］. 武汉：武汉大学出版社，2015.

[5] THRUN S, FOX D, BURGARD W, et al. Robust Monte Carlo localization for mobile robots [J]. Artificial Intelligence, 2001, 128 (1-2): 99-141.

[6] YOO C S, AHN I K. Low cost GPS/INS sensor fusion systemfor UAV navigation [C]. Digital Avionics Systems Conference, Indianapolis, 2003.

[7] YUN X, BACHMANN E R, MCGHEE R B, et al. Testing and evaluation of an integrated GPS/INS system for small AUV navigation [J]. IEEE Journal of Oceanic Engineering, 1999, 24 (3): 396-404.

[8] ZHOU J, BOLANDHEMMAT H. Integrated INS/GPS system for an autonomous mobile vehicle [C]. IEEE International Conference on Mechatronics & Automation, Harbin, 2007.

[9] 邓正隆．惯性技术［M］. 哈尔滨：哈尔滨工业大学出版社，2006.

[10] CHAN E. Strapdown inertial navigation systems [EB/OL]. (2017-05-17) [2021-05-14]. https://sites.tufts.edu/eeseniordesignhandbook/files/2017/05/Chan_SHP_FINAL-NoLinks.pdf.

[11] JOHN L S, BYRON A. Principles of Mechanics [M]. Brisbane: Griffith, 2007.

[12] THRUN S. Probabilistic Robotics [M]. Cambridge: MIT Press, 2006.

[13] WELCH G, BISHOP G. An introduction to the Kalman filter [R]. Chapel Hill: Department of Computer Science, University of North Carolina, 2006.

[14] JULIER S J, UHLMANN J K. A general method for approximating nonlinear transformations of probability distributions [R]. Oxford: Department of Engineering Science, Oxford University, 1996.

[15] JULIER S J, UHLMANN J K, DURRANT-WHYTE H F. A new approach for filtering nonlinear systems [C]. American Control Conference, Proceedings of the IEEE, Seattle, 1995.

[16] GAO W, ZHANG Y, WANG J. Research on initial alignment and self-calibration of rotary strapdown inertial navigation systems [J]. Sensors, 2015, 15 (2): 3154-3171.

[17] SILVA F O, LEITE F W C, HEMERLY E M. Design of a stationary self-alignment algorithm for strapdown inertial navigation systems [J]. IFAC-PapersOnLine, 2015, 48 (9): 55-60.

[18] 沈凯，管雪元，李文胜．扩展卡尔曼滤波在组合导航中的应用［J］. 传感器与微系统，2017，36（8）：158-160.

[19] 郭庆峰，闫连山，肖辰彬，等．带倾角补偿的低成本GPS/BD-DR组合导航系统设计［J］. 传感器与微系统，2013，32（10）：68-73.

[20] DAVIDE N, FABIO B, MARIA C, et al. Feasibility of using synthetic aperture radar to aid UAV navigation [J]. Sensors, 2015, 15 (8): 18334-18359.

[21] 陈卫东，张飞．移动机器人的同步自定位与地图创建研究进展［J］. 控制理论与应用，2005，22（3）：455-460.

[22] 危双丰，庞帆，刘振彬，等．基于激光雷达的同时定位与地图构建方法综述［J］. 计算机应用研究，2018，37（2）：2-6.

[23] 吴学易．基于激光里程计的无人驾驶汽车位姿估计研究［D］. 西安：长安大学，2018.

[24] CHEN Y, MEDIONI G. Object modelling by registration of multiple range images [J]. Image & Vision Computing, 1992, 10 (3): 145-155.

[25] LOW K L. Linear least-squares optimization for point-to-plane ICP surface registration [R]. Chapel Hill: Department of Computer Science, University of North Carolina, 2004.

[26] ZHANG J, SINGH S. LOAM: Lidar odometry and mapping in real-time [C]. Proc. of Robotics: Science and Systems, California, 2014.

[27] NICOLAI A, SKEELE R, ERIKSEN C, et al. Deep learning for laser based odometry estimation [C]. RSS Workshop Limits and Potentials of Deep Learning in Robotics, Ann Arbor, 2016.

[28] OLSON E B. Real-time correlative scan matching [C]. IEEE International Conference on Robotics and Automation, Kobe, 2009: 4387-4393.

[29] 柳长安, 蔡子强, 孙长浩. 基于环境评价的 IMU 与 CSM 融合定位算法 [J]. 华中科技大学学报 (自然科学版), 2018, 46 (12): 117-120, 132.

[30] HESS W, KOHLER D, RAPP H, et al. Real-time loop closure in 2D LIDAR SLAM [C]. IEEE International Conference on Robotics and Automation, Stockholm, 2016: 1271-1278.

[31] 刘畅. 基于扩展卡尔曼滤波的同步定位与地图构建 (SLAM) 算法研究进展 [J]. 装备制造技术, 2017, 12: 41-43.

[32] GRISETTIYZ G, STACHNISS C, BURGARD W. Improving grid-based SLAM with rao-blackwellized particle filters by adaptive proposals and selective resampling [C]. IEEE International Conference on Robotics and Automation, Barcelona, 2005: 2432-2437.

[33] TIPALDI G D, BRAUN M, KAI O A. FLIRT: Interest regions for 2D range data with applications to robot navigation [J]. Springer Tracts in Advanced Robotics, 2014, 79 (1): 695-710.

[34] 文国成, 曾碧, 陈云华. 一种适用于激光 SLAM 大尺度地图的闭环检测方法 [J]. 计算机应用研究, 2018, 35 (06): 1724-1727.

[35] CORSO N. Sensor fusion and online calibration of an ambulatory backpack system for indoor mobile mapping [R]. California: University of California, 2016.

[36] 郭丽晓. 基于拓扑地图的 AGV 智能路径规划技术研究 [D]. 浙江: 浙江大学, 2013.

[37] 李天成, 孙树栋, 高扬. 基于扇形栅格地图的移动机器人全局路径规划 [J]. 机器人, 2010, 32 (4): 547-552.

[38] 张彪, 曹其新, 王雯珊. 使用三维栅格地图的移动机器人路径规划 [J]. 西安交通大学学报, 2013, 47 (10): 57-61.

[39] 苏丽颖, 宋华磊. 基于激光传感器构建环境拓扑地图 [J]. 传感器与微系统, 2012, 31 (09): 64-66, 70.

[40] 叶晓丹. 基于 RGB-D 摄像机的真实感三维重建技术研究 [D]. 浙江: 浙江大学, 2018.

[41] 马云. 基于激光雷达 SLAM 的失效航天器近距离捕获技术研究 [D]. 江苏: 南京航空航天大学, 2018.

[42] 高翔, 张涛, 刘毅, 等. 视觉 SLAM 十四讲: 从理论到实践 [M]. 北京: 电子工业出版社, 2017.

[43] TONG Q, XIANG C T, ZU S. A-LOAM [CP/OL]. (2019-01-28) [2021-05-14]. https://github.com/HKUST-Aerial-Robotics/A-LOAM.

[44] 葛增晔. 基于激光雷达的机器人定位和 3D 环境建模技术研究 [D]. 北京: 北京交通大学, 2018.

[45] 徐斌峰. LOAM 细节分析 [EB/OL]. (2019-03-04) [2021-05-14]. https://zhuanlan.zhihu.com/p/57351961.

[46] HARTLEY R, ZISSERMAN A. Multiple View Geometry in Computer Vision [M]. New York: Cambridge University Press, 2004.

[47] MURRAY R M, LI Z X, SASTRY S S. A Mathematical Introduction to Robotic Manipulation [M]. Florida: CRC Press, 1994.

[48] GAO X, ZHANG T. Unsupervised learning to detect loops using deep neural networks for visual SLAM system [J]. Autonomous Robots, 2017, 41 (1): 1-18.

[49] SHAN T, ENGLOT B. LeGO-LOAM: Lightweight and ground-optimized lidar odometry and mapping on variable terrain [C]. IEEE/RSJ International Conference on Intelligent Robots and Systems, Madrid, 2018: 4758-4765.

[50] SHAN T X. LeGO-LOAM [CP/OL]. (2020-07-02)[2021-05-14]. https://github.com/RobustFieldAutonomyLab/LeGO-LOAM.

[51] BOGOSLAVSKYI I, STACHNISS C. Fast range image-based segmentation of sparse 3D laser scans for online operation [C]. IEEE/RSJ International Conference on Intelligent Robots and Systems, Daejeon, 2016: 163-169.

[52] KAESS M, JOHANNSSON H, ROBERTS R, et al. iSAM2: Incremental smoothing and mapping using the Bayes tree [J]. The International Journal of Robotics Research, 2012, 31 (2): 216-235.

第 6 章　无人驾驶环境感知系统

本章介绍基本传统环境感知技术的障碍物检测、动态目标跟踪、路缘石和车道线检测方法，并给出基于深度学习环境感知技术的交通信号灯、限速标志、车道线、行人和车辆的目标识别算法。

6.1　传统的环境感知技术

6.1.1　基于激光雷达的障碍物检测

本节主要用欧氏聚类算法检测并筛选障碍物，最终得到路面上障碍物质心和障碍物到车的最近距离点。为了方便显示聚类后的障碍物，可在 rviz 中加入包裹障碍物的边界框（Bounding Box）。

1. 检测障碍物

激光雷达检测障碍物的常用方法包括 DBSCAN、k-means 和欧氏聚类算法。其中 DBSCAN 算法的原理是根据密度对点云进行聚类；k-means 算法的思想为选取 k 个聚类中心，计算点云到聚类中心的距离，将点云分类给距离最近的类别；欧氏聚类的原理是以距离作为划分标准，对点云进行聚类。欧氏聚类算法简单，效果好。这里主要介绍欧氏聚类算法。

欧氏聚类算法：如果当前点与上一点的距离在阈值范围内，则当前点与上一点为同一类（即同一个障碍物上的两个点）；否则，将当前点设置为新的聚类中心，根据阈值判断下一点是否与当前点属于同一类。重复以上步骤，直到完成对所有点的分类。

欧氏聚类根据点与点之间的距离进行分类。定义点间距离阈值为聚类半径，在聚类半径内的点云为同一类（即同一个障碍物）。由于激光雷达线束随着距离增大而变得稀疏，障碍物越远，包含的点云数量就越少。聚类半径若相同，则会导致聚类效果差（即近处若干障碍物聚为一类或远处同一障碍物被分为若干类）。所以为了更精确地划分点云，根据不同距离，选择不同的聚类半径。

定义车体坐标系以激光雷达所在位置为原点，车体正前方为 x 轴，左侧为 y 轴，上方为 z 轴。在这个坐标系下，计算激光点云到激光雷达的距离。聚类半径选取原则如图 6-1 所示。其中，令激光点到雷达的距离为 d，聚类半径为 r，且均以 m 为单位。当 $d<15$ m 时，令 $r=0.5$ m；当 15 m$\leq d<30$ m 时，$r=1.0$ m；当 30 m$\leq d<45$ m 时，$r=1.5$ m；当 $d\geq 45$ m 时，$r=2.0$ m。图中每个虚线圆为一类。

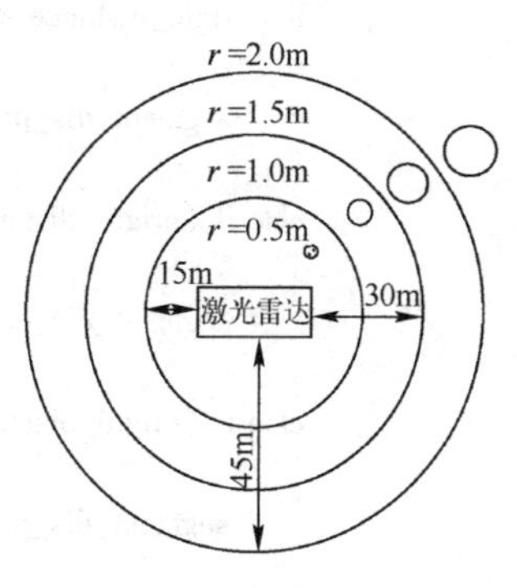

图 6-1　聚类半径选取原理图

下面将通过欧氏聚类得到若干类（即实际路况中的障碍物），每一类的形心可作为障碍物的质心；同时计算出障碍物的长、宽和高，并确定一个能够包裹障碍物的 Bounding Box。

为此，首先在 Ubuntu 的终端输入以下命令来安装 Bounding Box：

```
sudo apt-get install ros-kinetic-jsk-recognition-msgs
sudo apt-get install ros-kinetic-jsk-rviz-plugins
```

为方便对 Bounding Box 定义，在头文件中建立新的结构体用于存放障碍物所有点的坐标中 x、y、z 的最大值和最小值以及质心坐标。

```
struct Detected_Obj
{
    jsk_recognition_msgs::BoundingBox  bounding_box_;   //Bounding Box
    pcl::PointXYZ  min_point_;          //最小的 x、最小的 y、最小的 z 坐标(三个点)
    pcl::PointXYZ  max_point_;          //最大的 x、最大的 y、最大的 z 坐标(三个点)
    pcl::PointXYZ  centroid_;           //质心坐标
};
```

激光雷达扫描得到的地面点多而且杂乱。为了使聚类效果最佳，尽可能地去除地面点(具体方法参见 5.3.4 节)。接下来，计算点云到雷达的距离，进而选择合适的聚类半径对去地面后的点云进行聚类。具体程序如下：

```
seg_distance_ = {15, 30, 45};                         //激光点到雷达的距离阈值
cluster_distance_ = {0.5, 1.0, 1.5, 2.0};             //聚类半径
//函数输入为去地面后的点云,输出为障碍物到车的最近距离点、障碍物质心
//和包裹障碍物的 obj_view
void PointCloudCluster::cluster_by_distance(pcl::PointCloud<pcl::PointXYZI>::Ptr in_pc,
                                            pcl::PointCloud<pcl::PointXYZI>::Ptr part_min ,
                                            pcl::PointCloud<pcl::PointXYZI>::Ptr part_centroid,
                                            std::vector<Detected_Obj> &obj_view)
{
    for (size_t i = 0; i < in_pc->points.size(); i++)
    {
        pcl::PointXYZI present_point;
        present_point.x = in_pc->points[i].x;        //将 in_pc 坐标赋值给 present_point
        present_point.y = in_pc->points[i].y;
        present_point.z = in_pc->points[i].z;
        float origin_distance = sqrt(pow(present_point.x, 2) + pow(present_point.y, 2)); //计算距离
        //过滤点只保留车前 50 m、车后 20 m、左右 20 m 且高度高于-1.7 m 的点
        if (origin_distance>= 50 || present_point.x<-20 || present_point.z<-1.7 || present_point.y<-20
          || present_point.y >20)
            continue;
        //根据距离将点云划分为 4 块
        if (origin_distance < seg_distance_[0]) //0~15 m
        {
            segment_dis_pc[0]->points.push_back(present_point);
        }
        else if (origin_distance < seg_distance_[1])   //15~30 m
        {
            segment_dis_pc[1]->points.push_back(present_point);
        }
        else if (origin_distance < seg_distance_[2])   //30~45 m
        {
            segment_dis_pc[2]->points.push_back(present_point);
        }
        else   //45 m 以上
```

```
            {
                segment_dis_pc[3]->points.push_back(present_point);
            }
        }
        //根据不同的距离选择不同的聚类半径
        for (size_t i = 0; i < segment_dis_pc.size(); i++)
        {
            pcl::PointCloud<pcl::PointXYZI>::Ptr tmp(new pcl::PointCloud<pcl::PointXYZI>);
            //车体坐标变换为全局坐标(详见 7.2.2 节)
            coordinate_change_to_whole(segment_dis_pc[i], tmp);
            //函数输入为每个类别中包含的最少和最多点数、划分距离后的点云和对应的聚类半径
            //输出分别为障碍物到车的最近距离点、障碍物质心和包裹障碍物的 obj_view
            cluster_segment(10,200, tmp, cluster_distance_[i], part_min ,part_centroid, obj_view);
        }
}
```

代码中，将聚类半径保存到 cluster_distance_，点到激光雷达的距离阈值保存到 seg_distance_。

in_pc 作为函数 cluster_by_distance 的输入，计算当前帧所有点到激光雷达的距离并保存于 origin_distance。将距离在同一范围的点云保存到 segment_dis_pc[i]中。

在车体坐标系下，目标点的坐标随着车的运动而改变，聚类后得到的障碍物信息也会随之改变，所以将聚类前点云坐标信息转换到全局坐标系。定义全局坐标系以无人车初始位置为原点，正东方向为 x 轴，正北方向为 y 轴（参见 7.2.2 节）。在这种情况下，聚类得到的障碍物的长、宽和高为固定值。将按距离分割后的点云 segment_dis_pc[i]转换到全局坐标系下，得到点云 tmp。

最后调用 cluster_segment 函数实现聚类，根据不同的距离选择不同的聚类半径。其函数输入为聚类时每个类别中可包含的最少点云数、最多点云数、按距离分割后的点云和对应的聚类半径；输出为障碍物到车的最近距离点、障碍物质心和包裹障碍物的 obj_view。欧氏聚类的具体代码如下：

```
for (size_t i = 0; i < cloud_2d->points.size(); i++)
{
    cloud_2d->points[i].z = 0;                          //欧氏聚类:将三维点云转换到二维点云
}
pcl::search::KdTree<pcl::PointXYZI>::Ptr  tree  (new pcl::search::KdTree<pcl::PointXYZI>);
if (cloud_2d->points.size() > 0)
    tree->setInputCloud(cloud_2d);
pcl::EuclideanClusterExtraction<pcl::PointXYZI> euclid;
euclid.setInputCloud(cloud_2d);                         //输入点云
euclid.setClusterTolerance(in_max_cluster_distance);    //聚类半径
euclid.setMinClusterSize(MIN_CLUSTER_SIZE);             //每类中包含的最少点数
euclid.setMaxClusterSize(MAX_CLUSTER_SIZE);             //每类中包含的最多点数
euclid.setSearchMethod(tree);                           //设置点云的搜索机制
euclid.extract(local_indices);                          //聚类结果
```

上述代码中，调用 PCL 中 EuclideanClusterExtraction 库实现欧氏聚类，最终结果存入 local_indices 中。为了得到更好的聚类效果，设置每一类中包含的最少点数和最多点数分别为 10 和 200，即当某类中包含的点数小于 10 时，不能成为一个类；包含的点数大于 200 时，分为两个类。

2. 质心与最近距离

聚类后，将障碍物的形心（即 x、y、z 的平均值）当作障碍物的质心；并计算障碍物上各点到车的距离，从而得到最近距离点。具体程序如下：

```
for (size_t i = 0 ; i < local_indices. size() ; i++)          //第 i 类
{
    Detected_Obj   obj_message;                               //定义一个 Bounding Box
    //y_min 和 z_min 的确定方法与 x_min 同理,代码不再附上
    //y_max 和 z_max 的确定方法与 x_max 同理,代码不再附上
    float x_min = std::numeric_limits<float>::max();   //初始化为当前系统最大值
    float x_max = - std::numeric_limits<float>::max(); //初始化为当前系统最小值
    float min_distance = std::numeric_limits<float>::max();
    pcl::PointXYZI min_point ;                                //保存最近距离点
    //遍历当前障碍物的每个点
    for (auto pit = local_indices[i]. indices. begin() ; pit != local_indices[i]. indices. end() ; ++pit)
    {   //计算第 i 个障碍物的点到车的距离
        float point_distance = sqrt((in_pc->points[ * pit]. x-position_difference. x)
                                   * (in_pc->points[ * pit]. x-position_difference. x)
                                   +(in_pc->points[ * pit]. y-position_difference. y)
                                   * (in_pc->points[ * pit]. y-position_difference. y));
        if(point_distance < min_distance)                     //迭代寻找最近距离点
        {
            min_distance = point_distance ;
            min_point. x = in_pc->points[ * pit]. x;
            min_point. y = in_pc->points[ * pit]. y ;
            min_point. z = in_pc->points[ * pit]. z;
        }
        pcl::PointXYZ   p;
        p. x = in_pc->points[ * pit]. x;
        p. y = in_pc->points[ * pit]. y;
        p. z = in_pc->points[ * pit]. z;
        obj_message. centroid_. x += p. x;                    //将所有 x 相加
        obj_message. centroid_. y += p. y;                    //将所有 y 相加
        obj_message. centroid_. z += p. z;                    //将所有 z 相加
        if (p. x < x_min)
            x_min = p. x;                                     //x_min 存放最小的 x
        if (p. y < y_min)
            y_min = p. y;                                     //y_min 存放最小的 y
        if (p. z < z_min)
            z_min = p. z;                                     //z_min 存放最小的 z
        if (p. x > x_max)
            x_max = p. x;                                     //x_max 存放最大的 x
        if (p. y > y_max)
            y_max = p. y;                                     //y_max 存放最大的 y
        if (p. z > z_max)
            z_max = p. z;                                     //z_max 存放最大的 z
    }//第 i 个类结束
    part_min->points. push_back(min_point);                  //该障碍物到车的最近距离点存入 part_min 中
    obj_message. min_point_. x = x_min;                       //将最小的 x 存入 Bounding Box 的 min_point_. x 中
    obj_message. min_point_. y = y_min;
    obj_message. min_point_. z = z_min;
    obj_message. max_point_. x = x_max;                       //将最大的 x 存入 Bounding Box 的 max_point_. x 中
    obj_message. max_point_. y = y_max;
```

```
        obj_message. max_point_. z = z_max;
        pcl::PointXYZI   centroid_point ;
        if (local_indices[i]. indices. size( ) > 0)
        {
            //形心的 x 坐标为当前障碍物所有点 x 坐标相加求取平均值
            obj_message. centroid_. x /= local_indices[i]. indices. size( );
            obj_message. centroid_. y /= local_indices[i]. indices. size( );
            obj_message. centroid_. z /= local_indices[i]. indices. size( );
            centroid_point. x = obj_message. centroid_. x;      //将形心当作障碍物的质心
            centroid_point. y = obj_message. centroid_. y;
            centroid_point. z = obj_message. centroid_. z;
        }
        part_centroid->points. push_back(centroid_point);      //质心保存至 part_centroid 中
        double length_= obj_message. max_point_. x - obj_message. min_point_. x;   //障碍物的长
        double width_= obj_message. max_point_. y - obj_message. min_point_. y;    //障碍物的宽
        double height_= obj_message. max_point_. z - obj_message. min_point_. z;   //障碍物的高
        obj_message. bounding_box_. header = point_cloud_header_;
        //包裹障碍物的 obj_message 的中心位置
        obj_message. bounding_box_. pose. position. x = obj_message. min_point_. x + length_/2;
        obj_message. bounding_box_. pose. position. y = obj_message. min_point_. y + width_/2;
        obj_message. bounding_box_. pose. position. z = obj_message. min_point_. z + height_/2;
        //选择大于 0 的长、宽和高
        obj_message. bounding_box_. dimensions. x = ((length_< 0) ? -1 * length_: length_);
        obj_message. bounding_box_. dimensions. y = ((width_< 0) ? -1 * width_: width_);
        obj_message. bounding_box_. dimensions. z = ((height_< 0) ? -1 * height_: height_);
}
```

上述代码中，聚类结果 local_indices 包含了当前激光雷达视野范围内所有障碍物的索引。设 i 为第 i 个障碍物的索引，*pit 为该障碍物中某个点的索引。初始时刻设置 x_min 为系统下的最大值，x_max 为系统下的最小值，obj_message 为结构体 Detected_Obj 的实例化。

首先计算质心。将当前障碍物所有点的 x、y、z 坐标分别累加，最后除以点的个数，将得到的结果保存到 obj_message. centroid_中。

接着，寻找障碍物到车的最近距离点。计算同一个障碍物中每个点到当前车的距离（其中 position_difference 为车的当前位置）。通过比较得到最近距离点，并将该点坐标保存至 part_min。在 7.2 节规划无人车的运动轨迹时，将最近距离点和质心用于碰撞检测。

最后计算 obj_view 信息。将当前障碍物中每个点和 x_min、x_max 比较，得到当前障碍物中点云坐标 x 的最小值和最大值，并将其赋值给 obj_message. min_point_. x 和 obj_message. max_point_. x。两者相减确定障碍物长度，并保存至 length_。同理可得障碍物的宽度和高度。

Bounding Box 中心位置为该障碍物最小的 x、y 和 z 坐标加上其长、宽、高的二分之一，并将最终结果保存至 obj_message. bounding_box_. pose. position。

激光雷达点云数据的聚类结果如图 6-2 所示。

3. 筛选障碍物

为了提高系统的实时性，筛掉路沿以上的障碍物，只保留道路上的障碍物。

通过订阅车道线信息，在回调函数 curbCallback 中提取车道中心线 middle_line_temp、路沿点 curb_barrier_temp 以及在拐弯处的路沿点 turning_points_temp。车道线信息在发布时的顺序为车道中心线 20 个点、左右路沿点各 23 个点和路口处无车道中心线且最多 40 个路沿点。因为在检测到路沿的基础上得到车道中心线，所以点的个数一共有三种情况：有车道中心线和左右路沿点共 66 个点；有车道中心线和一侧路沿点共 43 个点；在路口处无车道中心线，最多 40 个路沿点。

图 6-2 激光雷达点云数据的聚类结果

a）原始点云图 b）障碍物检测效果图

在未进入十字路口前，可以计算出路沿到车道中心线的距离，再计算障碍物到车道中心线的距离，两者进行比较，判断障碍物是否在道路上。具体代码如下：

```
void PointCloudCluster::curbCallback(const sensor_msgs::PointCloud2 &in_cloud_ptr)
{
    pcl::fromROSMsg(in_cloud_ptr, *in);                    //转换点云信息格式
    coordinate_change_to_whole(in, curb_temp);             //转换到全局坐标系下
    for(int i=0; i<curb_temp->points.size(); i++)
    {
        if(curb_temp->points.size()>40)              //无人车不在路口处,存在路沿线与中心线
        {
            if(i<20)  //前 20 个点为车道中心线
                middle_line_temp->points.push_back(curb_temp->points[i]);
            else      //其余点为路沿点
                curb_barrier_temp->points.push_back(curb_temp->points[i]);
        }
        else      //没有路沿线与中心线(在路口检测到的路沿点拟合不成路沿线)
        {
            turning_points_temp->points.push_back(curb_temp->points[i]);
        }
    }
    *curb_barrier_temp += *turning_points_temp;                  //所有路沿点
    pcl::copyPointCloud(*middle_line_temp, *road_line_call);     //车道中心线
    pcl::copyPointCloud(*curb_barrier_temp, *curb_barrier);      //路沿点
}
```

代码中，curbCallback 为车道线的回调函数。首先，将输入点云转换到全局坐标系下，得到点云 curb_temp。判断 curb_temp 的点云数量，如果大于 40，则前 20 个点为车道中心线（保存至 middle_line_temp），后 46 个点（或 23 个点）为左右路沿点（保存至 curb_barrier_temp）；否则，这些点为拐弯处的路沿点（保存至 turning_points_temp）。最后将车道中心线赋值给 road_line_call，路沿点赋值给 curb_barrier。

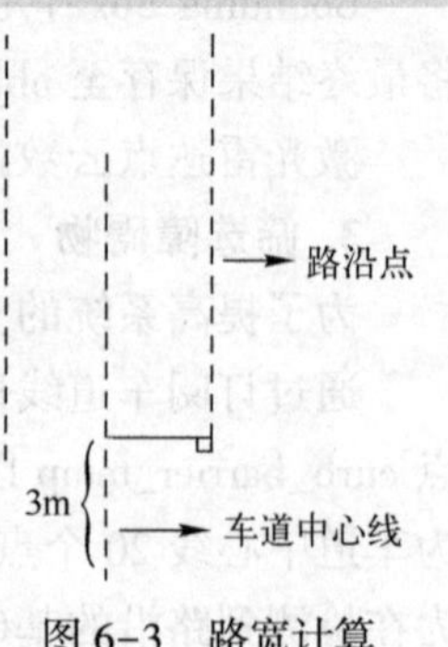

图 6-3 路宽计算

接下来计算路沿到车道中心线的距离，从而确定路宽。如图 6-3 所示，根据 6.1.3 节可知，左右路沿点从车体正前方的 3~25 m，每隔

1 m 取一个点，共 23 个点。车道中心线以无人车所在位置为起始点（即第 1 个点），到无人车正前方 19 m，每隔 1 m 取一个点，共 20 个点。这里用 road_line_call 的第 4 个点和 curb_barrier 的第 1 个点来计算路宽。

然后计算障碍物到车道中心线的距离。如果该距离小于半个路宽，则认为是车道内的障碍物。具体代码如下：

```
//车道中心线方程 ax+by+c=0
a_middle = road_line_call->points[5].y-road_line_call->points[10].y;
b_middle = road_line_call->points[10].x-road_line_call->points[5].x;
c_middle = road_line_call->points[5].x * road_line_call->points[10].y
                                    -road_line_call->points[10].x * road_line_call->points[5].y;
//半个路宽的计算
half_road_width=sqrt((road_line_call->points[3].x - curb_barrier->points[0].x)
                                    * (road_line_call->points[3].x - curb_barrier->points[0].x)
                                    +(road_line_call->points[3].y - curb_barrier->points[0].y)
                                    * (road_line_call->points[3].y-curb_barrier->points[0].y));

for(inti = 0; i < obj_view.size(); i++)
{
    //计算第 i 个障碍物的质心和车道中心线的距离
    float distance= abs(a_middle * obj_view[i].centroid_.x+b_middle * obj_view[i].centroid_.y +
                    c_middle) / sqrt(a_middle * a_middle+b_middle * b_middle);
    if (distance<=(half_road_width-0.2))
    {
        //如果 distance 小于半个路宽,则该障碍物位于车道内
        obj_view_on_road.push_back(obj_view[i]);
        //获取在车道内的障碍物质心
        centroid_filtered->points.push_back(obj_view[i].centroid_);
    }
}
```

上述代码中，half_road_width 为半个路宽；distance 为第 i 个障碍物的质心到车道中心线的距离。如果该距离小于半个路宽，则将 obj_view[i]保存至 obj_list_on_road，并将该障碍物的质心推入 centroid_filtered，从而完成车道内障碍物的筛选。筛选结果如图 6-4 所示。

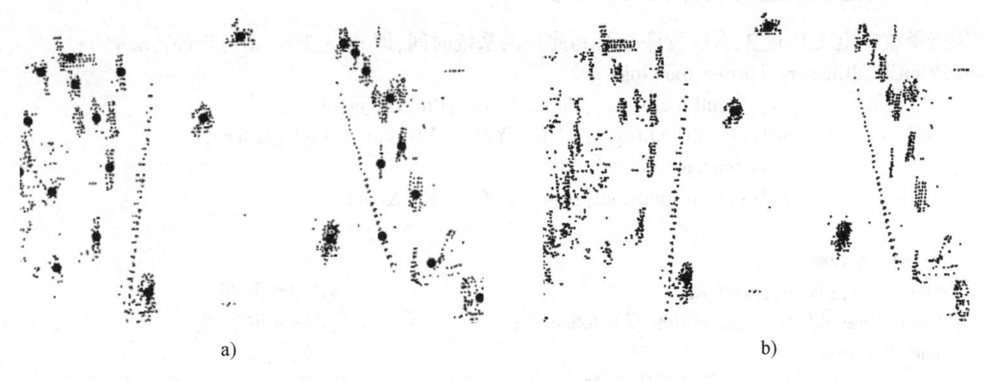

图 6-4　障碍物筛选结果

a）全部障碍物质心　b）筛选出的车道内障碍物质心

以上完成了障碍物检测，得到了车道内所有障碍物的质心以及每个障碍物到无人车的最近距离点。

6.1.2 基于激光雷达的动态目标跟踪

结合障碍物的质心和障碍物的运动时间，可以得到障碍物运动速度和方向，以此为基准，可预测 10 m 内障碍物运动方向，实现动态目标跟踪。具体代码如下：

```
static int counter_for_obj_detection = 0;           //定义静态变量
counter_for_obj_detection ++ ;
if( counter_for_obj_detection >= 3)                  //每 3 帧进行一次比较
   {
        if( LOCK3==1) barrier_tracking( centroid_filtered,centroid_before,10, predicted_trajectory);
        counter_for_obj_detection=0;                 //重新计数
   }
//此处,将当前帧的 * centroid_filtered 赋值给(记录历史帧的) * centroid_before
pcl::copyPointCloud( * centroid_filtered, * centroid_before);
LOCK3 = 1;
```

在车道中心线回调函数 callback 中，为了确保函数的实时性与预测的精确度，利用 counter_for_obj_detection 计数，每 3 帧调用 1 次 barrier_tracking 函数。

在第一次调用 callback 函数时，将当前帧的 * centroid_filtered 赋值给 * centroid_before，并令 LOCK3 为 1。然后，在每次调用 callback 函数时，利用其中的 barrier_tracking 函数对两帧点云（即当前帧的 * centroid_filtered 和历史帧的 * centroid_before）进行比较，从而实现动态目标跟踪，而后再将 * centroid_filtered 赋值给 * centroid_before。

障碍物运动轨迹预测原理如图 6-5 所示。假设某物体按照一定速度和方向运动，并且在某一历史时刻，该物体被激光雷达检测到，它的质心为图 6-5 中的实心点。如果在以该实心点为圆心的虚线圆范围内，当前时刻激光雷达只检测到一个障碍物（其质心为图中的空心点），则该空心点位置是历史帧实心点在当前帧的位置。由此可估计出实心点的运动方向和位移；进而依据帧间时间，可估计出实心点的运动时间和速度。在此基础上，可预测障碍物运动轨迹。为了在 rviz 中显示障碍物运动轨迹，只需求出轨迹上点的坐标即可。

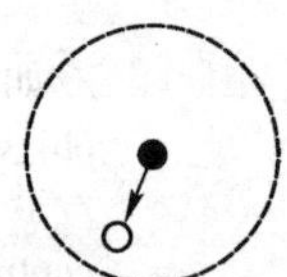

图 6-5 障碍物运动轨迹预测原理图

预测障碍物运动轨迹的具体代码如下：

```
//构造函数中定义 time_2,获取程序执行到此处的系统时间,即 time_2 = ros::Time::now();
void PointCloudCluster::barrier_tracking
                    (pcl::PointCloud<pcl::PointXYZI>::Ptr &in_centroid,
                     pcl::PointCloud<pcl::PointXYZI>::Ptr &in_centroid_before,
                     float trajectory_length,
                     pcl::PointCloud<pcl::PointXYZI>::Ptr &out)
{
    ros::Time time;
    time = ros::Time::now();                                   //当前时间
    double time_diff = (time - time_2). toSec();               //两帧时间差
    time_2 = time;                                             //迭代
    pcl::PointCloud<pcl::PointXYZI>::Ptr point_itself (new pcl::PointCloud<pcl::PointXYZI>);
    for( int i = 0 ; i < in_centroid_before->points. size( ) ; i++)   //上一帧
    {
        for( int j = 0 ; j < in_centroid->points. size( ); j ++)      //当前帧
        {
            double diff_x = in_centroid_before->points[i]. x - in_centroid->points[j]. x ;
```

```
            double diff_y = in_centroid_before->points[i].y - in_centroid->points[j].y ;
            double diff_dis = sqrt(diff_x * diff_x + diff_y * diff_y);  //距离
            if((diff_dis < 3) && (diff_dis>0.2))    //距离在这个范围内,两者为同一个点
                point_itself->points.push_back(in_centroid->points[j]);
        }
        if(point_itself->points.size() == 1)                    //只有一个点,则该点为自身
        {
            int point_number_middle_line = 20;
            pcl::PointXYZI point_temp;
            //计算当前帧与上一帧点的距离
            double diffx_= point_itself->points[0].x - in_centroid_before->points[i].x ;
            double diffy_= point_itself->points[0].y- in_centroid_before->points[i].y ;
            double move_dis = sqrt(diffx_ * diffx_+ diffy_ * diffy_);
            double barrier_vectory = move_dis / time_diff;              //运动速度
            double tilde_deg=atan2(diffy_, diffx_);                      //运动方向
            //预测终点(target_point_x,target_point_y)
            double target_point_x = point_itself->points[0].x+ trajectory_length * cos(tilde_deg);
            double target_point_y = point_itself->points[0].y+ trajectory_length * sin(tilde_deg);
            //构建障碍物运动轨迹的直线方程 ax+by+c=0
            double line_a = point_itself->points[0].y - in_centroid_before->points[i].y;
            double line_b = in_centroid_before->points[i].x - point_itself->points[0].x ;
            double line_c = point_itself->points[0].x * in_centroid_before->points[i].y
                          - in_centroid_before->points[i].x * point_itself->points[0].y;
            //考虑到直线垂直和水平的特殊情况
            if(fabs (line_a) > fabs (line_b))                       //包括直线垂直于 x 轴的情况
            {
                for(size_t j=1; j<=point_number_middle_line; j++)
                {
                    point_temp.y = point_itself->points[0].y +
                        j * (target_point_y-point_itself->points[0].y)/ point_number_middle_line;
                    point_temp.x = (- line_b * point_temp.y - line_c) / line_a ;
                    point_temp.z = point_itself->points[0].z;
                    out->points.push_back(point_temp);
                }
            }
            else      ///包含直线垂直于 y 轴的情况
            {
                for(size_t j=1 ; j <= point_number_middle_line ; j++)
                {
                    point_temp.x = point_itself->points[0].x +
                        j * (target_point_x-point_itself->points[0].x)/point_number_middle_line;
                    point_temp.y = (- line_a * point_temp.x - line_c) / line_b;
                    point_temp.z = point_itself->points[0].z;
                    out->points.push_back(point_temp);
                }
            }
        }
        point_itself->clear();
    }
}
```

barrier_tracking 函数的输入为当前帧点云、上一帧点云和预测障碍物轨迹的长度，输出为障碍物的预测轨迹。

构造函数中定义时间变量 time_2。因为程序运行时构造函数只运行一次，所以 time_2 代表程序启动时间。barrier_tracking 函数中 time 为当前时间，两者差值 time_diff 表示运行一次 barrier_tracking 所需的时间，即该障碍物的运行时间。最后，为迭代计算，将 time 赋值给 time_2。

首先，确定上一帧的点在当前帧中的位置。in_centroid_before->points[i]为上一帧中的点，in_centroid->points[j]为当前帧的点，计算两者距离保存至 diff_dis。如果上一帧中第 i 个点的某个范围内只有一个当前帧的点，则认为上一帧的第 i 个点在时间 time_diff 内运动到这个当前帧点的位置。根据大量实验，将该范围确定为 0.2~3 m。最后，将在此范围内的当前帧点推入 point_itself 中，从而使 point_itself 保存上一帧的点在当前帧的位置。

其次，计算运动方向、位移和速度。通过 point_itself 和上一帧对应点，可得运动位移 move_dis；再利用时间差 time_diff，估计出运动速度 barrier_vectory。

然后，在已知运动速度和方向的情况下显示预测轨迹。如图 6-6 所示，可计算出运动方向与 x 轴的夹角 tilde_deg。继而，基于设定的预测轨迹长度 trajectory_length，以当前帧的障碍物质心为起始点 O，可算出预测终点 A（它的 x 和 y 坐标分别为 target_point_x 和 target_point_y）。

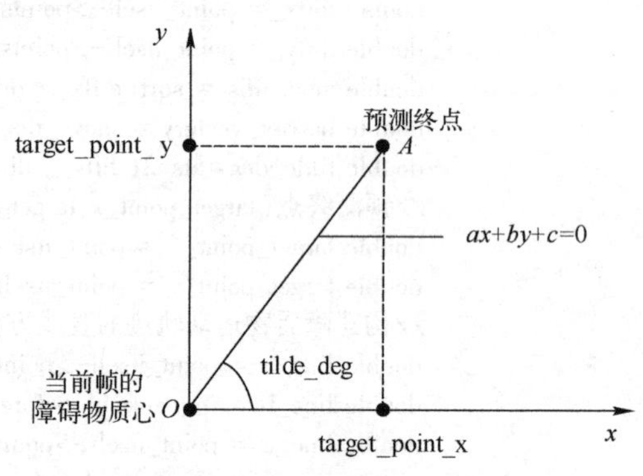

图 6-6 显示预测轨迹原理图

接下来，构建出直线 OA 的方程 $ax+by+c=0$。考虑到直线 OA（垂直于 x 轴或 y 轴）的两种特殊情况，在计算点 O 和点 A 之间 20 个点的坐标时，上述程序通过比较 $|a|$ 和 $|b|$ 的大小，进行相应的处理。

最后，以上 20 个点的坐标保存至 point_temp，以便显示预测出的障碍物运动轨迹。动态目标跟踪结果如图 6-7 所示。

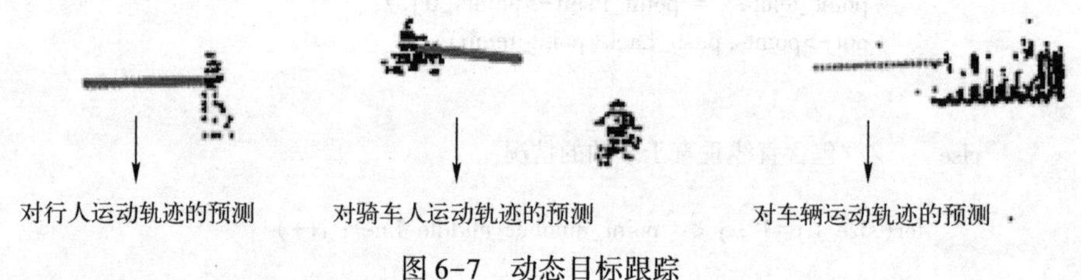

图 6-7 动态目标跟踪

6.1.3 基于激光雷达的路缘石检测

为确保无人驾驶汽车的行驶安全，需对城市道路上的路缘石进行检测。近些年，研究人员尝试利用多种不同类型的传感器检测路缘石，如立体视觉摄像头、毫米波雷达、二维激光扫描仪等，但这些传感器具有一个共同的缺点——所提供的环境信息较为有限。因此，基于上述传感器的路缘石检测算法，时常会出现对路缘石位置误判的情况。

与上述传感器不同，3D 激光雷达能够获取大量环境信息，其可以给出被测物体的 3D 信息，因此激光雷达被广泛应用于无人驾驶的环境感知中。本节将使用 3D 激光雷达 Velodyne HDL-64E 采集无人车周围环境信息，并基于路缘石几何特征实时拟合出其所在位置，从而完成路缘石的检测。

基于 3D 激光雷达的路缘石检测流程主要分为 5 步。首先，提取出原始点云中处于选定区域内的点，将这些点按类划分成若干点集；其次，将这些点集划分为左、右两个子点集；然后，将这些子点集排序；接着，提取出子点集中的路缘石点，将左子点集中提取出的路缘石点组成左路缘石点集，右子点集中提取出的路缘石点组成右路缘石点集；最后，利用左路缘石点集中的点拟合出左侧路缘石线，利用右路缘石点集中的点拟合出右侧路缘石线。图 6-8 所示为路缘石检测流程图。

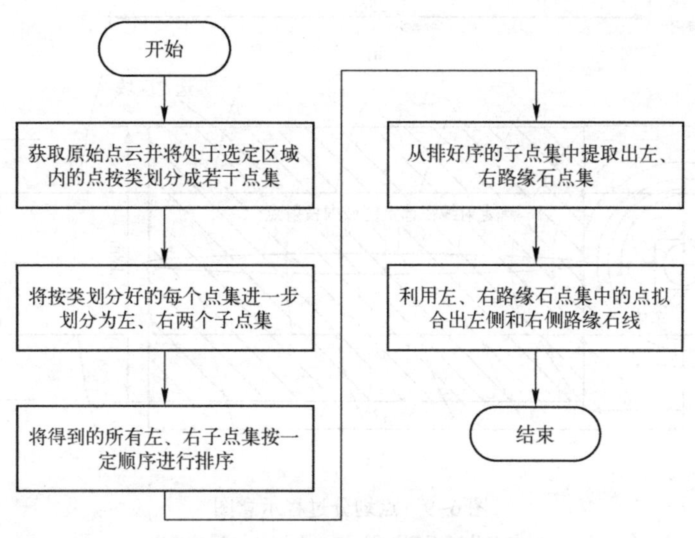

图 6-8　路缘石检测流程图

下面具体给出路缘石检测流程及其对应的 C++实现代码。

1. 按类划分选定区域内的点

订阅 velodyne_points 消息获取激光雷达输出的三维原始点云，将点云中处于选定区域的点按其所属射线划分成若干点集。其具体过程如图 6-9 所示。图 6-9a 中所圈出直线与图 6-9b 中所圈出加粗弧线为所选定的射线及其在选定区域内的投射点。这里所说的射线指由激光雷达所发出的激光射线。此外，将一条射线的投射点称为属于该射线的点。图 6-9 中阴影部分为选定区域，其处于雷达前方且贴近地面，该区域内包含路面和部分路缘石平面，其具体位置信息如图 6-9 所示；图中 x、y、z 轴所构成坐标系即为雷达坐标系，其坐标原点为激光雷达所在位置。激光射线投射在不同高度的路缘石平面与路面上导致了图 6-9b 中弧线的“错位”现象。将图 6-9b 中选定射线投射在选定区域内的点提取出来，并将这些点按其所属射线（见图 6-9b 中弧线）分成若干个点集后，即完成了对选定区域内的点按类划分。

编写 cleanPoints 函数实现对选定区域内的点进行按类划分。为便于理解该函数代码，首先解释代码中出现的 std::vector<pcl::PointCloud<velodyne_pointcloud::PointXYZIR> >数据类型，该数据类型代表由格式为 pcl::PointCloud<velodyne_pointcloud::PointXYZIR>的点云组成的点云向量。此处，pcl::PointCloud<velodyne_pointcloud::PointXYZIR>代表由格式为 velodyne_pointcloud::PointXYZIR 的点组成的点云。由命名方式可以看出，格式为 velodyne_pointcloud::PointXYZIR 的点具有 X、Y、Z、I、R 五种属性，其中 X、Y、Z 代表点在雷达坐标系下的坐标；I 代表点的反射强度；R 代表点所属雷达射线的索引值。

函数 cleanPoints 代码如下：

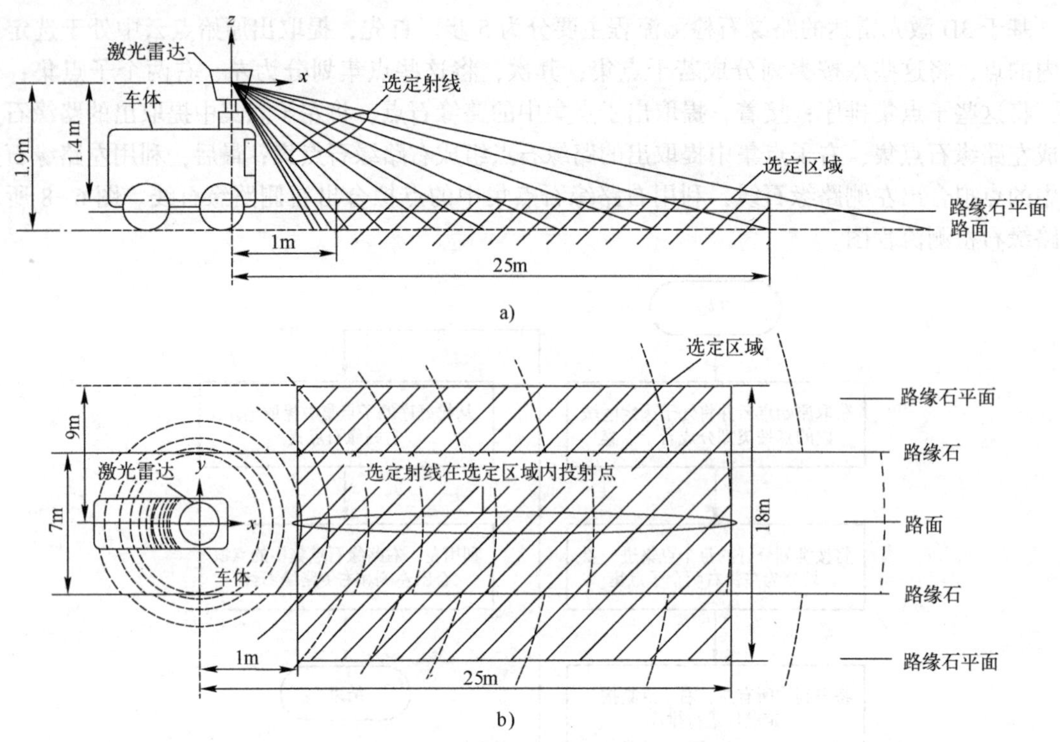

图 6-9 点划分过程示意图

a）点划分过程侧视图 b）点划分过程俯视图

```
//该函数的输入为原始点云 pc
std::vector<pcl::PointCloud<velodyne_pointcloud::PointXYZIR> >
                              cleanPoints(pcl::PointCloud<velodyne_pointcloud::PointXYZIR> pc)
{
    size_t cloudSize = pc.size(); //cloudSize 为 pc 内包含点的个数

    //定义一个长度为 20 的整型数组 ring_idx,用于存放选定射线的索引值
    //(索引值为 21~40)
    int ring_idx[20] = {21,22,23,24,25,26,27,28,29,30,31,32,33,34,35,36,37,38,39,40};

    //创建一个包含 20 个点云的向量 laserCloudScans,这 20 个点云依次存放第 21~40 条射线
    //在选定区域内的投射点
    std::vector<pcl::PointCloud<velodyne_pointcloud::PointXYZIR> > laserCloudScans(20);

    //遍历 pc 中所有点
    for (int i = 0; i < cloudSize; i++)
    {   //若点 pc[i]不在选定区域范围内,则跳过该点,进入下一次循环
        if ((pc[i].x < 1) || (pc[i].x > 25) || (pc[i].y < -9) || (pc[i].y > 9) || (pc[i].z > -1.4))
continue;
        //循环遍历所有选定射线的索引值
        for (int ring_num = 0; ring_num < 20; ring_num++)
        {
            //pc[i].ring 为点 pc[i]所属射线的索引值,通过比较该索引值是否与某一选定射线
            //的索引值 ring_idx[ring_num]相等,判断 pc[i]是否属于该选定射线
            if (pc[i].ring == ring_idx[ring_num])
            {  //将符合条件的点 pc[i]放入其所对应的点集 laserCloudScans[ring_num]
```

```
                laserCloudScans[ring_num].push_back(pc[i]);
            }
        }
    }
    //函数调用结束后,返回点云向量 laserCloudScans,该点云向量中每个点云就是一个点集
    return laserCloudScans;
}
```

函数 cleanPoints 的工作流程如图 6-10 所示。

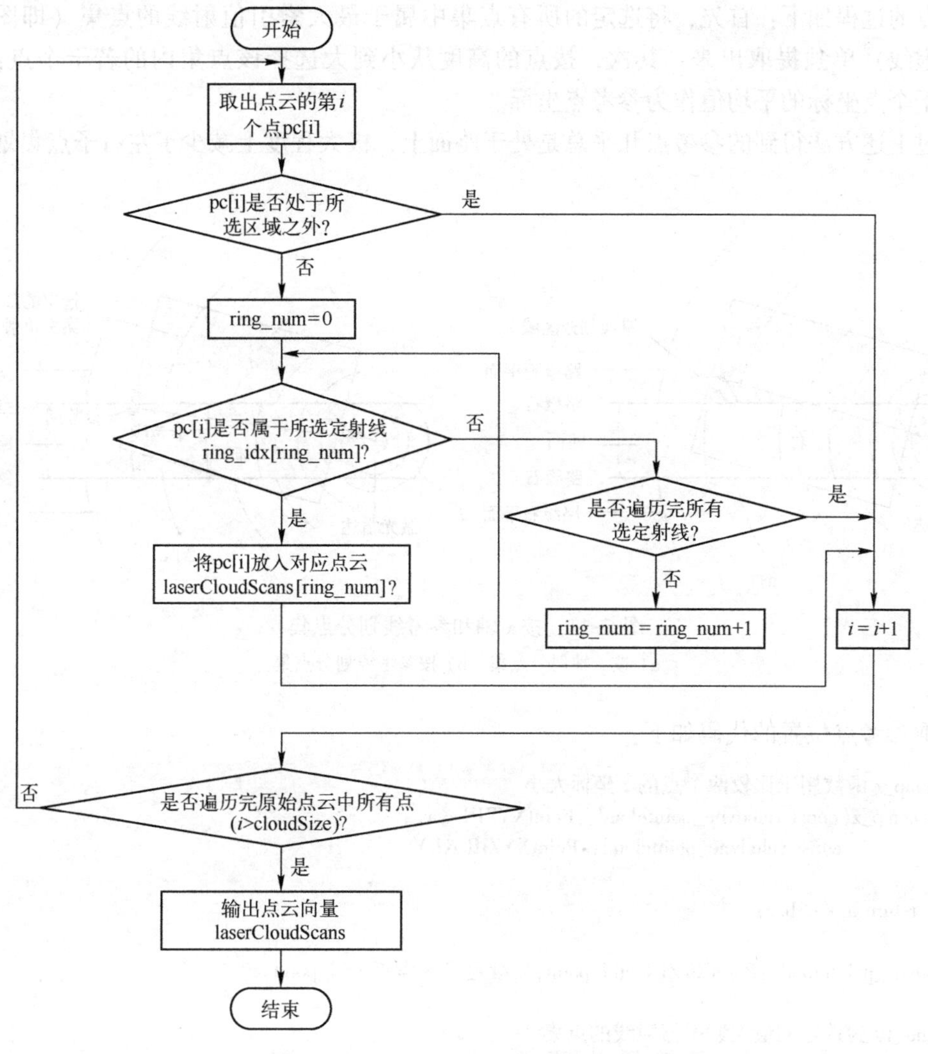

图 6-10 cleanPoints 函数工作流程图

由 cleanPoints 函数可以看出，选定射线为第 21~40 条射线，这是由于索引值过小的射线，其投射到地面的点距离雷达过近，无法投射到路缘石上，这会导致后面的检测过程中无法提取到有效的路缘石点；而索引值过大的射线，其投射到地面的点过于稀疏，会影响检测效果。因此，不宜选取索引值过小或过大的射线作为选定射线。

2. 点集左右划分

由于路缘石存在于道路左右两侧，因此需对划分后得到的所有点集进行左右区分，以便后

续分别提取两侧路缘石点。

最简单的区分左右方法是直接通过激光雷达的 x 轴进行左右划分。这种方法虽然简单直观，但在雷达随车体发生偏转时，很容易产生图 6-11a 中阴影部分所示的错误划分区域，这种错误划分区域会导致许多左侧或右侧路缘石上的点被误判为相反一侧。为避免该情况发生，采用图 6-11b 所示的方法。使用一条参考线代替 x 轴完成点集的左右划分，将处于参考线左侧的点划分为左子点集，反之划分为右子点集。

连接激光雷达中心点（即图 6-11 所示的激光雷达坐标系原点）和参考点得到参考线。获取参考点的过程如下：首先，将选定的所有点集中属于最大索引值射线的点集（即图 6-11b 中加粗虚线）单独提取出来；其次，按点的高度从小到大选择该点集内的若干个点；最后，将这若干个点坐标的平均值作为参考点坐标。

通过上述方法得到的参考点几乎总是处于路面上，极大程度上减少了左右子点集划分错误的情况。

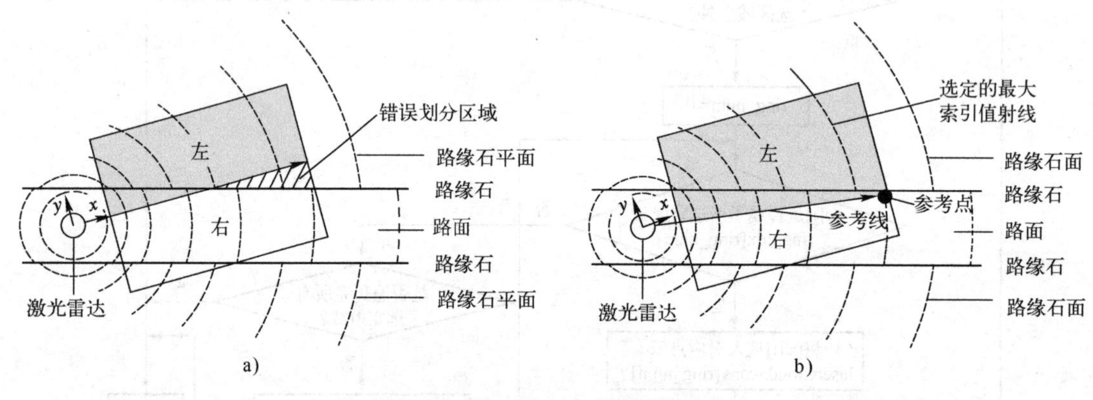

图 6-11　按 x 轴和参考线划分点集

a）按 x 轴划分点集　b）按参考线划分点集

获取参考点位置的代码如下：

```
//comp_z 函数用于比较两个点的 z 坐标大小
bool comp_z( const velodyne_pointcloud::PointXYZIR &a,
             const velodyne_pointcloud::PointXYZIR &b)
{
    return a. z < b. z;
}
velodyne_pointcloud::PointXYZIR mid_point;  //定义参考点 mid_point

//line_19 为选定的最大索引值射线的点集
line_19 = pc_in[19];

size_t line_19_size = line_19. size();//line_19_size 为 line_19 中所包含点的数量
sort(line_19. begin(), line_19. end(), comp_z);  //将 line_19 中的点按 comp_z 方式从低到高进行排序

//投射在路面上点的数量通常大于 130,因此从低到高选择 130 个点
for( int i = 0; i < 130; i++)
{
    //将 130 个点的 x 坐标值相加
    mid_point. x +=line_19[i]. x;
```

```
        //将 130 个点的 y 坐标值相加
        mid_point.y +=line_19[i].y;
    }

    //求 130 个点 x 坐标的平均值并赋给参考点的 x 坐标值 mid_point.x
    mid_point.x = mid_point.x / 130;

    //求 130 个点 y 坐标的平均值并赋给参考点的 y 坐标值 mid_point.y
    mid_point.y = mid_point.y / 130;
```

获取参考点位置后，即得到了参考线。对划分好的点集（即 cleanPoints 函数输出的点云向量）按参考线逐一进行左右划分。以划分第 i 个点集为例，其具体代码如下：

```
    //pointsInTheRing 为划分后得到的第 i 个点集,其中 pc_in 为 cleanPoints 函数返回的点云向量
    pcl::PointCloud<velodyne_pointcloud::PointXYZIR> pointsInTheRing = pc_in[i];

    //定义 pc_left 作为左子点集,用于存放 pointsInTheRing 中被划分为左侧的点
    pcl::PointCloud<velodyne_pointcloud::PointXYZIR> pc_left;

    //定义 pc_right 作为右子点集,用于存放 pointsInTheRing 中被划分为右侧的点
    pcl::PointCloud<velodyne_pointcloud::PointXYZIR> pc_right;

    //numOfPointsInTheRing 为第 i 个点集中包含点的数量
    size_t numOfPointsInTheRing = pointsInTheRing.size();

    //遍历第 i 个点集中每个点并对其进行左右划分
    for (int idx = 0; idx < numOfPointsInTheRing; idx++)
    {
        //雷达坐标系下,定义斜率 k=y/x。若点 pointsInTheRing[idx]与原点所连直线斜率大于参考
        //线斜率,则判定该点为左侧点
        if (pointsInTheRing[idx].y / pointsInTheRing[idx].x - mid_point.y / mid_point.x > 0)
        {
            //若点 pointsInTheRing[idx]为左侧点,将其放入 pc_left
            pc_left.push_back(pointsInTheRing[idx]);
        }

        //若点 pointsInTheRing[idx]与原点所连直线斜率小于参考线斜率,判定该点为右侧点
        if (pointsInTheRing[idx].y / pointsInTheRing[idx].x - mid_point.y / mid_point.x < 0)
        {
            //若点 pointsInTheRing[idx]为右侧点,将其放入 pc_right
            pc_right.push_back(pointsInTheRing[idx]);
        }
    }
```

图 6-12 所示为将点云向量中第 i 个点集按左右划分成两个子点集 pc_left 和 pc_right 的示意图。

3. 左右子点集排序

将点集划分成左、右子点集后，分别对左、右子点集中的点进行排序。如图 6-13 所示，对左子点集中的点采用逆时针的排序方式，对右子点集中的点采用顺时针的排序方式，图中数字代表排完序后子点集内所包含点的顺序。

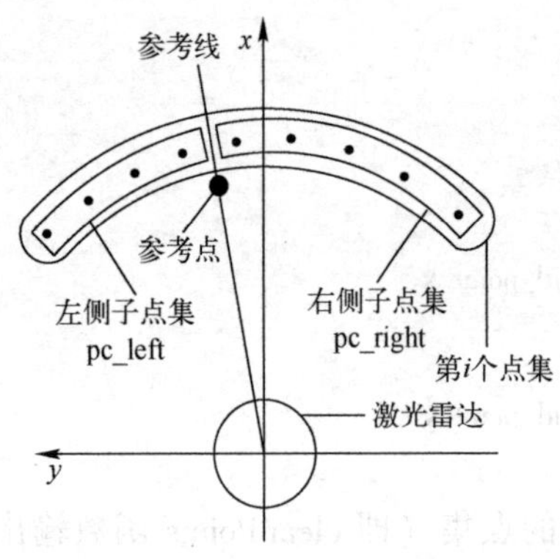

图 6-12 点集划分示意图

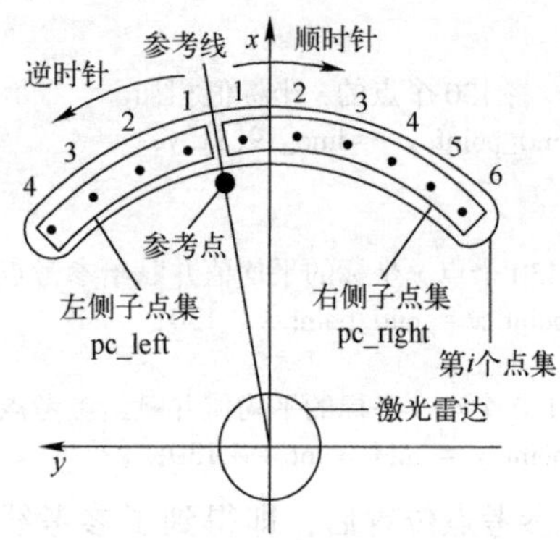

图 6-13 左右点云排序示意图

对子点集进行排序的代码如下：

```
//comp_left 函数为对左子点集进行排序的方式
bool comp_left(const velodyne_pointcloud::PointXYZIR &a,
               const velodyne_pointcloud::PointXYZIR &b)
{
    //通过比较雷达坐标系下每个点与 x 轴的夹角,实现逆时针排序
    return atan(a.y / a.x) < atan(b.y / b.x);
}

//comp_right 函数为对右子点集进行排序的方式
bool comp_right(const velodyne_pointcloud::PointXYZIR &a,
                const velodyne_pointcloud::PointXYZIR &b)
{
    //顺时针排序
    return atan(a.y / a.x) > atan(b.y / b.x);
}

//将左子点集 pc_left 中的点按 comp_left 方式逆时针排序
sort(pc_left.begin(), pc_left.end(), comp_left);

//将右子点集 pc_right 中的点按 comp_right 方式顺时针排序
sort(pc_right.begin(), pc_right.end(), comp_right);
```

4. 路缘石点提取

完成上述准备工作后，开始提取左、右子点集中的路缘石点。图 6-14a 所示为道路结构示意图，图 6-14b 所示为道路点云图。

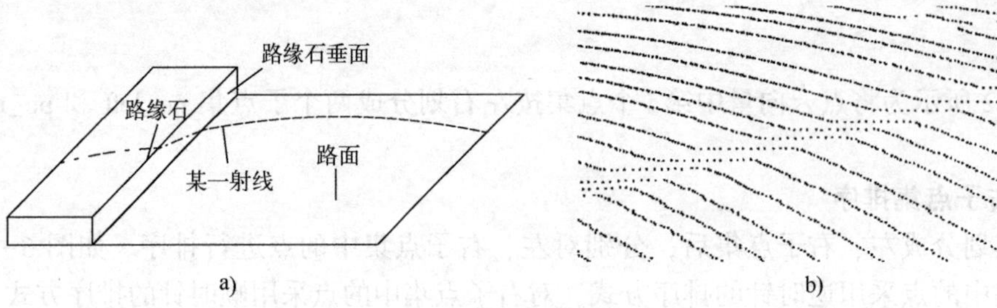

图 6-14 道路结构图和点云图

a）道路结构图 b）道路点云图

由图 6-14a 可以看出，由于路缘石与路面存在一定高度差，因此激光雷达投射在路缘石垂面上相邻两点高度之差，远大于投射在路面或路缘石面上相邻两点的高度差。利用路缘石这一几何特性可以提取出每个子点集中的路缘石点。

对路缘石点的提取采用滑动窗口方法[1]。首先介绍窗口的概念，不同于车道线检测部分所提到的窗口，这里所说的窗口是一个抽象的概念，其是指子点集中一组连续点的集合。图 6-15 所示为滑动窗口方法示意图。

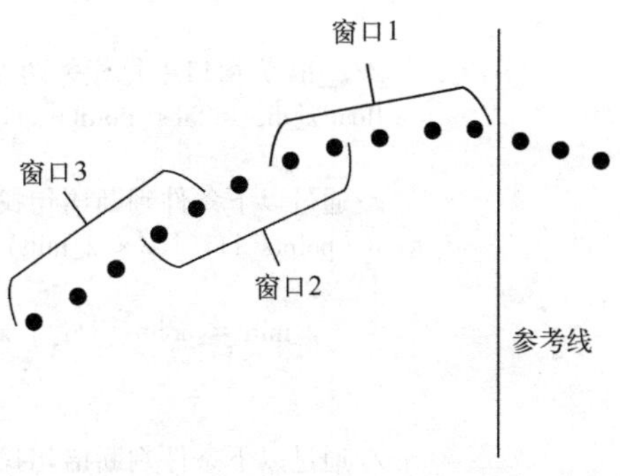

图 6-15　滑动窗口方法示意图

由图 6-15 可见，每个窗口的尺寸为 5（尺寸指窗口中所包含点的数量），偏移量为 3（偏移量是窗口滑动的步长，即相邻两个窗口起始点之间相隔的点数）。窗口的尺寸和偏移量可根据实际需要进行调整，但应保证窗口尺寸始终大于其偏移量。

此外，要提取一个子点集上的路缘石点，应从该子点集的第一个点（即经过排序后的第一个点）开始生成窗口，而后判断该窗口是否为存在路缘石点的有效窗口。若该窗口有效，则认为其包含路缘石点，从而开始提取；若该窗口无效，则继续生成下一个窗口，直至找到有效窗口后再提取路缘石点。若遍历完一个子点集上的所有点后仍未找到一个有效窗口，则认为该子点集上无可提取的路缘石点，进而开始寻找下一子点集上的有效窗口。

通过 slideForGettingPoints 函数提取路缘石点的代码如下：

```
//points 为输入子点集;isLeftLine 为子点集标志位,是 bool 值,若其为真则表示该子点集为左子
//点集,反之则为右子点集
int slideForGettingPoints(pcl::PointCloud<velodyne_pointcloud::PointXYZIR> points, bool isLeftLine)
{
    int w_0 = 5;      //w_0 为窗口偏移量,设置为 5 个点
    int w_d = 15;     //w_d 为窗口尺寸,设置为 15 个点
    //i 为每个窗口起始点在输入子点集 points 中的位置。由于从输入子点集中第一个点开始生成
    //窗口,所以先将 i 初始化为 0
    int i = 0;

    int points_num = points.size();   //points_num 为输入子点集 points 包含点的个数

    //每执行一次循环,更新一次窗口
    while((i + w_d) < points_num)
    {
        //z_max 为窗口中最高点的高度值。先将其初始化为窗口中第一个点的高度值
        float z_max = points[i].z;

        //z_min 为窗口中最低点的高度值。先将其初始化为窗口中第一个点的高度值
        float z_min = points[i].z;


        //将 idx 初始化为 0。idx 为窗口中某点在子点集中的位置索引值(该点与其相邻的下
        //一个点之间高度差最大)
        int idx = 0;

        float z_dis_max = 0;   //z_dis_max 为窗口中每相邻两点之间高度差的最大值
```

```
float windowSize;  //windowSize 为窗口首尾两点之间水平距离

//遍历窗口中每一个点
for (int i_= 0; i_< w_d; i_++)
{
    //z_dis 为窗口中每相邻两点之间高度差
    float z_dis = fabs(points[i+i_].z - points[i+i_+1].z);

    //通过以下条件判断语句找出窗口中最低点的高度值并赋值给 z_min
    if (points[i+i_].z < z_min)
    {
        z_min = points[i+i_].z;
    }

    //通过以下条件判断语句找出窗口中最高点的高度值并赋值给 z_max
    if (points[i+i_].z > z_max)
    {
        z_max = points[i+i_].z;
    }

    //通过以下条件判断语句找出窗口中具有最大高度差的相邻两点,
    //将顺序靠前的点在子点集 points 中的位置赋给 idx,
    //并将这两点的高度差赋值给 z_dis_max
    if (z_dis > z_dis_max)
    {
        z_dis_max = z_dis;
        idx = i+i_;
    }
}
//numOfCloseToZ_max 为窗口中与 z_max 高度相近点的数量
int numOfCloseToZ_max = 0;
//通过以下循环,遍历窗口中所有点,确定窗口中与 z_max 高度相近的点的数量
for (int i_= 0; i_< w_d; i_++)
{
    if (z_max - points[i + i_].z < 0.01) numOfCloseToZ_max++;
}
//计算 windowSize
windowSize = sqrt(((points[i].y - points[i + w_d].y) * (points[i].y - points[i + w_d].y))
        + ((points[i].x - points[i + w_d].x) * (points[i].x - points[i + w_d].x)));

//若满足以下条件,则判定窗口为有效窗口,
//且输入子点集中第 idx 个点即为路缘石点
if (((z_max - z_min) >= 0.06) && (numOfCloseToZ_max > 5) && (windowSize < 2))
{
    //通过 isLeftLine 标志位判断输入子点集是左子点集,还是右子点集
    if (isLeftLine)
    {
        //若输入点云是左子点集,则将路缘石点 points[idx]放入左路缘石点集
        //curb_left 中
        curb_left.push_back(points[idx]);
    }
    else
    {
```

```
                //若输入点云是右子点集,则将路缘石点 points[idx]放入右路缘石点集
                //curb_right 中
                curb_right.push_back(points[idx]);
            }
            return 0;    //找到有效窗口并提取出其中的路缘石点后,函数结束
        }
        i += w_0;            //更新窗口起始点位置
    }
}
```

图 6-16 所示为函数 slideForGettingPoints 的工作流程。

图 6-16 中，对窗口是否有效的判定，可通过代码中的条件语句 if (((z_max - z_min) >= 0.06) && (numOfCloseToZ_max > 5) && (windowSize < 2))来实现。同时满足该语句中三个条件的窗口可判定为有效窗口。具体而言，由于路缘石与路面高度差通常大于 0.06 m，因此应设立条件(z_max - z_min) >= 0.06 保证窗口中最高点和最低点之间高度差超过 0.06 m。在满足(z_max - z_min) >= 0.06 的基础上，为确保有效窗口的最高点处于路缘石平面上，应找出窗口中高度与最高点接近的点。通常，若这些点的数量大于 5 即可判断该窗口中的最高点位于路缘石平面上，因此设立条件 numOfCloseToZ_max > 5。行人与车辆的遮挡等情况会导致产生首尾点距离过大的异常滑窗，这种异常滑窗也可能满足上述两个条件。因此，为避免有效窗口的误判，设立条件 windowSize < 2 来滤除首尾点距离大于 2 m 的异常滑窗。

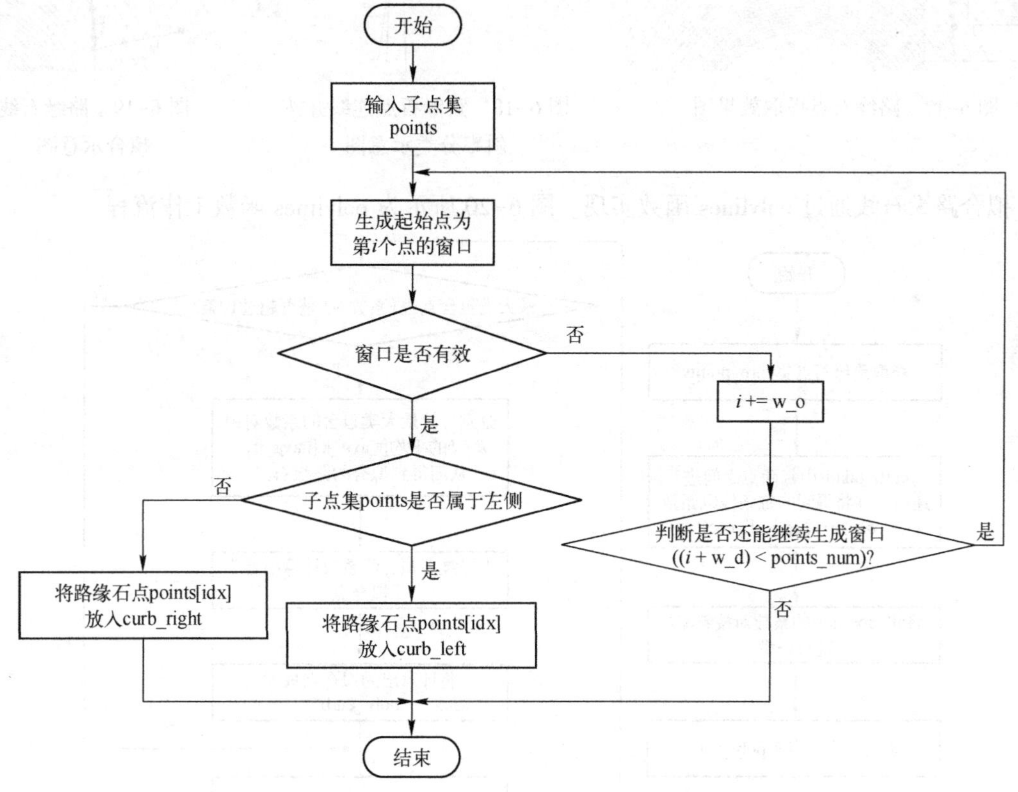

图 6-16 slideForGettingPoints 函数流程图

图 6-17 所示为对所有子点集进行路缘石点提取后得到的效果图，其中 curb_left 为左路缘石点集；curb_right 为右路缘石点集。

5. 路缘石线拟合

得到路缘石点集后，对其中所有的路缘石点进行两两连线，并将得到的直线按斜率进行分类，具体分类方式如图 6-18 所示。为便于观察，图中假设只有 4 个路缘石点，由此可连接成 6 条线，可以看出这 6 条线可按斜率划分为 4 类，其中最大的一类包含 3 条线，即类 1。

实际情况中，通常出现路缘石点数多于 4 的情形，如图 6-19 所示。由于图 6-19 中路缘石点过多，为方便观察，仅在图中显示了其中一个路缘石点与其他路缘石点连线的情况。但仍不难看出，由于大部分检测到的路缘石点处于路缘石之上，这些连线中的大部分线段贴近于路缘石线。因此，应用图 6-18 所示的直线分类方法，取出其中包含直线最多的一个类，该类内的直线即为路缘石线的近似线。最后，对这些近似线的斜率和截距取平均值，即得到了路缘石拟合线的斜率和截距。

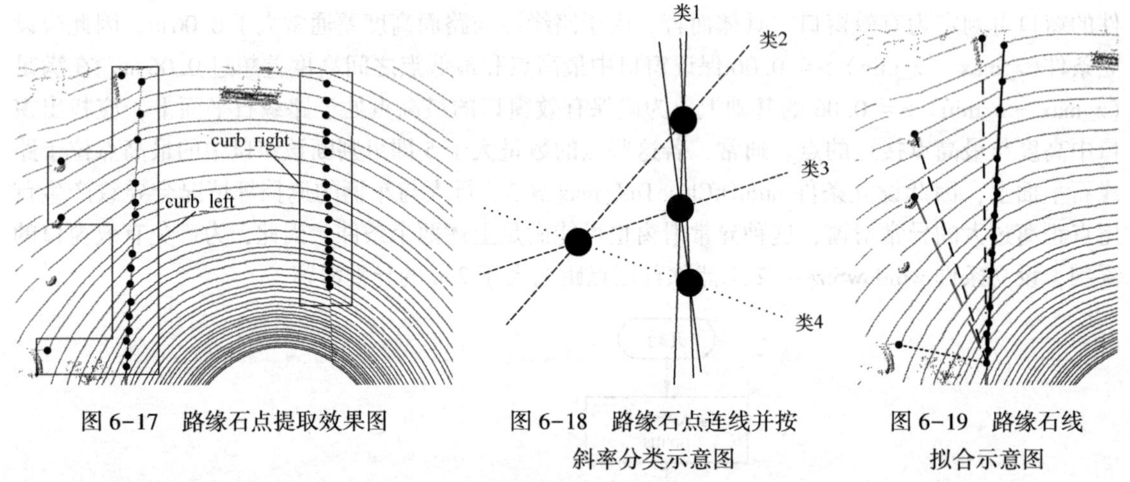

图 6-17　路缘石点提取效果图　　图 6-18　路缘石点连线并按斜率分类示意图　　图 6-19　路缘石线拟合示意图

拟合路缘石线通过 polylines 函数实现。图 6-20 所示为 polylines 函数工作流程。

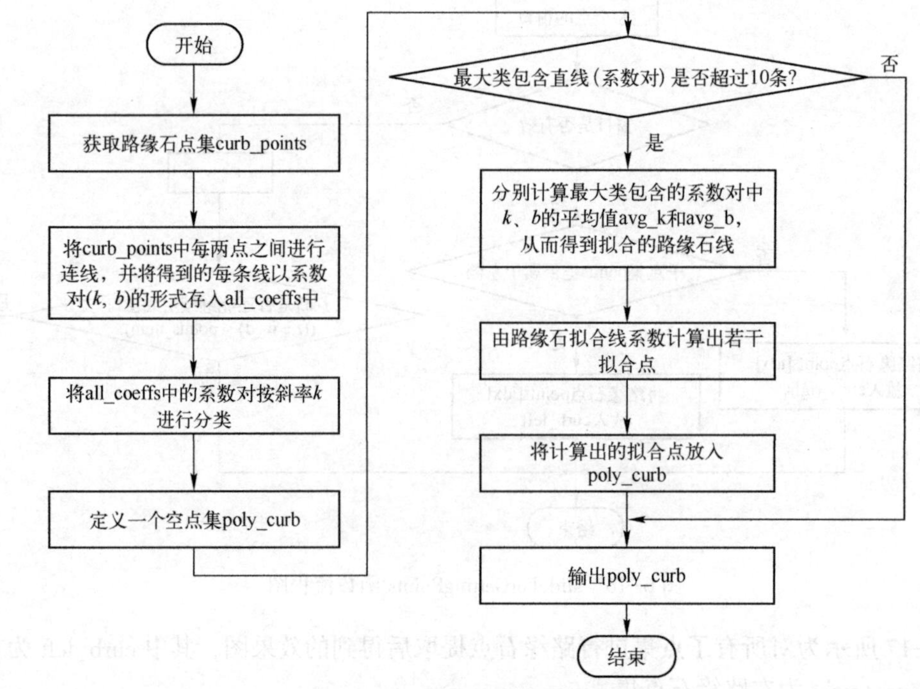

图 6-20　polylines 函数工作流程图

polylines 函数代码如下：

```
//curb_points 为输入的路缘石点集
pcl::PointCloud<velodyne_pointcloud::PointXYZIR>
                    polylines(pcl::PointCloud<velodyne_pointcloud::PointXYZIR> curb_points)
{
    int points_number = curb_points.size();  //points_number 为 curb_points 包含的点数
    float k, b;  //k、b 分别代表一条直线的斜率和截距

    //two_points_coeffs 用来存放一个(k,b)系数对,由于直线方程为 y=kx+b,因此一个系数
    //对即代表一条直线,在本程序中以系数对代替直线
    std::vector<float> two_points_coeffs;

    //all_coeffs 用来存放点集 curb_points 中所有路缘石点每两点之间连线的(k,b)系数对
    std::vector< std::vector<float> > all_coeffs;

    //通过以下嵌套循环,得到输入点集 curb_points 中所有路缘石点每两点之间连线
    //的(k,b)系数对
    for (int i = 0; i < points_number - 1; i++)
    {
        for (int j = i + 1; j < points_number; j++)
        {
            //每次循环清空 two_points_coeffs 方便放入新的(k,b)系数对
            two_points_coeffs.clear();

            //计算两点之间连线的 k 值
            k = (curb_points[j].y - curb_points[i].y) / (curb_points[j].x - curb_points[i].x);

            //计算两点之间连线的 b 值
            b = (curb_points[i].x * curb_points[j].y-curb_points[j].x * curb_points[i].y)/
                (curb_points[i].x-curb_points[j].x);

            two_points_coeffs.push_back(k);  //将计算得到的 k 值放入 two_points_coeffs 中
            two_points_coeffs.push_back(b);  //将计算得到的 b 值放入 two_points_coeffs 中

            //将 two_points_coeffs 放入 all_coeffs 中
            all_coeffs.push_back(two_points_coeffs);
        }
    }

    //将 all_coeffs 中所有(k,b)系数对按 k 的值从小到大排序,方便后续分类
    sort(all_coeffs.begin(), all_coeffs.end(), comp_k);

    //count 为用于计数的中间变量,用于统计一个类中所包含系数对的数量,由于一个类中至
    //少包含一个系数对,因此先将其初始化为 1
    int count = 1;

    //idx 为 all_coeffs 中系数对的位置索引,由于从第一个系数对开始分类,因此先将其初始化
    //为 0
    int idx = 0;

    //将 all_coeffs 中的系数对分完类后,把每一个类中所包含系数对的数量值存放在 same_line
    //_count 中
```

```
std::vector<int> same_line_count;

//将 all_coeffs 中的系数对分完类后,把每一个类中起始系数对在 all_coeffs 中的位置索引存
//放在 same_line_idx 中
std::vector<int> same_line_idx;

//通过 while 循环对 all_coeffs 中的系数对进行分类,并将每一个类包含系数对的数量与起
//始系数对在 all_coeffs 中的位置索引分别存放至 same_line_count 和 same_line_idx
while(idx < all_coeffs.size())
{
    int j;  //定义一个整型变量 j
    for (j = idx + 1; j < all_coeffs.size(); j++)
    {
        //k 值之差小于 0.01,截距差小于 0.2m 的直线认为是同一类直线
        if (fabs (all_coeffs[j][0] - all_coeffs[idx][0]) < 0.01 && fabs(all_coeffs[j][1] - all_
            coeffs[idx][1]) < 0.2)
        {
            count += 1;  //count 统计一个类包含直线的个数
        }
        else //每次出现不符合上述 if 条件的情况,即说明划分出了一个新的类
        {
            //当前 count 值即为该类包含的系数对个数,将其放入 same_line_count 中
            same_line_count.push_back(count);

            //当前 idx 值为该类中第一个系数对在 all_coeffs 中的位置索引,将其放入
            //same_line_idx 中
            same_line_idx.push_back(idx);

            //当前类划分完后更新 idx,此时 idx 为下一个类中第一个系数对在 all_coeffs
            //中的位置
            idx += count;

            break;
        }
    }
    count = 1;  //每次划分完一个类后,将 count 重置为 1
}

//max_count 为 all_coeffs 中最大一个类所包含系数对的个数,由于一个类包含系数对个数
//至少为 1,因此先将其初始化为 1
int max_count = 1;

//max_idx 为 all_coeffs 内所包含最大一个类的起始系数对在 all_coeffs 中的位置索引
int max_idx;

//通过循环找到 max_count 和 max_idx 的值
for (int i = 0; i < same_line_count.size(); i++)
{
    if (same_line_count[i] > max_count)
    {
        max_count = same_line_count[i];
        max_idx = same_line_idx[i];
    }
```

```
    }
    float sum_k = 0.0;   //sum_k 为最大类中包含的 k 值的和
    float sum_b = 0.0;   //sum_b 为最大类中包含的 b 值的和

    //poly_curb 用于存放最终拟合出的路缘石线上的点
    pcl::PointCloud<velodyne_pointcloud::PointXYZIR> poly_curb;

    //当最大类包含 10 个以上系数对时,拟合路缘石线
    if (max_count >= 10)
    {
        for (int i = max_idx; i < max_idx + max_count; i++)
        {
            //计算 sum_k 和 sum_b
            sum_k += all_coeffs[i][0];
            sum_b += all_coeffs[i][1];
        }

        avg_k = sum_k / max_count;   //avg_k 为最大类包含所有系数对中 k 的平均值
        avg_b = sum_b / max_count;   //avg_b 为最大类包含所有系数对中 b 的平均值
        //至此得到拟合路缘石方程的系数 avg_k 和 avg_b

        velodyne_pointcloud::PointXYZIR point; //定义一个点 point

        //为方便在 rviz 上观察拟合的路缘石线,通过以下循环给出拟合线上的 23 个点
        for (int i = 3; i < 25; i++)
        {
            point.x = i;
            point.y = avg_k * point.x + avg_b;
            point.z = -1.6;
            poly_curb.push_back(point);
        }

        return poly_curb;
    }
    else
    {
        //若最大类包含系数对不足 10 个,则不拟合路缘石线,返回 poly_curb 为空
        return poly_curb;
    }
}
```

图 6-21 所示为利用 polylines 函数拟合得到的路缘石线效果图。

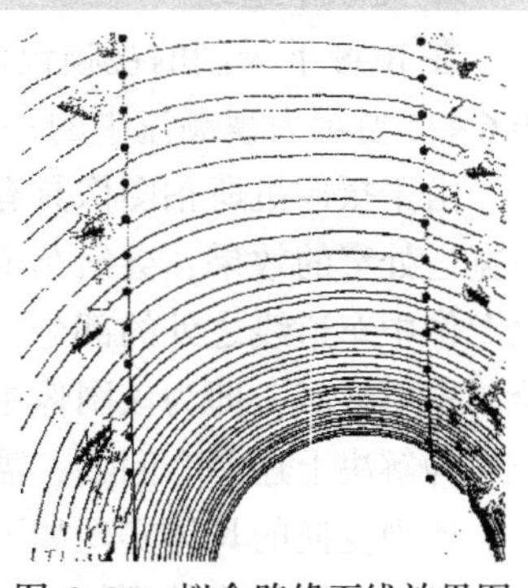

图 6-21　拟合路缘石线效果图

6.1.4　基于摄像机的车道线检测

无人驾驶汽车想要安全地在结构化道路上行驶，必须能够实时准确地检测车道线。本节主要利用传统计算机视觉技术对车道线进行检测。

本节实现车道线检测主要使用 Python 编程语言、OpenCV 库和 rviz。其中，OpenCV 库是图像处理库，包含大量处理图像的

函数，如颜色空间转换、颜色提取和去除图像噪声等。利用这些库中的函数可以对摄像机采集的图像进行预处理。rviz 是 ROS 平台的三维可视化工具，利用它可以将车道线的检测结果显示出来，进而观察检测结果是否准确可靠。

下面介绍以东北大学校园环境为背景，利用摄像机进行车道线检测的整体实现过程。

1. ROS 与 OpenCV 图像格式转换

利用摄像机在 ROS 环境下录制视频包，此时包内每一帧图像以 ROS 数据格式存储。为了能够从图像中提取出车道线模板，需将 ROS 数据格式转换成 OpenCV 能够处理的 bgr 图像格式，进而使用 OpenCV 完成图像预处理。

首先，导入程序中需要用到的库。

```
import rospy
import cv2
import numpy as np                                          # numpy 是数值计算库
import time
import pickle
from sensor_msgs. msg import Image, PointCloud2              # 导入图像和点云数据格式的包
from cv_bridge import CvBridge, CvBridgeError
import sensor_msgs. point_cloud2 as pc2                      # ROS 读取相机的点云数据
import std_msgs. msg                                         # ROS 消息传递
```

上述引入的库中，rospy 是 ROS 的 Python 客户端库；cv2 是 OpenCV 库；from sensor_msgs. msg import Image，PointCloud2 表示导入图像和点云数据格式的包；CvBridge 用来完成 ROS 和 OpenCV 的数据连接。

创建 CvBridge 的对象 self. bridge，并定义 ROS 中的订阅和发布。代码如下：

```
self. bridge = CvBridge()  # 创建对象
# 发布点云消息
self. pub_= rospy. Publisher('roadlineDetectionResults', PointCloud2, queue_size=10)
# 订阅图像消息
self. sub_= rospy. Subscriber('/pylon_camera_node/image_raw', Image, self. callback_image)
```

接着，在回调函数 self. callback_image 中使用 CvBridge 类中的 imgmsg_to_cv2 函数实现数据格式的转换。代码如下：

```
cv_img = self. bridge. imgmsg_to_cv2(data, "bgr8")  # 完成 ROS 数据格式与图像数据格式的转换
```

将 ROS 数据格式转换为 OpenCV 图像格式后，下面利用 OpenCV 库进行图像预处理，完成车道线的提取。

2. 提取车道线

在 ROS 下录制的视频包以视频流形式存在，因此需对视频流中的每一帧图像进行处理。图 6-22 所示为视频流中的一帧原始图像。

由于摄像机所拍图像具有近大远小的特点，使得实际平行的两条车道线在图像上呈现出近处宽远处窄的效果，会给车道线的检测带来不便。此外，在只检测车道线的任务下，应尽量去除图像中车道线之外的部分，只保留感兴趣区域，即 ROI（Region of Interest）。图 6-23 中所绘制梯形区域，即为该图像中的 ROI 区域。

为解决上述两个问题，需对车道线原图进行透视变换。

透视变换的具体实现如下：在原图上选取四个顶点（如图 6-23 中梯形区域的四个顶点），作为进行透视变换的原始点；在其上再选取四个顶点（可以构成矩形），作为透视变换后映射

到鸟瞰图上的点。根据这两组点，利用 OpenCV 库中的 getPerspectiveTransform 函数计算图像变换前后的转换矩阵，再利用 warpPerspective 函数完成透视变换。代码如下：

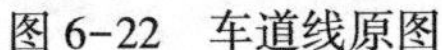

图 6-22　车道线原图

图 6-23　车道线 ROI 区域

```
# 原图上选取四个顶点
self. src_points = np. array([[264. , 664. ], [1436. , 652. ], [656. , 454. ], [1148. , 428. ]], dtype=
"float32")
# 透视变换后点映射到鸟瞰图上的坐标位置
self. dst_points = np. array([[10. , 220. ], [470. , 220. ], [10. , 0. ], [470. , 0. ]], dtype="float32")
# 计算转换矩阵
self. M = cv2. getPerspectiveTransform(self. src_points, self. dst_points)
# 透视变换
image = cv2. warpPerspective(self. raw_image, self. M, (480, 300), cv2. INTER_LINEAR)
```

其中，warpPerspective 函数中的第一个参数 self. raw_image 是原始图像，分辨率为 1920×1200。由于检测车道线并不要求图像具有高分辨率，适当降低图像分辨率，可提高计算机处理图像的速度。因此，在透视变换过程中直接将图像分辨率降低为 480×300。改变图像尺寸所使用的插值方法为双线性插值法，即 warpPerspective 函数中的最后一个参数 cv2. INTER_LINEAR。图 6-24 所示为由透视变换得到的鸟瞰图。

下面对鸟瞰图进行如下的图像预处理。

（1）中值滤波　中值滤波能够有效去除图像中的噪声（即去除图像中不必要或多余的干扰像素点），其原理是将图像中的每个像素点用附近邻域内所有像素点的中值来代替。实现代码如下：

```
image = cv2. medianBlur(image, 5)  # 第二个参数 5 指邻域大小
```

图 6-25 所示为一张黑白二值图经过滤波前后的对比图。

图 6-24　鸟瞰图

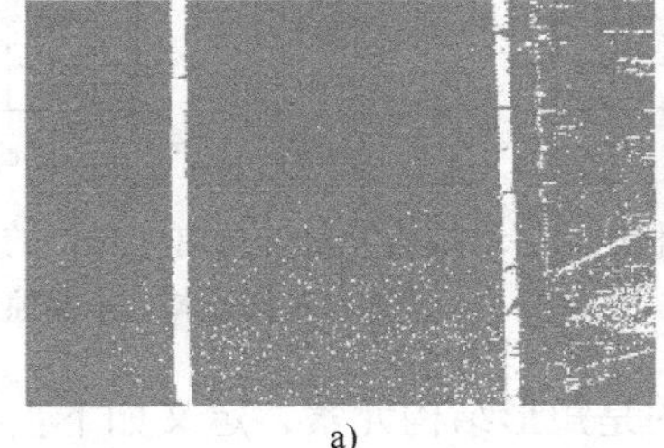

a)　b)

图 6-25　中值滤波效果

a）中值滤波前　b）中值滤波后

（2）颜色空间转换　提取图像中的车道线像素点主要依靠车道线的颜色特征。由于车道

线在常用的 RGB 颜色空间上提取效果不好，为了更好地提取车道线像素点，要进行颜色空间的转换。所谓的颜色空间包括 RGB 空间、LAB 空间和 HSV 空间等，不同的颜色空间代表不同的分类标准。经验证，HSV 空间的提取效果最好。具体转换如下：

```
image_hsv = cv2.cvtColor(image, cv2.COLOR_BGR2HSV)
```

（3）车道线颜色提取　HSV 颜色模型中，H 代表色调（Hue），范围是 0°~360°，0°表示红色；S 是饱和度（Saturation），代表颜色接近光谱色的程度，范围是 0%~100%，值越大，颜色饱和度越高；V 是明度（Value），表示颜色明亮的程度，范围是 0%~100%，由黑到白[2]。OpenCV 对 HSV 取值进行量化，使三个分量分别在 0~180、0~255 和 0~255 之间。结合东北大学车道线的实际颜色——黄色，调用 cv2.inRange 函数，并在 HSV 空间下给定颜色阈值的范围，提取车道线颜色。实现程序如下：

```
roi_mask =cv2.inRange(image_hsv, (1, 0, 0), (40, 80, 255))  # 利用 HSV 空间提取黄色
```

提取后得到二值图像，即黑白图像，像素值只包含 0 和 255。

（4）形态学处理　形态学处理一般在二值图上进行，其作用是降噪。腐蚀和膨胀是形态学处理常用的两种操作。具体地，腐蚀操作是在图像的局部邻域内求局部最小值，膨胀则是在图像的局部邻域内求局部最大值。首先要定义结构元素（又称为核），它所对应的图像区域为上述所提的局部邻域。结构元素一般有三种：矩形、椭圆形和十字形结构，如图 6-26 所示。

a)	b)	c)
1 1 1 1 1	0 0 1 0 0	0 0 1 0 0
1 1 1 1 1	1 1 1 1 1	0 0 1 0 0
1 1 1 1 1	1 1 1 1 1	1 1 1 1 1
1 1 1 1 1	1 1 1 1 1	0 0 1 0 0
1 1 1 1 1	0 0 1 0 0	0 0 1 0 0

图 6-26　三类结构元素

a）矩形结构元素　b）椭圆形结构元素　c）十字形结构元素

以腐蚀操作为例，将结构元素的中心对准二值图中每个非零像素点，求该结构元素对应二值图邻域内像素点的最小值，将该最小值作为此非零像素点的腐蚀结果。图 6-27 所示是利用十字形结构元素进行腐蚀操作的前后对比图。

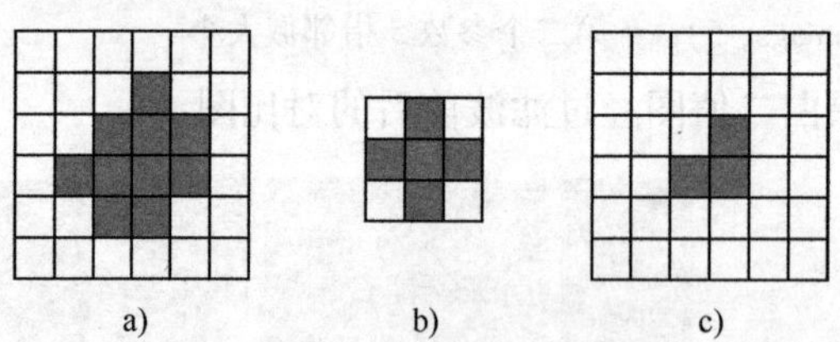

图 6-27　利用十字形结构元素进行腐蚀操作的前后对比图

a）腐蚀前二值图　b）十字形结构元素　c）腐蚀后二值图

在实际车道线检测中使用的是矩形结构元素，定义如下：

```
self.small_kernel = cv2.getStructuringElement(cv2.MORPH_RECT, (1, 4))
```

函数 getStructuringElement 中第二个参数（1,4）定义了矩形结构的大小，表示该元素是一个 1×4 的矩形。

接着，利用上述定义好的结构元素对颜色提取后的二值图进行腐蚀处理。实现方法如下：

```
roi_erode_mask = cv2.morphologyEx(roi_mask, cv2.MORPH_ERODE, self.small_kernel)
```

图 6-28 所示是对鸟瞰图进行上述一系列预处理后的结果，该二值图即为提取出的车道线模板。

3. 拟合车道线

根据提取出的车道线模板，拟合车道线的直线方程。

（1）计算车道线下端起点　规定像素坐标系是以图像的左上顶点为坐标原点（0,0），以图像的高为 x 轴、图像的宽为 y 轴建立的平面直角坐标系，如图 6-29 所示。

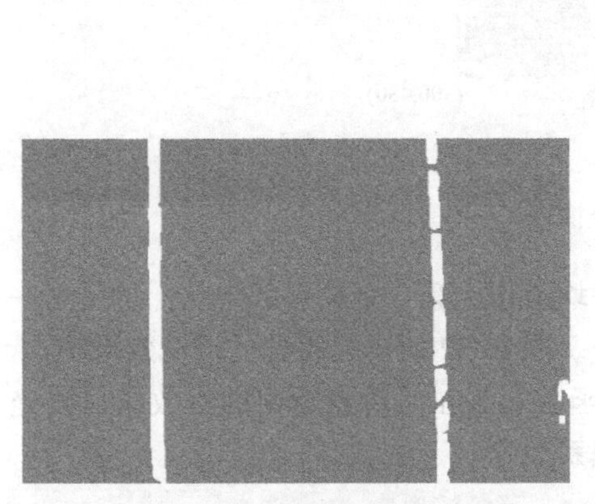

图 6-28　车道线提取模板示意图

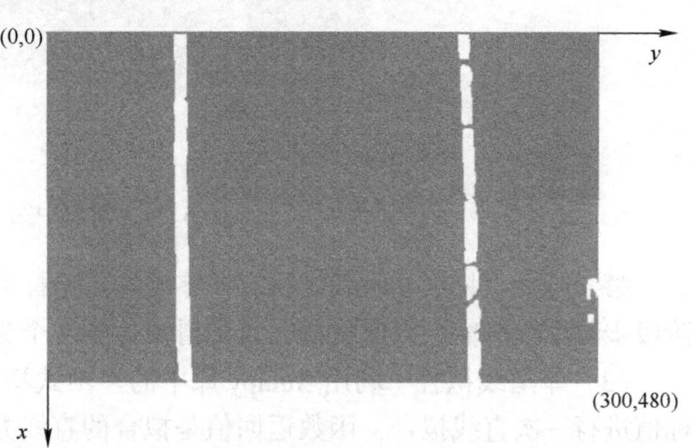

图 6-29　像素坐标系示意图

沿 x 轴方向将像素值累加，找出所有累加值中的最大值，将该最大值所在位置作为车道线的下端起点。由于一张图像中有两条车道线，需对两条车道线都进行拟合，因此将图像左右分开，分别搜索左、右车道线的下端起点，结果如图 6-30 所示。

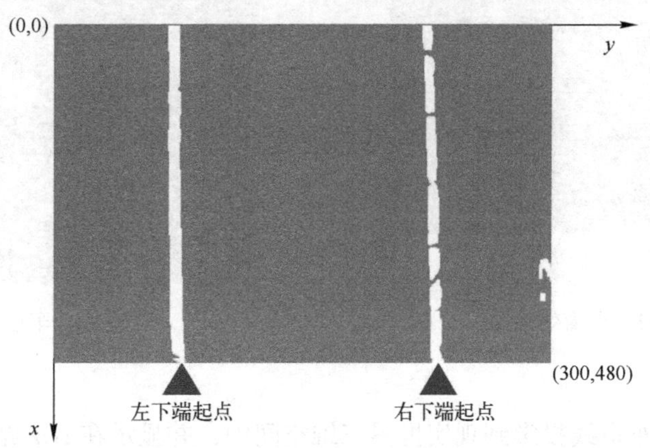

图 6-30　车道线下端起点

（2）滑动窗口　滑动窗口的作用是返回图像中车道线对应的所有非零像素点的坐标，用于车道线的直线拟合。这样做的好处是能够排除模板中车道线以外的杂点，使拟合结果更准确。

预先设定每个窗口的宽度为 40 个像素点，高度为 33 个像素点，每条车道线滑窗的个数为 9 个（以上数值不固定，可根据实际情况自行调整）。

第一阶段：以车道线的下端起点作为第一个窗口的中点，按预先设定的窗口大小确定第一个窗口，如图 6-31 所示（以左侧车道线为例），返回窗口内所有非零像素点的坐标值。

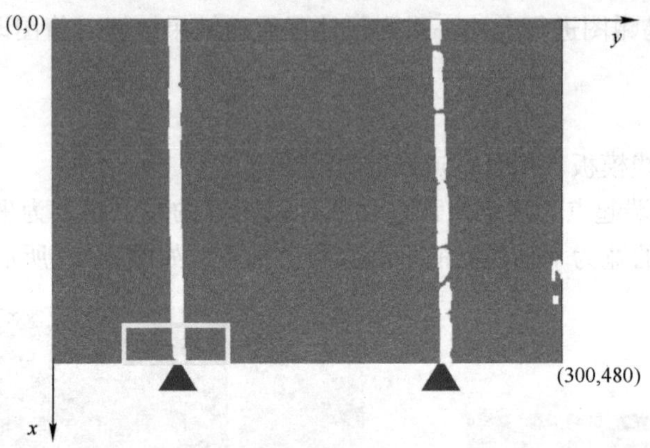

图 6-31　滑窗中第一个窗口

第二阶段：将第一阶段的所有非零像素点坐标的平均值作为第二个窗口的中点，重复第一阶段步骤继续滑窗；以此类推，直到滑窗达到 9 个为止。图 6-32 所示是得到的滑窗效果图。

（3）车道线拟合　利用 Numpy 库中的多项式拟合函数 polyfit 对滑窗返回的有效车道线坐标值进行一次直线拟合，函数返回值是拟合的直线方程系数。

```
self. coeffs = np. polyfit( y, x, 1)  # 返回拟合直线系数(即斜率和截距)
```

图 6-33 所示为车道线拟合效果图。

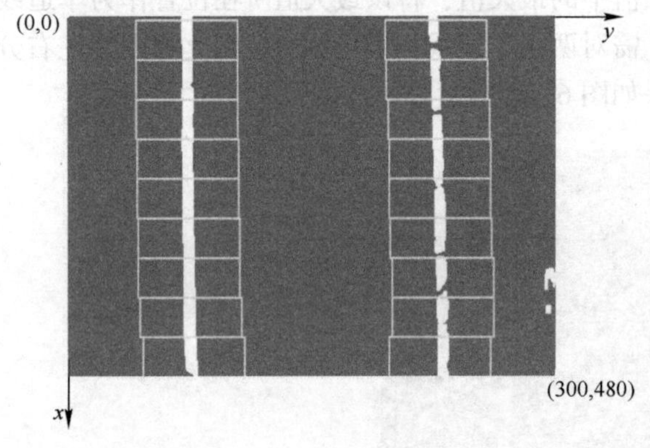

图 6-32　滑窗效果图

图 6-33　车道线拟合效果图

4. 坐标系变换

下面将拟合出的车道线投影到现实世界三维空间中，并显示在 rviz 界面上。将像素坐标系下的车道线变换到三维车体坐标系需进行两次坐标系变换。

（1）像素坐标系变换到世界坐标系　首先借助激光雷达和 ROS 平台，在实际道路上标定四个点，要求这四个点构成一个矩形，且要包含两条车道线。此外，标定的四个点与透视变换后鸟瞰图的四个顶点位置一一对应。根据激光雷达返回标定点的坐标，推算出上述矩形的宽和高，分别为 5.3 m 和 7.0 m。这与鸟瞰图中四个顶点所构成矩形的宽和高对应，分别为像素坐标系的 460 pixels 和 220 pixels（此处使用的是实际标定的实验数据）。

像素坐标系采用上文的定义，并以像素为单位。规定世界坐标系以实际标定的左上顶点

（图 6-34b 中点（0,0）处）为原点，x 轴和 y 轴方向与像素坐标系的定义相同，以 m（米）为单位建立平面直角坐标系。图 6-34 所示为两个坐标系的对应关系。

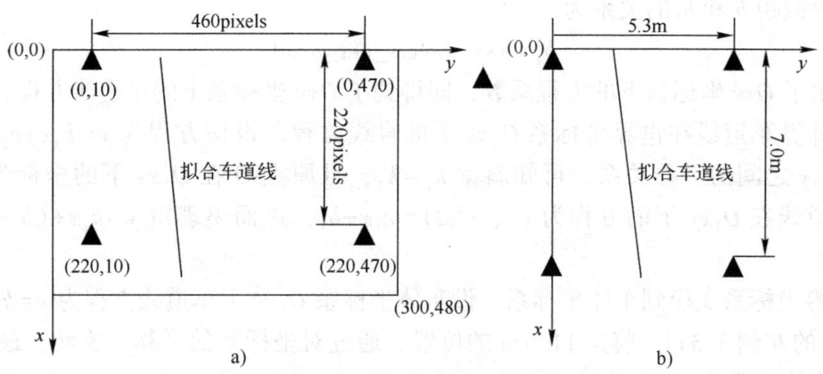

图 6-34　像素坐标系和世界坐标系示意图
a）像素坐标系示意图　b）世界坐标系示意图

在图 6-34 的像素坐标系中，4 个三角对应透视变换后的顶点；在图 6-34 所示的世界坐标系中，4 个三角为实际道路标定点。根据图 6-34，计算每个像素分别在 x 轴和 y 轴方向所对应的实际距离为

$$x\_meters\_per\_pixel=\frac{7.0}{220}\text{m/pixel}$$

$$y\_meters\_per\_pixel=\frac{5.3}{460}\text{m/pixel}$$

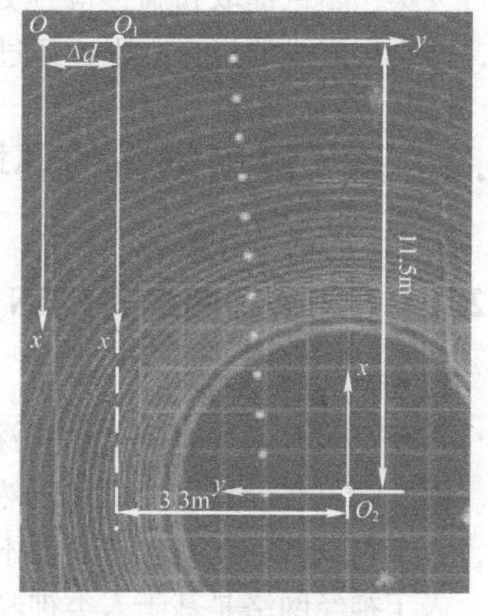

图 6-35　rviz 界面下的世界坐标系与车体坐标系示意图

在 rviz 界面下，绘制以 O_1 为原点的世界坐标系（见图 6-35）。

图 6-35 中给出车体坐标系示意图。其中规定车体坐标系 O_2xy 以激光雷达所在位置为原点 O_2，沿车体纵向向前为 x 轴正方向，沿车体横向向左为 y 轴正方向。

图中由点组成的线是拟合的车道线结果。为便于计算，将 O_1xy 坐标系向左平移 Δd 距离，得到 Oxy 坐标系。点 O 对应像素坐标系的原点，Δd 对应图 6-34a 上点（0,10）到原点（0,0）的距离，即 $\Delta d=x\_meters\_per\_pixel\times10$。除坐标系外，图 6-35 中还标注了两个距离信息 3.3 m 和 11.5 m。这两个距离是实际道路标定时，激光雷达直接测得的点 O_1 相对于雷达位置 O_2 的坐标。为确定世界坐标系 O_1xy 下的直线方程，首先确定坐标系 Oxy 下的直线方程。

设像素坐标系下拟合的方程为 $y=kx+b$，Oxy 坐标系下方程为 $y=k_1x+b_1$，斜率可以用 $k=\Delta y/\Delta x$ 和 $k_1=\Delta y_1/\Delta x_1$ 表示。Δx、Δy、Δx_1 和 Δy_1 只是符号表示，没有具体数值。根据像素与米的转换关系，可得

$$\Delta x_1=\Delta x\times x\_meters\_per\_pixel$$
$$\Delta y_1=\Delta y\times y\_meters\_per\_pixel$$

由此推出斜率 k 和 k_1 的转换关系为

$$k_1=\frac{\Delta y_1}{\Delta x_1}=\frac{\Delta y\times y\_meters\_per\_pixel}{\Delta x\times x\_meters\_per\_pixel}=k\times\frac{y\_meters\_per\_pixel}{x\_meters\_per\_pixel}$$

同理，可求得截距 b 和 b_1 的关系为

$$b_1=b\times y\_meters\_per\_pixel$$

至此，计算出了 Oxy 坐标系下的方程系数，即得到了 Oxy 坐标系下的车道线方程。

接着，计算车道线在世界坐标系 O_1xy 下的直线方程。设该方程为 $y=k_2x+b_2$。根据坐标系 O_1xy 与 Oxy 之间的平移关系，可知斜率 $k_2=k_1$，且原点 O 在 O_1xy 下的坐标为 $(0,-\Delta d)$，由此可得车道线在 O_1xy 下的方程为 $y-(-\Delta d)=k_1x+b_1$，进而整理得 $y=k_1x+(b_1-\Delta d)$，则截距 $b_2=b_1-\Delta d$。

（2）世界坐标系变换到车体坐标系　设车体坐标系 O_2xy 下车道线方程为 $y=k_3x+b_3$，坐标原点 O_1 在 O_2 的左侧 3.3 m、前方 11.5 m 的位置。通过对坐标系的平移、旋转，最终得到车体坐标系下的直线方程

$$y=k_1x-(11.5k_1+b_2-3.3) \tag{6-1}$$

由式（6-1）可知，斜率 $k_3=k_1$，截距 $b_3=-(11.5k_1+b_2-3.3)$。

通过上述两个步骤，将拟合的车道线方程从像素坐标系转换到车体坐标系。将车道线以点云的形式发布，即可完成将车道线显示在 rviz 界面的目标。

综上所述，本节基于传统计算机视觉技术实现了车道线识别任务。利用 OpenCV 库对图像进行去噪、颜色提取和腐蚀等预处理，提取车道线模板；采用滑窗算法提取模板中非零像素点，计算车道线的拟合方程；经过两次坐标变换，将拟合的车道线显示在 rviz 界面上。

6.2　基于深度学习的环境感知技术

6.2.1　卷积神经网络（CNN）

1. 神经网络结构

在现今的人工智能研究中，深度学习已经成为一个研究热点，渗透到人工智能各个领域中。深度学习在计算机视觉和自然语言处理等方面，都取得了重要的成就。作为深度学习的基础，人工神经网络在其中扮演着不可或缺的角色。

人工神经网络是基于人类神经网络系统构建的数学模型。在人的神经系统中，神经元是最基本的组成结构。它是一种神经细胞。每个神经元与其他神经元相连。当神经元受到刺激时，它会将刺激信号传递给相连的神经元，相连的神经元继续往后传递，实现传递刺激信号的功能。人工神经网络模拟人类神经网络的结构，用多个人工定义的“神经元”构建一个数学模型，形成人工神经网络。每个神经元接收上一层神经元的输出，作为神经元内部函数的输入。将该函数的输出作为神经元的输出，送入下一层神经元。通过层层传递，得到整个神经网络的输出。神经网络中包含大量参数。在初始化阶段，参数是随机生成的。通过合理的训练，修改参数的值，可以使人工神经网络像人的神经系统一样，具备一定的功能，能够完成某些任务。经过训练的神经网络，给定一个输入，能够输出一个期望的结果。

图 6-36 所示是一个典型的神经网络。图中一共有 3 层神经元，每层的每一个神经元都与上一层所有神经元相连，这种连接形式称为全连接。因此，该网络称为全连接神经网络。该神经网络一共有 3 层：输入层有 3 个输入神经元 x_1、x_2 和 x_3；中间层有 4 个神经元 h_1、h_2、h_3

和 h_4，用于连接输入神经元和输出神经元；输出层有 1 个神经元 y。该神经网络的数学形式为 $y=F(x_1,x_2,x_3)$。其中，$F(x_1,x_2,x_3)$ 为神经网络的数学模型。

神经网络中，每个神经元有若干个输入以及 1 个输出。图 6-37 所示是一个神经元模型。

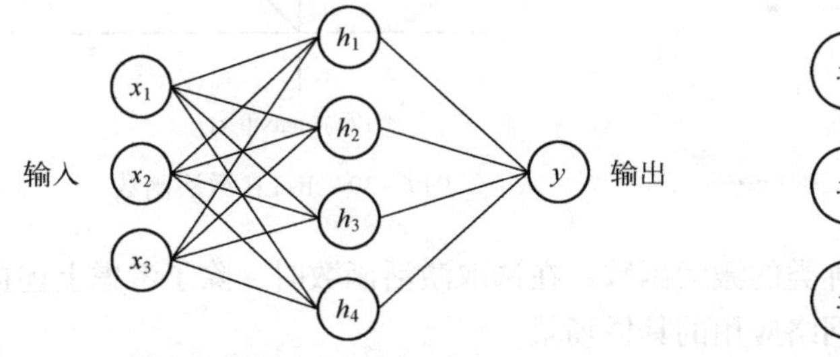

图 6-36　神经网络模型

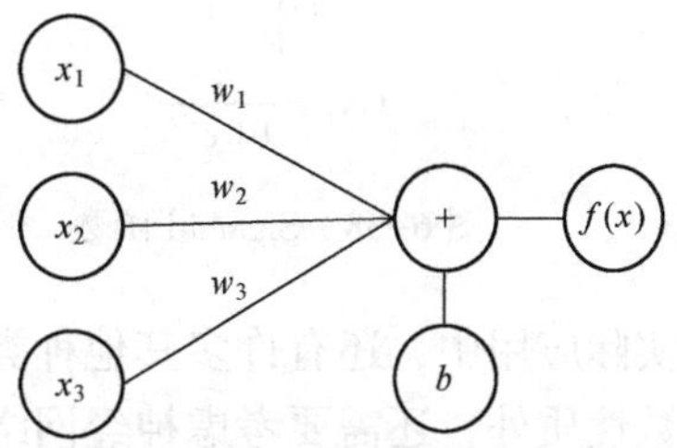

图 6-37　神经元的输入/输出

该神经元有 3 个输入 x_1、x_2 和 x_3，对应的权重参数分别为 w_1、w_2 和 w_3。b 为神经元的偏置参数。神经元的输入为 $w_1x_1+w_2x_2+w_3x_3+b$。神经元中包含一个非线性激活函数 $f(x)$，其作用是使神经网络具有非线性。因此，神经元的输出为 $y=f(w_1x_1+w_2x_2+w_3x_3+b)$。

神经元的激活函数有多种形式，可根据神经网络所实现的功能选取相应的激活函数。一般情况下，激活函数应具有以下几个特性：

（1）非线性　神经网络需要具备非线性特征，拟合各种复杂的非线性映射关系。神经元的输入为线性输入，如果激活函数是线性函数，则神经元的输出保持线性。若每层神经元均为线性，整个神经网络则变为一个线性模型。因此，激活函数需要具备非线性特性，使神经网络成为一个非线性数学模型。

（2）可导性　在训练神经网络的过程中，需要计算梯度，因此要求激活函数可导。

（3）导数计算量小　在实际的神经网络中，一般存在大量的神经元。在反向传播中，需要对这些神经元中的激活函数求导。若神经元的激活函数导数计算复杂，则会导致反向传播计算量大，网络训练缓慢。因此，在设定激活函数时，选取导数计算量小的函数作为激活函数。

（4）激活函数不易饱和　在选取激活函数时，需要考虑该函数是否存在饱和区域，是否容易落入饱和区域。饱和区域是指：在该区域内，激活函数的导数绝对值很小，接近于 0。当落入饱和区域内时，根据链式法则，所求的梯度值很小，导致神经网络收敛速度变慢，不利于神经网络的训练。

在神经网络中，常用的激活函数包括 Sigmoid 激活函数、Tanh 激活函数、ReLU 激活函数以及 Leaky ReLU 激活函数等。

Sigmoid 函数的公式和函数曲线如图 6-38 所示。当输入 x 接近 0 时，Sigmoid 函数近似线性；当 x 的绝对值逐渐增大时，Sigmoid 函数曲线趋向水平，其导数趋近于 0。在早期的神经网络研究中，Sigmoid 函数是神经网络主要的激活函数[3]。Sigmoid 函数的缺点是，当 x 的绝对值较大时，该函数的导数接近 0，处于饱和状态。这导致反向传播梯度变小，使得网络训练速度变慢。此外，Sigmoid 函数中存在指数 e^{-x}，在计算梯度时，运算量较大。

相比之下，ReLU 函数克服了 Sigmoid 函数存在的问题。ReLU 函数的公式和函数曲线如图 6-39 所示。ReLU 函数形式非常简单，当 $x\leqslant 0$ 时函数输出为 0，当 $x>0$ 时函数为线性函数。ReLU 函数梯度计算量小，加快了网络反向传播速度。由于当 $x>0$ 时，ReLU 函数呈线性，不存在饱和情况，故缓解了训练过程中梯度变小的问题。

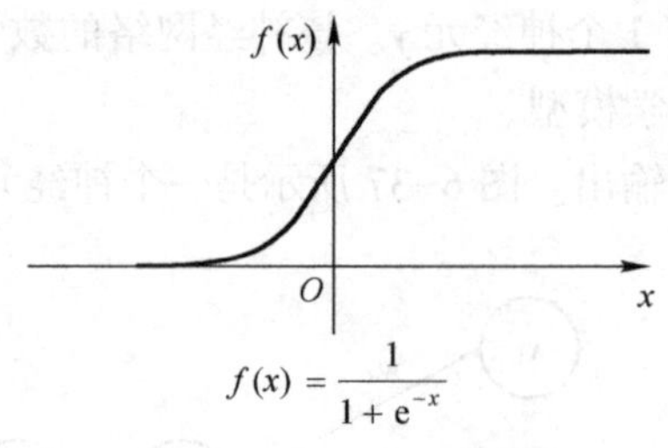

图 6-38 Sigmoid 函数

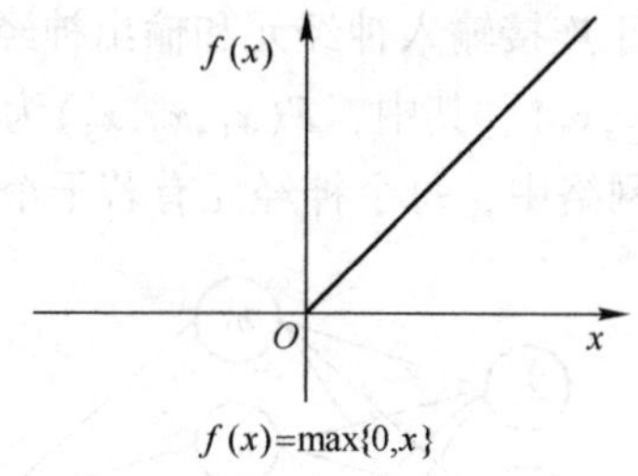

图 6-39 ReLU 激活函数

在实际应用中，还有许多其他种类的激活函数。在选取激活函数时，除了考虑上述提到的激活函数性质外，还需要考虑神经网络应用的具体场景。

2. 反向传播算法

在构建神经网络模型时，每个神经元给网络引入权重参数和偏置参数。在初始化阶段，权重参数和偏置参数的值是通过一定的方式随机生成的。因此，初始化的神经网络是一个随机的数学模型，没有实现特定任务的能力。需要通过对神经网络进行训练，才能使其具备特定的功能。

给定一个数据集 $P=(D,T)$。其中，$D=\{\boldsymbol{x}_1,\boldsymbol{x}_2,\cdots,\boldsymbol{x}_k\}$；$T=\{\boldsymbol{y}_1,\boldsymbol{y}_2,\cdots,\boldsymbol{y}_k\}$；$\boldsymbol{x}_i\in D$ 是一个 n 维向量，表示数据的特征；$\boldsymbol{y}_i\in T$ 是一个 m 维向量，表示数据的标注值，即数据的真实信息。例如，在分类数据集中，图像的标注是图像中物体的类别。设一个神经网络，网络有 n 个输入，m 个输出，神经网络的数学模型为 $\boldsymbol{y}=f(\boldsymbol{x})$。该神经网络的作用是实现数据集 P 中数据特征到标注值的映射，即 $D\rightarrow T$。对于任意数据$(\boldsymbol{x}_i,\boldsymbol{y}_i)\in P$，将 $\boldsymbol{x}_i$ 作为输入值输入神经网络，得到输出 $\boldsymbol{y}'_i=f(\boldsymbol{x}_i)$。该过程称为前向传播。若神经网络能够实现映射功能，应有 $\boldsymbol{y}_i=\boldsymbol{y}'_i$。在初始化阶段，由于神经网络的参数是随机生成的，无法实现映射，因此 $\boldsymbol{y}_i\neq\boldsymbol{y}'_i$。

对于输入值 $\boldsymbol{x}_i\in D$，神经网络输出值 $\boldsymbol{y}'_i$ 和数据的标注值 $\boldsymbol{y}_i$ 之间存在偏差 E，需要引入一个评价标准来表示偏差大小。在神经网络中，使用损失（loss）函数评价输出值和标注值的偏差。损失函数的公式如下：

$$E=L(\boldsymbol{y}_i,\boldsymbol{y}'_i)$$

式中，$L(\boldsymbol{y}_i,\boldsymbol{y}'_i)$表示通过输出值 $\boldsymbol{y}'_i$ 和标注值 $\boldsymbol{y}_i$ 计算 loss。

损失函数的形式有多种，一般根据神经网络的特性设置损失函数。一种常用的损失函数是二次（Quadratic）损失函数，即

$$E=\frac{1}{2k}\sum_{i=1}^{k}\|\boldsymbol{y}'_i-\boldsymbol{y}_i\|_2^2$$

这里，k 表示数据集的大小。二次损失函数使用 2 范数评价偏差 E 的大小。E 越大，表示输出值与标注值之间的偏差越大，即神经网络对 $D\rightarrow T$ 映射关系的拟合效果越差；反之表示拟合效果越好。在初始化阶段，网络输出值的偏差较大，因此 E 的值也较大。

神经网络训练的目的是通过多次迭代，逐步修改网络参数的值，使神经网络输出值逼近标注值。在这个过程中，神经网络逐步拟合 $D\rightarrow T$ 映射。在训练神经网络时，使用反向传播（Back Propagation）算法进行训练。反向传播是基于梯度下降（Gradient Descent）的策略，以目标函数的负梯度方向为搜索方向，搜索更优解。神经网络中，损失函数是目标函数。设损失函数为 $L(\boldsymbol{w})$，其中 $\boldsymbol{w}$ 表示神经网络中所有的参数，包括权重参数和偏置参数。对于模型中的任意参数 $w\in\boldsymbol{w}$，对损失函数计算偏导数$\partial L/\partial w$。在神经网络中，通过链式法则计算偏导数。

图 6-40 所示是一个简易的神经网络，对于参数 w_1，要计算偏导数 $\partial L/\partial w_1$，根据链式法则有

$$\frac{\partial L}{\partial w_1}=\frac{\partial L}{\partial y}\frac{\partial y}{\partial h_1}\frac{\partial h_1}{\partial w_1}$$

因为

$$\frac{\partial y}{\partial h_1}=w_3 f',\ \frac{\partial h_1}{\partial w_1}=xf'_1$$

所以

$$\frac{\partial L}{\partial w_1}=\frac{\partial L}{\partial y}\cdot w_3 f'\cdot xf'_1$$

对于其他参数，可使用同样的方法计算偏导数。

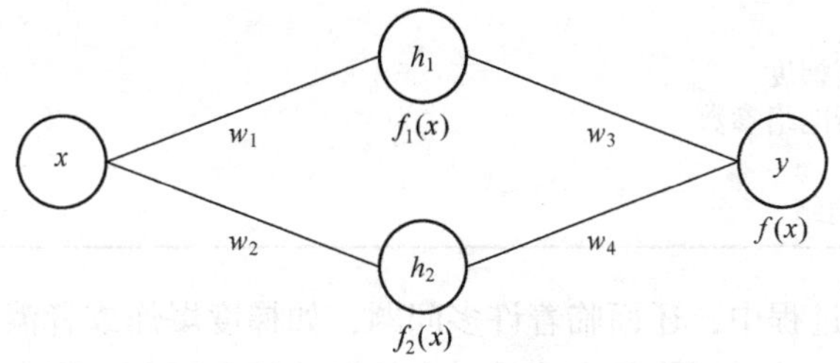

图 6-40　简单神经网络模型

在梯度下降算法中，以梯度的负方向作为参数的更新方向。对参数 w 的更新公式为

$$w=w-\eta\frac{\partial L}{\partial w}$$

其中，η 为学习速率，是更新参数的步长。$\eta\in(0,1)$，具体的值由人工设定。η 越大，表示更新时沿负梯度方向搜索的距离越大。η 不能设定得过大或者过小。η 过大，容易发生振荡，使算法无法收敛到更优解；η 过小，使得训练速度变慢，导致训练时间变长。

在计算梯度时，需要使用数据集 P 中所有的数据参与梯度计算。因此，在计算梯度时，有

$$\nabla L=\frac{1}{k}\sum_{i=1}^{k}\nabla L_i$$

该式中，使用所有数据分别计算各自的梯度 ∇L_i，然后计算平均梯度 ∇L，作为最终的更新梯度。当数据集较小时，该方法是可行的。但是，当数据集较大时，如果使用所有的数据参与梯度计算，会导致计算量过大，影响网络训练速度。对此，可通过随机梯度下降（Stochastic Gradient Descent）来改善训练。在数据集中，随机选取若干样本，构成样本集。使用样本集计算梯度，作为神经网络更新方向。随机梯度下降算法的梯度计算公式为

$$\nabla L=\frac{1}{m}\sum_{j=1}^{m}\nabla L_j,m<k \tag{6-2}$$

式中，k 为原始数据集的样本数量；m 为样本集的样本数量。样本集称为批（Batch）。使用样本集计算的梯度与使用全体数据计算的实际梯度具有较高的近似性，对训练结果影响较小。通过减少参与梯度计算的数据量，可极大地提高网络训练速度。此时，梯度更新公式为

$$w=w-\eta\nabla L \tag{6-3}$$

在训练时，需要使用训练集 P 对神经网络进行多次训练，训练次数 K 称为迭代次数。需

要选取合适的K。若K过小，迭代次数不足，则训练不够充分，模型无法收敛到更优解；若K过大，当目标函数值已经趋向平稳时，后续的训练意义不大，会造成计算机资源的浪费。

使用随机梯度下降算法训练神经网络的流程如算法 6.1 所示。

算法 6-1：训练神经网络的随机梯度下降算法

输入：数据集 $P=(D,T)$（其中 $D=\{\boldsymbol{x}_1,\boldsymbol{x}_2,\cdots,\boldsymbol{x}_k\}$，$T=\{\boldsymbol{y}_1,\boldsymbol{y}_2,\cdots,\boldsymbol{y}_k\}$）、学习速率 η 和迭代次数 K

```
for t=1,2,…,K do
    随机抽取大小为 m 的样本集 P′（m<k）
    for i=1,2,…,m do
        计算神经网络的输出 y′_i=f(x_i)
        计算损失函数 L_i=L(y_i,y′_i)
        计算梯度 ∇L_i
    end for
    由式（6-2）计算梯度
    由式（6-3）更新网络参数
end for
```

输出：训练得到的神经网络

在神经网络的训练过程中，还面临着许多问题，如梯度爆炸或者消失、神经网络过拟合以及训练速度缓慢等情况。神经网络的训练是一个热门的研究话题，许多研究者致力于如何高效地训练出更好的模型。

3. 卷积神经网络

传统的全连接神经网络存在着一个问题，就是每添加一层神经元，会给神经网络引入大量的参数。例如，在一个带有 1000 个神经元的网络层上添加一个带有 500 个神经元的网络层，会引入 1000×500+500=500500 个参数，这是一个很大的参数量。神经网络参数的增多，不仅提高了对计算机的计算和存储要求，而且会导致模型容易过拟合。通过“权重共享”的方式，减小网络的参数量，可以解决以上问题。这种网络称为卷积神经网络。

图 6-41 中有两个神经网络，网络中输入神经元均为 4 个，输出神经元均为 2 个。

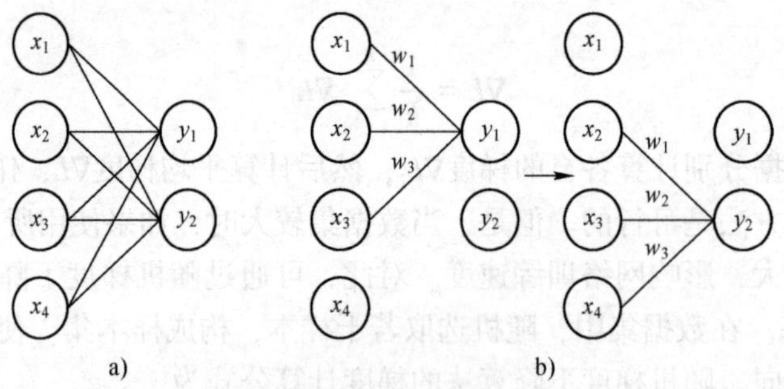

图 6-41　全连接神经网络和卷积神经网络

a）全连接神经网络　b）卷积神经网络

图 6-41a 所示为全连接神经网络，网络中一共有 8 个权重参数。图 6-41b 所示是一个卷积神经网络，网络中有 3 个共享的权重参数 w_1、w_2 和 w_3，每个输出神经元与 3 个输入神经元相连。首先，权重参数与神经元 y_1 相连，y_1 的输入为 $x_1w_1+x_2w_2+x_3w_3$。然后，权重参数向下滑动，与神经元 y_2 相连，此时 y_2 的输入为 $x_2w_1+x_3w_2+x_4w_3$。相比于图 6-41a 中的全连接神经网络，卷积神经网络的权重参数减少了 5 个。

在卷积网络中，计算每个神经元输入的时候，所使用的权重是共享的。一般情况下，权重参数数量少于输入神经元数，每个神经元只和上一层部分神经元连接。使用卷积代替全连接，简化了网络结构，减少了网络参数。

卷积最常见的应用是二维卷积网络和三维卷积网络，它们广泛应用于基于神经网络的计算机视觉。神经网络运用了大量的矩阵运算。在神经网络中，一般将矩阵称为张量。

在二维卷积中，共享权重参数构成一个称为卷积核的张量，卷积核在输入张量上滑动，对输入张量进行卷积计算。

图 6-42 所示是一个二维卷积的示意图，图中的输入为 4×4 的二维张量，卷积核大小为 3×3。卷积核上的值是共享权重的值。卷积核在输入张量上滑动，当它滑动到输入张量的某个位置时，卷积核每个位置的权重值与该输入张量对应位置的值相乘。然后对所有乘积结果求和，并将其作为该位置的卷积输出。卷积核对输入张量的所有位置进行卷积计算，得到一个卷积输出张量。在图 6-42 中，卷积核位于输入张量的左上角，通过卷积操作，得到卷积核在输入张量该位置的卷积输出值 3。

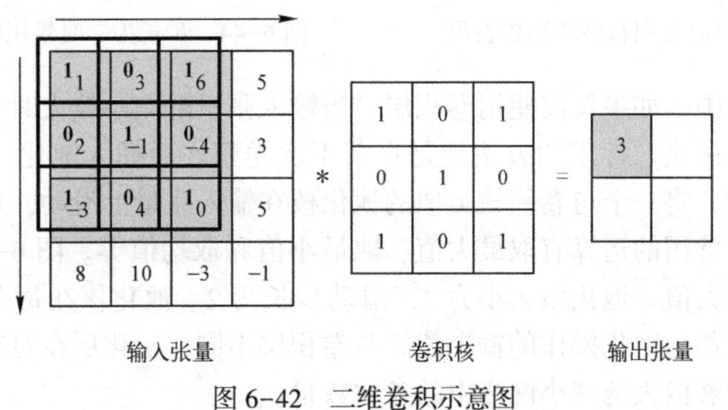

图 6-42　二维卷积示意图

在卷积中，输入张量包含特征通道。例如，图像一般有三个颜色通道，即红、绿、蓝（RGB）通道。虽然是二维卷积，但是输入张量为三维张量。相应地，卷积核也是三维张量，其通道数和输入张量通道数一致。在卷积时，卷积核每个通道是一个子卷积核，对输入张量对应通道进行卷积。

如图 6-43 所示，输入张量和卷积核的通道数均为 3，卷积核的每个通道对输入张量对应的通道进行卷积，得到 3 个大小一致的单通道输出张量。进而将 3 个输出张量对应位置的值进行叠加，得到该卷积核的卷积输出张量（其通道数为 1）。

为了提取更丰富的特征，一般情况下，每个卷积层有多个卷积核。每个卷积核的卷积输出张量大小一致，而且通道数均为 1。将这些输出张量在通道方向上连接，构成卷积层最终的输出张量。卷积层输出张量的通道数等于卷积核数目。图 6-43 中一共有两个卷积核，每个卷积核输出一个单通道的张量，因此，该卷积层的输出张量的通道数为 2。

卷积核在输入张量上每次移动的距离称为步长。步长与输出张量大小成反比，移动步长越大，输出张量越小。图 6-44 所示是步长为 2 的卷积。

除了特殊情况，卷积输出张量的大小一般都小于输入张量。在某些情况下，希望输入张量和输出张量大小一致。通过填充（Padding）操作，可以解决输入张量和输出张量大小不一致的问题。填充是在输入张量四周进行扩张，增大输入张量的大小，使卷积输出张量的大小等于未进行填充时输入张量的大小。一般情况下，使用 0 进行填充。如图 6-45 所示，在一个长宽均为 3 的输入张量四周进行填充，使用 0 作为填充区域的值。填充后输入张量的长宽变为 5。

此时，若使用大小为 3 的卷积核进行步长为 1 的卷积，则卷积输出张量的大小为 3，和未进行填充之前的输入张量大小一致。

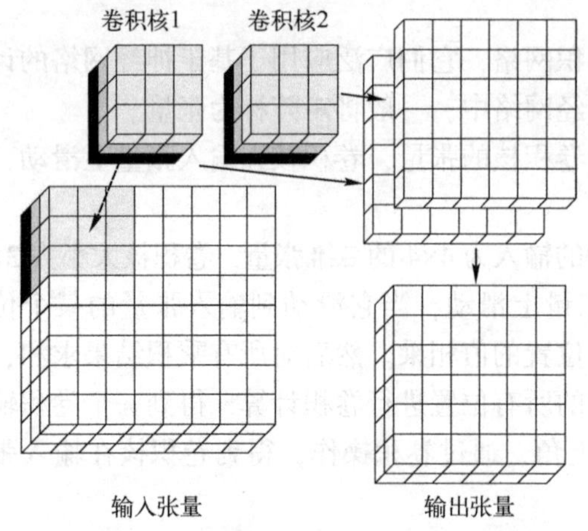

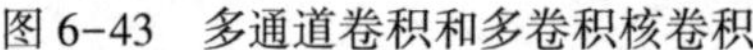

图 6-43　多通道卷积和多卷积核卷积

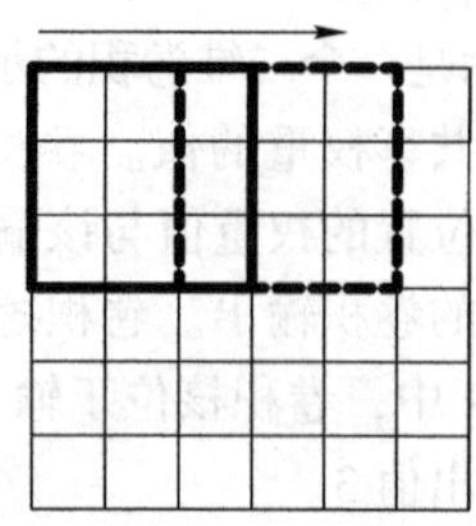

图 6-44　步长为 2 时卷积核的滑动过程

在卷积神经网络中，如果仅仅使用卷积层，当输入张量的大小较大时，所需的卷积计算量非常大，需要进一步优化。常用的方法就是在若干次卷积之后插入池化（Pooling）层。池化操作和卷积操作类似，将一个与卷积核类似的池化核在输入张量上滑动，对池化核对应的输入张量进行某种运算。常用的运算有取最大值、取最小值和取均值等。图 6-46 所示是一个池化层，池化操作为取最大值。池化核大小为 2，滑动步长为 2。池化核在每个区域时，取该区域内输入张量的最大值作为池化操作的输出值。与卷积层不同，池化层在对输入进行下采样时不引入额外的参数，能够极大地减小网络中的参数数量。

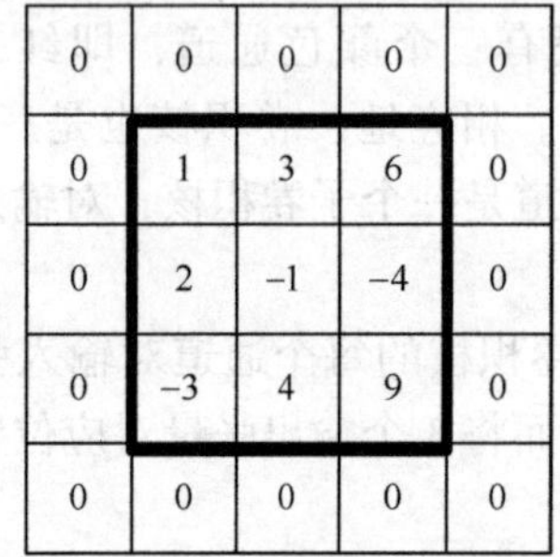

图 6-45　输入张量的边界填充

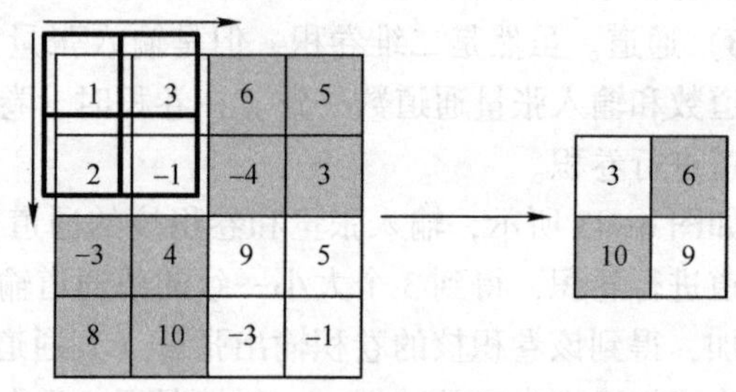

图 6-46　最大值池化

卷积网络使用卷积代替全连接，简化网络结构，减少网络参数。除此之外，卷积神经网络更重要的特性是能够提取输入数据中的特征信息。

在传统的机器学习领域，要实现分类、识别和预测等任务，首先需要提取目标的特征。特征是一类能够表示目标的信息。例如，在预测未来的天气状况时，需要获取过去以及当前的天气状况、云的数量、温度以及风速等信息，并根据这些信息，建立数学模型，进行天气预测。这些环境信息，就是天气的特征。目标特征的设定，是由研究人员人工完成的。研究人员根据对海量数据的分析，选取一些能够代表目标特性的特征，作为分类、识别和预测的依据。由于这些特征是人工设定的，特征中带有主观性，并不一定能真正代表目标特性。例如，研究人员通过分析，认为温度对天气预测的影响很大，但事实不一定如此。

神经网络与传统的机器学习不同，它能在训练阶段，不需要研究人员进行设定，自主学习目标数据的特性、提取目标特征；而在测试（或现场实际应用）阶段，训练得到的（如同一个黑箱的）神经网络可提取出目标特征，并对特征进行分析，最终获得预测结果。

在计算机视觉中，卷积网络能够提取图像中目标的特征。在神经网络的前几层，卷积层提取的是图像局部区域的特征。随着网络层越接近输出端，网络层提取更大区域中的目标特征，直至整个目标的特征。研究人员使用可视化方法，对卷积网络提取特征的能力进行了分析[4]。

在基于神经网络的图像分类任务中，图 6-47a 所示为原始的输入图像数据，图 6-47b 所示为神经网络中某一层卷积输出的可视化效果[4]。对于车轮的图像，神经网络经过训练，从大量车轮图像中归纳车轮特性，提取出如图 6-47b 所示的轮廓，并将其作为车轮特征来识别车轮。

综上所述，神经网络具备自主提取目标特征的能力，能够自主分析同一类目标中代表该类目标的特征，以此作为检测依据。但是，神经网络并不是在所有领域都能很好地工作。在某些应用中，依然需要人工特征作为目标分类或者目标检测的依据。

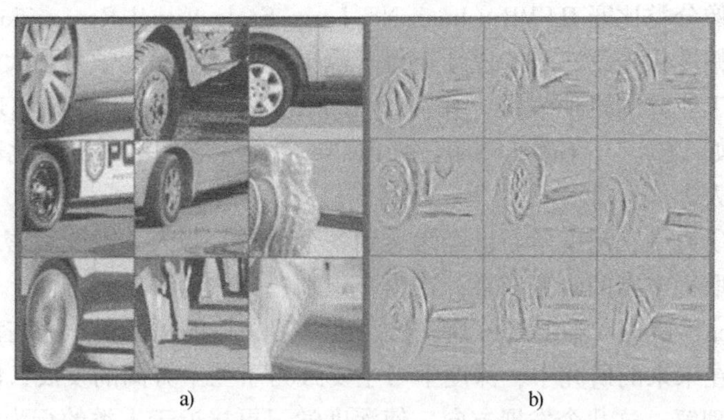

图 6-47　原始车轮图像经神经网络卷积层处理后输出张量的可视化结果

a）输入的原始车轮图像　b）神经网络某卷积层输出张量的可视化结果

4. 深度学习

前文提到，深度学习的基础是神经网络。“深度”的意思是神经网络的层数众多，网络参数数量巨大。深度学习是机器学习的一部分，而机器学习包含在人工智能内，因此深度学习属于人工智能的范畴。深度学习、神经网络、机器学习和人工智能的关系如图 6-48 所示。

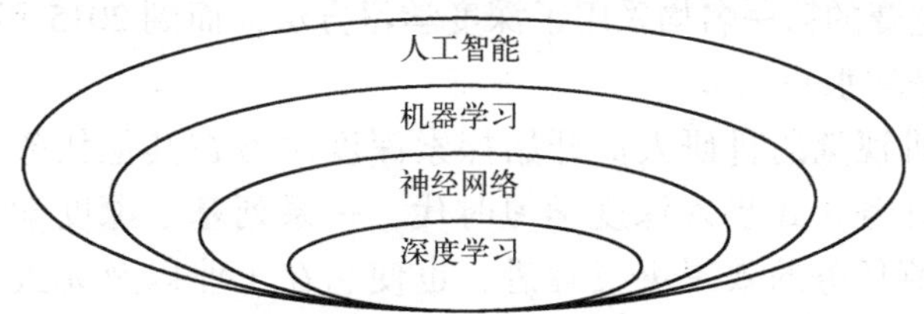

图 6-48　深度学习、神经网络、机器学习和人工智能的关系

随着神经网络的层次加深，网络中的神经元越来越多，引入的参数越来越多，模型越来越复杂，神经网络能拟合越来越复杂的数学模型和映射关系。但是，随着模型复杂度的增大，随之而来的是对计算机计算性能要求的快速增长。由于神经网络需要大量的计算资源，因此在很长的一段时间内，受限于羸弱的计算机性能，深度学习并没有受到学术界和工业界的青睐。

近年来，随着科技进步，计算机性能飞速发展。显示芯片制造商英伟达（NVIDIA）推出了性能强劲的GPU，不仅给游戏行业带来了革命性的突破，而且其具备的强大并行计算能力，给大型神经网络的运算问题提供了解决方案。深度学习面对的计算瓶颈逐渐消失。

另一方面，大数据时代的到来也极大地推动了深度学习的发展。深度学习的强大性能建立在大量的标注数据之上，训练一个神经网络需要使用大量的标注数据。模型越大，所需的数据也越多。随着互联网技术的进步，通过互联网传播的数据量也成倍增长。在这样的条件下，不少团队推出了公开的数据集。其中的典型代表包括图像数据集 ImageNet 和 VOC、无人驾驶视觉数据集 KITTI 等。

历史上，不同领域的研究者通过实验，证明了神经网络在解决本领域问题中具备强大的性能。LeCun 等人通过构建一个5层神经网络，用于实现手写体识别，并在手写体数据集 MNIST 上取得很好的分类效果[3]。但是，当时计算机的性能限制了神经网络的发展，学术界和工业界对神经网络的研究进展缓慢。随着计算机性能的提升以及大量数据集的涌现，近年来，研究者重新将研究方向转向深度学习。2012年，Krizhevsky 等人发表了论文，提出了 AlexNet[5] 神经网络模型，在图像分类比赛 ILSVR（ImageNet Large Scale Visual Recognition Challenge）中取得惊人成绩，以大幅度领先第二名的成绩夺得了冠军，展示了深度学习强大的性能，推动了深度学习在学术界和工业界的迅速发展。在后续几届 ILSVR 比赛中，不断涌现层次更深、性能更强的神经网络，如 VGG[6]、GoogLeNet[7] 和 ResNet[8] 等。它们不断刷新比赛成绩，并最终在分类精度上超越了人类。

在最新的科学研究中，深度学习已经渗透到各个领域，与人工智能紧密结合。深度学习不仅在图像处理领域取得丰富的研究成果，在语音识别、自然语言处理方面，也取得了不俗的成绩。2015年，Hinton、Bengio 和 LeCun 这三位深度学习领域的顶尖科学家在世界顶级科学期刊 *Nature* 上提出[9]：在未来的研究中，深度学习主要致力于三个方向的发展，即无监督学习、强化学习和自然语言理解。这几个发展方向，使深度学习更接近于人类的行为方式，使其能更好地模拟人类的神经系统。

6.2.2 通用目标检测架构

随着深度学习技术的热潮兴起，各项计算机视觉任务得到了突飞猛进的发展。图像分类是计算机视觉中的基础任务，深度学习在图像上的运用最早也是在此领域中。2012年 ImageNet 图像分类竞赛结果显示，图像分类错误率有了大幅降低，排名第一的 AlexNet 正是引入了神经网络结构。之后，此竞赛的第一名均采用了深度学习方法，而到2015年，图像分类准确率已经超越了人类识别的平均水平。

受此启发，计算机视觉的科研人员开始探索深度学习在其他任务中的可能性和应用前景。从此，目标检测任务正式步入深度学习时代，一系列基于深度学习的目标检测架构应运而生，这使目标检测任务的效果突飞猛进，也使它在工业以及无人驾驶等领域的应用成为可能。

目标检测是无人驾驶汽车系统中一项重要技术。其中，视觉目标检测在无人车环境感知中有着大量的应用场景，它是在给定图像中找出特定类别的目标，给出其准确位置，并为每个目标分配对应的类别标签。利用视觉目标检测技术，可以完成对特定类别物体的识别和定位。

目标检测的发展历史符合计算机视觉的发展过程，其主要分为两个阶段，即基于传统图像处理算法的目标检测和基于深度学习的目标检测。一般地，由于深度学习方法的引入和发展，各项计算机视觉任务的效果都会有明显进步，目标检测领域也不例外。但是，这并不代表传统图像处理方法失去了价值；反而，在了解传统目标检测方法后，会帮助我们进一步理解深度学习的发展过程，给深度学习这样一个较为实验性的学科提供理论以及算法改进上的指导。

因此，本节首先介绍基于传统图像处理方法的目标检测框架；之后介绍基于深度学习的一系列目标检测算法，并简要说明它们之间的发展历程以及各自的优缺点。

1. 传统目标检测框架

在深度学习时代之前，传统的目标检测流程分为三个阶段：生成候选框、提取特征向量以及区域分类，如图 6-49 所示。

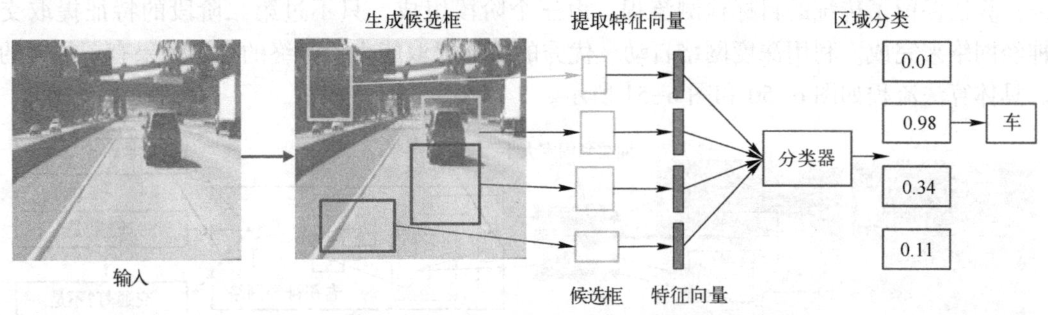

图 6-49 传统目标检测流程图

下面参照图 6-49 详细介绍传统目标检测的三个阶段。

第一阶段：生成候选框阶段。此阶段的目的是在图像中搜索可能包含对象的位置，这些位置又叫作感兴趣区域，即 ROI。一种直观的解决思路是利用滑动窗口扫描整幅图像。为了捕捉不同尺寸和不同宽高比对象的信息，输入图像一般会经过多次缩放操作，以获得不同尺寸的图像（图像金字塔），然后再用不同尺寸的窗口滑动遍历这几个不同尺寸的输入图像。由于这种方法会产生大量候选框，实际运用中多会采用其他方法，如可选择搜索（Selective Search）算法。该算法首先产生初始的分割区域，然后使用相似度计算方法合并一些小的区域，继而获得一系列可能包含对象的候选框。如图 6-49 所示，对一张包含车的图片产生了四个可能包含对象的候选框（其中一个候选框中包含了车）。

第二阶段：提取特征向量。在得到候选框之后，对每个候选框进行特征提取，以能够对其进行语义信息判别。如图 6-49 所示，当利用滑动窗口获取到候选框之后，可以对每个候选框利用特征提取方法获得一个固定长度的特征向量。传统图像处理方法获取到的图像特征一般都是由人工设计的低级视觉描述子编码而成，包括尺度不变特征转换（Scale Invariant Feature Transform，SIFT）、哈尔（Haar）、梯度方向直方图（Histogram of Oriented Gradients，HOG）、SURF（Speeded Up Robust Features）等。它们对物体的缩放、光照强度的变化和目标的旋转具备十分有限的鲁棒性。

第三阶段：区域分类。这一阶段主要对分类器进行设计和训练，使其能够对候选区域（框）分配类别标签。在图 6-49 中，利用每个候选框的特征作为输入，分类器就可以给出对应候选框中包含某一类物体的概率（这里为包含车的概率）。可以看到，第二项概率最大，也就是对应框中包含车的概率较大，所以判断此框中含有车。因为支持向量机（SVM）在小规模训练数据上性能优异，所以通常使用 SVM 方法设计分类器。此外，Bagging、级联学习（Cascade Learning）和 Adaboost 等分类技术常会用在区域分类阶段，以帮助提高目标检测的准确率。

基于传统图像处理方法进行目标检测的算法通常十分烦琐，检测效果有限，算法执行速度较慢，针对各种新的场景的鲁棒性也较差。在深度学习技术没有在此领域广泛运用之前，视觉目标检测由于其速度和精度的限制很难被大规模应用。

2. 基于深度学习的目标检测

深度学习技术引入目标检测领域后，基于深度学习的新算法显著优于传统的目标检测算法。

（1）深度学习与目标检测最早碰撞产生的成果：RCNN[10]　RCNN（Regions with CNN features）算法保留了传统的目标检测流程，由三个阶段组成，只不过第二阶段的特征提取交给了神经网络来完成。利用深度网络自动、优秀的特征提取能力，最终的检测效果有了很大的提升。具体算法流程如图 6-50 和图 6-51 所示。

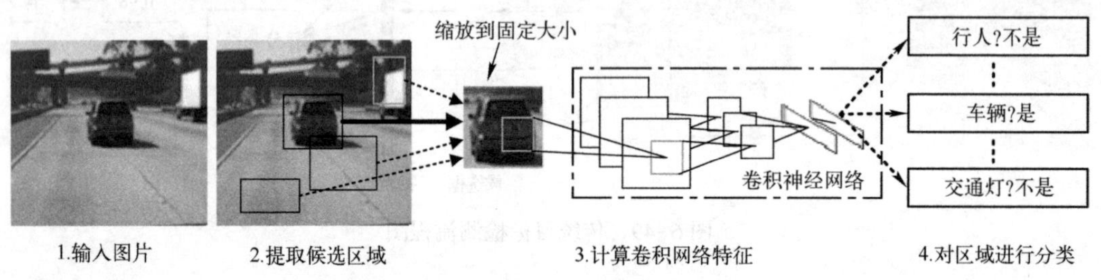

图 6-50　RCNN 算法流程的可视化

由这两个图可见，RCNN 还保留着传统目标检测的流程结构。

在测试阶段，首先通过可选择搜索算法进行候选物体框的生成和提取，产生一系列可能包含物体的候选框。然后，把所有候选区域缩放到一个固定大小（由于网络最后全连接层的输入维度固定，所以需要固定网络的输入维度大小），候选区域的图像数值输入神经网络后，产生一个特征向量。利用这个特征向量和 SVM 分类器，可确定这个候选框中的物体类别。再利用坐标回归使得检测框更精确，最终完成物体的检测。

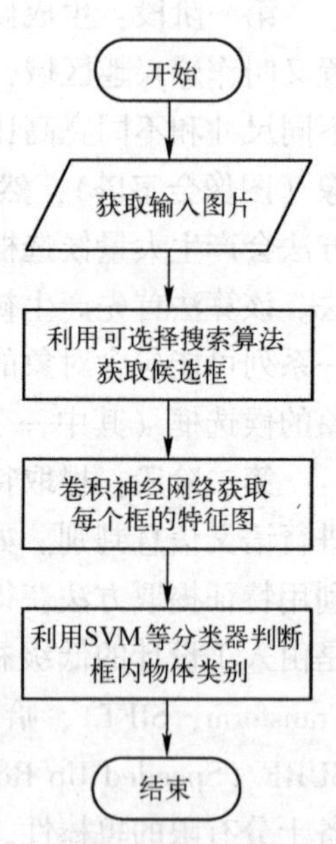

图 6-51　RCNN 算法流程图

在训练阶段，需要利用一定的策略分别对神经网络以及 SVM 进行训练，从而使它们能够产生期望的输出值。此外，RCNN 的整体架构极为复杂。该架构分成了明确的三个部分，每个部分之间的相互关系很小，都需要单独进行训练。这种深度学习和传统方法交叉结合的方式，很大程度上限制了深度网络能力的发挥。具体来说，第一阶段的候选框提取算法是一种传统图像方法，速度较慢，并且会产生大约 2000 个不同大小形状的候选框。这些候选框都需要进行缩放、特征提取以及 SVM 分类，会产生超长的运行时间。并且这种分阶段的检测架构使得所有训练不能同时联合进行，在一定程度上限制了算法的效果。

因此，接下来一两年间，Fast RCNN[11] 与 Faster RCNN[12] 算法在 RCNN 的基础上应运而生。这两种改进算法将更多的任务交给深度网络来完成。

（2）Fast RCNN　Fast RCNN 与 RCNN 相比，有以下两点改进：

第一点，产生一系列候选框之后，不再分别对每个候选框进行卷积特征提取；而是如图 6-52 和图 6-53 所示先对整个输入图像进行卷积操作，从而得到特征图（Feature Map），再利用可选择搜索算法生成的候选框位置在特征图上找到对应的特征（其中可选择搜索算法与特征计算可以看作是同步进行的）。这样就减少了很多重复计算，通过共享一次卷积计算，就得到了所有候选框的特征；然后通过 RoI 池化层，可以把大小不同的特征映射成固定大小；最终输入全连接层进行分类和回归。

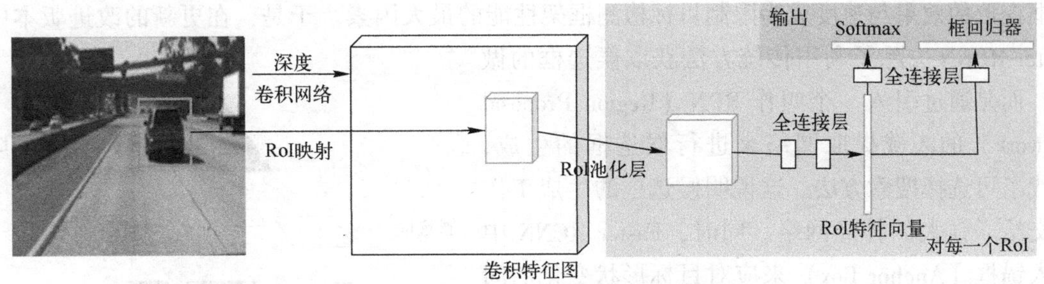

图 6-52　Fast RCNN 算法流程的可视化

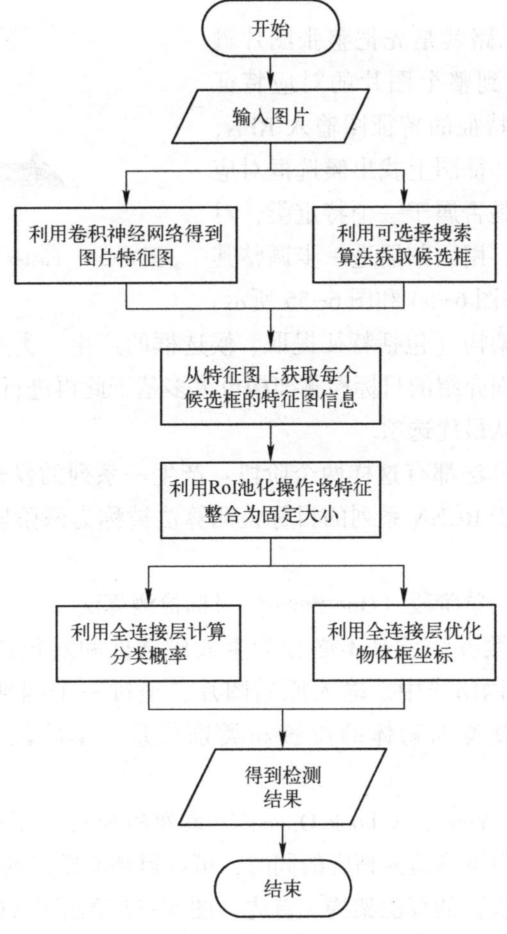

图 6-53　Fast RCNN 算法流程图

第二点，Fast RCNN 通过 Softmax 结构用神经网络分类代替了 SVM 分类；同时利用多任务损失函数将边框回归任务也加入网络中，这样使得（除去 Region Proposal 提取阶段的）整个网络可以得到端到端的训练。实验证明，分类和边框回归两个任务能够共享卷积特征，并相互促进。Fast RCNN 不论是精度还是速度都超越了 RCNN，更为接下来的改进和发展开拓了思路。

（3）Faster RCNN　RCNN 系列经过 Fast RCNN 版本的改进，通过共享卷积计算进行特征提取和通过神经网络计算类别、回归坐标，使得检测效果和速度都有了很大的提升。此时，候选框提取的效果与速度成为限制目标检测框架性能的最大因素。于是，在更新的改进版本中，Faster RCNN 去除了利用传统方法获取候选框的做法，而是通过引入一个叫作 RPN（Region Proposal Network）的区域提取网络来进行候选框的生成，替代了可选择搜索方法。这说明候选框的生成工作也交给了强大的神经网络。同时，Faster RCNN 中引入锚框（Anchor Box）来应对目标形状变化的问题（锚就是位置和大小固定的框，可以理解成事先设置好的固定候选框）。

Faster RCNN 的整体思路就是先把整张图片输入卷积神经网络，进而得到整个图片的对应特征图；然后把这些包含卷积特征的特征图输入 RPN，得到一系列的候选框；在特征图上找出候选框对应的特征，使用分类器判别是否属于一个特定类，对于属于某一类别的候选框，用回归器进一步调整其位置。Faster RCNN 算法如图 6-54 和图 6-55 所示。

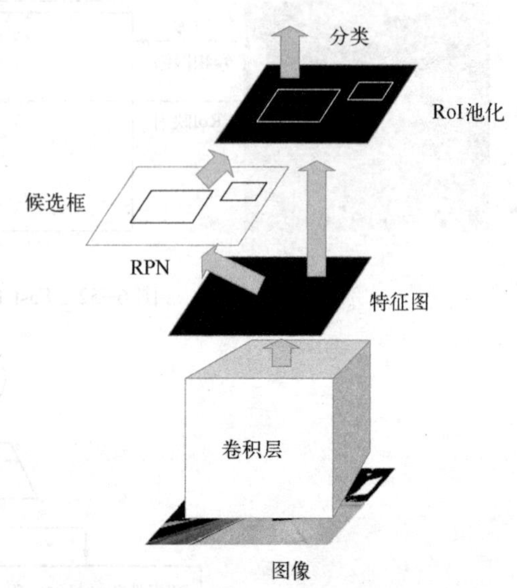

图 6-54　Faster RCNN 算法流程的可视化

这样，整个目标检测架构（包括特征提取、候选框的产生、类别判断以及坐标回归）全部由神经网络来完成。后面介绍的目标检测架构也大多基于此再进行改进和创新，但采用全神经网络结构已经是一个默认最优选项。

由于 RCNN 系列检测算法都有这样两个阶段：产生一系列的候选框和对这些候选框进行分类与回归。因此，类似于 RCNN 系列的目标检测算法被称为两阶段（Two Stage）目标检测算法。

接下来介绍更为简练的单阶段（One Stage）目标检测算法。

所谓的单阶段目标检测算法就是不必分为生成候选框和对候选框进行分类与回归两个阶段，而是将其融入一个网络当中。输入原始图片，经过一个端到端训练的网络之后，就能够直接输出图片中预设类别物体的位置和类别信息。单阶段目标检测算法流程图如图 6-56 所示。

单阶段网络以 YOLO（You Only Look Once）[13] 系列和 SSD[14] 系列为代表。经过多个版本的改进，单阶段网络在获得不错检测精度的同时，可以得到非常好的实时性。

（4）YOLO（v1 第一版）的算法架构　首先，图 6-57 给出了 YOLOv1 训练与检测时的网络模型。

开始

输入图片

利用卷积神经网络获取特征图

利用RPN卷积神经网络获取候选框

从特征图上获取每个框的特征图

利用RoI池化操作将特征整合为固定大小

利用神经网络计算分类概率

利用神经网络优化物体框坐标

得到检测结果

结束

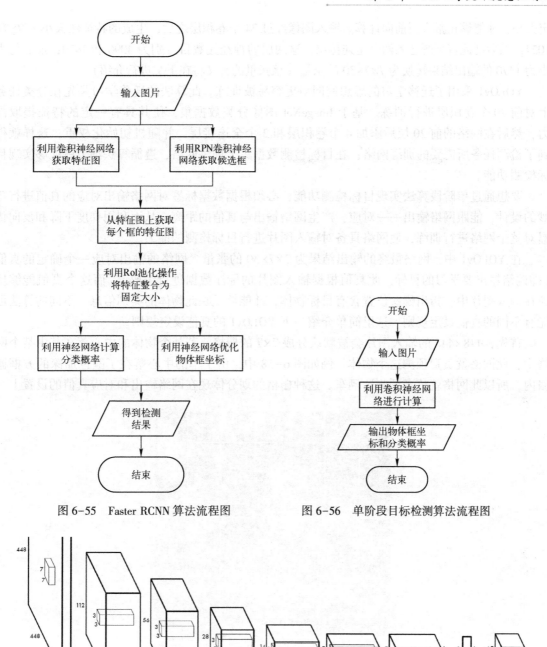

图 6-55　Faster RCNN 算法流程图

开始

输入图片

利用卷积神经网络进行计算

输出物体框坐标和分类概率

结束

图 6-56　单阶段目标检测算法流程图

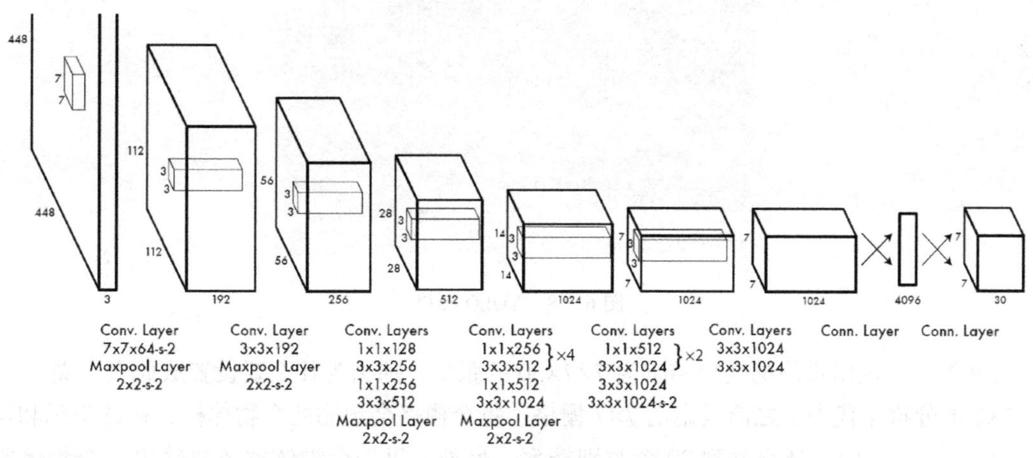

图 6-57　YOLOv1 网络模型

YOLOv1 检测网路由 24 个卷积层和 2 个全连接层组成。由于网络后端全连接层的存在，网络输入大小必须固定（全连接层要求输入大小确定）为 3×448×448。如图 6-57 左侧所示，3 表示 RGB 三个通道，448 代表输入图像分辨率大小。因此，所有训练和测试图片都必须提前缩放到指定大小，才能够正常进行前向计算。输入图像经过 24 个卷积层之后，生成的特征图大小为 7×7×1024；然后把此特征图送入两个全连接层，这两层的神经元数目分别为 4096 和 1470；最后将大小为 1470 的输出结果转换为 7×7×30 的张量（该张量的含义将在下文进行介绍）。

YOLOv1 采用了迁移学习的思想使网络更容易被训练。此算法的迁移学习是先在分类任务上对前 20 个卷积层进行训练。基于 ImageNet 图像分类数据集，使其具有一定的特征提取能力；然后在网络的前 20 层后添加 4 个卷积层和 2 个全连接层，并随机初始化权重，这样就得到了检测任务所需要的训练网络；在目标检测数据集上训练网络，遵循算法细节就能够实现目标检测功能。

要想通过单阶段算法实现目标检测功能，必须根据数据标签对网络输出对应的真值进行巧妙的设计，能跟网络输出一一对应，产生网络输出与真值的距离，从而利用梯度下降和反向传播对整个网络进行训练，使网络具备对输入图片进行目标检测的能力。

在 YOLOv1 中，网络最终的输出结果为 7×7×30 的张量。网络的输出对应一个确定的真值（即网络输出要学习的目标，此真值根据输入图片的标注数据进行编码）。而这个真值能够反映在输入图片中，指出哪些位置含有目标物体，并能够反映此物体的类别信息。不同的算法可能有不同的真值设定规则，这里简单介绍一下 YOLOv1 的真值设定规则。

首先，448×448 的输入图片会被默认分成 7×7 的栅格。若某个物体的中心落在其中某个网格中，此网格就负责预测这个物体。例如图 6-58 中，由于车的中心落在了颜色加深的方框栅格内，所以此网格就负责预测这辆车。这种栅格的划分体现在网络输出和对应真值的设置上。

图 6-58　YOLO 栅格

前文提到，网络最终的输出结果为 7×7×30 的张量，那么为什么要设置成此大小呢？

7×7 的分辨率代表了之前设定的 7×7 栅格。每个栅格会预测两个物体框，框的坐标和尺寸为$(x_{center}, y_{center}, w, h)$；还会预测 20 个类别概率；另外，每一个物体框还要输出一个物体置信度（confidence），confidence 代表该物体框含有物体的概率和框的准确度。这样，每个栅格的输出为两个物体框的$(x_{center}, y_{center}, w, h)$以及它们各自的置信度（共 10 个值），再加上 20 个类别概率输出，所以共 30 个值。因此，网络最后输出张量的第三个维度为 30。具体的输出含义可参见图 6-59。

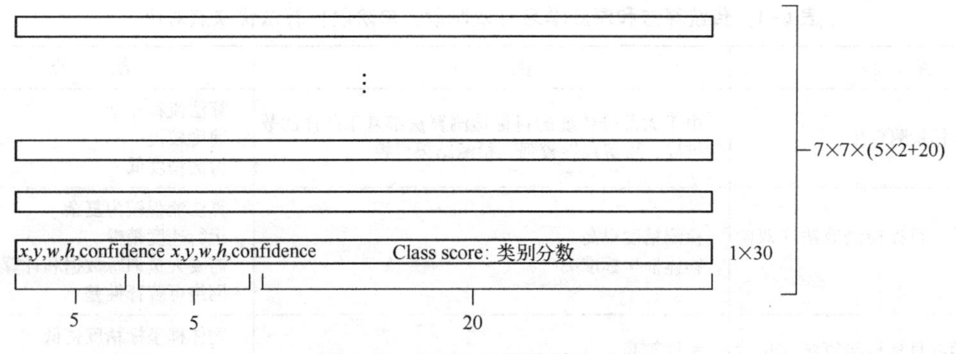

图 6-59　YOLOv1 网络输出含义

下面介绍设置 YOLOv1 真值的一些其他策略。

首先，如果一个物体中心落在了某个栅格，那么对于这个栅格的输出来说，应该将对应类别的分数设置为 1，其余类别的分数设置为 0；另外，虽然每个栅格都有两个坐标框预测器，但是每个物体只由一个预测器负责预测。这里选择与标注物体框的 IoU 值最大的预测器来预测物体（IoU 的概念和计算方法将在 6.2.3 节给出），并将真值对应的置信度设置为

$$\text{confidence}=Pr(\text{Object})\times \text{IoU}_{\text{predict}}^{\text{truth}}$$

若某个预测器负责预测物体［即该框与数据集图片中目标的真实标注框（ground truth）的 IoU 值较大］，那么 $Pr(\text{Object})$ 为 1，否则为 0。

经过这样的真值设置，在训练阶段，通过对（表示网络输出和真值距离的）损失函数进行求导，利用随机梯度下降方法，就可以对网络参数进行优化。当训练网络的 loss 值低于一定的阈值时，认为网络收敛，并到达全局或局部最优解。图 6-60 给出了整个训练流程。训练结束后，网络就具备了对输入图片进行目标检测的能力。

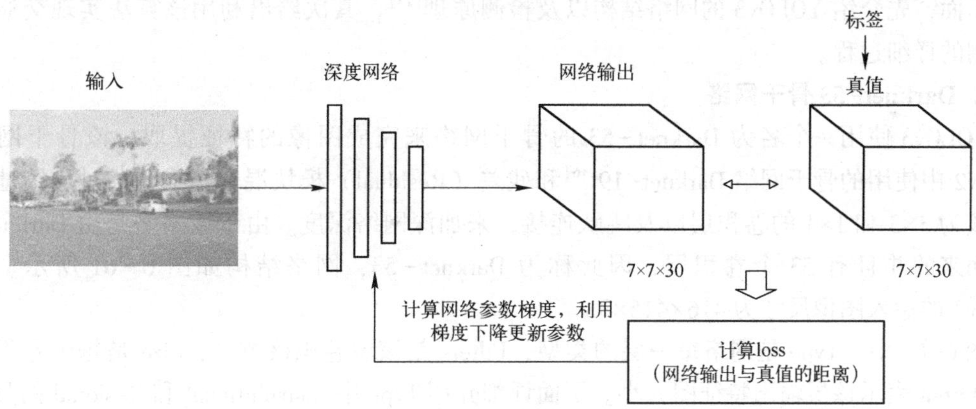

图 6-60　深度神经网络训练策略

在测试阶段，把一张图片输入神经网络，经过前向传播得到网络输出；这时采用与真值设置相反的思路，就可以对网络输出进行解码，得到物体框的坐标、尺寸、置信度和类别概率；最后经过一些后续处理（例如，基于非极大值抑制算法去除重复框），就可以完成目标检测任务。

表 6-1 对传统目标检测算法和深度学习的两类目标检测算法（即双阶段和单阶段算法）进行了对比。

表 6-1 传统算法和深度学习（双阶段、单阶段）算法优缺点对比

算法种类	优 点	缺 点
传统目标检测算法	由于大部分传统的目标检测算法都基于严谨的数学推导，可解释性较强，检测结果可控	算法流程复杂 速度较慢 检测精度低
深度学习目标检测算法（双阶段法）	检测精度很高 物体框坐标准确	算法流程较为复杂 运行速度稍慢 需要大量训练数据和计算力 网络可解释性差
深度学习目标检测算法（单阶段法）	精度较高 检测速度快，实时性好	物体框坐标精度稍低 需要大量训练数据和计算力 网络可解释性差

目前无人车技术中利用了大量的视觉目标检测算法，并且多是基于检测效果较好的深度学习框架。然而，由于检测技术并没有发展到完全准确的阶段，不完全可靠，这也大大限制了视觉目标检测算法的应用。现实中多是利用多传感器融合技术、摄像机配合激光雷达等其他传感器的数据进行检测结果的相互校验，来提升对障碍物检测的精度，以满足无人车对环境感知的安全性需求。

6.2.3 基于摄像机的交通信号灯识别

为保证无人驾驶汽车能够安全地行驶在道路上，当其经过路口时，需要准确识别信号灯状态，并由此做出下一步动作。由于无人车行驶时具有较高速度，这对检测的实时性有较高的要求。相较于其他目标检测算法，YOLOv3 具有检测速度快、准确率高的优点，因此选择 YOLOv3 作为交通信号灯的识别算法。

下面，先介绍 YOLOv3 的网络结构以及检测原理[15]，其次给出利用该算法实现交通信号灯检测的详细过程。

1. Darknet-53 骨干网络

YOLOv3 使用一个名为 Darknet-53 的骨干网络来完成图像的特征提取。该骨干网络由 YOLOv2 中使用的骨干网络 Darknet-19[16] 和残差（Residual）模块混合构成，通过连续地使用卷积核为 3×3 和 1×1 的卷积层以及跳跃连接，来加深网络深度。由于该网络是由 Darknet-19 演变而来的并且有 53 个卷积层，因此称为 Darknet-53，网络结构如图 6-61 所示。规定 YOLOv3 的输入图像尺寸为 416×416×3。

图 6-61 中，Type 是网络每一层的类型，Filters 是该层卷积核数量，Size 是每个卷积核尺寸，Output 表示该层输出特征图大小。下面详细介绍 Type 中 Convolutional 和 Residual 的具体组成以及各组成部分的作用。

（1）卷积块（Convolutional）组成　图 6-61 中每一个 Convolutional，称为卷积块，它由一个卷积层、一个批量归一化层和一个非线性激活函数顺序连接构成，如图 6-62 所示。

训练神经网络实际是为了学习训练数据的特征分布。如果送入网络的每批量数据分布各不相同，那么网络在每次迭代中要学习不同的分布，这会大大降低网络的训练速度，因此需对原始训练数据做归一化预处理，即转换输入训练数据的分布到标准正态分布。而批量归一化层能够在训练期间处理网络隐含层（Hidden Layer）数据分布发生改变的情况，从而提高网络的泛化能力[17]。此外，它还可以将卷积得到的特征图分布从饱和区（梯度为零的区域）拉到非饱

和区，使得到的分布位于激活函数的敏感区域，从而解决梯度消失问题。

	Type	Filters	Size	Output
	Convolutional	32	3×3	416×416
	Convolutional	64	3×3/2	208×208
1×	Convolutional	32	1×1	
	Convolutional	64	3×3	
	Residual			208×208
	Convolutional	128	3×3/2	104×104
2×	Convolutional	64	1×1	
	Convolutional	128	3×3	
	Residual			104×104
	Convolutional	256	3×3/2	52×52
8×	Convolutional	128	1×1	
	Convolutional	256	3×3	
	Residual			52×52
	Convolutional	512	3×3/2	26×26
8×	Convolutional	256	1×1	
	Convolutional	512	3×3	
	Residual			26×26
	Convolutional	1024	3×3/2	13×13
4×	Convolutional	512	1×1	
	Convolutional	1024	3×3	
	Residual			13×13
	Avgpool		Global	
	Connected		1000	
	Softmax			

图 6-61　Darknet-53 网络结构

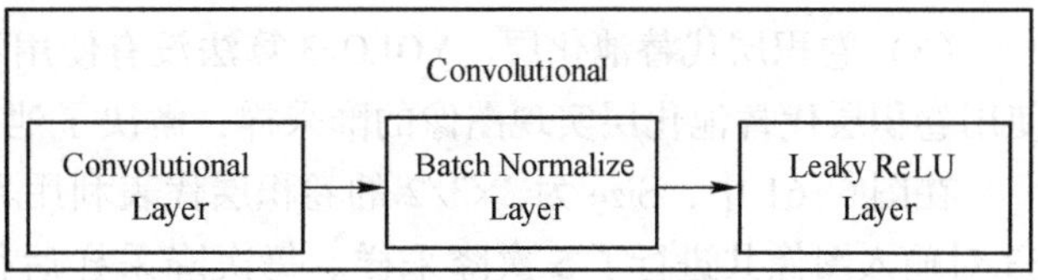

Convolutional
Convolutional Layer
Batch Normalize Layer
Leaky ReLU Layer

图 6-62　卷积块组成

批量归一化层一般放在卷积层或全连接层后、非线性激活函数前，与归一化预处理类似，将特征分布转换为标准正态分布。具体方法如下：

1）计算特征图每一维的均值 $E(x^{(k)})$ 和方差 $\mathrm{Var}(x^{(k)})$，这里 $x^{(k)}$ 指特征图的第 k 维。

2）归一化，即 $\widetilde{x}^{(k)}=\dfrac{x^{(k)}-E(x^{(k)})}{\sqrt{\mathrm{Var}(x^{(k)})}}$。

非线性激活函数的引入是为了增加神经网络的非线性，改善网络的训练效果。YOLOv3 中用到的激活函数是 Leaky ReLU 函数，其数学表达式为

$$f(x)=\max\{\alpha x,x\}$$

式中，α 是负斜率角度且 $\alpha\in(0,1)$。在 YOLOv3 中 α 取值为 0.1，其 Leaky ReLU 的函数图像如图 6-63 所示。

（2）残差块（Residual）组成　YOLOv3 中加入的残差块源自 2015 年 ImageNet 视觉识别挑战赛上何凯明团队设计的深度残差网络[8]（其网络层数达到 152 层）。这个深度残差网络的基本组成单元是残差块，其结构如图 6-64 所示。

如图 6-64 中曲线连接部分所示，残差块将输入直接加在卷积层的输出上，该操作称为跳跃连接（Skip Connection）。残差块的输入是指进入残差块之前的特征图。通过跳跃连接，网络直接学习残差项 $F(x)=0$，相当于学习一个恒等映射。理论上认为网络越深，表达的特征越好，分类检测效果越好，但实际上，网络设计的层次越深，会出现很多冗余层，导致模型过拟合，检测效果不好。残差块的恒等映射可以“去掉”这些冗余层，从而解决网络退化问题，使加深的神经网络能够更好地提取特征。

在 Darknet-53 中，跳跃连接被称为 Shortcut，其连接方式与图 6-64 相同，将图中曲线所连接的两层特征图的对应元素相加，作为残差块的输出特征图。

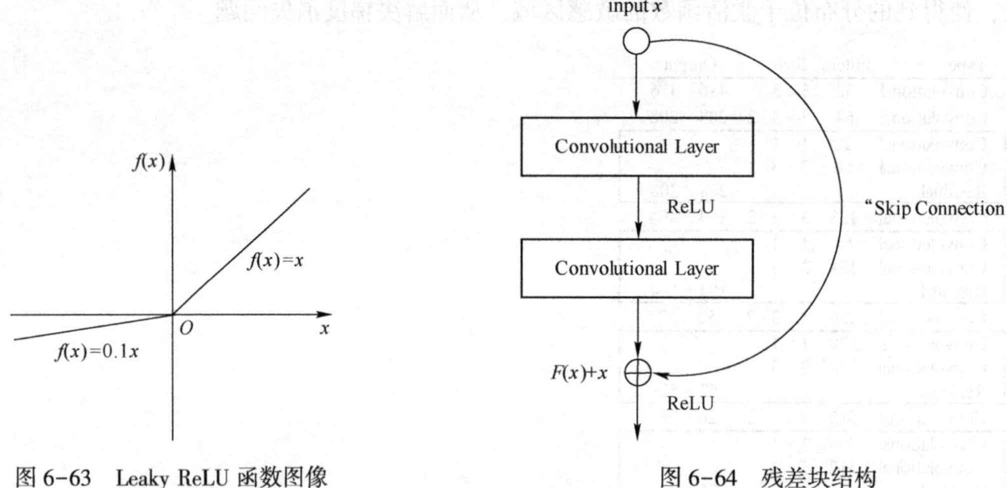

图 6-63　Leaky ReLU 函数图像

图 6-64　残差块结构

(3) 卷积层代替池化层　YOLOv3 算法没有使用卷积神经网络中常用的最大值池化，而是使用卷积层代替池化层实现图像的降采样，解决了池化层丢失细节信息的问题。

在图 6-61 中，Size 为 3×3/2 的卷积层代表利用卷积进行降采样一次，可以看出 Darknet-53 对输入图像共进行了 5 次降采样。每次降采样后得到的特征图在原来的尺寸上缩减 2 倍，共缩减 32 倍。若输入图像尺寸为 416×416，则该骨干网络最终输出特征图尺寸为 13×13。

2. YOLOv3 多尺度特征预测

YOLO 系列中前两个版本的目标检测算法对小物体检测十分困难，YOLOv3 对此做出了改进，采用 3 种不同尺度的特征图来进行目标检测，更好地学习不同大小目标的特征，大大提高了小物体检测的准确性。

(1) 设计多尺度特征预测网络（其结构见图 6-65）

首先，从 Darknet-53 骨干网络提取特征后，去掉 Darknet-53 的最后三层（参照图 6-61），然后加入一系列卷积层（对应图 6-65 中 Convolutional Set 和其后连接的两个卷积层），得到第一个尺度的特征图，即图 6-65 中的 First prediction。该特征图是输入图像的 32 倍降采样，YOLOv3 的输入图像尺寸为 416×416，则第一个尺度特征图的尺寸就是 13×13。这里引入感受野的概念，它是指在较高层的高度抽象特征图上某一特征点，在输入图像上所对应的区域大小。一般降采样倍数越高，得到的特征图感受野越大。相较于下面两个尺度特征图，第一个尺度特征图具有较大的感受野，因此适合检测图像中的大物体。

接着，获取第一个尺度特征图之前两层的特征图，并上采样（Upsampling）2 倍，得到宽高为 26×26 的特征图。然后，将 Darknet-53 网络中与该特征图距离最近的宽高同为 26×26 的浅层特征图取出，与上采样得到的特征图在深度上进行拼接（Concatenate）。该方法可以从浅层的特征图中获得更细粒度的特征。与获得第一个尺度特征图的操作相同，加入一系列卷积层，输出第二个尺度的特征图，即图 6-65 中的 Second prediction，该特征图尺寸为 26×26，是输入图像的 16 倍降采样。它具有中等大小的感受野，因此适合检测中等尺寸的物体。

最后，执行与上面相同的网络设计来获得最后一个尺度特征图。上采样获得宽高为 52×52 的特征图，同样与浅层特征图做深度拼接，加入卷积层后输出该尺度特征图，即图 6-65 中的 Third prediction，其大小为 52×52，是输入图像的 8 倍下采样。它对应的感受野最小，因此适合检测小物体。

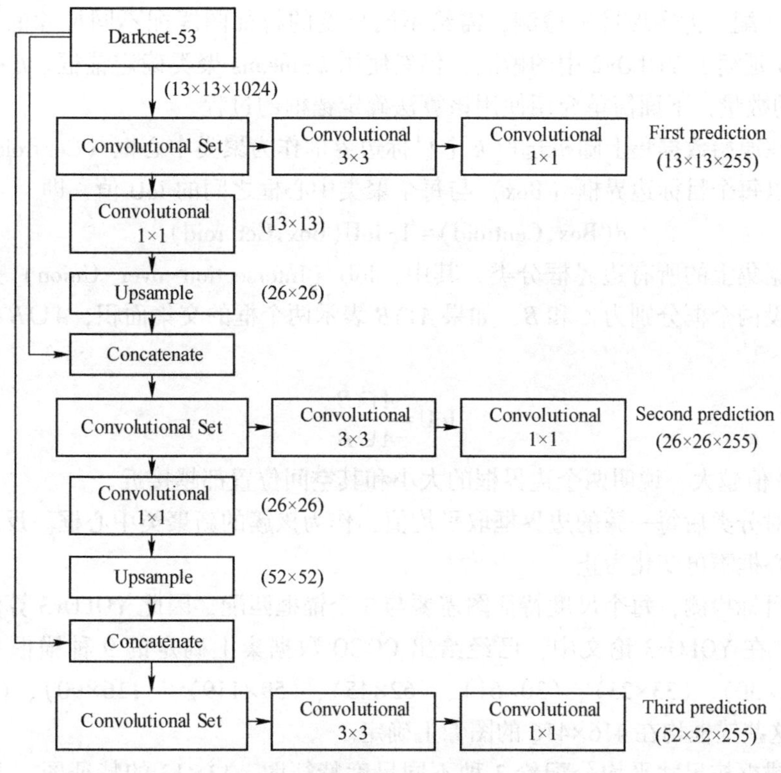

图 6-65　多尺度特征预测的网络结构

（2）多尺度特征图的深度信息　上述每个特征图都是一个三维张量，具有宽、高和深度信息。图 6-66 给出了 3 种不同尺度特征图的深度信息组成。

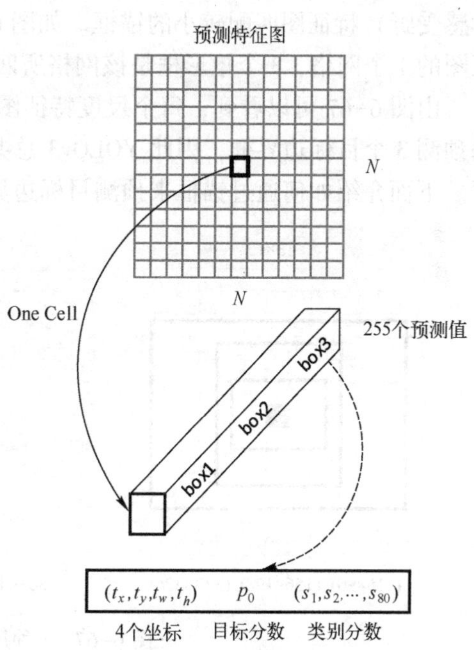

图 6-66　$N\times N$ 尺度特征图的深度信息组成

多尺度特征预测网络得到了 3 种尺度特征图，其深度信息是 YOLOv3 的网络预测值。在进行多尺度特征预测时，由于每个尺度特征图与 3 个锚框匹配（具体匹配方法详见下文），每个尺度特征图上的每个网格（One Cell）预测 3 个目标边界框，每一个边界框对应的网络预测值是一个 85 维向量，包括 4 个边界框坐标信息、1 个目标分数和 80 个类别分数（YOLOv3 官方训练时，使用 COCO 数据集，共包含 80 个类别），因此每个特征图的深度为 3×(4+1+80)= 255 维。

这里，边界框坐标是指预测的目标边界框（Bounding Box to Predict）的中心偏移量和宽高缩放比；目标分数表示正在执行预测的网格内是否含有目标物以及含有目标物时预测其边界框坐标的准确性；类别分数代表物体属于每个类别（如人、车、交通信号灯等）的概率，COCO 数据集中包含 80 个类，因此预测 80 个类别分数。

（3）锚框匹配　为实现目标检测，需给不同尺度的特征图匹配不同尺寸的锚框（Anchor Box）。YOLOv3 延续了 YOLOv2 中的做法，仍然使用 k-means 聚类确定锚框。k-means 聚类中 k 表示划分簇的数量，下面简单介绍使用该算法确定锚框的过程。

第一步：在原始数据集上随机选取 k 个目标边界框作为聚类中心框（Centroid）。

第二步：以每个目标边界框（Box）与每个聚类中心框之间的 IoU 值，即

$$d(\text{Box},\text{Centroid})=1-\text{IoU}(\text{Box},\text{Centroid})$$

为指标，将数据集上的所有边界框分类，其中，IoU（Intersection-over-Union）是交并比，它的定义如下：设两个框分别为 A 和 B，如果 $A\cap B$ 表示两个框的交集面积，$A\cup B$ 代表两个框的并集面积，则

$$\text{IoU}=\frac{A\cap B}{A\cup B}$$

由此可见，IoU 值越大，说明两个边界框的大小和其空间位置都越接近。

第三步：对分类后每一簇的边界框取平均值，作为该簇的新聚类中心框。反复迭代，直到这 k 个簇的中心框不再变化为止。

为了实现目标检测，每个尺度特征图需要与 3 个锚框匹配，因此 YOLOv3 算法共需要聚类 9 种尺寸锚框。在 YOLOv3 论文中，已经给出 COCO 数据集上确定的 9 种锚框大小，分别是（10×13）、（16×30）、（33×23）、（30×61）、（62×45）、（59×119）、（116×90）、（156×198）和（373×326）。这些锚框均在 416×416 的图像上确定。

将这 9 个锚框按尺寸平均分配给 3 种不同尺度特征图：13×13 的特征图（具有较大感受野）匹配较大的锚框；26×26 的（中等感受野）特征图匹配中等尺寸的锚框；52×52 的（较小感受野）特征图匹配较小的锚框。如图 6-67 所示，每个尺度特征图上的 1 个实心框是该特征图的 1 个网格，3 个矩形框是该网格所匹配的 3 个锚框。

由图 6-67 可以看到，每个尺度特征图上的每个网格与 3 个锚框匹配，也就是说，每个网格预测 3 个目标边界框，因此 YOLOv3 总共预测 13×13×3+26×26×3+52×52×3=10647 个边界框。下面介绍如何通过锚框来预测目标边界框。

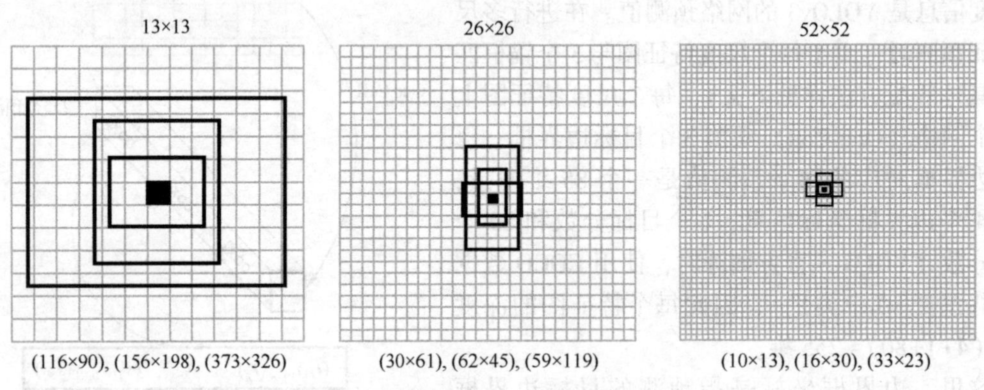

图 6-67　3 种尺度特征图与锚框匹配结果

3. 目标边界框的预测

YOLOv3 算法目的是检测出输入图像中的目标物体，并用边界框标注，同时给出该物体的类别信息，如图 6-68 所示。

图6-68　目标检测结果示意图

目标边界框由网络预测值和锚框推算得到。通过前面对 YOLOv3 的介绍可知，将一张图片送入网络，会输出目标边界框的网络预测值，每个边界框对应 85 个预测值，其中包括图 6-66 所示的 4 个坐标信息(t_x, t_y, t_w, t_h)。此处，t_x 和 t_y 表示边界框中心偏移量，t_w 和 t_h 表示边界框宽高缩放比。现假设锚框的中心在特征图每个网格的左上顶点处，则如图 6-69 所示，锚框的中心坐标和宽高为(c_x, c_y, p_w, p_h)。

根据下面的公式可以预测目标边界框（Bounding Box）：

$$b_x = \sigma(t_x) + c_x \tag{6-4}$$

$$b_y = \sigma(t_y) + c_y \tag{6-5}$$

$$b_w = p_w e^{t_w} \tag{6-6}$$

$$b_h = p_h e^{t_h} \tag{6-7}$$

其中，锚框通过网络预测值(t_x, t_y, t_w, t_h)进行相应的平移［式（6-4）和式（6-5）］和尺度缩放［式（6-6）和式（6-7）］预测出目标边界框的中心坐标和宽高(b_x, b_y, b_w, b_h)。

图 6-69 中，左上方的矩形代表锚框（Anchor Box），其中心 O_1 距离图像左上角的偏移量是 c_x 和 c_y，在 Image 上以 O_1 为左上顶点的虚线网格是正在预测目标边界框的特征图单元网格；O_2 是预测出的目标边界框中心。

预测目标边界框主要有以下两个步骤：首先将锚框中心从 O_1 平移到 O_2，在横纵方向上的平移距离分别为 $\sigma(t_x)$ 和 $\sigma(t_y)$，其中 Sigmoid 函数 $\sigma(t_x) = 1/(1+e^{-t_x})$ 且 $\sigma(t_y) = 1/(1+e^{-t_y})$。Sigmoid 函数可以将 t_x 和 t_y 压缩到（0,1）区间内，确保预测出的边界框中心位于执行预测的网格内，防止偏移过多。锚框平移后的结果参见图 6-70。

接着，将锚框进行尺度缩放。由于网络输出的宽高缩放比 t_w 和 t_h 有正有负，若将锚框的宽高直接与缩放比相乘，则得到的 b_w 和 b_h 同样有正有负。然而，目标边界框的宽高不可能为负值。因此，使用指数函数将缩放比转换为正数，再将其与锚框的宽高相乘得到目标边界框的宽高预测值。

至此，实现了利用网络预测值和锚框对目标边界框的预测。

4. YOLOv3 训练方法简述

为进行特征提取，基于 ImageNet 预训练 YOLOv3 中的 Darknet-53 骨干网络；当骨干网络表达出较好的特征后，将最后 3 层去掉，连接 3 种不同尺度的检测层，继续训练网络模型；根据模型输出计算损失函数，通过反向传播，优化参数使损失函数降到最小，完成训练。

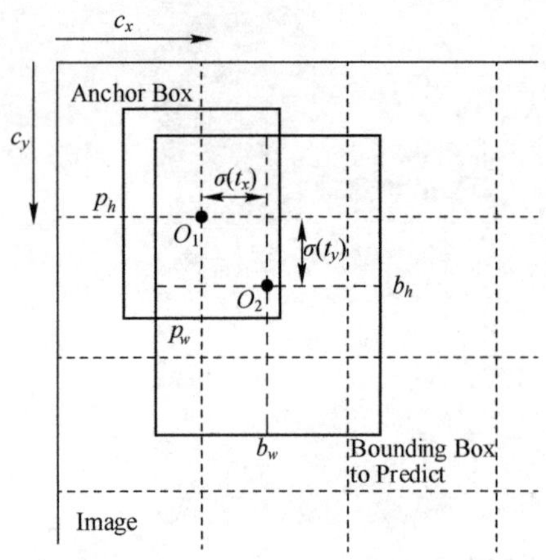

图 6-69　目标检测框的预测

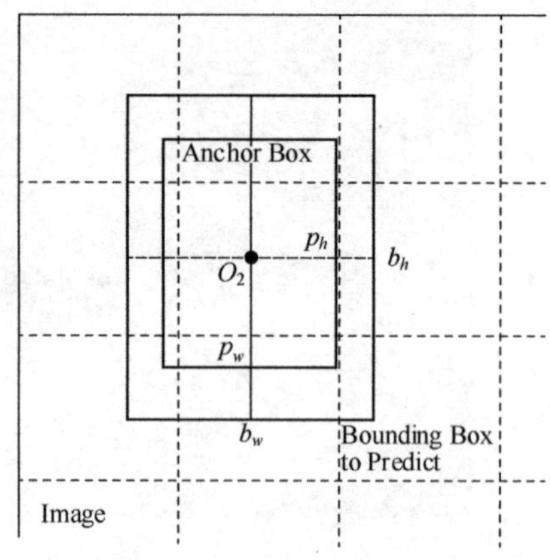

图 6-70　锚框平移后与预测框的位置关系

5. 利用 YOLOv3 算法检测交通信号灯

本节重点介绍如何基于深度学习框架 PyTorch 来实现 YOLOv3 目标检测，并结合传统计算机视觉技术完成对信号灯状态的识别。在此期间，结合项目介绍 PyTorch 的基本使用方法。

选择一个合适的学习框架是非常重要的，它可以帮助研究者实现不同的研究项目，使研究者不需要编写大量的重复代码，达到事半功倍的效果。目前广泛使用的几大深度学习框架有 TensorFlow、Caffe、Theano 和 Torch。本节使用的 PyTorch 是基于 Torch 框架开发的，提供了 Python 接口，支持动态神经网络，并且拥有自动求导功能，更加方便灵活[18]。本节是在 PyTorch1. 1版本下实现的 YOLOv3 目标检测。下面详细讲解该项目实现的过程[19]。

（1）准备工作　创建一个名为 yolov3_detect 的文件夹，用于存放实现 YOLOv3 的代码和文件。在该文件夹下，新建一个文件 darknet. py，用于搭建 YOLOv3 网络；再新建一个文件 util. py，用于存放 darknet. py 文件中需要用到的一些函数。

在 yolov3_detect 文件夹下，还需创建一个 cfg 文件夹，用于存放 YOLOv3 的官方网络配置文件。若使用 Linux 系统，可以通过下面的方式下载该配置文件：

```
cd /yolov3_detect/cfg   # 根据自己的实际路径而定
wget https://raw.githubusercontent.com/pjreddie/darknet/master/cfg/yolov3.cfg
```

打开网络配置文件 yolov3. cfg，会看到如下所示结构：

```
[convolutional]          # 卷积块
batch_normalize=1
filters=32
size=1
stride=1
pad=1
activation=leaky

[shortcut]               # 跳跃连接层
from=-3
activation=linear
```

此处只展示了其中两个块，前一个块是卷积块，后一个块是跳跃连接层。在文件 yolov3. cfg 中共有 5 种类型的层，分别为

- 卷积块（Convolutional）

```
[convolutional]
batch_normalize=1        # 卷积块中是否有批量归一化层:1 表示有,0 表示没有
filters=64               # 卷积核的个数
size=3                   # 卷积核大小
stride=1                 # 卷积核步长
pad=1                    # 是否进行零填充
activation=leaky         # 激活函数为 leaky relu 函数
```

- 跳跃连接层（Shortcut）

```
[shortcut]
from=-3                  # 与该层进行跳跃连接的层(-3 表示此层之前的第三层)
activation=linear        # 激活函数为线性函数
```

- 上采样层（Upsample）

```
[upsample]
stride=2   # 卷积核步长
```

- 路由层（Route）

```
[route]
layers = -4              # 层索引值:表示位于该层之前的第 4 层

[route]
layers = -1, 61          # 有两个层索引值
```

这里，layers 为层索引值，路由层按 layers 值的个数分为两种。当 layers 只有一个值时，路由层输出该索引值对应层的特征图。例如，layers = -4，则该层输出 Route 层之前第 4 层的特征图。当 layers 有两个值时，路由层输出两个索引值对应特征图拼接后的结果。例如，layers = -1，61，则该 Route 层将输出其前 1 层和整个网络的第 61 层沿深度拼接后的特征图结果。

- 检测层（YOLO）

```
[yolo]
mask = 0,1,2             # 该检测层所匹配的锚框
# 锚框的尺寸
anchors = 10,13,  16,30,  33,23,  30,61,  62,45,  59,119,  116,90,  156,198,  373,326
classes=80               # 目标检测的类别数
num=9                    # 锚框数量
jitter=.3                # 为防止过拟合,通过数据增强来增加网络输入数据的噪声
ignore_thresh = .7       # 预测的目标边界框与真实值的 IoU 值低于阈值 0.7,则忽略该边界框
random=1                 # 默认为 1,表示进行多尺度训练;设置为 0,则取消多尺度训练
```

YOLO 检测层的作用是将 3 种不同尺度的特征图分别与 9 种尺寸的锚框匹配来预测目标边界框，配置文件中共有 3 个这样的 YOLO 层。其中，anchors 是预先聚类得到的 9 种锚框尺寸，由小到大排列；mask 是该检测层所匹配的锚框，mask = 0,1,2 意味着该检测层使用第一、第二和第三个尺寸的锚框。

在 yolov3. cfg 文件中还有一个叫作 net 的块，它不算作一个层，不用于网络的前向传播，只是描述网络的输入图像分辨率和超参数等信息。net 块的结构如下：

```
[net]
# Testing                    # 测试阶段
batch=1                      # 每批量图片数量
subdivisions=1               # 每批量分 1 次完成网络的前向传播
# Training                   # 训练阶段
# batch=64                   # 每批量图片数量
# subdivisions=16            # 每批量分 16 次完成网络的前向传播
width = 416                  # 输入图片的宽
height = 416                 # 输入图片的高
channels=3                   # 输入图片的通道数
momentum=0.9                 # 参数更新的动量参数
decay=0.0005                 # 权重衰减项
angle=0                      # 数据增强参数:图像旋转角度
saturation = 1.5             # 数据增强参数:图像饱和度
exposure = 1.5               # 数据增强参数:图像曝光量
hue=.1                       # 数据增强参数:图像色调
```

（2）解析配置文件　首先，在 darknet. py 中引入需要用到的包。

```
import torch
import torch.nn as nn
from torch.autograd import Variable
import numpy as np
```

上述引入的前 3 个包都是关于 PyTorch 的包。torch. nn 用于神经网络的模型构建；torch. autograd. Variable 可以将一个 Tensor 张量变成 Variable 变量形式。Tensor 是 PyTorch 中最常用的操作对象；Variable 提供自动求导功能，它由三个属性 data、grad 和 grad_fn 组成，即 data 代表 Tensor 数值，grad 是反向传播梯度，grad_fn 表示得到 data 的运算操作。

然后，定义 parse_cfg 函数，其输入参数为网络配置文件的路径。定义如下：

```
def parse_cfg(cfgfile):
"""
解析配置文件为一个列表。
将文件中每个层的属性和值以键值对的形式存储在字典中构成一个块;
所有块添加到一个列表中,最终返回该列表。
"""
```

将配置文件的内容保存在字符串列表中，并对该列表进行预处理，代码如下：

```
file = open(cfgfile, 'r')                          # 打开文件并保存在字符串列表中
lines = file.read().split('\n')                    # 按行读取
lines = [x for x in lines if x[0] != '#']          # 若遇到注释行,跳过不读
lines = [x for x in lines if len(x) > 0]           # 读取存在内容的行
lines = [x.rstrip().lstrip() for x in lines]       # 去掉左右边缘空隙
```

遍历预处理后的行，返回由字典 block 组成的列表 blocks。具体实现如下：

```
block = {}                                 # block = {key1 : value1, key2 : value2, …}
blocks = []                                # 定义一个列表 blocks 用于存放解析出的字典 block

for line in lines:                         # 循环所有行
    if line[0] == "[":                     # "["表示一个新 block 的开始
        if len(block) != 0:
            blocks.append(block)           # 将 block 加到 blocks 列表中
            block = {}
```

```
            block["type"] = line[1:-1].rstrip()          # 以卷积块为例:block["type"] = convolutional
        else:
            key,value = line.split("=")                  # 按等号左右读取键值对
            block[key.rstrip()] = value.lstrip()
            # 以卷积块为例,解析得到的 block = {type : convolutional, batch_normalize : 1,
            # filters : 64, size : 3, stride : 1, pad : 1, activation : leaky}
    blocks.append(block)                                 # 将 block 添加到 blocks 列表中

    return blocks
```

（3）按列表 blocks 搭建 PyTorch 模块　利用 parse_cfg 函数解析配置文件后，列表 blocks 中含有如前所述 5 种类型的层。PyTorch 提供了卷积层和上采样层的预构建模块，然而需要通过继承基类 nn.Module 来构建其他类型的层。

定义函数 create_modules，其输入参数为 parse_cfg 返回的列表 blocks。函数定义如下：

```
def create_modules(blocks):
    net_info = blocks[0]  # 获取 net 块中的参数信息,blocks[0]不参与接下来的迭代

    # 创建一个 nn.ModuleList()的对象 module_list,用于存储所有层的列表
    module_list = nn.ModuleList()
    prev_filters = 3
    output_filters = []
```

为了方便神经网络的搭建，定义变量 prev_filters 用于记录每层输入特征图的深度，并将所有输出特征图的深度存储在列表 output_filters 中。由于输入网络的图像具有 RGB 三通道，其深度为 3，因此 prev_filters 的初始值为 3。

迭代列表 blocks，构建每层 PyTorch 模块的代码如下：

```
for index, x in enumerate(blocks[1:]):
    module = nn.Sequential()
    # 确定每层类型
    # 为该层构建 PyTorch 模块
    # 加入列表 module_list 中
```

YOLOv3 的每一个卷积块都包含 1 个卷积层、1 个批量归一化层和 1 个 LeakyReLU 激活函数层。利用 nn.Sequential()类中的函数 add_module 将这些层组合到一起，形成一个完整的卷积块。

构建卷积块，代码如下：

```
if (x["type"] == "convolutional"):
    activation = x["activation"]                              # 激活函数
    batch_normalize = int(x["batch_normalize"])               # 批量归一化层
    bias = not batch_normalize                                # 偏差

    filters= int(x["filters"])                                # 卷积核数量
    padding = int(x["pad"])                                   # 零填充
    kernel_size = int(x["size"])                              # 卷积核尺寸
    stride = int(x["stride"])                                 # 卷积核步长
    pad = (kernel_size - 1)                                   //2

    # 加入卷积层
    # 利用 PyTorch 中的卷积模块
    conv = nn.Conv2d(prev_filters, filters, kernel_size, stride, pad, bias = bias)
```

```
    # 利用 add_module 函数加入卷积层
    module.add_module("conv_{0}".format(index), conv)

    # 加入批量归一化层
    if batch_normalize:
        bn = nn.BatchNorm2d(filters)
        # 利用 add_module 函数加入批量归一化层
        module.add_module("batch_norm_{0}".format(index), bn)
    # 加入激活函数层
    if activation == "leaky":
        activn = nn.LeakyReLU(0.1, inplace = True)
        # 利用 add_module 函数加入激活函数层
            module.add_module("leaky_{0}".format(index), activn)
```

PyTorch 中预构建的卷积模块是 nn.Conv2d()，其中有 6 个常用参数（如上述代码所示），每个参数的含义如下：prev_filters 对应输入特征图的深度；filters 表示输出特征图的深度；kernel_size 为卷积核尺寸；stride 表示卷积核的滑动步长；pad 指零填充，pad=1 表示在特征图四周进行 1 个像素点的零填充；bias 是 bool 值，表示是否使用偏差。

nn.BatchNorm2d()是批量归一化模块，其参数为输入特征图的深度，即上一卷积层的输出深度。

nn.LeakyReLU()是激活函数模块。其中包含的第一个参数是负斜率角度，等于 0.1；第二个参数是 inplace，表示是否进行覆盖运算，默认为 False，这里设置为 True，其好处是直接对传入的特征图进行修改，能够节省内存空间，不需要存储多余的量。

构建上采样层，代码如下：

```
# 上采样层
elif (x["type"] == "upsample"):
    stride = int(x["stride"])  # 上采样的滑动步长
    # 利用 PyTorch 的上采样模块
    upsample = nn.Upsample(scale_factor = 2, mode = "bilinear")
    module.add_module("upsample_{}".format(index), upsample)  # 加入上采样层
```

上采样模块是 nn.Upsample()。其中，参数 scale_factor 代表特征图上采样的倍数，这里为 2 倍；mode 表示上采样方法，使用的是双线性上采样法。

创建跳跃连接层和路由层，代码如下：

```
# 跳跃连接层
elif x["type"] == "shortcut":
    shortcut = EmptyLayer()                    # 将跳跃连接层定义为空层
    module.add_module("shortcut_{}".format(index), shortcut)

# 路由层
elif (x["type"] == "route"):
    route = EmptyLayer()                       # 将路由层定义为空层
    module.add_module("route_{0}".format(index), route)

    x["layers"] = x["layers"].split(',')
    layers = [int(i) for i in x["layers"]]     # 获取层索引值
```

```
        # filters 为路由层输出的特征图深度
        filters = sum([output_filters[1:][j] for j in layers])
```

值得注意的是，这里引入了一个新类 EmptyLayer，顾名思义，它表示一个空层，定义如下：

```
class EmptyLayer(nn.Module):  # 根据基类 nn.Module 定义新类 EmptyLayer

    def __init__(self):
        super(EmptyLayer, self).__init__()
```

跳跃连接层和路由层执行的操作都非常简单，前者是将之前某一层的特征图直接加到当前层的特征图上，后者是将某两层的特征图在深度上拼接，都不涉及参数更新。如果为此设计两个具体的层，会导致重复代码的增加，所以此处用空层代替跳跃连接层和路由层，并在网络前向传播 forward 函数中实现这两层的操作（详情请见下文“实现网络的前向传播”部分）。

构建 YOLO 检测层，代码如下：

```
# YOLO 检测层
elif x["type"] == "yolo":
    mask = x["mask"].split(",")                  # 获取该 YOLO 层匹配的锚框索引值
    mask = [int(x) for x in mask]                # mask 与网络配置文件中的 mask 对应

    anchors = x["anchors"].split(",")
    anchors = [int(a) for a in anchors]          # 对应网络配置文件中的锚框

    # 获取锚框的尺寸
    anchors = [(anchors[i], anchors[i+1]) for i in range(0, len(anchors),2)]
    anchors = [anchors[i] for i in mask]         # anchors 为此 YOLO 层所匹配的锚框

    detection = DetectionLayer(anchors)          # 将 YOLO 层定义为检测层
    module.add_module("Detection_{}".format(index), detection)
```

这里定义一个新类 DetectionLayer，其初始化函数__init__的参数是用于检测的锚框，定义如下：

```
class DetectionLayer(nn.Module):
    def __init__(self, anchors):  # 定义初始化函数
        super(DetectionLayer, self).__init__()
        self.anchors = anchors
```

每迭代一次，将构建好的层 module 存储到列表 module_list 中，函数 create_modules 最终返回一个包含 net_info 和 module_list 的元组。实现如下：

```
    module_list.append(module)                   # 存储已构建的层
    prev_filters = filters                       # 更新输入特征图的深度
    output_filters.append(filters)               # 存储每层的输出特征图深度

return (net_info, module_list)
```

可以在 darknet.py 文件的末尾运行如下代码，来观察已构建的 Pytorch 模块。

```
blocks = parse_cfg("yolov3_detect/cfg/yolov3.cfg")  # 解析 yolov3.cfg 文件
print(create_modules(blocks))                       # 显示已构建的层
```

YOLOv3 共有 107 层，这里只截取其中 2 层，运行结果如下：

```
.
.
  (39): Sequential(
    (conv_39): Conv2d (256, 512, kernel_size=(3, 3), stride=(1, 1), padding=(1, 1), bias=False)
    (batch_norm_39): BatchNorm2d(512, eps=1e-05, momentum=0.1, affine=True)
    (leaky_39): LeakyReLU(0.1, inplace)
  )
  (40): Sequential(
    (shortcut_40): EmptyLayer()
  )
.
.
```

（4）实现网络的前向传播　在 darknet.py 文件中，添加一个与骨干网络同名的 Darknet 类，该类用于实现 YOLOv3 网络的前向传播，并输出预测结果。

首先初始化网络。在 Darknet 类的__init__函数中，利用 parse_cfg 函数解析 yolov3.cfg 文件，并利用 create_modules 函数构建网络层。代码如下：

```
class Darknet(nn.Module):
    def __init__(self, cfgfile):
        # 定义初始化函数
        super(Darknet, self).__init__()
        # 解析 yolov3.cfg 文件
        self.blocks = parse_cfg(cfgfile)
        # 构建网络层
        self.net_info, self.module_list = create_modules(self.blocks)
```

接着执行 forward 函数，实现网络的前向传播，即

```
def forward(self, x, CUDA):          # x 为输入,CUDA 表示模型是否用 GPU 加速
    modules = self.blocks[1:]        # self.blocks[0]是 net 块,所以前向传播从第二个块开始
    outputs = {}                     # 用字典记录每层输出的特征图
```

下面，对 self.blocks[1:]逐层迭代，实现前向传播。首先是前 4 种层：卷积块、上采样层、跳跃连接层和路由层。具体实现如下：

```
write = 0                                        # 该变量后面会给出解释
for i, module in enumerate(modules):             # 逐层迭代
    module_type = (module["type"])               # 获取层类型

    # 若为卷积块或上采样层
    if module_type == "convolutional" or module_type == "upsample":
        x = self.module_list[i](x)               # 通过 self.module_list 得到该层特征图

    elif module_type == "shortcut":              # 若为跳跃连接层
        from_= int(module["from"])
        # 将该层的上一层 outputs[i-1]与之前某一层 outputs[i+from_]特征图相加
        x = outputs[i-1] + outputs[i+from_]

    elif module_type == "route":                 # 若为路由层
        layers = module["layers"]
        layers = [int(a) for a in layers]
        x = torch.cat([outputs[layers]], 1)      # 特征图在深度上拼接
```

路由层使用 torch. cat 函数实现某两层特征图的拼接，参数 1 指特征图的第 1 个维度，表示特征图在深度上拼接。在 PyTorch 中，卷积层输入输出的张量形式是 $B \times C \times H \times W$，其中 B 代表处理一批图像的数量（即 batch_size），C 是特征图深度（即 channels），H 和 W 分别为特征图的高和宽。由于维数从 0 维计起，因此维度 1 指的是特征图深度 C。

接着，实现 YOLO 检测层的前向传播。前文已介绍如何通过骨干网络与 3 种不同尺度 YOLO 层的连接来预测目标边界框的方法。事实上，为了确定这些预测结果，需要在 util. py 中编写函数 predict_transform。

在 util. py 的开头导入包，并定义函数 predict_transform。代码如下：

```
import torch
import torch. nn as nn
import numpy as np
from torch. autograd import Variable
import cv2
# 该函数接收以下 5 个参数
def predict_transform( prediction, inp_dim, anchors, num_classes, CUDA = True):
```

函数 predict_transform 接收 5 个参数：prediction 是 YOLO 检测层前一层的网络输出；inp_dim 是输入图像的尺寸；anchors 表示该检测层匹配的锚框；num_classes 是预测类别的数量；CUDA 表示模型是否使用 GPU 加速。

这里，参数 prediction 的维度是（batch_size，num_anchors * bbox_attrs，grid_size，grid_size）。num_anchors 表示特征图上每个网格匹配的锚框数量，值为 3；bbox_attrs 是边界框属性值，即 85 个网络预测值；grid_size 是输出特征图尺寸，对应三种不同尺度的特征图，分别为 13×13、26×26 和 52×52。由于 YOLO 层在输出特征图的每个网格上与 3 个锚框匹配进行边界框的预测，共预测 10647 个边界框，因此希望预测后的结果（即函数 predict_transform 的返回值 prediction）的维度是（batch_size，grid_size * grid_size * num_anchors，bbox_attrs）。假设 batch_size 取 1，grid_size 取 13，则函数返回 13×13×3 个预测边界框，每个边界框作为一行，每行对应一个边界框的 85 个属性值，其顺序排列如图 6-71 所示。

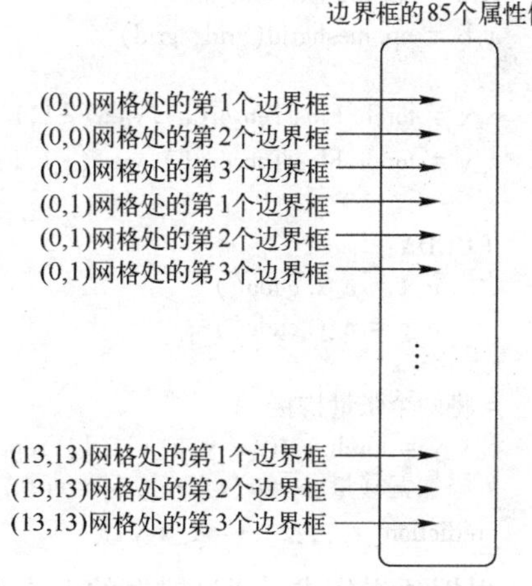

图 6-71　13×13 尺度特征图得到的预测边界框排序示意图

下面对参数 prediction 进行上述维度转换。具体实现如下：

```
batch_size = prediction. size(0)                # 一批图片的数量
stride = inp_dim // prediction. size(2)         # 输入图像与输出特征图的缩放倍数
grid_size = inp_dim // stride                   # 特征图的尺寸
bbox_attrs = 5 + num_classes                    # 85 个边界框属性值
num_anchors = len( anchors)                     # 每个网格匹配的锚框数量

# 特征图维度转换
# 第一次维度转换
prediction = prediction. view( batch_size, bbox_attrs * num_anchors, grid_size * grid_size)

# 将第二维和第三维置换
```

```
prediction = prediction.transpose(1,2).contiguous()

# 第二次维度转换
prediction = prediction.view(batch_size, grid_size * grid_size * num_anchors, bbox_attrs)
```

由于锚框是在输入图像上聚类得到的，因此其宽高与输入图像的宽高对应。当输入图像尺寸为 416×416 时，经过 YOLOv3 深度卷积网络输出的高层特征图尺寸分别是 13×13、26×26 和 52×52，比输入图像小得多。因此需要缩小原始锚框的尺寸到对应特征图尺寸上，操作如下：

```
anchors = [(a[0]/stride, a[1]/stride) for a in anchors]        # 缩小锚框
```

现在，根据目标边界框的预测式（6-4）~式（6-7）计算边界框的预测值。首先，对边界框中心偏移量 t_x、t_y和目标置信度进行 Sigmoid 处理，即

```
prediction[:,:,0] = torch.sigmoid(prediction[:,:,0])        # 计算 σ(t_x)
prediction[:,:,1] = torch.sigmoid(prediction[:,:,1])        # 计算 σ(t_y)
prediction[:,:,4] = torch.sigmoid(prediction[:,:,4])        # 计算 σ(confidence)
```

将每个网格相对特征图左上角顶点的偏移量（即预测公式中的 c_x 和 c_y）添加到 Sigmoid 处理后的边界框中心偏移量 $\sigma(t_x)$ 和 $\sigma(t_y)$ 中。具体做法如下：

```
# 添加网格偏移量
grid = np.arange(grid_size)
a,b = np.meshgrid(grid, grid)                       # 用 meshgrid 函数定义 grid×grid 网格

c_x = torch.FloatTensor(a).view(-1,1)              # c_x 为 c_x
c_y = torch.FloatTensor(b).view(-1,1)              # c_y 为 c_y

if CUDA:
    c_x = c_x.cuda()                               # 将 c_x 张量放到 GPU 上加速
    c_y = c_y.cuda()                               # 将 c_y 张量放到 GPU 上加速

# 将两个张量拼接
c_x_y = torch.cat((c_x, c_y), 1).repeat(1, num_anchors).view(-1,2).unsqueeze(0)
# 添加偏移量:b_x=σ(t_x)+c_x, b_y=σ(t_y)+c_y
prediction[:,:,:2] += c_x_y
```

根据预测公式，通过锚框的大小来预测目标边界框的大小。实现方法如下：

```
anchors = torch.FloatTensor(anchors)

if CUDA:                                          # 如果 CUDA 为 True
    anchors = anchors.cuda()                      # 将 anchors 放到 GPU 上加速

anchors = anchors.repeat(grid_size * grid_size, 1).unsqueeze(0)
# 计算 b_w=p_w e^(t_w), b_h=p_h e^(t_h)
prediction[:,:,2:4] = torch.exp(prediction[:,:,2:4]) * anchors
# 用 σ(x) 处理 80 个类预测值
prediction[:,:,5: 5 + num_classes] = torch.sigmoid((prediction[:,:, 5 : 5 + num_classes]))
```

由于上述目标边界框的预测结果是在特征图上得到的，需要乘以缩放比 stride 变量值，得到相对于输入图像尺寸的边界框结果，即

```
prediction[:,:,:4] *= stride
```

最后返回转换后的 YOLO 检测层预测结果，完成 predict_transform 函数，即

```
return prediction
```

通过 predict_transform 函数得到 3 个 YOLO 检测层的检测结果，现在将 3 种不同尺度的检测结果连接成一个大张量。值得注意的是，非空张量无法和空张量拼接，需要得到第一个检测结果（即获得一个非空张量）后，再将后续检测结果依次进行拼接。因此，在前向传播 forward 函数逐层迭代之前，设置一个变量 write 并初始化为 0，当得到第一个检测结果后将其置为 1，表示此后可以将检测结果进行拼接。

接下来利用 predict_transform 函数继续完成前向传播 forward 函数。为能够在 darknet. py 程序中调用 predict_transform 函数，需在该程序开头加入以下代码：

```
from util import *
```

在 forward 函数中继续完成 YOLO 检测层的前向传播，并返回最终的检测结果。具体实现过程如下：

```
elif module_type == 'yolo':                                # 当遇到 YOLO 检测层时
    anchors = self.module_list[i][0].anchors               # 此 YOLO 检测层所对应的锚框
    inp_dim = int (self.net_info["height"])                # 输入图像的尺寸
    num_classes = int (module["classes"])                  # 预测的类别数

    x = x.data
    # 调用 predict_transform 函数
    x = predict_transform(x, inp_dim, anchors, num_classes, CUDA)

    if not write:                                          # write = 0,未得到第一个检测结果
        detections = x                                     # 此时 x 为第一个检测结果
        write = 1                                          # 改变 write 值为 1
    else:
        # 得到第一个检测结果后,将检测结果进行拼接
        detections = torch.cat((detections, x), 1)
outputs[i] = x                                             # 该 YOLO 检测层的输出特征图
```

（5）加载网络权重　网络模型搭建完成后，还需将训练好的权重加载进模型，从而实现完整的前向传播以进行目标检测。下面介绍如何加载 YOLOv3 官方训练好的权重文件。

为此，首先下载权重文件，并保存到 cfg 文件夹下。若使用 Linux 操作系统，可执行以下命令：

```
cd /yolov3_detect/cfg                                        # 根据自己的实际路径而定
wgethttps://pjreddie.com/media/files/yolov3.weights          # 执行该命令获取 weights 文件
```

在 yolov3. weights 文件中，权重为浮点数形式并按照规定的顺序存储，需了解权重的存储方式，才可区分每个权重所属的层。

在 YOLOv3 中，权重只存在于卷积层和批量归一化层。根据是否存在批量归一化层，权重分为两种存储结构。图 6-72 总结了两种情况下的权重存储顺序，读取权重时要按该顺序进行。

图 6-72 中，bn biases 和 bn weights 是批量归一化层的偏差和权重，bn running_mean 和 bn running_var 表示训练时更新的均值和方差，Conv biases 和 Conv weights 是卷积层的偏差和权重。当卷积块中存在批量归一化时，没有偏差 Conv biases；当不存在批量归一化时，必须从文件中读取偏差。

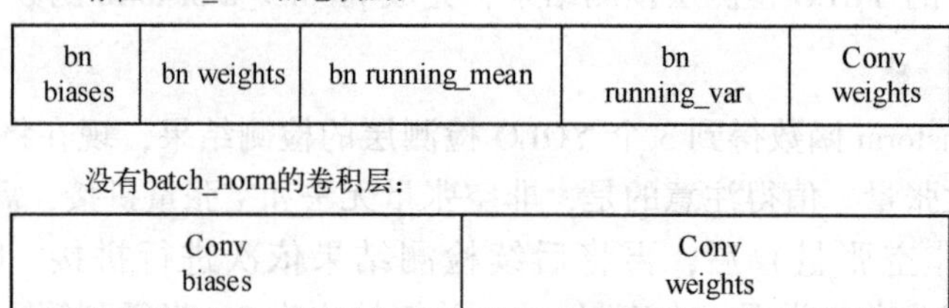

图 6-72　权重存储结构

编写 load_weights 函数将权重加载进网络，该函数是 Darknet 类的成员函数，其输入参数为权重文件路径。函数形式如下：

```
def load_weights(self, weightfile):
```

权重文件的开头存储了 5 个 int32 值，这些值构成文件的头信息。其余字节是按照图 6-72 顺序存储的权重，每个值为 32 位浮点数。忽略文件的头信息，直接加载权重。代码如下：

```
fp = open(weightfile, "rb")                              # 打开权重文件
weights = np.fromfile(fp, dtype = np.float32)            # 读取以 float32 形式存储的权重
```

循环遍历网络中的模块，将权重加载到对应的网络层中。在模块循环过程中，首先确定是否为卷积块，若是则加载权重，否则，跳过；其次检查卷积块中是否存在批量归一化层。具体做法如下：

```
p_pointer = 0      # 定义变量 p_pointer 并将其初始化为 0,该指针用于跟踪读取权重的位置
for i in range(len(self.module_list)):                    # 循环遍历模块
    module_type = self.blocks[i + 1]["type"]              # 获取模块类型

    if module_type == "convolutional":                    # 判断模块是否为卷积模块
        model = self.module_list[i]

        # 检查是否存在批量归一化(BN)层
        # 若存在 BN 层
        try:
            # 此时 batch_normalize 为 1
            batch_normalize = 1
        # 若不存在 BN 层
        except:
            # 此时 batch_normalize 为 0
            batch_normalize = 0

        conv = model[0]
```

这里，使用 p_pointer 变量来跟踪当前所读取权重在权重文件中的位置。若存在批量归一化层，按照如下方式加载权重：

```
if (batch_normalize):
    bn = model[1]
    # 获取每个权重的数量(4 个权重的数量是相同的)
    num_bn_biases = bn.bias.numel()
    # 获取 bn_biases 值
    bn_biases = torch.from_numpy(weights[p_pointer:p_pointer + num_bn_biases])
    # 更新 p_pointer 值
    p_pointer += num_bn_biases
```

```
        """
        获取 bn_weights、bn_running_mean 和 bn_running_var 值
        与获取 bn_biases 值过程相同,这里不重复给出代码。
        """
        """
        bn.bias.data,bn.weight.data,bn.running_mean,bn.running_var 在模型中
        已经以随机权重值存在,因此需要将这些权重用权重文件中的值替换。
        """
        # 设置加载的权重尺寸与随机权重尺寸相同
        bn_biases = bn_biases.view_as(bn.bias.data)
        bn_weights = bn_weights.view_as(bn.weight.data)
        bn_running_mean = bn_running_mean.view_as(bn.running_mean)
        bn_running_var = bn_running_var.view_as(bn.running_var)

        # 将加载的权重值复制给模型原有的随机权重值
        bn.bias.data.copy_(bn_biases)
        bn.weight.data.copy_(bn_weights)
        bn.running_mean.copy_(bn_running_mean)
        bn.running_var.copy_(bn_running_var)
```

否则，只加载卷积层的偏差，即

```
else:
        # num_biases 为卷积层偏差的数量
        num_biases = conv.bias.numel()
        """
        加载卷积层偏差的过程与加载 bn_biases 值的过程完全一致,不重复给出。
        """
```

由图 6-72 可知，无论是否存在批量归一化层，卷积层的权重都存在。因此，统一加载卷积层的权重 Conv weights。代码如下：

```
# num_ weights 为卷积层权重的数量
num_weights = conv.weight.numel()
"""
加载卷积层权重的过程与加载 bn_biases 值的过程完全一致,不重复给出。
"""
```

现在可以加载 YOLOv3 网络权重，即

```
# 定义一个 Darknet 类的对象 model
model = Darknet("yolov3_detect/cfg/yolov3.cfg")
# 利用 Darknet 类中的 load_weights 函数加载权重
model.load_weights("yolov3_detect/cfg/yolov3.weights")
```

（6）置信度阈值和非极大值抑制　前文中已构建了 YOLOv3 网络模型。该模型在给定输入的情况下，输出一个维度为 $B\times10647\times85$ 的张量。其中，B 是批量处理图片的数量，10647 表示一张图片经过网络预测的边界框数量，85 表示一个边界框预测的属性数量。然而这些预测结果并不完全有效，例如，预测结果可能存在错误或冗余等问题。因此需要利用置信度阈值和非极大值抑制算法来获取有效结果。为此，在 util.py 文件中创建 write_results 函数，其定义如下：

```
def write_results(prediction, confidence, num_classes, nms_conf = 0.4):
```

该函数接收 4 个参数，prediction 是网络输出预测值转换后的结果，confidence 是目标分数阈值，num_classes 为目标类别数，nms_conf 是非极大值抑制的 IoU 阈值。

write_results 函数实现过程具体如下：首先，执行置信度阈值的抑制，去掉置信度过低的边界框。网络输出的预测结果包含 $B\times10647$ 个边界框，对于目标分数低于阈值的边界框，将其对应的 85 个预测值全部置为零，视为预测结果无效。代码如下：

```
# 将目标分数大于 confidence 值的边界框保留
# 得到保留的预测结果
prediction = prediction * (prediction[:,:,4] > confidence).float().unsqueeze(2)
```

接着，通过非极大值抑制算法将保留的边界框进一步过滤，得到最优边界框。非极大值抑制，又称为 NMS，是一种局部搜索算法，可以将邻域内不是极大值的元素进行抑制。NMS 常用于目标检测中提取类别分数最高的边界框。在交通信号灯检测中，通过置信度阈值对多尺度预测的边界框进行筛选后，剩余很多边界框。这些边界框存在相互包含或者交叉的情况。用 NMS 算法，计算边界框的 IoU 值来去掉分数低的边界框，从而选取含有交通信号灯概率最大的边界框。NMS 算法处理效果如图 6-73 所示。

a)

b)

图 6-73 NMS 算法处理效果

a) NMS 抑制前边界框结果 b) NMS 抑制后边界框结果

经过前向传播得到的边界框坐标信息是由边界框的中心坐标及其宽高来描述的，但是，使用边界框的两个对角顶点坐标计算 IoU 值更为方便。因此，将边界框的属性进行转换，具体如下：

```
# 为方便计算 IoU 值
# 将边界框的属性(center x, center y, height, width)
# 转换成(top-left corner x, top-left corner y, right-bottom corner x, right-bottom corner y)
box_corner = prediction.new(prediction.shape)
box_corner[:,:,0] = (prediction[:,:,0] - prediction[:,:,2]/2)   # 计算左上角点的横坐标 x
box_corner[:,:,1] = (prediction[:,:,1] - prediction[:,:,3]/2)   # 计算左上角点的纵坐标 y
box_corner[:,:,2] = (prediction[:,:,0] + prediction[:,:,2]/2)   # 计算右下角点的横坐标 x
box_corner[:,:,3] = (prediction[:,:,1] + prediction[:,:,3]/2)   # 计算右下角点的纵坐标 y
prediction[:,:,:4] = box_corner[:,:,:4]
```

每张输入图像得到的预测结果个数可能是不同的，所以无法将几张图像同时处理，必须分别对每张图像进行置信度阈值和 NMS 处理。下面遍历所有图像：

```
batch_size = prediction.size(0)          # 获取一个批量图像的数量

write = False                            # 初始化 write 为 False,表示还未得到检测结果
```

```
for ind in range(batch_size):                # 遍历一个批量的图像
    image_pred = prediction[ind]             # 一张图像的边界框预测值
```

与上一个 write 变量相同，此处的 write 表示尚未通过 NMS 获得检测结果。

在 NMS 过程中，只需关注类别分数的最大值，所以用具有最大值的类别分数以及该类索引（即 80 个类别的索引号）取代 85 个属性值中的 80 个类别分数。具体做法如下：

```
# 获取类别分数最大值及其索引
max_conf_score, max_conf_idx = torch.max(image_pred[:, 5:85], 1)
# 将最大值解压成(10647,1)的张量
max_conf_score = max_conf_score.float().unsqueeze(1)
# 将最大值索引解压成(10647,1)的张量
max_conf_idx = max_conf_idx.float().unsqueeze(1)

# 将该边界框的坐标信息和类别分数值及其索引组成元组
seq = (image_pred[:,:5], max_conf_score, max_conf_idx)
image_pred = torch.cat(seq, 1)          # 将元组 seq 按列拼接
```

上述代码中，max_conf_score 是最大的类别分数；该分数对应的类别索引为 max_conf_idx；image_pred 为一个 10647×7 的张量，且每一行由 4 个坐标信息、目标分数、最大值类别分数和最大值索引这 7 个量拼接而成。

前面已将目标分数小于置信度阈值的边界框属性设置为零，现在删除这些行。具体如下：

```
non_zero_ind = (torch.nonzero(image_pred[:,4]))       # 保留目标分数值非零的行
try:
    image_pred_ = image_pred[non_zero_ind.squeeze(),:].view(-1,7)
except:
    continue

# 如果删除后没有剩余的边界框,即在该张图片中未检测到目标,则处理下一张图片
if image_pred_.shape[0] == 0:
    continue
```

在 util.py 中定义 unique 函数，用于确定一张给定图像中存在的所有目标类别。该函数定义如下：

```
def unique(tensor):                                    # 输入为一个张量
    tensor_np = tensor.cpu().numpy()                   # 将 tensor 转换成 numpy 类型
    unique_np = np.unique(tensor_np)                   # 利用 np.unique 函数去掉重复的张量
    unique_tensor = torch.from_numpy(unique_np)        # 将 unique_up 变量转换成 tensor 类型

    # 创建一个新的 tensor,大小与 unique_tensor 相同
    tensor_res = tensor.new(unique_tensor.shape)
    tensor_res.copy_(unique_tensor)                    # 复制 unique_tensor 张量到 tensor_res 张量
    return tensor_res                                  # 返回筛选后的张量,此时每个元素互不相同
```

现在，利用上述定义的 unique 函数获取图片中所有被检测到的互不相同的类别，并对每个类别进行 NMS 处理。代码如下：

```
img_classes = unique(image_pred_[:,-1])
# -1 指每个边界框的最大类别分数对应的类别索引,即该边界框检测到的物体类别

for class_idx in img_classes:        # 对每一个类别分别执行 NMS
```

```
    # 获取该类的边界框
    class_idx_mask = image_pred_ * (image_pred_[:,-1] == class_idx).float().unsqueeze(1)
    # 提取该类的网络预测值中类别分数非零的索引值
    class_mask_ind = torch.nonzero(class_idx_mask[:,-2]).squeeze()
    # 通过索引值 class_mask_ind 将属于 class_idx 类的边界框提取出来
    image_pred_class = image_pred_[class_mask_ind].view(-1,7)

    # 将提取出的该类边界框按目标分数降序排列
    # 获取降序索引值
    conf_sort_index = torch.sort(image_pred_class[:,4], descending = True )[1]
    image_pred_class = image_pred_class[conf_sort_index]      # 根据索引值重新排序
    idx = image_pred_class.size(0)
```

为实现 NMS，需定义 bbox_iou 函数计算两个边界框的 IoU 值，具体程序如下：

```
def bbox_iou(box1, box2):      # 函数输入是两个边界框
    # 获取两个边界框的坐标值
    box1_x1, box1_y1, box1_x2, box1_y2 = box1[:,0], box1[:,1], box1[:,2], box1[:,3]
    box2_x1, box2_y1, box2_x2, box2_y2 = box2[:,0], box2[:,1], box2[:,2], box2[:,3]
    # 获取两个边界框相交矩形的坐标
    inter_rect_x1 = torch.max(box1_x1, box2_x1)
    inter_rect_y1 = torch.max(box1_y1, box2_y1)
    inter_rect_x2 = torch.min(box1_x2, box2_x2)
    inter_rect_y2 = torch.min(box1_y2, box2_y2)
    # 计算两个边界框的相交面积
    inter_area = torch.clamp(inter_rect_x2 - inter_rect_x1 + 1, min=0)
                 * torch.clamp(inter_rect_y2 - inter_rect_y1 + 1, min=0)
    # 计算两个边界框的各自面积
    box1_area = (box1_x2 - box1_x1 + 1) * (box1_y2 - box1_y1 + 1)
    box2_area = (box2_x2 - box2_x1 + 1) * (box2_y2 - box2_y1 + 1)
    # 计算 IoU 值
    iou = inter_area / (box1_area + box2_area - inter_area)
    return iou                   # 返回两个边界框的 IoU 值
```

当一个类别的边界框按目标分数降序排列后，首先计算排在第一位的边界框 Bbox 1（即目标分数最大的边界框）与其后所有边界框的 IoU 值。若第一位边界框 Bbox 1 与第 i 位边界框 Bbox i 的 IoU 值大于 NMS 阈值 nms_conf（说明两者的重叠率较高），则将目标分数小的边界框（即第 i 位边界框 Bbox i）属性行全部置零；否则，保留第 i 位边界框 Bbox i 的属性行（图 6-74 给出了对第一个边界框 Bbox 1 进行 NMS 处理后的结果）。然后，对上述结果中排在 Bbox 1 以后且未被置零的边界框用同样的方法依次进行 NMS 处理。

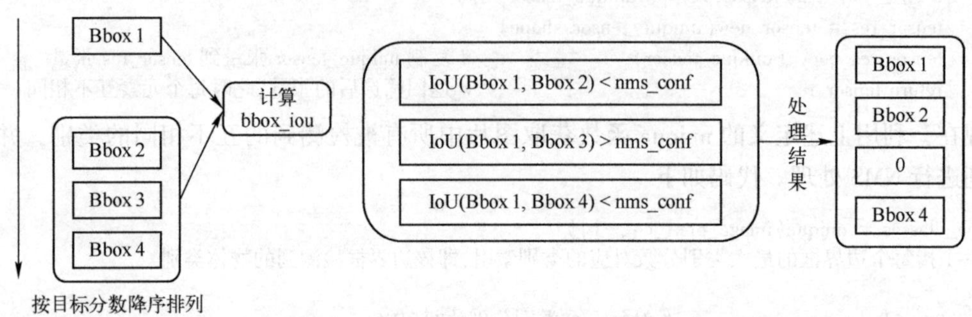

图 6-74　对第一个边界框进行 NMS 处理的过程

NMS 处理的具体实现如下：

```
for i in range(idx):      # 循环一个类别的所有边界框

    try:
        # 计算每两个边界框的交并比
        ious = bbox_iou(image_pred_class[i].unsqueeze(0), image_pred_class[i+1:])
    except ValueError:
        break

    except IndexError:
        break

    # IoU 值大于 NMS 阈值时,将目标分数小的边界框的所有属性值置为零
    image_pred_class[i+1:] *= (ious < nms_conf).float().unsqueeze(1)

    # 将置零的边界框删除掉,得到 NMS 的抑制结果
    # 获取属性值非零的边界框索引
    nonzero_bbox = torch.nonzero(image_pred_class[:,4]).squeeze()
    # 得到抑制后的边界框结果
    image_pred_class = image_pred_class[nonzero_bbox].view(-1,7)
```

代码中的 try-except 结构，起捕获异常的作用。在循环过程中，会移除边界框置零的行，所以 i 可能循环不到 idx，这时用 IndexError 来捕获异常；同时，由于移除会出现 image_pred_class[i+1:]是空张量的情况，这时用 ValueError 来捕获异常。这样可以确定 NMS 是否不再抑制任何边界框，并及时跳出循环。

函数 write_results 输出大小为 $D\times8$ 的张量。其中，D 是所有图像经过筛选后的剩余边界框数量；每个边界框结果由一行表示，每行具有 8 个属性，即所检测图像的索引、4 个坐标信息、目标分数、类别分数及其索引值。

下面设置 wirte 变量。与 predict_transform 函数中的 write 用法相同，输出第一个检测结果后，将变量 write 设置为 True。继续循环，将后续的检测结果连接到输出张量上。具体实现如下：

```
# 在检测结果行的最前面新增加一列,存储 batch 中图像的索引号
seq = image_pred_class.new(image_pred_class.size(0), 1).fill_(ind), image_pred_class

# 当 write 为 False 时,表示还未得到检测结果
if not write:
    output = torch.cat(seq,1)        # 得到第一个检测结果
    write = True                     # 将 write 更新为 True
# 当 write 为 True 时,将后续的检测结果与之前的检测结果连接
else:
    out = torch.cat(seq,1)
    output = torch.cat((output,out))
```

在函数 write_results 结束位置，若判定 output 已被赋值（即存在检测结果），则返回所有图像的有效检测值；否则返回 0，这意味着该批量的所有图像中都没有有效检测结果。具体代码如下：

```
try:
    return output
except:
    return 0
```

(7) 利用 YOLOv3 完成交通信号灯的识别　在 yolov3_detect 文件夹下新建一个 detector. py 文件。在该文件中，首先添加以下代码：

```
import torch
import numpy as np
import torch. nn as nn
from darknet import Darknet
from torch. autograd import Variable
import cv2
from util import *
import random
import argparse
import os
import time
import os. path as osp
import pickle as pkl
import pandas as pd
```

引入的模块中，argparse 是 Python 中从命令行直接读取参数的模块；os 模块用于调用系统命令，如创建文件夹、打印指定目录文件等操作；os. path 用于获取文件的属性；pickle 实现基本的数据序列和反序列化；pandas 是用于分析结构化数据的工具包。这些模块的具体用法会在接下来的使用中进一步说明。

detector. py 文件用于模型检测。在运行该程序时可通过命令行将需要用到的参数传递给程序，如被检测图像的存储路径、网络配置文件路径和权重文件路径等。这一任务通过 Python 中的 argparse 模块来完成。具体由以下的函数 arg_parse 来实现：

```
def arg_parse():
    # 创建 ArgumentParser 类的解析对象
    parser = argparse. ArgumentParser(description='YOLO v3 Detection Module')
    # 读入命令行参数,格式:参数名,目标参数,帮助信息,默认值,类型
    parser. add_argument("--images", dest = 'images', help =
                        "Image / Directory containing images to perform detection upon",
                        default ="yolov3_detect/cfg/images", type = str)
    # 'images'是进行目标检测的图片路径
    parser. add_argument("--det", dest = 'det', help = "Image / Directory to store detections to",
                        default = "det", type = str)
    # 'det'是检测后图片的保存路径
    parser. add_argument("—a_batch_pictures", dest = "batch_size", help = "Batch size", default = 1)
    # "batch_size"是每批量处理图片的数量
    parser. add_argument("--confidence", dest = "confidence", help = "Object Confidence to filter
                        predictions", default = 0. 5)
    # "confidence"是置信度阈值
    parser. add_argument("--nms_thresh", dest = "nms_thresh", help = "NMS Thresh", default = 0. 4)
    # "nms_thresh"是 NMS 阈值
    parser. add_argument("--cfg", dest = 'cfgfile', help = "Config file",
                        default = "yolov3_detect/cfg/yolov3. cfg", type = str)
    # 'cfgfile'是网络配置文件的路径
    parser. add_argument("--weightsfile", dest = 'weightsfile', help = "weightsfile",
                        default = " yolov3_detect /cfg/yolov3. weights", type = str)
    # "weightsfile"是官方权重文件的路径
    parser. add_argument("--reso", dest = 'reso', help =
                        "Input resolution of the network.  Increase to increase accuracy.
```

```
                    Decrease to increase speed", default = "416", type = str)
    # 'reso'是输入图片的分辨率

    return parser. parse_args()          # 调用 parse_args 函数进行解析,并将其作为函数返回值


args = arg_parse()                       # 调用上述函数,创建一个解析对象
images = args. images                    # images 为测试图片的路径
batch_size = int(args. batch_size)       # 批量处理图片的数量
confidence = float(args. confidence)     # 置信度阈值
nms_thesh = float(args. nms_thresh)      # NMS 阈值
CUDA = torch. cuda. is_available()       # 判断是否有 GPU 加速
```

其中 images 是图片文件夹路径，该文件夹中存放输入网络的图片；det 也是图片文件夹路径，该文件夹用于保存经 detector. py 程序处理后的图片；reso 是输入网络图像的分辨率，默认设置为 416×416；cfg 是配置文件的路径；weights 是神经网络权重文件的路径。

将命令行参数设置好后，开始加载网络。在 yolov3_detect 文件夹下新建一个 data 文件夹，下载 coco. names 文件放入该文件夹中，coco. names 文件中记录了 COCO 数据集所包含的 80 类物体名称。同样，若使用 Linux 系统，则可以在终端按如下方式下载该文件：

```
cd /yolov3_detect/data        # 根据自己的实际路径而定
wgethttps://raw. githubusercontent. com/ayooshkathuria/YOLO_v3_tutorial_from_scratch/master/
    data/coco. names
```

在 detector. py 中加载 coco. names，将类名存储在列表 classes 中，即

```
num_classes = 80          # COCO 数据集
classes = load_classes("/yolov3_detect/data/coco. names")
```

load_classes 是 util. py 中定义的函数，其返回一个列表，将 coco. names 中的类别名称按行读取成字符串格式。函数 load_classes 具体定义如下：

```
def load_classes(namesfile):
    fp = open(namesfile, "r")
    names = fp. read(). split("\n")[:-1]
    return names
```

初始化网络并加载网络权重的实现方法如下：

```
# 构建 YOLOv3 网络模型
model = Darknet(args. cfgfile)                    # 加载网络
model. load_weights(args. weightsfile)            # 加载权重
# 配置网络中的超参数
model. net_info["height"] = args. reso
inp_dim = int(model. net_info["height"])

# 如果有 GPU,则将模型放在 GPU 上运行
if CUDA:
    model. cuda()

# 设置模型为检测模式。若是训练模型,则改为 model. train()
model. eval()
```

读取输入图像，其中图像的路径存储于 imlist 列表中，即

```
imlist = [osp. join(osp. realpath('. '), images, img) for img in os. listdir(images)]
```

创建保存检测结果的文件夹 det，即

```
if not os. path. exists( args. det) :              # 若不存在 det 文件夹
    os. makedirs( args. det)                       # 则创建此文件夹
```

利用 OpenCV 中的 imread 函数读取图像，代码如下：

```
loaded_ims = [ cv2. imread( x) for x in imlist]
```

OpenCV 读取的图像格式为 $H×W×C$，其中 H 为图像的高度，W 为图像的宽度，C 为图像的色彩通道数，其通道顺序为 BGR；而 PyTorch 中的图像格式为 $B×C×H×W$，B 为批量图像数，通道 C 的顺序为 RGB。因此，需在 util. py 文件中编写 prep_image 函数，将 OpenCV 图片格式转换为 PyTorch 要求的格式。prep_image 函数的具体定义如下：

```
def prep_image( img, inp_dim) :
    """
    将图像格式转换为 PyTorch 要求的输入格式
    """
    img = cv2. resize( img, ( inp_dim, inp_dim) )            # 将输入图像尺寸缩放至 416×416
    img = img[ :,:,::-1]. transpose( (2,0,1) ). copy( )   # 转换输入格式
    img = torch. from_numpy( img). float( ). div( 255. 0). unsqueeze( 0)   # 对像素值归一化至 0—1 区间
    return img
```

为方便后续步骤中将检测到的边界框绘制在原始图像上，需定义一个 im_dim_list 列表来保存输入图像的原始分辨率。该列表定义如下：

```
# 转换输入图像格式
im_batches = list( map( prep_image, loaded_ims, [ inp_dim for x in range( len( imlist) ) ] ) )

# 保存输入图像的原始分辨率
im_dim_list = [ ( x. shape[ 1] , x. shape[ 0] ) for x in loaded_ims]
im_dim_list = torch. FloatTensor( im_dim_list). repeat( 1,2)

if CUDA:
    im_dim_list = im_dim_list. cuda( )
```

将所有输入图像按 batch_size 批量化，分批送入网络。代码如下：

```
leftover = 0
if ( len( im_dim_list) % batch_size) :                          # 若图像不能恰好按批分配
    leftover = 1                                                  # 剩余图像作为一个批量

if batch_size != 1:
    num_batches = len( imlist) // batch_size + leftover          # 所有图像按批分配产生的批量数
    # 将所有批量连接到一个列表中,im_batches = [ [ 1 个 batch] , [ 1 个 batch] , [ 1 个 batch] , …]
    im_batches = [ torch. cat( ( im_batches[ i * batch_size : min( ( i + 1) * batch_size,
                    len( im_batches) ) ] ) ) for i in range( num_batches) ]
```

接下来，进入检测阶段。按批量将图像送入网络，通过前向传播和多尺度预测后，将所有预测结果连接成一个大张量。利用 write_results 函数对预测结果进行置信度阈值和 NMS 处理，筛选出正确检测结果。如果该函数返回值为 0，则跳过此次循环进入下一批图像的检测；如果返回至少一个检测结果，则打印每张图像检测所用的时间以及检测到的目标类别。由于本节的任务是识别交通信号灯，因此只需将检测到的 traffic light 类别打印出来。具体代码如下：

```
write = 0                                  # write 标志的作用与之前所述相同
```

```
# 按批量循环所有图像,i 记录第几个批量,batch 为该批量的所有图像
for i, batch in enumerate(im_batches):
    start = time.time()                    # 记录检测开始的时间
    if CUDA:
        batch = batch.cuda()

    with torch.no_grad():                  # 检测时不需要计算梯度
        prediction = model(Variable(batch, volatile = True), CUDA)      # 进行前向传播

    # 筛选检测结果
    prediction = write_results(prediction, confidence, num_classes, nms_conf = nms_thesh)

    end = time.time()                      # 记录检测结束的时间

    # 如果没有检测结果,即 prediction=0,则跳过此次循环进入下一批图像的检测
    if type(prediction) == int:
        continue
    prediction[:,0] += i * batch_size              # 记录该图像在所有图像中的索引值

    if not write:
        output = prediction
        write = 1
    else:
        output = torch.cat((output,prediction))    # 将所有图像的检测结果连接

    # 循环一个批量中每张图像
    for im_num, image in enumerate(imlist[i * batch_size: min((i + 1) * batch_size, len(imlist))]):
        # 获取图像索引值
        im_id = i * batch_size + im_num
        # 获取该图像检测到的所有类别
        objs = [classes[int(x[-1])] for x in output if int(x[0]) == im_id]
        # 只保留交通信号灯的检测结果
        objs = [k for k in objs if k == 'traffic light']
        # 计算每张图像的检测时间并打印出来
        print((end - start)/batch_size)
        # 打印检测类别
        print("{0:20s} {1:s}".format("Objects Detected:", " ".join(objs)))

    if CUDA:
        torch.cuda.synchronize()       # 确保 CUDA 与 CPU 同步,防止异步调用
```

使用 try-except 结构来检查所有图像是否至少存在一个检测结果。

```
try:
    output
except NameError:
    print("No detections were made")
    exit()
```

将图像送入网络得到检测结果后，在原始图像上将检测到的边界框绘制出来。由于原始图像分辨率被缩放至 416×416 后送入网络，所以检测结果中的边界框坐标信息对应的是尺寸为 416×416 的缩放图，为将边界框绘制在原始图像中，需将坐标信息等比例缩放回原始图像的尺

寸上。实现方法如下：

```
output[ :,1:5] = torch. clamp(output[ :,1:5], 0. 0, float(inp_dim))      # 获取边界框的坐标信息
# 计算输入图像分辨率与网络输入分辨率的比例值
im_dim_list = torch. index_select(im_dim_list, 0, output[ :,0]. long()) / inp_dim
output[ :,1:5] * = im_dim_list
```

定义函数 write 绘制边界框。

```
def write(x, results):                    # results 是 output 中一个检测结果,即一个边界框
    c1 = tuple(x[1:3]. int())             # c1 为边界框左上角坐标
    c2 = tuple(x[3:5]. int())             # c2 为边界框右下角坐标
    img = results[int(x[0])]              # img 是该图片的索引号,即第几张图片
    class_idx = int(x[-1])                # class_idx 是检测类别索引
    label = "{0}". format(classes[class_idx])      # label 是类别名称
```

在识别交通信号灯任务中，最终需要识别信号灯的颜色（即红、绿、黄），使得无人驾驶汽车能够根据信号灯的颜色状态做出下一步的决策。识别信号灯颜色的步骤如下。

首先，为方便对颜色进行提取，将图像的颜色空间从 BGR 空间转换为 LAB 空间。该颜色空间具有 L、a、b 三个通道，其中 L 表示从黑到白，代表亮度；a 表示从绿到红；b 表示从蓝到黄[20]。使用 OpenCV 中的 cvtColor 函数实现颜色空间转换，具体过程如下：

```
if label = = 'traffic light':      # 只对 label 是'traffic light'的边界框进行操作
    img_lab = cv2. cvtColor(img, cv2. COLOR_BGR2LAB)      # 实现 BGR 到 LAB 的转换
```

接着，通过以下代码提取图片中的感兴趣区域（即图片中包含信号灯的边界框范围）：

```
# 只要边界框区域,提取感兴趣区域 roi_box
roi_box = img_lab[c1[1]:c2[1], c1[0]:c2[0], :]
```

利用 OpenCV 中 inRange 函数，在 LAB 空间对感兴趣区域 roi_box 提取红色、绿色和黄色模板，实现方法如下：

```
mask1 = cv2. inRange(roi_box, (0, 150, 0), (255, 255, 255))      # 提取红色模板
mask2 = cv2. inRange(roi_box, (0, 0, 0), (255, 115, 255))        # 提取绿色模板
mask3 = cv2. inRange(roi_box, (0,50,140), (255, 150, 255))       # 提取黄色模板
```

inRange 函数提取的模板是一个二值图，只有 0 和 255 两个值。以提取红色为例，红色像素点被提取后在模板上对应像素值为 255，非红色像素点对应值为 0。

以下程序根据提取出的模板分别统计出 3 种颜色像素点的个数，并求出其中最大值：

```
red_count = len(mask1[mask1[ :,:] = = 255])            # red_count 为红色像素点个数
green_count = len(mask2[mask2[ :,:] = = 255])          # green_count 为绿色像素点个数
yellow_count = len(mask3[mask3[ :,:] = = 255])         # yellow_count 为黄色像素点个数

# 将 red_count、green_count 和 yellow_count 中的最大值赋值给变量 color_max
color_max = max(red_count, green_count, yellow_count)
```

将最大值 color_max 所对应的颜色作为该信号灯的颜色状态。绘制边界框，用识别到的信号灯颜色绘制边框，并在边界框上方标注识别结果，即 red、green 或 yellow。具体做法如下：

```
    # 框出红色交通信号灯并标注
    if (color_max = = red_count) & (color_max ! = 0):      # 标注红色交通信号灯
        color = (0, 0, 255)                                 # 将颜色设置为红色
        # 获取标注文本的尺寸
        t_size = cv2. getTextSize('red', cv2. FONT_HERSHEY_PLAIN, 1 , 1)[0]
```

```
            c_1 = c1[0], c1[1] - t_size[1] - 8
            c_2 = c1[0] + t_size[0] + 3, c1[1]
            # 绘制一个矩形框用来放入文本'red',参数-1 表示将整个矩形填充颜色
            cv2.rectangle(img, c_1, c_2, color, -1)             # 绘制矩形
            # 标注检测结果
            cv2.putText(img, 'red', (c1[0], c1[1]-3), cv2.FONT_HERSHEY_PLAIN, 1, [0,0,0], 1)
            cv2.rectangle(img, c1, c2, color, 2)                # 绘制目标边界框
        # 框出绿色交通信号灯并标注
        elif (color_max == green_count) & (color_max != 0):
            color = (0, 255, 0)
            t_size = cv2.getTextSize('green', cv2.FONT_HERSHEY_PLAIN, 1 , 1)[0]
            c_1 = c1[0], c1[1] - t_size[1] - 8
            c_2 = c1[0] + t_size[0] + 3, c1[1]
            cv2.rectangle(img, c_1, c_2, color, -1)             # 绘制用于存放文本'green'的矩形框
            cv2.putText(img, 'green', (c1[0], c1[1]-3), cv2.FONT_HERSHEY_PLAIN, 1, [0,0,0], 1)
            cv2.rectangle(img, c1, c2, color, 2)
        # 框出黄色交通信号灯并标注
        elif color_max == yellow_count:
            color = (0, 255, 255)
            t_size = cv2.getTextSize('yellow', cv2.FONT_HERSHEY_PLAIN, 1 , 1)[0]
            c_1 = c1[0], c1[1] - t_size[1] - 8
            c_2 = c1[0] + t_size[0] + 3, c1[1]
            cv2.rectangle(img, c_1, c_2, color, -1)             # 绘制用于存放文本'yellow'的矩形框
            cv2.putText(img, 'yellow', (c1[0], c1[1]-3), cv2.FONT_HERSHEY_PLAIN, 1, [0,0,0], 1)
            cv2.rectangle(img, c1, c2, color, 2)
    return img
```

现在，使用已定义的 write 函数为所有图像的检测结果绘制边界框，即

```
list(map(lambda x: write(x, loaded_ims), output))          # 利用 write 函数绘制边界框
det_names = pd.Series(imlist).apply(lambda x: "{}/det_{}".format(args.det,x.split("/")[-1]))
list(map(cv2.imwrite, det_names, loaded_ims))              # 保存绘制后的边界框结果到 det 文件夹中

torch.cuda.empty_cache()                                   # 释放程序占用的 GPU 资源
```

至此，实现了基于 YOLOv3 算法的交通信号灯识别。可以直接运行 detector. py 文件来测试检测效果。运行 detector. py 以后的终端输出为

```
Loading network.....
Network successfully loaded
000006.jpg                    predicted in   0.037 seconds
Objects Detected:       traffic light traffic light traffic light
```

此时，标注了边界框的图片被保存到 det 文件夹下。检测结果如图 6-75 所示。

上述是针对静态图片进行 YOLOv3 目标检测。在实际测试中，发现 YOLOv3 算法对黄色信号灯的检测效果并不好，经常被误判为红色。结合交通规则，黄灯代表警示停，红灯表示禁止通行，所以将黄色和红色两种状态都归到红色状态进行处理。当无人车遇到红色信号灯和黄色信号灯时，都做出减速停车的反应，不影响实际行驶。

图 6-75　交通信号灯检测结果

在实际应用场景中，要对视频流中的交通信号灯进行实时识别。由于视频流由一帧帧图像组成，且这些图像具有时序性，因此需对视频流中的图像逐帧处理。下面给出使用 YOLOv3 识别视频流中的交通信号灯的方法。

首先，利用 OpenCV 读取视频流，此处的视频流可以是录制好的视频，也可以是通过摄像头采集的视频。代码如下：

```
videofile = "video. avi"                # videofile 为视频文件路径
cap = cv2. VideoCapture( videofile)
# 若调用计算机内置摄像头,则改为 cap = cv2. VideoCapture(0)

# 若无法读取视频,则返回'Cannot capture source'
assert cap. isOpened( ), 'Cannot capture source'
frames = 0                              # 记录视频帧
```

读取视频流后，由于需对视频流中的图像进行逐帧处理而非批量处理，因此利用 YOLOv3 检测到的结果与输入网络的帧图像直接对应，可以极大地简化代码。每处理一帧图像，用名为 frames 的变量记录当前视频帧的帧数，以便计算视频帧的处理速度。处理完视频帧后，使用 cv2. imshow 函数显示检测结果。实现上述功能的程序如下：

```
frames = 0
start = time. time( )

while cap. isOpened( ):                          # 当 cap. isOpened( )为 True
    # 按帧读取视频,ret 表示是否读取成功,frame 表示读取到第几个视频帧
    ret, frame = cap. read( )
    if ret:  # 若 ret 为 True,即读取成功,则处理该帧图像
        img = prep_image( frame, inp_dim)     # 利用 prep_image 函数对该视频帧转换成标准格式
        im_dim = frame. shape[1], frame. shape[0]                   # 获取视频帧的分辨率
        im_dim = torch. FloatTensor( im_dim). repeat(1,2)

        if CUDA:
            im_dim = im_dim. cuda( )
            img = img. cuda( )

        with torch. no_grad( ):
            output = model( Variable( img, volatile = True), CUDA)   # 输入网络,进行前向传播
        # 对检测结果进行筛选
        output = write_results( output, confidence, num_classes, nms_conf = nms_thesh)

        if type( output) = = int:                # 如果没有检测结果
            frames += 1                          # 处理下一帧图像
            print( "FPS of the video is {:5. 4f}". format( frames / ( time. time( ) - start)))   # 输出帧率
            cv2. imshow( "frame", frame)     # 用 imshow 函数显示该帧 frame
            key = cv2. waitKey(1)
            if key & 0xFF = = ord('q'):        # 从键盘键入 q,则退出视频帧的读取
                break
            continue

        # 如果有检测结果
        output[:,1:5] = torch. clamp( output[:,1:5], 0. 0, float( inp_dim))
        im_dim = im_dim. repeat( output. size(0), 1)/inp_dim
        output[:,1:5] *= im_dim
```

```
        # 加载 COCO 数据集的 80 个类别
        classes = load_classes('/yolov3_detect/data/coco.names')
        list(map(lambda x: write(x, frame), output))        # 绘制检测边界框
        cv2.imshow("frame", frame)                          # 显示检测结果
        key = cv2.waitKey(1)
        if key & 0xFF == ord('q'):
            break
        frames += 1
        print("FPS of the video is {:5.2f}".format( frames / (time.time() - start)))  # 输出帧率
    else:
        break
```

以上是利用 YOLOv3 识别交通信号灯的全部内容。该识别过程可概括为以下几个步骤：首先，通过函数 parse_cfg 将网络配置文件解析成由字典构成的列表形式；用该列表来构建 PyTorch 模块，完成 ModuleList 列表的构建；通过 Darknet 类内的 forward 函数实现网络的前向传播，得到网络预测值；然后，利用置信度阈值和 NMS 算法选择出有效检测结果；利用 OpenCV 对图像中包含信号灯的感兴趣区域进行颜色识别；在原始图像上绘制边界框，标注信号灯的颜色状态；最后，分别给出针对图像和视频流的处理方法。

本节从识别交通信号灯的任务入手，引入目标检测算法 YOLOv3；介绍了该算法的网络结构和检测原理，并使用 PyTorch 框架来实现目标检测；最后结合传统计算机视觉技术完成交通信号灯颜色的识别。

6.2.4　基于摄像机的限速标志识别

交通标志识别是无人驾驶环境感知技术极为重要的一部分，而识别交通标志中的限速标志并提取出其中的限速信息更是重中之重。本节主要介绍基于 YOLOv3 算法与 Python-tesseract 的限速标志识别方法。

由于我国路况较之其他国家更为复杂且交通标志牌样式也与其他国家差别较大，为获得更好的识别效果，选择 CCTSDB（CSUST Chinese Traffic Sign Detection Benchmark）数据集[21-22]作为神经网络的训练数据集。该数据集仅将交通标志粗略分为指示（Mandatory）、警告（Warning）和禁止（Prohibitory）三类。虽然用其训练出的模型可以很好地实现这三类交通标志的检测任务，但无法更细致地识别出限速标志。

为解决这一问题，本节将限速标志识别过程分为两步。首先，利用训练好的模型检测出图像中的交通标志；其次，对这些交通标志进行辨识，判断其是否为限速标志，并且提取出其中的限速信息。下面对这两步的实现过程进行详细介绍。

1. 交通标志检测

实现交通标志检测共分为四步，分别为数据集预处理、训练前准备工作（网络配置文件修改等）、训练神经网络模型以及通过神经网络模型检测交通标志，其具体过程如下。

（1）数据集预处理　由于 CCTSDB 数据集中所给图片的标注格式与 YOLOv3 训练所需的格式不同，因此需将 CCTSDB 数据集中的标注进行转换。这两种标注格式的不同之处主要体现在形式与内容两方面。

由图 6-76 可以看出，在标注形式上 CCTSDB 数据集将所有图片的标注信息写入一个名为 GroundTruth.txt 的文件中。内容上，该 txt 文件中的每一行数据代表一个真实框（Ground

Truth）。以“00026. png;462;336;564;465;prohibitory”这组数据为例，其中 00026. png 表示该 Ground Truth 属于图片 00026. png，（462,336）为该 Ground Truth 的左上角坐标，（564,465）为右下角坐标，prohibitory 为该 Ground Truth 框中标志牌的所属类别。图 6-77 所示为该组数据的具体表示，图中的方框即为该组数据所表示的 Ground Truth。

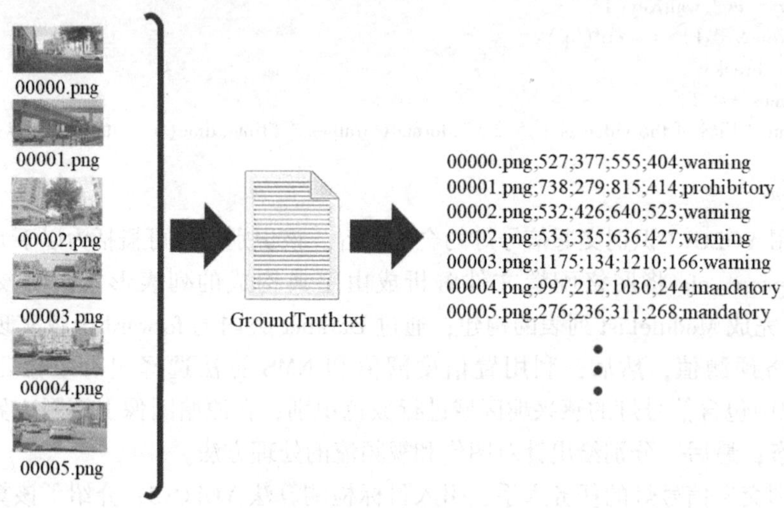

图 6-76　CCTSDB 标注形式与内容

图 6-77　CCTSDB 标注内容示意图

图 6-78 展示了 YOLOv3 训练所需数据集的标注形式与内容。YOLOv3 训练所需的数据集标注在形式上表现为：将每个图片的标注信息存放在一个与该图片相对应的 txt 文件中，相当于将 CCTSDB 数据集中的 GroundTruth. txt 文件拆分为多个 txt 文件。内容上，这些 txt 文件中的每一行数据同样表示一个 Ground Truth。不同的是，GroundTruth. txt 中的标注信息通过 Ground Truth 的左上角和右下角坐标来确定其位置和大小；而 YOLOv3 算法要求标注信息可以通过 Ground Truth 的中心点坐标和宽高来确定其位置和大小。此外，为了加快训练过程，还应对其中心点坐标和宽高进行归一化处理，也就是将 Ground Truth 中心点坐标和宽高等比例缩小到（0,1）范围以内。

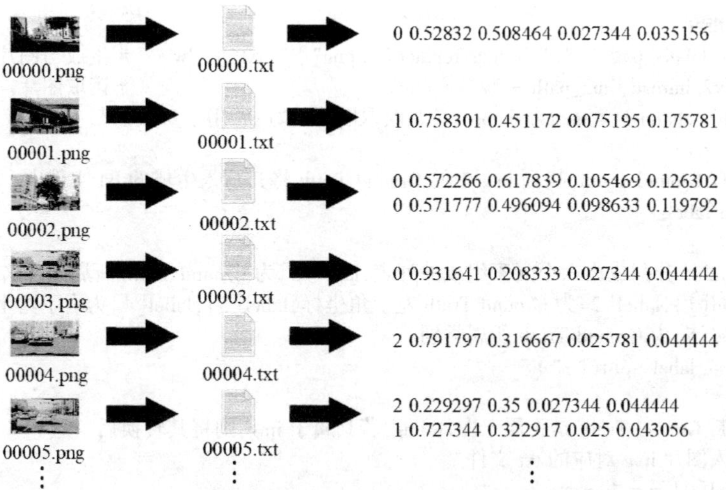

图 6-78　YOLOv3 训练所需数据集的标注形式与内容

这里以图片 00026. png 为例介绍 YOLOv3 训练所需数据集的标注内容。00026. png 所对应的标注文件 00026. txt 中的内容为“1 0. 500977 0. 521484 0. 099609 0. 167969”。其中 1 代表 Ground Truth 属于禁止类（若为 0 则代表警告类，为 2 则代表指示类）；（0. 500977,0. 521484）为归一化处理后的 Ground Truth 中心点坐标；（0. 099609,0. 167969）为归一化处理后的 Ground Truth 宽和高。图 6-79 展示了该组数据的具体含义。

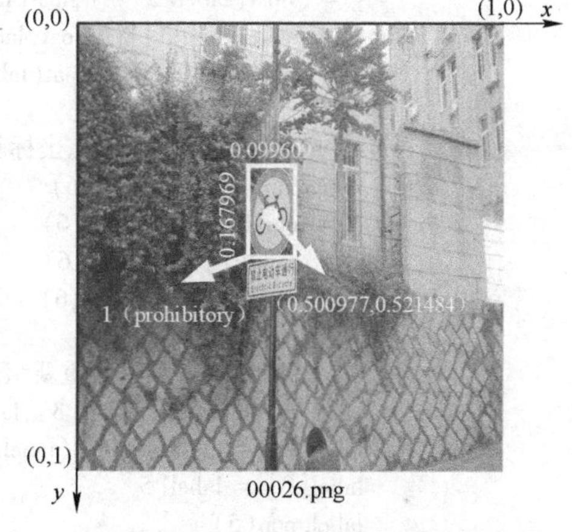

图 6-79　YOLOv3 训练所需数据集的标注内容示意图

在了解 CCTSDB 的标注与 YOLOv3 训练所需数据集的标注在形式与内容上的异同后，将 CCTSDB 数据集中所有图片整合到名为 images 的文件夹中，并通过 label_transformer. py 程序将 CCTSDB 数据集的标注转换为 YOLOv3 训练所需的标注格式。

程序 label_transformer. py 的具体实现如下：

```
import os
import cv2
classes = ["warning", "prohibitory", "mandatory"]  # 定义一个用于存放三个类名称的列表 classes
org_label_content = "/***/GroundTruth. txt"          # org_label_content 为 GroundTruth. txt 文件的路径
labels_path = "/***/labels"                 # labels_path 为标注转换后生成 txt 文件的存放路径
img_path = "/***/images"                    # img_path 为数据集中照片的存放路径

# img_list 为 img_path 路径下所有文件(图片)的文件名组成的列表
img_list = os. listdir(img_path)
content = open(org_label_content, 'r')      # 以读的方式打开 GroundTruth. txt 文件

# 按行读取 GroundTruth. txt 文件,labels 列表中每个元素为文件中的一行数据(一个 Ground Truth)
labels = content. read(). split('\n')

# 通过循环遍历数据集中所有图片,每个图片生成对应 txt 文件
```

```
for img in img_list:
    txt = open(labels_path + "/" + img.replace(".png", ".txt"), 'w')  # 生成与图片同名的 txt 文件
    image = cv2.imread(img_path + "/" + img)                         # 读取图片
    height,width,channel = image.shape       # 获取图片的宽高,用于参数的归一化

    # 遍历所有 Ground Truth,找到 img 中的 Ground Truth 将其写入生成的 txt 文件中
    for label in labels:

        # 将 label 分割成由六个元素组成的列表,label[0]为 Ground Truth 所属图片名,
        # label[1],label[2]为 Ground Truth 左上角坐标,label[3],label[4]为右下角坐标,
        # label[5]为 Ground Truth 所属类别
        label = label.split(";")

        # 判断 Ground Truth 是否属于图片 img,若其属于 img,则将其转换后
        # 写入图片 img 对应的 txt 文件
        if label[0] == img:

            # 将 Ground Truth 左上角和右下角坐标转换为其中心点坐标和其宽高
            x = (float(label[1]) + float(label[3])) / 2.0
            y = (float(label[2]) + float(label[4])) / 2.0
            w = float(label[3]) - float(label[1])
            h = float(label[4]) - float(label[2])

            # 对 Ground Truth 中心点坐标和宽高进行归一化处理
            x = round((x / width),6)
            w = round((w / width),6)
            y = round((y / height),6)
            h = round((h / height),6)

            # 将计算出的参数进行重新组合
            label[1],label[2],label[3],label[4] = x, y, w, h
            label[5] = classes.index(label[5])
            label[0] = label[5]
            label.pop(5)
            label = list(map(str, label))
            label = " ".join(label)      # 将重新组合后的数据组合成一行数据
            txt.write(label + "\n")      # 将组成的一行数据写入生成的 txt 文件中
    txt.close()
    content.close()
```

运行 label_transformer. py 程序后得到的所有标注信息（txt 文件）存放在名为 labels 的文件夹中。labels 文件夹中的标注信息和 images 文件夹中的图片一一对应。

由于 CCTSDB 数据集的标注文件 GroundTruth. txt 对部分图片未进行标注，导致 labels 文件夹中的部分 txt 文件为空，这会使得后期的训练无法进行。因此，需要通过 find_empty. py 程序将 labels 文件夹中空的 txt 文件找出，并将这些空文件的路径记录在 empty_files. txt 文件中。

程序 find_empty. py 的代码具体实现如下：

```
import os
labels_path ="/***/labels"                      # labels_path 为 labels 文件夹路径
empty_files_path = "/*** /empty_files.txt"      # empty_files_path 为 empty_files.txt 的路径

# labels_list 为 labels_path 路径下所有 txt 文件的文件名组成的列表
```

```
labels_list = os.listdir(labels_path)
empty_files = open(empty_files_path, "w")            # 以写的方式打开 empty_files.txt

# 循环遍历 labels 中每个 txt 文件
for i,label in enumerate(labels_list):
    files = open(labels_path + "/" + label, "r")     # 以读的方式打开 txt 文件
    ground_truth = files.readlines()                 # 读取 txt 文件中的 Ground Truth
    # 通过 txt 文件中 Ground Truth 的数量判断文件是否为空文件,
    # 若 Ground Truth 数量小于 1(即无标注),则文件为空文件
    if len(ground_truth) < 1:

        # 将空文件路径写入 empty_files.txt
        empty_files.write("/***/labels/" + label.replace(".txt", ".png") + "\n")

    files.close()
    empty_files.close()
```

在此基础上，通过 delete_empty.py 程序将 empty_files.txt 中记录的空文件以及其对应的图片删除。

delete_empty.py 程序如下：

```
import os
empty_files_path = open("/*** /empty_files.txt ","r")   # 以读的方式打开 empty_files.txt 文件
empty_files = empty_files_path.read().split()           # 读取 empty_files.txt 中每一个空文件路径
empty_files_path.close()

# 遍历 empty_files.txt 中每一个空文件路径
for empty_file in empty_files:

    # 将路径中的空文件删除
    os.unlink(empty_file)

    # 将空文件路径中的 labels 替换为 images,文件后缀替换为 .png,得到空文件对应图片的路
    # 径 empty_image
    empty_image = empty_file.replace("images", "labels").replace(".png", ".txt")
    os.unlink(empty_image)                              # 将空文件对应的图片删除
```

删除 labels 文件夹中的空文件和对应图片之后，CCTSDB 数据集便完全转换成可以用于 YOLOv3 训练的形式。

至此，对 CCTSDB 数据集的预处理全部完成。下面进行训练前的准备工作。

（2）训练前准备工作　首先，需根据交通标志检测任务对网络配置文件进行更改。

由于仍使用以 darknet53 为骨干网络的 YOLOv3 算法[15]进行目标检测，且目标是检测出三类交通标志（即检测三类目标），因此网络输出的 3 种不同尺度的特征图深度应为$(3+5)\times3=24$维（其中，第一个 3 代表种类；第二个 3 代表特征图中一个网格所匹配的锚框数）。因此，需要将 YOLOv3 的官方网络配置文件 yolov3.cfg 中每个 yolo 层的前一卷积层中的 filters 值修改为 24。此外，还需将每个 yolo 层的 classes 值修改为 3。修改完成后，将该配置文件名更改为 yolov3-3cls.cfg，并将其作为识别三类交通标志的网络配置文件。

其次，需将 images 文件夹中的图片和 labels 文件夹中的标注信息分为训练集和验证集两部分。为了便于训练时读取训练集和验证集中的图片以及标注信息，应将训练集和验证集中图片的路径分别写进 train.txt 文件和 trainval.txt 文件。由于 images 文件夹与 labels 文件夹在同一路

径下，每张图片与其对应标注信息的路径大致相同，所以在读取标注信息时只需将其对应图片路径中的 images 改为 labels 且后缀由 png 改为 txt 即可，而无须创建额外的 txt 文件来存放训练集和验证集中标注信息的路径。

下面通过 make_txt. py 程序生成 train. txt 文件和 trainval. txt 文件。具体实现方法如下：

```
import os
import random

train_percent = 0.9                        # 将数据集中 90%图片选为训练集
img_path = "/***/images"                   # img_path 为 images 文件夹所在路径
all_img = os.listdir(img_path)             # all_img 为存放 images 文件夹中所有图片文件名的列表
num = len(all_img)                         # num 为数据集图片总数
list = range(num)                          # list 列表存放 all_img 中所有元素的索引值
tr = int(num * train_percent)              # 获取验证集图片总数
train = random.sample(list, tr)            # 在 list 中随机抽取 tr 个索引
ftrainval = open('/***/trainval.txt', 'w')            # 生成 trainval. txt 文件并以写的方式打开
ftrain = open('/***/train.txt', 'w')       # 生成 train. txt 文件并以写的方式打开

for i in list:                             # 遍历 list 中所有数
    name = "/***/images/" + all_img[i] + "\n"   # name 为图片 all_img[i]的路径

    # 若 i 属于 train,则图片 all_img[i]属于训练集
    if i in train:
        ftrain.write(name)                 # 将 all_img[i] 图片的路径写入 train. txt 文件

    # 若 i 不属于 train,则图片 all_img[i]属于验证集
    else:
        ftrainval.write(name)              # 将 all_img[i] 图片的路径写入 trainval. txt 文件

ftrainval.close()
ftrain.close()
```

生成的 train. txt 和 trainval. txt 文件及其内容如图 6-80 所示。

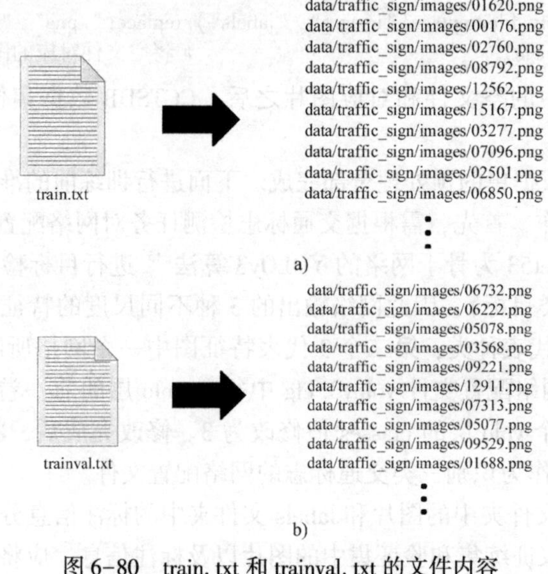

图 6-80　train. txt 和 trainval. txt 的文件内容

a）train. txt 文件内容　b）trainval. txt 文件内容

接着，创建文件 traffic_sign. names，用于存放三类交通标志的名称（Warning、Prohibitory 和 Mandatory）。该文件及其内容如图 6-81 所示。

最后，创建文件 traffic_sign. data。该文件中存放目标检测任务所要检测物体的种类数以及之前创建的 train. txt、trainval. txt 和 traffic_sign. names 三个文件的路径信息。traffic_sign. data 文件的内容如图 6-82 所示。

Warning
Prohibitory
Mandatory
traffic_sign.names
classes = 3
train = data/traffic_sign/train.txt
valid = data/traffic_sign/trainval.txt
names = data/traffic_sign.names
traffic_sign.data

图 6-81　traffic_sign. names 文件内容　　　图 6-82　traffic_sign. data 文件内容

在训练过程中，程序主要通过 traffic_sign. data 文件获取检测物体的种类数信息，并通过该文件中的 train、valid 和 names 读取之前生成的 train. txt、trainval. txt 和 traffic_sign. names 文件，进而解析出其中包含的路径信息和种类名称信息。

准备阶段工作完成后，就可以将处理后的 CCTSDB 数据集送入针对交通标志检测任务修改后的网络进行训练。

（3）训练神经网络模型　与交通灯检测部分一样，本节中所使用的深度学习框架同样为 PyTorch。因此，这里直接选用基于 PyTorch 实现 YOLOv3 的开源训练代码来进行训练[23]。下面介绍训练的具体过程。

首先引入代码中使用的函数库。在后续程序中用到这些函数库时会对其进行详细介绍。

```
from __future__ import division
from models import *
from utils. logger import *
from utils. utils import *
from utils. datasets import *
from utils. parse_config import *
from test import evaluate
from terminaltables import AsciiTable
import os
import sys
import time
import datetime
import argparse
import torch
from torch. utils. data import DataLoader
from torchvision import datasets
from torchvision import transforms
from torch. autograd import Variable
import torch. optim as optim
```

其次，在训练时需要对 epochs、batch_size 等参数进行初始化，因此，引入 argparse 模块。利用该模块可创建一个参数解析器对象 parser，从而将需要初始化的参数添加进该解析器。以添加 epochs 参数为例，可通过语句“parser. add_argument("--epochs", type=int, default=100, help="number of epochs")”实现该参数的添加，其中 type=int 代表该参数类型为整型；100 为该参数默认值；help 是对该参数的介绍，当在命令行中输入参数形式与要求不符时，会通过显示 help 中的内容进行报错提示。参数添加完成之后，通过“opt = parser. parse_args( )”语句将添加进 parser 中的参数解析并赋给 opt，即完成了对所添加参数的初始化，这些参数的初始化值即为在 parser. add_argument 函数中所设置的默认值。此外，还可以在命令行中对参数解析器中的参数进行修改。以指令“python train. py --batch_size 4 --epochs 30”为例，其中 python train. py 代表运行 train. py 程序；--batch_size 4 代表将 batch_size 参数由默认值改为 4；--epochs 30 表示基于训练集所有数据训练神经网络的次数为 30。

下面给出参数初始化的代码实现：

```
if __name__ == "__main__":
    parser = argparse. ArgumentParser( )   # 创建一个参数解析器对象 parser

    # 添加 epochs 参数,该参数表示基于训练集所有数据训练神经网络的次数(将训练集所有
    # 数据全部送入网络训练一次为一个 epoch)
    parser. add_argument("--epochs", type=int, default=100, help="number of epochs")

    # 添加 batch_size 参数,用于设定每次送入网络进行训练的图片数
    parser. add_argument("--batch_size", type=int, default=8, help="size of each image batch")

    # 添加 model_def 参数,用于选择网络配置文件,此处选择 yolov3-3cls. cfg
    parser. add_argument("--model_def", type=str, default="config/yolov3-3cls. cfg", help="path to
                         model definition file")

    # 添加 data_config 参数,用于选择 . data 文件,此处选择 traffic_sign. data
    parser. add_argument("--data_config", type=str, default="config/traffic_sign. data", help="path to
                         data config file")

    # 添加 pretrained_weights 参数,若有预训练好的权重,可通过命令行进行添加
    parser. add_argument("--pretrained_weights", type=str, help="if specified starts from checkpoint
                         model")

    # 添加 n_cpu 参数,用于设定将数据送入网络时使用的 cpu 线程数
    parser. add_argument("--n_cpu", type=int, default=8, help="number of cpu threads to use during
                         batch generation")

    # 添加 img_size 参数,用于设定送入网络的图片尺寸
    parser. add_argument("--img_size", type=int, default=416, help="size of each image dimension")

    # 添加 checkpoint_interval 参数,用于设定每保存一次权重所经历的 epoch 数
    parser. add_argument("--checkpoint_interval", type=int, default=1, help="interval between saving
                         model weights")
    opt = parser. parse_args( )        # opt 为所有命令行参数信息
    print(opt)                        # 显示所有命令行参数信息

    # 检测是否支持将模型放在 GPU 上进行训练
    device = torch. device("cuda" if torch. cuda. is_available( ) else "cpu")

    # 生成一个文件夹 checkpoints 用于存放训练出的权重
    os. makedirs("checkpoints", exist_ok=True)
```

参数初始化后，开始加载 YOLOv3 网络，具体代码如下：

```
# 解析 . data(traffic_sign. data)文件,获取其中信息
```

```
data_config = parse_data_config(opt.data_config)

# train_path 为 .data 文件中 train 参数(train.txt 文件路径)
train_path = data_config["train"]

# valid _path 为 .data 文件中 valid 参数(trainval.txt 文件路径)
valid_path = data_config["valid"]

# 读取 .data 文件中 names 参数(目标检测类别名)并将其赋给 class_names
class_names = load_classes(data_config["names"])

# 加载模型,并将其放在 CPU 或 GPU 上运行
model = Darknet(opt.model_def).to(device)

# 初始化模型的权重
model.apply(weights_init_normal)

# 若有预训练好的权重,将其放入模型,加快训练速度
if opt.pretrained_weights:
    # 用 torch 库中的 load_state_dict 方法将之前训练的权重参数加载进网络
    model.load_state_dict(torch.load(opt.pretrained_weights))
```

加载网络后，便可将训练集中的数据（图片和标注信息）送入网络进行训练，具体过程如下：首先，建立一个用来定义每个数据读取方式的数据集对象 dataset；其次，建立一个数据加载器对象 dataloader 以确定将这些数据送入网络的方式；最后，循环 dataloader 将图片以及标注信息以设定好的方式加载入网络进行训练。下面是建立 dataset 和 dataloader 的代码：

```
# 建立 ListDataset 对象
dataset = ListDataset(train_path)

# 建立一个 Dataloader 对象
    dataloader = torch.utils.data.DataLoader(
        dataset,
        batch_size=opt.batch_size,
        shuffle=True,
        num_workers=opt.n_cpu,
        pin_memory=True,
        collate_fn=dataset.collate_fn,
    )
```

将数据送入网络进行训练时，需根据每次训练情况对网络中的参数进行优化，因此应选择一个神经网络优化器。Pytorch 中的 torch.optim 方法集成了各种神经网络优化算法。这里，选择其中的 Adam 优化器来优化神经网络。选择优化器的程序如下：

```
# 选择 Adam 优化器,model.parameters()为所要优化的参数
optimizer = torch.optim.Adam(model.parameters())
```

完成上述工作后，循环 dataloader 把数据加载入网络进行训练，下面是训练过程：

```
# 循环训练 opt.epochs 个 epoch,opt.epochs 即为参数解析器中的 epochs
for epoch in range(opt.epochs):
    model.train()            # 将网络设置为训练模式

    # 循环 dataloader,每循环一次加载一批数据(batch),其中 batch_i 为当前 batch
```

```
    # 的索引值,(_, imgs, targets)为所加载的批数据
    for batch_i, (_, imgs, targets) in enumerate(dataloader):

        # 计算已训练完的 batch 数 batches_done
        batches_done = len(dataloader) * epoch + batch_i

        # 将 batch 中的数据转换为变量(Variable)形式
        imgs = Variable(imgs.to(device))
        targets = Variable(targets.to(device), requires_grad=False)

        # 将变量 imgs, targets 送入网络计算,得到输出 outputs 和损失 loss
        loss, outputs = model(imgs, targets)
        loss.backward()                # loss 反向传播得到模型中每个参数的梯度

        optimizer.step()               # 通过得到的梯度信息做一次参数优化
        optimizer.zero_grad()          # 为防止梯度积累,每次更新完参数后将梯度进行清零

    # 每训练 opt.checkpoint_interval 个 epoch,保存一次权重
    if epoch % opt.checkpoint_interval == 0:
        torch.save(model.state_dict(), f"checkpoints/yolov3_ckpt_%d.pth" % epoch)
```

上述代码中的 loss 是将网络输出的预测值（Bounding Box）与图片标注的真实值（Ground Truth）代入损失函数（6-8）后，所求得的预测值与真实值之间的误差。通过反向传播、计算参数梯度以及利用优化器更新参数，来降低损失，从而使得到的预测值与真实值更加接近。

$$\text{loss}=\frac{1}{kl}(\text{loss}_1+\text{loss}_2+\text{loss}_3) \tag{6-8}$$

其中，

$$\text{loss}_1=\sum_{c=0}^{k-1}\sum_{a=0}^{l-1}1_{ca}^{obj}(x_{ca}-\hat{x}_{ca})^2+\sum_{c=0}^{k-1}\sum_{a=0}^{l-1}1_{ca}^{obj}(y_{ca}-\hat{y}_{ca})^2+\sum_{c=0}^{k-1}\sum_{a=0}^{l-1}1_{ca}^{obj}(w_{ca}-\hat{w}_{ca})^2+\sum_{c=0}^{k-1}\sum_{a=0}^{l-1}1_{ca}^{obj}(h_{ca}-\hat{h}_{ca})^2$$

$$\begin{aligned}\text{loss}_2=\;&\lambda_{obj}\sum_{c=0}^{k-1}\sum_{a=0}^{l-1}1_{ca}^{obj}[-\hat{C}_{ca}\log(C_{ca})-(1-\hat{C}_{ca})\log(1-C_{ca})]+\\&\lambda_{noobj}\sum_{c=0}^{k-1}\sum_{a=0}^{l-1}1_{ca}^{noobj}[-\hat{C}_{ca}\log(C_{ca})-(1-\hat{C}_{ca})\log(1-C_{ca})]\end{aligned}$$

$$\text{loss}_3=\sum_{c=0}^{k-1}\sum_{a=0}^{l-1}1_{ca}^{obj}[-\widehat{cls}_{ca}\log(cls_{ca})-(1-\widehat{cls}_{ca})\log(1-cls_{ca})]$$

loss_1为边框损失。由于 YOLOv3 是通过尺度特征图中每个 Cell 所匹配的 Anchor 对边框进行预测，因此式（6-8）中的下标 ca 代表特征图内第 c 个 cell 中的第 a 个 Anchor。当第 ca 个 Anchor 中有检测目标时（即第 ca 个 Anchor 负责预测该检测目标），则 1_{ca}^{obj}的值为 1（否则为 0），此时计算边框损失值。边框损失的计算采用如$(x_{ca}-\hat{x}_{ca})^2$形式的均方损失函数。此外，该部分损失中的参数$\hat{x}_{ca}$、$\hat{y}_{ca}$、$\hat{w}_{ca}$和$\hat{h}_{ca}$为真实边框相对于第 ca 个 Anchor 的中心坐标偏移值和缩放值（其定义参见交通灯检测部分）；x_{ca}、y_{ca}、w_{ca} 和 h_{ca} 为预测边框相对于第 ca 个 Anchor 的中心坐标偏移值和缩放值；参数 k 表示特征图中 Cell 的个数；l 是每个 Cell 匹配的 Anchor 的个数。

loss_2为置信度损失。置信度损失分为有检测目标处的置信度损失和无检测目标处的置信度

损失两部分。当 1_{ca}^{obj} 为 1 时计算有检测目标处 Anchor 的置信度损失；1_{ca}^{noobj} 的含义与 1_{ca}^{obj} 正好相反，当其为 1 时，计算无检测目标处 Anchor 的置信度损失。由于包含检测目标的 Anchor 远少于不包含检测目标的 Anchor，因此在两部分损失前加入惩罚系数 λ_{obj} 和 λ_{noobj}。置信度损失的计算采用如 $-\hat{C}_{ca}\log(C_{ca})-(1-\hat{C}_{ca})\log(1-C_{ca})$ 形式的二值交叉熵损失函数，其中 C_{ca} 为置信度预测值，$\hat{C}_{ca}$ 为置信度真实值。

$loss_3$ 为分类损失。当 1_{ca}^{obj} 为 1 时计算有检测目标处 Anchor 的分类损失。分类损失的计算也采用二值交叉熵损失函数。其中 cls_{ca} 为预测类别分数，$\widehat{cls}_{ca}$ 为真实类别分数。

将 $loss_1$、$loss_2$ 和 $loss_3$ 加和并取平均后即得到 YOLOv3 的损失函数 loss。

（4）通过神经网络模型检测交通标志　训练结束后，便可将得到的权重参数加载进之前配置好的网络进行交通标志的检测。由于交通标志检测同样使用 YOLOv3 算法，所以其检测过程与交通灯检测过程基本相同。大致过程如下：将图片输入加载了权重的模型，得到网络输出；对输出进行非极大值抑制，从而滤除多余的预测边界框；最后将筛选后的边界框绘制在原图上。

由于识别任务不同，两者在检测程序上的主要不同体现在加载的权重、识别目标类别数、类别名以及所使用的网络配置文件等方面。在交通标志检测程序中，网络配置文件应选择训练时所创建的 yolov3-3cls.cfg 配置文件。图 6-83 所示是交通标志检测效果图。

图 6-83　交通标志检测效果图

2. 限速标志识别

由于 CCTSDB 数据集中将限速标志归类为禁止类（Prohibitory），因此检测到图片中的交通标志之后，提取其中的 Prohibitory 类标志。然后进一步识别这些 Prohibitory 类标志中的限速标志。

如图 6-84 所示，限速标志相较于其他 Prohibitory 类标志具有极为明显的特点。其他禁止类标志内容一般为图形或字母，而限速标志内容为纯数字。因此可以利用限速标志的这一特点对其进行识别。

图 6-84　三种交通标志

a）禁止机动车通行　b）禁止泊车　c）限速 10 km/h

利用限速标志的特点对其进行识别的流程如下：

首先，分割出图片中检测到的交通标志；其次，将这些分割出来的交通标志中属于禁止类（Prohibitory）的交通标志筛选出来；最后，提取 Prohibitory 类交通标志的语义信息。若其语义信息为限速信息，则判定其为限速标志，并显示其中的限速值。图 6-85 所示为限速标志识别流程图。

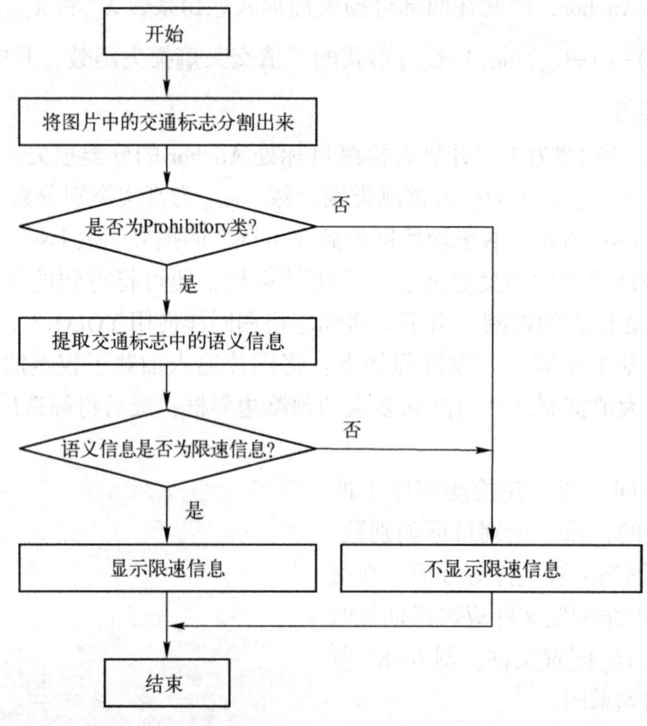

图 6-85　限速标志识别流程图

（1）pytesseract 语义提取　限速标志识别过程中采用 Python-tesseract 提取交通标志的语义信息。Python-tesseract 是 Google Tesseract-OCR 引擎的封装，是用于 Python 的光学字符识别（Optical Character Rec- ognition）工具，可以识别并“读取”图像中的文本信息。在读取图像类型方面，Python-tesseract 可以读取 Pillow 和 Leptonica 图像库支持的所有 jpeg、png、gif、bmp 和 tiff 等图像类型[24]。

提取图片的语义信息主要通过 pytesseract 库中的 image_to_string 函数来实现，该函数具体形式为 pytesseract. image_to_string(image, config)，函数中的参数 image 为所要提取语义信息的图片对象；参数 config 为配置选项，可通过在 config 中设置标志来对 Tesseract-OCR 引擎进行配置，该操作会更改搜索图片中字符的方式。

配置 Tesseract-OCR 引擎时使用的两个主要标志分别为--oem 和--psm[25]。--oem 为 OCR 引擎模式标志，其中 OCR 引擎具有四种不同的模式，每种模式使用不同的方法来识别图像中的字符。限速标志内容语义信息较为简单，各个模式均可以很好地提取限速标志语义信息，所以无须对该标志进行专门配置，同样使用默认模式即可。--psm 为页面分段模式标志。当图片具有大量的背景细节及字符（或图片中的字符以不同的方向和大小书写）时，该标志的设置对提取图片的语义信息至关重要。针对不同情景下的图片，恰当地选择 psm 模式，可以极大地提升语义信息提取的准确率。psm 有多种不同的模式，每种模式的功能见表 6-2。由于限速标志中的内容为阿拉伯数字，其文本信息较短，因此可选择表 6-2 中的模式 10，即将图像视为单个字符进行识别。

表 6-2　psm 模式表

模　　式	功　　能
0	定向脚本监测（OSD）
1	使用 OSD 自动分页
2	自动分页，但是不使用 OSD 或 OCR（Optical Character Recognition）
3	全自动分页，但是不使用 OSD（默认）
4	将图像视为可变大小的一个文本列
5	将图像视为垂直对齐的单个统一文本块
6	将图像视为一个统一的文本块
7	将图像视为单个文本行
8	将图像视为单个词
9	将图像视为一个圆圈中的单个词
10	将图像视为单个字符
11	图片中文本信息稀疏，以非特定的顺序查找尽可能多的文本

此外，除了上述两个主要标志，还可通过-c 标志添加一个白名单来限制 pytesseract 语义提取的内容。由于限速标志的内容为纯数字，因此可以将白名单设置为 0~9，使语义提取的内容限制在数字 0~9 之间，从而过滤掉语义信息提取过程中提取到的非数字信息。添加白名单的方式为“-c tessedit_char_whitelist=0123456789”。

图 6-86　基于 pytesseract 的交通标志语义信息提取效果图

图 6-86 所示为利用 pytesseract 提取交通标志语义信息的效果图。

（2）限速标志识别　利用上面提取出的语义信息可判断交通标志是否为限速标志。判断过程如图 6-87 所示。首先，利用配置好的 image_to_string 函数提取交通标志中的语义信息。该函数采用 psm 模式 10，并添加白名单将提取的语义信息限制在 0~9。由图 6-87 可以看出，该函数在禁止行人通行标志中未提取到任何语义信息，而在限速 30 km/h 的标志中提取到的语义信息为 30。提取到语义信息后，再将这些语义信息与限速牌的限速信息进行匹配。由于限速牌限速信息是固定的，因此将提取到的语义信息与限速牌限速信息匹配可以提高限速牌识别的准确性，防止由语义信息提取错误导致的限速标志识别错误。

了解了如何利用 pytesseract 识别限速标志的流程后，便可在交通标志检测程序中加入图 6-85 所示的限速标志识别流程来实现限速标志识别。实现该流程的代码如下：

```
# speed_list 用于存放限速牌的限速信息
speed_list = ["5", "10", "15", "20", "30", "40", "50", "60", "70", "80", "90", "100", "110",
"120"]
```

```
for box in detections:                 # 遍历所有检测到的 Bounding Box
    if int(box[-1]) == 1:              # 若 Bounding Box 属于 prohibitory 类,则进行识别
        color = (0, 0, 255)            # 将边框颜色设置为红色

        # 提取出 Bounding Box 框中的图片部分
        box_img = img[int(box[1]):int(box[3]),int(box[0]):int(box[2]),:]

        # 提取出图片中的文本信息
        speed = pytesseract.image_to_string(box_img, config='--psm 10
                                       -c tessedit_char_whitelist=0123456789')

        # 判断提取到的文本信息是否与 speed_list 中的限速信息匹配,若匹配则画出该
        # Bounding Box,并将限速信息显示在图片的顶部中间位置
        if speed in speed_list:

            # 以下代码用来画出 Bounding Box
            x1 = int(box[0])
            y1 = int(box[1])
            x2 = int(box[2])
            y2 = int(box[3])
            img = cv2.rectangle(img, (x1,y1), (x2,y2),color, 5)

            # 以下代码用于显示限速信息
            h,w,c = img.shape
            t_size = cv2.getTextSize(speed, cv2.FONT_HERSHEY_SIMPLEX, 9, 7)[0]
            x3 = w//2 - t_size[0]//2
            y3 = 0
            x4 = w//2 + t_size[0]//2
            y4 = t_size[1] + 10
            cv2.rectangle(img, (x3,y3), (x4,y4), color, -1)
            cv2.putText(img, speed, (x3, y4-5), cv2.FONT_HERSHEY_SIMPLEX, 9, [0,0,0], 7)
```

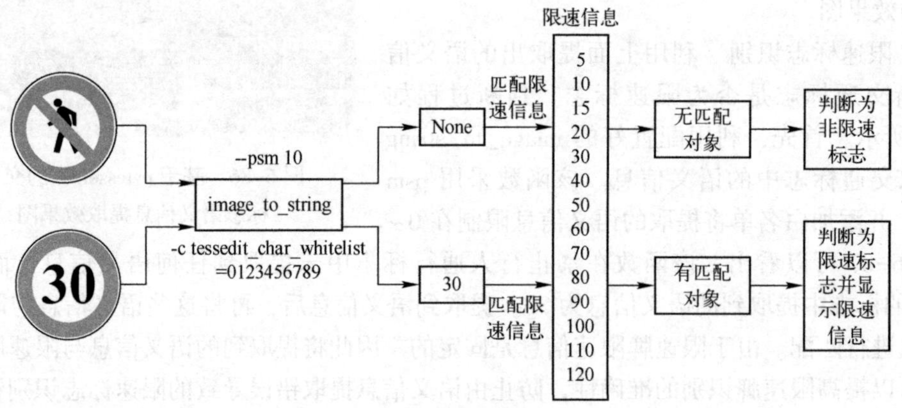

图 6-87　限速标志判断流程

将基于 YOLOv3 的交通标志检测和基于 pytesseract 的图片文本信息提取这两部分结合后,便实现了最终的限速标志识别。图 6-88 和图 6-89 所示为两种不同场景下的限速标志识别效果图。

图 6-88　城市道路限速标志识别效果图

图 6-89　小区限速标志识别效果图

6.2.5　基于摄像机的车道线识别

深度学习在计算机视觉领域还有一项重要的应用，那就是场景语义分割。所谓的场景语义分割就是给每个像素点分配它的类别标签。具体效果如图 6-90 所示。

图 6-90　场景语义分割效果图

目前，场景语义分割在无人驾驶技术中的应用涉及可行驶区域识别、车道线识别（见图 6-91）和全场景识别等。本节介绍场景语义分割在车道线识别中的应用。

对目标检测任务网络，输入一张图片信息，其网络就可以输出图片中存在物体的位置和类别等信息。而场景语义分割网络的输出则一般为原图大小，并且对应着输入图像相应像素的类别信息。语义分割技术应用于车道线检测时，采用的输出类别一般只有两类，即车道线和背景。

a)

b)

图 6-91　可行驶区域和车道线识别效果

a) 可行驶区域识别　b) 车道线识别

与常见的分类、目标检测网络架构不同，语义分割技术的网络架构分为编码器和解码器两部分。编码器的网络架构与分类、目标检测网络架构类似，其作用为降低输入图像分辨率以加快网络运行速度，进行特征提取以及语义信息的抽象、提取；解码器会把编码器提取到的特征和语义信息进行整合和上采样，从而将编码器的输出结果再恢复到原图大小，并且最终用输出图表示原图上每个像素点的类别信息。图 6-92 给出了将要介绍的车道线识别算法流程图。

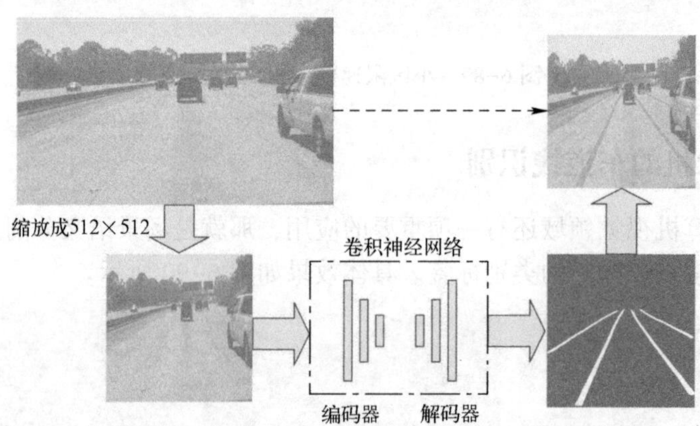

图 6-92　车道线识别算法的流程图

如图 6-92 所示，输入图片首先会被缩放成 512×512 的大小；然后被送入训练好的神经网络，利用网络的输出就可以获得车道线识别的二值图；最后，与原图进行合并，就得到了图 6-92 中右上角的效果图。

表 6-3 所示是该算法深度网络 ENet[26] 的结构。

表 6-3　车道线识别网络 ENet

名　称	段　名	类　型	输出尺寸
Initial			16×256×256
Bottleneck 1.0	Section 1	Downsampling	64×128×128
4×Bottleneck1. x			64×128×128

（续）

名　称	段　名	类　型	输出尺寸
Bottleneck2. 0	Section 2	Downsampling	128×64×64
Bottleneck2. 1			128×64×64
Bottleneck2. 2		Dilated 2	128×64×64
Bottleneck2. 3		Asymmetric 5	128×64×64
Bottleneck2. 4		Dilated 4	128×64×64
Bottleneck2. 5			128×64×64
Bottleneck2. 6		Dilated 8	128×64×64
Bottleneck2. 7		Asymmetric 5	128×64×64
Bottleneck2. 8		Dilated 16	128×64×64
Section 3 which is the same as Section 2 without Bottleneck2. 0			
Bottleneck4. 0	Section 4	Upsampling	64×128×128
Bottleneck4. 1			64×128×128
Bottleneck4. 2			64×128×128
Bottleneck5. 0	Section 5	Upsampling	16×256×256
Bottleneck5. 1			16×256×256
fullconv			C×512×512

其中，Initial 模块和表中前三个 Section 是分割算法的编码器，负责特征的抽象和提取，并进行三次下采样（Initial 中有一次，后面有两个下采样的模块），将分辨率为 512×512 的输入图像减小到 64×64；Section 4 和 5 为算法的解码器，负责对编码器的网络输出进行整合以及上采样，经过三次上采样，将 64×64 的输入重新增大到原输入图像大小 512×512。

下面将具体介绍每个模块的作用。

1. Bottleneck 模块

ENet 网络中使用了很多经过稍微改变的 ResNet 残差结构（见图 6-93），也就是表 6-3 中的 Bottleneck 模块。当 Bottleneck 模块对应表 6-3 中的类型为 Downsampling（即下采样类型）时，左侧会有如图 6-93 中虚线框所示的 MaxPooling 和 Padding 模块；其他情况下，左侧为类似残差结构的直接连接（即无虚线框）。图 6-93 中的右侧是几个卷积操作：一个卷积核大小为 1 的卷积进行通道降维；一个会根据模块类型而改变参数设置的卷积操作；再通过一个 1×1 卷积；最后通过一个正则化（Regularizer）与左侧特征进行整合作为整个模块的输出。其中，PReLU 激活函数的输入/输出关系如图 6-94 所示。当 $a=0$ 时，为普通 ReLU 激活函数；当 a 为较小数值时，为 Leaky ReLU；这里，a 为可以通过网络自动学习的参数。

如表 6-3 中类型所示，网络中的 Bottleneck 模块有很多变体。具体介绍如下。

- Regular Block（常规模块）：如图 6-95 所示，主通路直接连接到网络输出，旁侧通道为三个卷积操作与一个正则化项串联而成。两个分支的输出相加后，再经过 PReLU，即为该模块的输出。

- Downsampling Block（下采样模块）：如图 6-96 所示，主通路为一个最大池化层，之后跟随 Padding 操作。补全操作在这里的作用为填补通道，使得主通路输出大小与旁侧输出大小一致，便于之后的相加操作。旁侧通路与常规模块类似，只不过第一个卷积操作变成了步长为 2 的 2×2 卷积核，起着减小特征图分辨率的作用。

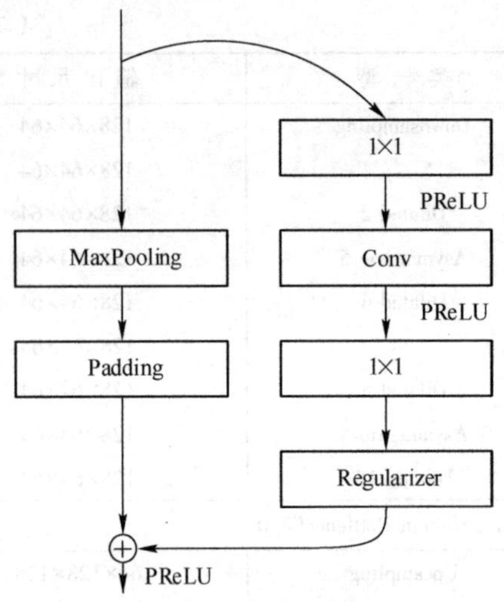

图 6-93 Bottleneck 模块结构图

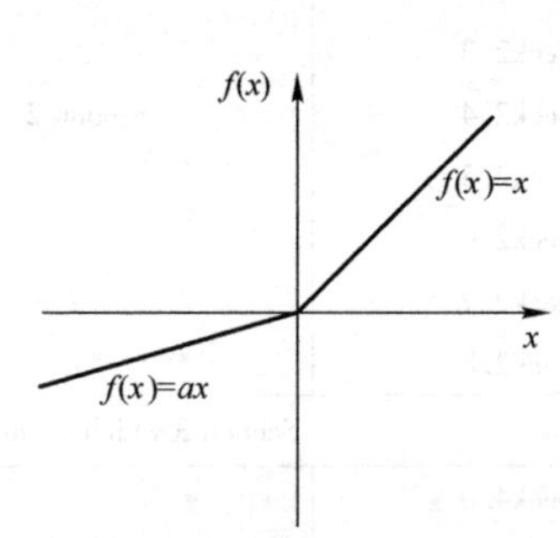

图 6-94 PReLU 激活函数的输入/输出关系

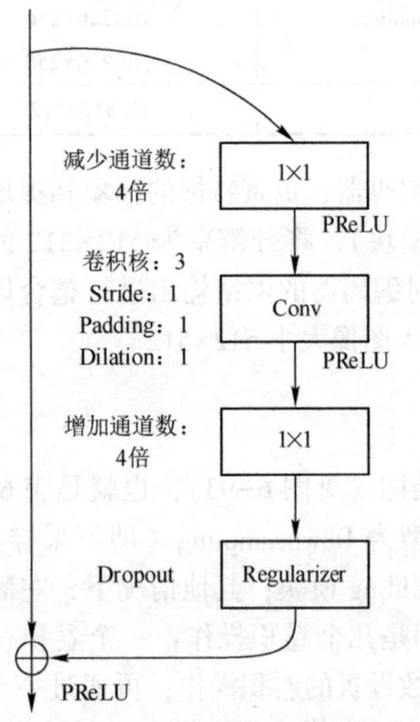

图 6-95 Regular Block 结构图

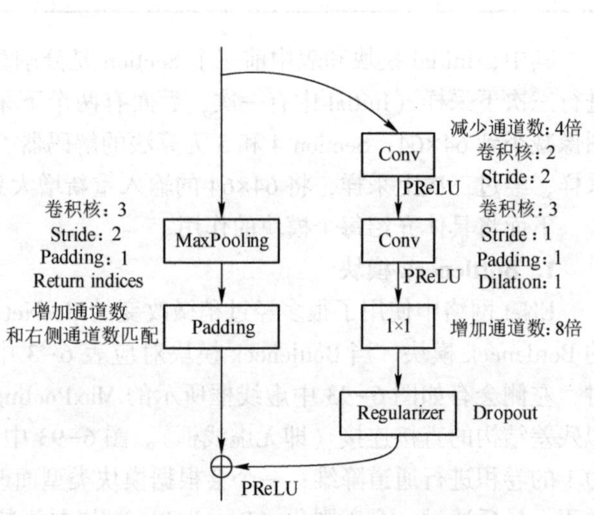

图 6-96 Downsampling Block 结构图

• Dilated Block（空洞卷积模块）：如图 6-97 所示，此模块与常规模块操作类似，只不过旁侧通道的第二个卷积操作变成了空洞卷积。空洞卷积操作原理与普通卷积的不同之处在于，卷积核的卷积操作不再是基于相邻的区域，而是有间隔地进行卷积操作。

• Asymmetric Block（不对称模块）：如图 6-98 所示，此模块将旁侧通道的第二个卷积操作由两个卷积操作来替代，在减少参数的同时，可以增加感受野。把一个 $n\times n$ 卷积核用 $1\times n$ 加 $n\times 1$ 来代替。例如，本模块使用的 $n=5$，参数数目为 10，和一个 3×3 卷积核参数数目很接近，但是感受野更大，还可以学到更多样的函数。

• Upsampling Block（上采样模块）：如图 6-99 所示，主通路先利用 1×1 的卷积减少通道数，然后进行上采样操作，提升特征图的分辨率；旁侧通道第二个卷积操作改变为反卷积，同样用来提升特征图分辨率。

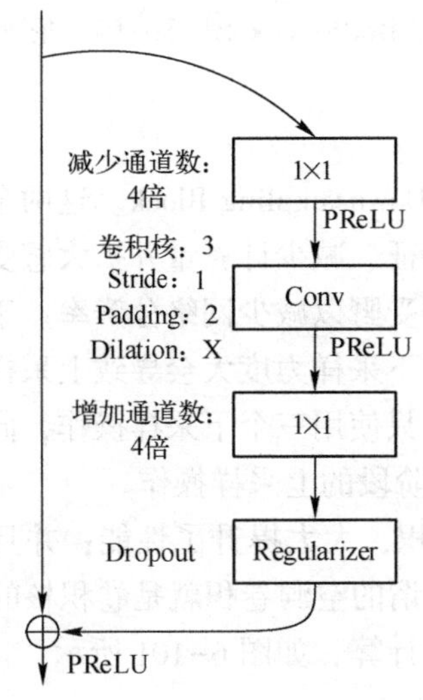

图 6-97　Dilated Block 结构图

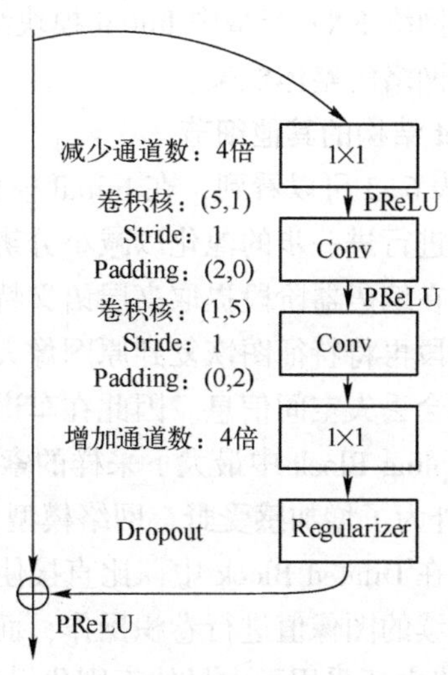

图 6-98　Asymmetric Block 结构图

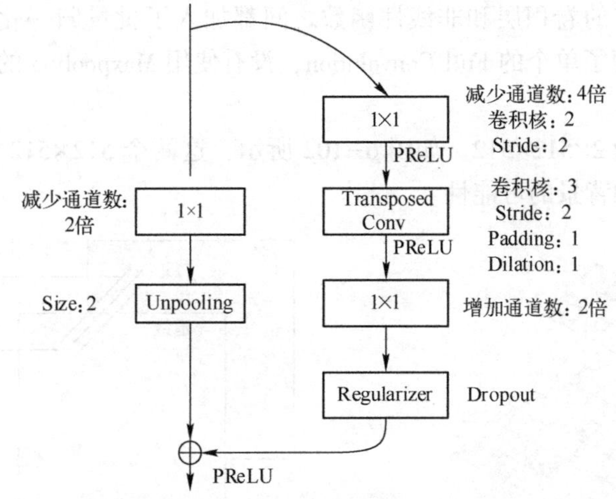

图 6-99　Upsampling Block 结构图

2. Initial 模块

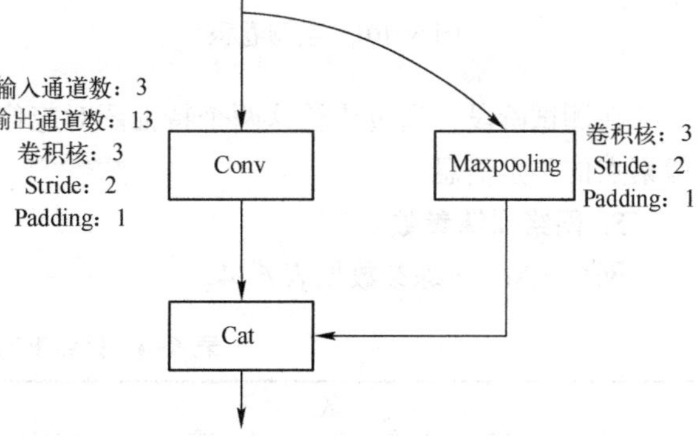

图 6-100　Initial 模块结构图

此模块会减小图像的分辨率。如图 6-100 所示，在 Initial 模块中，由于存在步长为 2 的卷积（Conv）和最大池化（Maxpooling）并行的结构，然后进行 Cat 合并（即在通道这一维度上进行简单的堆叠），所以分辨率降低了一半。这种在网络最前端进行分辨率降低的操作，可以大大减少整个网络的计算量，但这样容易阻碍信息的传递。不过，Initial 模块中使用的这种形式（即池化操作与一个步长为 2 的卷积并行计算进而融合）可以很好地通畅信息的传递、提升性能。卷积操作的卷积核数目为 13 个，所以输出的特征图通道数为 13；而支路的最大池化操作会维持输入图片的通道数为 3。因此，经过 Cat 操作，最后输出一个 16×256×256 的特征图。

以上是网络 ENet 模型中 Initial 模块结构和所有类型的 Bottleneck 模块结构，它们共同构成了车道检测网络的整体框架。

3. ENet 结构的其他细节

1）由表 6-3 可以看到，在 Initial 模块后，存在两个 Downsampling Block。这两个下采样模块对特征图进行进一步的池化以减小分辨率、提取有效特征、减少计算量并扩大感受野。语义分割任务是在编码器阶段提取高层语义特征，同时增加感受野以减少网络分辨率。于是，还需在解码器阶段再将特征图恢复到原图像大小。也就是说，下采样力度大会导致上采样计算量增加，同时还会丢失空间信息。因此在车道线检测网络中，只使用三个下采样操作，同时记录两个 Downsampling Block 中最大下采样的索引来指导解码器阶段的上采样操作。

2）另外为了增加感受野，网络模型使用大量空洞卷积，大大提升了性能；并且把这些空洞卷积插入在 Dilated Block 中，比直接使用效果更好。所谓的空洞卷积就是卷积核的每个元素并不是跟连续的图像值进行卷积操作，而是有间隔地进行计算，如图 6-101 所示。

3）网络中还采用了大量的正则化操作，这里用的是 Dropout。

4）网络中卷积操作还去除了偏差 bias 项，在没有影响性能的情况下，减少了内核调用和内存操作。另外在所有的卷积层和非线性函数之间都加入了批量归一化层（Batch Normalization）。网络最后只使用了单个的 Full Convolution，没有使用 Maxpooling 的索引。

4. 网络的输出

网络的输出大小为 2×512×512。如图 6-102 所示，这两个 512×512 的特征图分别代表原图对应位置为车道线和背景的可能性。

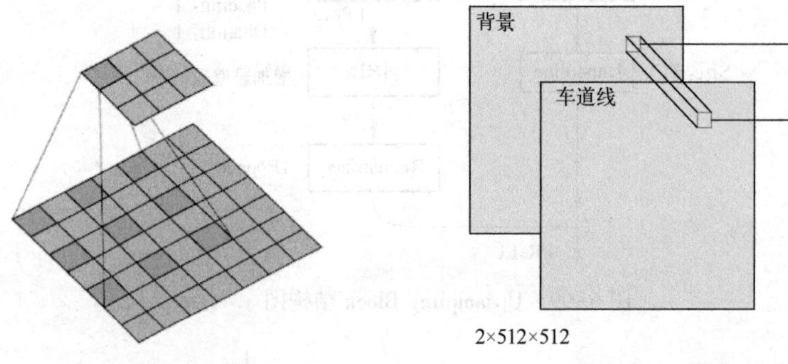

图 6-101　空洞卷积　　　　图 6-102　网络的输出

在测试阶段，通过比较这两个特征图对应像素位置的值即可将值较大的类别作为原图对应像素点的类别信息。

5. 网络训练参数

网络 ENet 训练参数见表 6-4。

表 6-4　网络 ENet 训练参数设置

参　数	数　值
训练数据集	Tusimple 车道线公开数据集
Learning rate	5e-4
Weight decay	2e-4
Batch size	4

（续）

参　数	数　值
Epoch	300
Lr decay epoch	100
Lr decay	0.1
Loss	Cross Entropy
优化算法	Adam

6. 利用深度学习的车道线识别

下面将详细介绍车道线识别方法与实现代码。代码实现基于 Python 编程语言，并利用了 PyTorch 深度学习框架。

（1）车道线检测网络模型的搭建　首先，设置车道线检测网络类：ENet。其中，初始化函数的初始参数为 num_classes、encoder_relu=False 和 decoder_relu=True，分别代表场景分割预测的类别数目、编码器的激活函数是否为普通 ReLU（默认不是，因为在编码器阶段使用的是 PReLU）和解码器的激活函数是否为普通 ReLU（默认是）。代码如下：

```
class ENet(nn.Module):
    def __init__(self, num_classes, encoder_relu=False, decoder_relu=True):
        super().__init__()
```

然后，定义 ENet 中的各个模块，首先是 initial 模块。

```
self.initial_block = InitialBlock(3, 16, padding=1, relu=encoder_relu)
```

这里用到了一个新类 InitialBlock，具体定义如下：

```
class InitialBlock(nn.Module):
    def __init__(self, in_channels, out_channels, kernel_size=3, padding=0, bias=False, relu=True):
        super().__init__()
        # 激活函数采用 PReLU:
        if relu:
            activation = nn.ReLU()
        else:
            activation = nn.PReLU()
        # 主分支(结构图左侧分支) - 根据之前的 Initial 模块结构图可知这里为
        # 一个卷积操作,输入通道为 3,输出通道为 13
        # 其他参数设定遵从之前结构图中的参数设置
        self.main_branch = nn.Conv2d(in_channels, out_channels - 3, kernel_size=kernel_size,
                                stride=2, padding=padding, bias=bias)
        # 旁侧分支(结构图右侧分支),为一个最大池化操作:
        self.ext_branch = nn.MaxPool2d(kernel_size, stride=2, padding=padding)
        # 定义 BN 层:
        self.batch_norm = nn.BatchNorm2d(out_channels)
        # 定义 PReLU 激活函数层:
        self.out_prelu = activation

    # 定义前向传播函数:
    def forward(self, x):
        # 输入分别经过主分支和旁侧分支:
        main = self.main_branch(x)
        ext = self.ext_branch(x)
```

```
        # 将两个分支的输出在通道维度上拼接:
        out = torch.cat((main, ext), 1)
        # 对数据进行 BN,并经过激活函数:
        out = self.batch_norm(out)
        return self.out_prelu(out)
```

接下来继续回到 ENet 类的定义。下面的代码给出剩余编码器网络结构的定义:

```
# Stage 1 - Encoder
self.downsample1_0 = DownsamplingBottleneck(16, 64, padding=1, return_indices=True,
    dropout_prob=0.01, relu=encoder_relu)
self.regular1_1 = RegularBottleneck(64, padding=1, dropout_prob=0.01, relu=encoder_relu)
self.regular1_2 = RegularBottleneck(64, padding=1, dropout_prob=0.01, relu=encoder_relu)
self.regular1_3 = RegularBottleneck(64, padding=1, dropout_prob=0.01, relu=encoder_relu)
self.regular1_4 = RegularBottleneck(64, padding=1, dropout_prob=0.01, relu=encoder_relu)

# Stage 2 - Encoder
self.downsample2_0 = DownsamplingBottleneck(64, 128, padding=1, return_indices=True,
    dropout_prob=0.1, relu=encoder_relu)
self.regular2_1 = RegularBottleneck(128, padding=1, dropout_prob=0.1, relu=encoder_relu)
self.dilated2_2 = RegularBottleneck(128, dilation=2, padding=2, dropout_prob=0.1,
    relu=encoder_relu)
self.asymmetric2_3 = RegularBottleneck(128, kernel_size=5, padding=2, asymmetric=True,
    dropout_prob=0.1, relu=encoder_relu)
self.dilated2_4 = RegularBottleneck(
    128, dilation=4, padding=4, dropout_prob=0.1, relu=encoder_relu)
self.regular2_5 = RegularBottleneck(
    128, padding=1, dropout_prob=0.1, relu=encoder_relu)
self.dilated2_6 = RegularBottleneck(
    128, dilation=8, padding=8, dropout_prob=0.1, relu=encoder_relu)
self.asymmetric2_7 = RegularBottleneck(128, kernel_size=5, asymmetric=True,
    padding=2, dropout_prob=0.1, relu=encoder_relu)
self.dilated2_8 = RegularBottleneck(
    128, dilation=16, padding=16, dropout_prob=0.1, relu=encoder_relu)

# Stage 3 - Encoder
self.regular3_0 = RegularBottleneck(128, padding=1, dropout_prob=0.1, relu=encoder_relu)
self.dilated3_1 = RegularBottleneck(
    128, dilation=2, padding=2, dropout_prob=0.1, relu=encoder_relu)
self.asymmetric3_2 = RegularBottleneck(128, kernel_size=5, padding=2, asymmetric=True,
    dropout_prob=0.1, relu=encoder_relu)
self.dilated3_3 = RegularBottleneck(
    128, dilation=4, padding=4, dropout_prob=0.1, relu=encoder_relu)
self.regular3_4 = RegularBottleneck(128, padding=1, dropout_prob=0.1, relu=encoder_relu)
self.dilated3_5 = RegularBottleneck(
    128, dilation=8, padding=8, dropout_prob=0.1, relu=encoder_relu)
self.asymmetric3_6 = RegularBottleneck(128, kernel_size=5, asymmetric=True, padding=2,
    dropout_prob=0.1, relu=encoder_relu)
self.dilated3_7 = RegularBottleneck(
    128, dilation=16, padding=16, dropout_prob=0.1, relu=encoder_relu)
```

以上就是整个编码器网络结构的定义，具体的参数设置同样遵从前面结构图中的描述。由于这些类 Bottleneck 的具体代码十分类似，这里仅对类 RegularBottleneck 的代码进行详细剖析。

```
class RegularBottleneck(nn.Module):
    def __init__(self, channels, internal_ratio=4, kernel_size=3, padding=0, dilation=1,
                 asymmetric=False, dropout_prob=0, bias=False, relu=True):
        super().__init__()
        # 由于旁侧分支首先经过了一个通道减小为原来 1/4 的卷积操作,
        # 所以这里根据倍数计算输出通道大小
        internal_channels = channels // internal_ratio
        if relu:
            activation = nn.ReLU()
        else:
            activation = nn.PReLU()

        # 主分支:由于主分支是 Shortcut Connection,即特征图直接连接,不需要定义具体结构
        # 旁侧分支:1×1 卷积,接着可能为 Regular,Dilated 或者 Asymmetric 卷积,
        # 再接另外一个 1×1 卷积,最后接一个 Regularizer 正则项。经过模块后通道数不变
        # 具体如下:

        # 第一个 1×1 卷积:
        self.ext_conv1 = nn.Sequential(
                        nn.Conv2d(channels, internal_channels, kernel_size=1, stride=1,
                                  bias=bias), nn.BatchNorm2d(internal_channels), activation)
        # 紧接着,若卷积操作为 Asymmetric,则定义两个卷积操作,卷积核分别为 5×1 和 1×5;
        # 否则为正常的卷积操作
        if asymmetric:
          self.ext_conv2 = nn.Sequential(
                        nn.Conv2d(internal_channels,internal_channels,kernel_size=(kernel_size, 1),
                        stride=1, padding=(padding, 0), dilation=dilation, bias=bias),
                        nn.BatchNorm2d(internal_channels), activation,
                        nn.Conv2d(internal_channels, internal_channels, kernel_size=(1, kernel_size),
                        stride=1, padding=(0, padding), dilation=dilation, bias=bias),
                        nn.BatchNorm2d(internal_channels), activation)
        else:
          self.ext_conv2 = nn.Sequential(
                        nn.Conv2d( internal_channels, internal_channels, kernel_size=kernel_size,
                        stride=1, padding=padding, dilation=dilation, bias=bias),
                        nn.BatchNorm2d(internal_channels), activation)
        # 第二个 1×1 卷积:
        self.ext_conv3 = nn.Sequential(
                        nn.Conv2d(internal_channels, channels, kernel_size=1,stride=1, bias=bias),
                        nn.BatchNorm2d(channels), activation)
        # 定义正则项:
        self.ext_regul = nn.Dropout2d(p=dropout_prob)
        # 最后定义一个 PReLU 激活函数层:
        self.out_prelu = activation
        # 定义前向传播函数
        def forward(self, x):
        # 主分支:输出为输入值
        main = x
        # 旁侧分支:
        ext = self.ext_conv1(x)
        ext = self.ext_conv2(ext)
        ext = self.ext_conv3(ext)
        ext = self.ext_regul(ext)
```

```
        # 把两个分支相加后经过激活函数,输出
        out = main + ext
        return self. out_prelu( out)
```

(2) 车道线识别测试代码　这部分代码负责调用网络模块和训练好的网络参数，以完成车道线识别。

调用相关库和其他功能类，代码如下：

```
# PyTorch 相关模块:
import torch
import torch. optim as optim
import torchvision. transforms as transforms
from PIL import Image
import transforms as ext_transforms
from model. enet import ENet
import utils
from collections import OrderedDict
import numpy as np
import cv2
import os

# 定义超参数,给出初始值,并初始化功能模块。代码如下:
# 说明网络输入大小,以便把测试图片缩放到指定大小
height = 512
width = 512

# 设置网络预测类别,以及最后可视化所对应的像素值
class_encoding = OrderedDict( [
                    ('unlabeled', (0, 0, 0)),
                    ('lane', (255, 255, 255))
        ])

# 确定训练好的网络权重的存储路径和名称,请修改为自己的权重存储路径
# ENet 的网络权重参见参考文献[27]
save_dir = '/home /lanenet/save'
name = 'Lanenet'

# 定义功能类,从而把读取进来的图片缩放到指定大小,并转换为张量(Tensor)形式
image_transform = transforms. Compose(
                [transforms. Resize( (height, width)), transforms. ToTensor( )])
# 完成了一些基本的定义和初始化之后,接下来介绍主函数
if __name__ == '__main__':
  # 配置测试图片路径,以及识别出的车道线图片的存储路径和效果图路径
  # 这里 * 代指相关具体路径
  img_path = '*. png'
  img_path_save = '*. jpg'
  img_path_exam = '*. jpg'

  # 类别数目
  num_classes = len( class_encoding)
  # 对网络进行实例化,并进行相关配置以及网络权重的读取。代码如下:
  # 对网络进行实例化
  model = ENet( num_classes). cuda( )
```

```
# 读取网络权重
model_path = os.path.join(save_dir, name)
checkpoint = torch.load(model_path)
model.load_state_dict(checkpoint['state_dict'])
# 读取测试图片,对图片进行预处理,然后送入网络进行前向传播得到网络输出结果
# 具体代码如下:
image = Image.open(img_path)                              # 读取图片
image = image_transform(image).unsqueeze(0).cuda()        # 图片预处理

# 调节网络到预测状态
model.eval()
predictions = model(image)                                # 送入网络,进行前向传播
```

这时，网络输出大小为［1,2,512,512］。这里，第一位表示 batch size，因为测试阶段只有一张图片，所以为 1；后面的（2,512,512），就是之前介绍的网络最终输出，其中第一张 512×512 的输出表示原图对应像素为 unlabeled 类别的概率，第二张表示原图对应像素为 lane 类别的概率。

再经过一定的后处理，就可以得到可视化的车道线识别效果。

```
# 在输出的每个像素位置的两个通道值中取较大值的索引,即为类别号
_, predictions = torch.max(predictions.data, 1)
# 根据类别号,将 512×512 的张量转换为 3×512×512 的图像,其中每个类别的颜色
# 依据 class_encoding 中的设置
label_to_rgb = transforms.Compose([
                    ext_transforms.LongTensorToRGBPIL(class_encoding),
                    transforms.ToTensor()
        ])
color_predictions = label_to_rgb(predictions.cpu())
```

最后对所有检测结果进行输出保存。

```
# 将 tensor 转换为 numpy 数组,并将 3×512×512 的输出转换为 512×512×3;
# 保存一个 label_ar_0 方便后续输出效果图
img_ar = np.array(image.data.cpu()[0])
label_ar = np.array(color_predictions)
label_ar =utils.reshape_img(label_ar)
label_ar_0 = 1 - label_ar

image = np.array(image.cpu()[0])
image = utils.reshape_img(image)
# 输出车道线识别图像
label_ar[label_ar == 1] = 255
cv2.imwrite(img_path_save, label_ar)

# 改变车道线的显示颜色
label_ar[:, :, 0] *= 0.7
label_ar[:, :, 1] *= 0.1
label_ar[:, :, 2] *= 0.4

# 将检测到的车道线绘制到原图中,并输出保存到指定路径
img_exam = label_ar_0 * image * 255 + label_ar
cv2.imwrite(img_path_exam, img_exam)
```

图 6-103 展示了输入图像以及经过网络识别之后保存的车道线识别图与最终效果图。

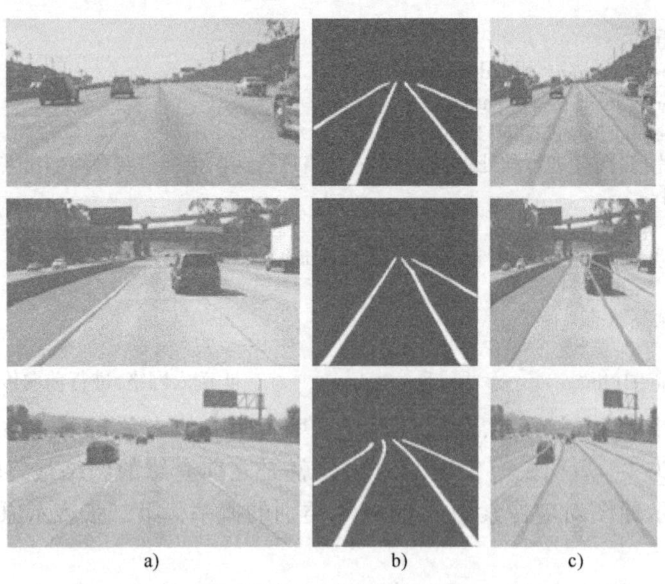

图 6-103　基于网络 ENet 的车道线识别过程

a）原图　b）车道线识别图　c）最终检测效果

以上就是利用深度学习进行车道线识别的全部内容。该识别过程可概括为以下几个步骤：首先，设计各个小模块的模型和前向传播计算过程；其次，进行 ENet 网络模型的搭建及代码编写；然后，在测试阶段，设置超参数、输入图片路径以及训练好的网络权重路径；接着，调用 ENet 网络，把图片输入进去，完成整个网络的前向传播，得到网络输出；最后，通过后处理，找到值最大的类别索引，确定每个像素点的类别信息，以便了解输入图像上哪些像素属于车道线，从而完成车道线的识别。

利用深度学习强大的学习能力进行车道线检测，得到的效果会明显好过基于传统图像特征的车道线识别算法。面对车道线不清晰、被遮挡、光照变化等各种恶劣情况，深度学习方法都有着很稳定的表现。

6.2.6　基于激光雷达的目标识别

1. 深度学习在点云目标检测中的应用

在前面章节中，通过分割并去除地面的点云数据，对非地面点云数据进行聚类，将目标点云数据进行分割，获取目标的位置信息，达到了目标检测的目的。

在通常的交通环境中，存在着多种类别的目标。这些目标一般可以分为三类：车辆、行人和骑手（包括自行车骑手和摩托车骑手）。不同类别的目标在交通中运动的特点各有不同。车辆行驶速度快，运动轨迹规律；行人和骑手在车辆中穿行，运动轨迹不规律。车辆有较好的防护，能抵御一定的由交通意外造成的碰撞；行人和骑手相对脆弱，如果发生交通意外，容易造成人员伤亡。车辆决策系统在进行避障规划时，对于不同类别的目标，应该采取不同的规避策略。因此，在实际交通场景中，对目标类型的识别是无人驾驶目标检测的一项关键技术。和图像目标检测算法类似，传统的点云目标检测算法提取点云数据中人工设定的特征，使用分类器进行分类，最终实现目标检测。但是，这样的算法同样受限于人工特征选取的瓶颈，无法充分利用三维点云数据的特征。和图像处理一样，可以使用深度学习代替传统机器学习，由神经网络提取特征，从而提高目标检测的精度。

在深度学习中，神经网络的输入是张量，属于有序数据。而点云数据没有固定的排列顺序，属于无序数据，无法直接作为神经网络的输入。因此，需要对无序点云数据进行有序化处理。点云数据有序化的方法有许多种，一种常见的方法是将点云数据栅格化。该方法对点云三维空间进行栅格化，将点云数据点离散到三维栅格中。对于每个三维栅格中的数据点，使用一定信息代表它们的特征。通过栅格化，将无序的点云数据离散为类似图像数据的三维张量。生成的点云栅格数据张量是有序数据，可以作为神经网络的输入。在点云目标检测器中，一般采用全卷积网络（Fully Convolutional Network）[28]作为神经网络的主干网络。相比于常见的分类网络，全卷积网络使用卷积层代替网络中的全连接层。因此，整个网络都由卷积层构成。在点云目标检测中，不仅需要检测目标在点云空间中的位置，同时还需要检测目标边界框的位置。因此，在全卷积网络的输出端，需要两个输出。其中一个负责检测目标所处的位置，另一个负责检测目标边界框。检测器的网络结构如图 6-104 所示。

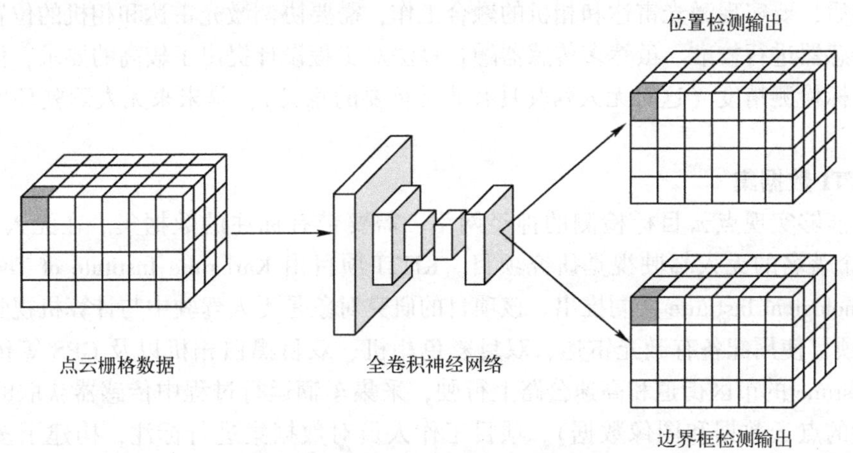

图 6-104　点云目标检测器的神经网络模型

检测器一共有两个输出，分别为位置检测输出和边界框检测输出。对于点云栅格数据张量的任意位置，位置检测输出张量和边界框检测输出张量均有对应的检测结果。如图 6-104 所示，对于点云栅格数据张量左上角灰色的位置，位置检测输出张量和边界框检测输出张量都有对应的位置（即图中用灰色标注的位置）。位置检测输出张量检测该位置中是否存在目标。若存在目标，边界框检测输出张量对应位置的值则为该目标边界框的检测值。

激光雷达工作时不受光照影响，无论在光照充足或者光照不足的情况下都具有较高的检测精度。同时，激光雷达对距离信息的测量具有非常高的精确度。但是，相比于相机，激光雷达存在着若干缺点：

（1）检测距离近　激光雷达的有效检测距离约为 120 m。在极限距离上，检测精度已经有了相当大的偏差。在无人车辆低速行驶时，激光雷达的检测距离能够满足车辆安全行驶要求；但在高速行驶中，该检测距离无法满足实际需求。

（2）点云数据稀疏　激光雷达一帧点云数据大约包含十万个数据点，该数据量较大。但是相比于图像数据，激光雷达采集的数据相对稀疏。同时，点云数据缺少色彩信息，目标特征不够丰富。

（3）工作频率较低　激光雷达的工作频率一般在 10~20 Hz 之间，而相机能工作在更高的频率下。相比之下，激光雷达的工作频率较低。

相机和激光雷达采集的数据有各自的优缺点。因此，在检测中利用目标的图像数据特征和点云数据特征，实现对目标的融合检测，可提高目标检测精度。于是，研究人员提出了许多融合检测算法。

在参考文献［29］中，研究人员提出了一种基于相机和激光雷达融合的检测算法。该算法是一种两阶段的检测方法。在该算法中，分别使用神经网络提取目标图像数据和点云数据中的特征，生成图像特征图和点云特征图，进而通过一定的算法实现融合，生成候选区域。然后将候选区域分别投影到图像特征图和点云特征图上，再次进行融合，从而生成最终的检测结果。通过以上两次融合，神经网络同时利用了目标的图像特征和点云特征，实现了更高精度的目标检测。

融合算法也存在着不足之处。首先，多种数据的融合，增加了算法的复杂度，对于算法设计、网络训练以及实际应用都提出了更高的要求。其次，多传感器的引入，提高了无人车的研发成本。最后，要实现激光雷达和相机的融合工作，需要协调激光雷达和相机的位置，每次运行前要对传感器进行校准。虽然多传感器融合算法对工程设计提出了较高的要求，但是融合算法可提高目标检测精度（这对无人驾驶具有非常重要的意义），是未来无人驾驶环境感知的重要研究方向。

2. KITTI 数据集

要训练能够实现点云目标检测的神经网络，需要带有标注的数据集。在无人驾驶领域，KITTI 是一个著名的无人驾驶视觉研究项目。KITTI 项目由 Karlsruhe Institute of Technology 和 Toyota Technological Institute 共同推出。该项目的研究对象是无人驾驶中与计算机视觉相关的内容。KITTI 项目使用配备有激光雷达、双目彩色相机、双目黑白相机以及 GPS 等传感器的车辆，在 Karlsruhe 的市区街道和高速公路上行驶，采集车辆运行过程中传感器获取的数据（包括四周环境的点云数据和图像数据）。项目工作人员对数据集进行标注，构建了多个数据集（包括语义分割数据集、目标跟踪数据集和目标检测数据集等）。在目标检测数据集中，研究人员对点云数据和图像数据中的目标进行标注。该数据集可用于训练点云目标检测器。

KITTI 目标检测数据集中，只对车辆正前方 90°视角内的目标进行标注，不对其余位置的目标进行标注。标注目标的类别一共有 8 种，分别为“Car”“Van”“Truck”“Pedestrian”“Person_sitting”“Cyclist”“Tram”以及“Misc”。对每个被标注的目标，KITTI 数据集会给出目标所属类别与包含目标的边界框。如图 6-105 所示，每个边界框分别用(x,y,z,h,w,l,θ)表示。其中，x、y 和 z 表示该边界框底面中心在激光雷达坐标系下的位置；h、w 和 l 表示边界框的三维大小；θ 表示边界框的偏航角（即边界框在 xOy 平面上绕 z 轴旋转的角度）。图 6-106 展示了目标边界框在点云数据中的位置。

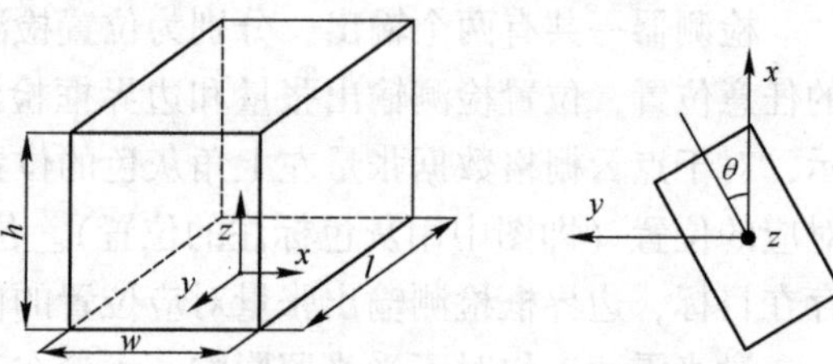

图 6-105　KITTI 数据集的目标边界框

整个 KITTI 目标检测数据集中，一共有 7481 帧带有标注的点云数据。每帧点云数据中有若干个目标标注。在使用该数据集训练检测器时，将 7481 帧数据进行划分。其中一部分作为训练集来训练检测器；另一部分作为验证集，用于验证训练效果。

3. 基于三维全卷积网络的检测器

本节基于全卷积网络，构建一个点云目标检测器。使用 TensorFlow 编程实现该检测器的神经网络。

图 6-106　KITTI 项目标注的目标边界框在点云数据中的位置

TensorFlow 是 Google 推出的开源机器学习库。通过该开源库，研究者和开发者可以实现各种机器学习算法（如深度学习算法）。TensorFlow 不仅能调用 CPU 进行运算，还能同时调用 GPU，加快网络的运行速度。TensorFlow 提供多种语言接口（包括 C++、Java 和 Python 等），方便开发者调用底层库，搭建神经网络。该网络在 TensorFlow 中称为计算图（Computational Graph）。同时，TensorFlow 提供了可视化工具 TensorBoard。该工具可以实现神经网络的可视化，便于开发者对搭建的网络有整体的了解，继而对网络结构进行调整。

在前文中提到，点云数据是无序数据，需要对点云数据进行有序化，才能作为神经网络的输入。点云数据栅格化是一种有序化方法。在栅格化中，将点云三维空间划分成一系列大小一致的三维立方体栅格，每个三维栅格称为体素（Voxel）。体素和图像中的像素（Pixel）类似。对于所有数据点，根据其三维坐标离散到对应位置的体素中。离散完成后，得到一个三维栅格数据。在栅格数据中，每个体素中可能不包含数据点，也可能包含若干数据点。需要使用一定的信息表示体素内数据点的特征，即对每一个体素进行编码。编码的方式有很多种，一种常用的编码方式是使用 0 和 1 对栅格进行编码[30]。如果体素中存在数据点，则该体素的值为 1；如果不存在数据点，则体素的值为 0。图 6-107 所示是点云离散化的一个具体的例子。

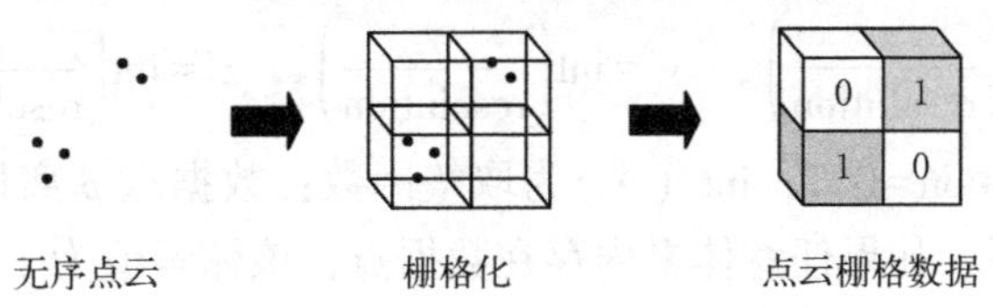

图 6-107　点云离散化示意图

通过离散化处理，无序的点云数据被转换为有序的点云栅格数据。点云栅格数据是一个四维张量，可记为$(D,H,W,1)$。其中，D、H 和 W 分别表示张量在 x 轴、y 轴和 z 轴方向上体素的数目；1 表示通道数。由于对体素进行编码时依据体素内是否包含数据点，因此该张量的通道数为 1。

在栅格化时，需要设定体素的大小。体素越小，生成的点云栅格数据张量越大，神经网络的卷积运算量越大，网络检测速度越慢；体素越大，单个体素中包含的数据点越多，栅格化后点云数据的信息量损失越大，网络检测精度越低。综合考虑体素尺寸的上述影响，本节设定体素大小为 0.1 m。

由原始点云数据生成点云栅格数据张量的程序如下：

```
import numpy as np
def convert_points_to_voxel(points, resolution=0.1, x=[0, 80], y=[-40, 40], z=[-2.5, 1.5]):
    """
    将原始点云数据转换为三维张量,如果某个体素内存在数据点,则该体素值为1,否则为0
    输入:
        points:点云数据
        resolution:体素的大小
        x, y, z:筛选数据点的坐标范围
    输出:
        voxel:点云栅格数据张量,大小为(D,H,W)
    """
    # 筛选设定范围内的数据点
    logic_x = np.logical_and(points[:, 0] >= x[0], points[:, 0] < x[1])
    logic_y = np.logical_and(points[:, 1] >= y[0], points[:, 1] < y[1])
    logic_z = np.logical_and(points[:, 2] >= z[0], points[:, 2] < z[1])
    points = points[np.logical_and(logic_x, np.logical_and(logic_y, logic_z))]
    # 将所有数据点移至第一卦限,并将数据点离散到三维栅格中
    points = ((points - np.array([x[0], y[0], z[0]])) / resolution).astype(np.int32)
    # 定义一个张量,作为点云栅格数据张量
    voxel = np.zeros((
        int((x[1] - x[0]) / resolution),
        int((y[1] - y[0]) / resolution),
        int((z[1] - z[0]) / resolution)
    ))
    # 如果voxel内有数据点,voxel的值为1,否则为0
    voxel[points[:, 0], points[:, 1], points[:, 2]] = 1
    return voxel
```

由于在KITTI数据集中，只针对车辆正前方的点云数据中的目标进行标注，因此在程序中，首先对数据点进行筛选，只选取位于车辆正前方的数据点，作为检测器的输入。为了方便后续处理，需要将所有数据移至点云三维空间中的第一卦限。完成上述预处理后，对数据点进行离散化。对任意数据点 $p=(x,y,z)$，有

$$x'=\text{int}\left(\frac{x}{\text{resolution}}\right),\quad y'=\text{int}\left(\frac{y}{\text{resolution}}\right),\quad z'=\text{int}\left(\frac{z}{\text{resolution}}\right)$$

其中，体素的大小resolution=0.1；int（·）为取整函数；数据点 p 离散到位于 (x',y',z') 的体素中。遍历所有数据点后，如果任意体素内存在数据点，该体素值为1，否则为0。上述程序生成的张量大小是 (D,H,W)。当该张量输入神经网络时，将被转换为大小是 $(D,H,W,1)$ 的张量。

因为点云数据为三维数据，所以在构建基于全卷积网络的目标检测器时，使用三维卷积作为检测器的卷积层。检测器的网络结构如图6-108所示[30]。检测器通过三个卷积层依次对输入张量进行下采样卷积。每经过一次卷积操作，张量的大小缩减一半。经过三次卷积，张量的大小变为原始输入的1/8。然后，对张量进行反卷积。反卷积对张量进行上采样，分别得到两个输出张量：位置检测输出张量和边界框检测输出张量。

相比于点云栅格数据张量，位置检测输出张量和边界框检测输出张量进行了4倍的下采样。如图6-109所示，位置检测输出张量和边界框检测输出张量中的每一个位置，对应点云数据张量中的64个体素（4×4×4）。因此，位置检测输出张量和边界框检测输出张量的每个位置分别负责检测对应的64个体素内是否存在目标和目标边界框的信息。

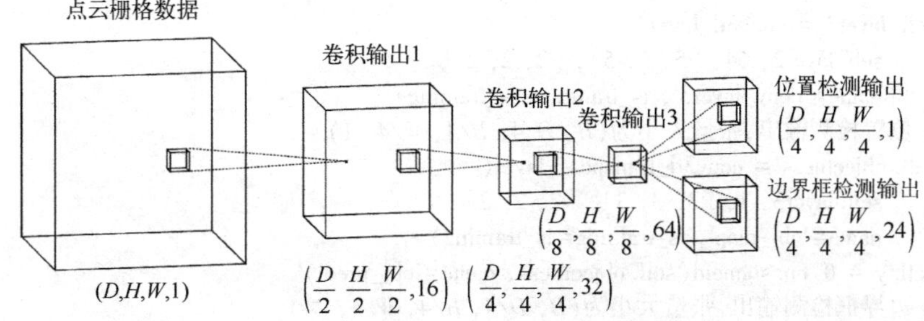

图 6-108　三维全卷积神经网络结构

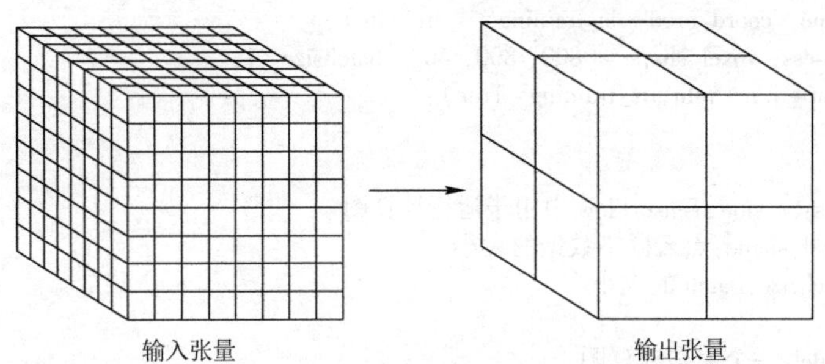

图 6-109　三维全卷积神经网络的输入张量和输出张量

位置检测输出张量每个位置的值表示该位置存在目标的概率。该概率 $p\in(0,1)$，值越大表示该位置存在目标的可能性越大。如果某个位置存在目标，那么边界框检测输出张量对应位置的输出表示该目标的边界框检测值。使用目标边界框 8 个顶点的坐标代表该边界框。如果每个顶点的坐标由(x_i,y_i,z_i)表示，那么边界框检测值为 $\boldsymbol{v}=(x_1,y_1,z_1,\cdots,x_8,y_8,z_8)$。因此，边界框检测输出张量的通道数为 24。

使用 TensorFlow 库搭建检测器神经网络计算图的程序如下：

```
import tensorflow as tf
class Model(object):
    def __init__(self):
        pass
    def build_graph(self, voxel, activation=tf.nn.relu, is_training=True):
        """
        构建计算图
        输入:
            voxel:点云栅格数据张量,张量大小为(B, D, H, W, 1),B 为 batch 的大小
            activation:激活函数的类型,默认为 ReLU 函数
            is_training:设定网络处于训练模式还是检测模式
        """
        # 第 1 层卷积层,输出张量大小为(B, D/2, H/2, W/2, 16)
        self.layer1 = conv3d_layer(
            voxel, 16, [5, 5, 5], [2, 2, 2],
            name='conv_layer1', is_training=is_training)
        # 第 2 层卷积层,输出张量大小为(B, D/4, H/4, W/4, 32)
        self.layer2 = conv3d_layer(
            self.layer1, 32, [5, 5, 5], [2, 2, 2],
            name='conv_layer2', is_training=is_training)
        # 第 3 层卷积层,输出张量大小为(B, D/8, H/8, W/8, 64)
```

```
        self. layer3 = conv3d_layer(
            self. layer2, 64, [5, 5, 5], [2, 2, 2],
            name='conv_layer3', is_training=is_training)
        # 位置检测输出,张量大小为(B, D/4, H/4, W/4, 1)
        self. objectness = conv3d_transpose_layer(
            self. layer3, 1, [3, 3, 3], [2, 2, 2],
            name='obj_map', is_training=is_training)
        self. y = tf. nn. sigmoid(self. objectness, name='obj_pred')
        # 边界框检测输出,张量大小为(B, D/4, H/4, W/4, 24)
        self. coordinate = conv3d_transpose_layer(
            self. layer3, 24, [3, 3, 3], [2, 2, 2],
            name='coord_pred', is_training=is_training)
def network(sess, voxel_shape=[800, 800, 40], batchsize=1,
        activation=tf. nn. relu, is_training=True):
        """
        输入:
            sess:Session,TensorFlow 中用于运行计算图
            voxel_shape:点云栅格数据的大小
            batchsize:batch 的大小
        输出:
            model:一个静态计算图
            voxel_ph:占位符,TensorFlow 中用于输入数据的 Tensor
        """
        # 定义一个占位符,用于将点云栅格数据输入计算图,占位符大小为(B, D, H, W, 1)
        voxel_ph = tf. placeholder(
            tf. float32,
            [batchsize, voxel_shape[0], voxel_shape[1], voxel_shape[2], 1],
            name='voxel_ph')
        with tf. variable_scope("model"):
            # 构建计算图
            model = Model()
            model. build_graph(voxel_ph, activation=activation, is_training=is_training)
        return model, voxel_ph
```

Model 类中的 build_graph 方法用于构建神经网络计算图。conv3d_layer 函数表示三维卷积层。网络中一共有三层卷积网络。每通过一层卷积网络，张量大小减半，通道数增加（依次为 16、32 和 64）。conv3d_transpose_layer 函数表示反卷积层，卷积输出张量通过反卷积产生最后的输出。self. objectness 表示位置检测输出张量，通道数为 1。通过 TensorFlow 的 Sigmoid 函数 tf. nn. sigmoid，使张量的值归一化到(0,1)内。self. coordinate 为边界框检测输出张量，通道数为 24。is_training 参数用于设定网络处于训练模式还是检测模式。当需要训练检测器时，is_training=True；训练完成后，is_training=False，检测器可以对点云数据进行目标检测。

network 函数定义一个 Model 类的对象 model，并调用 Model 类的方法 build_graph 构建计算图。voxel_ph 是一个占位符（Placeholder）。TensorFlow 的占位符在计算图中起到占位作用，输入数据可以通过占位符输入计算图中。

conv3d_layer 函数的函数体如下：

```
def conv3d_layer(
    input_layer, output_dim, kernel_shape, stride,
    activation=tf. nn. relu, padding="SAME", name="", is_training=True):
    """
```

```
    输入:
        input_layer:输入张量
        output_dim:输出张量的通道数量
        kernel_shape:卷积核大小
        stride:滑动步长大小
    """
    with tf. variable_scope( "conv3d_" + name):
        # 调用 TensorFlow 的卷积函数
        conv3d = tf. layers. conv3d(
            input_layer, output_dim, kernel_shape, stride,
            padding=padding, activation=None)
        # 对输出进行批归一化
        output = tf. layers. batch_normalization(
            conv3d, training=is_training, name='batch_norm')
        # 使用激活函数
        if activation:
            output = activation( output, name='activation')
    return output
```

conv3d_layer 函数的参数用于设定卷积的基本参数，如输出张量的通道数量、卷积核的大小、卷积核滑动的步长以及使用的激活函数等。在 conv3d_layer 函数中，首先调用 TensorFlow 的三维卷积函数 tf. layers. conv3d，实现三维卷积；其次，调用 TensorFlow 的批归一化函数 tf. layers. batch_normalization，对输出进行批归一化处理；最后，使用激活函数。

conv3d_transpose_layer 函数的具体实现程序如下：

```
def conv3d_transpose_layer(
    input_layer, output_dim, kernel_shape, stride,
    activation=None, bn=None, padding='SAME', name='', is_training=True):
    """
    输入:
        input_layer:输入张量
        output_dim:输出张量的通道数量
        kernel_shape:卷积核大小
        stride:滑动步长大小
    """
    with tf. variable_scope('conv3d_transpose_' + name):
        # 调用 TensorFlow 的反卷积函数
        output = tf. layers. conv3d_transpose(
            input_layer, output_dim, kernel_shape, stride,
            padding=padding, activation=None
        )
        # 对输出进行批归一化
        if bn:
            output = tf. layers. batch_normalization(
                output, training=is_training, name='batch_norm')
        # 使用激活函数
        if activation:
            output = activation( output, name='activation')
    return output
```

和 conv3d_layer 函数相比，conv3d_transpose_layer 除了将卷积函数 tf. layers. conv3d 替换为反卷积函数 tf. layers. conv3d_tranpose 外，其他基本一致。

在训练检测器时，需要使用标注值和检测值计算 loss，进行反向传播训练。因此，需要将样本中的标注值转换为与检测器输出张量类似的张量。神经网络有位置检测输出和边界框检测输出两个输出分支，因此对于一帧点云数据，需要生成两个标注值张量，分别为位置标注值张量和边界框标注值张量。标注值张量和对应的检测器输出张量大小一致。

KITTI 数据集中目标的标注值是目标在点云空间中的标注，而点云栅格数据是经过转换后再输入检测器的。因此，在生成位置标注值张量和边界框标注值张量之前，同样需要将目标标注值进行相同的转换。该转换程序如下：

```
def create_label(
        labels, corners, resolution=0.1, x=[0, 80], y=[-40, 40], z=[-2.5, 1.5],
        scale=4, min_value=[0, -40, -2.5]):
        """
        将标注目标的标注值进行转换
        输入:
            labels:标注目标的标注值,大小为(num, 8),8 表示 (类别, x, y, z, h, w, l, rotation)
            corners:标注目标的边界框标注值,大小为(num, 8, 3),(8, 3)表示 8 个顶点的坐标
            scale:输出张量相比于输入张量的下采样倍数
        输出:
            sphere_center:转换后的标注目标中心坐标值,大小为(num', 3)
            train_corners:转换后的标注目标边界框顶点坐标值,大小为(num', 8, 3)
        """
        # 点云数据中没有标注目标
        if len(labels) == 0:
            return np.zeros([0, 3]), np.zeros([0, 8, 3])
        # 标注目标的位置
        centers = labels[:, 1:4]
        # 标注目标的边界框大小
        sizes = labels[:, 4:7]
        # 只保留在检测范围内的标注目标
        x_logical = np.logical_and((centers[:, 0] < x[1]), (centers[:, 0] >= x[0]))
        y_logical = np.logical_and((centers[:, 1] < y[1]), (centers[:, 1] >= y[0]))
        z_logical = np.logical_and(
            (centers[:, 2] + sizes[:, 0] / 2. < z[1]), (centers[:, 2] + sizes[:, 0] / 2. >= z[0]))
        xyz_logical = np.logical_and(x_logical, np.logical_and(y_logical, z_logical))
        centers = centers[xyz_logical]
        corners = corners[xyz_logical]
        # 在检测范围内不存在标注目标
        if len(xyz_logical) == 0:
            return np.zeros([0, 3]), np.zeros([0, 8, 3])
        # 使用边界框的中心作为标注目标的位置标注值
        centers[:, 2] = centers[:, 2] + sizes[:, 0] / 2.
        # 标注目标中心在位置检测输出张量中的位置
        sphere_center = ((centers - min_value) / (resolution * scale)).astype(np.int32)
        # 使用标注目标的边界框顶点与边界框中心之间的偏移量作为边界框顶点的标注值
        train_corners = corners.copy()
        label_center = sphere_center * (resolution * scale) + min_value
        for index, (corner, center) in enumerate(zip(corners, label_center)):
            train_corners[index] = corner - center
        return sphere_center, train_corners
```

在 KITTI 数据集中，如图 6-105 所示，将目标边界框底面中心作为目标位置的标注值。在检测器中，需要使用边界框的中心作为目标位置的标注值。因此，通过 $z \leftarrow z+h/2$，将目标位置标注值转移到边界框的中心。在处理目标边界框标注值时，使用边界框顶点相对边界框中心的

偏移量对边界框进行编码。sphere_center 为转换后的目标中心，大小为(num', 3)。其中，num'表示位于筛选点云数据中的标注目标数量；3 表示目标的三维坐标。train_corners 为转换后的边界框顶点坐标，它的大小为(num', 8, 3)。

通过上述程序，完成对目标标注值的转换。下面使用转换后的目标标注值生成位置标注值张量和边界框标注值张量。

生成位置标注值张量的程序如下：

```
def create_objectness_map(
    sphere_center, resolution=0.1, x=[0, 80], y=[-40, 40], z=[-2.5, 1.5], scale=4):
    """
    生成位置标注值张量
    如果标注目标位于张量某个位置,则该位置的值置 1
    输入:
        sphere_center:标注目标中心坐标,大小为(num, 3)
    输出:
        obj_maps:位置标注值张量,大小为(D/scale, H/scale, W/scale)
    """
    # 定义一个新的张量,作为位置标注值张量,大小为(D/scale, H/scale, W/scale)
    obj_maps = np.zeros((
        int((x[1] - x[0]) / (resolution * scale)),
        int((y[1] - y[0]) / (resolution * scale)),
        int((z[1] - z[0]) / (resolution * scale))
    ))
    # 若点云数据中没有标注目标,则所有位置的值都为 0
    if len(sphere_center) == 0:
        return obj_maps
    # 若点云数据中存在标注目标,则将标注目标所在位置的值置 1
    else:
        obj_maps[sphere_center[:, 0], sphere_center[:, 1], sphere_center[:, 2]] = 1
        return obj_maps
```

当标注目标落入位置标注值张量的某个位置时，该位置的值置 1；而不包含标注目标的位置值为 0。最终，生成的位置标注值张量的大小为($D/4,H/4,W/4$)。

生成边界框标注值张量的程序如下：

```
def create_coordinate_map(corners, sphere_center, voxel_shape=[800, 800, 40], scale=4):
    """
    生成边界框标注值张量
    输入:
        corners:标注目标边界框标注值,大小为(num, 8, 3)
        sphere_center:标注目标位置标注值,大小为(num, 3)
    输出:
        coordinate_map:边界框标注值张量,大小为(D/scale, H/scale, W/scale, 24)
    """
    # 定义一个新的张量,作为边界框标注值张量,大小为(D/scale, H/scale, W/scale, 24)
    coordinate_map = np.zeros((
        voxel_shape[0] // scale,
        voxel_shape[1] // scale,
        voxel_shape[2] // scale,
        24
    ))
    # 若点云数据中没有标注目标,则所有位置的值为 0
```

```
        if len(corners) == 0:
            return coordinate_map
        # 若点云数据中包含标注目标
        else:
            # 将边界框标注值由[[x1, y1, z1], …, [x8, y8, z8]]转换为[x1, y1, z1, …, x8, y8, z8]
            corners = corners.reshape(-1, 24)
            # 在输出张量中,将目标边界框的标注值赋予目标所在的位置
            coordinate_map[sphere_center[:, 0], sphere_center[:, 1], sphere_center[:, 2]] = corners
            return coordinate_map
```

边界框标注值张量的生成和位置标注值张量的生成类似。在目标所在的位置，将 24 维的边界框标注值 $\boldsymbol{v}$ 作为边界框标注值张量在该位置的特征值。最终，生成的边界框标注值张量的大小为$(D/4, H/4, W/4, 24)$。

在计算 loss 时，损失函数包括位置检测误差的 loss 和边界框检测误差的 loss，即损失函数定义为

$$E=\sum_{p \in P} L_{pos}(p)+\sum_{\tilde{p} \in V} L_{reg}(\tilde{p})$$

这里，$L_{pos}(p)$是对位置检测输出张量中位置 p 计算出的位置检测误差；P 是位置检测输出张量所有位置的集合；$L_{reg}(\tilde{p})$是对边界框检测输出张量中存在标注目标的位置$\tilde{p}$计算出的边界框检测误差；V 是边界框检测输出张量中存在标注目标的所有位置的集合。

对空间中所有位置，检测器检测每个位置是否存在目标，这是一个二分类问题。对于该问题，一般使用交叉熵（Cross Entropy）损失函数

$$L_{pos}=-[y\ln(y')+(1-y)\ln(1-y')]$$

其中，y 是位置标注值，$y=1$ 表示当前位置存在标注目标，而 $y=0$ 表示不存在标注目标；y'表示位置检测值，$y' \in [0,1]$，且 y'越大表示存在目标的概率越大。

对于边界框检测误差的 loss 计算，使用二次损失函数

$$L_{reg}=\|\boldsymbol{v}'-\boldsymbol{v}\|_2^2$$

式中，$\boldsymbol{v}$ 表示边界框的标注值；$\boldsymbol{v}'$表示边界框的检测值。

损失函数的程序如下：

```
def loss_function(model):
    """
    输入:
        model:检测器的神经网络
    输出:
        total_loss:总的 loss
        obj_loss:位置检测误差 loss
        coord_loss:边界框检测误差 loss
        gt_obj_ph:位置标注值占位符
        gt_coord_ph:边界框标注值占位符
    """
    # 位置标注值占位符,位置标注值张量通过该占位符输入计算图
    gt_obj_ph = tf.placeholder(
        tf.float32, model.coordinate.get_shape().as_list()[:4],
        name='gt_obj_map_ph')
    # 边界框标注值占位符,边界框标注值张量通过该占位符输入计算图
    gt_coord_ph = tf.placeholder(
        tf.float32, model.coordinate.get_shape().as_list(),
```

```
            name='gt_coord_map_ph')
        # 对位置标注值张量取反,用于位置检测误差 loss 的计算
        gt_noobj = tf.subtract(
            tf.ones_like(gt_obj_ph, dtype=tf.float32), gt_obj_ph,
            name='gt_noobj_map')
        # 将位置检测输出张量的最后一维去掉
        # 张量大小由(B, D/scale, H/scale, W/scale, 1)变为(B, D/scale, H/scale, W/scale)
        y = tf.squeeze(model.y)
        # 位置检测误差 loss
        with tf.variable_scope('obj_loss'):
            erosion = 0.00001  # erosion 用于防止出现 tf.log(0) 的情况
            # 计算所有存在标注目标位置的 loss
            is_obj_loss = -tf.reduce_sum(tf.multiply(gt_obj_ph, tf.log(y + erosion)))
            # 计算所有不存在标注目标位置的 loss。其中 0.008 是由于样本不平衡引入的权重
            non_obj_loss = -tf.reduce_sum(tf.multiply(gt_noobj, tf.log((1 - y) + erosion))) * 0.008
            obj_loss = tf.add(is_obj_loss, non_obj_loss, name='loss')
        # 边界框检测误差 loss
        with tf.variable_scope('coord_loss'):
            coord_diff = tf.multiply(
                gt_obj_ph,
                tf.reduce_sum(tf.square(tf.subtract(model.coordinate, gt_coord_ph)), 4)
            )
            coord_loss = tf.reduce_sum(coord_diff, name='loss') * 0.02
        # 总的 loss
        total_loss = tf.add(obj_loss, coord_loss, name='total_loss')
        return total_loss, obj_loss, coord_loss, gt_obj_ph, gt_coord_ph
```

在程序中，定义 gt_obj_ph 和 gt_coord_ph 两个占位符，用于将位置标注值张量和边界框标注值张量输入计算图。

至此，整个检测器构建完成，下一步是对检测器进行训练。训练检测器的程序如下：

```
def train(batch_num, epoches, voxel_shape):
    """
    输入:
        batch_num:训练时一个 batch 中的样本数
        epoches:神经网络训练的总 epoch 次数
    """
    # 定义 Session
    config = tf.ConfigProto(allow_soft_placement=True)
    sess = tf.Session(config=config)
    with tf.device('/gpu:0'):
        # 定义学习率占位符
        learning_rate = tf.placeholder(tf.float32, [], name='learning_rate')
        # 定义全局步数变量
        global_step = tf.get_variable(
            'global_step', [], dtype=tf.int32,
            trainable=False, initializer=tf.constant_initializer(0))
        # 定义网络模型
        model, voxel_ph = models.network(
            sess, voxel_shape=voxel_shape,
            activation=tf.nn.relu, is_training=True)
        # 定义损失函数
        total_loss, obj_loss, coord_loss, gt_obj_ph, gt_coord_ph = loss_function(model)
```

```
        # 定义优化器,使用随机梯度下降优化算法
        optimizer = tf.train.GradientDescentOptimizer(learning_rate)
        update_ops = tf.get_default_graph().get_collection(tf.GraphKeys.UPDATE_OPS)
        with tf.control_dependencies(update_ops):
            optimizer_op = optimizer.minimize(total_loss, global_step=global_step)
    # 初始化网络中所有参数
    init = tf.global_variables_initializer()
    sess.run(init)
    # 生成训练数据集
    trainset = Dataset('trainset')
    # 训练网络
    for epoch in range(1, epoches + 1):
        trainset.shuffle()
        data_num = len(trainset)
        # 每个 epoch 中的迭代次数
        iters = int(data_num / batch_num)
        for iteration in range(iters):
            # 生成一个 batch 的训练数据
            batch_voxel = []
            batch_gt_obj_map = []
            batch_gt_coord_map = []
            for ind in range(batch_num):
                # 获取一个样本的点云数据张量、位置标注值张量和边界框标注值张量
                # 点云数据张量 voxel_data 的大小为(D, H, W)
                # 位置标注值张量 gt_obj_map 的大小为(D, H, W)
                # 边界框标注值张量 gt_coord_map 的大小为(D, H, W, 24)
                voxel_data, gt_obj_map, gt_coord_map = trainset[iteration * batch_num + ind]
                batch_voxel.append(voxel_data)
                batch_gt_obj_map.append(gt_obj_map)
                batch_gt_coord_map.append(gt_coord_map)
            # 一个 batch 的点云栅格数据张量,张量大小为(B, D, H, W, 1)
            batch_voxel = np.array(batch_voxel, dtype=np.float32)[:, :, :, :, np.newaxis]
            # 一个 batch 的位置标注值张量,张量大小为(B, D/4, H/4, W/4)
            batch_gt_obj_map = np.array(batch_gt_obj_map, dtype=np.float32)
            # 一个 batch 的边界框标注值张量,张量大小为(B, D/4, H/4, W/4, 24)
            batch_gt_coord_map = np.array(batch_gt_coord_map, dtype=np.float32)
            # 将训练数据与占位符一一对应
            feed_dict = {
                voxel_ph: batch_voxel,
                gt_obj_ph: batch_gt_obj_map,
                gt_coord_ph: batch_gt_coord_map,
                learning_rate: 0.001
            }
            # 计算图前向传播,并使用优化器进行优化,完成一次训练流程
            _ = sess.run(optimizer_op, feed_dict=feed_dict)
```

程序中，一个 epoch 表示使用整个训练集训练神经网络一次。训练中，feed_dict 表示将训练数据与计算图中的占位符一一对应。当调用 Session 的 run( )方法时，将训练数据张量输入计算图中，前向传播得到神经网络输出；然后使用检测器检测值和标注值计算 loss；进而以 loss 为目标函数，通过优化器 optimizer 更新网络参数，完成一次训练流程。在本程序中，设定学习率为 0.001。

检测器训练完成后，在进行检测时，将点云栅格数据输入神经网络，位置检测输出和边界

框检测输出分别给出对应的检测张量。对于位置检测输出张量，给定一个 0~1 之间的阈值。当位置检测输出张量中某个位置的检测值大于该阈值时，认为该位置存在目标，并将边界框检测输出张量中对应位置的值作为该目标的边界框检测值。图 6-110 所示是检测器对点云数据中行人目标和车辆目标的检测结果。

图 6-110　基于三维全卷积网络检测器的行人和车辆检测结果

a）行人检测结果　b）车辆检测结果

在基于深度学习的点云目标检测中，不需要像传统机器学习算法一样，人工设定目标的特征；而是通过神经网络自主学习并提取目标的特征，实现目标检测的功能。相比于传统机器学习算法，深度学习具有更高的检测精度。

6.3　习题

1. 用 ROS 对三维激光雷达点云数据进行欧氏聚类，从而实现障碍物检测和动态目标跟踪。
2. 阐述图 6-8 路缘石检测流程中左右子点集划分以及路缘石线拟合的具体实现过程，并设计基于三维激光雷达点云数据的路缘石检测 ROS 程序。
3. 简述利用传统计算机视觉方法识别车道线的过程（不考虑 ROS 和坐标系转换）。
4. 阐述在神经网络的训练中，样本集的大小对神经网络训练结果的影响。
5. 传统目标检测算法以及基于深度学习的单阶段和双阶段目标检测算法的优劣各是什么？
6. YOLOv3 算法中，采用几种不同尺度的特征图进行目标检测？当输入图像分辨率为 416×416 时，请给出每种尺度特征图的大小以及特征图深度的计算公式；并说明公式中每一项所表示的含义。
7. 基于 YOLOv3 的开源程序实现行人、车辆和交通信号灯的识别。
8. 利用 YOLOv3 和 Python-tesseract 程序对限速标志进行识别。
9. 简述基于深度学习场景语义分割技术的车道线检测算法流程。
10. 开发深度网络 ENet 的场景语义分割程序，实现车道线检测。

参考文献

[1] ZHANG Y H, WANG J, WANG X N, et al. A real-time curb detection and tracking method for UGVs by using a 3D-LIDAR sensor [C]. IEEE Conference on Control Applications, Piscataway, 2015: 1020-1025.

[2] PERONA P, MALIK J. Scale space and edge detection using anisotropic diffusion [J]. IEEE Transactions on Pattern Analysis and Machine Intelligence, 1990, 12 (7): 629-639.

[3] LECUN Y, BOTTOU L, BENGIO Y, et al. Gradient-based learning applied to document recognition [J]. Proceedings of the IEEE, 1998, 86 (11): 2278-2324.

[4] ZEILER M D, FERGUS R. Visualizing and understanding convolutional networks [C]. European Conference on Computer Vision, Zurich, 2014: 818-833.

[5] KRIZHEVSKY A, SUTSKEVER I, HINTON G E. ImageNet classification with deep convolutional neural networks [C]. Conference on Neural Information Processing Systems, Lake Tahoe, 2012.

[6] SIMONYAN K, ZISSERMAN A. Very deep convolutional networks for large-scale image recognition [C]. International Conference on Learning Representations, Banff, 2014.

[7] SZEGEDY C, LIU W, JIA Y Q, et al. Going deeper with convolutions [C]. IEEE Conference on Computer Vision and Pattern Recognition, Boston, 2015.

[8] HE K, ZHANG X Y, REN S Q, et al. Deep residual learning for image recognition [C]. IEEE Conference on Computer Vision and Pattern Recognition, Las Vegas, 2016: 770-778.

[9] LECUN Y, BENGIO Y, HINTON G. Deep learning [J]. Nature, 2015, 521 (7553): 436-444.

[10] GIRSHICK R, DONAHUE J, DARRELL T, et al. Rich feature hierarchies for accurate object detection and semantic segmentation [C]. Proceedings of the IEEE Conference on Computer Vision and Pattern Recognition, Columbus, 2014: 580-587.

[11] GIRSHICK R. Fast R-CNN [C]. Proceedings of the IEEE International Conference on Computer Vision, Santiago, 2015: 1440-1448.

[12] REN S, HE K, GIRSHICK R, et al. Faster R-CNN: Towards real-time object detection with region proposal networks [J]. IEEE Transactions on Pattern Analysis & Machine Intelligence, 2015, 39 (6): 1137-1149.

[13] REDMON J, DIVVALA S, GIRSHICK R, et al. You only look once: Unified, real-time object detection [C]. IEEE Conference on Computer Vision and Pattern Recognition, Las Vegas, 2016.

[14] LIU W, ANGUELOV D, ERHAN D, et al. SSD: Single shot multibox detector [C]. European Conference on Computer Vision, Amsterdam, 2016.

[15] REDMON J, FARHADI A. YOLOv3: An incremental improvement [J/OL]. (2018-04-08) [2021-05-18]. https://arxiv. org/abs/1804. 02767.

[16] REDMON J, FARHADI A. YOLO9000: Better, faster, stronger [C]. IEEE Conference on Computer Vision and Pattern Recognition, Honolulu, 2017: 6517-6525.

[17] IOFFE S, SZEGEDY C. Batch normalization: Accelerating deep network training by reducing internal covariate shift [C]. International Conference on Machine Learning, Lille, 2015: 448-456.

[18] 廖星宇. 深度学习入门之 PyTorch [M]. 北京: 电子工业出版社, 2017.

[19] KATHURIA A. Series: YOLO object detector in PyTorch [EB/OL]. (2018-04-30) [2021-05-18]. https://blog. paperspace. com/tag/series-yolo/.

[20] 庞晓敏, 闵子建, 阚江明. 基于 HSI 和 LAB 颜色空间的彩色图像分割 [J]. 广西大学学报 (自然科学版), 2011, (6): 976-980.

[21] ZHANG J M, JIN X K, SUN J, et al. Spatial and semantic convolutional features for robust visual object tracking [J]. Multimedia Tools and Applications, 2020, 79: 15095-15115.

[22] ZHANG J M, HUANG M T, JIN X K, et al. A real-time Chinese traffic sign detection algorithm based on modified YOLOv2 [J]. Algorithms, 2017, 10 (4): 127.

[23] ERIK L-N, et al. PyTorch-YOLOv3 [CP/OL]. (2019-04-30) [2021-05-18]. https://github. com/eriklindernoren/PyTorch-YOLOv3.

[24] MATTHIAS A L, et al. Pytesseract [CP/OL]. (2019-12-21) [2021-05-18]. https://github. com/mad-

maze/pytesseract.

[25] ASWINTH R. Optical character recognition (OCR) using Tesseract on Raspberry Pi [EB/OL]. (2019-08-21) [2021-05-18]. https://circuitdigest. com/microcontroller-projects/optical-character-recognition-ocr-using-tesseract-on-raspberry-pi.

[26] PASZKE A, CHAURASIA A, KIM S, et al. ENet: A deep neural network architecture for real-time semantic segmentation [J/OL]. (2016-06-07) [2021-05-18]. https://arxiv. org/abs/1606. 02147.

[27] LIU X H. lanenet_weight [CP/OL]. (2020-02-14) [2021-05-18]. https://github. com/linyliny/lanenet_weight/raw/master/LanenetENet.

[28] LONG J, SHELHAMER E, DARRELL T. Fully convolutional networks for semantic segmentation [C]. IEEE Conference on Computer Vision and Pattern Recognition, Boston, 2015: 3431-3440.

[29] KU J, MOZIFIAN M, LEE J, et al. Joint 3D proposal generation and object detection from view aggregation [C]. IEEE/RSJ International Conference on Intelligent Robots and Systems, Madrid, 2018.

[30] LI B. 3D fully convolutional network for vehicle detection in point cloud [C]. International Conference on Intelligent Robots and Systems, Daejeon, 2016.

第 7 章　无人驾驶规划决策系统

本章首先介绍基于电子地图生成无人车参考路径的方法；进而给出基于 Frenet 的低速无人车路径动态规划（即局部路径规划）方案；最后，讲述基于 A^* 算法的无人车全局路径规划基础知识。

7.1　基于电子地图的参考路径生成

电子地图是无人驾驶的核心技术之一，对于无人驾驶车辆来说电子地图的重要性不言而喻，电子地图在无人驾驶过程中提供定位、路网信息、导航以及可视化界面等功能。路网是由各级别公路、铁路、水系相互联络而形成的交通网络。无人车在电子地图提供的全局路径（参考路径）的基础上，结合实际道路情况实时调整无人车位姿，从而完成无人驾驶任务。参考路径指的是指引无人车从起点到终点的安全路线。电子地图提供的参考路径的途经点以经纬度形式给出，对车辆的行进方向起到指向作用。

本节介绍在 Ubuntu 操作系统下基于 Qt 应用程序开发框架的百度地图设计方法，其中涉及调用百度地图 JavaScript API、开发 Qt 内嵌浏览器、实现 JS 端与 Qt 端的信息交互、完成电子地图平台的网络通信以及如何生成参考路径。

本节设计的电子地图平台的结构如图 7-1 所示。

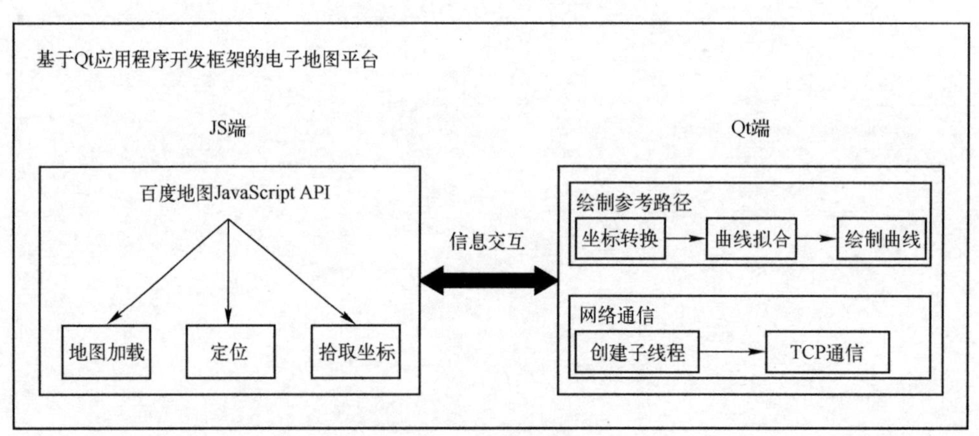

图 7-1　电子地图平台结构图

基于 Qt 应用程序开发框架的电子地图平台，按功能来划分可分为 JavaScript（JS）端和 Qt 端[1]。

Qt 端负责绘制参考路径和电子地图与外部平台的通信（即网络通信）。

为绘制参考路径需要完成以下三个步骤：

（1）坐标转换　JS 端给 Qt 端提供了经纬度形式的途经点，而 Qt 绘图坐标系是坐标原点位于绘图窗口左上方的直角坐标系，如图 7-2 所示。所以在绘制参考路径之前需要进行坐标转换。

（2）曲线拟合　JS 端提供给 Qt 端的参考路径途经点是一些离散点，不适合无人车进行局部路径规划，因此需要对这些途经点进行曲线拟合。这里基于三次样条插值的方法拟合离散途经点，以便得到光滑、连续的参考路径。

（3）绘制曲线　使用 Qt 的 paint( ) 函数绘制参考路径。

上述基于电子地图的参考路径是在 Qt 应用程序开发框架内结合百度地图 JavaScript API 生成的。

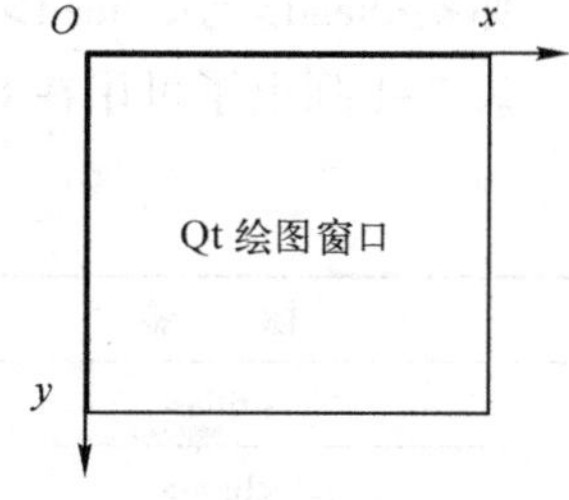

图 7-2　Qt 绘图坐标系

JS 是一种嵌入在 HTML 中的脚本语言，网页可借助 JS 语言为其增添内容[2]。HTML 可用于建立 WEB 网页，HTML 程序由浏览器解析并运行。

图 7-1 中的 JS 端相当于浏览器上的网页，任何在网页上的相关操作都在 JS 端处理。它主要负责加载地图、显示无人车位置以及获取无人车途经点的经纬度坐标等。

7.1.1　百度地图 JS API

百度地图 JS API[3]，可帮助百度地图开发者在网站中添加各类地图操作。百度地图 JS API 提供地图加载、定位和路径规划等一些常用的地图功能。在使用百度地图 JS API 之前需要在百度地图开发平台申请密钥（ak）才可使用。

本节内容属于搭建电子地图平台的基础，旨在介绍百度地图 JS API 的基本使用方法。7.1.2 节中会系统地阐述 Qt 如何内嵌浏览器加载百度地图并实现 JS 端与 Qt 端的信息交互。

JS 端与 Qt 端的信息交互指的是 Qt 可以获取到 JS 端网页上的信息；同时，Qt 端的数据更新也能自动传输给 JS 端，以便 JS 端编辑和更改网页的显示内容。

下面，将在 Geany 集成开发环境下编写 HTML 程序。在 Qt 实现内嵌浏览器之后也可直接在 Qt 上编写 HTML 程序。Geany 是一款轻量级的集成开发环境。在 Linux 终端输入以下命令就可安装 Geany[4]：

```
$ sudo apt -get install geany
```

读者也可使用 txt 文本编辑器来编写 HTML，保存时只需将文件扩展名改为 .html 即可，双击即可在浏览器中运行。

1. 基于百度地图 JS API 的地图显示

地图显示即地图初始化，是开发电子地图的基础。Map 类是百度地图 JS API 的核心，基于 Map 类的地图初始化过程分为两步：首先，在指定容器中创建地图对象，即执行“new BMap. Map("allmap")”；然后，通过调用 Map 类的方法“centerAndZoom( )”设置地图中心点以及地图级别。百度地图的地图级别与地图缩放比例（比例尺）相对应，比例尺与地图级别的对应关系可参考“百度地图拾取坐标系统”网站[5]。

地图初始化后才可利用其他 API 实现定位、获取参考路径途经点等功能。百度地图 JS API 是百度公司封装的、在浏览器端使用的函数接口，开发者可在“百度地图开放平台”网站中查阅到各个 JS API 函数的详细说明。

JS 脚本通过嵌入 HTML 程序中实现其功能。HTML 程序中<html>标签是 HTML 页面的根标签，HTML 的标签通常是成对出现的，如<html>和</html>（这说明：该文件以<html>开头且以</html>结尾，它们分别是 HTML 语言文件的开始和结尾标记)。

标签<head>与</head>分别表示 HTML 头部信息的开始和结尾。它是所有头部标签的容器。表 7-1 列出了可用在 head 中的标签[6]。

表 7-1 HTML head 标签

标签	描述
<title>	定义了文档的标题
<base>	为页面链接规定默认地址
<meta>	提供有关页面的元信息
<script>	定义了客户端的脚本
<link>	定义文档与外部资源的关系
<style>	定义 HTML 文档的样式信息

<body>和</body>这对标签定义了文档的主体，网页中显示的实际内容（如显示的文本、图像、表格等）都包含在这对标签之间。

具体的地图初始化 HTML 程序如下：

```
<html>
<head>
//提供页面的元数据信息
<meta http-equiv="Content-Type" content="text/html; charset=utf-8" />
<meta name="viewport" content="initial-scale=1.0, user-scalable=no" />
<style type="text/css">                    //定义文档样式
body, html,# allmap {width: 100%;height: 100%;overflow: hidden;margin:0;font-family:"微软雅
黑";}                                      //定义 id 为"allmap"的文档区域的内容属性
</style>

/*引入百度地图 API 文件*/
<script type="text/javascript" src="http://api.map.baidu.com/api? v=2.0&ak=百度地图上申请的
密钥(ak)"></script>

<title>电子地图平台</title>
</head>
<body>
<div id="allmap"></div>                    //定义文档中的分区
</body>
</html>

/*百度地图 javascript*/
<script type="text/javascript">            //定义脚本中的文本内容按照 JS 解析
var bm = new BMap.Map("allmap");           //实例化地图
bm.enableScrollWheelZoom(true);            //使能鼠标滚轮缩放地图功能
var new_point = newBMap.Point(123.427055,41.772767);     //创建点坐标
bm.centerAndZoom(new BMap.Point(new_point, 19);     //设置地图中心点为东北大学,地图级别为 19
</script>
```

<meta>标签提供不能由其他标签（如<title>标签）表示的元数据信息。程序中的“http-equiv”属性可模拟一个 HTTP 响应头，帮助浏览器准确无误地显示网页内容。其属性语法格式是“<meta http-equiv="参数" content="参数变量值">”。

程序“http-equiv="Content-Type"”规定了页面使用的字符类型。content 属性则给出了与 http-equiv 或 name 属性相关的值。

程序“content="text/html;charset=utf-8"”表示网页内容格式为文本格式，网页编码方式为 UTF-8 编码方式。

<meta>标签中的“name”属性语法格式与 http-equiv 相同，即“<meta name="参数" content="参数变量值">”。其中参数“viewport”表示网页的显示区域。正确地设置 viewport 可避免网页可视区域比屏幕大而使显示内容与期望不一致。

content 属性值[7]如下。

● initial-scale：规定网页首次显示的缩放比例，其值等于“1”时表示无缩放，按实际比例显示。

● user-scalable：表示是否允许用户手动缩放页面，其值为“no”时禁止手动缩放页面。

<style>标签的 type 属性是其类型属性，规定样式表的 MIME 类型。值“text/css”指示浏览器中的文本内容按照层叠样式表（css）解析。

<div>标签定义了文档的分区，其可将 HTML 文档分割成许多相互独立的部分。<div>的 id 可以标识唯一的<div>标签。“allmap”文档区域对应属性如下。

● width：设置元素的宽度。其值为“100%”时表示设定对象的宽度占父元素的 100%。

● height：设置元素的高度。其值为“100%”时表示设定对象的高度占父元素的 100%。

● overflow：设置当内容溢出元素框时处理事件。其值为“hidden”时表示将溢出的内容去掉，并且其余内容将被隐藏。

● margin：设置网页的所有外边距属性。其值为“0”时表示上下边距和左右边距都为零。

● font-family：指定对应元素的字体。其值为“微软雅黑”时表示其对应元素的字体为微软雅黑。

此处注意，GPS 设备使用的坐标系是 WGS-84 坐标系，而百度地图使用的是 BD-09 坐标系；这两个坐标系互不兼容，但可以对它们的坐标值进行相互转换。使用“百度地图坐标拾取器[5]”网站直接单击其地图即可获得鼠标焦点处相应地理位置的 BD-09 坐标。上述地图初始化过程中用到的坐标（123.424953，41.769891）就是 BD-09 坐标，而非 GPS 经纬度坐标。

运行 HTML 程序之后，地图中心点移动至东北大学且地图级别为 19，并可以通过滚轮缩放地图，地图显示的网页如图 7-3 所示。

图 7-3　地图显示效果图

2. 基于百度地图 JS API 的车辆定位

百度地图 JS API 在网页端也提供了定位服务，如浏览器定位。由于当前车辆的高精度定位信息可从车载 RTK 设备中直接获取，所以实际定位时不必使用百度地图 JS API 方法来获取车辆位置信息，只需要向地图添加当前位置的图像标注即可完成定位。

以下程序给出的定位方式与百度地图 JS API 提供在 Web 端的定位方式不同，这种定位方式是在地图显示的基础上向地图添加车辆位置的图像标注。因此只需将<script>标签中的具体程序更改为如下形式：

```
/*百度地图 javascript*/
<script type="text/javascript">
var bm = new BMap.Map("allmap");
//开启滚轮缩放
bm.enableScrollWheelZoom(true);
//当前无人车的位置
var new_point = new BMap.Point(123.427055,41.772767);
//创建图像标注
var marker = new BMap.Marker(new_point);
//将 marker 图像标注添加到地图中
bm.addOverlay(marker);
//地图中心点移动至车当前位置,设置地图级别为 19
bm.centerAndZoom(new_point, 19);
</script>
```

车辆的定位结果如图 7-4 所示。

图 7-4 所示的定位结果表明可以用此方法实现车辆定位，但以上程序中给出的车辆位置是一个固定的经纬度坐标，网页需要不断地接收车载 RTK 设备的定位信息并实时更新图像标注才能实现实时定位。

在 7.1.3 节中将结合网络通信阐述如何使用 TCP/IP 协议获取车载 RTK 设备的高精度定位信息，并实时地在电子地图上更新车辆位置的图像标注，实现定位功能。

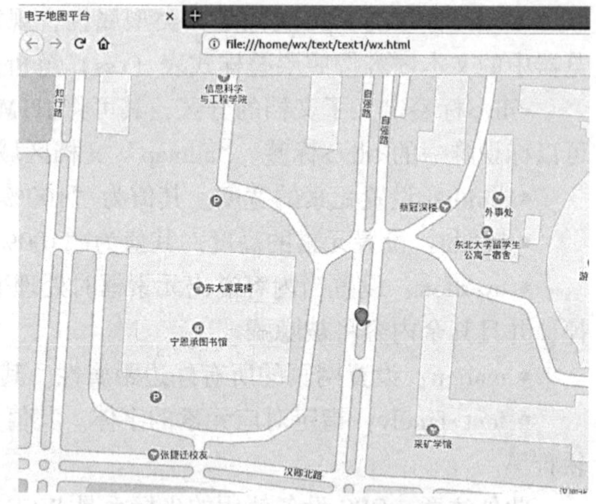

图 7-4　定位结果图

7.1.2　Qt 内嵌浏览器及 JS 端与 Qt 端的信息交互

电子地图平台搭建过程中考虑的因素主要体现在两个方面：其一，电子地图平台能内嵌浏览器加载百度地图并且能在地图上实时更新无人车定位信息，同时也能获取到 JS 端的地图信息，如参考路径途经点；其二，电子地图平台可以与其他平台进行数据交互，如发送参考路径途经点给机器人操作系统 ROS。

本节首先介绍如何在 Ubuntu 系统下使用 Qt Creator 5.12.2 集成开发环境新建 Qt 工程；然后，讲解在 Qt 中内嵌浏览器加载百度地图的方法；最后，完成 JS 端与 Qt 端的信息交互。具体实现过程如图 7-5 所示。

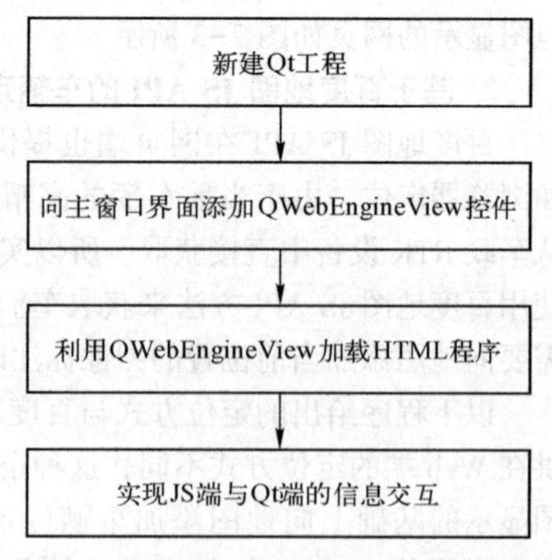

图 7-5　JS 端与 Qt 端信息交互流程图

1. 新建 Qt 工程

1）在 Qt 中单击新建工程，工程类型选择“Application”中的“Qt Widgets Application”，然后单击图 7-6 的“Choose”按钮。

2）设置项目名称以及保存路径，如图 7-7 所示。后续向工程文件夹添加的文件都放在/home/wx/wx_map 当中。

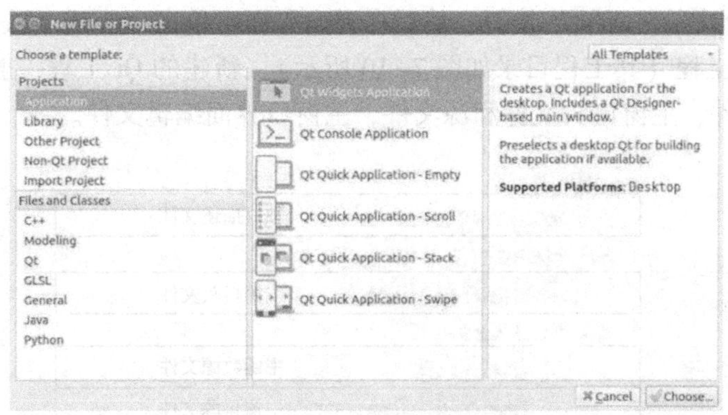

图 7-6　工程类型选择界面

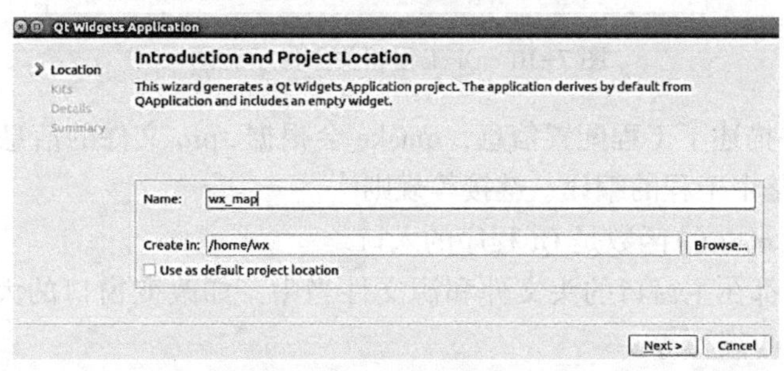

图 7-7　新建的工程名及保存路径示意图

3）如图 7-8 所示，选择 Desktop Qt 5.12.2 GCC 64bit 编译工具。

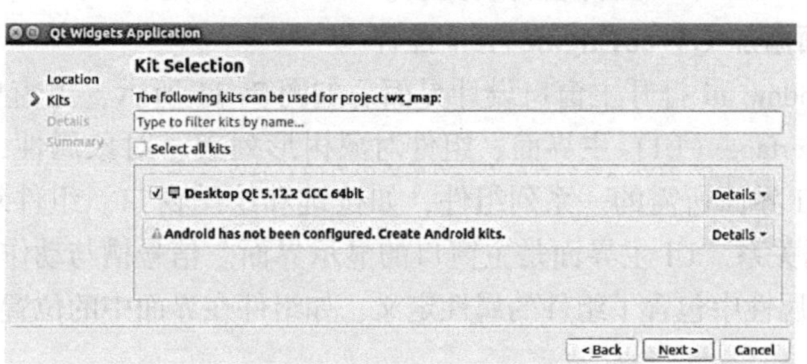

图 7-8　编译工具选择界面

4）如图 7-9 所示，选择界面的基类为“QMainWindow”，并选择带有窗体界面定义文件（.ui 文件）。

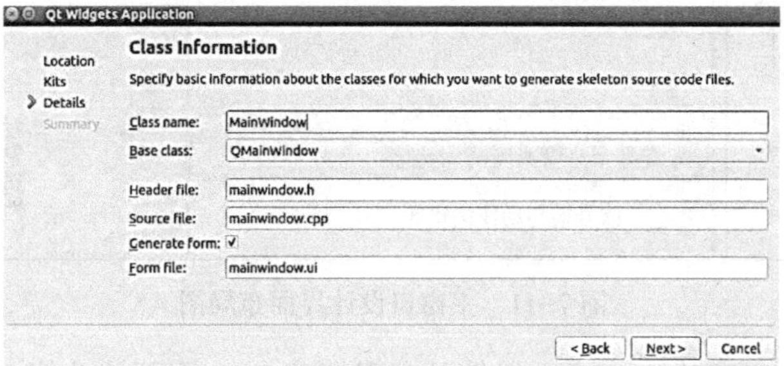

图 7-9　基类信息选择界面

5）单击图 7-9 中的“Next”按钮，然后在弹出界面中单击“完成”按钮。至此便建成了名为 wx_map 的 Qt 工程（其工程目录如图 7-10 所示）。新建的 Qt 工程一般包含 Qt 项目描述文件、主函数源文件、主窗口头文件和源文件、主窗口界面编辑文件。

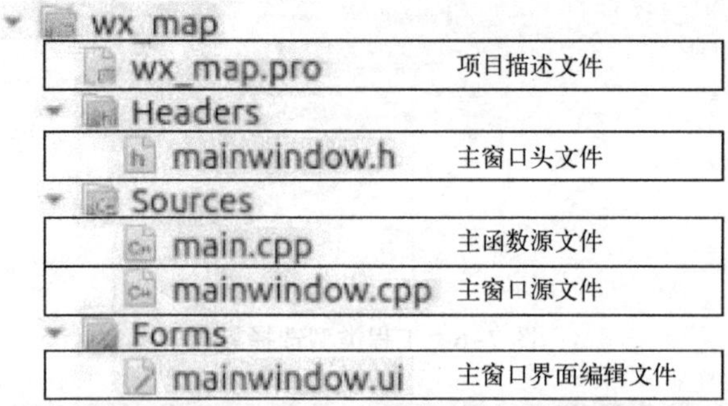

wx_map
wx_map.pro　项目描述文件
Headers
mainwindow.h　主窗口头文件
Sources
main.cpp　主函数源文件
mainwindow.cpp　主窗口源文件
Forms
mainwindow.ui　主窗口界面编辑文件

图 7-10　Qt 工程相关文件示意图

Qt 项目描述文件描述了工程配置信息，qmake 会根据 . pro 文件的信息生成 Makefile 文件，Makefile 文件描述了整个工程的编译、链接等规则[8]。

主函数源文件中 main( ) 函数是 Qt 程序的入口。

对主窗口的编程都在主窗口的头文件和源文件当中，如改变窗口的大小、窗口加载 Web 网页、槽函数的定义与编写等。

主窗口界面编辑文件（mainwindow. ui 文件），是用 XML 语言编写的。它定义了主窗口中的所有组件的属性、布局，以及信号与槽函数的关联等。用 UI Design 可直接进行可视化界面编辑，设计完后 mainwindow. ui 文件会自动更新。

2. 向主窗口界面添加 QWebEngineView 控件

1）双击 mainwindow. ui 打开主窗口设计界面。如图 7-11 所示，主窗口设计界面包含控件（组件）区、User Interface（UI）主界面、组件对象树形列表、对象属性、信号槽与动作编辑区。控件区包含了 UI 界面所需的一系列组件，如按键和绘图窗口。组件对象树形列表包含了各个组件之间的从属关系。UI 主界面是主窗口的显示界面。信号槽与动作编辑区定义组件的信号与槽的关系。对象属性中包含了组件的属性定义，如组件在界面中的位置和组件的大小等。

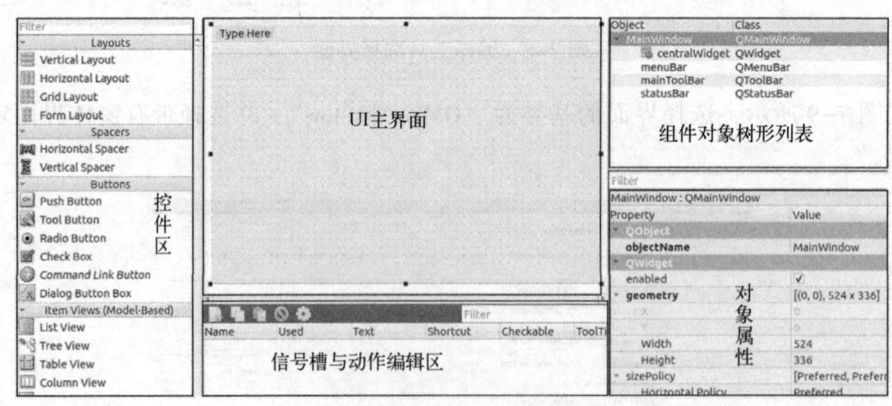

图 7-11　主窗口设计界面布局图

2）在 Qt 上使用 QWebEngineView 组件可实现加载 Web 网页的功能，它是电子地图平台的基础。电子地图平台通过 QWebEngineView 组件显示百度地图 HTML 程序。

将控件区的“Widget”窗口拖拽至 UI 主界面；其次，选中“Widget”，进而右键选择“promote to…”；然后，在“Promoted class name”中填写“QWebEngineView”并单击“Add”，至此将“Widget”升级为“QWebEngineView”；接着，将添加的 QWebEngineView 组件重命名为 m_web，方便后续编程操作；最后，需要在 . pro 文件中添加框架依赖（即 QT += core gui webenginewidgets），否则程序运行时会报错。向主窗口成功添加 QWebEngineView 组件后，UI 主界面如图 7-12 所示。

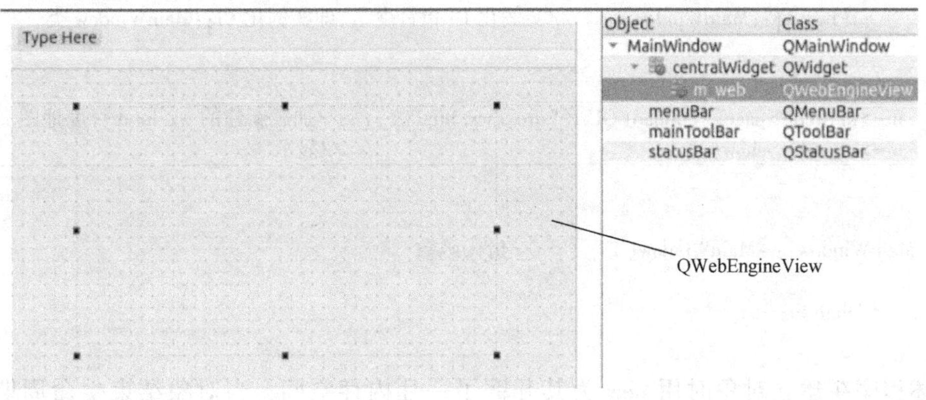

图 7-12　QWebEngineView 窗口示意图

3. 利用 QWebEngineView 运行 HTML 程序

1）选中 Qt 工程，单击鼠标右键选择“Add New…”为工程添加新文件。添加的文件类型为 Qt 资源文件，如图 7-13 所示。

2）添加资源文件。将 7. 1. 1 节中地图定位 HTML 程序 wx. html 复制到/home/wx/wx_map 文件夹中。

首先，选中 Qt 开发环境下工程目录中的 wx_res. qrc，然后，右键选择“Add Existing Files…”把上述 wx. html 文件添加到资源文件中。文件添加完成后，工程目录如图 7-14 所示。

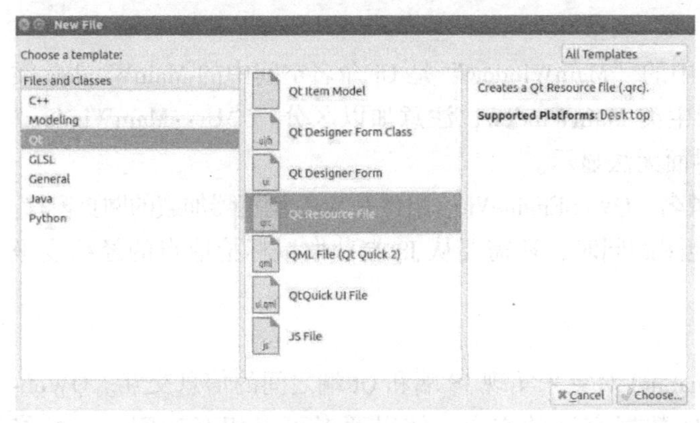

图 7-13　资源文件类型选择图

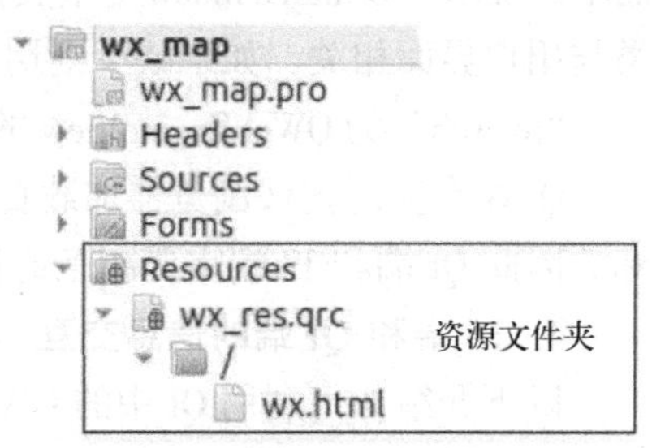

图 7-14　Qt 资源文件夹位置图

3）在主窗口的构造函数中编写程序，运行 HTML 程序并将运行结果显示在 QWebEngineView 上。新建的主窗口源文件（mainwindow. cpp 文件）中包含构造函数 MainWindow( )和析构函数 ~MainWindow( )。

C++语法规则要求在创建一个对象时，首先调用的是该对象的构造函数，通常利用构造函数将对象中的成员数据进行初始化，构造函数的函数名和类名完全相同。

当实例化的对象生命周期结束时，系统将自动执行析构函数释放内存。基于构造函数MainWindow()实现Qt内嵌浏览器功能的代码如下：

```
# include "mainwindow. h"
# include "ui_mainwindow. h"
MainWindow::MainWindow(QWidget * parent) :        //构造函数
    QMainWindow(parent),                          //其基类,也称作父类
        ui(new Ui::MainWindow)      //实例化 Ui 指针变量,即实例化 Ui::MainWindow 类
    {
      ui->setupUi(this);
    ui->m_web->page()->load(QUrl("qrc:/wx. html"));  //加载新建的 wx. html 百度地图文件
    ui->m_web->show();                                //显示

    }
    MainWindow::~MainWindow()          //析构函数
    {
        delete ui;
    }
```

上述程序在建立对象时用new为其开辟了一片内存空间，当对象结束生命周期时调用delete释放内存[9]。

代码“MainWindow::MainWindow(QWidget * parent): QMainWindow(parent)”旨在初始化MainWindow类及其基类的数据成员。

MainWindow类构造函数冒号后的“QMainWindow(parent)”指的是其基类（QMainWindow类）的带参构造函数（parent是其参数）。

派生类与基类的关系是继承与被继承的关系，派生类继承其基类。这类代码格式如下：

```
派生类::派生类构造函数(派生类参数列表):基类构造函数(基类参数列表)
{
    派生类数据成员初始化;
}
```

代码“ui(new Ui::MainWindow)”中的“MainWindow”是Ui命名空间中的MainWindow类而不是继承“QMainWindow”基类的派生类MainWindow，注意加以区分。“Ui::MainWindow”类与用户界面相关，如果缺少则用户界面无法显示。

“m_web”为QWebEngineView的对象名，QWebEngineView组件是Web浏览器加载的网页窗口。

Qt端在实现内嵌浏览器加载百度地图的同时，还需要从JS端获取鼠标拾取点的经纬度坐标。因此Qt端和JS端需要相互通信。

4. JS端和Qt端的信息交互

以下介绍如何利用Qt中的QWebchannel对象来实现JS端和Qt端之间的信息交互。QWebChannel填补了C++和JS应用程序之间数据交互的空白，使得两者可以相互访问。通过将QObject派生对象发布到QWebchannel，JS端可使用“qwebchannel. js”透明地访问QObject的属性和公共槽等资源。无须手动消息传递和数据序列化，C++端的属性更新和信号会自动传输到JS端。此时在JS端为C++发布的QObject创建JS对象（它是C++对象的API[10]）。综上所述，QWebchannel在Qt端和JS端之间充当着桥梁的作用。

基于QWebchannel获得百度地图拾取点的具体步骤如下：

1）在 mainwindow. h 主窗口头文件中添加 QWebchannel 库文件，即# include <QWebchannel>。

2）复制 Qt 安装目录（如\Examples\Qt-5. 12. 2\webchannel\shared\）下的“qwebchannel. js”到工程文件夹，然后将其添加到资源文件中。添加结果如图 7-15 所示。

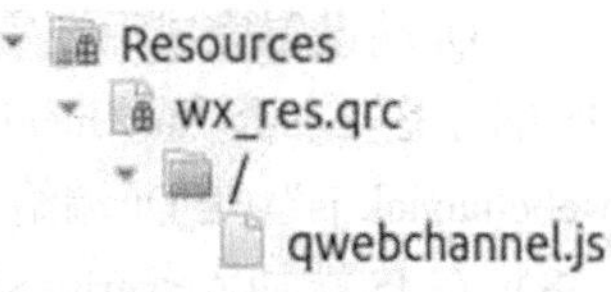

图 7-15　添加了 qwebchannel. js 的资源文件目录

3）在 MainWindow 类的构造函数中注册 QWebchannel 对象，具体程序如下：

```
QWebChannel * channel = new QWebChannel;                //创建 QWebchannel 对象并实例化
channel->registerObject(QString("MainWindow"),this);    //向 QWebchannel 对象注册 Qt 对象
ui->m_web->page()->setWebChannel(channel);              //将设置好的 QWebChannel 对象设置为当前
                                                        //页面的通道
```

4）在 MainWindow 类的头文件（mainwindow. h）中定义槽函数 getCoordinates( )用以接收 JS 端鼠标单击位置的信息。槽函数定义了两个 QString 类型的形参“lon”和“lat”。

形参 lon 和 lat 分别用于接收鼠标单击处的经度坐标和纬度坐标。注意此时定义的槽函数必须是“public slot”类型，而不是“private slot”类型。具体程序如下：

```
class MainWindow : public QMainWindow
{
  Q_OBJECT
public:
  explicit MainWindow(QWidget * parent = nullptr);
  ~MainWindow();
public slots:
  void getCoordinates(QString lon, QString lat);      //接收页面消息的槽函数
private:
  Ui::MainWindow * ui;
};
```

5）在控件区找到 Label 组件（见图 7-16）。继而向 Qt 主界面添加两个 Label 组件，将其命名为“longtitude”和“latitude”用以显示鼠标单击位置的经度和纬度坐标。

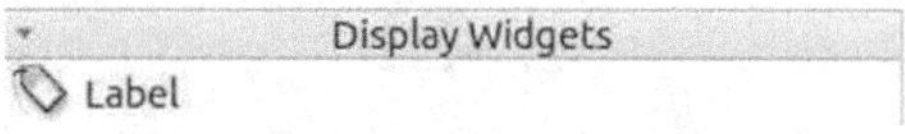

图 7-16　Label 组件示意图

6）在主窗口源文件中编写 getCoordinates( )槽函数，将接收到的经度和纬度通过字符串拼接后赋值给 QString 类型的变量“m_Lon”和“m_Lat”，然后将拼接后的字符串显示在名为“longtitude”和“latitude”两个 Label 上。getCoordinates( )槽函数的具体代码如下：

```
void MainWindow::getCoordinates(QString lon, QString lat)
{
    //接收鼠标单击位置的经度,字符串拼接后赋值给“m_Lon”
    QString m_Lon="Mouse Lontitude:"+lon+"°";
    //接收鼠标单击位置的纬度,字符串拼接后赋值给“m_Lat”
    QString m_Lat="Mouse Lattitude:"+lat+"°";
    ui-> longitude->setText(m_Lon);          //将经度显示在名为 longtidude 的 Label 上
    ui->latitude->setText(m_Lat);            //将纬度显示在名为 latitude 的 Label 上
}
```

至此，完成了 Qt 端的设置，其中包括 QWebchannel 对象的注册、getCoordinates( )槽函数的定义和编写、经纬度的显示等。

7）Qt 端设置完成后还需要设置 JS 端，完成 JS 端设置后 JS 端和 Qt 端就可进行数据交互。在 JS 端标签<head>和</head>之间加入脚本<script src="./qwebchannel.js"></script>。其中“qwebchannel.js”是 Qt 端给 JS 端提供的用于相互通信的 JS 语言文件。

8）在 JS 端加入<script>标签，在<script>标签中新建 QWebchannel 对象并将其实列化，具体代码如下：

```
<script>
    newQWebChannel(qt.webChannelTransport,function(channel){window.bridge=channel.objects.MainWindow;})
</script>
```

代码中的“MainWindow”是步骤 3）中 Qt 端向 QWebchannel 注册的 Qt 对象。参数“qt.webChannelTransport”只有当 Qt 端正确设置 QWebChannel 时才有效，否则“qt”为无定义的变量。“window.bridge”为 JS 端使用的 QWebchannel 对象，与代码中的“MainWindow”对应。

9）在 JS 端中实现鼠标监听，其程序为

```
bm.addEventListener("click",function(e){    window.bridge.getCoordinates(e.point.lng,e.point.lat)    });
```

当鼠标单击地图时会触发对应的回调函数。回调函数将鼠标的经纬度回传到 Qt 端。以上程序中的“getCoordinates()”为步骤 4）中定义的槽函数。参数“e”是回调函数的经纬度信息。“click”参数表示当鼠标单击时触发此回调函数。除了“click”外，还有“dbclick”（双击）、“rightclick”（右键单击）等。

关于百度地图鼠标监听事件的使用，读者也可参阅“百度地图开放平台[3]”中 JS API 的相关内容。

10）如图 7-17 所示，当鼠标单击到东北大学宁恩承图书馆时，JS 端监听到鼠标单击事件后触发回调函数，在回调函数中通过 QWebchannel 对象将鼠标单击位置的经纬度坐标回传到 Qt 端。Qt 端将接收到的经纬度坐标进行字符串拼接，拼接后的结果显示在两个 Label 上。

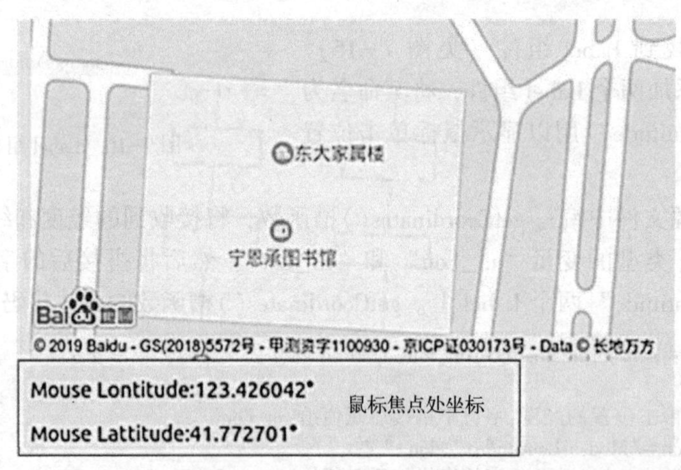

图 7-17　坐标拾取结果图

图 7-17 结果表明，可以通过鼠标单击的方式获取鼠标焦点处的经纬度信息，实现了 JS 端向 Qt 端发送数据的功能。

Qt 端也提供了 C++执行 JS 的方法 runJavaScript()。在 7.1.3 节中将结合网络通信介绍 Qt 端从接收到定位信息到执行 JS 的过程，进而完成实时定位。

7.1.3　电子地图平台的网络通信

电子地图平台与其他平台使用的是不同的应用，故无法直接进行信息交互。网络通信可以解决不同应用程序之间的信息交互，如电子地图平台与 ROS 平台的信息交互。TCP/IP 是一种传输层通信协议，它应用于各类应用程序之间的通信。

本节主要介绍 Qt 如何通过网络通信方式接收到车载 RTK 的定位信息，并在百度地图上实时更新车辆位置的图像标注。从 Qt 子线程的建立到实现实时定位功能的过程涉及：子线程的创建、数据处理（坐标转换）、信号和槽通信以及 JS 的 C++执行等步骤。实时定位的实现过程如图 7-18 所示。

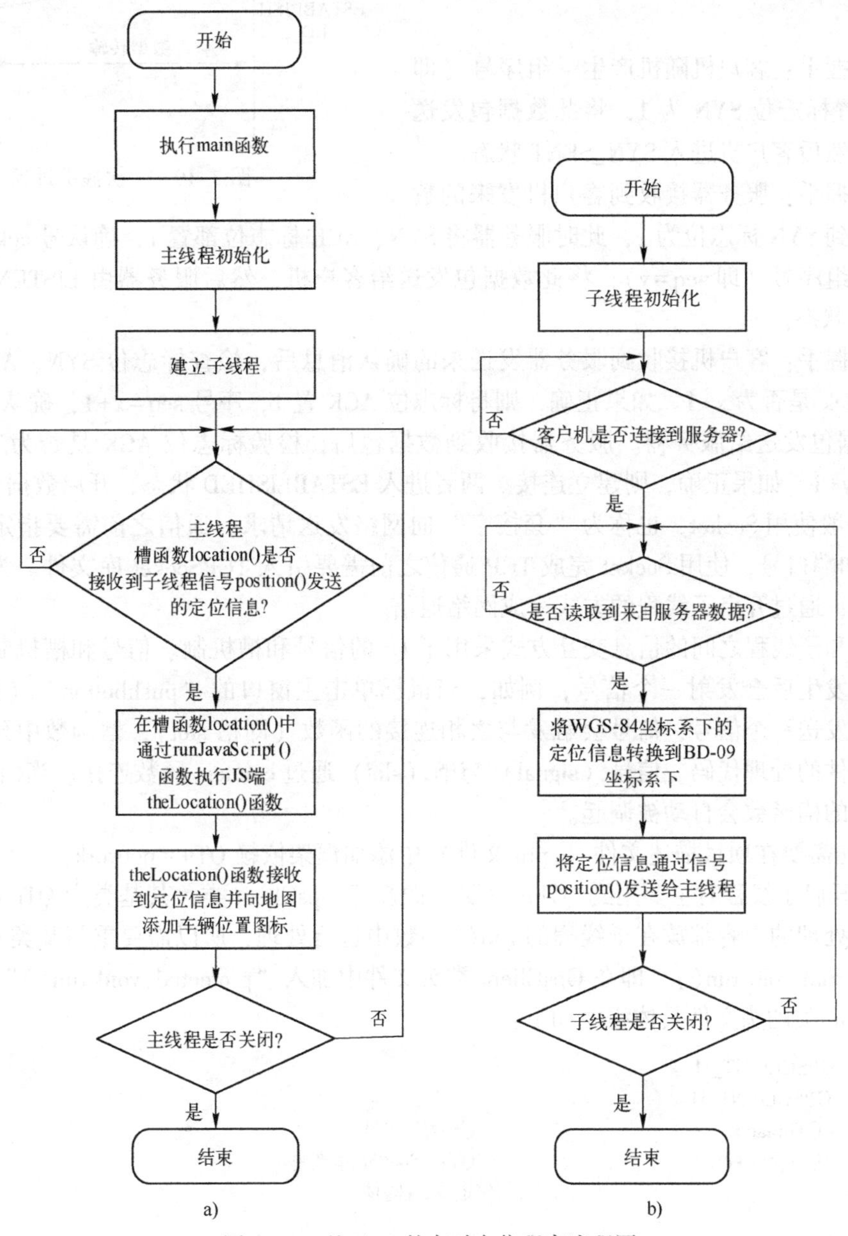

图 7-18　基于 Qt 的实时定位程序流程图
a）主线程流程图　b）子线程流程图

为了提供可靠的数据传送，TCP 在传递数据之前会进行“三次握手”，所谓的“三次握手”也就是当客户机与服务器建立连接以后，客户机和服务器之间相互发送特定顺序的数据包，并等待对方确认[11]。当完成三次握手时，两者便可开启数据传输。三次握手过程如图 7-19 所示。

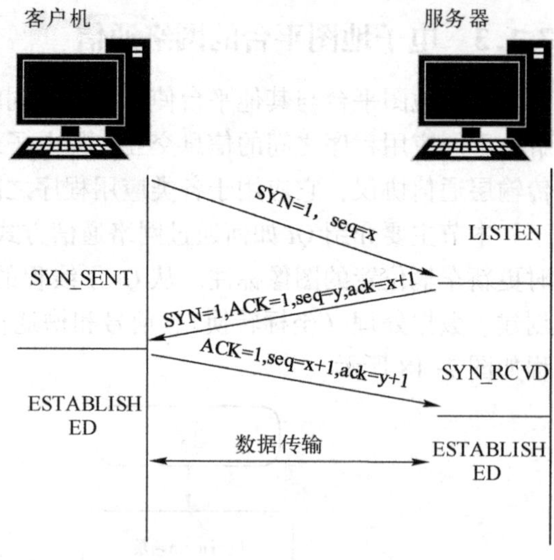

图 7-19　三次握手过程

图 7-19 中的 SYN 与 ACK 为 TCP 报文中的标志位，seq 为序号，ack 为确认号。在客户机与服务器连接之前，服务器需处于 LISTEN（监听）状态。

第一次握手：客户机随机产生一组序号（即 seq=x）并置标志位 SYN 为 1，将此数据包发送给服务器，然后客户机进入 SYN_SENT 状态。

第二次握手：服务器接收到客户机发来的数据包，检验到 SYN 标志位为 1，此时服务器将 SYN、ACK 标志位都置 1，确认号 ack=x+1，并随机产生一组序号（即 seq=y），将此数据包发送给客户机，然后服务器由 LISTEN 状态进入 SYN_RCVD 状态。

第三次握手：客户机接收到服务器发送来的确认消息后，检查标志位 SYN、ACK 是否为 1，确认号 ack 是否为 x+1。如果正确，则将标志位 ACK 置 1，序号 seq=x+1，确认号 ack=y+1，将此数据包发送给服务器。服务器接收到数据包后，检验标志位 ACK 是否为 1，确认号 ack 是否为 y+1，如果正确，则建立连接。两者进入 ESTABLISHED 状态，开启数据传输。

Qt 中一般使用 Socket，也称为“套接字”向网络发送请求，通信之前需要指定通信目标的 IP 地址和端口号，使用 Socket 完成 TCP 通信之前需要引入 TCPSocket 库文件。为了保证主线程的畅通，通过开启子线程的方式完成网络通信。

主线程和子线程之间的信息交互方式采用了 Qt 的信号和槽机制。信号和槽机制指的是当某一个事件发生后会发射一个信号，例如，当鼠标单击主窗口的“pushbutton”（按键）时，程序会立即发送一个信号，信号会触发与之相连接的函数（即槽 slot），槽函数中预先存放着对该单击事件的处理代码。信号（signal）与槽（slot）通过 connect 函数连接。当信号发出时，和信号相连的槽函数会自动被调起。

1）首先需要在项目描述文件（. pro 文件）中添加框架依赖 QT+=network。

2）Qt 开启子线程时主要用到 QThread 类，故新建 GpsClient 类，其基类为 QThread 类。需要在子线程处理的内容都放在子线程的 run( ) 函数中进行处理，所以需要重写基类 QThread 中的虚函数 virtual void run( )。即在 GpsClient 类头文件中加入“protected:void run( )”。

GpsClient 类的头文件具体程序如下：

```
# ifndef  GPSCLIENT_H
# define  GPSCLIENT_H
# include <QThread>                          //线程库文件
# include <QTcpSocket>                       //QTCPSocket 库文件
struct Loc                                   //定义结构体
{
  double lon;
  double lat;
```

```
};
class GpsClient : public QThread
{
    Q_OBJECT
public:
    GpsClient(QObject * parent = nullptr);
signals:
    void position(double lng,double lat);       //定义一个信号用来发送经纬度坐标给主线程
protected:
    void run();                                 //重写 run 函数
private:
    QTcpSocket * tcpSocket;                     //声明一个 QTcpSocket 类型的指针变量
        /* 以下定义的函数和变量只与坐标转换相关 */
        Loc wgs2gcj(Loc gps);                   //坐标转换函数,将 WGS-84 坐标转换到 GCJ-02 坐标
        Loc gcj2bd(Loc gg);                     //坐标转换函数,将 GCJ-02 坐标转换到 BD-09 坐标
}
# endif // GPSCLIENT_H
```

WGS-84 坐标系下的 GPS 经纬度定位信息需要通过坐标转换才能正确显示在百度地图 BD-09 坐标系下。在 GpsClient 类的头文件中定义“public signals”类型的信号“position( )”。此处 position( )的作用是将坐标转换结果发送给主线程。

在主线程中需要定义对应的槽 location(double lng,double lat)来接收子线程发送给主线程的数据，其中槽函数的定义详见下文。这也表明 Qt 中不同类之间可以通过信号和槽的方式进行数据交互。

程序中结构体“Loc”用以刻画某点的经纬度坐标，后续的数据处理环节（经纬度的转换）需要用到 Loc 类型。合理地使用结构体可以提高编程的效率和简化程序。

坐标变换程序包含了 WGS-84 转 GCJ-02 坐标和 GCJ-02 坐标转 BD-09 坐标，总共需要两次变换才能将 WGS-84 坐标转换成 BD-09 坐标，使 RTK 设备提供给地图平台的高精度定位信息和百度地图 BD-09 坐标系相匹配。

3）在 GpsClient 类的构造函数中实例化 QTcpSocket，初始化成员变量。子线程的 run( )函数中包括了以下过程：

- 利用 QTcpSocket 与服务器建立连接；
- 读取服务器发送的数据；
- 实现 WGS-84 坐标向 BD-09 坐标转换；
- 将读取的数据发送给主线程。

需要注意的是，TCP 服务器程序应该在 Qt 开启子线程之前就进入 LISTEN（监听）状态，以确保 TCP 客户端与服务器成功连接。

因为 WGS-84 坐标转换成 BD-09 坐标的过程和 JS 端向地图添加车辆位置的图像标注时（创建点坐标）都需要单独的经度和纬度坐标，然而 TCP 服务器是以“经度，纬度”字符串形式发送的定位信息（如 123.425955，41.771173）。所以需要在 run 函数中使用“split( )”函数将该字符串分割成字符串数组，分离定位信息中的经度和纬度。

在 run 函数中 tcpSocket 首先与 IP 地址为 127.0.0.1，端口号为 65500 的服务器建立连接，连接成功后调用 tcpSocket 的 write 函数向服务器发送字符串“GPS Client connected!”，确认连接成功；然后程序进入循环语句，该循环中先判断 tcpSocket 是否准备好接收服务器发送的数据，如果 tcpSocket 已准备就绪，则调用 readAll( )函数读取所有服务器发送的数据并将其存到

字符串“data”中。

如果成功读取到服务器数据，即字符串 data 不为空时，使用 split( ) 函数将 data 的经度和纬度分离，然后完成坐标转换。最后，将转换结果通过信号和槽的通信方式发送给主线程。

GPSClient 类在 MainWindow 类的构造函数中实例化，具体实例化详见下文。GpsClient 类的源文件如下：

```
# include "gpsclient. h"
GpsClient::GpsClient(QObject * parent) :QThread (parent)
{
  tcpSocket = new QTcpSocket();      //实例化 QTcpSocket 对象
}
void GpsClient::run()
{
  tcpSocket->connectToHost("127. 0. 0. 1", 65500);  //与 IP 地址是 127. 0. 0. 1,端口号为 65500 的服
                                                    //务器相连接
  tcpSocket->write("GPS Client connected!");       //连接成功后向服务器发送数据,确认连接
  for (;;)
  {
    if (tcpSocket->waitForReadyRead())             //判断 tcpSocke 是否准备好接收数据
    {
      QString  data = tcpSocket->readAll();        //读取服务器发送的数据
      if(data!="")
      {
        QStringList array = data. split(',');      //以,分割字符串 data 并将各个字符串存到字符
                                                   //串 array 中,从而分离经纬度坐标
          Loc gpscoord;
          gpscoord. lon = array[0]. toDouble();    //得到当前位置的经度坐标
          gpscoord. lat = array[1]. toDouble();    //得到当前位置的纬度坐标
          /*开始坐标转换*/
          gpscoord = wgs2gcj(gpscoord);            //将 WGS-84 坐标下的定位信息转换到 GCJ-02 坐标

          gpscoord= gcj2bd(gpscoord);              //将 GCJ-02 坐标下的定位信息转换到 BD-09 坐标

          double lng;
          double lat;
          lng = gpscoord. lon;                     //将 gpscoord 的经度赋给 lng
          lat = gpscoord. lat;                     //将 gpscoord 的纬度赋给 lat
          emit position(lng,lat);                  //将转换过后的经纬度发送给主窗口
      }
    }
  }
}
```

4）子线程设置完成后，需要在主线程的头文件（mainwindow. h）中声明一个 GpsClient 类型的指针变量“MyGps”与槽函数“location( )”，槽函数 location( )用以接收子线程向主线程发送的数据。相关定义的具体程序如下：

```
private slots:
void location(double lng,double lat);     //定义槽函数用来接收子线程发送过来的数据
private:
  GpsClient * MyGps;                     //声明一个 GpsClient 类型的指针变量
```

5）在主线程的构造函数 MainWinddow( )中实例化 GpsClient 类以及建立子线程信号

position( )与主线程槽函数 location( )的连接。具体方法如下：

```
MyGps =new GpsClient( );
QObject::connect(MyGps, SIGNAL(position(double,double)), SLOT(location(double,double)));
```

6）QWebEnginView 也提供了 Qt 端执行 JS 的方法 runJavaScript( )。Qt 端执行 JS 的具体代码如下：

```
void MainWindow::location(double lng,double lat)   //lng 为车辆位置的经度,lat 为车辆位置的纬度
{
/*以下这段代码指的是运行 JS 端的"theLocation()"函数,函数的形参为子线程发送给主线程的车辆定位信息*/
    ui->m_web->page()->runJavaScript(QString("theLocation(%1,%2)").arg(lng, 0, 'g', 10).arg(lat,
                0, 'g', 10));  //C++向页面发送请求
}
```

程序中 runJavaScript( )函数里的“theLocation( )”是百度地图 JS 程序中定义的函数。字符串（“theLocation(%1,%2)”）中的“%1”和“%2”表示函数的形参。

“.arg(lng, 0, 'g', 10)”表示用 lng 变量的值代替字符串“theLocation(%1,%2)”中的“%1”。其中 lng 的最低字宽为 0；参数格式为 g；精确度（整数位个数与小数位个数总和）为 10。

参数格式为“f”时，表示 lng 变量使用十进制计数法计数。为“e”或者为“E”时使用科学计数法计数。参数格式为“g”时，选择格式“e”“f”计数。若 e 格式使 lng 的计数方式更简洁，则使用 e 格式计数；反之，选择 f 格式计数。更详细的 arg( )函数使用方法请参阅 Qt 文档[12]。

代码“.arg(lat, 0, 'g', 10)”表示用 lat 的值代替字符串（“theLocation(%1,%2)”）中的“%2”。

7）在 JS 端标签<script type="text/javascript">和</script>之间编写函数 theLocation( )。与 7.1.1 节相比，此时的车辆位置不再是一个固定值而是通过 TCP/IP 接收到的车载 RTK 高精度定位信息。步骤 6）将槽函数（location(double lng,double lat)）中的 lng 与 lat 变量分别赋值给 JS 端函数 theLocation(longitude,latitude)中的 longitude 与 latitude 变量。theLocation( )函数的具体代码如下：

```
function theLocation(longitude, latitude)   //槽函数 location()的 lng 赋值给 longitude,lat 赋值给 latitude
{
    if(longitude != "" && latitude != "")
    {
        bm.clearOverlays();                                  //清除所有的覆盖物
        var new_point = new BMap.Point(longitude,latitude);  //创建车辆位置的点坐标
        var marker = new BMap.Marker(new_point);             //创建图像标注
        bm.addOverlay(marker);                               //将图像标注添加到地图中
        bm.setCenter(new_point);                             //移动地图中心至标注点
    }
}
```

8）步骤 1）~7）介绍了从子线程接收 RTK 高精度定位信息到实现定位功能的整个过程。以下方法介绍如何在主线程中开启子线程。在 MainWindow 类的构造函数中加入以下代码即可开启子线程：

```
MyGps->start();          //开启线程
```

程序执行 start()函数后子线程的 run 函数会自动被调起。执行 run 函数后，接收来自 TCP 服务器发送的数据；然后，子线程将数据发送给主线程；接着，主线程槽函数接收到子线程发来的数据；最后，主线程在槽函数中通过 runJavaScript()函数与 JS 进行数据交互，从而将无人车的实时位置显示在百度地图上。

7.1.4 参考路径生成

全局路径也称为参考路径，是指引无人车从起点到终点的安全路线。局部路径是由路径规划算法以全局路径作为引导路径，并结合传感器信息实时规划的车辆实际跟踪路径。下面介绍基于人工指定的无人车途经点由电子地图生成参考路径的方法。

电子地图平台的视图窗口主要由 Graphic View 显示组件和 QWebEngineView 组件构成，其空间关系示意图如图 7-20 所示。在本节中，QWebEngineView 用于加载 Web 网页，而 Graphic View 用于显示绘制的参考路径。

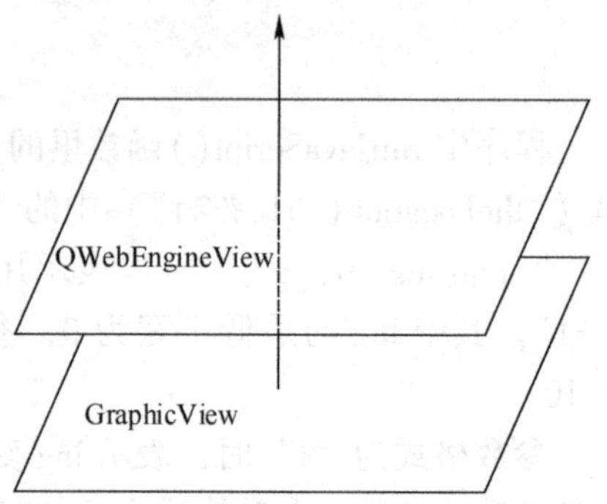

图 7-20　QWebEngineView 与 Graphic View 空间关系示意图

Graphic View 是观察 QGraphicScence（场景）的视图窗口。场景作为 QGraphicItem（图元）的容器，负责存储各个图元。图元则负责完成相应的绘制任务。

QGraphicScence 可调用 addItem()函数将需要显示的图元加入场景中，若要移除图元时可调用 removeItem()函数。

场景作为存储图元的容器可以高效管理各个图元，但它没有可见的外观，必须通过与之相对应的 Graphics View 加载视图，才能与外界交互。简而言之就是在场景中加载各个图元，最后通过 Graphics View 显示。

在绘制参考路径之前需要创建两个对象，一个是继承 QGraphicItem 类的图元对象，用于绘制参考路径；另一个是继承 QGraphicScence 类的场景对象，用以管理图元并通过 Graphics View 显示。因此参考路径的生成分成以下 3 步。

1. 创建图元对象

1）在 Qt 工程中创建“Item”类，其同时继承了 QGraphicsItem 类和 QObject 类。在 Item 类中需要重载 boundingRect()函数和 paint()函数。

boundingRect()函数返回值是 QRetcF（矩形区域），它规定了图元的边界为一个矩形，所有的绘图都限制在矩形图元的边界内。paint()函数是 Qt 的绘图函数。

paint()函数通常由 QGraphicView 调用，在 Graphic View 坐标系中 paint()函数使用“painter”（画笔）绘制图元内容。paint()函数的形参“option”为图元提供样式选择（如状态、公开区域及其详细级别的提示）。paint()函数的形参“widget”表示可指定 widget 绘图。

新建的 Item 类的头文件具体程序如下：

```
# ifndef ITEM_H
# define ITEM_H
# include <QObject>
# include <QGraphicsItem>      //添加 QGraphicsItem 库文件
# include <QPainter>           //添加 QPainter 库文件,在 paint 函数中使用 painter 绘图
class Item : public QObject,public QGraphicsItem   //同时继承 QGraphicsItem 与 QObject
{
```

```
    Q_OBJECT
    public:
        explicit Item(QObject * parent = nullptr);
        QRectF boundingRect() const;        //矩形图元,定义了绘图范围
        //绘图都在 paint 函数内
        void paint(QPainter * painter, const QStyleOptionGraphicsItem * option,QWidget * widget);
    private:
        QRectF m_boundingRect;              //定义矩形,指定绘图区域在这矩形范围内
};
#endif // ITEM_H
```

2）在 Item 类的构造函数中给矩形绘图区域赋值，“m_boundingRect.setRect(0,0,100,100)”表示设置矩形（m_boundingRect）的左上角顶点的坐标为（0,0），右下角顶点的坐标为（100,100）。boundingRect()函数返回矩形绘图区域。在 paint()函数中定义了新的画笔，画笔不仅定义了如何绘制线条和轮廓，还设置了文本颜色。

在以下程序中使用 paint()函数绘制端点坐标（0,0）到（100,100）的线段，用于测试绘图效果。Item 类的源文件如下：

```
#include "item.h"
Item::Item(QObject * parent) : QObject(parent)
{
    m_boundingRect.setRect(0,0,100,100);    //给矩形绘图区域赋值
}
QRectF Item::boundingRect() const
{
    return m_boundingRect;                  //返回矩形绘图区域
}
void Item::paint(QPainter * painter, const QStyleOptionGraphicsItem * option, QWidget * widget)
{
QPen pen(Qt::black);                        //定义画笔
        pen.setWidth(3);                    //绘制的粗细为 3
        painter->setPen(pen);               //将 paint 的 pen 设置为给定的 pen
        painter->drawLine(0,0,100,100);     //绘制端点坐标(0,0)到(100,100)的线段
}
```

2. 创建场景对象

1）在 Qt 工程中创建“Scene”类，其基类为 QGraphicsScene 类。Scene 类是 QGraphicsScene 的子类，所以它也是图元的容器，可以管理各个图元，也能发送 Scene 类的坐标（下文统称为当地坐标）给主窗口（MainWindow 类）。

为了实时掌握绘图区域内鼠标单击处的坐标，需要在 Scene 类中引入 QGraphicsScene 鼠标事件，用于获取鼠标单击处的当地坐标。当鼠标单击到 Graphic View 组件时，触发 mousePressEvent()函数。mousePressEvent(QGraphicsSceneMouseEvent *)函数定义了 QGraphicsSceneMouseEvent 类型的形参。在 mousePressEvent()函数中，cursorChanged()信号将鼠标单击处的当地坐标发送给 MainWindow 类。MainWindow 类接收到当地坐标后将其显示在主窗口的状态栏中。Scene 类的头文件如下：

```
#ifndef SCENE_H
#define SCENE_H
#include <QObject>
#include <QGraphicsScene>
```

```
# include <QGraphicsSceneMouseEvent>        //引入 QGraphicsScene 鼠标事件
# include "item. h"
class Scene : public QGraphicsScene
{
    Q_OBJECT
    public:
        explicit Scene(QObject * parent = nullptr);
    signals:
        //定义一个信号,将鼠标单击处的当地坐标发送到主窗口
        void cursorChanged(const QPointF &pos, const QPointF &scenePos, const QPointF
                &screenPos);
    protected:
        //重载鼠标按压事件,用于获取鼠标单击处的当地坐标
        void mousePressEvent(QGraphicsSceneMouseEvent *);
    private:
        Item * item;                          //声明 Item 类指针
};
# endif // SCENE_H
```

cursorChanged(const QPointF &pos,const QPointF &scenePos,const QPointF &screenPos)信号定义了三个 QPointF 类型参数：pos、scenePos 和 screenPos。QPointF 类定义了平面中 float 型的点。pos、scenePos、screenPos 表示鼠标单击处的图元坐标、当地坐标以及屏幕坐标。

2）在 Scene 类的构造函数中实例化 Item 类，并将 item 图元对象添加到 Scene 类中。重载 QGraphicsScene 类的鼠标单击事件触发函数，即 mousePressEvent( )函数。mousePressEvent( )函数的作用是获取鼠标单击处的当地坐标。Scene 类的源文件如下：

```
# include "scene. h"
Scene::Scene(QObject * parent) :QGraphicsScene(parent)
{
    item=new Item;                //实例化 Item 类
    addItem( item);               //并将图元添加到 Scene 中
}
//用于获取鼠标单击处的当地坐标
void Scene::mousePressEvent(QGraphicsSceneMouseEvent * event)
{
    //将鼠标单击处的当地坐标发送给主窗口
    emit  cursorChanged(event->pos(), event->scenePos(), event->screenPos());
}
```

cursorChanged(event->pos( ), event->scenePos( ), event->screenPos( ))信号中的 event->pos、event->scenePos( )、event->screenPos( )分别表示此时鼠标单击处的图元坐标、当地坐标以及屏幕坐标。

3）在 MainWindow 类的头文件中引入 Scene 类的头文件，即# include "scene. h"。同时定义“onCursorChanged( )”槽函数用于接收 Scene 类发送的当地坐标。同时需要声明一个 Scene 类的指针变量，用于实例化 Scene 类。在主窗口头文件中添加的具体程序如下：

```
private slots:
//接收 Scene 的当地坐标
void onCursorChanged(const QPointF &pos, const QPointF &scenePos, const QPointF &screenPos); private:
    Scene * my_scene;  //声明一个 Scene 类的指针变量
```

4）打开主窗口界面编辑文件（即 Qt 中的 Design），在控件区将 Graphics View 窗口添加到

UI 主界面，在两个窗口相互叠加时将 Graphics View 窗口放在 QWebEngineView 窗口下方，否则就只显示 QWebEngineView 窗口。

在主窗口的构造函数 MainWindow( )中实例化 Scene 对象，并建立 Scene 类的信号“cursorChanged( )”与主窗口的槽函数 onCursorChanged( )之间的连接。在主窗口的构造函数中添加的具体程序如下：

```
my_scene=new Scene(this);  //实例化 Scene 类
ui->graphicsView->setScene(my_scene);   //使用 graphicsView 组件显示 Scene 类

//连接“Scene”类的信号“cursorChanged”与主窗口的槽函数“onCursorChanged”
QObject::connect(my_scene,SIGNAL(cursorChanged(QPointF,QPointF,QPointF)),this,SLOT(
                    onCursorChanged(QPointF, QPointF, QPointF)));
```

5）编写 onCursorChanged( )槽函数，其中 statusBar 为 Qt 的状态栏。

```
void MainWindow::onCursorChanged(const QPointF &pos, const QPointF &scenePos, const QPointF
                    &screenPos)
{

ui->statusBar->showMessage("pos : (" + QString::number(pos.x()) + ", " + QString::number(pos.y()) +
            "); " + "scenePos : (" + QString::number(scenePos.x()) + ", "  + QString::
                number(scenePos.y()) + "); " +"screenPos : (" + QString::number(
                screenPos.x()) + ", " + QString::number(screenPos.y()) + ")" );
}
```

绘图结果如图 7-21 所示，其中白色框是 Graphics View 窗口。根据状态栏的显示可得知此时鼠标单击处的图元坐标为（0,0）；当地坐标为（198,116）；屏幕（即显示器）坐标为（638,345）。

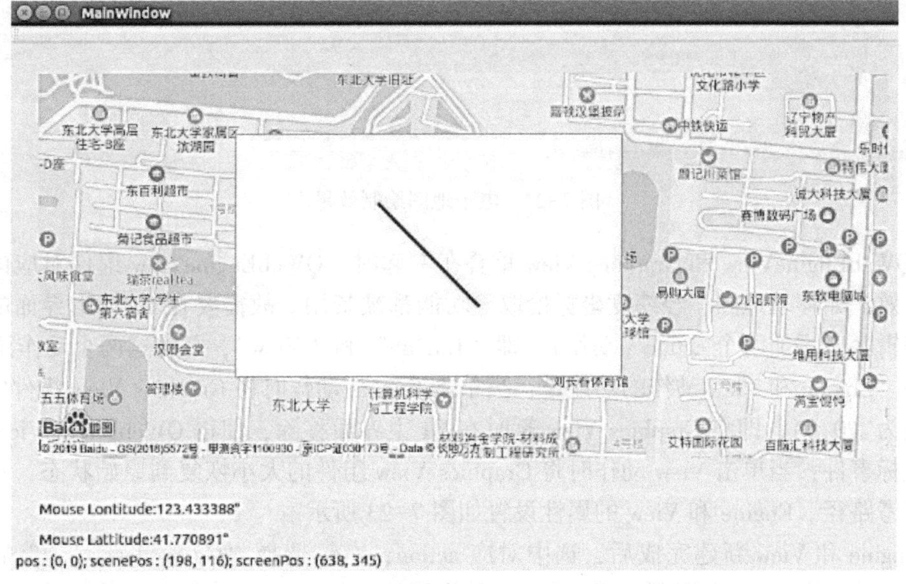

图 7-21　GriphicsView 绘图效果

6）图 7-21 结果表明，可以使用 Qt 的 Graphics View 显示绘制的参考路径，其中 Graphics View 组件中的黑色线段的端点为（0,0）到（100,100）。要完成绘制参考路径还需对 Graphics View 做以下处理：

• 将 Graphics View 的高度和宽度以及在屏幕中的相对位置调整到和 QWebEngineView 基本一致，也就是尽量使它们重叠。

• 在主窗口的构造函数中加入 Qt 程序代码“ui->graphicsView->setStyleSheet("background：transparent")”，将 Graphics View 的背景设置为透明状态。

• 更改 Item 类的绘图区域，设置的矩形绘图区域一般比 Graphics View 的高和宽稍小，避免因矩形绘图区域过大导致绘制的轮廓和线条发生位移。如图 7-21 中 Graphics View 的高为 400，宽为 900；并使用代码“m_boundingRect. setRect(0,0,898,398)”对矩形绘图区域的大小进行更改。

• 重新绘制线段，线段的端点为（0,0）和（898,398）。在 paint()绘图函数中加入 Qt 程序代码“painter->drawLine(0,0, 898,398)”绘制对应的线段。

改进后的电子地图显示效果如图 7-22 所示。

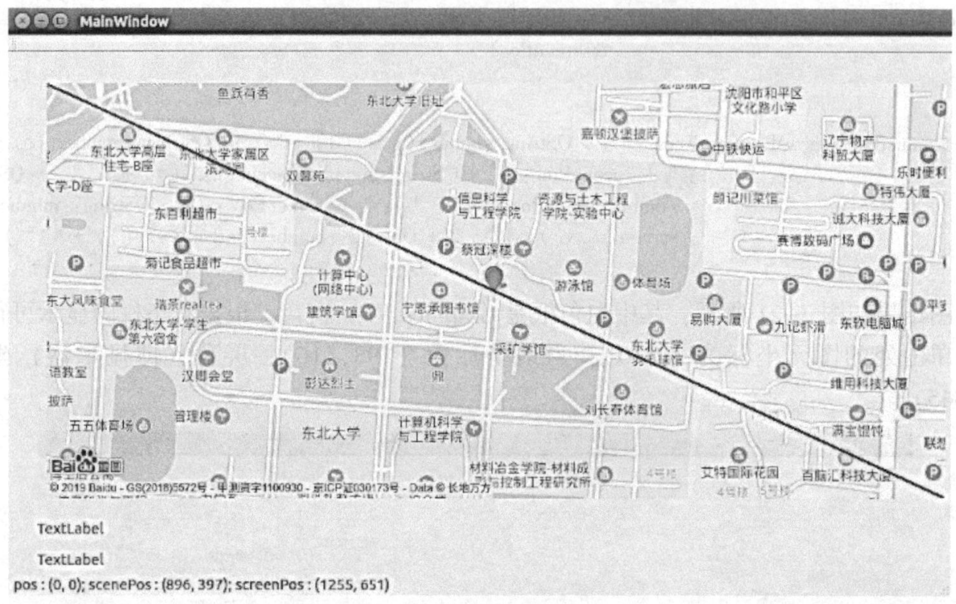

图 7-22　电子地图绘制效果

7）QWebEngineView 和 Graphics View 重叠在一起时，QWebEngineView 组件对应的鼠标监听事件失效，如移动地图、经纬度坐标拾取等功能都被禁用。故需要在 UI 编辑界面的信号槽与动作编辑区中添加两个 action（动作），即“Engine”和“View”，并将这两个动作添加到 Qt 工具栏中。Engine 和 View 动作的功能是，当单击 Engine 动作时将 Graphics View 组件的高度和宽度设置为（0,0），即将 Graphics View 暂时在 UI 主界面移除，使得 QWebEngineView 组件恢复监听鼠标事件；当单击 View 动作时将 Graphics View 组件的大小恢复到原始状态，从而显示绘制的参考路径。Engine 和 View 的属性设置如图 7-23 所示。

当 Engine 和 View 新建完成后，选中对应 action，右键选择“Go to slot…”，然后再选择“triggered()”，编写 action 的槽函数。action 的作用是当单击“action”时，其相应的槽函数被触发。Engine 和 View 动作的槽函数程序如下：

```
void MainWindow::on_actionView_triggered()          //动作 View 的槽函数
{
    ui->graphicsView->setMinimumSize(900,400);
```

```
    ui->graphicsView->setMaximumSize(900,400);
}
void MainWindow::on_actionEngine_triggered()        //动作 Engine 的槽函数
{
    ui->graphicsView->setMinimumSize(0,0);
    ui->graphicsView->setMaximumSize(0,0);
}
```

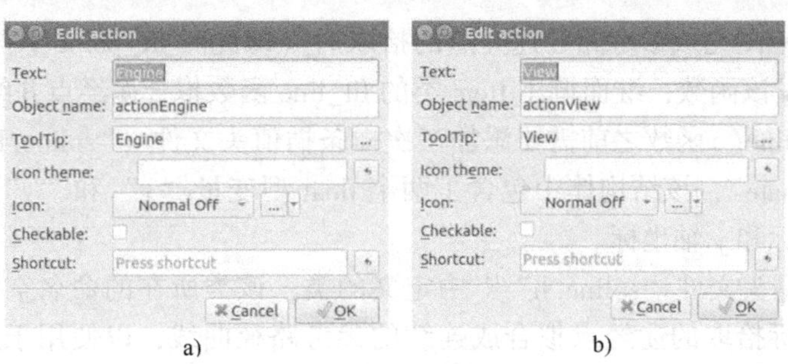

图 7-23　Engine 与 View 动作属性图

该程序中（900,400）分别为 Graphics View 组件的宽度和高度。

3. 绘制参考路径

参考路径的绘制经过以下 4 个步骤：首先，在地图上获取参考路径的途经点；其次；将途经点的 BD-09 坐标转换到当地坐标系下；然后，使用三次样条插值的方法拟合参考路径途经点；最后，绘制参考路径曲线。具体过程如下。

1）首先需要定义 QSting 类型的全局变量“fit_point”，用以存储从 JS 端获取到的一系列参考路径途经点。然后在 7.1.2 节的 getCoordinates( )槽函数中加入代码：fit_point =fit_point +lon +"," +lat+";"，从而获取地图上鼠标单击处的经纬度信息，此时 getCoordinates( )槽函数代码如下：

```
void MainWindow::getCoordinates(QString lon, QString lat)
{
    QString m_Lon="Mouse Lontitude:"+lon+"°";  //接收鼠标单击位置的经度,字符串拼接后赋值
                                               //给"m_Lon"
    QString m_Lat="Mouse Lattitude:"+lat+"°";  //接收鼠标单击位置的纬度,字符串拼接后赋值
                                               //给"m_Lat"
        ui-> longitude->setText(m_Lon);        //将经度显示在名为 longitude 的 Label 上
        ui->latitude->setText(m_Lat);          //将纬度显示在名为 latitude 的 Label 上
        fit_point =fit_point +lon+","+lat+";"; //将选取的无人车途经点存储在 fit_point 字符串中
}
```

fit_point 是存储途经点经纬度的字符串，fit_point 字符串中不同的参考路径途经点以“;”隔开，每个途经点的经度和纬度以“,”隔开。

在主窗口的头文件中定义 QSting 类型的全局变量“fit_point”并声明一个“Item”类指针，相关定义程序如下：

```
private:
    QString fit_point="";         //定义一个 QString 类型的变量
    Item *item;                   //声明一个 Item 类的指针
```

2）向 UI 主界面中添加“pushbutton”（按键），命名为“fitline”。选中“fitline”再右键

选择“Go to slot…”；然后选择“click()”编写按键的槽函数。“fitline”按键的作用是当单击按键时触发其对应的槽函数“on_fitline_clicked()”，其程序如下：

```
void MainWindow::on_fitline_clicked()
{
    item->fit_line(fit_point);          //拟合曲线并绘制
    fit_point = "";                     //使用完之后清空数据
}
```

通过鼠标单击地图完成参考路径途经点的拾取后（即此时 fit_point 字符串不为空时），单击 fitline 按键会触发该函数，继而调用 Item 类的 fit_line 函数拟合途经点并绘制曲线。

3）在编写 fit_line()函数之前需要添加三次样条插值头文件（“spline. h”）并定义新的结构体“struct coordinate”，该结构体中包含了两个 float 型变量“x”和“y”，它们用于记录当地坐标系的 x 轴坐标和 y 轴坐标。

“tk::spline”是头文件“spline. h”[13]中定义的类，该类所在的命名空间为 tk。三次样条插值的作用是将鼠标拾取的途经点拟合成连续的参考路径曲线，以便用于后期的局部路径规划。电子地图平台的所有相关代码都已上传到 github 中，读者可根据引用的网站提取代码[14]。

除此之外，也定义了 QPaintPath 类型的静态全局变量“dense_path”用于绘图。QPaintPath 类提供了存储图形的容器，可将绘制好的图形存储到其中。

需要注意的是，fit_line()函数的类型要设置成“public”类型，才可以在 MainWindow 类中调用。在 Item 类的头文件定义 bd2local()函数，其作用是将参考路径途经点的 BD-09 坐标转换到当地坐标系下。

在原有 Item 类的头文件基础上添加以下程序：

```
# include "spline. h"          //引入三次样条插值头文件
struct coordinate             //定义新的结构体
{
    float x;
    float y;
};

tk::spline s1,s2;                                    //定义 spline 类型的两个变量 s1,s2
    static  QPainterPath dense_path_cp;              //定义绘图容器变量
    class Item : public QObject,public QGraphicsItem
    {
        Q_OBJECT
    public:
    void  fit_line(QString fit_position);            //定义 fit_line 函数,用于拟合途经点并绘制曲线
private:
    coordinatebd2local(QString bd_position);         //定义 BD-09 坐标转换到当地坐标下的坐标转
                                                     //换函数
};
```

4）fit_line 函数流程图如图 7-24 所示，当调用 fit_line 函数时，首先将鼠标拾取点（即期望的无人车途经点）的 BD-09 坐标变换为当地坐标，并存储在程序中的“spare_points”数组中；其次，进行密集化处理（以便拟合出更加平缓的参考路径曲线），在每两个当地坐标之间再插入两个点；然后，利用这些点在当地坐标系 x 轴和 y 轴上的坐标值构造数组 x_points 和 y_points；最后，利用 tk::spline 类的三次样条拟合函数 set_points(dense_s，x_points)、set_points(dense_s，y_points)生成连续的参考路径曲线，其中 dense_s 的构造方法为

$$\text{dense\_s}[i] = \sum_{j=1}^{i=1} \sqrt{(x[j] - x[j-1])^2 + (y[j] - y[j-1])^2} \tag{7-1}$$

式中，dense_s$[i]$表示数组 dense_s 中的第 i 个成员；$x[j]$表示数组 x_points 中的第 j 个元素；$y[j]$表示数组 y_points 中的第 j 个元素。

下文中，在得到的连续参考路径曲线上均匀地选取了 400 个点，并将选取的点绘制在百度地图上。

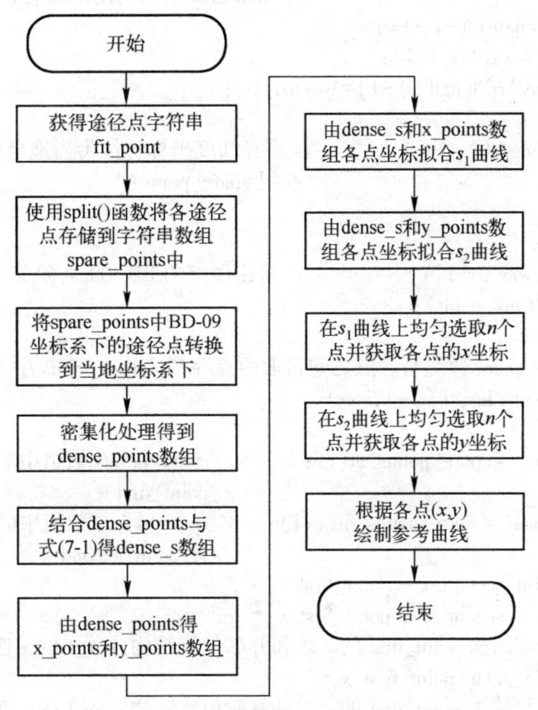

图 7-24　fit_line 函数流程图

fit_line()函数具体程序如下：

```
void Item::fit_line(QString fit_position)
{
  int POINT_NUM=400;                          //在连续的参考曲线上均匀选取绘制点的个数
  int i;
  float dist1, dist2;
  QList<QPointF> dense_waypoints;
  QList<coordinate> spare_points;             //用于存储途经点
  QList<coordinate> dense_points;             //用于存储密集化处理后的途经点
  QPainterPath path_cp;
  std::vector<double> dense_s;                //用于存储按照式(7-1)计算出的距离信息
  float s;                   //用于存储按照式(7-1)计算出的初始点到 (x[i], y[i])的距离

  float distance;                             //(x[i], y[i])和 (x[i+1], y[i+1])之间的距离
  QStringList a;
  coordinate p_1,p_2;                         //定义结构体 p_1 与 p_2 用于密集化处理
  fit_position.replace(QRegExp(";$"), "");    //删除字符串 fit_position 中最后一个";"
  dense_waypoints.clear();
  spare_points.clear();
  dense_points.clear();
```

```
dense_s. clear( ) ;
s = 0. 0;
QStringList wayArr=fit_position. split( " ;" ) ;        //以" ;"分割字符串,将每个点的经纬度信息存到字符
                                                        //串数组 wayArr 中
if( wayArr[ 0] = =wayArr[ 1] )                          //如果第一个点和第二个点相同时,将第二个点放到数组
                                                        //的末尾,绘制封闭的曲线

{                                                       //如果需要绘制封闭曲线时在初始点位置连续单击两下
    for( i=0;i<wayArr. length( )-1;i++)
            wayArr[ i] =wayArr[ i+1] ;
            wayArr[ wayArr. length( )-1] =wayArr[ 0] ;
}
for (i = 0; i < wayArr. length( ); i++)                //将经纬度坐标转换为当地坐标存到" coordinate" 结构体数
                                                        //组 spare_point 中
{
    coordinate my_point;
    my_point=bd2local( wayArr[ i] ) ;                   //将途经点的 BD-09 坐标变换为当地坐标
    spare_points. append( my_point) ;
}
/ * 密集化处理,在 spare_point 数组每两点之间再取两点存到 dense_points 中 * /
for (i = 0; i < spare_points. length( )-1;i++)
{
    coordinate point_first    =spare_points. at( i) ;        //spare_points 数组中的第 i 个点赋值给结构体
                                                             //point_first
    coordinate point_second =spare_points. at( i+1) ;        //spare_points 数组中的第 i+1 个点赋值给结构
                                                             //体 point_second
    double x_relat = point_second. x - point_first. x;
    double y_relat = point_second. y - point_first. y;
    //求 1/3 的 x_relat 与结构 point_first 的 x 之和并赋值给结构体 p_1 的 x 变量
    p_1. x = 1. 0/3. 0 * x_relat+point_first. x;
    //求 1/3 的 y_relat 与结构 point_first 的 y 之和并赋值给结构体 p_1 的 y 变量
    p_1. y = 1. 0/3. 0 * y_relat+point_first. y;
    //求 2/3 的 x_relat 与结构 point_first 的 x 之和并赋值给结构体 p_2 的 x 变量
    p_2. x = 2. 0/3. 0 * x_relat+point_first. x;
    //求 2/3 的 y_relat 与结构 point_first 的 y 之和并赋值给结构体 p_2 的 y 变量
    p_2. y = 2. 0/3. 0 * y_relat+point_first. y;
    dense_points. append( point_first) ;                     //将 point_first 的值添加到 dense_points 数组中
    dense_points. append( p_1) ;                             //将结构体 p_1 的值添加到 dense_points 数组中
    dense_points. append( p_2) ;                             //将结构体 p_2 的值添加到 dense_points 数组中
    if ( i = = spare_points. length( ) - 2 )
      dense_points. append( point_second) ;
      //计算 spare_points 数组中第 i+1 个点与第 i 个点的距离
      distance = sqrt( (point_second. x - point_first. x) * (point_second. x - point_first. x) + (point_seco
                    nd. y - point_first. y) * (point_second. y - point_first. y)) ;
      / * 按照式(7-1)计算 dense_points 数组中第 i 个点到初始点的距离并存到 dense_s 数组中 * /
      dist1 = 1. 0/3. 0 * distance;                          //取距离 distance 的 1/3
      dist2 = 2. 0/3. 0 * distance;                          //取距离 distance 的 2/3
      dense_s. push_back( s) ;                               //将距离 s 的值存到 dense_s 数组中
      dense_s. push_back( s+dist1) ;                         //将距离 s 与 dist1 的和存到 dense_s 数组中
      dense_s. push_back( s+dist2) ;                         //将距离 s 与 dist2 的和存到 dense_s 数组中
      if (i= =spare_points. length( ) - 2)
        dense_s. push_back( s+distance) ;                    //将距离 s 与 distance 的和存到 dense_s 数组中
        s += distance;
```

```
    }
    /*计算数组 x_points 和 y_points */
  std::vector<double> x_points, y_points;
  for (i = 0; i < dense_points.length();i++)
    {
      x_points.push_back(dense_points.at(i).x);      //将密集化后的途经点的 x 坐标添加到数组中
      y_points.push_back(dense_points.at(i).y);      //将密集化后的途经点的 y 坐标添加到数组中
    }

    /*利用三次样条插值方法拟合参考路径途经点获得连续的参考路径曲线*/
    tk::spline s1, s2;                                //定义 s1 与 s2 曲线
   s1.set_points(dense_s, x_points);                  //利用距离数组和各点 x 坐标拟合得到 s1 曲线
   s2.set_points(dense_s, y_points);                  //利用距离数组和各点 y 坐标拟合得到 s2 曲线
    for (i = 0; i <=POINT_NUM;i++)                    //在曲线上均匀地选取 POINT_NUM 个点绘制曲线
    {
      coordinate xy;
      xy.x = s1(i*s/POINT_NUM);
      xy.y = s2(i*s/POINT_NUM);
      dense_waypoints.append(QPointF(xy.x, xy.y)); //将点添加到 dense_waypoints 列表中
    }
    /*将 dense_waypoints 数组中点绘制成曲线,并存放在 dense_path 绘图容器中*/
  QPainterPath dense_path(dense_waypoints[0]);
  for (int i = 0; i<dense_waypoints.size(); i++)
    {
      dense_path.lineTo(dense_waypoints[i]);
   }
  dense_path_cp = dense_path;                         //赋值给全局变量 dense_path_cp 绘图容器
    }
```

5）在 paint()函数中绘制参考路径，具体程序如下：

```
QPen pen(Qt::black);
pen.setWidth(3);
painter->setPen(pen);
painter->drawPath(dense_path_cp);       //绘制绘图容器中的图形
```

6）通过坐标变换可将 BD-09 坐标转换到当地坐标系中，具体做法如下：首先任意指定两点，并计算它们的 BD-09 坐标和当地坐标之间的差值；然后，根据该差值求出 BD-09 坐标和当地坐标的缩放比例关系，在此基础上即可求出 BD-09 坐标系下其他点的当地坐标值。

如下所示，在 Item 类的源文件中加入坐标转换函数 bd2local()，该函数的形参数据格式为“经度，纬度”。bd2local()函数程序如下：

```
coordinate Item::bd2local(QString bd_position)
{
    QStringList a;                          //字符的格式为"经度"+","+"纬度"
    coordinate last_position;
    float referenceone[4];
    float referencetwo[4];
    float referencethree[4];
    referenceone[0]=123.424245;             //在 BD-09 坐标下,第一个点的经度
    referenceone[1]=41.772123;              //在 BD-09 坐标下,第一个点的纬度
    referenceone[2]=123.427445;             //在 BD-09 坐标下,第二个点的经度
    referenceone[3]=41.771136;              //在 BD-09 坐标下,第二个点的纬度
```

```
referencetwo[0]=53;                                         //在当地坐标下,第一个点的 x 坐标
referencetwo[1]=74;                                         //在当地坐标下,第一个点的 y 坐标
referencetwo[2]=767;                                        //在当地坐标下,第二个点的 x 坐标
referencetwo[3]=367;                                        //在当地坐标下,第二个点的 y 坐标
referencethree[0]=referenceone[2]-referenceone[0];         //第一点和第二点的经度差值
referencethree[1]=referenceone[3]-referenceone[1];         //第一点和第二点的纬度差值
referencethree[2]=referencetwo[2]-referencetwo[0];         //第一点和第二点的 x 差值
referencethree[3]=referencetwo[3]-referencetwo[1];         //第一点和第二点的 y 差值
a=bd_position.split(",");  //以逗号将经纬度分割并存放到 a 字符串数组中
//经度转换到对应的 x
last_position.x=(((a[0].toFloat()-referenceone[0]) * referencethree[2])/referencethree[0])+
        referencetwo[0];
//纬度转换到对应的 y
last_position.y=(((a[1].toFloat()-referenceone[1]) * referencethree[3])/referencethree[1])+
        referrercetwo[1];
return last_position;
}
```

7）按照图 7-25 中的序号依次在 JS 端选择第 1~9 个途经点（这里第 1 个点和第 9 个点重合）；而后，通过单击“fitline”按键拟合参考路径曲线，并将其绘制结果显示在 Graphics View 组件上（见图 7-25）。

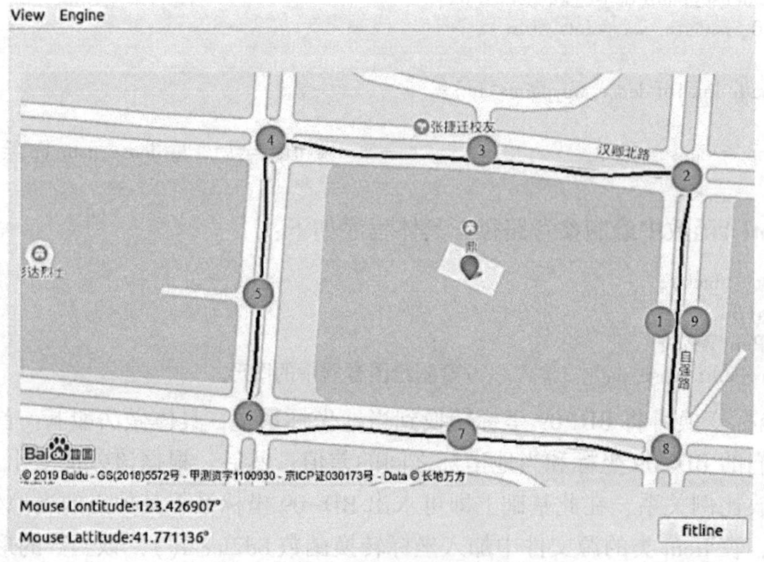

图 7-25　参考路径显示图

注：为绘制封闭曲线，可以在第 1 个位置连续单击两次，这样 fit_line( ) 函数发现第 1 个和第 2 个途经点相同时，会自动将第 2 个点放到数组末尾。

7.2　基于 Frenet 的低速无人车路径动态规划

7.2.1　Frenet 坐标系定义

基于 Frenet 坐标系的无人车局部路径规划方法由 BMW 的 Moritz Werling 率先提出[15]。如

图 7-26b 所示，Frenet 坐标系的坐标轴分为 s 方向（即无人车向前行进的参考线方向，也就是图中虚线方向）与 d 方向（即参考线法线方向）；以参考线起点作为 s 方向的原点，以参考线法线的垂足作为 d 方向的原点；无人车前方道路的中心线左侧为 d 轴正方向。因此，图 7-26b 的 B、C 两个位置的 d 轴坐标 d_1 和 d_2 均为负值，而无人车在 D 位置时的 d 轴坐标 d_3 为正值。在实际情况下，可采用电子地图规划出的起点到终点的全局路径作为 Frenet 坐标系 s 轴方向上的参考线；而在 d 轴方向上则采用道路中心线作为参考线。基于 Frenet 坐标系规划出的无人车路径点的 s 和 d 坐标最终要映射到全局坐标系下。在图 7-26a 中，以起点 A 作为该全局坐标系的原点；以正东方向为全局坐标系 x 轴正方向，并以正北方向为 y 轴正方向。无人车在公路上行驶时，需要通过环境感知技术识别出道路中心线，从而在 Frenet 坐标系下确定其所在位置的 d 坐标。

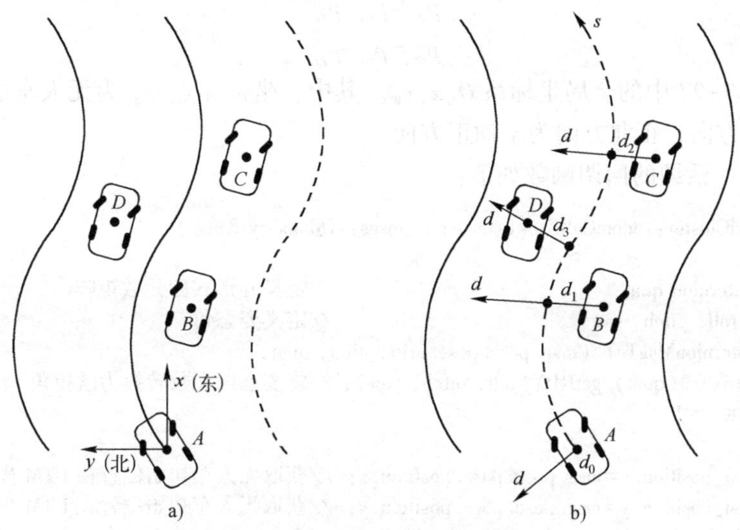

图 7-26　全局坐标系和 Frenet 坐标系的定义

a）全局坐标系　b）Frenet 坐标系

7.2.2　基于车载传感器的无人车 Frenet 坐标确定

可识别出道路中心线时，以电子地图规划出的全局路径作为参考线求解 Frenet 坐标系下的 s 坐标，并以道路中心线为参考求解 Frenet 坐标系下的 d 坐标。当无法识别道路中心线时，无人车的 s 坐标与 d 坐标都以全局路径作为参考进行求解。

这里，基于第 6 章介绍的环境感知技术设计了用于路沿和道路中心线检测的 ROS 节点。该 ROS 节点把检测到的路沿和道路中心线上的各点以“/curb”话题进行发布。订阅该话题的具体指令如下：

```
ros::Subscriber sub_curb;      //定义订阅者
//对订阅者进行初始化,即声明要订阅的话题/curb、话题的回调函数与队列长度
sub_curb = nh.subscribe("/curb", 1, &PointCloudCluster::curbCallback, this);
```

“/curb”话题包含的路沿石与道路中心线上各点的坐标是在车体坐标系下给出的（该车体坐标系以激光雷达的位置为原点，车前方为 x 轴，车正左方为 y 轴）。

4.3.2 节介绍的 GPS/IMU 组合导航系统的 ROS 驱动程序发布的“/gps/odom”话题包含

了无人车在 UTM 坐标系下的坐标。图 7-27 中 $O_U x_U y_U$ 为 UTM 坐标系。该坐标系以赤道与本初子午线的交点为坐标原点，正东方向为 x 轴正方向，正北方向为 y 轴正方向。

订阅“/gps/odom”话题的程序如下：

```
ros::Subscriber sub_position;   //定义订阅者
//对订阅者进行初始化,即声明要订阅的话题/gps/odom、话题的回调函数与队列长度
sub_position = nh.subscribe("/gps/odom", 1, &PointCloudCluster::odomCallback, this);
```

“/gps/odom”话题中的消息类型为“nav_msgs”。ROS 中的 tf 函数可避免复杂的矩阵运算，直接将姿态四元数转换为欧拉角（具体方法详见 4.3.2 节）。如果无人车的起点（即图 7-27 中的 O_W）在 UTM 坐标系下的坐标为(p_{fx},p_{fy})，且当前时刻无人车的位置（即图 7-27 中 O_W）在 UTM 坐标系下的坐标为(p_{nx},p_{ny})，那么无人车在全局坐标系 $O_W x_W y_W$ 下的坐标为

$$p_{dx}=p_{nx}-p_{fx} \tag{7-2}$$

$$p_{dy}=p_{ny}-p_{fy} \tag{7-3}$$

本节采用图 7-27 中的全局坐标系 $O_W x_W v_W$。其中，坐标原点 O_W 为无人车的起始位置，正东方向为 x 轴正方向，正北方向为 y 轴正方向。

“/gps/odom”话题的回调函数如下：

```
void PointCloudCluster::odomCallback(const nav_msgs::Odometry &msg)
  {
      tf::Quaternion quat;                              //定义 tf 形式四元数矩阵
      double roll, pitch, yaw;                          //定义姿态角
      tf::quaternionMsgToTF(msg.pose.pose.orientation, quat);
      tf::Matrix3x3(quat).getRPY(roll, pitch, yaw); //将姿态四元数转换为欧拉角
      if(LOCK==1)
        {
          frist_position.x=msg.pose.pose.position.x; //获取无人车初始位置在 UTM 坐标系下的 x 坐标
          frist_position.y=msg.pose.pose.position.y; //获取无人车初始位置在 UTM 坐标系下的 y 坐标
          LOCK=0;
        }
      now_position.x=msg.pose.pose.position.x;       //获取无人车当前位置在 UTM 坐标系下的 x 坐标
      now_position.y=msg.pose.pose.position.y;       //获取无人车当前位置在 UTM 坐标系下的 y 坐标
      //按式 7-2 求解无人车在全局坐标系下的 x 坐标
      position_difference.x=now_position.x-frist_position.x;
      //按式 7-3 求解无人车在全局坐标系下的 y 坐标
      position_difference.y=now_position.y-frist_position.y;
  }
```

下面，讨论将车体坐标系下的坐标转换到全局坐标系的方法。

首先，订阅“/gps/odom”话题，并从该话题中得到 GPS/IMU 组合导航系统检测到的无人车姿态四元数。

然后，根据 4.3.2 节介绍的办法，将姿态四元数转换为无人车相对正东方向的偏航角 ψ。进而，将图 7-27 中车体坐标系 $O_C x_C y_C$ 旋转到（与全局坐标系方向一致的）坐标系 $O_C x_D y_D$，即

$$x_k^D=x_k^C\cos(\psi)-y_k^C\sin(\psi) \tag{7-4}$$

$$y_k^D=x_k^C\sin(\psi)+y_k^C\cos(\psi) \tag{7-5}$$

式中，(x_k^C,y_k^C)为图 7-27 中点 K 在车体坐标系 $O_C x_C y_C$ 下的坐标（该坐标是由 Velodyne 激光雷达测定的，具体测定方法详见 4.1.2 节）；(x_k^D,y_k^D)是点 K 在坐标系 $O_C x_D y_D$ 下的坐标。

接着，从“/gps/odom”话题中获得无人车的起点 O_W 和当前位置 O_C 在 UTM 坐标系下的坐标。基于此，可得出 O_W 与 O_C 的相对位置，即式（7-2）和式（7-3）给出的无人车在全局坐标系 $O_W x_W y_W$ 下的坐标 (p_{dx}, p_{dy})。

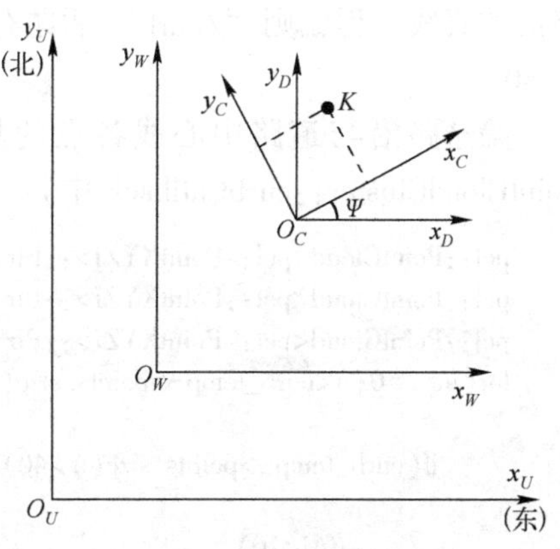

图 7-27　各坐标系的转换关系

最后，如图 7-27 所示，将坐标系 $O_C x_D y_D$ 往左平移 p_{dx}，往下平移 p_{dy}，即可将坐标系 $O_C x_D y_D$ 平移到全局坐标系 $O_W x_W y_W$ 下。换言之，把点 K 在坐标系 $O_C x_D y_D$ 下的坐标加上 O_C 在全局坐标系 $O_W x_W y_W$ 的坐标，就可得到点 K 在全局坐标系下的坐标(x_k^W, y_k^W)。这样，就完成了车体坐标系 $O_C x_C y_C$ 到全局坐标系 $O_W x_W y_W$ 的坐标变换。

将车体坐标系下的坐标转换到全局坐标系的程序如下：

```
void PointCloudCluster::coordinate_change_to_whole(const pcl::PointCloud<pcl::PointXYZI>::Ptr in,
                                                   const pcl::PointCloud<pcl::PointXYZI>::Ptr out)
    {
        pcl::PointXYZI change_point ;       //定义坐标系 OCxDyD 下的点
        pcl::PointXYZI final_point ;        //定义全局坐标系下的点
        pcl::PointXYZI car_pos;             //定义一个变量来存储无人车在 UTM 坐标系下的位置
        out->clear();                       //清空输出点云
        //由组合导航系统测得的无人车在 UTM 坐标系下的位置
        car_pos.x = now_position.x;
        car_pos.y = now_position.y;
        for (size_t i = 0; i < in->points.size(); i++)    //遍历输入的所有点
          {
              //按照式(7-4)和式(7-5),将车体坐标系下各点坐标转换到坐标系 OCxDyD 下
              change_point.x=cos(rpy.z) * in->points[i].x-sin(rpy.z) * in->points[i].y;
              change_point.y=sin(rpy.z) * in->points[i].x+cos(rpy.z) * in->points[i].y;
              change_point.z = in->points[i].z;
              //按照式(7-2)和式(7-3),计算无人车在全局坐标系下的坐标
              float pos_diff_x=car_pos.x-frist_position.x;
              float pos_diff_y=car_pos.y-frist_position.y;
              //将坐标系 OCxDyD 的坐标转换到全局坐标系下
              final_point.x=change_point.x+pos_diff_x;
              final_point.y=change_point.y+pos_diff_y;
              final_point.z=change_point.z;
              //将以上得到的全局坐标系下的坐标以点的形式存入点云
              out->push_back(final_point);
          }
    }
```

上文中用于路沿和道路中心线检测的 ROS 节点会将基于激光雷达检测到的路沿点拟合成（表示左、右路沿位置的）两个直线方程；然后，如图 7-28 所示，可根据这两个方程确定道路中心线的直线方程；进而，利用上述 3 个直线方程，为左、右路沿各生成 23 个路沿点，并产生 20 个表示道路中心线位置的点；最终，这些点由“/curb”话题进行发布。该话题存储的前 20 个点为道路中心线上各点，随后存储的是路沿点。在实验过程中注意到，在路口转弯处，由于激光雷达检测到路沿点的数量太少，无法拟合成直线。因此，如果能够同时拟合出左、右

路沿的直线方程，则“/curb”话题存储的点数大于 40；否则，“/curb”话题存储的点数小于 40。

筛选路沿与道路中心线各点的具体程序如下（该程序位于“/curb”话题的回调函数 PointCloudCluster::curbCallback 中）：

```
pcl::PointCloud<pcl::PointXYZI>::Ptr middle_line_temp(new pcl::PointCloud<pcl::PointXYZI>);
pcl::PointCloud<pcl::PointXYZI>::Ptr curb_barrier_temp(new pcl::PointCloud<pcl::PointXYZI>);
pcl::PointCloud<pcl::PointXYZI>::Ptr turning_points_temp(new pcl::PointCloud<pcl::PointXYZI>);
for(int i=0; i<curb_temp->points.size(); i++)
    {
        if(curb_temp->points.size()>40)          //若检测到的点数大于 40 个
            {
                if(i<20)
                    //前 20 个点为道路中心线上的点,存入点云 middle_line_temp
                    middle_line_temp->points.push_back(curb_temp->points[i]);
                else
                    //道路中心线之后的点为路沿点,存入点云 curb_barrier_temp
                    curb_barrier_temp->points.push_back(curb_temp->points[i]);
            }
        else                                     //检测到的点不够 40 个
            {
                //将无法拟合成直线的路沿点存入点云 turning_points_temp
                turning_points_temp->points.push_back(curb_temp->points[i]);
            }

    }
*curb_barrier_temp += *turning_points_temp; //将两个点云进行合并
//为方便其他函数使用,将存放道路中心线各点的点云复制给全局变量 out_center_line
pcl::copyPointCloud(*middle_line_temp, *out_center_line);
//为方便其他函数使用,将存放路沿点的点云复制给全局变量 curb_barrier
pcl::copyPointCloud(*curb_barrier_temp, *curb_barrier);
```

接下来，结合图 7-29 介绍无人车在 Frenet 坐标系下坐标的确定方法。

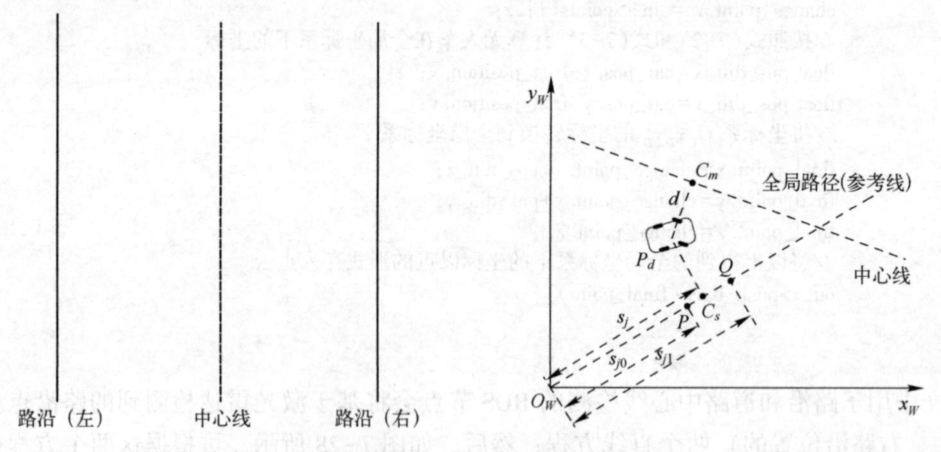

图 7-28　路沿与道路中心线位置关系　　　　图 7-29　无人车在 Frenet 坐标系下坐标的确定

通过以下各式可获得道路中心线的直线方程：

$$a=y_1-y_2 \tag{7-6}$$

$$b=x_2-x_1 \tag{7-7}$$

$$c = x_1 y_2 - x_2 y_1 \tag{7-8}$$

$$ax + by + c = 0 \tag{7-9}$$

其中，(x_1, y_1)和(x_2, y_2)是道路中心线上任意两点在全局坐标系下的坐标。

由无人车质心 P_d 向道路中心线作垂线，可求出垂足点 C_m 在全局坐标系下的坐标(x_{mv}, y_{mv})。进而，可计算出无人车与道路中心线的相对位置

$$d = R_n \sqrt{(p_{dx} - x_{mv})^2 + (p_{dy} - y_{mv})^2} \tag{7-10}$$

式中，(p_{dx}, p_{dy})是无人车质心 P_d 在全局坐标系下的坐标；并且

$$J = (x_2 - x_1)(p_{dy} - y_1) - (y_2 - y_1)(p_{dx} - x_1) \tag{7-11}$$

$$R_n = \begin{cases} 1, & J > 0 \\ 0, & J = 0 \\ -1, & J < 0 \end{cases} \tag{7-12}$$

计算式（7-11）和式（7-12）的程序如下：

```
void PointCloudCluster::JudePointtoLine(pcl::PointXYZI &LinePntA, pcl::PointXYZI &LinePntB,
                                        pcl::PointXYZI &PntC, int &out)
{
    double ax = LinePntB.x-LinePntA.x;
    double ay = LinePntB.y-LinePntA.y;
    doublebx = PntC.x - LinePntA.x;
    double by = PntC.y -LinePntA.y;
    double judge = ax * by - ay * bx;          //按式(7-11)求取 J
    //按式(7-12)做判断
    if (judge > 0)                             //若 J 大于零,点在直线左侧,输出为 1
    {
        out = 1;
    }
    else if (judge < 0)                        //若 J 小于零,点在直线右侧,输出为-1
    {
        out = -1;
    }
    else                                       //若 J 等于零,点在直线上,输出为 0
    {
        out = 0;
    }
}
```

求解无人车在 Frenet 坐标系下 d 坐标（即无人车与道路中心线的相对位置）的具体程序如下：

```
if(out_center_line->points.size()>0)           //判断是否检测出道路中心线
{
    //道路中心线与全局坐标系的 y 轴平行
    if(out_center_line->points[10].x-out_center_line->points[5].x==0)
    {
        int nResult;
        JudePointtoLine(out_center_line->points[5],out_center_line->points[10],
                                        Position_difference,nResult);
        //求出式(7-10)中的(x_mv,y_mv)
        cross_point_2.x = out_center_line->points[5].x;
        cross_point_2.y = position_difference.y;
```

```
            //按照式(7-10),计算无人车与道路中心线的相对位置
            d = nResult * fabs(cross_point_2.x-position_difference.x);
        }
        //道路中心线与全局坐标系的 x 轴平行
        else if(out_center_line->points[10].y-out_center_line->points[5].y==0)
        {
            int nResult;
            JudePointtoLine(out_center_line->points[5], out_center_line->points[10],
                                                    position_difference, nResult);
            //求出式(7-10)中的(x_mv,y_mv)
            cross_point_2.x = position_difference.x;
            cross_point_2.y = out_center_line->points[5].y;
            //按照式(7-10),计算无人车与道路中心线的相对位置
            d = nResult * fabs(cross_point_2.y-position_difference.y);
        }
        else
        {
            int nResult;
            JudePointtoLine(out_center_line->points[5], out_center_line->points[10],
                                                    position_difference, nResult);
            //求解道路中心线的直线方程
            float k1 = (out_center_line->points[10].y-out_center_line->points[5].y)
                        /(out_center_line->points[10].x-out_center_line->points[5].x);
            float b1 = out_center_line->points[5].y-k1 * out_center_line->points[5].x;
            //求解无人车质心向道路中心线作垂线的垂线方程
            float k2 = -1/k1;
            float b2 = position_difference.y-k2 * position_difference.x;
            //求出式(7-10)中的(x_mv,y_mv)
            cross_point_2.x = (b1-b2)/(k2-k1);
            cross_point_2.y = k2 * cross_point_2.x + b2;   //求解交点坐标
            //按照式(7-10),计算无人车与道路中心线的相对位置
            d = nResult * sqrt((cross_point_2.x-position_difference.x) *
                            (cross_point_2.x-position_difference.x)+
                            (cross_point_2.y-position_difference.y) *
                            (cross_point_2.y-position_difference.y));
        }
}
```

在以上程序中，out_center_line 是车体坐标系下检测到的道路中心线上各点经坐标转换后在全局坐标系下获得的点云；position_difference 是无人车质心 P_d 在全局坐标系下的坐标。

当环境感知算法无法识别道路中心线时，以无人车与（电子地图规划出的）全局路径的相对位置作为无人车的 d 坐标，具体程序如下：

```
if(out_center_line->points.size() == 0)          //如果未检测出道路中心线
{   //按式(7-6)~式(7-8)计算参考线的直线方程系数
    float a_reference = first.y-second.y;        //first 和 second 为图 7-29 中 P 和 Q
    float b_reference = second.x-first.x;
    float c_reference = first.x * second.y-second.x * first.y;
    int nResult;
    JudePointtoLine(first, second, position_difference, nResult);
    //参照式(7-10),计算无人车与参考线(即全局路径)的相对位置
    d = nResult * sqrt((first.x-position_difference.x) * (first.x-position_difference.x)
```

```
            +first. y-position_difference. y) * (first. y-position_difference. y));
    }
```

因为 Frenet 坐标系 s 坐标轴的原点为无人车的起点，所以在 Frenet 坐标系下无人车初始位置的 s 坐标为 0。在基于电子地图规划出的无人车途经点拟合全局路径时，得到了两个函数 $s_1(s_j)$ 和 $s_2(s_j)$。其中，s_1 为无人车在 Frenet 坐标系下的 s 坐标 s_j 与无人车在全局坐标系下的 x 坐标通过三次样条插值算法拟合出的函数；s_2 为无人车在 Frenet 坐标系下的 s 坐标 s_j 与无人车在全局坐标系下的 y 坐标通过三次样条插值算法拟合出的函数。

将无人车在上一时刻的 s 坐标 s_{j0} 分别代入函数 s_1 和 s_2，可求出该时刻无人车质心向道路中心线作垂线所得垂足点（即图 7-29 中 p 点）在全局坐标系下的坐标 (x_{s1}, y_{s1})。在 s_{j0} 基础上往前加 0.2m 得到 s_{j1}。然后，将 s_{j1} 分别代入函数 s_1 和 s_2，可求出图 7-29 中 Q 点的坐标 (x_{s2}, y_{s2})。进而，在全局路径范围内，由当前时刻无人车质心 P_d 向参考线（即图 7-29 中 P、Q 两点所确定的直线）作垂线，可求出图 7-29 中垂足 C_s 在全局坐标系下坐标 (x_{sv}, y_{sv})。求解坐标 (x_{sv}, y_{sv}) 的具体程序如下：

```
float closet_point_distance = std::numeric_limits<float>::max();
first. x=s1(sj);        //将点 P 的 s 坐标 sj 代入函数 s1 求取点 P 在全局坐标系下的 x 坐标
first. y=s2(sj);        //将点 P 的 s 坐标 sj 代入函数 s2 求取点 P 在全局坐标系下的 y 坐标
//在点 P 的 s 坐标 sj 的基础上加 0.2m 得到点 Q 的 s 坐标,
//将其代入函数 s1 求取点 Q 在全局坐标系下的 x 坐标
second. x=s1(sj+0.2);
//在点 P 的 s 坐标 sj 的基础上加 0.2m 得到点 Q 的 s 坐标,
//将其代入函数 s2 求取点 Q 在全局坐标系下的 y 坐标
second. y=s2(sj+0.2);
if(second. x-first. x == 0)            //参考线与 y 轴平行
   {
      //求取垂足点 Cs 的坐标(xsv,ysv)
      cross_point_1. x = first. x;
      cross_point_1. y = position_difference. y;
   }
else if(second. y-first. y == 0)       //参考线与 x 轴平行
   {
      //求取垂足点 Cs 的坐标(xsv,ysv)
      cross_point_1. x = position_difference. x;
      cross_point_1. y = first. y;
   }
else
   {
      //求取参考线的直线方程系数
      float k1 = (second. y-first. y)/(second. x-first. x);
      float b1 = first. y-k1 * first. x;
      //求取垂线的直线方程系数
      float k2 = -1/k1;
      float b2 = position_difference. y-k2 * position_difference. x;
      //求取垂足点 Cs 的坐标(xsv,ysv)
      cross_point_1. x = (b1-b2)/(k2-k1);
      cross_point_1. y = k2 * cross_point_1. x + b2;
   }
```

在向道路中心线（或全局路径）作垂线求取垂足点坐标时，分为以下三种情况。如

图 7-30a 所示，当道路中心线（或全局路径）斜率不存在时，垂足点 C 的 x 坐标为道路中心线（或全局路径）上各点的 x 坐标，而垂足点 C 的 y 坐标为无人车的 y 坐标 p_{dy}。在图 7-30b 中，道路中心线（或全局路径）斜率为 0；垂足点 C 的 x 坐标等于无人车的 x 坐标 p_{dx}；垂足点 C 的 y 坐标为道路中心线（或全局路径）上各点的 y 坐标。如图 7-30c 所示，如果道路中心线（或全局路径）斜率存在且不为 0，则道路中心线（或全局路径）的斜率 k_1 与截距 b_1 的计算方法为

$$k_1=(r_{1y}-r_{2y})/(r_{1x}-r_{2x}) \tag{7-13}$$

$$b_1=r_{1y}-k_1r_{1x} \tag{7-14}$$

式中，(r_{1x},r_{1y})和(r_{2x},r_{2y})为道路中心线（或全局路径）上任意两点 R_1 和 R_2 在全局坐标系下的坐标。图 7-30c 中道路中心线（或全局路径）的垂线斜率 k_2 和截距 b_2 分别为

$$k_2=-1/k_1 \tag{7-15}$$

$$b_2=p_{dy}-k_2p_{dx} \tag{7-16}$$

基于上述结果，可求出图 7-30c 中垂足点 C 在全局坐标系下的坐标，即

$$x_v=(b_1-b_2)/(k_2-k_1) \tag{7-17}$$

$$y_v=k_2x_v+b_2 \tag{7-18}$$

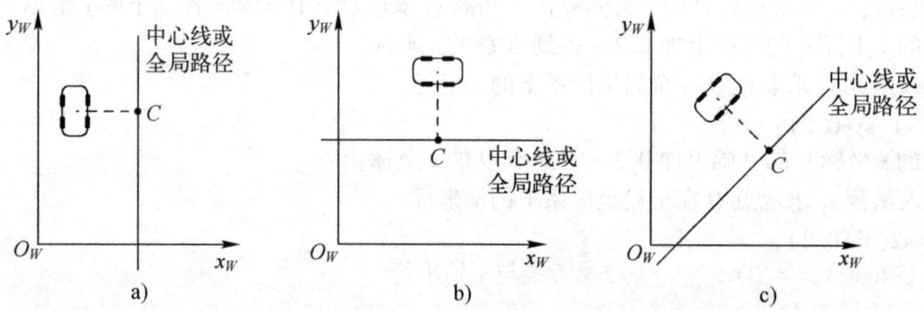

图 7-30 向道路中心线（或全局路径）作垂线求取垂足点坐标的三种情况

a）道路中心线斜率不存在 b）道路中心线斜率为 0 c）道路中心线斜率存在且不为 0

电子地图规划出的全局路径是由一些途经点构成的集合（在该途经点集合中，各点的间隔为 0.1 m，且每个点的 s 坐标是已知的）。在下文中，确定当前时刻无人车在 Frenet 坐标系下 s 坐标的软件算法依赖于（与该时刻无人车所在位置距离最近的）途经点。因此，如图 7-31 所示，需要在途经点集合中找到距离垂足点 C_{sL} 最近的途经点 Γ_n。

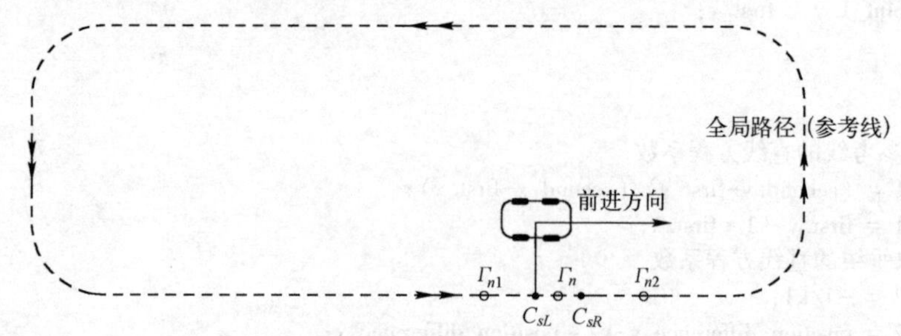

图 7-31 垂足与途经点的位置关系

如果程序运行过程中始终在整个途经点集合中搜索距离垂足点最近的途经点，则运算量较大，无法满足系统的实时性要求。于是，下面的程序在上一时刻的最近途经点的基础上沿 s 轴往前搜索 100 个途经点（即向前搜索 10 m），从而确定当前时刻的最近途经点 Γ_n。

```
int g; //定义索引用于记录最近途经点在途经点集合中的位置
float closet_point_distance = std::numeric_limits<float>::max();
//line 为途经点集合,g_1 是上一时刻的最近途经点的索引
if(g_1<line->points.size()-100)      //若剩余的途经点个数大于 100,则能够完成 1 次搜索
{
  //在上一时刻的最近途经点基础上往前搜索 100 个点来确定当前时刻的最近途经点
  for(int i = g_1; i< g_1 + 100; i++)
    {
      //计算每个途经点与垂足点 CsL 的距离
      float distance_compt=sqrt((line->points[i].x-cross_point_1.x) * (line->points[i].x-cross_point_
                  1.x)+(line->points[i].y-cross_point_1.y) * (line->points[i].y-cross_point_
                  1.y));
      if(distance_compt<closet_point_distance)          //用于判定与垂足点 CsL 最近的途经点
        {
          closet_point_distance=distance_compt;
          g=i;                                          //保存(与垂足点 CsL 最近的途经点的)索引
        }
    }
}
else
{
  //遍历上一时刻的最近途经点到途经点集合的最后一个点,从而找到当前时刻的最近途经点
  for(int i = g_1; i< line->points.size(); i++)
    {
      //计算每个途经点与垂足点 CsL 的距离
      float distance_compt=sqrt((line->points[i].x-cross_point_1.x) * (line->points[i].x-
                    cross_point_1.x)+(line->points[i].y-cross_point_1.y)
                                       * (line->points[i].y-cross_point_1.y));
      if(distance_compt<closet_point_distance)          //用于判定与垂足点 CsL 最近的途经点
        {
          closet_point_distance=distance_compt;
          g=i;  //保存(与垂足点 CsL 最近的途经点的)索引
        }
    }
}
g_1=g;
if(g_1 >= line->points.size()-1) g_1=0;               //若无人车再次走到起点,将 g_1 赋值为 0
```

确定了当前时刻的最近途经点 Γ_n 以后，在途经点集合中找到 Γ_n 的前一个途经点 Γ_{n1} 和后一个途经点 Γ_{n2}。进一步，可根据两点间距离公式

$$\bar{d}=\sqrt{(x_1-x_2)^2+(y_1-y_2)^2} \tag{7-19}$$

算出垂足（如图 7-31 中点 C_{sL}）分别与 Γ_n、Γ_{n1} 和 Γ_{n2} 的距离 d_0、d_1 和 d_2。因为相邻的两个途经点之间的距离是相等的，所以通过比较 d_1 和 d_2 的大小，可判断出该垂足与 Γ_n 的位置关系。当 d_1 大于 d_2 时，该垂足在 Γ_n 的右侧（即图 7-31 中 C_{sR} 的位置）；当 d_1 小于 d_2 时，该垂足在 Γ_n 的左侧（即图 7-31 中 C_{sL} 的位置）。又因 Γ_n 处的 s 坐标 s_{Γ_n} 是已知的，所以可根据 s_{Γ_n} 和 d_0 算出当前时刻无人车的 s 坐标：

$$s_j=\begin{cases} s_{\Gamma_n}+d_0, & d_2 \leqslant d_1 \\ s_{\Gamma_n}-d_0, & d_2>d_1 \end{cases} \tag{7-20}$$

然而，当找到的距离垂足点 C_{sL} 最近的途经点为途经点集合的第一个点（即 Γ_{n1} 为该集合的最

后一个点，Γ_{n2}为该集合的第二个点）时，需要按以下方法确定当前时刻无人车在Frenet坐标系下的s坐标：

$$s_j=\begin{cases}s_{\Gamma_n}+d_0, & d_2\leqslant d_1\\ s_{\Gamma_l}+d_1, & d_2>d_1\end{cases} \tag{7-21}$$

式中，s_{Γ_l}表示途经点集合的最后一个点在Frenet坐标系下的s坐标。

求解无人车在Frenet坐标系下s坐标的具体程序如下：

```
float dis_g, dis_g_front ,dis_g_back; //定义3个变量分别代表式(7-20)和式(7-21)中的d0、d1和d2
//g是(上文得到的与垂足点最近的途经点Γn的)索引,line为途经点集合
if(g ==line->points. size()-2)  //距离垂足点最近的途经点Γn为途经点集合的最后一个点
  {
      //计算垂足点与最近途经点Γn之间的距离d0
      dis_g = sqrt((line->points[g]. x-cross_point_1. x) * (line->points[g]. x-cross_point_1. x)
                  +(line->points[g]. y-cross_point_1. y) * (line->points[g]. y-cross_point_1. y));
      //计算垂足点与Γn的后一个途经点Γn2(此处为途经点集合的第一个点)之间的距离d2
      dis_g_back = sqrt((line->points[0]. x-cross_point_1. x) * (line->points[0]. x-cross_point_1. x)
                  +(line->points[0]. y-cross_point_1. y) * (line->points[0]. y-cross_point_1. y));
      //计算垂足点与Γn的前一个途经点Γn1之间的距离d1
      dis_g_front = sqrt((line->points[g-1]. x-cross_point_1. x) * (line->points[g-1]. x-cross_point_
                  1. x)+(line->points[g-1]. y-cross_point_1. y) * (line->points[g-1]. y-cross_point_
                  1. y));
      //判断垂足点的位置在CsL或CsR,按式(7-20)计算无人车的s坐标sj
      if(dis_g_front < dis_g_back)  //如果d2>d1
        {
            sj =h[g]-dis_g;
        }
      else               //如果d2≤d1
        {
            sj= h[g]+dis_g;
        }
  }
else if(g == 0)//距离垂足点最近的途经点Γn为途经点集合的第一个点
  {
      //计算垂足点与Γn之间的距离d0
      dis_g = (sqrt((line->points[0]. x-cross_point_1. x) * (line->points[0]. x-cross_point_1. x)
                  +(line->points[0]. y-cross_point_1. y) * (line->points[0]. y-cross_point_1. y)));
      //计算垂足点与Γn的后一个途经点Γn2之间的距离d2
      dis_g_back = (sqrt((line->points[1]. x-cross_point_1. x) * (line->points[1]. x-cross_point_1. x)
                  +(line->points[1]. y-cross_point_1. y) * (line->points[1]. y-cross_point_1. y)));
      //计算垂足点与Γn的前一个途经点Γn1之间的距离d1
      dis_g_front = (sqrt((line->points[line->points. size()-2]. x-cross_point_1. x)
                  * (line->points[line->points. size()-2]. x-cross_point_1. x)
                  +(line->points[line->points. size()-2]. y-cross_point_1. y)
                  * (line->points[line->points. size()-2]. y-cross_point_1. y)));
      //判断垂足点的位置在CsL或CsR,并按式(7-21)计算无人车的s坐标sj
      if(dis_g_front < dis_g_back)    //如果d2>d1
        {
            sj = h[h. size()-2]+dis_g_front;
```

```
        }
    else   //如果 d2≤d1
        {
            sj= h[g]+dis_g;
        }
    }
else   //最近途经点 Γn 既非途经点集合的第一个点也不是最后一个点
    {
        //计算垂足点与 Γn 之间的距离 d0
        dis_g = sqrt((line->points[g].x-cross_point_1.x) * (line->points[g].x-cross_point_1.x)
                    +(line->points[g].y-cross_point_1.y) * (line->points[g].y-cross_point_1.y));
        //计算垂足点与 Γn 的后一个途经点 Γn2之间的距离 d2
        dis_g_back = sqrt((line->points[g+1].x-cross_point_1.x) * (line->points[g+1].x-cross_point_1.x)
                    +(line->points[g+1].y-cross_point_1.y) * (line->points[g+1].y-cross_point_1.y));
          //计算垂足点与 Γn 的前一个途经点 Γn1之间的距离 d1
        dis_g_front = sqrt((line->points[g-1].x-cross_point_1.x) * (line->points[g-1].x-cross_point_1.x)
                    +(line->points[g-1].y-cross_point_1.y) * (line->points[g-1].y-cross_point_1.y));
        //判断垂足点的位置在 CsL或 CsR,并按式(7-20)计算无人车的 s 坐标 sj
        if(dis_g_front < dis_g_back)     //如果 d2>d1
            {
                sj = h[g]-dis_g;
            }
        else //如果 d2≤d1
            {
                sj= h[g]+dis_g;
            }
    }
```

7.2.3 Frenet 坐标系下路径备选集合的构建

在 Frenet 坐标系下，可将路径规划问题分解为沿 d 轴方向（即横向）和沿 s 轴方向（即纵向）的规划问题。因为沿横向和纵向的路径规划问题极其相似，所以在下文中令 s 轴和 d 轴的坐标值统一用 $\theta(t)$ 来表示，从而可将横向和纵向路径规划的性能指标统一表示为[15]

$$\Phi(\theta(t)) = \int_{t_0}^{t_1} \theta(\tau)^2 \mathrm{d}\tau \tag{7-22}$$

从参考文献［16］可知，令 $\Phi(\theta(t))$ 最小的 $\theta(t)$ 可用以下 5 次多项式来表示：

$$\theta(t)=\delta_0+\delta_1 t+\delta_2 t^2+\delta_3 t^3+\delta_4 t^4+\delta_5 t^5 \tag{7-23}$$

本节只考虑无人车在低速实验环境下匀速行驶的情况。因此，可将式（7-23）简化为

$$\theta(t)=\delta_0+\delta_1 t+\delta_2 t^2+\delta_3 t^3 \tag{7-24}$$

根据式（7-24），把 t_0 时刻无人车横向偏移（即 d 轴坐标）记为

$$d(t_0)=\delta_0+\delta_1 t_0+\delta_2 t_0^2+\delta_3 t_0^3 \tag{7-25}$$

对式（7-25）求导，得到 t_0 时刻无人车的横向速度

$$\dot{d}(t_0)=\delta_1+2\delta_2 t_0+3\delta_3 t_0^2 \tag{7-26}$$

同理，t_1 时刻无人车的横向偏移和横向速度分别为

$$d(t_1)=\delta_0+\delta_1 t_1+\delta_2 t_1^2+\delta_3 t_1^3 \tag{7-27}$$

$$\dot{d}(t_1)=\delta_1+2\delta_2 t_1+3\delta_3 t_1^2 \tag{7-28}$$

然后，在 $t_0=0$ 时求解式（7-25）和式（7-26），可得

$$\delta_0=d(t_0) \tag{7-29}$$

$$\delta_1=\dot{d}(t_0) \tag{7-30}$$

如果 $t_0=0$、$t_1-t_0=T$、$d(t_1)=r_w$ 且 $\dot{d}(t_1)=0$，则根据式（7-27）和式（7-28）可知

$$\delta_2=\frac{3r_w-3\delta_0-2T\delta_1}{T^2} \tag{7-31}$$

$$\delta_3=\frac{-\delta_1-2\delta_2 T}{3T^2} \tag{7-32}$$

式中，r_w 是无人车相对道路中心线的最大偏移量（假定路宽为 10 m，则 $r_w=5$ m 或 $r_w=-5$ m）。

把式（7-29）~式（7-32）代入式（7-24）可求出路径备选集合中各路径点的 d 坐标。

当以实际道路中心线为参考进行横向路径规划时，按路径规划性能指标得到的最优路径趋向于该中心线。然而，人们往往期望无人车在实际道路中心线右侧行驶。因此，需要将规划出的路径点 d 坐标向右平移。上述过程等价于将图 7-32 所示的实际道路中心线按无人车前进方向向右平移，随后按照平移后的中心线进行横向路径规划。在实验过程中，该平移距离 r_m 设定为 2 m。如果路宽为 10 m，那么平移之前，路径点 d 坐标的取值范围是 $(-5,5)$；向右平移 2 m 以后，路径点 d 坐标的取值范围变成了 $(-3,7)$。

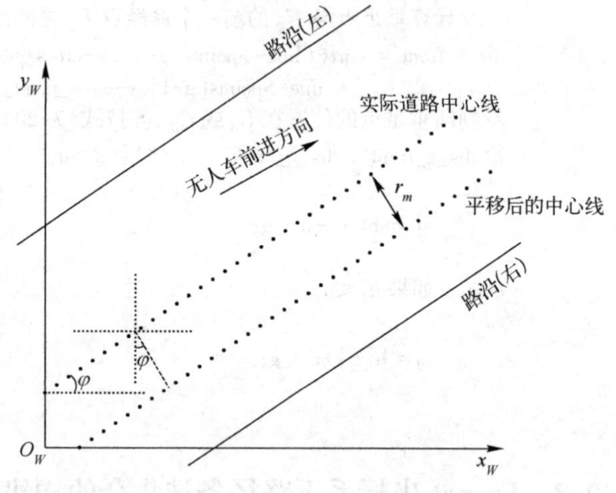

图 7-32　道路中心线的平移

在道路中心线上取任意两点，按式（7-6）~式（7-9）可求出该中心线的直线方程。进而，可得该中心线与全局坐标系 x 轴正方向的夹角

$$\varphi=\arctan\left(-\frac{a_m}{b_m}\right) \tag{7-33}$$

式中，a_m 和 b_m 为按式（7-6）和式（7-7）求出的道路中心线的直线方程系数。

图 7-32 所示的实际道路中心线上坐标为 (x_{r1},y_{r1}) 的点平移之后的坐标为

$$x_{r2}=x_{r1}+r_m\sin(\varphi) \tag{7-34}$$

$$y_{r2}=y_{r1}-r_m\cos(\varphi) \tag{7-35}$$

求取平移之后道路中心线上各点坐标的具体程序如下：

```
a_middle = out_center_line ->points[5]. y- out_center_line ->points[10]. y;//求取中心线直线方程系数
b_middle = out_center_line ->points[10]. x- out_center_line ->points[5]. x;
c_middle = out_center_line ->points[5]. x * out_center_line out_center_line ->points[10]. y
        - out_center_line ->points[10]. x * out_center_line ->points[5]. y;
//按式(7-33)求取道路中心线与全局坐标系 x 轴正方向的夹角
angle_d = atan2(-a_middle, b_middle);
//遍历实际道路中心线上每个点
for( int i=0; i< out_center_line ->points. size( ); i++)
  {
```

```
        //按式(7-34)和式(7-35)计算平移后的中心线上各点坐标
        point_move. x= out_center_line ->points[i]. x+middle_move_dis * sin(angle_d);
        point_move. y= out_center_line ->points[i]. y-middle_move_dis * cos(angle_d);
        center_line_move_temp->points. push_back(point_move); //保存平移结果到点云
    }
```

如果无人车以速度 v 匀速向前行驶，那么从当前时刻往后 t 时刻备选路径点的 s 坐标为

$$s_r = s_j + vt \tag{7-36}$$

式中，s_j 表示当前时刻无人车所在位置的 s 坐标。本节设定无人车以 1 m/s 的速度匀速行驶（即 $v=1$ m/s），继而开展基于 Frenet 的低速无人车路径动态规划的实验研究。

为进行路径优化，构建性能指标

$$L_c = \varsigma T + d_e^2 \tag{7-37}$$

式中，d_e 为路径备选集合中某一路径终点的 d 坐标；T 表示从该路径起点到终点所需时间；ς 是预先指定的系数（实验过程中将该系数设定为 0.0001）。后续将按照该性能指标最小原则，选出无人车行进的最优路径。

求取 Frenet 坐标系下路径备选集合的具体程序如下：

```
struct Frenet_path    //定义结构体存储构建路径备选集合时所需变量
    {
        std::vector<float> d;                //定义向量存放每条路径上每个路径点的 d 坐标
        std::vector<float> s;                //定义向量存放每条路径上每个路径点的 s 坐标
        std::vector<float> x                 //定义向量存放每条路径上每个路径点的 x 坐标
        std::vector<float> y;                //定义向量存放每条路径上每个路径点的 y 坐标
        float cost; //定义变量来记录每条路径的性能指标,即式(7-37)的计算结果
    };

std::vector<Frenet_path> path_list;              //定义 path_list 存放每条路径的信息
path_list. clear();                              //清空向量
std::vector<Frenet_path> path_list_no_crash;     //定义 path_list_no_crash 存放无碰撞路径的信息
path_list_no_crash. clear();                     //清空向量
for(int road_width = -3; road_width < 7; road_width++)
{
    for (int T=T_set; T<30; T++)
        {
            float alpha_0 = d;              //执行式(7-29)
            float alpha_1 = derta_d;        //执行式(7-30)
            float alpha_2 = (3 * road_width - 3 * alpha_0 - 2 * T * alpha_1)/(T * T);//计算式(7-31)
            float alpha_3 = (-alpha_1 - 2 * alpha_2 * T)/(3 * T * T);  //计算式(7-32)

            Frenet_path path;          //定义当前求取的路径
            path. d. clear();          //清空向量
            path. s. clear();          //清空向量

            float d_element;
            for(int t=0; t<=T; t++)  //遍历每个时间点
                {
                    //按式(7-24)求取每个路径点的 d 坐标
                    d_element = alpha_0 + alpha_1 * t + alpha_2 * t * t + alpha_3 * t * t * t;
                    path. d. push_back(d_element);   //存储每个路径点的 d 坐标
                    path. s. push_back(sj + 1 * t);  //按式(7-36)计算每个路径点的坐标并进行存储
                }
```

```
            path.cost =0.0001 * T + d_element * d_element;   //计算式(7-37)
            path_list.push_back(path);                       //将每条路径信息存入路径备选集合中
        }
    }
```

以上程序规划出的路径越长，需要躲避的障碍物越多。这使得局部路径规划算法搜索出的无碰撞路径集越容易为空集（当该路径集为空时，无人车必须自动停车）。为避免规划出的路径过长而引发无人车在非必要情况下停车，这里采用了自动调整 T_{set}（即上述程序的变量 T_set）设定值的算法。其流程图如图 7-33 所示。

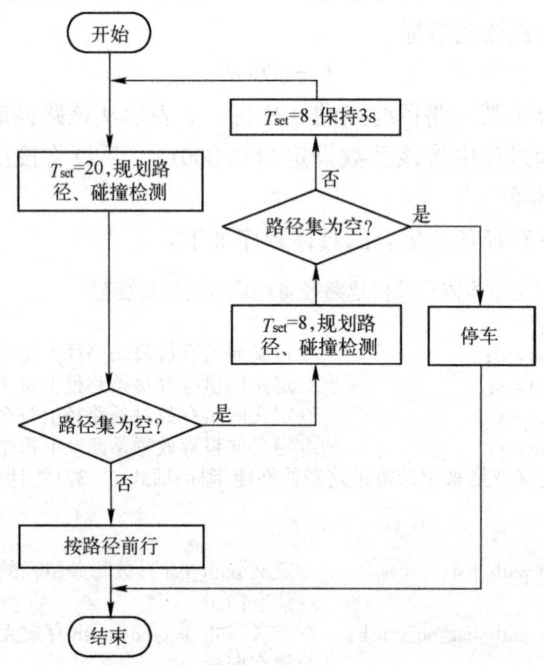

图 7-33　自动调整 T_{set} 设定值的程序流程图

一般情况下，令 T_{set} 为 20。这样，在路径备选集合中，规划出的各路径长度为 20~30 m。当无碰撞路径集为空时，将 T_{set} 设置为 8，从而使得规划出的各路径长度为 8~30 m。此时，若无碰撞路径集仍为空，则给无人车发送停车指令；否则，按规划路径正常行驶，且 3s 之后，重新将 T_{set} 设置为 20。下文介绍经碰撞检测确定无碰撞路径集的方法。

自动调整 T_{set} 设定值的具体程序如下：

```
static int count_number;                        //定义用于计时的变量
if(0==path_list_no_crash.size())                //无碰撞路径集为空
    {
        T_set=8;
        count_number=0;
    }
if(T_set==8) count_number++;
else    count_number=0;
if(count_number>=30)                            //T_set等于 8，且无碰撞路径集非空状态持续 3 s 以后
    {
        T_ set=20;                              //T_set恢复为 20
```

```
        count_number = 0;
    }
```

7.2.4　路径备选集合向全局坐标系的转换

7.2.3 节给出了路径备选集合的所有路径点的 Frenet 坐标。为便于避障处理，须将这些路径点的 Frenet 坐标转换到全局坐标系下。

图 7-34 的点 A 代表路径备选集合中的任意路径点。现已知点 A 在 Frenet 坐标系下的坐标，由点 A 向参考线（即全局路径）作垂线得到垂足点 B。点 A 的 s 坐标为点 B 在 Frenet 坐标系下沿参考线到起点的距离。点 A 的 d 坐标的绝对值为点 A 到道路中心线的距离，即图 7-34 中线段 AE 的长度。点 A 的 d 坐标的正负由式（7-11）和式（7-12）来确定。该 d 坐标的正负值代表点 A 按无人车前进方向在道路中心线的左侧或者右侧。下面利用上述信息将 Frenet 坐标系下路径点 A 的坐标转换到全局坐标系下，即求出全局坐标系下点 A 的坐标。

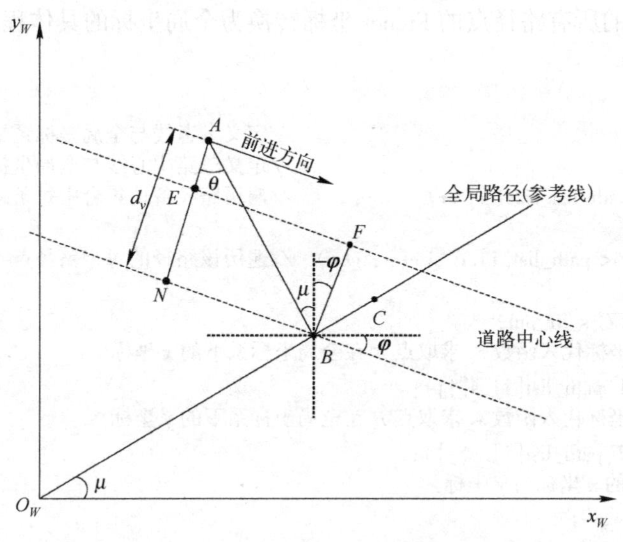

图 7-34　Frenet 坐标向全局坐标转换

假设已知点 B 在 Frenet 坐标系下的 s 坐标。将该坐标分别代入上文的拟合函数 s_1 和 s_2，可得出点 B 在全局坐标系下的坐标(s_{x0},s_{y0})。在点 B s 坐标的基础上加 0.1 m，得到图 7-34 中点 C 的 s 坐标。同理，将点 C 的 s 坐标分别代入函数 s_1 和 s_2，可求出全局坐标系下点 C 的坐标(s_{x1},s_{y1})。

将(s_{x0},s_{y0})和(s_{x1},x_{y1})代入式（7-6）~式（7-9），可确定参考线的直线方程。进而可求出参考线与全局坐标系 x 轴正方向的夹角

$$\mu=\arctan\left(-\frac{a_r}{b_r}\right) \tag{7-38}$$

式中，a_r 和 b_r 为由式（7-6）和式（7-7）得出的参考线直线方程系数。

将道路中心线上任意两点在全局坐标系下的坐标(x_1,y_1)和(x_2,y_2)代入式（7-6）~式（7-8），可求出道路中心线直线方程系数 a_m、b_m 和 c_m。然后，利用(x_1,y_1)、(x_2,y_2)、点 B 的坐标(s_{x0},s_{y0})以及式（7-11）和式（7-12）确定出 R_n。继而，可算出点 B 与道路中心线的相对位置 BF，即

$$\tau = R_n \left| \frac{a_m s_{x0} + b_m s_{y0} + c_m}{\sqrt{a_m^2 + b_m^2}} \right| \tag{7-39}$$

进一步，可计算出图 7-34 中路径点 A 与平移后的中心线的相对位置 AN，即

$$d_v = d_A - \tau$$

式中，d_A 为点 A 在 Frenet 坐标系下 d 轴上的坐标。

接着，按以下方法确定点 A 和点 B 的相对位置 d_s：

$$\theta = \mu - \varphi \tag{7-40}$$

$$d_s = \frac{d_v}{\cos(\theta)} \tag{7-41}$$

在此基础上，可得出点 A 的坐标

$$x_A = s_{x0} - d_s \sin(\mu) \tag{7-42}$$

$$y_A = s_{y0} + d_s \cos(\mu) \tag{7-43}$$

将路径备选集合的所有路径点的 Frenet 坐标转换为全局坐标的具体程序如下：

```
float x_A;
float y_A;
float angle_s;                                              //定义参考线与全局坐标系 x 轴正方向的夹角
float angle_d;                                              //定义道路中心线与全局坐标系 x 轴正方向的夹角
for (int i = 0; i < path_list. size(); i++)                 //遍历路径备选集合中每条路径
{
    for (int j = 0; j< path_list[i]. d. size(); j++)        //遍历该路径的每个路径点
    {
        pcl::PointXYZI s_fir_pnt;
        //将 B 点 s 坐标代入函数 s1 求取点 R 在全局坐标系下的 x 坐标
        float s_x0=s1(path_list[i]. s[j]);
        //将 B 点 s 坐标代入函数 s2 求取点 B 在全局坐标系下的 y 坐标
        float s_y0=s2(path_list[i]. s[j]);
        //记录点 B 的 x 坐标与 y 坐标
        s_fir_pnt. x=s_x0;
        s_fir_pnt. y=s_y0;
        //点 B 的 s 坐标加 0.1m 得到点 C s 坐标,代入函数 s1 求取点 C 在全局坐标系下的 x 坐标
        float s_x1=s1(path_list[i]. s[j]+0.1);
        //点 B 的 s 坐标加 0.1m 得到点 C s 坐标,代入函数 s2 求取点 C 在全局坐标系下的 y 坐标
        float s_y1=s2(path_list[i]. s[j]+0.1);
        //基于式(7-6)~式(7-9),确定参考线的直线方程系数
        float a_refer = s_y0-s_y1;
        float b_refer = s_x1-s_x0;
        float c_refer = s_x0 * s_y1-s_x1 * s_y0;
        //根据式(7-38),计算参考线与全局坐标系 x 轴正方向的夹角
        angle_s = atan2(-a_refer, b_refer);

        if(out_center_line->points. size() > 0)//当识别出道路中心线时
        {
            //参照式(7-6)~式(7-8),求出道路中心线的直线方程系数
            float a_center = out_center_line->points[5]. y-out_center_line->points[10]. y;
            float b_center = out_center_line->points[10]. x-out_center_line->points[5]. x;
            float c_center = out_center_line->points[5]. x * out_center_line->points[10]. y
                            -out_center_line->points[10]. x * out_center_line->points[5]. y;
            //按照式(7-33),计算道路中心线与全局坐标系 x 轴正方向的夹角
```

```
        angle_d = atan2( -a_center, b_center);
        int nResult;
        JudePointtoLine( out_center_line->points[5],out_center_line->points[10], s_fir_pnt, nResult);
        //计算式(7-39)
        float tao = nResult * abs( a_center * s_x0+b_center * s_y0+c_center)/
                                    sqrt( a_center * a_center+b_center * b_center);

        float theta = angle_s - angle_d;                            //计算式(7-40)
        if (( theta ! = M_PI/2) && ( theta ! = -M_PI/2))            //当参考线与道路中心线不垂直时
          {
            float vertical_d = path_list[i].d[j] - tao;
            float side_d = vertical_d/cos( theta);                  //计算式(7-41)
            //按式(7-42)和式(7-43)求点 A 的全局坐标
            x_A = s_x0 - side_d * sin( angle_s);
            y_A = s_y0 + side_d * cos( angle_s);

            path_list[i]. x. push_back( x_A);                        //保存点 A 的 x 坐标
            path_list[i]. y. push_back( y_A);                        //保存点 A 的 y 坐标
          }
        }
      else
        {                                                           //如果未识别出道路中心线,
          //则将点 A(相对参考线)的 d 坐标视为点 A 和点 B 的相对位置 d_s

          //按式(7-42)和式(7-43)求点 A 的全局坐标
          x_A = s_x0 - path_list[i]. d[j] * sin( angle_s);
          y_A = s_y0 + path_list[i]. d[j] * cos( angle_s);
          path_list[i]. x. push_back( x_A);                          //保存点 A 的 x 坐标
          path_list[i]. y. push_back( y_A);                          //保存点 A 的 y 坐标
        }
    }
  }
```

7.2.5　障碍物碰撞检测及最优路径选取

本节将对上文得到的路径备选集合中的每条路径进行障碍物碰撞检测。如果在路径备选集合的某条路径上所有路径点与第 6 章检测出的所有障碍物的距离保持在安全距离(如 2 m) 以外，则将该路径存放到无碰撞路径集中。经障碍物碰撞检测得到无碰撞路径集的程序如下：

```
for( int m = 0; m < path_list. size( ); m++)                       //遍历路径备选集合中每条路径
  {
    for( int n = 0; n < path_list[m]. d. size( ); n++)             //遍历该路径上的每个路径点
      {
        for( int l = 0; l < in->points. size( ); l++)              //遍历所有障碍点
          {
              //由两点间距离公式求取路径点与障碍点的距离
              float derta_x = in->points[l]. x - path_list[m]. x[n];
              float derta_y = in->points[l]. y - path_list[m]. y[n];
              float dis_barrier = sqrt( derta_x * derta_x + derta_y * derta_y);
              if( dis_barrier < 2) break;               //距离小于 2 m 说明路径点和障碍点发生碰撞
          }
```

```
            if(l<in->points.size()) break;
        }

    if(n<path_list[m].d.size()) continue;
    path_list_no_crash.push_back(path_list[m]);    //保存到无碰撞路径集中
}
```

如果障碍物碰撞检测得到的无碰撞路径集为空集，则说明此时无可行路径；否则，按性能指标（7-37）最小原则，从无碰撞路径集中选出最优路径。确定最优路径的程序如下：

```
float min_cost = std::numeric_limits<float>::max();
int index; //定义索引记录性能指标最小的路径(即最优路径)在无碰撞路径集中的位置

if(path_list_no_crash.size()>0)                            //当无碰撞路径集非空时
{
    for (int i = 0; i<path_list_no_crash.size(); i++)      //遍历每条无碰撞路径
    {
        //用于找到无碰撞路径集中性能指标最小的路径
        if (path_list_no_crash[i].cost < min_cost)
        {
            min_cost = path_list_no_crash[i].cost;
            index = i;
        }
    }
}
```

在实验过程中，基于 64 线激光雷达得到的路径备选集合、无碰撞路径集和最优路径如图 7-35 所示。基于 Frenet 的低速无人车动态路径规划程序流程图如图 7-36 所示。

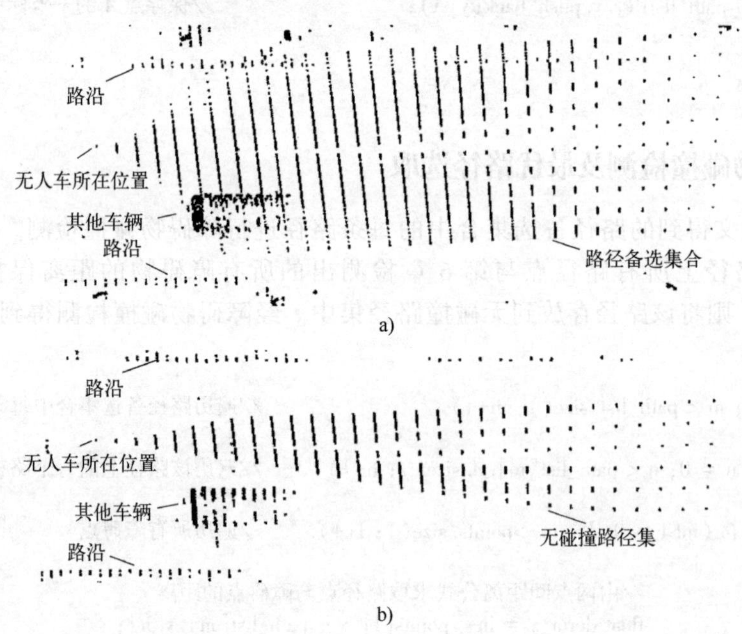

图 7-35　基于 64 线激光雷达得到的路径备选集合、无碰撞路径集和最优路径

a) 路径备选集　b) 无碰撞路径集

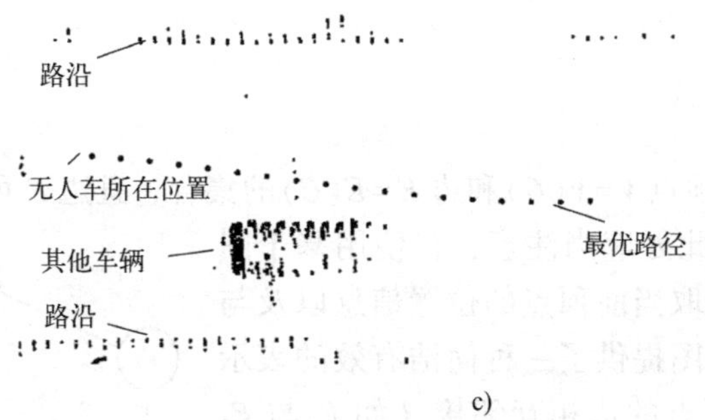

图 7-35　基于 64 线激光雷达得到的路径备选集合、无碰撞路径集和最优路径（续）

c）最优路径

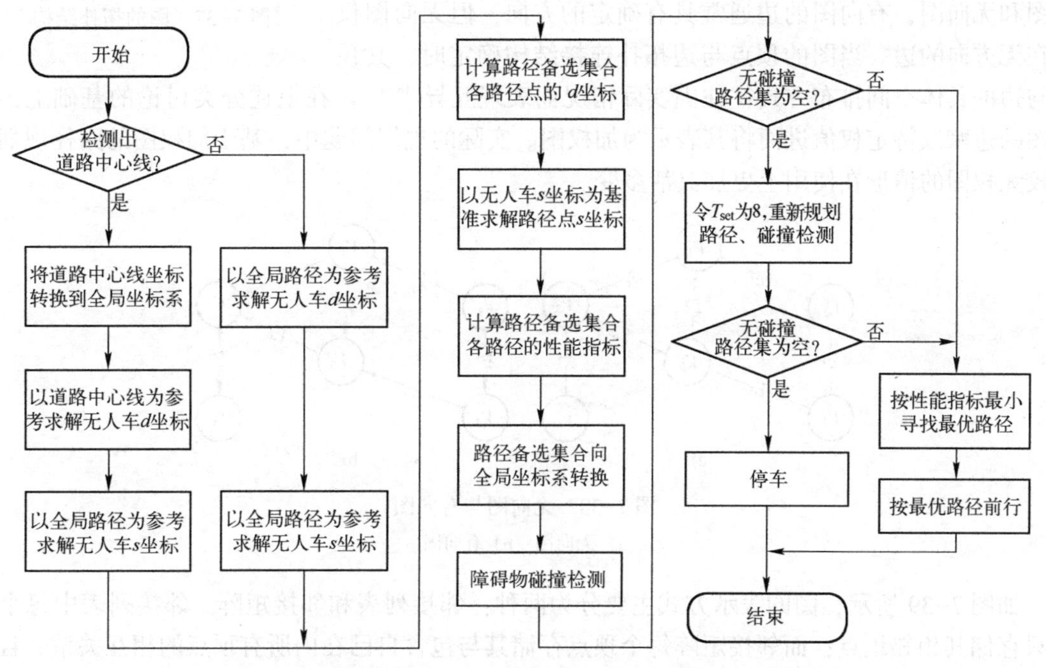

图 7-36　基于 Frenet 的低速无人车路径动态规划程序流程图

7.3　基于 A* 算法的无人车全局路径规划

无人驾驶路径规划按作用主要可分为全局路径规划和局部路径规划：全局路径规划保证无人车在已知环境中找到一条连接起始、终止点的最优或次优的全局静态路径；局部路径规划则帮助无人车在行驶过程中实现实时动态避障动作以确保其安全稳定运行。本节讨论的无人车全局路径规划算法将按如下顺序展开：首先介绍图的基本概念及属性；其次介绍图搜索经典算法（即 Dijkstra 算法、BFS 算法和 A* 算法）；最后讨论 DARPA Urban Challenge 挑战赛中斯坦福无人车 Junior 成功应用的 Hybrid A* 全局路径规划算法[17]，该算法在满足全局路径最优（或次优）的同时也保证车体符合运动学约束的条件，因此其在分析层面确保了无人车行驶路径的可行性。

7.3.1 图搜索算法基础

1. 图的基本属性及表示

如图 7-37 所示，图 G 表示顶点 $V=V(G)$ 和边 $E=E(G)$ 的集合，且边 E 可以用与其相连的两个顶点表示（如 $E_1=V_2V_4$）。此处应当注意，在使用基于图的路径搜索算法时，需要事先获取当前顶点的位置信息以及与这些位置相应的连接关系，因此图提供了一种简洁有效的表示方式。称图中至少有一个公共顶点的边相互邻接（如 E_1 与 E_2 相互邻接，E_3、E_4 与 E_6 相互邻接），至少有一条公共边的顶点互为相邻顶点（如 V_1 与 V_2 相邻）。如图 7-38 所示，图可分有向图和无向图，有向图的边通常具有确定的方向，但无向图仅存在无方向的边。当图的顶点与边拓扑连接结构确定时，其顶点与边的具体空间排布方式往往因实际情况而表现互异[18-19]。在上述分类讨论的基础上，可为图的边赋以特定权值进而将其表示为加权图。实际的规划问题中，基于加权图的路径规划算法较无权图的情形在使用上更加灵活多变。

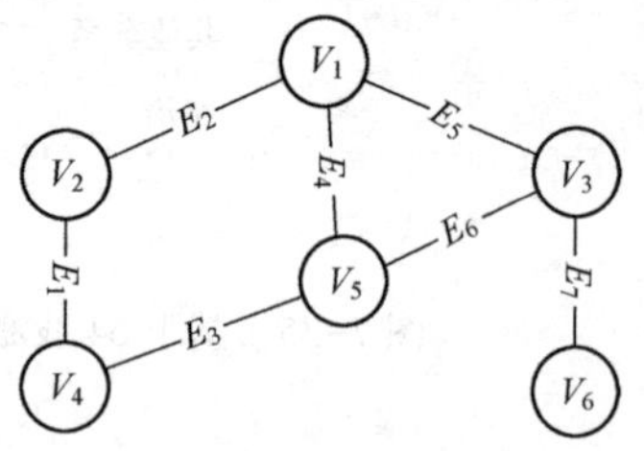

图 7-37　图的拓扑结构

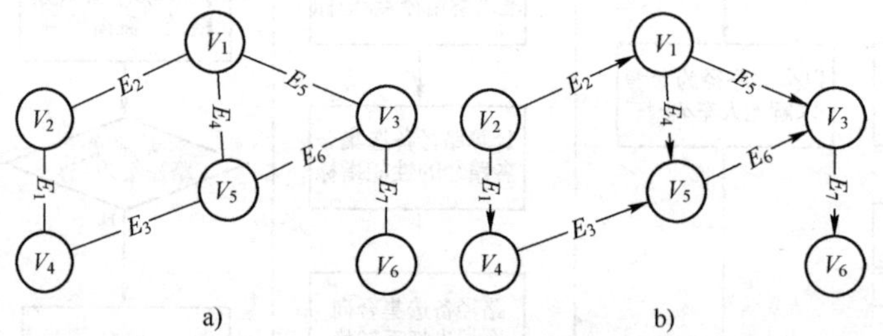

图 7-38　无向图与有向图

a）无向图　b）有向图

如图 7-39 所示，图的表示方式主要分为两种：邻接列表和邻接矩阵。邻接列表中每个顶点只存储其相邻顶点；而邻接矩阵每个顶点存储其与包含自己在内所有顶点的相互关系，且以对应非零元素表示连接权值。两种方法空间和时间复杂度见表 7-2。

表 7-2　图的两种表示法复杂度比较

复杂度名称	操 作 名 称	邻 接 列 表	邻 接 矩 阵
空间复杂度	存储空间	$O(V+E)$	$O(V^2)$
时间复杂度	添加顶点	$O(1)$	$O(V^2)$
	添加边	$O(1)$	$O(1)$
	检查相邻性	$O(V)$	$O(1)$

可以看出，邻接列表相较邻接矩阵无论在时间还是空间复杂度上都有更好的特性。由于在添加顶点时，邻接矩阵需要对行和列元素进行重新排列，而邻接列表仅需考虑与该顶点相邻的顶点，所以这也是编程在多数情况下优先选择邻接列表而非邻接矩阵的原因所在[19]。

2. 网格的图表示法

如图 7-37 所示，虽然图的传统拓扑结构简单且更加直观，但在实际应用中通常使用其如图 7-40 所示的另一种等价表示形式——网格。

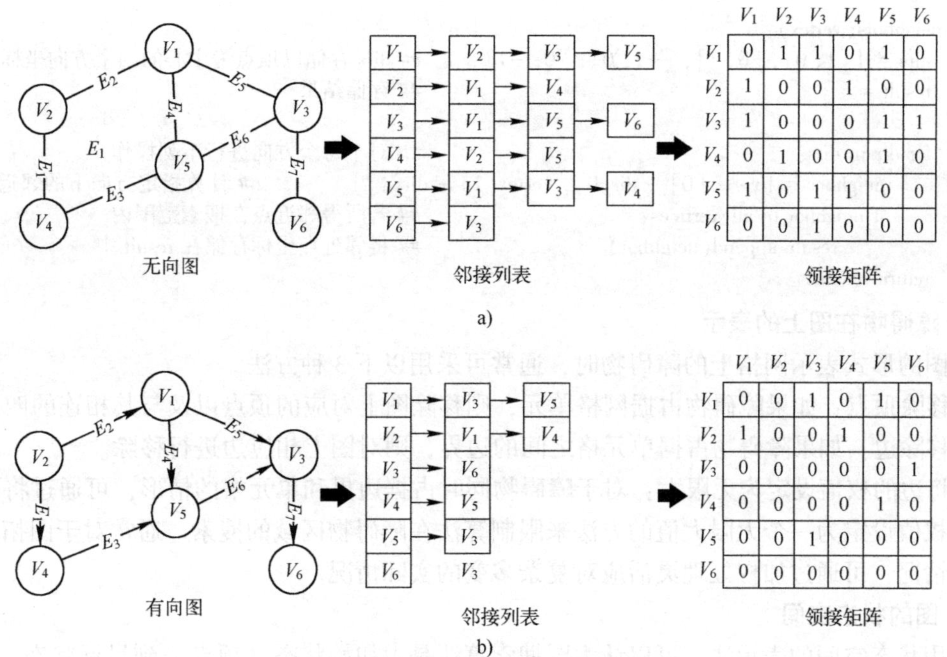

图 7-39　图的邻接列表及邻接矩阵

a）无向图的邻接列表及邻接矩阵　b）有向图的邻接列表及邻接矩阵

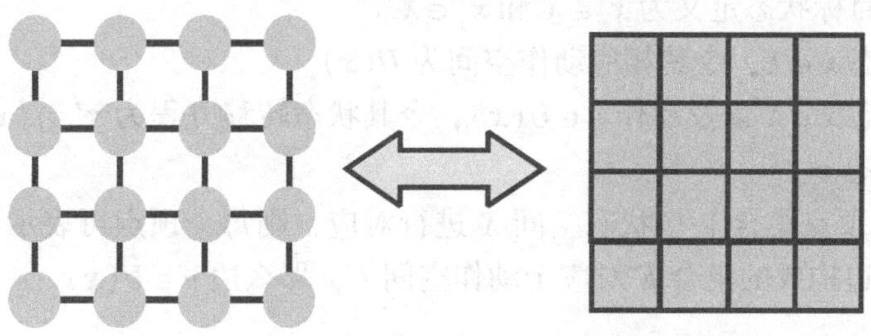

图 7-40　图与网格的等价表示

在这种等价关系下，图的顶点将转换成网格单元，而连接顶点的边也相应变为分隔网格单元的边。

为规范表示，下文介绍的诸如 Dijkstra 算法、A* 算法及 Hybrid A* 算法都是基于网格的搜索算法。相较于图的传统拓扑结构，网格不仅有着更直观的表示形式，而且实际应用背景更广(如 ROS 中最常用到的二值占栅图)。

例如，对于一个大小为 10×10 的网格，可通过如下 Python 代码将顶点坐标保存在网格 all_vertice 中：

```
all_vertice = []                          ## 存储网格单元坐标的数组
    for x in range(10):                   ## x 方向进行遍历
        for y in range(10):               ## y 方向进行遍历
            all_vertice.append([x,y])     ## 将对应的坐标存入数组中
```

如下 Python 代码将通过搜索以顶点为中心的四个方向从而遍历该顶点的邻近点，并将邻近点坐标存储在 result 中：

```
def neighbors(vertex):
    dirs = [[1, 0], [0, 1], [-1, 0], [0, -1]]        ## dirs 存储以顶点为中心的四个方向坐标
    result = []                                        ## 存储结果

    for dir in dirs:                                   ## 对于每个方向进行下列操作
        neighbor = [vertex[0] + dir[0], vertex[1] + dir[1]]     ## 计算指定方向下的邻近点坐标
        if neighbor in all_vertices:                   ## 若所得邻近点在搜索范围内
            result.append(neighbor)                    ## 将邻近点坐标存储在 result 中
    return result
```

3. 障碍物在图上的表示

以图的形式表示网格上的障碍物时，通常可采用以下 3 种方法。

- 移除顶点：如果障碍物占据网格单元，则移除图上对应的顶点以及与其相连的四条边。
- 移除边：如果障碍物占据单元格之间的边界，则对图上相应边进行移除。
- 将边的权值设定为无限大：对于障碍物同时占据边界和单元格的情形，可通过将对应连接边的权值设定为一个无限大值的方法来限制算法在障碍物区域的搜索。通常对于图拓扑结构确定的情况，可通过加权处理灵活应对复杂多变的实际情况。

4. 图的状态空间

利用状态空间的表示法，可以认为图搜索算法是由初始状态（顶点）到目标状态（顶点）转移动作的集合，现给出以下相关定义。

- 状态集合 X 为非空的有限或可数无限状态集。
- 初始状态与目标状态定义为 $\boldsymbol{x}_s \in X$ 和 $\boldsymbol{x}_g \in X$。
- 对于每个状态 $\boldsymbol{x} \in X$，令其相应动作空间为 $U(\boldsymbol{x})$。
- 对于每个状态 $\boldsymbol{x} \in X$ 以及动作 $u \in U(\boldsymbol{x})$，令其状态转移方程为 $\boldsymbol{x}' = f(\boldsymbol{x}, u)$，即状态 $\boldsymbol{x}$ 通过动作 u 转移到状态 $\boldsymbol{x}'$。

如果将图 G 的顶点集合 V 与状态空间 X 进行对应，则每个顶点可表示为状态空间中的一个相应状态；所有边构成的集合 E 对应于动作空间 U，那么边 $u \in U(\boldsymbol{x})$。

7.3.2 Dijkstra 算法及最佳优先搜索（BFS）算法

1. Dijkstra 算法原理及实现

（1）开启列表与关闭列表　Dijkstra 算法、BFS（最佳优先搜索算法）以及其他启发式搜索算法需要经常用到两个重要列表——开启列表及关闭列表以进行数据的存储与检索。开启列表 O 及关闭列表 C 同为优先队列（Priority Queue），开启列表 O 表示搜索边界顶点（即将搜索到但目前还未搜索到的顶点）的集合，由于开启列表 O 中顶点的部分相邻顶点已于此前搜索，因此可将任何顶点 $x_i \in O$ 认为是搜索边界的一部分。同理，关闭列表 C 表示已经搜索到的顶点集合。优先队列键值对（即存储最小单元中键、值一一对应且成对存在）按由大到小或由小到大的顺序进行存储，且其可进行键值对的插入、最小值的查找以及删除操作。上述介绍的两个列表均满足这种优先队列结构。

（2）Dijkstra 算法搜索原理及路径最短定理[20-21]　Dijkstra 算法为有向正值加权图最短路径搜索算法，其实现原理如下：

- 构造搜索范围内的顶点集合 X，令所有顶点 $\boldsymbol{x} \in X/\{\boldsymbol{x}_s\}$（即除起始点 $\boldsymbol{x}_s$ 外的点）到起始点的距离为 $\mathrm{d}(\boldsymbol{x}) = \infty$；起始点 $\boldsymbol{x}_s$ 到其自身的距离 $d(\boldsymbol{x}_s) = 0$。
- 构造用于存储算法搜索过程中遍历到的顶点集合 R，且令其初始时为空集。

- 遍历集合 X，当 $R \neq X$ 时，选择 $\boldsymbol{x} \notin R$ 时 $d(\boldsymbol{x})$ 最小值对应的顶点添加到集合 R 中，分别计算 $\boldsymbol{x}$ 和其邻近顶点 $\boldsymbol{u}$ 间的距离 $l(\boldsymbol{x},\boldsymbol{u})$，若 $d(\boldsymbol{u})>d(\boldsymbol{x})+l(\boldsymbol{x},\boldsymbol{u})$，则令 $d(\boldsymbol{u})=d(\boldsymbol{x})+l(\boldsymbol{x},\boldsymbol{u})$；否则保持不变，依此往复直至 $R=X$ 时搜索结束。下面引理 7-1 将证明经过如此搜索过程得到的距离 $d(\boldsymbol{x}_g)$ 为从初始到目标点的最短距离。

引理 7-1[22]：假设 $d(\boldsymbol{x})$ 为算法搜索过程中，根据上述计算方法得到的初始点到目标点的距离，而 $\delta(\boldsymbol{x})$ 为从初始顶点到目标顶点的最短距离。则可认为对每个 $\boldsymbol{x} \in R$，都有 $d(\boldsymbol{x})=\delta(\boldsymbol{x})$ 成立，即 $d(\boldsymbol{x})$ 为两点间的最短距离，也即算法搜索得到两点间的路径最短。

证明（归纳法）：对于基本情形 $R=\{\boldsymbol{x}_s\}$，显然有 $d(\boldsymbol{x}_s)=\delta(\boldsymbol{x}_s)=0$ 成立。

令 $\boldsymbol{x}_g$ 为最后一个加入集合 R 中的顶点，令 $R'=R\cup\{\boldsymbol{x}_g\}$，下面基于数学归纳法证明对于每一个 $\boldsymbol{x} \in R$ 都有 $d(\boldsymbol{x})=\delta(\boldsymbol{x})$ 成立。

假设 7-1：对于每个 $\boldsymbol{x} \in R'$ 都有 $d(\boldsymbol{x})=\delta(\boldsymbol{x})$ 成立。因此，对于每个属于 R' 而非 $\boldsymbol{x}_g$ 的顶点，都有 $d(\boldsymbol{x})=\delta(\boldsymbol{x})$ 成立。所以只需证明 $d(\boldsymbol{x}_g)=\delta(\boldsymbol{x}_g)$ 成立即可。

利用反证法，假设存在一条从 $\boldsymbol{x}_s$ 到 $\boldsymbol{x}_g$ 的最短路径 S，其距离满足

$$l(S)<d(\boldsymbol{x}_g) \tag{7-44}$$

其中，S 从集合 R' 中一点出发且经过不属于 R' 的分支（即分支上的任意点均不属于 R'，且可以存在多条分支）后终止于 $\boldsymbol{x}_g$。

假设 xy 为经算法搜索得到的沿 S 离开集合 R' 且终止于 $\boldsymbol{x}_g$ 的第一条分支，且 S_x 表示 S 由 $\boldsymbol{x}$ 到 $\boldsymbol{y}$ 的子路径，显然其长度 $l(S_x)$ 满足

$$l(S_x)+l(\boldsymbol{x},\boldsymbol{y}) \leqslant l(S) \tag{7-45}$$

由假设 7-1 可知，$d(\boldsymbol{x})$ 为顶点 $\boldsymbol{x}_s$ 到 $\boldsymbol{x} \in R'$ 的最短距离，即 $d(\boldsymbol{x}) \leqslant l(S_x)$，立即得

$$d(\boldsymbol{x})+l(\boldsymbol{x},\boldsymbol{y}) \leqslant l(S) \tag{7-46}$$

由于 $\boldsymbol{y}$ 为 $\boldsymbol{x}$ 的相邻点，且 $d(\boldsymbol{y})$ 为根据搜索算法得到的最短距离，因此有

$$d(\boldsymbol{y}) \leqslant d(\boldsymbol{x})+l(\boldsymbol{x},\boldsymbol{y}) \tag{7-47}$$

最后，由于 $\boldsymbol{x}_g$ 为搜索算法找到的最后一个顶点，故 $\boldsymbol{x}_g$ 具有最短距离

$$d(\boldsymbol{x}_g) \leqslant d(\boldsymbol{y}) \tag{7-48}$$

联立式（7-44）~式（7-48）后引出矛盾，$d(\boldsymbol{x}_g)<d(\boldsymbol{x}_g)$，即无法找到在一条从 $\boldsymbol{x}_s$ 到 $\boldsymbol{x}_g$ 的路径 S，使得 $l(S)<d(\boldsymbol{x}_g)$ 成立。

因此 $d(\boldsymbol{x}_g)=\delta(\boldsymbol{x}_g)$，引理得证。　□

（3）Dijkstra 算法实现及伪代码　Dijkstra 算法[23]运行时需将即将搜索的和已经搜索到的顶点分别存储到开启列表 O 和关闭列表 C 这两个优先队列中，算法初始时列表 O 和 C 均为空。

首先令起始点 x_s 前置顶点为空并将其加入开启列表 O，而后在满足 $O\neq\varnothing$ 条件时算法主体在 while 循环中运行：从开启列表 O 中移出最小值对应的顶点后加入关闭列表 C；若该最小值对应的顶点 $\boldsymbol{x}$ 为目标点则搜索结束，否则基于状态转移函数 $f(\boldsymbol{x},u)$ 计算出顶点 $\boldsymbol{x}$ 的后继顶点 $\boldsymbol{x}_{\text{successor}}$；若 $\boldsymbol{x}_{\text{successor}}$ 不在关闭列表 C 中，令状态转移前的顶点 $\boldsymbol{x}$ 相应的代价为 $g(\boldsymbol{x})$，利用 $\boldsymbol{x}$ 到 $\boldsymbol{x}_{\text{successor}}$ 的距离 $l(\boldsymbol{x},\boldsymbol{x}_{\text{successor}})$ 计算转移后的后继顶点相应的代价 g，计算方式为 $g=g(\boldsymbol{x})+l(\boldsymbol{x},\boldsymbol{x}_{\text{successor}})$；当 $\boldsymbol{x}_{\text{successor}}$ 不属于开启列表 O 或其代价值 $g(\boldsymbol{x}_{\text{successor}})$ 大于状态转移后的代价值 g 时，将当前顶点 $\boldsymbol{x}$ 作为 $\boldsymbol{x}_{\text{successor}}$ 的前置顶点并更新其实际代价值，之后将 $\boldsymbol{x}_{\text{successor}}$ 加入开启列表 O；若 $\boldsymbol{x}_{\text{successor}}$ 已于先前加入开启列表 O，则将其从开启列表 O 移除；依此往复直至算法遍历完搜索范围内的所有顶点，最终得到最短路径的途经点由所有前置顶点 Predecessor（$\boldsymbol{x}_{\text{successor}}$）组成。

以下为算法实现伪代码。

算法 7-1：Dijkstra 算法

```
要求：x_s ∈ X, x_g ∈ X
设置 O=∅, C=∅, 并设置所有顶点代价值, 其中 g(x_s)=0, 而对 ∀x≠x_s, g(x)=∞
Predecessor(x_s) ← null                       ◀ 初始点 x_s 前置顶点为空
O.push_in(x_s)                                ◀ 将初始点 x_s 加入开启列表
while O≠∅ do:                                 ◀ 开启列表非空时进入循环
    x←O.pop_out_min ()                        ◀ 从开启列表得到当前顶点 x
    C.push_in (x)                             ◀ 移除开启列表中代价最小的顶点并加入闭合列表
    if x=x_g then:                            ◀ 如果当前顶点为目标点
        return  x                             ◀ 算法结束, 返回当前顶点 x
    else
        for  u∈U(x) do:                       ◀ 对当前顶点的所有可能动作
            x_successor←f(x, u)               ◀ 根据状态转移函数得到当前顶点后继顶点 x_successor
            if  x_successor ∉ C then:         ◀ 判断后继顶点未加入闭合列表 C
                g←g(x)+l(x,x_successor)       ◀ 计算当前顶点的后继顶点到初始点的代价值
                if x_successor ∉ O or g<g(x_successor) then: ◀ 若当前顶点后继顶点不属于开启列表 O
                                              ◀ 或其后继顶点计算代价值小于先前值 g(x_successor)
                    Predecessor(x_successor)← x   ◀ 更新当前顶点 x 为后继顶点 x_succsesor 的前置顶点
                    g(x_successor)← g             ◀ 更新后继顶点实际代价
                    if  x_successor ∉ O then:     ◀ 若后继顶点不属于开启列表 O
                        O.push_in(x_successor)    ◀ 加入开启列表 O
                    else
                        O.remove (x_succesor)     ◀ 已经加入开启列表时则将其移除
                    end if
                end if
            end if
        end for
    end if
end while
return
```

（4）仿真实现（曼哈顿距离） 搜索进入参考文献［24］给出的在线演示网站后将看到如图 7-41 所示的仿真控制面板。

在 Select Algorithm 栏单击选择 Dijkstra 选项便会选定算法。可以看到 Options 选项中有 Allow Diagnal、Bi-directional 及 Don't Cross Corners 三种可选搜索方式，其分别表示允许对角线方向、起始和终止点进行双向搜索和禁止路径经过障碍物的边角，可根据需求自由选择。

本仿真实例采用 Don't Cross Corners 的搜索方式，选定初始点和终止点后，单击 Start Search 开始搜索。实验中可通过鼠标左键单击空白区域标注障碍物，Clear Walls 用于清除障碍物区域。

搜索结果如图 7-42 所示，白色方块表示起始点，黑色方块表示终止点，黑色线段表示生成的路径，浅灰色区域表示关闭列表 C，深灰色区域表示开启列表 O。仿真分无障碍物和有障碍物两种情形进行，可以看到图示生成的路径为曼哈顿距离下的最短路径，即路径仅允许水平、竖直方向的连接。

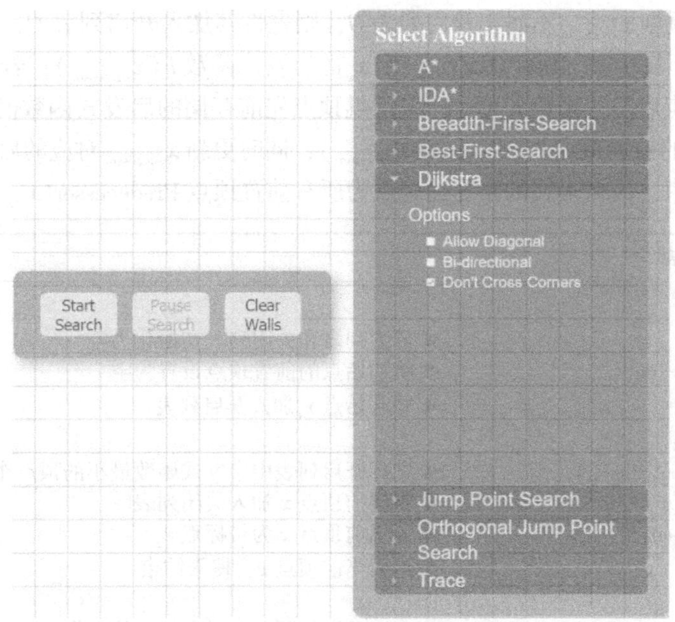

图 7-41　Dijkstra 算法仿真控制面板

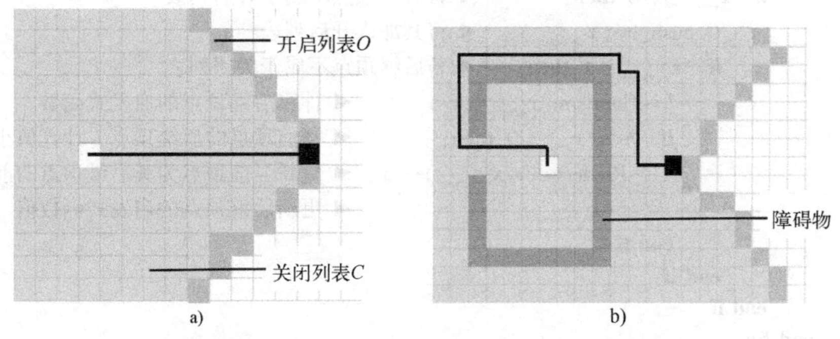

图 7-42　Dijkstra 算法仿真结果（白色起始，黑色终止）

a）无障碍物时的仿真结果　b）有障碍物时的仿真结果

2. 最佳优先搜索（BFS）算法原理及实现

（1）BFS 算法基本原理　BFS 算法作为启发式搜索算法（Heuristic Algorithm）家族中的一员，其依赖估价函数对将要遍历的顶点代价值进行估计，进而选择代价值小的顶点进行搜索，并最终找到目标点。尽管 BFS 算法不能保证获得起始、终止两点之间的最短路径，但其相较于 Dijkstra 算法搜索速度更快。广义而言，BFS 算法既不是完备算法（即不能保证经过有限次迭代找到目标点），同时也非最优算法（即找到的路径对应代价值不一定最小）。BFS 算法时间复杂度为 $O(b^m)$，其中 b 为最大分支因子（即每个顶点的最大子顶点数）；m 为搜索树的最大深度（即沿着最长搜索树的根顶点到其最远子顶点所经过的顶点数），算法空间复杂度正比于其搜索边缘顶点数和路径长度。关于 BFS 算法详细内容可参见参考文献［25］。

（2）BFS 算法实现及其伪代码　BFS 算法开始时需对开启列表和关闭列表进行初始化，并将起始点加入开启列表。开启列表存储将要遍历的顶点，闭合列表存储遍历到的顶点。当 $O\neq\varnothing$时在循环中进行算法的主要操作：设 h 为从当前顶点 $\boldsymbol{x}$ 到目标点 $\boldsymbol{x}_g$ 的估计代价，首先将开启列表中 h 最小值对应的顶点加入关闭列表；如果找到目标点，则搜索结束，否则遍历 $\boldsymbol{x}$ 后继顶点

$\boldsymbol{x}_{\text{successor}}$，如果后继顶点 $\boldsymbol{x}_{\text{successor}}$ 不属于开启列表 O，则先将其加入开启列表 O，进而判断其是否属于关闭列表 C；若不属于 C，则计算 $\boldsymbol{x}_{\text{successor}}$ 到 $\boldsymbol{x}_g$ 的启发式函数 $h(\boldsymbol{x}_{\text{successor}})$；若通过计算得到的当前顶点 $\boldsymbol{x}$ 的后继顶点启发式函数 h 值小于其后继顶点先前存储的启发式函数值 $h(\boldsymbol{x}_{\text{successor}})$，则令点 $\boldsymbol{x}$ 作为点 $\boldsymbol{x}_{\text{successor}}$ 的前置顶点 Predecessor($\boldsymbol{x}_{\text{successor}}$)，同时更新 $\boldsymbol{x}_{\text{successor}}$ 对应的启发式函数。一次规律循环直至算法结束，最终得到的路径途经点为所有前置顶点 Predecessor($\boldsymbol{x}_{\text{successor}}$)。

算法 7-2：BFS 算法

```
要求：x_s ∈ X, x_g ∈ X
O = ∅, C = ∅                                   ◀ 开启列表和关闭列表初始化为空
Predecessor(x_s) ← null                        ◀ 将初始点的前置顶点设置为空
O.push_in(x_s)                                 ◀ 将起始点 x_s 加入开启列表
while O ≠ ∅ do:
    x ← O.pop_out_min()                        ◀ 选择开启列表中启发式函数最小的顶点作为当前顶点
    C.push_in(x)                               ◀ 将当前顶点 x 加入关闭列表
    if x = x_g then:                           ◀ 若当前顶点 x 为目标点 x_g
        return x                               ◀ 返回当前顶点 x，搜索结束
    else
        for u ∈ U(x) do:                       ◀ 对当前顶点 x 每个可能的动作
            x_successor ← f(x, u)              ◀ 根据相应动作及状态转移函数得到当前顶点的后继顶点
            if x_successor ∉ O then:           ◀ 若后继顶点不属于开启列表
                O.push_in(x_successor)         ◀ 将其加入开启列表
                if x_successor ∉ C then:       ◀ 若后继顶点不属于关闭列表
                    h ← Heuristic(x_successor, x_g)        ◀ 计算后继顶点的启发式函数
                    if h < h(x_successor) then:            ◀ 当前顶点的后继顶点 h 计算值小于其先前值
                        Predecessor(x_successor) ← x       ◀ 更新当前顶点为其后继顶点的前置顶点
                        h(x_successor) ← h                 ◀ 更新后继顶点的启发式函数值
                    end if
                end if
            end if
        end for
    end if
end while
return
```

(3) 仿真实现（曼哈顿距离） 浏览器搜索进入参考文献［24］给出的在线演示网站，如图 7-43 所示。

在 Select Algorithm 栏单击选择 Best-First-Search 选项，此处 Heuristic 选择 Manhattan（即曼哈顿距离），Options 作用与上一小节 Dijkstra 仿真部分相同。参数设置完成后单击空白区域选定起始点（白色）和终止点（黑色）后单击 Start Search 开始搜索，算法结束后即可观察到一条黑色路径以及开启列表（深灰）和关闭列表（浅灰）。需要时可左击空白区域添加障碍物，算法结束后单击 Clear Walls 以进行障碍物清除及搜索空间的初始

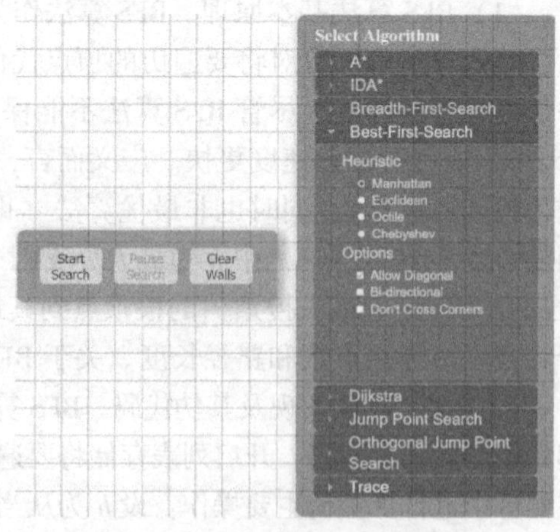

图 7-43 BFS 算法仿真控制面板

化。BFS 算法仿真分无障碍物和有障碍物两种情形进行，其结果如图 7-44 所示。

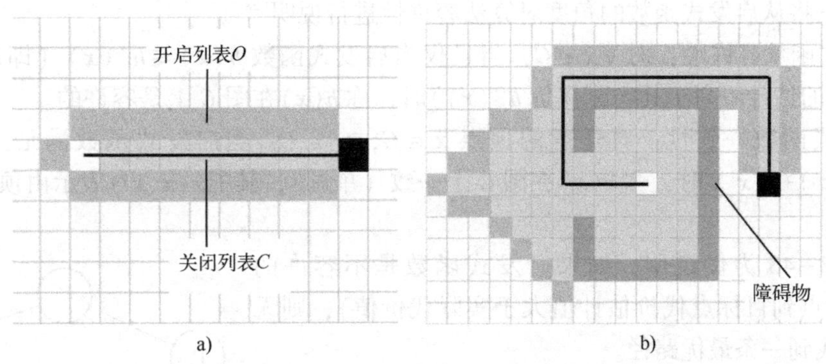

图 7-44　BFS 算法仿真结果（白色起始，黑色终止）

a）无障碍物时的仿真结果　b）有障碍物时的仿真结果

由此可以看出，相较于 Dijkstra 算法，BFS 算法遍历顶点较少，因而其具有更快的搜索速度。然而通常情况下，由于算法本身的不完备性和非最优性会产生如图 7-45 所示的非最短路径情形，因此在算法速度和最优性方面，BFS 算法并非最佳选择。

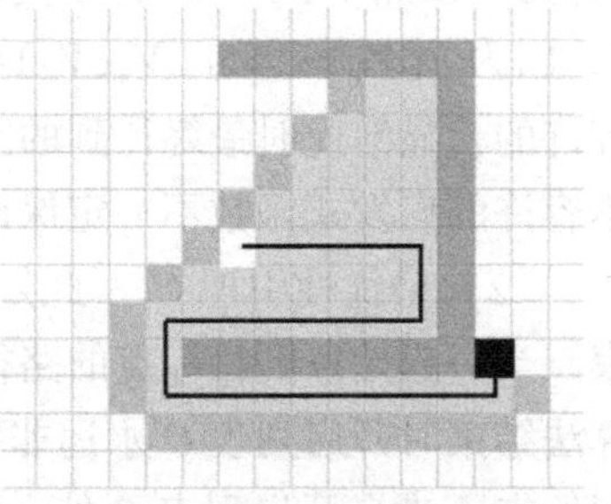

图 7-45　BFS 算法获得非最优路径仿真结果（白色起始，黑色终止）

7.3.3　A* 算法

7.3.2 节所述的 Dijkstra 算法属于无信息搜索算法（即一致代价搜索算法），其通过由当前顶点向相邻点遍历的方式进行搜索并最终找到连接起始、终止两点的最短路径，从而确保算法的最优性。但由于算法采用无信息搜索方式，因此需依次遍历每个顶点的所有邻近点，故而搜索时间较长。BFS 算法通过将当前顶点到目标点的代价进行估计寻找路径，属于有信息搜索算法，因此搜索速度较快，但搜索时缺失的历史代价往往无法保证最优性，故其并非是最佳选择。综合上述两种算法的优缺点并进行互相补充，便引出如下所述的 A* 算法。

1. A* 算法基本原理

A* 算法是目前应用最广泛的路径寻优算法之一，利用 BFS 启发式搜索方法加快搜索过程这一优点的同时，综合 Dijkstra 算法的最优性与完备性特点，因此保证能够快速地找到一条最优路径[26]。A* 算法中将用到两类代价函数——历史代价 $g(\boldsymbol{x})$ 与估计代价 $h(\boldsymbol{x})$。$g(\boldsymbol{x})$ 用于计算从出发点到当前搜索点的实际代价值；$h(\boldsymbol{x})$ 表示当前搜索点到目标点的估计代价值，为规范表示，后文将统一称 $h(\boldsymbol{x})$ 为启发式函数。启发式函数的选择对算法的特性有着较大影响，为保证算法能够找到一条最优路径（即 A* 算法的容许性），启发式函数不能大于当前顶点到目标点的估计代价，同时其在容许性范围内的选取方式也直接影响着算法特性。

与上述两种算法操作相同，A* 算法需利用开启列表 O 和关闭列表 C 这两个优先队列对顶点进行存储、删除等操作。A* 算法的搜索原理与 Dijkstra 算法大致相同，只是其将代价的评判规则由历史代价 $g(\boldsymbol{x})$ 扩充为历史代价和估计代价的综合项 $f(\boldsymbol{x})=g(\boldsymbol{x})+h(\boldsymbol{x})$。鉴于 $h(\boldsymbol{x})$ 的引入会对 A* 算法的最优性产生影响，为此引入算法容许性[27] 以对其进行分类讨论。

（1）容许性（Admissibility）　如果图搜索算法能够在权值为正的有向图上找到最优路径，

那么可认为该算法是容许的。一般而言，A^* 算法的容许性等价于其启发式函数 $h(\boldsymbol{x})$ 的容许性，因此以下将从启发式函数的角度对算法容许性进行说明[28]。

- 启发式函数容许性：对 $\forall \boldsymbol{x} \in G$，当且仅当启发式函数 $h(\boldsymbol{x}) \leqslant h^*(\boldsymbol{x})$（即启发式函数 $h(\boldsymbol{x})$ 对代价的估计不高于其实际代价 $h^*(\boldsymbol{x})$）时，称 $h(\boldsymbol{x})$ 在图 G 上是容许的。
- 启发式函数一致性：对任意的顶点 $\boldsymbol{x} \in G$，$\boldsymbol{x}' \in G$，当启发式函数满足三角不等式 $h(\boldsymbol{x}) \leqslant c(\boldsymbol{x},\boldsymbol{x}')+h(\boldsymbol{x}')$ 时，称 $h(\boldsymbol{x})$ 在图 G 上一致（单调），其中 $c(\boldsymbol{x},\boldsymbol{x}')$ 表示由顶点 $\boldsymbol{x}$ 到 $\boldsymbol{x}'$ 的实际代价。

现以图 7-46 为例说明，如果启发式函数是不容许的（即当前搜索点到目标点代价估计值大于实际代价值），则无法保证算法找到一条最优路径。

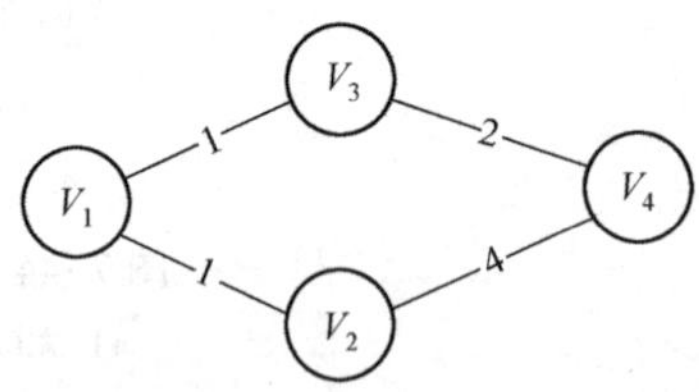

图 7-46　启发式函数容许性说明

图 7-46 中，$\boldsymbol{V}_1$ 和 $\boldsymbol{V}_4$ 分别为起始和终止顶点。启发式函数 $h(\boldsymbol{V})$ 为顶点 $\boldsymbol{V}$ 到 $\boldsymbol{V}_4$ 的估计代价；而对于 $\forall \boldsymbol{V}_i \in G$，$c(\boldsymbol{V},\boldsymbol{V}_i)$ 为由顶点 $\boldsymbol{V}$ 到 $\boldsymbol{V}_i$ 的实际代价。假设 $h(\boldsymbol{V}_3)=5$，$h(\boldsymbol{V}_2)=4$，因为 $h(\boldsymbol{V}_3)=5>c(\boldsymbol{V}_3,\boldsymbol{V}_4)=2$，故启发式函数 $h(\boldsymbol{V})$ 是不容许的，显然此时最终得到的路径为 $\boldsymbol{V}_1 \to \boldsymbol{V}_2 \to \boldsymbol{V}_4$。然而实际中最短路径为 $\boldsymbol{V}_1 \to \boldsymbol{V}_3 \to \boldsymbol{V}_4$，因此不容许的启发式函数不一定保证算法能找到一条最短路径。

（2）最优性引理[27]　此处首先指出，A^* 算法在找到目标点 $\boldsymbol{x}_g$ 后或开启列表 O 为空时结束。当由起始点到目标点的路径存在时，由于路径上总存在属于开启列表 O 的顶点，所以在算法结束时开启列表 O 永远非空。注意到，除非目标点已经位于关闭列表 C 中，否则除路径起始点 $\boldsymbol{x}_s$ 来自开启列表 O 外，路径上某个非 $\boldsymbol{x}_s$ 的点也将在开启列表 O 中。

引理 7-2：当 A^* 算法启发式函数 $h(\boldsymbol{x})$ 满足容许性的条件 $h(\boldsymbol{x}) \leqslant h^*(\boldsymbol{x})$ 时，算法是容许的，此时会找到一条最优（代价最小）的路径。

证明（反证法）：假设算法在搜索到目标点 $\boldsymbol{x}_g$ 时结束，但最终搜索到的路径并非最优路径，则必有

$$f(\boldsymbol{x}_g)=g(\boldsymbol{x}_g)>f^*(\boldsymbol{x}_s) \tag{7-49}$$

式中，$f^*(\boldsymbol{x}_s)=g^*(\boldsymbol{x}_s)+h^*(\boldsymbol{x}_s)=g^*(\boldsymbol{x}_s)$ 表示从起始点到终止点路径的实际代价。由条件 $0 \leqslant h(\boldsymbol{x}_g) \leqslant h^*(\boldsymbol{x}_g)=0$ 可知式（7-49）前半部分等式 $f(\boldsymbol{x}_g)=g(\boldsymbol{x}_g)+h(\boldsymbol{x}_g)=g(\boldsymbol{x}_g)$ 成立，后半部分不等式由于最优路径的存在以及最优路径上的每个点的 $f^*(\boldsymbol{x})$ 恒为常值此前提条件，从而有 $f(\boldsymbol{x}_g)>f^*(\boldsymbol{x}_g)=f^*(\boldsymbol{x}_s)$。根据上述假设（搜索算法在终止点结束但未找到最优路径的情况）以及在目标点 x_g 一定时总存在属于开启列表 O 的最优路径中的某个顶点 $\boldsymbol{x}_i$，则当目标点 $\boldsymbol{x}_g$ 选自开启列表 O 时 $\boldsymbol{x}_i$ 将不再属于开启列表 O，因此 $\boldsymbol{x}_i$ 将具有一个更大的 $f(\boldsymbol{x}_i)$ 值，在此种情形下必有

$$f(\boldsymbol{x}) \geqslant f(\boldsymbol{x}_g)=g(\boldsymbol{x}_g)>f^*(\boldsymbol{x}_s) \tag{7-50}$$

接下来证明一定存在属于开启列表 O 且在最优路径上的顶点 $\boldsymbol{x}_i$ 使得 $f(\boldsymbol{x}_i) \leqslant f^*(\boldsymbol{x}_s)$ 成立，即导出与式（7-50）相矛盾的结果后基于反证法完成引理 7-2 的证明。

假设最优路径为 $(\boldsymbol{x}_s=\boldsymbol{x}_0,\boldsymbol{x}_1,\cdots,\boldsymbol{x}_k=\boldsymbol{x}_g)$，在算法终止前，顶点 $\boldsymbol{x}_i$ 为最优路径上属于开启列表 O 代价值最小的顶点，且满足

$$f(\boldsymbol{x}_i)=g(\boldsymbol{x}_i)+h(\boldsymbol{x}_i)$$

由于 $\boldsymbol{x}_i$ 为最优路径上且属于开启列表 O 的代价最小值对应的顶点，而 $\boldsymbol{x}_i$ 所有属于最优路

径的前置顶点都已加入关闭列表 C 中，因此这时算法找到一条由起始点 $\boldsymbol{x}_s$ 到点 $\boldsymbol{x}_i$ 的最优路径，故而有

$$g(\boldsymbol{x}_i)=g^*(\boldsymbol{x}_i)$$

亦即

$$f(\boldsymbol{x}_i)=g^*(\boldsymbol{x}_i)+h(\boldsymbol{x}_i)$$

因为 $h(\boldsymbol{x})\leqslant h^*(\boldsymbol{x}_i)$，故有

$$f(\boldsymbol{x}_i)=g^*(\boldsymbol{x}_i)+h(\boldsymbol{x}_i)\leqslant g^*(\boldsymbol{x}_i)+h^*(\boldsymbol{x}_i)=f^*(\boldsymbol{x}_i)$$

由上述可知，最优路径上的每个顶点的代价 $f^*(\boldsymbol{x})$ 恒为常值，故而满足

$$f(\boldsymbol{x}_i)\leqslant f^*(\boldsymbol{x}_i)=f^*(\boldsymbol{x}_s) \tag{7-51}$$

容易看出式（7-50）与式（7-51）相互矛盾，因此顶点 $\boldsymbol{x}_i$ 必然在目标点 $\boldsymbol{x}_g$ 选自开启列表 O 前就来自 O。即搜索得到的最终路径为最优路径，引理 7-2 得证。　□

此处也可利用归纳假设简化上述关于 A* 算法的证明。

假设算法搜索中某一顶点 $\boldsymbol{x}$ 的所有前置顶点都有最优的实际代价值 g；$\boldsymbol{x}$ 为开启列表 O 中代价值 $f(\boldsymbol{x})=g(\boldsymbol{x})+h(\boldsymbol{x})$ 最小的顶点且 $g(\boldsymbol{x})$ 为次优值，则起始点 $\boldsymbol{x}_s$ 到 $\boldsymbol{x}$ 的最优路径上必定至少存在一个开启列表 O 中的顶点 $\boldsymbol{x}_j$ 使得

$$f(\boldsymbol{x}_j)=g(\boldsymbol{x}_j)+h(\boldsymbol{x}_j)\geqslant g(\boldsymbol{x})+h(\boldsymbol{x})=f(\boldsymbol{x}) \tag{7-52}$$

根据假设 $g(\boldsymbol{x})$ 为次优值知

$$g(\boldsymbol{x}_j)+c(\boldsymbol{x}_j,\boldsymbol{x})<g(\boldsymbol{x})$$

由容许性条件 $h(\boldsymbol{x}_j)\leqslant h^*(\boldsymbol{x}_j)$ 得

$$g(\boldsymbol{x}_j)+h(\boldsymbol{x}_j)<g(\boldsymbol{x}_j)+c(\boldsymbol{x}_j,\boldsymbol{x})+h(\boldsymbol{x})<g(\boldsymbol{x})+h(\boldsymbol{x}) \tag{7-53}$$

由此看到式（7-52）与式（7-53）矛盾，故而 $g(\boldsymbol{x})$ 为最优值，引理 7-2 得证。　□

2. 启发式函数的设计与选择

启发式函数在当前顶点到目标顶点最小代价估计方面扮演着至关重要的角色，且在通常情况下，启发式函数的选择会对算法搜索效率产生巨大影响[29]。

（1）启发式函数的选择对算法特性的影响

- 显然当 $h(\boldsymbol{x})=0$ 时，A* 算法退化为 Dijkstra 算法，因此可以保证找到一条最优路径。
- 由引理 7-2 可知，当 $h(\boldsymbol{x})\leqslant h^*(\boldsymbol{x})$ 时，A* 算法可以找到一条最优路径，且 $h(\boldsymbol{x})$ 越小，搜索效率越低。
- 实际期望的最理想情况为 $h(\boldsymbol{x})=h^*(\boldsymbol{x})$，算法此时既能保证找到一条最优路径，也可以避免额外的搜索过程，因而提高了搜索速度。可以看出灵活调整启发式函数时可对算法搜索速度和最优性进行有效权衡。
- 当 $h(\boldsymbol{x})>h^*(\boldsymbol{x})$ 时，算法找到的路径并非最优，提高搜索速度加快。
- 当 $h(\boldsymbol{x})\gg g(\boldsymbol{x})$ 时，此时代价项仅存在启发式函数的作用，因此 A* 算法最终退化为 BFS 算法。

可以看到算法的搜索速度与最优性相互矛盾。为得到最优（或近似最优）的搜索路径，需降低搜索速度；同理在追求搜索速度时不免牺牲搜索得到路径的最优性。因此合理地选择启发式函数以使其更好地估计预估代价便显得尤为重要。

（2）启发式函数的选择方法　启发式函数的选择是一个动态过程，可以在算法运行过程中根据计算机性能、地图中网格单元重要性及其他因素进行综合评价后实时改变。在选择启发式函数时，无须进行全局考虑，可以只针对网格图的某些特定区域权衡算法的搜索速度和最优

性，从而确定启发式函数的具体形式。如图 7-47 所示，A^*算法搜索结果因启发式函数的不同而互异。

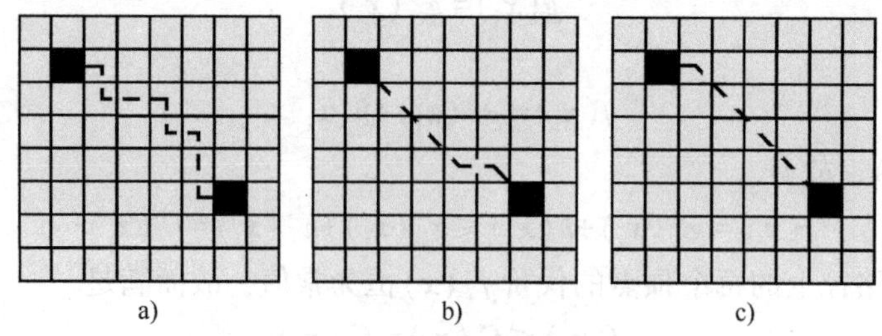

图 7-47　A^*算法启发式函数示意图
a）曼哈顿距离　b）对角线距离　c）欧氏距离

● 曼哈顿距离（Manhattan Distance）启发式函数：此情况下网格单元允许向 4 个方向进行搜索。设从一个单元移动到其相邻单元的单位代价为 W_1，则启发式函数为

$$\text{Heuristic}(\boldsymbol{x})=W_1(\,|\Delta X|+|\Delta Y|\,) \tag{7-54}$$

式中，ΔX 与 ΔY 分别表示搜索过程中两点在水平与竖直方向上的偏移量；关于代价 W_1，则需要根据具体情况进行灵活选择。通常情况下，为了保证启发式函数的容许性，一般选择 W_1 为沿网格单元水平和竖直方向移动单位长度代价的最小值。当起始和终止点之间没有障碍物时，为提高搜索速度，可以适当减少启发式函数的权值 W_1。

● 对角线距离（Diagonal Distance）启发式函数：此情况下网格单元允许向 8 个方向进行搜索。设从一个单元沿对角线移动到另一个单元代价为 W_2，则采用对角线距离的启发式函数为

$$\text{Heuristic}(\boldsymbol{x})=W_1(\,|\Delta X|+|\Delta Y|\,)+(W_2-2W_1)\min\{\,|\Delta X|,|\Delta Y|\,\} \tag{7-55}$$

式中，算法启发式函数在曼哈顿距离基础上加入对角线方向：其中，等号右侧第一项为不考虑沿对角线移动的代价值；第二项为添加对角线方向后的附加代价值；当 $W_1=W_2=1$ 时，式（7-55）转变为 Chebyshev 距离，当 $W_1=1$，$W_2=\sqrt{2}$时，式（7-55）转变为 Octile 距离。

● 欧氏距离（Euclidean Distance）启发式函数：此情况下网格单元仍允许向 8 个方向进行搜索，其使用欧氏距离对当前顶点 $\boldsymbol{x}$ 到目标点的代价值进行估计。设网格单位移动代价为 W_3，则采用欧氏距离的启发式函数可表示为

$$\text{Heuristic}(\boldsymbol{x})=W_3\sqrt{(\Delta X)^2+(\Delta Y)^2}$$

3. 算法流程及实现

（1）算法流程及伪代码　A^*算法和 Dijkstra 算法的实现流程基本相同，唯一的区别在于后者在计算代价值时没有使用启发式函数。关于 A^*算法可参考 Dijkstra 算法的具体实现步骤，这里不再赘述。

为更好地理解 A^*算法，图 7-48 给出了其搜索过程的一个示例，其中启发式函数 h 依据容许性原则进行选择；算法最终所得的最优路径途经点存储于关闭列表 C 中；开启列表 O 存储的顶点表示算法即将搜索的顶点；最优路径途经点依据 $f(\boldsymbol{x})=g(\boldsymbol{x})+h(\boldsymbol{x})$ 最小值进行选择，最终所得的最短路径如图 7-48f 虚线所示。值得注意的是，启发式函数 h 的值小于或等于当前

搜索点到目标点的实际代价值，而这也是引理 7-2 成立的必要前提。A* 算法的伪代码如算法 7-3 所示。

如图 7-48 所示，A* 算法初始时开启列表 O 及关闭列表 C 为空，将由初始点 $\boldsymbol{x}_s$ 到当前顶点 $\boldsymbol{x}$ 的实际代价初始化为 $g=\infty$，启发式函数值 h 依据容许性原则进行预先赋值。

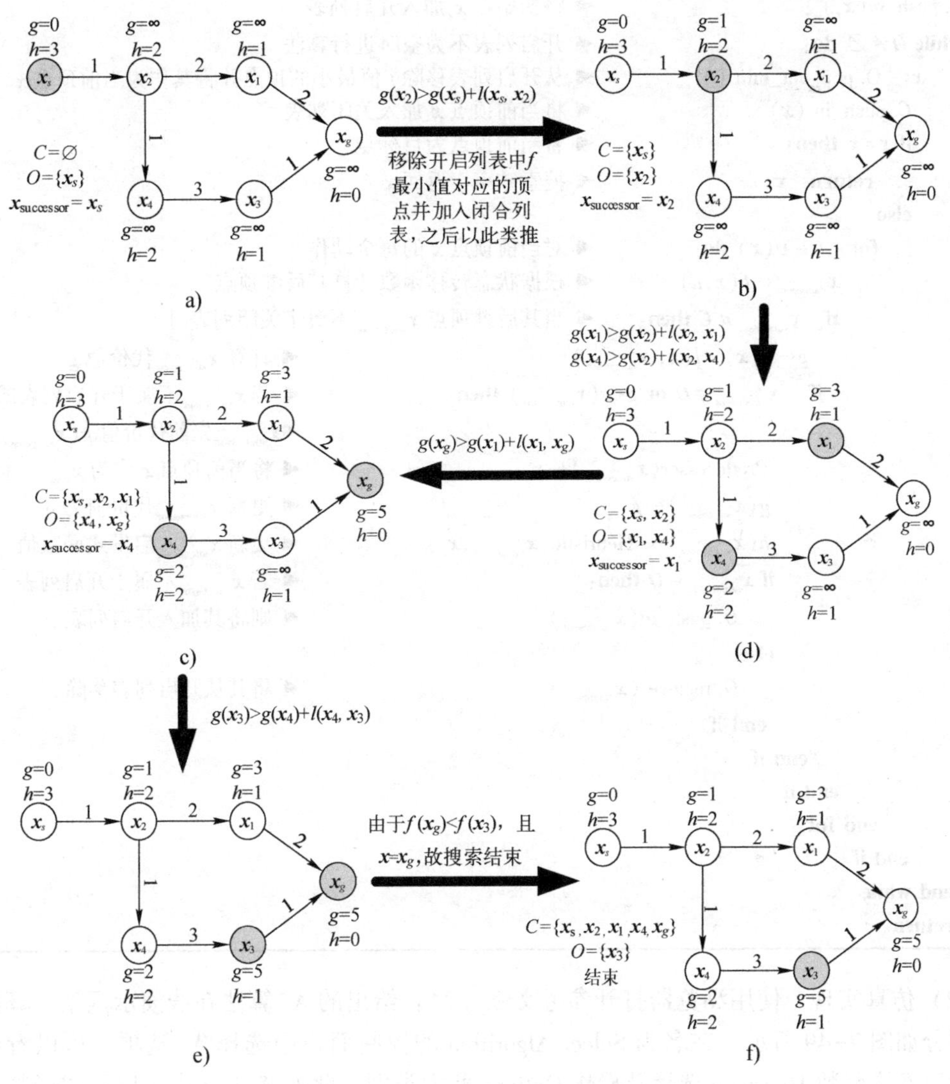

图 7-48　A* 算法搜索过程

在图 7-48a 所示的第一个搜索过程中，将初始点 $\boldsymbol{x}_s$ 加入开启列表 O 并令其实际代价 $g=0$，此后对当前顶点 $\boldsymbol{x}$ 的每个相邻点进行遍历并更新其历史代价值 g；若当前顶点 $\boldsymbol{x}$ 的后继顶点 $\boldsymbol{x}_{\text{successor}}$ 不在开启列表 O 中或 $\boldsymbol{x}_{\text{successor}}$ 代价 $g(\boldsymbol{x}_{\text{successor}})>g(\boldsymbol{x})+l(\boldsymbol{x},\boldsymbol{x}_{\text{successor}})$，则将当前顶点 $\boldsymbol{x}$ 从开启列表 O 移入关闭列表 C 并将 $\boldsymbol{x}_{\text{successor}}$ 加入开启列表 O；对于此后的每一搜索过程都采取类似搜索原理，直到当前顶点 $\boldsymbol{x}$ 变为目标点 $\boldsymbol{x}_g$ 为止；最终算法所得的最优路径从关闭列表 C 中选取。图 7-48 所示灰色顶点表示开启列表 O 中的顶点，粗边线的顶点表示关闭列表 C 中的顶点，算法搜索过程依次为图 7-48a~f，图 7-48f 所示虚线为最终路径。

算法 7-3：A* 算法

```
要求：x_s ∈ X, x_g ∈ X
O=∅, C=∅                                          ◀ 开启列表与关闭列表初始化为空
Predecessor(x_s) ← null                            ◀ 初始点 x_s 前置顶点置空
O.push_in(x_s)                                     ◀ 将初始点 x_s 加入开启列表
while O≠∅ do:                                      ◀ 开启列表不为空时进行算法
    x← O.pop_out_min ( )                           ◀ 从开启列表移除 f 值最小的顶点并将其作为当前顶点 x
    C.push_in (x)                                  ◀ 将当前顶点 x 加入关闭列表
    if x=x_g then:                                 ◀ 若当前顶点为目标点
        return x                                   ◀ 搜索结束，返回 x
    else
        for u ∈ U(x) do:                           ◀ 对当前顶点 x 的每个动作
            x_successor←f(x,u)                     ◀ 根据状态转移函数计算其后继顶点
            if x_successor ∉ C then:               ◀ 当其后继顶点 x_successor 不属于关闭列表时
                g←g(x) +l(x, x_successor)          ◀ 计算 x_successor 代价值 g
                if x_successor ∉ O or g<g(x_successor) then:   ◀ 若 x_successor 不属于开启列表或 g 小于
                                                   ◀ x_successor 先前代价值 g(x_successor)
                    Predecessor(x_successor)←x     ◀ 将当前顶点 x 作为 x_successor 前置顶点
                    g(x_successor)←g               ◀ 更新 x_successor 代价值为 g
                    h(x_successor) ←Heuristic(x_successor,x_g)   ◀ 更新 x_successor 启发式函数值
                    if x_successor ∉ O then:       ◀ 若 x_successor 不属于开启列表
                        O.push_in(x_successor)     ◀ 则将其加入开启列表
                    else
                        O.remove (x_successor)     ◀ 将其从开启列表移除
                    end if
                end if
            end if
        end for
    end if
end while
return
```

（2）仿真实现　使用浏览器打开参考文献［24］给出的 A* 算法在线演示网站，算法仿真控制部分如图 7-49 所示。在名为 Select Algorithm 的控制面板中选择 A* 选项，可以看到该选项包含启发式函数 Heuristic 选择及操作 Options 两大类别，此外 Weight 表示启发式函数 h 对历史代价 g 的比重值，在不追求算法最优性目的时，适当增大 Weight 值可加快搜索速度。同上述 Dijkstra 算法及 BFS 算法，Start Search 用于开始搜索，Clear Walls 用于清空搜索区域从而方便算法重新进行搜索。图 7-50 给出了 A* 算法在 Weight 为 1，启发式函数形式分别为 Manhattan、Chebyshev 及 Euclidean 下的仿真结果。

注：本书仅介绍 A* 算法的朴素形式，但 A* 算法本身为启发式搜索算法框架下的一大类算法，其变体众多且特性各异，关于其详细讨论本书不做深入讨论，感兴趣的读者可自行拓展阅读参考文献［26］和［29］。

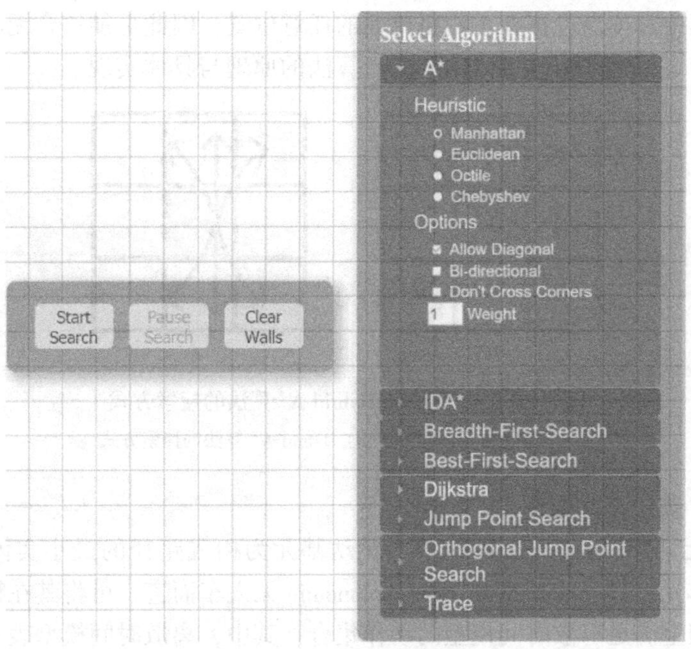

图 7-49　A* 算法控制面板

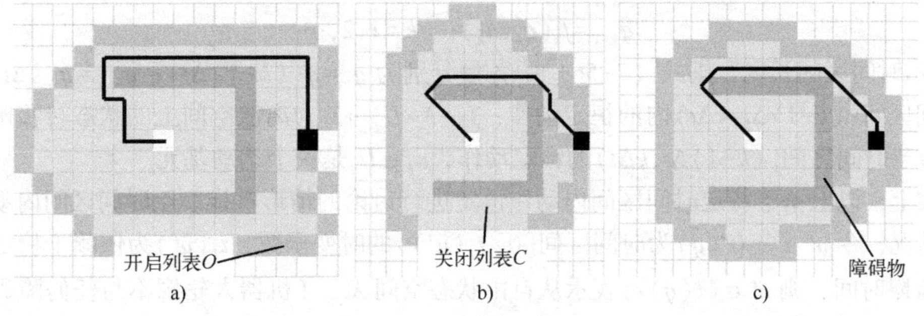

图 7-50　不同启发式函数下 A* 算法搜索结果（白色起始，黑色终止）

a）Manhattan 启发式函数　b）Chebyshev 启发式函数　c）Euclidean 启发式函数

7.3.4 Hybrid A* 算法

前文介绍的 A* 算法虽然能够找到两点之间的最短路径，但是其只适用于 holonomic 无人车（即不受最大转弯曲率限制，可原地转向的无人车）的路径规划问题。对于可简化为自行车模型的非 holonomic 无人车车体，因其受最大转弯曲率的限制，所以通过上述 A* 算法获得的不受运动学约束的路径无法保证车体在实际环境中运动的可行性。DARPA Urban Challenge 挑战赛中斯坦福团队率先提出一种满足车体运动学约束的名为 Hybrid A* 的改进型 A* 算法[30-31]，该算法首次成功应用于参赛车 Junior，并取得了很好的路径搜索效果。

本质上讲，A* 算法为离散状态空间内的路径搜索算法，即 A* 算法沿 8 个方向（含对角线）或 4 个方向（无对角线）进行搜索（见图 7-51a），但是这种搜索方式在实际应用时没有考虑最大转弯曲率的限制，甚至会出现要求车体原地转向的情形，因此 A* 算法在此前提下对非 holonomic 无人车并不适用。如图 7-51b 所示，Hybrid A* 算法克服了 A* 算法状态不连续的缺点，在搜索过程中其顶点可存在于网格单元的任意位置，因此更加符合无法原地转向无人车路径规划的需求[32]。下面详细介绍 Hybrid A*算法的原理与具体实现。

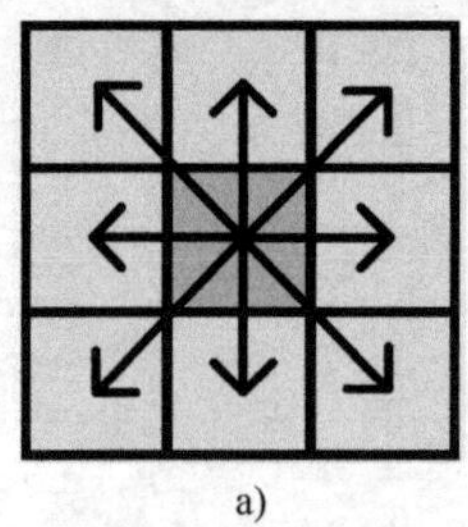

a)

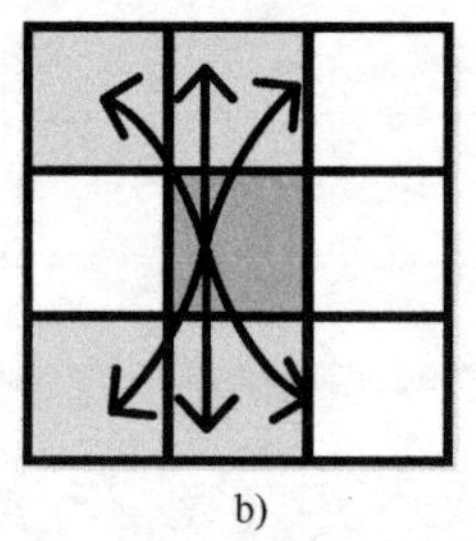

b)

图 7-51 A*算法和 Hybrid A*算法的搜索方式

a) A*算法的搜索方式 b) Hybrid A*算法的搜索方式

1. Hybrid A*算法基本原理

(1) 运动基元 (Motion Primitives)[20] 运动基元为构成路径的最小实体，它是运动学上可行的基本运动单元。对于 holonomic 及非 holonomic 无人车而言，可将其在构形空间上的运动等价为在状态空间上满足离散时间模型的动作集合，其中，离散时间模型表示无人车在一个特定时间区间内维持恒定动作从一种状态 $\boldsymbol{q}_k$ 转移到另一种状态 $\boldsymbol{q}_{k+1}$，且对应状态转移方程可表示为

$$\boldsymbol{q}_{k+1}=f_d(\boldsymbol{q}_k,u_k),\quad k=1,2,\cdots \tag{7-56}$$

若 Δt 表示时间区间长度，则式 (7-56) 中各量分别为 $\boldsymbol{q}_k=\boldsymbol{q}((k-1)\Delta t)$；$\boldsymbol{q}_{k+1}=\boldsymbol{q}(k\Delta t)$；$u_k\in U_d$为时间区间$[(k-1)\Delta t,k\Delta t)$内的恒定动作；$f_d$：$X\times U_d\to X$ 为离散空间上的状态转移函数。那么称对应于时间区间$[(k-1)\Delta t,k\Delta t)$的恒定动作，$u_k\in U_d$是一个运动基元。

事实上，以上基于特定时间区间内动作恒定进行讨论的情形可推广至时间区间内动作连续变化的情况，令 $u^p:t\to U^p(\boldsymbol{q})$为时间区间$[0,\ t_F(u^p))$的时变函数，$t_F(u^p)$为依赖于特定运动基元 u^p的有限时间，则 $u^p\in U^p(\boldsymbol{q})$可表示从自由状态空间 X_{free}（机器人轮廓不与任何障碍物相交的空间）内的状态 $\boldsymbol{q}\in X_{\text{free}}$出发的运动基元，则在相应时间阶段（$u^p$作用的阶段）作用的状态转移函数可表示为

$$\boldsymbol{q}_{k+1}=f_p(\boldsymbol{q}_k,u_k^p),\quad k=1,2,\cdots \tag{7-57}$$

式中，$u_k^p\in U^p(\boldsymbol{q}_k)$表示由第 k-1 步到第 k 步的运动基元。可认为式 (7-56) 所示的时间区间$[0,\Delta t)$内的离散时间模型是式 (7-57) 表示下的特殊形式，即时间区间$[0,\Delta t)$的恒定运动基元 $u\in U_d$是时间区间$[0,t_F(u^p))$的非恒定运动基元 $u^p\in U^p(\boldsymbol{q})$的特例，而式 (7-56) 和式 (7-57) 中的 k 与时间无关，它只表示到目前为止，整个过程总共执行的运动基元数为 k-1，因此该过程当前实际时间为执行完 k-1 步运动基元后所有时间区间的总和。综上所述，时间区间上恒定或非恒定的运动基元保证了无人车在路径搜索空间内可由一个顶点（状态）向另一个顶点（状态）连续地进行过渡，这不仅符合无法原地转向且受到最大转弯曲率限制的无人车的运动学特征，同时也是 Hybrid A*和 A*算法根本上的区别。因此这解释了如图 7-51b 所示的 Hybrid A*算法顶点可存在于网格单元任何位置而非网格单元中心的情形。

(2) 无人车构形空间 (Configuration Space) 无人车构形表示无人车车体包含的所有点与一固定坐标系的相对位置，通常情况下单个构形可由参数向量表示[33]，称所有构形组成的空间为构形空间 $\mathfrak{C}$。为更好地描述车体路径规划问题，现引入构形空间的相关基本概念和

定义[20,34]：

- $\mathcal{W}$ 表示现实世界内所有对象的集合；
- A 表示基于欧氏空间$\mathbb{R}^2$的无人车对象集合，且 $A \subset \mathcal{W}$；
- $\mathcal{O}$ 表示障碍物对象集合，且 $\mathcal{O} \subset \mathcal{W}$；
- $q=(x, y, \theta)$表示无人车的状态变量，也即无人车 $A(q)$在构形空间 $\mathfrak{C}$ 中的构形，其中 x 和 y 为无人车的位置；θ 为方向角；
- $F_{\mathcal{W}}$表示欧氏空间$\mathbb{R}^2$中固定的笛卡儿坐标系，F_A表示相应的无人车全局坐标系，因此有 $F_{\mathcal{W}}(q) = F_A$；
- 所有可能的状态变量（构形）$\boldsymbol{q}$ 构成构形空间 $\mathfrak{C} \subset W$，其中 $\mathfrak{C}=\mathbb{R}^2 \times S^1$表示圆柱状空间；$S^1$表示方位角 θ 所在的环且与空间$\mathbb{R}^2$正交；
- 构形空间 $\mathfrak{C}$ 可分为障碍物空间 $\mathfrak{C}_{\text{obstacle}}$和自由空间 $\mathfrak{C}_{\text{free}}$，其中 $\mathfrak{C}_{\text{obstacle}}$表示 $A(q) \cup \mathcal{O}$ 的非空集合（即图 7-52 中依据车体约束膨胀出的浅灰色区域以及表示障碍物的深灰色区域，该区域也称为碰撞区域），$\mathfrak{C}_{\text{free}}$表示集合 $A(\boldsymbol{q}) \cup \mathcal{O}$ 的补集（即图 7-52 中的白色区域，该区域也称为无碰撞区域）。

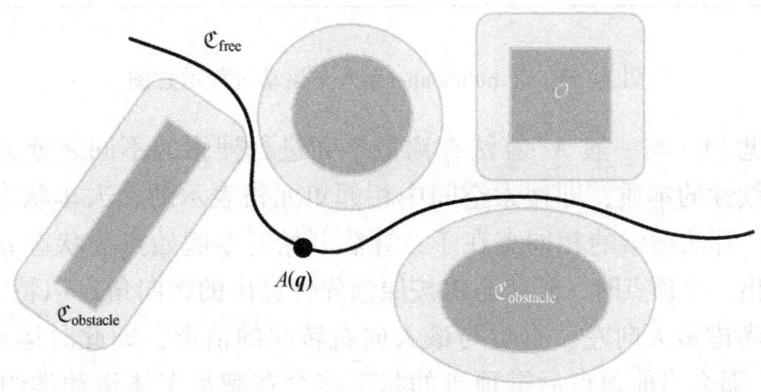

图 7-52　无人车构形空间

（3）无人车非 holonomic 约束模型　基于上述构形空间的基本定义，无人车的路径规划可看作由初始状态 $\boldsymbol{q}_s=(x_s, y_s, \theta_s)$到终止状态 $\boldsymbol{q}_g=(x_g, y_g, \theta_g)$实现状态转移的过程。对于 holonomic 无人车，只需确定车体位置 x 和 y；而在非 holonomic 约束条件下，由于涉及最大转弯曲率的约束，所以还需计算每一步运动的车辆转角以完成路径规划任务。

为此，下面参照图 7-53 建立无人车车体运动学模型并给出其运动过程示意图，图中 R 表示无人车转向半径；轴 x'与 x 平行；虚线 l_1与 l_2平行。

将车体速度 v 分为法向速度 $v_\perp$ 和切向速度 v_τ，其大小分别为

$$v_\perp=\frac{\dot{x}}{\cos(\pi/2-\theta)}=\frac{\dot{y}}{\sin(\pi/2-\theta)}, v_\tau=\frac{\dot{x}}{\sin(\pi/2-\theta)}=\frac{\dot{y}}{\cos(\pi/2-\theta)}$$

因此非 holonomic 约束条件为

$$\dot{x}\cos(\theta)-\dot{y}\sin(\theta)=0$$

状态变量 $\boldsymbol{q}=(x, y, \theta)$中 θ 为方向角，实际使用时需要将其转换为转向角 α，根据图 7-53 所示的几何关系可得转向角计算公式为

$$a(l,\delta)=\arctan\left[\frac{2b}{l}\sin\left(\frac{\delta}{2}\right)\right] \tag{7-58}$$

式中，转向角 α 由于受车体约束需满足关于最大转向角 $\alpha_{\max}$的限制条件，即 $\alpha<\alpha_{\max}$；b 为前后

轮轴距；δ 为方向角变化量；l 为图 7-53 所示的运动过程中前后两位置之间弧线对应的弦长，并且为使这两个位置占据不同的网格单元，其必须与网格单元边长 ζ 满足关系：$l>\sqrt{2}\zeta$。

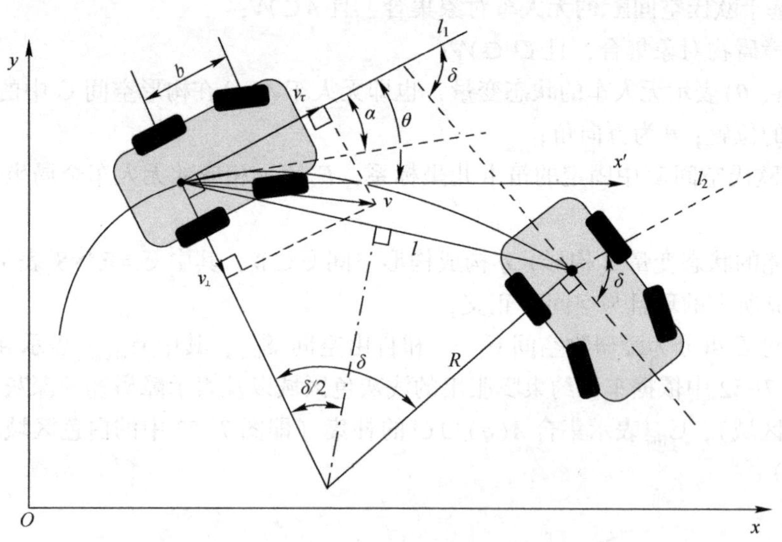

图 7-53　非 holonomic 无人车运动过程示意图

（4）算法基本思想　与一般 A* 算法在离散空间进行搜索的不同之处为，Hybrid A* 算法考虑到搜索空间连续性的本质，即搜索空间中相邻单元格表示的无人车状态 $\boldsymbol{q}=(x,y,\theta)$ 相互连续[32]。与一般 A* 算法搜索的相同点在于，算法开始时令起始点为状态 $\boldsymbol{q}_s=(x_s,y_s,\theta_s)$，当从开启列表 O 中取出一个顶点时，其状态将按照预先计算出的转向角 α 以特定的动作 $u\in U(\boldsymbol{q})$ 进行转移（之后仅考虑最大向左、直行与最大向右转向的情形，即此时运动基元在对应时间区间上为恒定值），那么当前顶点后继顶点的状态将会在满足车体运动学约束的前提下产生。依此方法生成该顶点的后继顶点对应的状态，找到该顶点及其后继顶点对应状态的最小代价值对应的顶点，并将其作为下一个顶点，以此类推，继而生成表示连续状态的搜索树，最终找到目标点与起始点之间的一条较短路径，其中基于动作 $u\in U(\boldsymbol{q})$ 进行转移的无人车车体连续位置将沿着与之相关网格单元的离散位置依次存储。Hybrid A* 算法的结束条件为找到目标点的路径或遍历完所有的顶点。如图 7-51b 所示，Hybrid A* 算法找到的是连续路径，因此这保证了无人车轨迹的可行性。

此处需要注意，虽然 Hybrid A* 算法能够找到一条无人车的可行路径，但通过这种方法得到的路径往往造成多余的转向动作，因此无法满足最优性的需要。为消除过多转向带来的路径振荡，从而使规划路径更加平滑，还需做进一步优化处理。

（5）Dubins 曲线与 Reeds-Shepp 曲线　无人车满足非 holonomic 约束条件，因此自由空间 $\mathfrak{C}_{\text{free}}$ 中两点之间的最短路径将不再是连接两点的直线，关于该情形下的最短路径主要分为两类：Dubins 曲线[35] 与 Reeds-Shepp 曲线[36]。Dubins 曲线具有单方向行驶的特点，无人车在最大转向曲率 $1/R_{\min}$ 的限制条件下经过转向与直行等一系列动作后最终到达目标点。图 7-54 的虚线表示 Dubins 曲线，其箭头表示无人车前进方向。但现实中无人车经常需要前进和后退两个方向的共同作用以到达期望的目标点，此时图 7-54 实线所示的 Reeds-Shepp 曲线可满足这种要求，图中箭头表示车体沿此曲线行驶时的车头方向。图 7-54 表明，Reeds-Shepp 曲线较 Dubins 曲线占用更少的空间，因此实际中有着更广的应用背景，如在车辆密集的停车场区域进行泊车入位等动作。

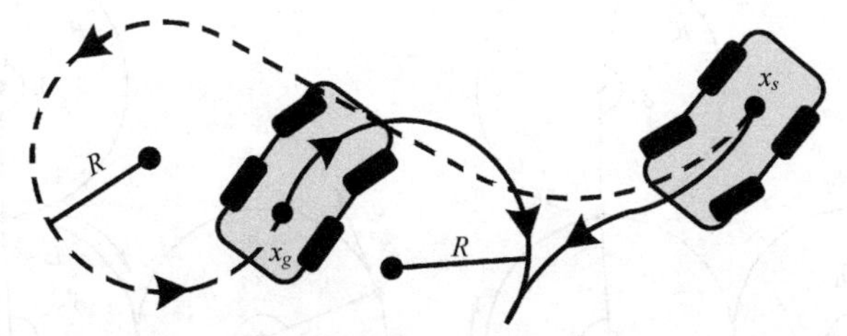

图 7-54　Dubins 曲线（虚线）与 Reeds-Shepp 曲线（实线）

而即便是在障碍物较密集的环境，只要能找到一条连接起始点和终止点的任意路径，就必定能找到一条从起始点到终止点的 Reeds-Shepp 曲线，但是此结论对 Dubins 曲线并不一定适用，这也是 Reeds-Shepp 曲线更为常用的另一原因所在。下面对两类曲线的数学形式进行定义。

图 7-54 中，取车体后轮轴中心为 Dubins 曲线和 Reeds-Shepp 曲线参考点。此处需研究的问题是，无人车车体如何行驶才能使得从起始状态 $\boldsymbol{q}_s=(x_s,y_s,\theta_s)$ 到目标状态 $\boldsymbol{q}_g=(x_g,y_g,\theta_g)$ 的轨迹最短。鉴于最小转弯半径这个限制因素，优化指标可表示为

$$\text{Length}=\int_0^{t_F}\sqrt{(\dot{x}(t))^2+(\dot{y}(t))^2\mathrm{d}t} \tag{7-59}$$

式中，t_F表示由初始状态 $\boldsymbol{q}_s$到目标状态 $\boldsymbol{q}_g$的时间。若无法到达目标点，则认为 Length = ∞ 。参考文献［35］指出，三个运动基元（即左转 L、右转 R 与直行 S）的组合可构成如图 7-55 所示的最短 Dubins 曲线。如果每个运动基元在其作用的时间区间内为恒定值，则所有的最短 Dubins 曲线能够表示为由如下六种组合构成的一个序列：

$$\{LRL,RLR,LSL,LSR,RSL,RSR\}$$

Reeds-Shepp 曲线相较 Dubins 曲线更为复杂，其基于上述三个运动基元的组合总共有 48 种，为简化表示方法，将运动基元 R 和 L 统一记为 C（曲线），并用符号“｜”表示 Reeds-Shepp 曲线方向的变化，即无人车由前进变为后退（反之亦然），则通过组合“C”“S”和“｜”可将 Reeds-Shepp 曲线表示为一个序列：

$$\{C|C|C,C|CC,CC|C,CSC,CC|CC,C|CC|C,$$
$$C|CSC,CSC|C,C|CSC|C\}$$

在如图 7-55 所示组合为 RLR 的情形下，Reeds-Shepp 曲线比 Dubins 曲线轨迹长度更短，当不考虑无人车倒车动作引入的额外代价时，可优先选择 Reeds-Shepp 曲线。关于 Reeds-Shepp 曲线与 Dubins 曲线的深入理解可以参见参考文献［20］、［35］及［36］。

（6）启发式函数　Hybrid A* 启发式函数的作用与 A* 算法相同，且 Hybrid A* 算法采用两类启发式函数（即约束性启发式函数与非约束性启发式函数）对代价进行估计。由于这两类启发式函数都是容许的（即对任意状态 $\boldsymbol{q}$ 均有 $h(\boldsymbol{q})\leqslant h^*(\boldsymbol{q})$ 成立），因此实际使用中，将约束性启发式函数和非约束性启发式函数结合使用不仅可以提高搜索速度，还能保证路径的最优（或次优）性。这两类启发式函数针对特定情形有着不同作用，其中约束性启发式函数虽然考虑车体运动学约束，却忽略环境中障碍物信息；非约束性启发式函数虽不考虑车体运动学特性，却能将障碍物的影响考虑在内。下面详细介绍这两类启发式函数[31]。

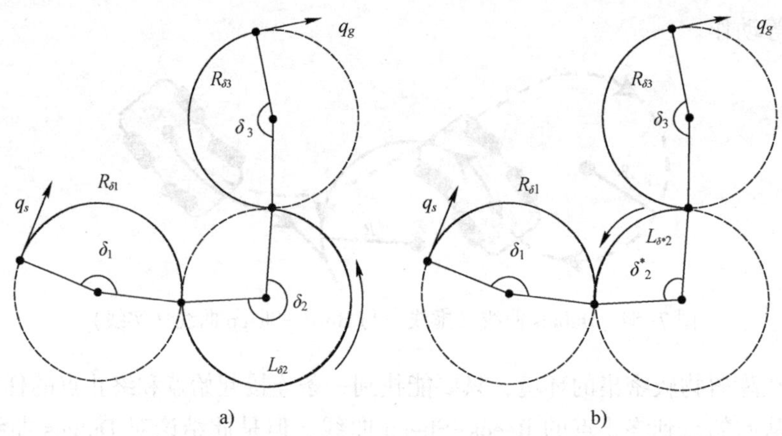

图 7-55　组合为 *RLR* 时的 Dubins 曲线与 Reeds-Shepp 曲线

a）Dubins 曲线　b）Reeds-Shepp 曲线

● 约束性启发式函数：该函数也称为无障碍物非 holonomic 启发式函数。约束性启发式函数考虑了车体的运动学约束但忽略了环境信息，因此实际使用时可在不考虑周围环境信息前提下，事先以离线的方式计算出所有可能备选轨迹，从而用于提高搜索速度。备选轨迹的具体形式为 Dubins 或 Reeds-Shepp 曲线，其中 Dubins 曲线为无人车在满足最大转向曲率的条件下仅向前方单向行驶的最短路径（见图 7-56a）；而 Reeds-Shepp 曲线允许前进和后退两个方向的运动。该启发式函数能够帮助无人车以特定的方向（姿态）到达目标点。Dubins 曲线与 Reeds-Shepp 曲线的特性决定了启发式函数是容许的。

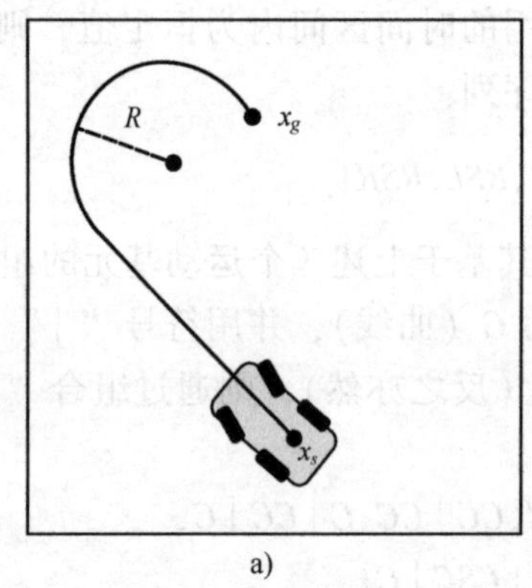

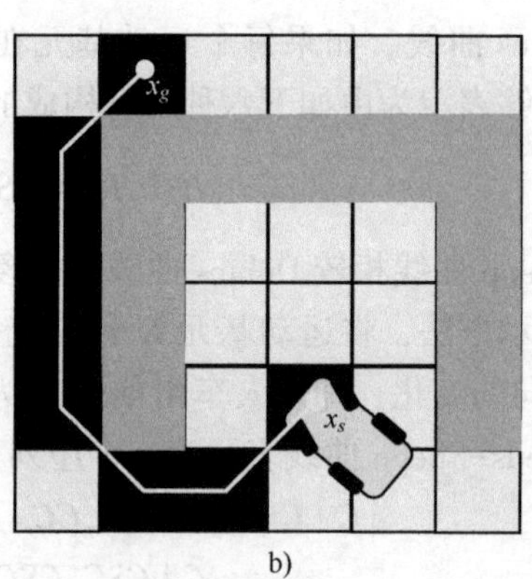

a)　　b)

图 7-56　Hybrid A* 算法的两类启发式函数

a）约束性启发式函数　b）非约束性启发式函数

无障碍物环境中约束性启发式函数部分 C++示例代码如下[37]：

```
/*****************************
 *约束性启发式函数
 *****************************/
if (Constants::dubins) {
  //仅允许前进方向的 Dubins 曲线引入 OMPL 开源库 Dubins 路径类[38]
  ompl::base::DubinsStateSpace dubinsPath(Constants::r);
  //初始化 Dubins 曲线起始状态
  State * dbStart = (State * )dubinsPath.allocState();
```

```
    //初始化 Dubins 曲线目标状态
    State * dbEnd = (State * )dubinsPath. allocState( );
    //设置起始点的 x 和 y 坐标
  dbStart -> setXY( start. getX( ), start. getY( ) );
    //设置起始点方向角 θ
    dbStart -> setYaw( start. getT( ) );
    //设置目标点的 x 和 y 坐标
    dbEnd -> setXY( goal. getX( ), goal. getY( ) );
    //设置目标点方向角 θ
    dbEnd -> setYaw( goal. getT( ) );
    //以距离作为 Dubins 曲线代价值
    dubinsCost = dubinsPath. distance( dbStart, dbEnd);
  }
    //允许前进和倒退的 Reeds-Shepp 曲线
  if (Constants::reverse && ! Constants::dubins) {
    //引入 OMPL 开源库 Reeds-Shepp 路径类[38]
    ompl::base::ReedsSheppStateSpace reedsSheppPath(Constants::r);
    //初始化 Reeds-Shepp 曲线起始状态
    State * rsStart = (State * )reedsSheppPath. allocState( );
    //初始化 Reeds-Shepp 曲线目标状态
    State * rsEnd = (State * )reedsSheppPath. allocState( );
    //设置起始点的 x 和 y 坐标
    rsStart-> setXY( start. getX( ), start. getY( ) );
    //设置起始点方向角 θ
    rsStart-> setYaw( start. getT( ) );
    //设置目标点的 x 和 y 坐标
    rsEnd-> setXY( goal. getX( ), goal. getY( ) );
    //设置目标点方向角 θ
    rsEnd-> setYaw( goal. getT( ) );
    //以距离作为 Reeds-Shepp 曲线代价值
    reedsSheppCost = reedsSheppPath. distance( rsStart, rsEnd);
  }
```

- 非约束性启发式函数：该函数也称为有障碍物 holonomic 启发式函数。该启发式函数忽略车体约束时却会考虑环境信息的影响，其沿用了 A^* 算法的思想，使用欧氏距离对当前搜索点到目标点进行代价估计。由于暂时不考虑方向角 θ 的影响，所以其搜索过程类似于普通二维 A^* 算法，不同点仅在于该搜索过程将当前顶点作为目标点而令实际目标点为起始点，因此 Hybrid A^* 算法关闭列表 C 存储所有到当前搜索点的最短距离。于是，可将该关闭列表 C 作为最短距离查找表，从而在运行中通过查找来加快搜索速度。如图 7-56b 所示，鉴于 A^* 算法的最优（或次优）性，Hybrid A^* 算法的搜索路径会自动避开障碍物构成的死区到达目标点。

障碍物环境中非约束性启发式函数部分 C++示例代码如下[37]：

```
/************************
 * 非约束性启发式函数
 ************************/
//当启用二维 A* 搜索控制量 Constants::twoD 为真且初始点未被搜索到时,进行二维 A* 搜索过程
//其中 width 表示网格搜索区域沿 x 方向的长度;nodes2D 表示存储二维向量的数组;
//(int)start. getY( ) * width +(int)start. getX( )用以表示网格搜索区域内起始点对应的索引;
//isDiscovered( )判断起始点是否已经被搜索到

if (Constants::twoD && ! nodes2D[ (int)start. getY( ) * width +(int)start. getX( ) ]. isDiscovered( ) ) {
```

```
    //设置二维初始点
    Node2D start2d(start.getX(), start.getY(), 0, 0, nullptr);
    //设置二维终止点
    Node2D goal2d(goal.getX(), goal.getY(), 0, 0, nullptr);

    //利用二维 A*算法找到一条代价最小的路径,其中 aStar()为二维 A*搜索函数,其返回一
    //个代价值;
    //height 表示网格搜索区域沿 y 方向的长度;configurationSpace 表示构形空间;
    //visualization 表示是否设置可视化;setG()为二维顶点设置代价
    //为起始点设置代价
    nodes2D[(int)start.getY() * width + (int)start.getX()].setG(aStar(goal2d, start2d,nodes2D,
            width, height, configurationSpace, visualization));
}
```

（7）Voronoi 图　Voronoi 图的定义为[39]：设 $S=\{S_i \mid S_i$为 n 维空间的几何体$\}$，令 n 维空间的点 $\boldsymbol{x}$ 到 S_i的距离为 $d_O(\boldsymbol{x},S_i)$，则 S 的 Voronoi 图 $V(S)$是对空间 $\mathfrak{C}$ 的一个分割，其满足

$$\mathfrak{C}=\bigcup_{i=1}^{n} C_i,\text{其中 } C_i=\{\boldsymbol{x} \mid \boldsymbol{x} \in \varepsilon, d_O(\boldsymbol{x},S_i) < d_O(\boldsymbol{x},S_j), \forall_j \neq i\}, \forall i=1,2,\cdots,n \tag{7-60}$$

即经 Voronoi 图划分的区域 C_i中的任一点到 S_i的距离小于到其他区域 S_j的距离，其中 $j \neq i$。

Voronoi 图的三要素为 Site、Dimension 和 Distance，其中 Site 为空间中的点或多边形的顶点与边，传统 Voronoi 图的 Site 为点，而在广义 Voronoi 图中 Site 为多边形；Dimension 表示空间的维度；Distance 是空间两点间的距离（即曼哈顿距离 L_1、欧氏距离 L_2、闵科夫斯基距离 L_p或切比雪夫距离 L_∞，其中 L_2最为常用），Distance 为 Voronoi 图具体分割形式的决定性因素，其决定了 Voronoi 图的丰富性和多样性。

对于 Site 为点的简单情形，可以利用自动构建 Delaunay 三角网的方式来生成 Voronoi 图。Voronoi 图和 Delaunay 三角网互为对偶图，可通过其中一方生成另一方。对于传统 Voronoi 图而言，将平面中相邻的 Site 两两相连将得到 Delaunay 三角网，在两个拥有公共边的三角形外心间进行连线，最终可形成如图 7-57a 虚线所示的 Voronoi 图；反之，如果已知 Voronoi 图，那么连接两个拥有公共边的 Site 后将形成如图 7-57a 实线所示的 Delaunay 三角网。可使用类似的思想生成广义 Voronoi 图[40]：通过做平面中所有相邻顶点间连线的垂直平分线以构成 Voronoi 图，但是在构建过程中可能会因为顶点位置的差异而造成 Voronoi 图的边包含在多边形

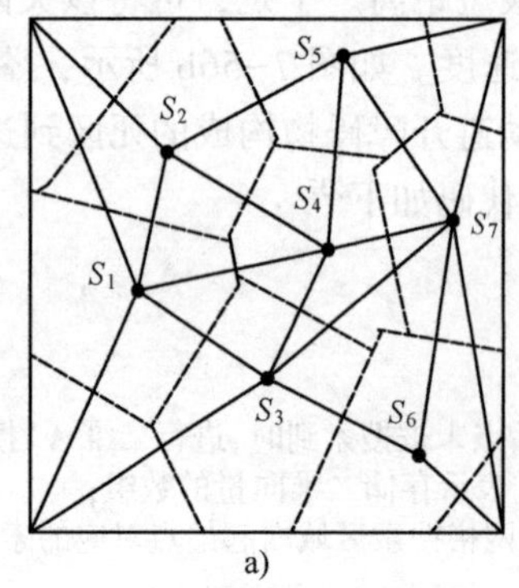

a)

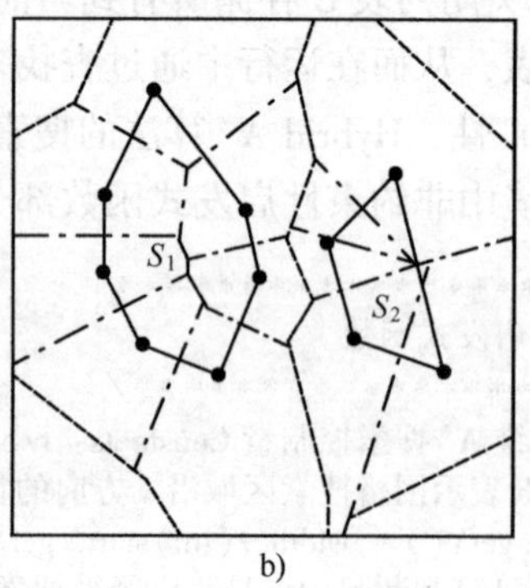

b)

图 7-57　欧氏距离下 Voronoi 图的生成

a）Site 为点的 Voronoi 图与 Delaunay 网　b）Site 为多边形的广义 Voronoi 图

内部情形的出现。而这种位置差异可分为两种情况：如图 7-57b 点画线所示，当两个相邻顶点属于同一个多边形时，其垂直平分线将至少有一部分包含在多边形内部；如图 7-57b 虚线所示，当两个相邻顶点属于不同的多边形时，其连接线的垂直平分线在两个多边形之间。

如果平面上的点 $\boldsymbol{x}$ 到多边形 S_i 的距离为 $d_O(\boldsymbol{x},S_i)$，其到广义 Voronoi 图边的距离为 $d_E(\boldsymbol{x},V_i)$，那么当 $d=d_O(\boldsymbol{x},S_i)+d_E(\boldsymbol{x},V_i)$ 越大时，说明该点所在的自由空间越大，则可在这些 d 值较大的区域增加搜索步长以提高搜索速度。此外，由图 7-57b 可以看出，当算法沿着虚线进行搜索从而得到规划路径后，可使无人车在沿此路径方向行驶时有效避免因距障碍物较近而发生碰撞的危险，在通过两障碍物间的狭窄区域时此过程尤为重要。下面介绍利用 Voronoi 图对路径进行优化的方法。

2. 规划路径的优化

7.3.4 节第一部分主要介绍了 Hybrid A* 算法的基本原理以及相关背景知识。Hybrid A* 算法未经优化时可能会由于搜索中计算所得的额外转向动作导致生成非最优路径情况的发生，因此本节针对生成的路径进行优化处理，从而避免过多转向动作带来的额外代价以及轨迹的振荡。为此，针对规划出的轨迹与障碍物碰撞、轨迹曲率不连续和轨迹不光滑程度构造相应的目标函数惩罚项；同时，基于广义 Voronoi 图，构造对应的 Voronoi 项以对轨迹长度和接近障碍物程度进行权衡处理；最后，综合上述各项构造目标函数，继而对轨迹进行优化处理。此处使用梯度下降法对目标函数最小值进行迭代求解。

下面首先介绍梯度下降法，其通过多次迭代求解目标函数极小值；其次针对规划路径不同的优化目标构造相应惩罚项，并分别对其求梯度以构造求解最优目标的迭代公式；最后介绍用于路径搜索与优化的 Hybrid A* 和梯度下降算法实现及仿真。

（1）梯度下降法　函数 $f(\boldsymbol{x})$ 在点 $\boldsymbol{x}=\boldsymbol{x}_0$ 处二阶泰勒展开为

$$f(\boldsymbol{x})=f(\boldsymbol{x}_0)+\frac{\nabla f^{\mathrm{T}}(\boldsymbol{x}_0)}{1!}(\boldsymbol{x}-\boldsymbol{x}_0)+(\boldsymbol{x}-\boldsymbol{x}_0)^{\mathrm{T}}\frac{\nabla^2 f(\boldsymbol{x}_0)}{2!}(\boldsymbol{x}-\boldsymbol{x}_0)+o(\|\boldsymbol{x}-\boldsymbol{x}_0\|^2) \tag{7-61}$$

当 $\boldsymbol{x}\to\boldsymbol{x}_0$ 时，式（7-61）可近似为

$$f(\boldsymbol{x})=f(\boldsymbol{x}_0)+\frac{\nabla f^{\mathrm{T}}(\boldsymbol{x}_0)}{1!}(\boldsymbol{x}-\boldsymbol{x}_0)$$

令 $\Delta\boldsymbol{x}=\boldsymbol{x}-\sqrt{\boldsymbol{x}}_0$，同时由于 $f(\boldsymbol{x})$ 的单调递减特性（即当 $\boldsymbol{x}\geqslant\boldsymbol{x}_0$ 时，$f(\boldsymbol{x})\leqslant f(\boldsymbol{x}_0)$），则可得

$$\nabla f^{\mathrm{T}}(\boldsymbol{x}_0)\Delta\boldsymbol{x}\leqslant 0$$

由柯西-施瓦茨（Cauchy-Schwartz）不等式可知

$$|\nabla f^{\mathrm{T}}(\boldsymbol{x}_0)\Delta\boldsymbol{x}|\leqslant\|\nabla f(\boldsymbol{x}_0)\|\|\Delta\boldsymbol{x}\| \tag{7-62}$$

式中，$\Delta\boldsymbol{x}$ 和 $\nabla f(\boldsymbol{x}_0)$ 均为列向量。当且仅当 $\Delta\boldsymbol{x}=\nabla f(\boldsymbol{x}_0)$ 时等号成立，此时 $\nabla f^{\mathrm{T}}(\boldsymbol{x}_0)\Delta\boldsymbol{x}$ 最大。当 $\Delta\boldsymbol{x}=-\nabla f(\boldsymbol{x}_0)$ 时，$\nabla f^{\mathrm{T}}(\boldsymbol{x}_0)\Delta\boldsymbol{x}$ 最小，此时 $f(\boldsymbol{x})$ 下降最快，由此归纳出梯度下降法的迭代公式为

$$\boldsymbol{x}_{i+1}=\boldsymbol{x}_i-\gamma_i\nabla f(\boldsymbol{x}_i) \tag{7-63}$$

式中，γ_i 为步长因子，其可以调整迭代过程的快慢。图 7-58 所示为梯度下降法示意图，箭头所示为搜索方向。

对于式（7-63）所示的线性搜索，定义

$$\boldsymbol{\Phi}(\gamma_i)=f(\boldsymbol{x}_{i+1})=f(\boldsymbol{x}_i-\gamma_i\nabla f(\boldsymbol{x}_i)) \tag{7-64}$$

为确定使式（7-64）最小的 $\gamma_i>0$，对 $\boldsymbol{\Phi}(\gamma_i)$ 关于 γ_i 求导可得

$$-\nabla f^{\mathrm{T}}(\boldsymbol{x}_{i+1})\nabla f(\boldsymbol{x}_i)=0$$

由此可见

$$(-\gamma_{i+1}\nabla f^{\mathrm{T}}(x_{i+1}))(-\gamma_i\nabla f(\boldsymbol{x}))=0$$

即由 $\boldsymbol{x}_i$ 到 $\boldsymbol{x}_{i+1}$ 与 $\boldsymbol{x}_{i+1}$ 到 $\boldsymbol{x}_{i+2}$ 这两个相邻阶段的搜索方向相互垂直。如图 7-58 所示，函数 $f(\boldsymbol{x})$ 利用梯度下降法由初始点进行迭代并最终找到极小值。虽然利用梯度下降法可帮助找到最优解，但是从图 7-58 看到，随着迭代的进行，其收敛速度逐渐降低，以至于在趋近极小值点时振荡加剧。在求解实际的最优化目标时，为减少迭代次数，通常情况下可使用共轭梯度下降法以加快进程[41]。

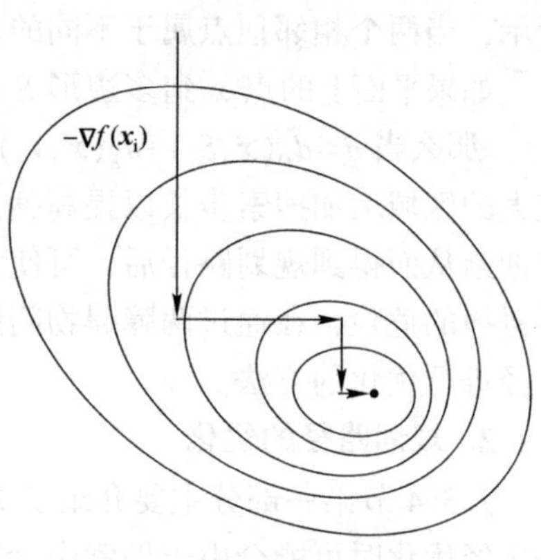

图 7-58　梯度下降法

（2）轨迹优化[18,31]　为求取使目标函数

$$\mathrm{Cost}=\mathrm{Cost}_{\mathrm{obs}}+\mathrm{Cos}_{\mathrm{curv}}+\mathrm{Cost}_{\mathrm{smo}}+\mathrm{Cos}_{\mathrm{vor}}$$

最小的条件，下面对该目标函数中的每项分别讨论以求其梯度值。

● 路径规划轨迹与障碍物碰撞惩罚项：该项用来对过于靠近障碍物的规划路径进行惩罚以优化路径，因此，定义关于路径顶点 $\boldsymbol{x}_i$ 的碰撞惩罚项为

$$\mathrm{Cost}_{\mathrm{obs}}=w_{\mathrm{obs}}\sum_{i=1}^{N}\rho(\|\boldsymbol{x}_i-\boldsymbol{o}_i\|-d_{\mathrm{obs}}^{\max})\tag{7-65}$$

式中，$\boldsymbol{x}_i$ 表示规划路径上的途经点；$\boldsymbol{o}_i$ 表示平面上最靠近 x_i 的障碍物点；w_{obs} 为路径规划轨迹与障碍物碰撞惩罚项权值；$d_{\mathrm{obs}}^{\max}$ 表示能够影响规划路径代价值的 $\boldsymbol{x}_i$ 到 $\boldsymbol{o}_i$ 的最大距离，即 $\|\boldsymbol{x}_i-\boldsymbol{o}_i\|\leqslant d_{\mathrm{obs}}^{\max}$；一般选择

$$\rho(\|\boldsymbol{x}_i-\boldsymbol{o}_i\|-d_{\mathrm{obs}}^{\max})=(\|\boldsymbol{x}_i-\boldsymbol{o}_i\|-d_{\mathrm{obs}}^{\max})^2\tag{7-66}$$

以便求导运算，可以看到 $\boldsymbol{x}_i$ 到 $\boldsymbol{o}_i$ 的距离过大或过小都将产生较大的代价值。

对式（7-65）求 $\boldsymbol{x}_i$ 的偏导数得

$$\frac{\partial\,\mathrm{Cost}_{\mathrm{obs}}}{\partial\,\boldsymbol{x}_i}=2w_{\mathrm{obs}}\sum_{i=1}^{N}(\|\boldsymbol{x}_i-\boldsymbol{o}_i\|-d_{\mathrm{obs}}^{\max})\sqrt{\|\boldsymbol{x}_i-\boldsymbol{o}_i\|^2}=2w_{\mathrm{obs}}\sum_{i=1}^{N}(\|\boldsymbol{x}_i-\boldsymbol{o}_i\|-d_{\mathrm{obs}}^{\max})\frac{\boldsymbol{x}_i-\boldsymbol{o}_i}{\|\boldsymbol{x}_i-\boldsymbol{o}_i\|}\tag{7-67}$$

该式用以确定目标函数的路径规划轨迹与障碍物碰撞惩罚项中顶点 $\boldsymbol{x}_i$ 梯度下降法的迭代方向。

规划路径障碍物碰撞惩罚项部分 C++示例代码如下[37]：

```
/*********************************************************************
*路径规划轨迹与障碍物碰撞惩罚项 obstacleTerm()输入参数为二维顶点 xi,返回二维梯度向量
*********************************************************************/
Vector2D Smoother::obstacleTerm(Vector2D xi) {
  Vector2D gradient; //定义梯度

  //从 voronoi 类获取当前顶点到最近障碍物的距离
  float obsDst = voronoi.getDistance(xi.getX(), xi.getY());
  //获取二维顶点 xi 的 x 坐标
  int x = (int)xi.getX();

  //获取二维顶点 xi 的 y 坐标
  int y = (int)xi.getY();

  //如果顶点在搜索网格范围内,求梯度
```

```
    if (x < width && x >= 0 && y < height && y >= 0) {
    //obsVct()用以生成二维向量 x_i-o_i,其中 voronoi 类数组 data 存储与 x_i最近的障碍物坐标值
      Vector2D obsVct(xi.getX() - voronoi.data[(int)xi.getX()][(int)xi.getY()].obstX,
                      xi.getY() - voronoi.data[(int)xi.getX()][(int)xi.getY()].obstY);
      //如果路径点到最近障碍物距离小于设定的最大距离 d_obs^max

      if (obsDst < obsDMax) {
        //计算梯度
        return gradient = wObstacle * 2 * (obsDst - obsDMax) * obsVct / obsDst;
      }
    }
    return gradient;
}
```

- 曲率项：为保证无人车的非 holonomic 约束特性，必须限定转弯曲率上界 $\kappa_{\max}$，使得当曲率 $\Delta\varphi_i/\|\Delta\boldsymbol{x}_i\|>\kappa_{\max}$时进行相应的惩罚，因此，该项定义为

$$\text{Cost}_{\text{curv}}=w_{\text{curv}}\sum_{i=1}^{N-1}\rho\left(\frac{\Delta\varphi_i}{\|\Delta\boldsymbol{x}_i\|}-\kappa_{\max}\right)\tag{7-68}$$

式中，$\Delta\boldsymbol{x}_i=\boldsymbol{x}_i-\boldsymbol{x}_{i-1}$；arccos 表示 cos 的反函数，$\Delta\varphi_i=\arccos(<\Delta\boldsymbol{x}_i,\ \Delta\boldsymbol{x}_{i+1}>/(\|\Delta\boldsymbol{x}_i\|\cdot\|\Delta\boldsymbol{x}_{i+1}\|))$；<,>为内积符号；$w_{\text{curv}}$为曲率项对应权值；$N$ 表示路径途经点个数；同式（7-66）相仿，选取

$$\rho\left(\frac{\Delta\varphi_i}{\|\Delta\boldsymbol{x}_i\|}-\kappa_{\max}\right)=\left(\frac{\Delta\varphi_i}{\|\Delta\boldsymbol{x}_i\|}-\kappa_{\max}\right)^2\tag{7-69}$$

由此可见，过大或过小的曲率都会引入较大的代价值。而且如图 7-59 所示，相邻点间过大的曲率会导致路径产生振荡。

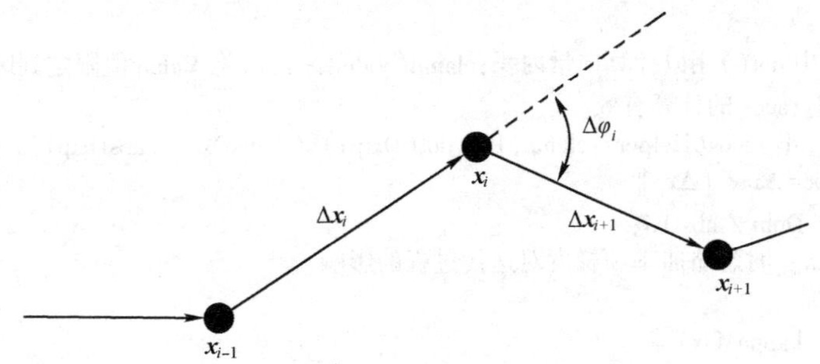

图 7-59　路径规划生成轨迹的曲率变化

在 $\Delta\varphi_i/\|\Delta\boldsymbol{x}_i\|>\kappa_{\max}$的条件下，分别计算式（7-68）对 $\boldsymbol{x}_i$、$\boldsymbol{x}_{i-1}$和 $\boldsymbol{x}_{i+1}$的偏导数可得

$$\frac{\partial\,\text{Cost}_{\text{curv}}}{\partial\boldsymbol{x}_i}=2w_{\text{curv}}\sum_{i=1}^{N-1}\left(\frac{\Delta\varphi}{\|\Delta\boldsymbol{x}_i\|}-\kappa_{\max}\right)\left(\frac{1}{\|\Delta\boldsymbol{x}_i\|\sqrt{(1-\cos^2(\Delta\varphi_i))}}\frac{\partial\cos(\Delta\varphi_i)}{\partial\boldsymbol{x}_i}-\frac{\Delta\varphi_i}{(\Delta\boldsymbol{x}_i)^2}\frac{\partial\Delta\boldsymbol{x}_i}{\partial\boldsymbol{x}_i}\right)$$

$$\frac{\partial\,\text{Cost}_{\text{curv}}}{\partial\boldsymbol{x}_{i-1}}=2w_{\text{curv}}\sum_{i=1}^{N-1}\left(\frac{\Delta\varphi_i}{\|\Delta\boldsymbol{x}_i\|}-\kappa_{\max}\right)\left(\frac{1}{\|\Delta\boldsymbol{x}_i\|\sqrt{(1-\cos^2(\Delta\varphi_i))}}\frac{\partial\cos(\Delta\varphi_i)}{\partial\boldsymbol{x}_{i-1}}-\frac{\Delta\varphi_i}{(\Delta\boldsymbol{x}_i)^2}\frac{\partial\Delta\boldsymbol{x}_i}{\partial\boldsymbol{x}_{i-1}}\right)$$

$$\frac{\partial\,\text{Cost}_{\text{curv}}}{\partial\boldsymbol{x}_{i+1}}2w_{\text{curv}}\sum_{i=1}^{N-1}\left(\frac{\Delta\varphi_i}{\|\Delta\boldsymbol{x}_i\|}-\kappa_{\max}\right)\left(\frac{1}{\|\Delta\boldsymbol{x}_i\|\sqrt{(1-\cos^2(\Delta\varphi_i))}}\frac{\partial\cos(\Delta\varphi_i)}{\partial\boldsymbol{x}_{i+1}}\right)$$

(7-70)

式（7-70）中，$\partial\cos(\Delta\varphi_i)/\partial\boldsymbol{x}_i$可用正交向量表示，具体做法如下：

利用施密特（Schmidt）正交规范化原理分别将向量对$(-\boldsymbol{x}_{i+1},\boldsymbol{x}_i)$和$(\boldsymbol{x}_i,-\boldsymbol{x}_{i+1})$进行正交规范化处理，即

$$\boldsymbol{x}_i\perp\boldsymbol{x}_{i+1}=\boldsymbol{x}_i+\frac{\langle\boldsymbol{x}_i-\boldsymbol{x}_{i+1}\rangle}{\|\boldsymbol{x}_{i+1}\|^2}\boldsymbol{x}_{i+1},-\boldsymbol{x}_{i+1}\perp\boldsymbol{x}_i=-\boldsymbol{x}_{i+1}-\frac{\langle-\boldsymbol{x}_{i+1},\boldsymbol{x}_i\rangle}{\|\boldsymbol{x}_i\|^2}\boldsymbol{x}_i$$

令

$$\beta_1=\frac{\boldsymbol{x}_i\perp-\boldsymbol{x}_{i+1}}{\|\boldsymbol{x}_i\|\cdot\|\boldsymbol{x}_{i+1}\|},\quad\beta_2=\frac{-\boldsymbol{x}_{i+1}\perp\boldsymbol{x}_i}{\|\boldsymbol{x}_i\|\cdot\|\boldsymbol{x}_{i+1}\|}$$

则有

$$\frac{\partial\cos(\Delta\varphi_i)}{\partial\boldsymbol{x}_i}=-\beta_1-\beta_2,\frac{\partial\cos(\Delta\varphi_i)}{\partial\boldsymbol{x}_{i-1}}=\beta_2,\frac{\partial\cos(\Delta\varphi_i)}{\partial\boldsymbol{x}_{i+1}}=\beta_1$$

曲率项部分 C++示例代码如下[37]：

```
/*******************************************************************
 * 曲率项 curvatureTerm()输入参数为 x_i、x_{i-1}、x_{i+1},返回二维梯度向量
 *******************************************************************/
Vector2D Smoother::curvatureTerm(Vector2D xim1, Vector2D xi, Vector2D xip1) {
  Vector2D gradient;                          //定义梯度
  Vector2D Dxi = xi - xim1;                   //向量 Δx_i
  Vector2D Dxip1 = xip1 - xi;                 //向量 Δx_{i+1}
  Vector2D beta1, beta2;                      //声明正交成分向量
  float absDxi = Dxi.length();                //得到向量 Δx_i的范数
  float absDxip1 = Dxip1.length();            //得到向量 Δx_{i+1}的范数

  if (absDxi > 0 && absDxip1 > 0) {

  //计算 Δφ_i,其中 dot()用以计算向量内积;clamp(Value,-1,1)将 Value 值限定到区间(-1,1),从而
  //使得函数 std::acos 的计算有效
    float Dphi = std::acos(Helper::clamp(Dxi.dot(Dxip1) / (absDxi * absDxip1), -1, 1));
    //计算曲率 κ=Δφ_i/‖Δx_i‖
    float kappa = Dphi / absDxi;
    //当曲率 κ<κ_max时忽略曲率项梯度对迭代过程的影响

    if (kappa <= kappaMax) {
      Vector2D zeros;
      return zeros;
    } else {

    //计算曲率项对于 x_i、x_{i-1}、x_{i+1}的梯度
      float absDqi1Inv = 1 / absDxi;
      //计算∂Δφ_i/ ∂cos(Δφ_i)

      float PDphi_PcosDphi = -1 / std::sqrt(1 - std::pow(std::cos(Dphi), 2));
      float u = -absDxi1Inv * PDphi_PcosDphi;

      //计算 β_1, xi.ort(-xip1)表示 x_i⊥-x_{i+1}
      beta1 = xi.ort(-xip1) / (absDxi * absDxip1);
```

```
        //计算β2, -xip1.ort(xi)表示-x_{i+1}⊥x_i
        beta2 = -xip1.ort(xi) / (absDxi * absDxip1);
        float s = Dphi / (absDxi * absDxi);                //计算 Δφ_i/(Δx_i)^2
        Vector2D ones(1, 1);                               //单位向量
        Vector2D ki = u * (-beta1 -beta2) - (s * ones);
        Vector2D kim1 = u * beta2 - (s * ones);
        Vector2D kip1 = u * beta1;

        //计算梯度,其中 wCurvature 表示 w_curv;0.25、0.5 和 0.25 分别为根据实际情况设定的
        //梯度各项权值
        gradient = wCurvature * (0.25 * kim1 + 0.5 * ki + 0.25 * kip1);

        //梯度不存在时将该项梯度剔除
        if ((std::isnan(gradient.getX()) || std::isnan(gradient.getY()))) {
          Vector2D zeros;
          return zeros;
        } else {

        //返回梯度值
        return gradient;
        }
      }
    } else {

    //若 Δx_i 和 Δx_{i+1} 都不存在,返回零梯度向量
    Vector2D zeros;
    return zeros;
    }
}
```

- 光滑项：该项作为规划轨迹光滑程度的评判准则，其定义为

$$\mathrm{Cost}_{\mathrm{smo}} = w_{\mathrm{smo}} \sum_{i=1}^{N-1} (\Delta \boldsymbol{x}_{i+1} - \Delta \boldsymbol{x}_i)^2 \tag{7-71}$$

其中，w_{smo} 表示光滑项权值。

分别计算式（7-71）对 $\boldsymbol{x}_i$、$\boldsymbol{x}_{i+1}$ 和 $\boldsymbol{x}_{i-1}$ 的偏导数可得

$$\frac{\partial\,\mathrm{Cost}_{\mathrm{smo}}}{\partial\,\boldsymbol{x}_i} = -\,4w_{\mathrm{smo}} \sum_{i=1}^{N-1} (\Delta \boldsymbol{x}_{i+1} - \Delta \boldsymbol{x}_i)$$

$$\frac{\partial\,\mathrm{Cost}_{\mathrm{smo}}}{\partial\,\boldsymbol{x}_{i+1}} = 2w_{\mathrm{smo}} \sum_{i=1}^{N-1} (\Delta \boldsymbol{x}_{i+1} - \Delta \boldsymbol{x}_i)$$

$$\frac{\partial\,\mathrm{Cost}_{\mathrm{smo}}}{\partial\,\boldsymbol{x}_{i-1}} = 2w_{\mathrm{smo}} \sum_{i=1}^{N-1} (\Delta \boldsymbol{x}_{i+1} - \Delta \boldsymbol{x}_i)$$

光滑项部分 C++示例代码如下[37]：

```
/**********************************************************************
 * 光滑项 smoothnessTerm()输入参数为 x_i、x_{i-1}、x_{i+1},返回二维梯度向量
 **********************************************************************/
Vector2D Smoother::smoothnessTerm(Vector2D xim1, Vector2D xi, Vector2D xip1) {
  //计算式(7-71)对 x_i 的偏导,其中 wSmoothness 表示 w_smo
```

```
    return wSmoothness * (2 * xim1 - 4 * xi + 2 * xip1);
}
```

● Voronoi 项：该项用于权衡规划路径长度和路径到障碍物的距离。上述路径规划轨迹与障碍物碰撞惩罚项要求：路径不宜过于靠近障碍物，也不应距离障碍物太远。而基于该要求通常会规划出沿障碍物蔓延的路径，因而额外增加了路径长度，降低了搜索速度。针对此问题，可基于 Voronoi 图对路径做进一步优化。如图 7-60 所示，当沿着黑实线表示的广义 Voronoi 边进行规划时，可使得无人车不仅能无碰撞地通过深灰色多边形表示的狭窄障碍物区域，还可对规划路径长度和路径到障碍物的距离进行有效权衡。

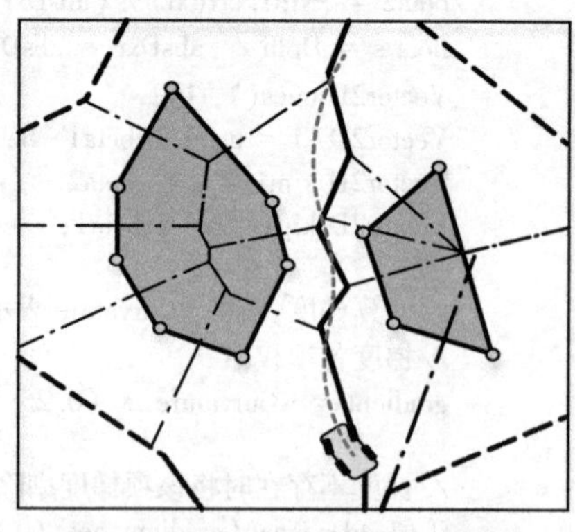

图 7-60　Voronoi 图狭窄障碍物说明（灰色虚线为沿 Voronoi 边的轨迹）

现对相关概念进行定义：如果平面上一点 $\boldsymbol{x}_i$ 到距其最近障碍物的距离为 $d_O(\boldsymbol{x}_i, \boldsymbol{O}_i)$，而 $\boldsymbol{x}_i$ 到距其最近广义 Voronoi 边的距离为 $d_E(\boldsymbol{x}_i, \boldsymbol{V}_i)$，则 Voronoi 项可表示为

$$\text{Cost}_{\text{vor}} = w_{\text{vor}} \sum_{i=1}^{N} \left(\frac{\alpha}{\alpha + d_O(\boldsymbol{x}_i, \boldsymbol{O}_i)}\right)\left(\frac{d_E(\boldsymbol{x}_i, \boldsymbol{V}_i)}{d_E(\boldsymbol{x}_i, \boldsymbol{V}_i) + d_O(\boldsymbol{x}_i, \boldsymbol{O}_i)}\right)\left(\frac{d_O(\boldsymbol{x}_i, \boldsymbol{O}_i) - d_O^{\max}}{d_O^{\max}}\right)^2 \tag{7-72}$$

式中，w_{vor} 为 Voronoi 项权值；$\alpha>0$ 为控制 Voronoi 项衰减率的常数；$d>0$ 表示障碍物能够对路径顶点 $\boldsymbol{x}_i$ 造成影响的最大距离（即 $d_O(\boldsymbol{x}_i, \boldsymbol{O}_i) \leqslant d_{\text{obs}}^{\max}$），而当 $d_O(\boldsymbol{x}_i, \boldsymbol{O}_i) \geqslant d_{\text{obs}}^{\max}$ 时令式（7-72）为零。

利用链式法则计算式（7-72）对 $\boldsymbol{x}_i$ 的偏导数可得

$$\frac{\partial\, \text{Cost}_{\text{vor}}}{\partial \boldsymbol{x}_i} = \frac{\partial\, \text{Cost}_{\text{vor}}}{\partial d_O(\boldsymbol{x}_i, \boldsymbol{O}_i)} \frac{\partial d_O(\boldsymbol{x}_i, \boldsymbol{O}_i)}{\partial \boldsymbol{x}_i} + \frac{\partial\, \text{Cost}_{\text{vor}}}{\partial d_E(\boldsymbol{x}_i, \boldsymbol{V}_i)} \frac{\partial d_E(\boldsymbol{x}_i, \boldsymbol{V}_i)}{\partial \boldsymbol{x}_i} \tag{7-73}$$

式中，$\boldsymbol{V}_i$ 表示距 $\boldsymbol{x}_i$ 最近的广义 Voronoi 图边上的顶点；

$$\frac{\partial\, \text{Cost}_{\text{vor}}}{\partial d_O(\boldsymbol{x}_i, \boldsymbol{O}_i)} = w_{\text{vor}} \sum_{i=1}^{N} \left(\frac{\alpha}{\alpha + d_O(\boldsymbol{x}_i, \boldsymbol{O}_i)} \frac{d_E(\boldsymbol{x}_i, \boldsymbol{V}_i)}{d_E(\boldsymbol{x}_i, \boldsymbol{V}_i) + d_O(\boldsymbol{x}_i, \boldsymbol{O}_i)} \frac{d_O(\boldsymbol{x}_i, \boldsymbol{O}_i) - d_O^{\max}}{(d_O^{\max})^2}\right) - \left(2 - \frac{d_O(\boldsymbol{x}_i, \boldsymbol{O}_i) - d_O^{\max}}{\alpha + d_O(\boldsymbol{x}_i, \boldsymbol{O}_i)} - \frac{d_O(\boldsymbol{x}_i, \boldsymbol{O}_i) - d_O^{\max}}{d_E(\boldsymbol{x}_i, \boldsymbol{V}_i) + d_O(\boldsymbol{x}_i, \boldsymbol{O}_i)}\right)$$

$$\frac{\partial\, \text{Cost}_{\text{vor}}}{\partial d_E(\boldsymbol{x}_i, \boldsymbol{V}_i)} = w_{\text{vor}} \sum_{i=1}^{N} \left(\frac{\alpha}{\alpha + d_O(\boldsymbol{x}_i, \boldsymbol{O}_i)} \frac{d_O(\boldsymbol{x}_i, \boldsymbol{V}_i)}{(d_E(\boldsymbol{x}_i, \boldsymbol{V}_i) + d_O(\boldsymbol{x}_i, \boldsymbol{O}_i))^2}\left(\frac{d_O(\boldsymbol{x}_i, \boldsymbol{O}_i) - d_O^{\max}}{d_O^{\max}}\right)^2\right)$$

$$\frac{\partial d_O(\boldsymbol{x}_i, \boldsymbol{O}_i)}{\partial \boldsymbol{x}_i} = \frac{\partial}{\partial \boldsymbol{x}_i}(|\boldsymbol{x}_i - \boldsymbol{O}_i|) = \frac{\partial}{\partial \boldsymbol{x}_i}(\sqrt{|\boldsymbol{x}_i - \boldsymbol{O}_i|^2}) = \frac{\boldsymbol{x}_i - \boldsymbol{O}_i}{|\boldsymbol{x}_i - \boldsymbol{O}_i|}$$

$$\frac{\partial d_E(\boldsymbol{x}_i, \boldsymbol{V})}{\partial \boldsymbol{x}_i} = \frac{\partial}{\partial \boldsymbol{x}_i}(|\boldsymbol{x}_i - \boldsymbol{V}_i|) = \frac{\partial}{\partial \boldsymbol{x}_i}(\sqrt{|\boldsymbol{x}_i - \boldsymbol{V}_i|^2}) = \frac{\boldsymbol{x}_i - \boldsymbol{V}_i}{|\boldsymbol{x}_i - \boldsymbol{V}_i|}$$

Voronoi 项部分 C++示例代码如下[37]：

```
/ *****************************************************************
* Voronoi 项 voronoiTerm( )输入参数为 x_i,返回二维梯度向量
***************************************************************** /
Vector2D Smoother::voronoiTerm( Vector2D xi) {
  Vector2D gradient;
  //alpha > 0 表示衰减率
  //obsDst 表示 x_i 距最近障碍物的距离 d_O(x_i, O_i)
  //edgDst 表示 x_i 距最近广义 Voronoi 图边的距离 d_E(x_i, V_i)
  //vorObsDMax 表示障碍物能对路径造成影响的最大距离 d_obs^max
  float obsDst = voronoi. getObsDistance( xi. getX( ), xi. getY( ) );      //获取 d_O(x_i,O_i)
  float edgDst = voronoi. getEdgDistance( xi. getX( ), xi. getY( ) );      //获取 d_E(x_i,V_i)

  //obsVct( )用于存储距 x_i 最近障碍物 O_i 位置的向量 x_i-O_i
  Vector2D obsVct( xi. getX( ) - voronoi. data[ (int) xi. getX( ) ][ (int) xi. getY( ) ]. obstX,
                   xi. getY( ) - voronoi. data[ (int) xi. getX( ) ][ (int) xi. getY( ) ]. obstY);

  //edgVct( )用于存储距 x_i 最近广义 Voronoi 边上顶点 V_i 位置的向量 x_i-V_i
  Vector2D edgVct( xi. getX( ) - voronoi. data[ (int) xi. getX( ) ][ (int) xi. getY( ) ]. edgeX,
                   xi. getY( ) - voronoi. data[ (int) xi. getX( ) ][ (int) xi. getY( ) ]. edgeY);

  //当 d_O(x_i, O_i) ≤ d_obs^max 且 d_E(x_i,V_i)>0 时计算梯度,其中 vorObsDMax 为 d_obs^max
  if ( obsDst < vorObsDMax) {
    if ( edgDst > 0) {
      //计算∂d_O(x_i,O_i)/∂x_i
      float PobsDst_Pxi = obsVct / obsDst;

      //计算∂d_E(x_i,V_i)/∂x_i
      float PedgDst_Pxi = edgVct / edgDst;

      //求代价 Cost_vor 关于 d_E(x_i,V_i)的偏导,其中 pow( )为求幂函数
      float PvorPtn_PedgDst = alpha * obsDst * std::pow( obsDst - vorObsDMax, 2) /
          ( std::pow( vorObsDMax, 2) * ( obsDst + alpha) * std::pow( edgDst + obsDst, 2));
      //求代价 Cost_vor 关于 d_O(x_i,O_i)的偏导

      float PvorPtn_PobsDst = ( alpha * edgDst * ( obsDst - vorObsDMax) * ( ( edgDst + 2 *
          vorObsDMax + alpha) * obsDst + ( vorObsDMax + 2 * alpha) * edgDst + alpha *
          vorObsDMax) )/ ( std::pow( vorObsDMax, 2) * std::pow( obsDst + alpha, 2) *
          std::pow( obsDst + edgDst, 2) );

      //计算 Voronioi 项梯度,其中 wVoronoi 表示 w_vor
      gradient = wVoronoi * PvorPtn_PobsDst * PobsDst_Pxi + PvorPtn_PedgDst *
            PedgDst_Pxi;

      return gradient;
    }
    return gradient;
  }
  return gradient;
}
```

3. 算法流程与伪代码

（1）Hybrid A*算法及伪代码[37]　同A*算法相似，Hybrid A*算法首先令开启列表 O 和关闭列表 C 为空集；令 $\boldsymbol{q}_s$ 初始代价值 g 为0，其余顶点代价值 $g=\infty$；令起始顶点 $\boldsymbol{q}_s$ 前置顶点为空，并将 $\boldsymbol{q}_s$ 加入开启列表 O；当 O 不为空时算法在while循环中搜索顶点，进入循环后先将代价值最小的顶点 $\boldsymbol{q}$ 由开启列表 O 移至关闭列表 C，若当前顶点 $\boldsymbol{q}$ 与目标点 $\boldsymbol{q}_g$ 在偏差范围内相等，则返回当前顶点 $\boldsymbol{q}$，算法结束；否则计算当前顶点 $\boldsymbol{q}$ 在特定动作 $u\in U(\boldsymbol{q})$ 下的后继顶点 $\boldsymbol{q}_{\text{successor}}$，若 $\boldsymbol{q}_{\text{successor}}$ 不在 C 中，则计算 $\boldsymbol{q}_{\text{successor}}$ 的实际代价值 g；进而若 $\boldsymbol{q}_{\text{successor}}$ 不属于开启列表 O 或其计算代价值 g 小于初始代价值，则将当前顶点 $\boldsymbol{q}$ 作为后继顶点 $\boldsymbol{q}_{\text{successor}}$ 的前置顶点 Predecessor($\boldsymbol{q}_{\text{successor}}$)并更新 $\boldsymbol{q}_{\text{successor}}$ 实际代价值，继而将 $\boldsymbol{q}_{\text{successor}}$ 的启发式函数值 $h(\boldsymbol{q}_{\text{successor}})$ 更新为 Heuristic($\boldsymbol{q}_{\text{successor}}$, $\boldsymbol{q}_g$)；$\boldsymbol{q}_{\text{successor}}$ 不属于开启列表 O 时则加入，反之将其从 O 中移除。此处应当注意，由于Hybrid A*算法采用连续状态搜索方式，且允许顶点存在于网格单元任意位置，因此需利用Round_State函数判断两个顶点是否在要求偏差范围内相等。

算法 7-4：Hybrid A*算法

```
要求：q_s ∈ X, q_g ∈ X                                   ◀ 要求起始点q_s和目标点q_g属于状态空间
O=∅, C=∅                                                 ◀ 开启列表与关闭列表初始化为空
Predecessor(q_s)←null                                    ◀ q_s前置顶点置空
O.push_in(q_s)                                           ◀ 将q_s加入开启列表
while  O≠∅ do:                                           ◀ 开启列表非空时进入循环
    q←O.pop_out_min()                                    ◀ 开启列表中代价值最小顶点作为当前顶点
    C.push_in(q)                                         ◀ 将当前顶点q加入关闭列表
    if  Round_State(q) = Round_State(q_g) then:          ◀ 若当前顶点与目标点在一定偏差范围内
        return  q                                        ◀ 返回当前顶点，算法结束
    else
        for u ∈ U(q) do:                                 ◀ 当前顶点的每个动作
            q_successor←f(q, u)                          ◀ 得到当前顶点的后继顶点q_successor
            if  IsExistence(q_successor, C)= false then: ◀ 若后继顶点q_successor不属于关闭列表
                g←g(q) +l(q, q_successor)                ◀ 计算后继顶点q_successor实际代价值g
                ◀若后继顶点q_successor不属于开启列表或实际代价值g小于初始值g(q_successor)
                if  IsExistence(q_successor, O) = false or g<g(q_successor) then:
                    ◀ 更新当前顶点q为其后继顶点q_successor的前置顶点
                    Predecessor(q_successor)← q
                    g(q_successor)← g                    ◀ 更新后继顶点q_successor代价值g(q_successor)为g
                    h(q_successor)←Heuristic(q_successor, q_g)  ◀ 更新q_successor启发式函数值
                    if  IsExistence(q_successor, O)= false then: ◀ 若q_successor不属于开启列表
                        O.push_in(q_successor)           ◀ 将其加入开启列表
                    else
                        O.remove(q_successor)            ◀ 将其从开启列表中移除
                    end if
                end if
            end if
        end for
    end if
end while
return
```

取整函数 Round_State 如下：

```
function Round_State(q)                                        ◀ 取整函数，当两个点偏差在一定范围时视为相等
    q.Position(x) = max{m∈ℤ | m≤q.Position(x)}
    q.Position(y) = max{m∈ℤ | m≤q.Position(y)}
    q.Angle(θ) = max{m∈ℤ | m≤q.Angle(θ)}                       ◀ 此处 Angle（θ）表示方向角弧度值
    return q
end function
```

用于判断子顶点是否在列表 Ω 中的函数 IsExistents 如下：

```
function IsExistence(q_successor, Ω)                            ◀ 利用取整函数判断顶点是否在列表中
    if {q∈Ω| Round_State(q) = Round_State(q_succsesor)} ≠ ∅ then:
        return true
    else
        return false
    end if
end function
```

（2）路径优化算法伪代码（梯度下降算法）

算法 7-5：梯度下降法

```
iterations ← max_iteration_num
k←0
while k < iterations do:                                        ◀ 在最大迭代次数内
    for x∈X do:                                                 ◀ 对路径上每个途经顶点进行遍历
        position←(0,0)                                          ◀ 选择迭代初始点
        position←position - obstacleTerm(x_i)                   ◀ 引入路径与障碍物碰撞项梯度
        position←position - smoothnessTerm(x_{i-1}, x_i, x_{i+1}) ◀ 引入光滑项梯度
        position←position-curvatureTerm(x_{i-1}, x_i, x_{i+1})  ◀ 引入曲率项梯度
        position←position-voronoiTerm(x_i)                      ◀ 引入 Voronoi 项梯度
        x_i← x_i + position                                     ◀ 根据迭代公式计算下一迭代点
    end for
    k←k+1                                                       ◀ 增加迭代次数
end while
return
```

注：当规划路径中存在无人车换向的情形时，会产生如图 7-61 所示的尖点。此时，在进行路径优化步骤前需先对这样的点进行判断并剔除后，才能对路径进行光滑化处理。

4. 基于 ROS 的 Hybrid A* 算法仿真实现

本节基于运行在 Ubuntu 操作系统上的机器人操作系统 ROS 对 Hybrid A* 算法进行仿真以验证其有效性。其中，ROS 可视化工具 rviz 用于显示 Hybrid A* 算法的规划路径及其优化结果；ROS 各节点用于执行算法各部分的具体功能，并通过发布与订阅话题的方式进行通信。Hybrid A* 算法仿真步骤如下。

1）为安装路径规划与地图服务（map server）依赖库，在 Ubuntu 终端输入如下指令：

```
$ sudo apt install libompl-dev
$ sudo apt install ros-kinetic-map-server
```

2）新建工作空间 catkin_workspace 并进入 src 目录，即

```
$ mkdir -p ~/catkin_workspace/src
$ cd ~/catkin_workspace/src
```

3）使用 git 命令将开源工程[37]加入工作空间 src 目录后返回，即

```
$ git clone https://github.com/karlkurzer/path_planner.git
$ cd..
```

4）使用 catkin_make 指令编译程序，运行后缀为 .launch 的文件来启动程序，即

```
$ catkin_make
$ source devel/setup.bash
$ roslaunch hybrid_astar manual.launch
```

5）进入 rviz 后单击“add”，然后选择“by topic”加入要进行可视化的话题，如地图“/map”、路径“/path”、优化后的路径“/spath”以及车体位置模型“/pathVehicle”。

6）在 rviz 中利用鼠标左击选择初始点和目标点，随即路径规划开始。

结构化道路一般指高速公路、城市主干道等结构明显的道路。这类道路具有明显的交通信息提示、清晰的车道线划分以及单一的车道环境，此外，还有道路车流量大、车速较快的特点。通常在现实生活中无人车行驶在这类道路上时只需进行单方向的规划，因此其在搜索空间维度不高的情形下需考虑规划算法实时性问题。而非结构化道路往往没有清晰的交通标识，且环境几何特征不明显、障碍物排布无规律，因此将极大提升路径搜索空间的维度。Hybrid A* 算法为运用于非结构化环境下的一类全局规划算法。常见的非结构化环境有狭窄交错长廊、迷宫及停车场。下面基于 Hybrid A* 算法分别对这三种典型环境进行仿真验证。仿真结果如图 7-61～图 7-63 所示。图中 $\boldsymbol{q}_s$、$\boldsymbol{q}_g$ 和 $\boldsymbol{q}$ 分别表示起始、终止和路径上的任一状态；箭头表示车的前进方向；算法生成的原始路径、优化路径和搜索树由箭头标出。

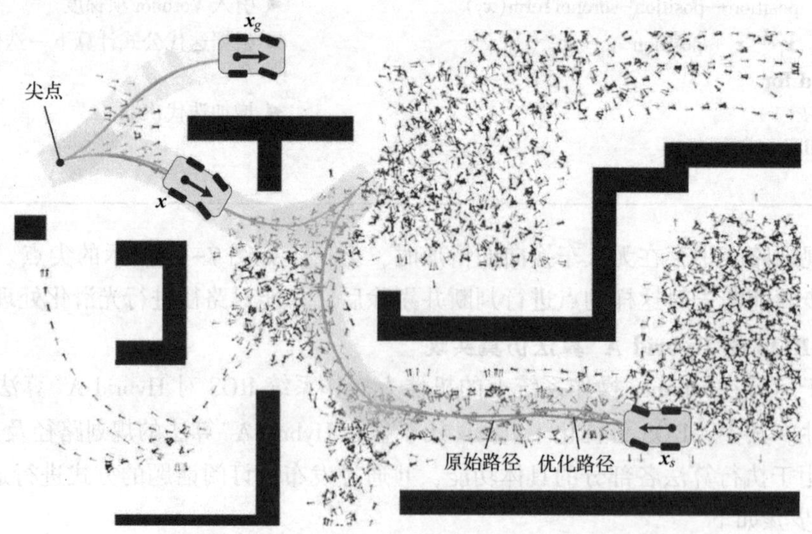

图 7-61　迷宫中的 Hybrid A* 算法路径规划结果

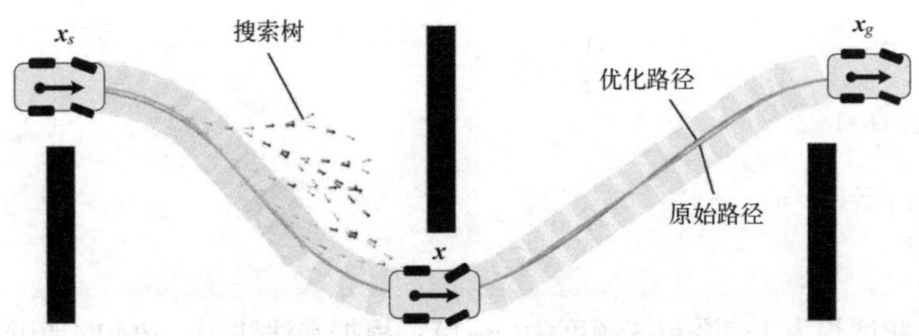

图 7-62　狭窄交错障碍物长廊的 Hybrid A* 算法路径规划结果

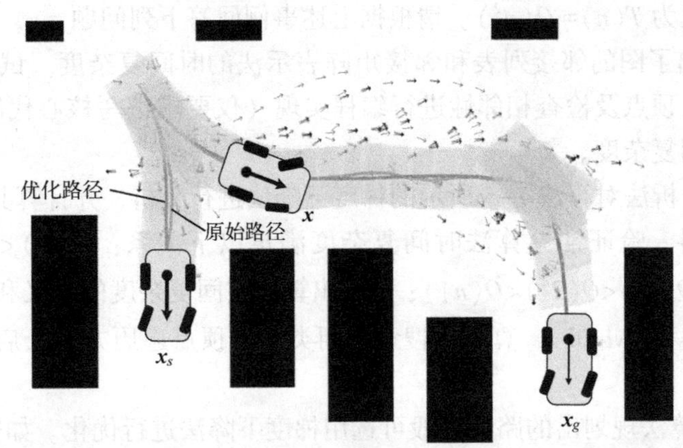

图 7-63　起始和终止点同向的停车场 Hybrid A* 算法路径规划结果

除上述介绍的 A* 和 Hybrid A* 算法以外，Steven Michael LaValle 在 *Planning algorithms* 一书中还详细介绍了其他基于图的路径规划算法的基本概念和原理[20]。现实中当不考虑算法实时性时，可将以上图搜索算法看作为较优的选择，但面对环境复杂化带来的搜索空间高维化问题，则需要研究新的更为高效的路径搜索方法。

7.4　习题

1. 利用 Qt 和百度地图设计无人车参考路径生成程序。进而，开发基于 Frenet 的低速无人车路径动态规划算法，并在电子地图中验证该算法的有效性。

2. 解释式（7-37）中性能指标取 T 和 d_e^2 作为惩罚项的意义以及惩罚项系数的选取原则。

3. 研究算法的时间复杂度通常采用事后统计与事前分析两种策略。事后统计法通过记录算法在计算机上的运行时间来评测该算法的时间复杂度。事前分析法可给出算法在最坏情形（即用时最长的情况）下时间复杂度的解析表达式。记时间复杂度为 $T(n)=O(f(n))$。其中，n 为输入问题的规模；$f(n)$ 表示算法流程中基本语句的频度（即语句执行次数）。为简化起见，通常用 $f(n)$ 的最高阶表示时间复杂度。例如，$O(kn^p+b)=O(n^p)$。算法时间复杂度计算满足乘法法则（若 $T_1(n)=O(f(n))$ 且 $T_2(n)=O(g(n))$，则 $T_1(n)T_2(n)=O(f(n)g(n))$）及加法法则（当 $m=n$ 时，$T_1(m)+T_2(n)=O(\max\{f(m), g(n)\})$；当 $m\neq n$ 时，$T_1(m)+T_2(n)=O(f(m)+g(n))$）。现给出如下算法的时间复杂度事前分析法事例：

```
x=1;                                    ①
y=2;                                    ②
for (i=1; i<n; i++){
    y=y+1;                              ③
    for (j=0; j<=(2*n); j++)
        x++;                            ④
}
```

其中，语句①②频度均为 1；语句③频度为$(n-1)$；根据乘法法则，语句④频度为$(n-1)(2n+1)=2n^2-n-1$。根据加法法则，以上算法频度为$f(n)=(2n^2-n-1)+(n-1)+1+1=2n^2$。因此，该算法的时间复杂度为$T(n)=O(n^2)$。请根据上述事例回答下列问题：

（1）表 7-2 列出了图的邻接列表和邻接矩阵表示法的时间复杂度。试通过 C/C++对这两类表示法中添加边、顶点及检查相邻性进行编程实现（仅要求编写核心代码），并利用事前分析法给出代码的时间复杂度。

（2）利用事前分析法对算法 7-5 所示的梯度下降法进行分析，并计算其时间复杂度$T(n)$。

（3）请查阅资料，验证常见算法时间复杂度满足以下关系：$O(1)<O(\log_2 n)<O(n)<O(n\log_2 n)<O(n^2)<O(n^3)<O(2^n)<O(n!)$；并给出算法空间复杂度的定义和计算方法。

4.（1）比较 A* 和 Hybrid A* 算法在搜索空间类型、顶点遍历方式及启发式函数选择上的异同点。

（2）Hybrid A* 算法规划出的路径一般可选用梯度下降法进行优化。如图 7-58 所示，随迭代次数增加，梯度下降法使得搜索锯齿化加剧且搜索速度变慢。因此，实际应用中需对该优化算法进行改进以使其快速收敛。常见的改进型迭代算法（即共轭梯度法和 Levenberg-Marquardt 法）结合了一阶梯度下降法与二阶高斯-牛顿法的优点，能够在较短时间内找到目标函数的最优解。针对 7.3.4 节的优化目标函数

$$\mathrm{Cost}=\mathrm{Cost}_{\mathrm{obs}}+\mathrm{Cost}_{\mathrm{curv}}+\mathrm{Cost}_{\mathrm{smo}}+\mathrm{Cost}_{\mathrm{vor}}$$

分别给出上述两种改进型优化方法的迭代表达式。

提示：

1）共轭梯度法迭代原理[41]：求解二次型目标函数极值，即

$$\min_{\boldsymbol{x}\in\mathbf{R}^n}\left\{\frac{1}{2}\boldsymbol{x}^{\mathrm{T}}\boldsymbol{Q}\boldsymbol{x}-\boldsymbol{b}^{\mathrm{T}}\boldsymbol{x}\right\}$$

可等价为求解线性矩阵方程

$$\boldsymbol{Q}\boldsymbol{x}=\boldsymbol{b}$$

若 $\boldsymbol{Q}$ 为对称正定矩阵，且对 $\forall i\neq j$，满足 $\boldsymbol{d}_i^{\mathrm{T}}\boldsymbol{Q}\boldsymbol{d}_j=0$，则称向量组$\{\boldsymbol{d}_0,\boldsymbol{d}_1,\cdots,\boldsymbol{d}_{n-1}\}$关于 $\boldsymbol{Q}$ 共轭，且向量间相互独立，其中 $\boldsymbol{d}_i\neq 0,\boldsymbol{d}_i\in\mathbf{R}^n$。令起始点为 $\boldsymbol{x}_0$，则对于上述 $\boldsymbol{Q}$ 共轭向量组$\{\boldsymbol{d}_0,\boldsymbol{d}_1,\cdots,\boldsymbol{d}_{n-1}\}$，其迭代表达式为

$$\begin{cases}\boldsymbol{x}_0\in\mathbf{R}^n\\ \boldsymbol{x}_{i+1}=\boldsymbol{x}_i+\boldsymbol{\alpha}_i\boldsymbol{d}_i\\ \boldsymbol{g}_i=\boldsymbol{Q}\boldsymbol{x}_i-\boldsymbol{b}\\ \boldsymbol{\alpha}_i=-\dfrac{\boldsymbol{g}_i^{\mathrm{T}}\boldsymbol{d}_i}{\boldsymbol{d}_i^{\mathrm{T}}\boldsymbol{Q}\boldsymbol{d}_i}\end{cases}$$

且经过 n 次迭代必有 $\boldsymbol{x}_n=\boldsymbol{x}^*$，即第 n 个迭代点为最优解，其中 n 表示问题维度。为保证 $\boldsymbol{d}_i$ 的

$\boldsymbol{Q}$ 共轭特性，$\boldsymbol{d}_i$ 的选择方式如下：

$$\begin{cases}\boldsymbol{d}_0=-\boldsymbol{g}_0\\ \boldsymbol{d}_{i+1}=\boldsymbol{g}_{i+1}+\dfrac{\boldsymbol{g}_{i+1}^{\mathrm{T}}\boldsymbol{Q}\boldsymbol{d}_i}{\boldsymbol{d}_i^{\mathrm{T}}\boldsymbol{Q}\boldsymbol{d}_i}\boldsymbol{d}_i\end{cases}$$

2）Levenberg-Marquardt 法迭代原理[42-43]：求解的二次型目标函数为

$$\min_{\boldsymbol{x}\in\mathbf{R}^n}\left\{f(\boldsymbol{x})=\frac{1}{2}\boldsymbol{x}^{\mathrm{T}}\boldsymbol{x}\right\}$$

对于该目标函数，Levenberg-Marquardt 迭代公式可表示为

$$(\boldsymbol{H}+\mu\boldsymbol{I})\boldsymbol{h}=-\boldsymbol{g}$$

式中，$\boldsymbol{H}$ 为 $f(x)$ 的黑塞矩阵，此处利用近似表示 $\boldsymbol{H}=\nabla f(\boldsymbol{x})\nabla f^{\mathrm{T}}(\boldsymbol{x})$；梯度 $\boldsymbol{g}=\nabla f(\boldsymbol{x})$；步长 $\boldsymbol{h}=\boldsymbol{x}_{i+1}-\boldsymbol{x}_i$；$\mu$ 表示阻尼因子，其决定了算法的特性。μ 对迭代算法特性的影响为

$$\begin{cases}\mu>0,(\boldsymbol{H}+\mu\boldsymbol{I})\text{正定,可保证迭代沿负梯度方向进行}\\ \mu\to\infty,\boldsymbol{h}=-\dfrac{1}{\mu}\boldsymbol{g},\text{此时算法退化为梯度下降法}\\ \mu\to 0,\boldsymbol{h}=-\boldsymbol{H}^{-1}\boldsymbol{g},\text{此时算法退化为高斯-牛顿法}\end{cases}$$

因此，通过动态调整 μ 可使算法以更快的速度收敛。关于 μ 的取值方法此处不做详细介绍，详情可参见参考文献［43］。

（3）对比算法 7-5 并查阅资料，给出共轭梯度法和 Levenberg-Marquardt 法的伪代码。

5. 在第 5 章构建的三维高精度地图的基础上，设计 A* 算法的 ROS 程序，从而实现无人车的全局路径规划。

参考文献

［1］Qt Company Ltd. About Qt［EB/OL］.（2018-12-06）［2021-05-18］. https://wiki. qt. io/About_Qt.

［2］徐青 . JavaScript 恶意代码检测技术研究［D］. 成都：西南交通大学，2014.

［3］百度 . Javascript API［EB/OL］.（2017-12-27）［2021-05-18］. http://lbsyun. baidu. com/index. php? title=jspopular3. 0.

［4］MATTHES E. Python Crash Course：A Hands-On，Project-Based Introduction to Programming［M］. San Francisco：No Starch Press，2019.

［5］百度 . 百度地图拾取坐标系统［EB/OL］.（2017-12-27）［2021-05-18］. http://api. map. baidu. com/lbsapi/getpoint/index. html.

［6］康梅娟，李英奎，郭状先 . 网站建设与维护［M］. 济南：山东人民出版社，2014.

［7］黄斯伟 . CSS 完全使用详解［M］. 北京：人民邮电出版社，2007.

［8］刘百峰，宋翠 . Linux 操作系统教程［M］. 北京：北京理工大学出版社，2016.

［9］赵宇，蒋郑红，王崇 . C++语言程序设计［M］. 天津：天津科学技术出版社，2018.

［10］Qt Company Ltd. QWebChannel class［EB/OL］.（2014-12-10）［2021-05-18］. https://doc. qt. io/qt-5/qwebchannel. html.

［11］王群 . 计算机网络教程［M］. 北京：清华大学出版社，2005.

［12］Qt Company Ltd. QString class［EB/OL］.（2018-12-6）［2021-05-18］. https://doc. qt. io/qt-5/qstring. html#argument-formats.

［13］KLUGE T. Spline［CP/OL］.（2016-07-24）［2021-05-18］. https://github. com/ttk592/spline.

[14] WANG X. Electronic-map [CP/OL]. (2019-11-24) [2021-05-18]. https://github.com/thexingofwang/Electronic-map.

[15] SHAN A. 无人驾驶汽车系统入门（二十一）——基于 Frenet 优化轨迹的无人车动作规划方法 [EB/OL]. (2018-06-22) [2021-05-18]. https://blog.csdn.net/adamshan/article/details/80779615.

[16] TAKAHASHI A, HONGO T, NINOMIYA Y, et al. Local path planning and motion control for AGV in positioning [C]. IEEE/RSJ International Workshop on Intelligent Robots and Systems, Tsukuba, 1989.

[17] VEEN C V. DARPA urban challenge [EB/OL]. (2007-12-05)[2021-05-18]. https://www.govtech.com/photos/DARPA-Urban-Challenge.html.

[18] KURZER K. Path planning in unstructured environments: A real-time hybrid A* implementation for fast and deterministic path generation for the KTH research concept vehicle [D]. Stockholm: KTHRoyal Institute of Technology School of Engineering Sciences, 2016.

[19] PATEL A. Grids and graphs [EB/OL]. (2020-03-23) [2021-05-18]. https://www.redblobgames.com/pathfinding/grids/graphs.html.

[20] STEVEN M L. PlanningAlgorithms [M]. Cambridge: Cambridge University Press, 2006.

[21] STEVEN S. The Algorithm Design Manual [M]. London: Springer, 2008.

[22] BORRADAILE G. Dijkstra's algorithm: Correctness by induction [EB/OL]. (2015-01-29) [2021-05-18]. https://web.engr.oregonstate.edu/~glencora/wiki/uploads/dijkstra-proof.pdf.

[23] DIJKSTRA E W. A note on two probles in connexion with graphs [J]. Numerische Mathematics, 1959, 1 (1): 269-271.

[24] XU X Q. A comprehensive path-finding library for grid based games [CP/OL]. (2017-04-24) [2021-05-18]. http://qiao.github.io/PathFinding.js/visual.

[25] VALENZANO R, XIE F. On the completeness of best-first search variants that use random exploration [C]. AAAI Conference on Artificial Intelligence, Arizona, 2016.

[26] HART P E, NILSSON N J, RAPHAEL B. A formal basis for the heuristic determination of minimum cost paths [J]. IEEE Transactions on Systems Science and Cybernetics, 1968, 4 (2): 100-107.

[27] MCCOY K F. The admissibility of A* [EB/OL]. (2012-02-06) [2021-05-18]. https://www.eecis.udel.edu/~mccoy/courses/cisc4681.12s/lecmaterials/handouts/alg-a-proof.pdf.

[28] WAGGONER J, CLEVELAND J. The optimality of A* [EB/OL]. (2012-09-08)[2021-05-18]. https://cse.sc.edu/~mgv/csce580f08/gradPres/clevelandWaggonerAstar080915.pdf.

[29] PATEL A. Heuristics [EB/OL]. (2020-12-25) [2021-05-18]. http://theory.stanford.edu/~amitp/GameProgramming/Heuristics.html.

[30] DOLGOV D, THRUN S, MONTEMERLO M, et al. Practical search techniques in path planning for autonomous driving [C]. Proceedings of American Association for Artificial Intelligence, Chicago, 2008.

[31] DOLGOV D, THRUN S, MONTEMERLO M, et al. Path planning for autonomous vehicles in unknown semi-structured environments [J]. The International Journal of Robotics Research, 2010, 29 (5): 485-501.

[32] PETEREIT J, EMTER T, FREY C W, et al. Application of hybrid A* to an autonomous mobile robot for path planning in unstructured outdoor environments [C]. Proceedings for the conference of ROBOTIK, Munich, 2012.

[33] CHOSET H. Configuration space of a robot [EB/OL]. (2009-01-02) [2021-05-18]. http://robotics.stanford.edu/~latombe/cs326/2009/class3/class3.htm.

[34] LATOMBE J C. Robot Motion Planning [M]. Boston: Springer, 1991.

[35] DUBINS L E. On curves of minimal length with a constraint on average curvature, and with prescribed initial and terminal positions and tangents [J]. American Journal of Mathematics, 1957, 79 (3): 497.

[36] REEDS J A, SHEPP L A. Optimal paths for a car that goes both forwards and backwards [J]. Pacific Journal of

Mathematics，1990，145（2）：367-393.

[37] KURZER K. Hybrid A* path planner for the KTH research concept vehicle [CP/OL].（2019-07-11）[2021-05-18]. https://github.com/ karlkurzer/path_planner/.

[38] SUCAN I A，MOLL M，KAVRAKI L E. The open motion planning library [J]. IEEE Robotics & Automation Magazine，2012，19（4）：72-82.

[39] 周培德．计算几何：算法设计与分析 [M]．北京：清华大学出版社，2005.

[40] BERG M D，CHEONG O，KREVELD M V，et al. Computational Geometry：Algorithms and Applications [M]. Berlin：Springer，2000.

[41] SINGH A. Conjugate gradient descent [EB/OL].（2017-09-25）[2021-05-18]. http://www.cs.cmu.edu/~pradeepr/convexopt/Lecture_Slides/ conjugate_direction_methods.pdf.

[42] LIU D S. TEB local planner illustrated for the car-like robot [EB/OL].（2019-09-26）[2021-05-18]. https://liousvious.github.io/.

[43] MADSEN K，NIELSEN H B，TINGLEFF O. Methods for Non-Linear Least Squares Problems [M]. Denmark：Technical University of Denmark，2004.

第8章　无人驾驶执行控制系统

本章首先介绍无人驾驶执行控制系统的核心技术（即线控技术）；然后，给出基于几何追踪方法的无人车前轮转角嵌入式控制器设计过程；最后，讨论开发无人车轮速嵌入式控制器的技术环节。

8.1　线控技术概述

汽车智能化、电子信息化和网络化是当前汽车发展的主流趋势。随着汽车电子技术的逐步发展与完善，线控技术（X-By-Wire）逐渐在汽车上得到普及与应用，为汽车智能化、电子信息化和网络化提供有力的技术支持[1]。

汽车线控技术最早起源于飞机控制系统的 Fly-By-Wire 技术。该技术通过传感器感知驾驶员的操作意图，并将产生的电信号通过导线传送到控制器，控制器产生相关控制指令发送给对应执行机构，从而实现驾驶员的操作意图。随着线控技术在汽车上的应用，精确的电子传感器和执行器件取代了传统的机械结构，汽车的车身质量得到降低，一定程度上提高了汽车燃油经济性。与传统传动方式相比，线控技术采用的电信号较为稳定，不易出现失效的情况，提高了系统的可靠性[2]。X-By-Wire 中 X 代表与汽车驾驶相关的系统，包括转向、制动、加速和换挡。这些系统与驾驶人对汽车的控制息息相关。上述系统理论上均可设计为线控系统。

为达到整体性能平衡，传统汽车在实施制动和转向操作时一般采取“性能折中”的方法，这样会使整车无法达到最佳性能。而基于线控技术的集成化方法可大幅提升车辆性能。所谓集成化方法是指通过电子技术与控制算法将多个独立子系统集中管理，对车辆的稳定性和操控性进行一体化设计。集成化方法通过多传感器数据共享，实现转向、制动无缝衔接；在汽车进行快速转弯（或其他快速反应）时可减少汽车“点头”情况的发生，以达到提高安全性和舒适性的目的。

线控技术有利于将不同厂家的汽车电子系统较为简单地整合在一起，因此，可加快产品开发进度，降低开发难度。未来，随着线控技术的不断成熟，汽车将朝着线控底盘集成的方向发展。下面简要介绍转向、制动和加速线控技术。

8.1.1　线控转向系统

如图 8-1 所示，线控转向系统主要由方向盘、ECU（Electronic Control Unit）、回正力矩电动机、转向电动机以及相关传感器组成。方向盘及其转角、扭矩传感器和回正力矩电动机构成了方向盘总成。转向执行总成包括转向电动机、齿轮齿条转向器和齿条位移传感器。线控转向系统的工作原理如下。

当驾驶人转动方向盘时，方向盘转角、扭矩传感器将测量信号发送给 ECU；同时，车辆速度、加速度和航向角速度等传感器也将检测结果传输给 ECU。随后，根据这些传感器信息，ECU 通过转向与路感算法输出 PWM（Pulse Width Modulation）控制信号。其中，回正力矩控

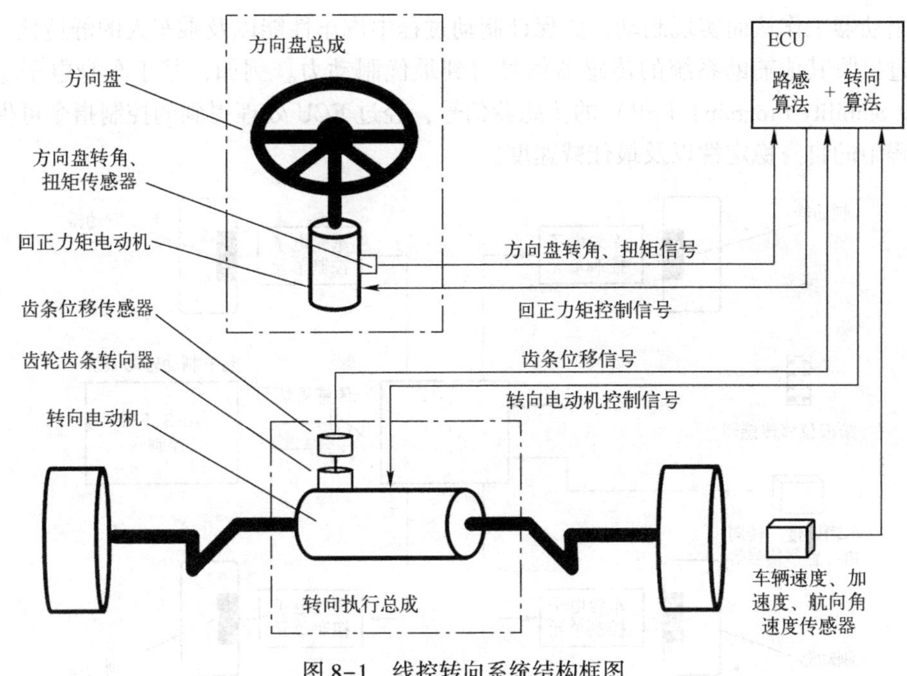

图 8-1　线控转向系统结构框图

制信号用于实现方向盘路感反馈；转向电动机控制信号用于实现前轮转向[3]。线控转向系统的特点如下：

● 可自由设计汽车转向角传动比（即方向盘转角与车轮转角的比率），从而提高汽车的可操纵性。

● 在传统转向系统中，方向盘和车轮由传动杆进行连接；而线控转向系统取消了该传动机构。于是，为感知驾驶过程中路面阻力，线控转向系统通过方向盘回正力矩电动机模拟路感反馈。

● 线控转向系统通过向转向电动机发送控制指令（电信号）对车轮进行控制，这替代了传统转向系统中的带传动。因此，传动效率有一定提升，在一定程度上减少了能耗。

● 线控转向系统占用空间小，可为车辆内部其他部件的布置留出了更大空间。

日产旗下的英菲尼迪 Q50 是首批使用线控转向技术的量产车型。在奔驰、宝马等厂家概念车上也已经采用线控转向技术。但由于线控转向技术在车辆上的应用处于起步阶段，仍存在诸多问题亟待解决。因此，现阶段量产车上应用最广泛的是电子助力转向（Electric Power Steering，EPS）技术。EPS 与线控转向之间的差异主要体现在是否保留方向盘和车轮之间的转向柱。线控转向系统取消了该转向柱；而 EPS 保留了方向盘与车轮之间的机械连接，车轮转动力来自驾驶员对方向盘的转动力矩以及转向电动机的扭矩。

8.1.2　线控制动系统

传统制动系统在驾驶员踩下制动踏板后利用液压或气压来使制动器工作。而线控制动系统用导线代替机械连接，并将制动踏板由传统的机械踏板换为集成有位移传感器的电子踏板。如图 8-2 所示，线控制动系统主要由制动踏板、制动器以及 ECU 构成。当驾驶员踩下制动踏板时，踏板上的位移传感器通过导线将踏板的行程信息传递给 ECU。ECU 根据该行程信息、轮速传感器信号以及车辆自身状态计算每个轮胎的制动力。然后，向 4 个车轮的制动器发出控制指令，使制动器工作从而实现制动。为保证制动过程中汽车性能以及乘车人的舒适性，线控制动系统通过接收其他辅助系统的传感器信号得到最优制动力。例如，基于车身电子稳定系统（Electronic Stability Program，ESP）的传感器信号，经过 ECU 处理得到的控制指令可保证车辆在制动过程中的自身稳定性以及最佳减速度。

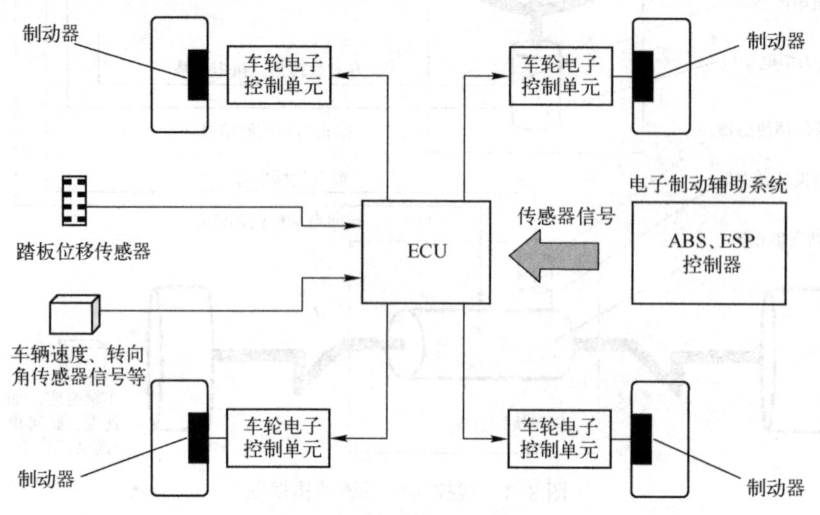

图 8-2　线控制动系统结构框图

根据制动器工作原理的不同，线控制动系统分为电子液压制动系统（EHB）和电子机械制动系统（EMB）。EHB 将电子元件与液压系统相结合。当驾驶员踩下制动踏板时，集成在踏板上的位置传感器感知踏板行程以及踏板下降速度，并将其转换为电信号发送给 ECU。ECU 结合其他传感器信号计算出每个车轮的最佳制动力，随后通过智能接口输出控制信号到液压系统中的车轮制动压力模块。这一模块独立控制每个车轮制动器的油压大小。当进液阀开启时，制动器中油压升高，对车轮产生制动力；当出液阀开启时，制动器中油压降低，减小车轮制动力。

EMB 抛弃传统的制动液与液压管路部件，由电动机提供制动力。EMB 的基本工作原理如下：ECU 根据驾驶员踩下踏板的力度以及当前车速等信息计算出每个车轮的最优制动力并给出相应控制指令，从而控制车轮上电子机械制动器中电动机输出的制动力大小。与 EHB 相比，EMB 采用纯粹的线控制动技术，其系统响应速度更快，且工作更为稳定；然而，EMB 采用的电动机驱动机械活塞的制动方式对系统的工作可靠性和容错能力提出了更高的要求[4]。

汽车线控制动系统有以下显著优点：

- 在某个车轮制动失灵的情况下，车轮的独立制动对其他 3 个车轮仍能提供制动力，从而提高了安全性。
- 线控制动系统减少了传统的机械结构，为车厢布置提供更大的可用空间。

随着汽车电子技术的飞速发展，电子器件成本逐渐降低，汽车线控制动系统将与无人驾驶系统、电子导航系统等其他电子系统组合成汽车电子综合控制系统。

8.1.3　线控加速系统

目前，线控加速（即电子油门）技术已得到广泛应用。凡具备定速巡航功能的车辆都采用了线控加速系统。线控加速系统通过导线向电动机传递控制指令，以此控制发动机节气门的开度（节气门开度与车速直接相关）。而传统加速系统（当驾驶员踩下或抬起加速踏板时）依托拉索或拉杆改变节气门开度。

如图 8-3 所示，线控加速系统主要由加速踏板、ECU 和节气门执行机构组成。当驾驶员踩下加速踏板时，位移传感器将踏板位移量转换为电信号并将其作为 ECU 的输入信号。基于该信号以及其他 ECU 数据，得到节气门控制信号，并以此控制小型电动机来改变节气门开度，从而调节车速[5]。

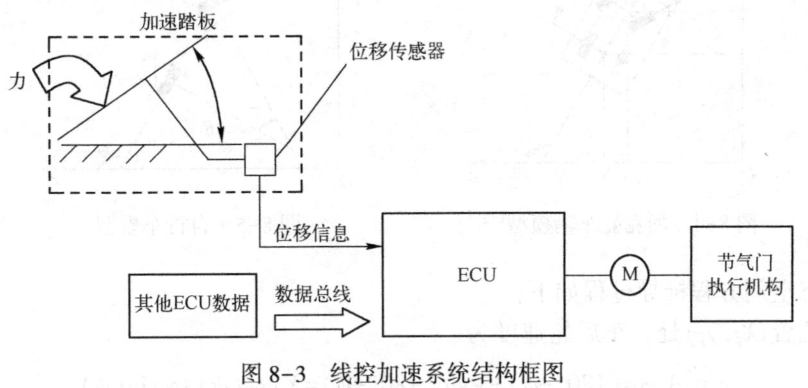

图 8-3　线控加速系统结构框图

8.2　基于几何追踪方法的前轮转角控制

在对无人车进行运动控制时，通常是对车辆的运动学或动力学系统进行控制。因此，建立一个合理的车辆模型是无人车路径跟踪控制的基础。建立运动学或动力学模型时必须根据道路的具体情况以及实际需求（如乘车舒适性等）选取合适的输入输出变量，使该模型能够准确地描述车辆的运动特性。本节建立车辆的运动学自行车模型，并利用此模型设计车辆横向控制算法。

8.2.1　自行车模型

车辆的运动学模型是从几何的角度出发，运用能够提取到的（譬如当前车辆的位置、速度、航向等）信息，将车辆的运动规律用方程的形式表示出来[6]。在车辆的路径规划及运动控制过程中采用运动学模型，可以保证规划的路径可行有效，同时可以满足行驶过程中无人车的运动学约束。在路面良好的情况下，无人车低速行驶时不需要考虑车辆稳定性以及乘车舒适性等动力学问题。所以本节利用运动学模型对车辆进行控制。为此，首先介绍车辆的运动学自行车模型。

如图 8-4 所示，在 $\chi O\gamma$ 坐标系下，(χ_r,γ_r) 是无人车后轴轴心位置（在本节横向控制算法实现过程中用该坐标表示车辆当前位置）；(χ_f,γ_f) 为无人车前轴轴心位置；ψ 是车辆的偏航角；σ 表示前轮转角，即轮胎方向与当前车辆航向之间的夹角；v_f 为车辆前轮的速度方向；$\wp$ 为车辆前后轴之间的距离。

自行车模型是对车辆运动学模型的简化。在以下假设条件下建立了自行车模型：

- 车辆垂直方向上的运动忽略不计，对车辆的运动研究只涉及二维平面层次；
- 车辆采用前轮转向控制，和自行车转向原理相同；
- 车辆前后轮的左右轮速相同，且转动角度大小相同；

● 不考虑车轮与地面接触时产生的弹性变化对车辆模型带来的影响；

● 在车辆行驶过程中不产生相对滑动、滑移[8]。

在上述假设下，该车的自行车模型如图 8-5 所示。将车辆 4 个车轮用前后轮代替。本节以车辆当前位置作为后轮位置 (χ_r,γ_r)；R 为后轴转向半径；v_f 为车辆速度。

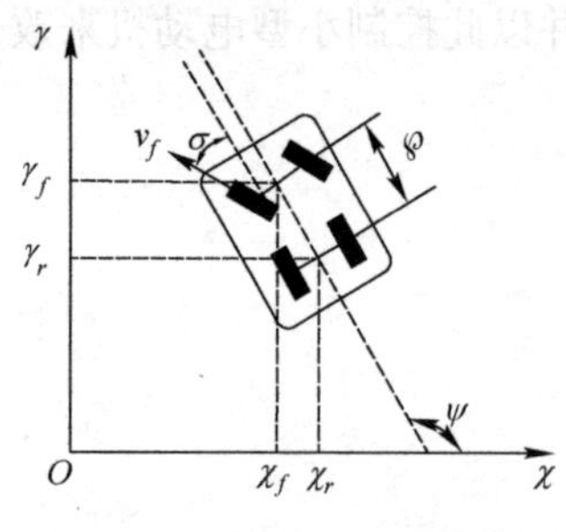

图 8-4　阿克曼车辆模型[7]

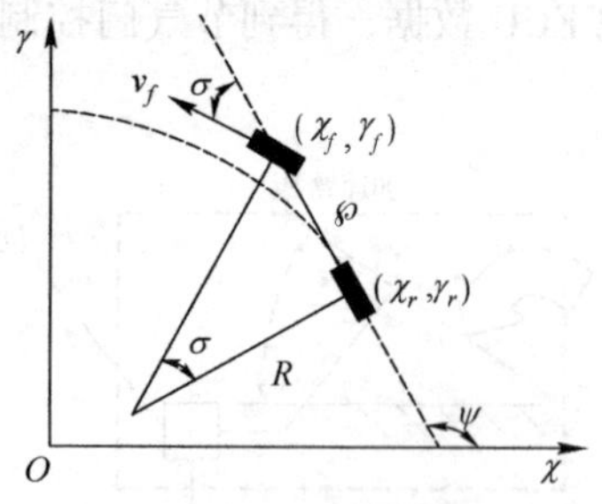

图 8-5　自行车模型

车辆状态空间方程推导过程如下：

在后轮位置(χ_r,γ_r)处，车后轮速度为

$$v_r=-\dot{\chi}_r\cos(180°-\psi)+\dot{\gamma}_r\sin(180°-\psi)=\dot{\chi}_r\cos(\psi)+\dot{\gamma}_r\sin(\psi) \tag{8-1}$$

分别对前后轮处的速度进行矢量分析，满足以下关系式：

$$\dot{\gamma}_r\cos(180°-\psi)=-\dot{\chi}_r\sin(180°-\psi) \tag{8-2}$$

$$\dot{\gamma}_f\cos(180°-\psi-\sigma)=-\dot{\chi}_f\sin(180°-\psi-\sigma) \tag{8-3}$$

对式（8-2）和式（8-3）进行三角变换，得到

$$\dot{\gamma}_r\cos(\psi)=\dot{\chi}_r\sin(\psi) \tag{8-4}$$

$$\dot{\gamma}_f\cos(\psi+\sigma)=\dot{\chi}_f\sin(\psi+\sigma) \tag{8-5}$$

对式（8-4）等号左右两边乘 $\sin(\psi)$，可以得到

$$\dot{\gamma}_r\cos(\psi)\sin(\psi)=\dot{\chi}_r\sin^2(\psi) \tag{8-6}$$

对式（8-1）等号左右两边乘 $\cos(\psi)$，得到

$$v_r\cos(\psi)=\dot{\chi}_r\cos^2(\psi)+\dot{\gamma}_r\sin(\psi)\cos(\psi) \tag{8-7}$$

将式（8-6）代入式（8-7）中，求得

$$\dot{\chi}_r=v_r\cos(\psi)$$

同理求得

$$\dot{\gamma}_r=v_r\sin(\psi)$$

根据角速度的定义及其计算公式，可以得到航向角的角速度

$$\varpi=\dot{\psi}=\frac{v_r}{R}$$

车辆前后轮的位置满足以下关系：

$$\chi_f=\chi_r+\wp\cos(\psi) \tag{8-8}$$

$$\gamma_f=\gamma_r+\wp\sin(\psi) \tag{8-9}$$

根据式（8-5）、式（8-8）和式（8-9），可知

$$\varpi=\frac{v_r}{\wp}\tan(\sigma)$$

于是，前轮转角可表示为

$$\sigma=\arctan\left(\frac{\wp}{R}\right) \tag{8-10}$$

基于上述结果，得到以下车辆运动学自行车模型：

$$\begin{pmatrix}\dot{\chi}_r\\ \dot{\gamma}_r\\ \dot{\psi}_r\end{pmatrix}=\begin{pmatrix}\cos(\psi)\\ \sin(\psi)\\ \tan(\sigma)/\wp\end{pmatrix}v_r$$

在对无人车进行低速路径规划时，利用自行车模型，可规划出满足车辆运动学约束的可行路径；同时，利用该模型可求解前轮转角，从而实现车辆对路径点的跟踪。

8.2.2　前轮转角嵌入式控制器

无人车的运动控制包括横向和纵向运动控制两部分。其中，横向控制通过前轮转角控制器来实现。接下来介绍该控制器的设计过程。

图 8-6 所示是车辆的转向示意图。图中，R 是转向半径；$\wp$是车身前后轴轴间距；$(\Im_x,\Im_y)$是上位机规划出的下一个要追踪的目标点坐标；$(\aleph_x,\aleph_y)$ 是后车轮（即后轴轴心）位置；ζ 是目标点与车身航向之间的夹角；$\mathfrak{S}$ 是车辆后轮与目标点之间的距离，称为前视距离。

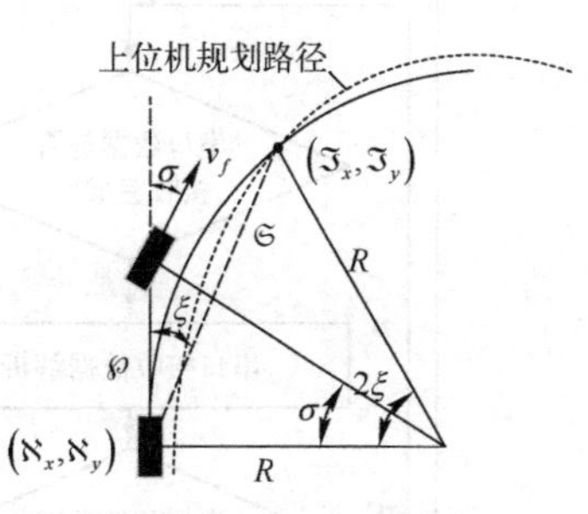

图 8-6　车辆转向示意图

根据正弦定理，得到以下关系式：

$$\frac{R}{\sin((\pi/2)-\zeta)}=\frac{\mathfrak{S}}{\sin(2\zeta)} \tag{8-11}$$

由式（8-11）可知

$$R=\frac{\mathfrak{S}}{2\sin(\zeta)} \tag{8-12}$$

将式（8-12）代入式（8-10），可得前轮转角

$$\sigma=\arctan\left(\frac{2\wp}{\mathfrak{S}}\sin(\zeta)\right) \tag{8-13}$$

式中，

$$\zeta=\arctan((\Im_y-\aleph_y)/(\Im_x-\aleph_x))-\psi$$

$$\mathfrak{S}=\sqrt{(\Im_x-\aleph_x)^2+(\Im_y-\aleph_y)^2}$$

计算前轮转角的过程如图 8-7 所示。图中，首先判断下位机是否接收到上位机路径规划算法给出的路径点序列（序列的第一个点表示当前时刻无人车所在位置）；当收到该序列以后，令序列的第二个点为目标点；然后，按照式（8-13）计算前轮转角，从而使无人车跟踪该目标点。

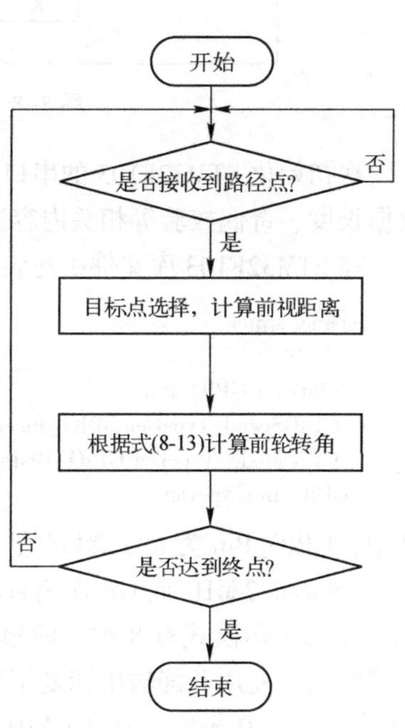

图 8-7　前轮转角求解流程图

前轮转角嵌入式控制器的程序流程图如图 8-8 所示。首先，设置嵌入式微控制器 STM32F103 的串口，从而通过串口获取上位机规划出的路径点。其次，初始化 STM32F103 的 CAN 总线，以便利用 CAN 总线将式（8-13）算出的前轮

转角设定值发送给无人车线控底盘。由于上位机与 STM32F103 之间通过串口的 ASCII 码进行通信，因此 STM32F103 需要对接收到的串口数据进行解析，并将无人车当前位置以及要跟踪目标点从收到的路径点序列中提取出来。本节在实验过程中约定：当 STM32F103 收到的目标点（即路径点序列的第二个点）的坐标为(0,0)时，STM32F103 必须通过 CAN 总线给无人车线控底盘发送停车指令。

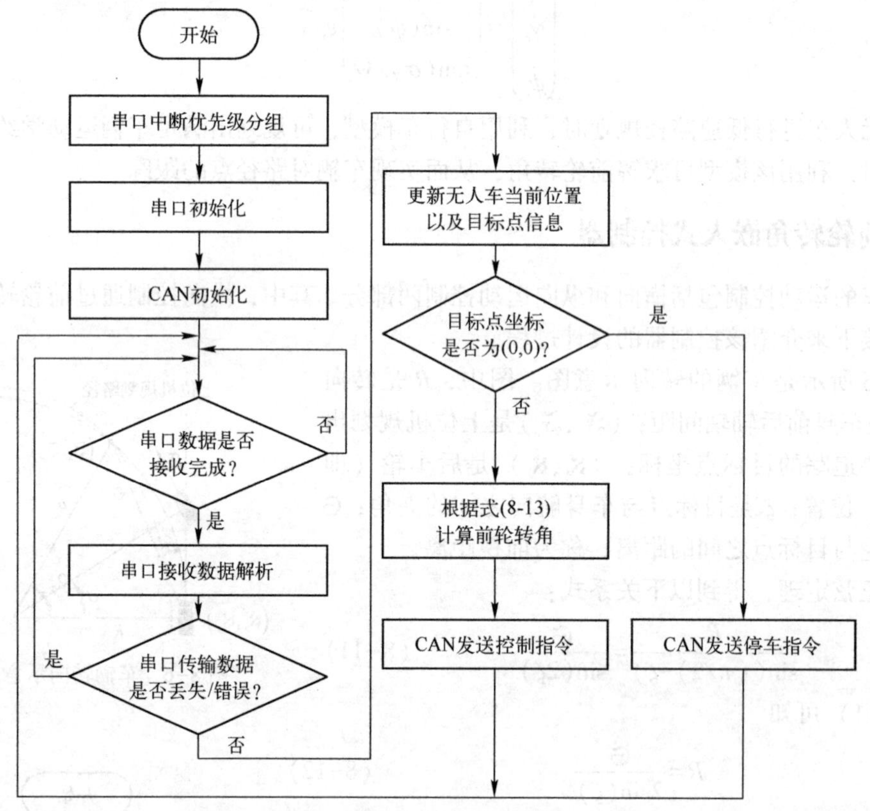

图 8-8　前轮转角嵌入式控制器的主程序流程图

在初始化 STM32F103 的串口时，需要对相关 I/O 端口工作模式以及串口通信速率、有效数据长度、奇偶校验等相关内容进行设置。

在 STM32F103 库文件中封装了结构体 GPIO_InitTypeDef。该结构体的定义为

```
typedef struct
{
  uint16_t GPIO_Pin;
  GPIOSpeed_TypeDef GPIO_Speed;
  GPIOMode_TypeDef GPIO_Mode;
} GPIO_InitTypeDef;
```

其中，GPIO_Pin 为 I/O 端口号；GPIO_Speed 是 I/O 端口速度设定值，即 GPIO_Speed_10 MHz、GPIO_Speed_2 MHz 或 GPIO_Speed_50 MHz；GPIO_Mode 用来设置 I/O 端口的输入/输出工作模式（可选工作模式有 8 种，即模拟输入、浮空输入、下拉输入、上拉输入、开漏输出、通用推挽输出、复用开漏输出和复用推挽输出[9]）。STM32F103 集成的串口设备 USART1 的输入与 I/O 端口 PA10 相连，故将 PA10 设置为浮空输入模式。另外，USART1 的输出与 I/O 端口 PA9 相连，所以将其设置为复用推挽输出模式，并且令输出速率为 50 MHz。

此外，在实验过程中，利用 STM32F103 库文件的结构体 USART_InitTypeDef，将串口通信速率设置为 115200 bit/s，有效数据个数为 8，1 个停止位且无奇偶校验位。因为本节涉及多个中断（如 STM32F103 串口接收中断、CAN 总线接收中断和定时器中断）服务程序，所以需要设置各中断的优先级。

串口初始化完成以后，每接收一个字节会触发串口接收中断。图 8-9 所示是该中断服务程序的流程图。其中，通过标志位（即变量 USART_RX_STA 的最高位 bit15）判断这一帧数据是否接收完成。只有收到串口数据 0x0D 并随后收到 0x0A 时，该标志位才会置位。

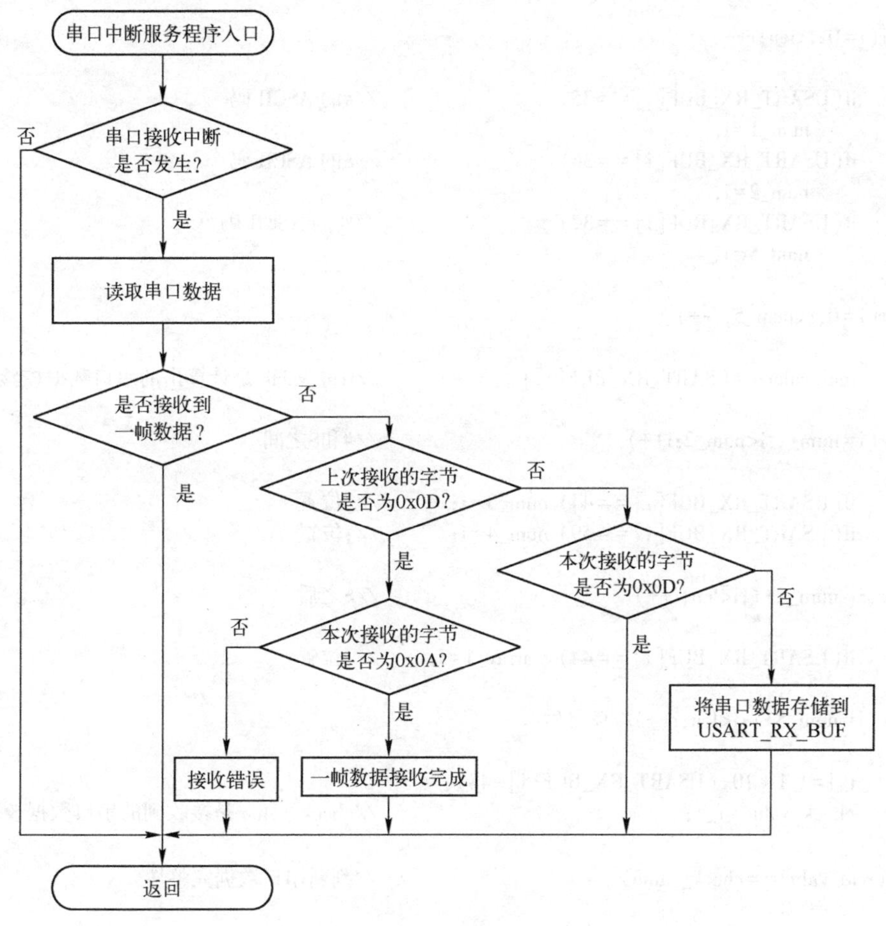

图 8-9　前轮转角嵌入式控制器的串口中断服务程序流程图

STM32F103 接收到的串口数据存放在 USART_RX_BUF 数组中。当串口收到一帧数据以后，需要对 USART_RX_BUF 数组中的 ASCII 码进行解析，从而提取出有效信息。在本实验中串口通信的数据格式为

$$\#\aleph_x,\aleph_y;\psi\$\Im_x,\Im_y\%c_v$$

其中，$(\aleph_x,\aleph_y)$表示当前时刻无人车后轮的位置；$(\Im_x,\Im_y)$ 为目标点的位置，即上位机规划出的路径点序列第二个点的坐标；ψ 为无人车航向角；c_v 是“$\#\aleph_x,\aleph_y;\psi\$\Im_x,\Im_y\%$”中每个符号的 ASCII 码之和。这里，$c_v$ 用于校验串口数据的完整性。STM32F103 对串口数据的解析程序如下：

```
num_1=0;                                          //用于记录#号位置
num_2=0;                                          //用于记录$号位置
num_3=0;                                          //用于记录,号位置
num_4=0;                                          //用于记录;号位置
num_5=0;                                          //用于记录%号位置
if(USART_RX_STA&0x8000)                           //判断串口是否收到一帧数据
{
    len=USART_RX_STA&0x3FFF;                      //串口收到的字节个数
    real_value=0;

    for(i=0;i<len;i++)
    {
        if(USART_RX_BUF[i]==35)                   //#的 ASCII 码
            num_1=i;
        if(USART_RX_BUF[i]==36)                   //$的 ASCII 码
            num_2=i;
        if(USART_RX_BUF[i]==37)                   //%的 ASCII 码
            num_5=i;
    }
    for(i=0;i<num_5;i++)
    {
        real_value+=USART_RX_BUF[i];              //real_value 是计算出的串口数据校验值
    }
    for(i=num_1;i<num_2;i++)                      //#和$之间
    {
        if(USART_RX_BUF[i]==44) num_3=i;          //,位置
        if(USART_RX_BUF[i]==59) num_4=i;          //;位置
    }
    for(i=num_2+1;i<len;i++)                      //$之后
    {
        if(USART_RX_BUF[i]==44)   array_1=i;      //,位置
    }
    for(i=num_5+1;i<len;i++)//%之后
    {
        t_1=t_1*10+(USART_RX_BUF[i]-48);
        check_value=t_1;                          //check_value 是接收到的串口数据校验值 c_v
    }
    if(real_value==check_value)                   //判断串口数据完整性
    {
        for(i=num_2+1;i<len;i++)
        {
            if(i<array_1)
            {
                if(USART_RX_BUF[i]==45)   Flag_x=-1;     //45 是负号的 ASCII 码
                else x_1=x_1*10+Flag_x*(USART_RX_BUF[i]-48);
                path_x=x_1;                       //目标点位置的 x 坐标
            }
            if(i>array_1 && i<num_5)
            {
                if(USART_RX_BUF[i]==45)   Flag_y=-1;
                else y_1=y_1*10+Flag_y*(USART_RX_BUF[i]-48);
                path_y=y_1;                       //目标点位置的 y 坐标
            }
```

```
        }
        for(i=num_1+1;i<num_2;i++)
        {
            if(i<num_3)
            {
                if(USART_RX_BUF[i]==45)  Flag_carx= -1;
                else x=x*10+Flag_carx*(USART_RX_BUF[i]-48);
            }
            if(i>num_3&&i<num_4)
            {
                if(USART_RX_BUF[i]==45)  Flag_cary= -1;
                else y=y*10+Flag_cary*(USART_RX_BUF[i]-48);
            }
            if(i>num_4)
            {
                if(USART_RX_BUF[i]==45)  Flag_yaw=-1;
                else yaw_1=yaw_1*10+Flag_yaw*(USART_RX_BUF[i]-48);
            }
        }
        car_x=x;   //无人车当前位置的 x 坐标
        car_y=y;   //无人车当前位置的 y 坐标
        yaw=(double)yaw_1/1000;   //无人车当前航向角 ψ
    }
}
```

基于上述串口数据的解析结果，可计算出前轮转角。求解前轮转角的嵌入式程序如下：

```
alpha=atan2((path_y-car_y),(path_x-car_x))-yaw; //计算 ξ
delta_1=atan2((2*h*sin(alpha))/sqrt((path_y-car_y)*(path_y-car_y)+(path_x-car_x)*(path_x-
        car_x)),1.0);      //按照式(8-13),计算前轮转角 σ。其中，h 为无人车前后轴的轴间距 ℘
```

通过实验测定无人车线控底盘的前轮转角 σ 与转向电动机控制信号 u_c 之间的关系为 $\sigma=(0.16u_c+0.15)\pi/180°$。因此，基于以上程序得到的前轮转角 σ，可求解出转向电动机控制信号 u_c。然后，通过 CAN 总线将 u_c 发送给线控底盘，从而实现无人车对路径点的跟踪。计算转向电动机控制信号 u_c 的程序如下：

```
delta_set=(delta_1*180/3.141592653-0.15)/0.16;        //求解转向电动机控制信号 u_c
if(delta_set>=100) delta_set=100;                      //对 u_c 进行限幅
else if(delta_set<=-100) delta_set=-100;
```

接下来，介绍 STM32F103 的 CAN 总线初始化过程。该过程主要分为以下几步：

1）配置相关 I/O 引脚并使能 CAN 总线时钟。

CAN 接收端挂载在 I/O 端口 PA11 上，将其工作模式设置为上拉输入；发送端在 I/O 端口 PA12 上，工作模式为复用推挽输出。使能 CAN 总线时钟的函数 RCC_ APB1PeriphClockCmd 位于 STM32F103 库文件中。

2）设置 CAN 总线工作模式及波特率等参数。

CAN 总线初始化需要使用 STM32F103 库文件提供的函数 CAN_Init。由于 STM32F103 只集成了 1 个 CAN 总线设备，所以函数 CAN_Init 选定的初始化目标为 CAN1。

STM32F103 库文件定义了以下结构体：

```
typedef struct
{
  uint16_t   CAN_Prescaler;
  uint8_t   CAN_Mode;
  uint8_t   CAN_SJW;
  uint8_t   CAN_BS1;
  uint8_t   CAN_BS2;
  FunctionalState   CAN_TTCM;
  FunctionalState   CAN_ABOM;
  FunctionalState   CAN_AWUM;
  FunctionalState   CAN_NART;
  FunctionalState   CAN_RFLM;
  FunctionalState   CAN_TXFP;
} CAN_InitTypeDef;
```

在该结构体中，前 5 个成员变量与 CAN 总线工作模式和波特率设置有关；后 6 个成员变量用于设置 CAN 总线相关控制位。在使用中，一般只需根据实际情况修改前 5 个成员变量，而后 6 个成员变量采用默认值即可。

CAN 总线设备的工作模式分为正常和测试模式。其中，测试模式又分为静默、环回和静默环回模式。如图 8-10 所示，运行在正常模式的 CAN 总线设备可从外部 CAN 总线接收报文，并将报文发送给其他 CAN 总线设备；在静默模式下，只能接收报文，不能给其他 CAN 总线设备发送报文；处于环回模式的 CAN 总线设备能够将报文发送到外部 CAN 总线上并接收自己发送的报文，但是无法接收其他 CAN 总线设备发送的报文；CAN 总线设备在静默环回模式下只能自发自收，无法与其他 CAN 总线设备进行通信。在本实验中，STM32F103 的 CAN 总线设备工作在正常模式下。

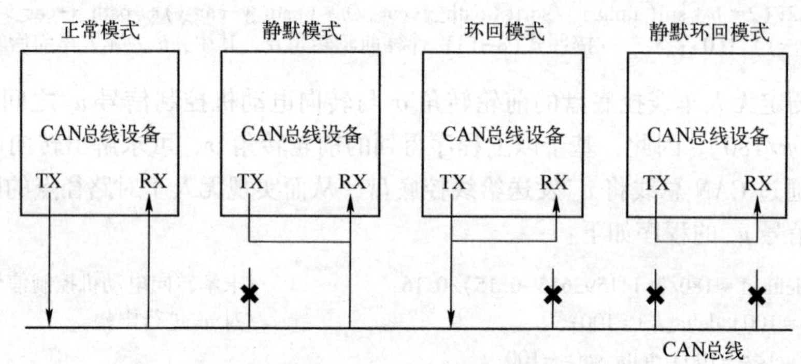

图 8-10　CAN 总线设备工作模式示意图

在实验过程中将 STM32F103 的 CAN 总线通信速率 r_c 设置为 500 kbit/s。具体设置方法为

$$r_c = \frac{f_{clk}}{p_r(s_{jw}+b_{s1}+b_{s2}+3)}$$

这里，f_{clk} = 36 MHz 是 STM32F103 的 APB1 总线的时钟频率；p_r = 12 表示结构体 CAN_InitTypeDef 中的预分频系数 CAN_Prescaler；s_{jw} = 0 代表 CAN_SJW；b_{s1} = 2 为 CAN_BS1；b_{s2} = 1 表示 CAN_BS2。

3）设置 CAN 过滤器。

在 STM32F103 库文件中，初始化 CAN 过滤器的结构体的定义为

```
typedef struct
{
  uint16_t CAN_FilterIdHigh;           //过滤器标识符寄存器的高 16 位
  uint16_t CAN_FilterIdLow;            //过滤器标识符寄存器的低 16 位
  uint16_t CAN_FilterMaskIdHigh;       //屏蔽寄存器的高 16 位
  uint16_t CAN_FilterMaskIdLow;        //屏蔽寄存器的低 16 位
  uint16_t CAN_FilterFIFOAssignment;   //用来关联过滤器和储存报文的 FIFO
  uint8_t CAN_FilterNumber;            //用于设置过滤器组编号,取值范围为 0~13
  uint8_t CAN_FilterMode;              //用于设置过滤器的工作模式
  uint8_t CAN_FilterScale;             //用于设置过滤器的位长(即 16 位或 32 位)
  FunctionalState CAN_FilterActivation; //用于使能过滤器
} CAN_FilterInitTypeDef;
```

基于该结构体设置 CAN 过滤器可使 STM32F103 的 CAN 总线设备只接收具有特定标识符（ID）的报文。利用 CAN_FilterMode 可将 CAN 过滤器的工作模式设置为标识符屏蔽位模式或标识符列表模式。

4）设置 CAN 接收中断优先级。

利用结构体 NVIC_ InitTypeDef，对 CAN 接收中断优先级的设置过程如下：首先，将 IRQ 通道设置为 CAN 接收中断编号；然后，设计 CAN 接收中断的抢占优先级与子优先级；最后，使能 IRQ 通道。

至此，完成了 STM32F103 的 CAN 总线初始化。完整的初始化程序可参见 4.4.2 节中 CAN_Mode_Init 函数。

STM32F103 库文件用结构体 CanTxMsg 来设置经 CAN 总线发送的报文格式。该结构体的定义为

```
typedef struct
{
  uint32_t  StdId;
  uint32_t  ExtId;
  uint8_t  IDE;
  uint8_t  RTR;
  uint8_t  DLC;
  uint8_t  Data[8];
} CanTxMsg;
```

其中，StdId 和 ExtId 分别是标准帧和扩展帧的标识符；IDE 表示传输的报文为标准帧或扩展帧；RTR 表示发送的报文为数据帧或远程帧；DLC 为数据帧的数据段字节个数；数组 Data 用于存储该数据段的每个字节。调用 STM32F103 的库函数 CAN_Transmit，可通过 CAN 总线将结构体 CanTxMsg 包含的数据发送给无人车线控底盘。在该线控底盘的 CAN 总线通信协议中，包含转向电动机控制信号的 CAN 总线数据帧的 ID 为 0x182。

如表 8-1 和表 8-2 所示，该数据帧的数据段有 8 个字节，且前 2 个字节（即 Byte 0~1）代表转向电动机控制信号。

表 8-1　等于 60°的转向电动机控制信号的 CAN 总线数据帧格式

ID	Byte 0	Byte 1	Byte 2	Byte 3	Byte 4	Byte 5	Byte 6	Byte 7
0x182	0x00	0x3C	0x00	0x00	0x00	0x00	0x00	0x00

在表 8-1 中，Byte 0~1 的数值 0x003C 表示前轮转向电动机的控制信号 $u_c=60°$。通过 CAN 总线将该表中的 8 个字节发送给无人车线控底盘，可使车前轮向左转动 9.75°。

表 8-2 等于-60°的转向电动机控制信号的 CAN 总线数据帧格式

ID	Byte 0	Byte 1	Byte 2	Byte 3	Byte 4	Byte 5	Byte 6	Byte 7
0x182	0xFF	0xC4	0x00	0x00	0x00	0x00	0x00	0x00

在表 8-2 中，Byte 0~1 的数值 0xFFC4 表示前轮转向电动机的控制信号 $u_c=-60°$（Byte 0 的最高位为符号位）。通过 CAN 总线将该表中的 8 个字节发送给无人车线控底盘，可使车前轮向右转动 9.75°。STM32F103 将转向电动机控制信号 u_c 通过 CAN 总线发送给无人车线控底盘的具体程序如下：

```
canbuf_direction[0]=delta_set>>8;          //delta_set 为前轮转向电动机控制信号 uc
canbuf_direction[1]=(delta_set&0x00FF);
canbuf_direction[2]=0x00;
canbuf_direction[3]=0x00;
canbuf_direction[4]=0x00;
canbuf_direction[5]=0x00;
canbuf_direction[6]=0x00;
canbuf_direction[7]=0x00;
Can_Send_Msg(0x182,canbuf_direction,8);
```

8.3 轮速嵌入式控制器

本节介绍无人车的纵向控制。所谓纵向控制是指通过对气节门的调节使无人车速度逼近于目标速度。常用的控制方法是 PID（Proportion Integration Differentiation）反馈控制算法。其控制效果好，精度高，完全可满足实际要求。PID 控制算法经过多年的发展，应用范围颇为广泛。针对不同场景以及算法的不足之处，学者们提出了诸多 PID 衍生算法。PID 算法无须已知被控对象数学模型，只需通过经验对参数进行调整即可实现较好的控制效果[10]。

本节设计的轮速嵌入式控制系统结构图如图 8-11 所示。

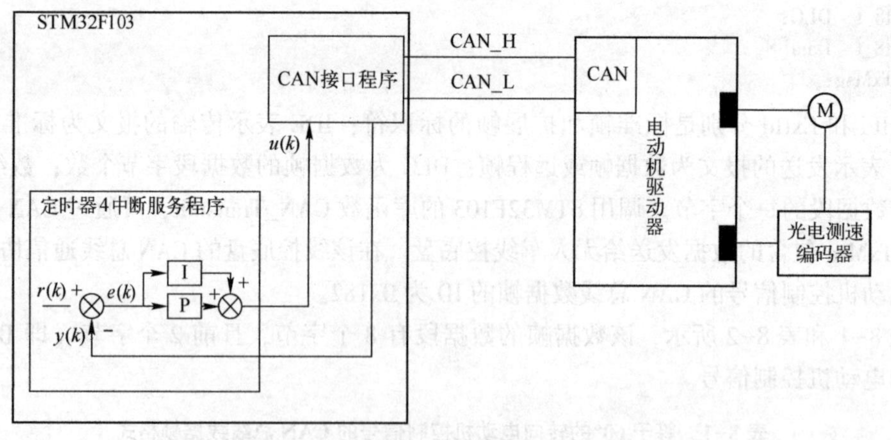

图 8-11 轮速嵌入式控制系统结构图

该系统主要包括 STM32F103 轮速嵌入式控制器、带有 CAN 接口的线控底盘电动机驱动器以及光电测速编码器。STM32F103 可通过 CAN 总线接收光电测速编码器的车轮转速测量值。该测量值与轮速给定值的偏差经过比例积分（PI）调节得到气节门控制信号。随即，经 CAN

总线将气节门控制信号发送给电动机驱动器从而实现对轮速的闭环控制。

基于 STM32F103 的轮速控制程序利用硬件定时器 4 设定控制周期。因此，需要对定时器 4 进行参数初始化并使能定时器 4 的中断。另外，为了能够通过 CAN 总线接收轮速测量值，需要初始化 STM32F103 集成的 CAN 总线设备并启动 CAN 接收中断。而且，为解决软硬件异常引起的 STM32F103 死机问题，本节设置了看门狗定时器。

轮速嵌入式控制器的主程序流程图如图 8-12 所示。其中，首先设置中断优先级分组；然后，分别对定时器 4、CAN 总线和看门狗定时器进行初始化，并启动定时器 4 和看门狗定时器；最后，在主循环程序中，重载看门狗定时器的计数值，即“喂狗”。

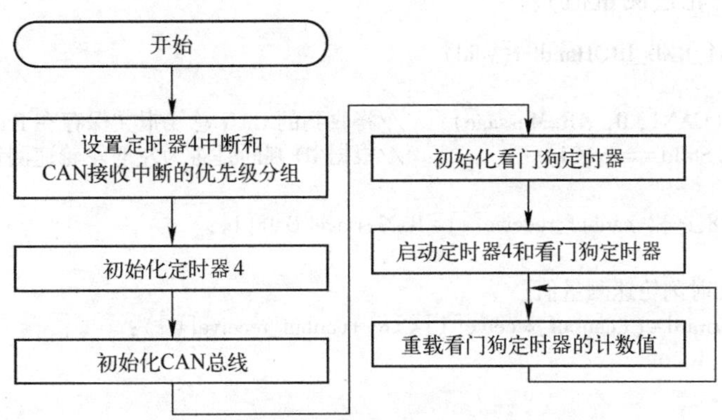

图 8-12　轮速嵌入式控制器的主程序流程图

本实验中，轮速的控制周期为 10 ms。因此，将定时器 4 的定时周期设置为 10 ms。设置定时器 4 的方法参见 4.4.2 节的 TIM4_Int_Init 函数。CAN 总线的初始化程序可参见 4.4.2 节中 CAN_Mode_Init 函数。STM32F103 的独立看门狗定时器的初始化程序如下：

```
void iwdg_Init(u8prer,u16 rlr)                          //看门狗定时器溢出时间=(4 * 2^prer) * rlr/40K
{
    IWDG_WriteAccessCmd(IWDG_WriteAccess_Enable);       //取消寄存器写保护
    IWDG_SetPrescaler(prer);                            //设置分频系数
    IWDG_SetReload(rlr);                                //设置重装载值
    IWDG_ReloadCounter();                               //重载计数值,即喂狗
    IWDG_Enable();                                      //启动看门狗
}
```

这里，将看门狗定时器的溢出时间设置为 1 s，即分频系数 prer 设为 4，重装载值 rlr 设为 625。独立的 RC 振荡器为该看门狗定时器提供时钟（其频率为 40 kHz）。因此，即使 STM32F103 的系统时钟出现故障，看门狗定时器仍能发挥作用。当看门狗定时器递减到 0 时，会使嵌入式系统 STM32F103 复位。为使系统不复位，需要在看门狗定时器计数值递减到 0 之前，重载该计数值。

在无人车线控底盘的 CAN 总线通信协议中，包含轮速测量值的 CAN 总线数据帧格式见表 8-3。其中，ID 为 0x101、0x102、0x103 和 0x104 的 CAN 总线数据帧分别包含了线控底盘左前轮、右前轮、左后轮和右后轮的轮速测量值；Byte 1~0 为 0x012C 的含义是车轮正转，轮速为 300 rpm（如果 Byte 1~0 为 0xFED4，则表明车轮反转，轮速为-300 rpm）；Byte 1 的最高位为符号位。

表 8-3　包含轮速测量值的 CAN 总线数据帧格式

ID	Byte 0	Byte 1	Byte 2	Byte 3	Byte 4	Byte 5	Byte 6	Byte 7
0x101	0x2C	0x01	0x00	0x00	0x00	0x00	0x00	0x00
0x102	0x2C	0x01	0x00	0x00	0x00	0x00	0x00	0x00
0x103	0x2C	0x01	0x00	0x00	0x00	0x00	0x00	0x00
0x104	0x2C	0x01	0x00	0x00	0x00	0x00	0x00	0x00

下面的 CAN 接收中断服务程序实现了对左前轮轮速测量值的提取（采用同样的方法，可获取其余 3 个车轮的轮速测量值）：

```
void USB_LP_CAN1_RX0_IRQHandler( void)
{
    CAN_Receive( CAN1, 0, &RxMessage) ;    //将收到的 CAN 总线报文保存在 RxMessage 中
    if( RxMessage. StdId = = 0x101)        //根据 ID 判断是否为左前轮轮速测量值
    {
      for( i = 0;i<8;i++) canbuf_receive[ i] = RxMessage. Data[ i] ;

      //得到当前时刻轮速测量值
      num_left_forward = ( ( canbuf_receive[ 1] <<8) +canbuf_receive[ 0] ) ;
    }
}
```

STM32F103 库函数 CAN_Receive 用于接收 CAN 总线的报文，并将报文存入结构体 CanRxMsg。CanRxMsg 的定义与结构体 CanTxMsg 类似。

为减少噪声对轮速控制系统的影响，这里对一定时间内的多个轮速测量值基于冒泡法进行排序，从而剔除其中的最大、次大和最小值；然后，对剩余的测量值实施均值滤波；最后，将滤波结果作为轮速控制器的速度反馈值。具体方法如下：

```
if( initial_counter>30)
{
    initial_counter = 30;
    if( num_left_forward<2000)
    {
        //记录一定时间内的多个轮速测量值
        revolution_buffer_1[ 19] = revolution_buffer_1[ 18] ;
        revolution_buffer_1[ 18] = revolution_buffer_1[ 17] ;
        revolution_buffer_1[ 17] = revolution_buffer_1[ 16] ;
        revolution_buffer_1[ 16] = revolution_buffer_1[ 15] ;
        revolution_buffer_1[ 15] = revolution_buffer_1[ 14] ;
        revolution_buffer_1[ 14] = revolution_buffer_1[ 13] ;
        revolution_buffer_1[ 13] = revolution_buffer_1[ 12] ;
        revolution_buffer_1[ 12] = revolution_buffer_1[ 11] ;
        revolution_buffer_1[ 11] = revolution_buffer_1[ 10] ;
        revolution_buffer_1[ 10] = revolution_buffer_1[ 9] ;
        revolution_buffer_1[ 9] = revolution_buffer_1[ 8] ;
        revolution_buffer_1[ 8] = revolution_buffer_1[ 7] ;
        revolution_buffer_1[ 7] = revolution_buffer_1[ 6] ;
        revolution_buffer_1[ 6] = revolution_buffer_1[ 5] ;
        revolution_buffer_1[ 5] = revolution_buffer_1[ 4] ;
        revolution_buffer_1[ 4] = revolution_buffer_1[ 3] ;
        revolution_buffer_1[ 3] = revolution_buffer_1[ 2] ;
```

```
        revolution_buffer_1[2]=revolution_buffer_1[1];
        revolution_buffer_1[1]=revolution_buffer_1[0];
        revolution_buffer_1[0]=num_left_forward;        //num_left_forward 为当前时刻轮速测量值

        for(i=0;i<20;i++)
        {
            revolution_buffer_backup_1[i]=revolution_buffer_1[i];        //新建数组用于排序
        }

        //冒泡法排序
        for(i=0;i<19;i++)
        {
            for(j=0;j<19-i;j++)
            {
                if(revolution_buffer_backup_1[j]>revolution_buffer_backup_1[j+1])
                    {
                        temp=revolution_buffer_backup_1[j];
                        revolution_buffer_backup_1[j]=revolution_buffer_backup_1[j+1];
                        revolution_buffer_backup_1[j+1]=temp;
                    }

            }
        }

        //剔除多个轮速测量值中的最大、次大和最小值
        revolution_buffer_backup_1[19]=0;
        revolution_buffer_backup_1[18]=0;
        revolution_buffer_backup_1[0]=0;

        //通过均值滤波,得到轮速控制器的速度反馈值 revolution_left_forward
        revolution_left_forward=(revolution_buffer_backup_1[0]+revolution_buffer_backup_1[1]
                +revolution_buffer_backup_1[2]+revolution_buffer_backup_1[3]
                +revolution_buffer_backup_1[4]+revolution_buffer_backup_1[5]
                +revolution_buffer_backup_1[6]+revolution_buffer_backup_1[7]
                +revolution_buffer_backup_1[8]+revolution_buffer_backup_1[9]
                +revolution_buffer_backup_1[10]+revolution_buffer_backup_1[11]
                +revolution_buffer_backup_1[12]+revolution_buffer_backup_1[13]
                +revolution_buffer_backup_1[14]+revolution_buffer_backup_1[15]
                +revolution_buffer_backup_1[16]+revolution_buffer_backup_1[17]
                +revolution_buffer_backup_1[18]+revolution_buffer_backup_1[19])/17;
        revolution_1=revolution_left_forward;
    }
    else revolution_left_forward=revolution_1;
}
else //程序启动初期
{
    revolution_left_forward=num_left_forward;
    revolution_buffer_1[19]=revolution_buffer_1[18];
    revolution_buffer_1[18]=revolution_buffer_1[17];
    revolution_buffer_1[17]=revolution_buffer_1[16];
    revolution_buffer_1[16]=revolution_buffer_1[15];
    revolution_buffer_1[15]=revolution_buffer_1[14];
    revolution_buffer_1[14]=revolution_buffer_1[13];
    revolution_buffer_1[13]=revolution_buffer_1[12];
```

```
        revolution_buffer_1[12] = revolution_buffer_1[11];
        revolution_buffer_1[11] = revolution_buffer_1[10];
        revolution_buffer_1[10] = revolution_buffer_1[9];
        revolution_buffer_1[9] = revolution_buffer_1[8];
        revolution_buffer_1[8] = revolution_buffer_1[7];
        revolution_buffer_1[7] = revolution_buffer_1[6];
        revolution_buffer_1[6] = revolution_buffer_1[5];
        revolution_buffer_1[5] = revolution_buffer_1[4];
        revolution_buffer_1[4] = revolution_buffer_1[3];
        revolution_buffer_1[3] = revolution_buffer_1[2];
        revolution_buffer_1[2] = revolution_buffer_1[1];
        revolution_buffer_1[1] = revolution_buffer_1[0];
        revolution_buffer_1[0] = num_left_forward;
    }
```

以上代码（流程图如图 8-13 所示）位于定时器 4 中断服务程序中。每次进入该中断服务程序，在判定定时器 4 更新中断发生以后，令 initial_counter 的数值加 1。

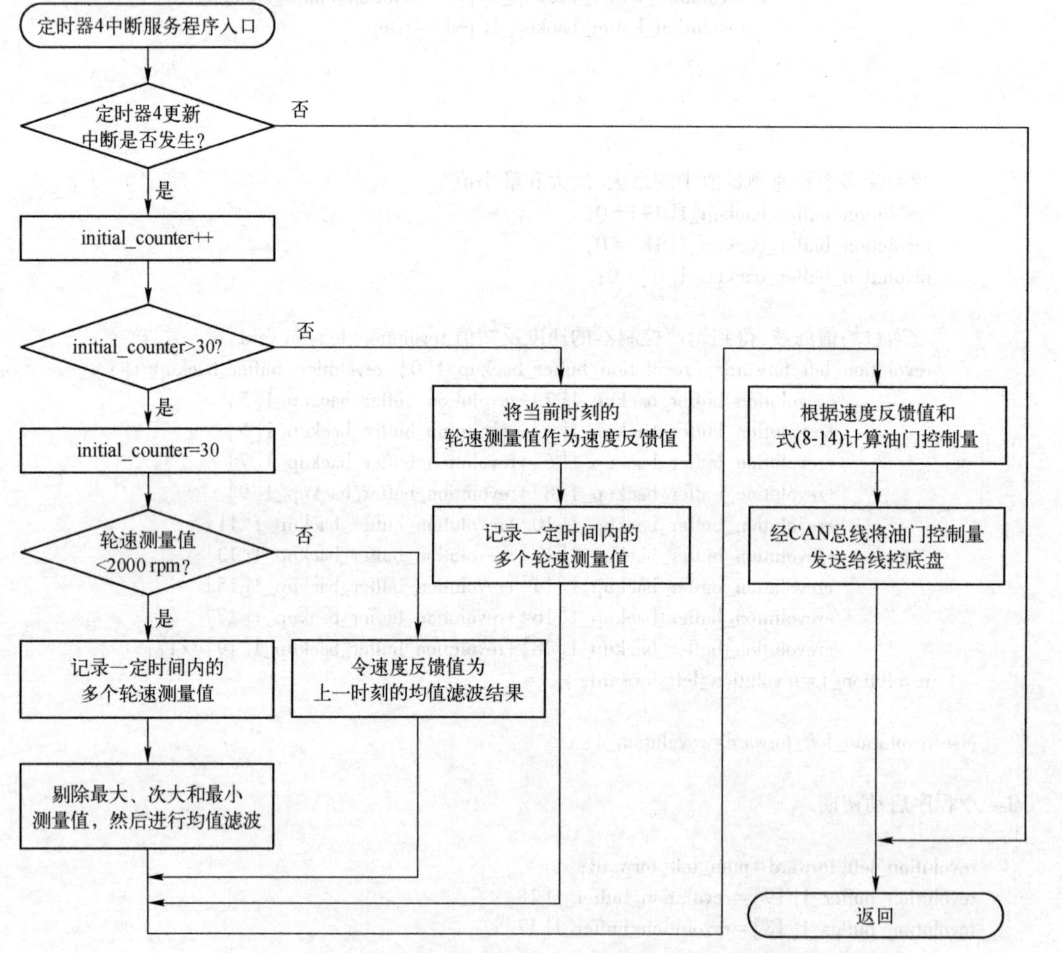

图 8-13　轮速嵌入式控制器的定时器 4 中断服务程序流程图

本节设计的基于数字 PID 的轮速控制律为

$$u(k) = k_p e(k) + k_i \sum_{i=0}^{k} e(i) + k_d[e(k) - e(k-1)] \tag{8-14}$$

式中，比例系数 $k_p=1$；积分系数 $k_i=1/512$；微分系数 $k_d=0$；$e(k)=r(k)-y(k)$；$r(k)$为轮速给定值；$y(k)$为轮速反馈值 revolution_left_forward；$u(k)$为气节门控制量。换言之，本节采用了 PI 调节算法来实现轮速控制。左前轮轮速的 PI 调节算法的嵌入式程序如下：

```
tracking_error_1 = rk-revolution_left_forward;                    //求解 e(k)
error_intger_1 = error_intger_1 + tracking_error_1;               //计算 e(k)的积分
if(error_intger_1>32700)    error_intger_1 = 32700;               //对 e(k)的积分结果进行限幅
else if(error_intger_1<-32700)    error_intger_1 = -32700;
//求解气节门控制量 u(k)
control_input_1 = tracking_error_1+(error_intger_1>>9);           //右移 9 位,即积分系数 ki = 1/512
```

以上代码位于定时器 4 中断服务程序中。该代码可将左前轮轮速稳定在轮速给定值 $r(k)$。

8.4　习题

1. 在 MATLAB/Simulink 环境中搭建无人车的运动学自行车模型。

2. 令车辆前后轴间距为 0.5m，行驶速度为 0.5m/s，初始位置为(0,1)，初始航向角设为 0°，目标轨迹为 $y=-1$。基于上题搭建的运动学自行车模型，分别使用传统 PID 算法与模糊 PID 控制算法实现对目标轨迹的跟踪，并比较这两种算法的控制效果。

3. 车辆路径跟踪常用方法包括几何追踪算法和模型预测控制算法，查找资料比较其优缺点。

4. 编写 MATLAB 程序，使用几何追踪算法进行路径跟踪，并比较不同前视距离对算法性能的影响。

5. 利用嵌入式微控制器 STM32F103 实现无人车轮速的 PID 控制。

参考文献

[1] 宗长富，刘凯．汽车线控驱动技术的发展［J］．汽车技术，2006（3）：1-5.

[2] 王政军，李星，李源清，等．汽车线控技术的研究现状及展望［J］．科技创新导报，2015，12（21）：8-9.

[3] 于蕾艳，郑亚军，吴宝贵．汽车线控转向系统实验平台开发［J］．实验科学与技术，2019，17（4）：5-9.

[4] 董雪梅．汽车线控制动技术的研究与分析［J］．汽车实用技术，2019（5）：123-125.

[5] 周宏湖．面向未来的线控技术（X-By-Wire）［J］．汽车与配件，2011（49）：38-39.

[6] 龚建伟，姜岩，徐威．无人驾驶车辆模型预测控制［M］．北京：北京理工大学出版社，2014.

[7] 龚毅．一种无人驾驶车辆路径跟踪控制方式研究［D］．南京：南京理工大学，2014.

[8] 刘果．无人驾驶汽车转向控制方法及研究［D］．重庆：重庆交通大学，2017.

[9] 莫先．基于 STM32 单片机家电控制及家居环境监测系统设计与实现［D］．重庆：重庆理工大学，2016.

[10] 陶永华．新型 PID 控制及其应用［J］．工业仪表与自动化装置，1998（1）：57-62.